Peter Bienert

Information und Kommunikation

Springer

Berlin
Heidelberg
New York
Barcelona
Budapest
Hongkong
London
Mailand
Paris
Santa Clara
Singapur
Tokio

Peter Bienert

Information und Kommunikation

Technik und Anwendung in Wirtschaft und Medien

Mit 177 Abbildungen

Springer

Professor Peter Bienert
Zum Quellenpark 24
65812 Bad Soden

Die Deutsche Bibliothek - CIP-Einheitsaufnahme

Bienert, Peter:
Information & Kommunikation: Technik und Anwendung in Wirtschaft und Medien/
Peter Bienert.- Berlin; Heidelberg; New York; Barcelona; Budapest; Hongkong; London;
Mailand; Paris; Santa Clara; Singapur; Tokio: Springer, 1998
ISBN 3-540-64057-6

ISBN 3-540-64057-6 Springer-Verlag Berlin Heidelberg New York

Einbandentwurf: de´blik, Berlin
Satz: Camera ready Vorlage durch Autor
SPIN: 10657736 62/3021 - 5 4 3 2 1 0 - Gedruckt auf säurefreiem Papier

Für:

Jana und Karin

Bine, Jürgen und Hans
Jeanette, Martha und "Oma"

Geleitwort

Die Folgen der Informations- und Kommunikationstechnik sind mit denen der Entwicklung der Elektrizität vergleichbar. Die sozialen und wirtschaftlichen Veränderungen auf dem Weg in die Dienstleistungsgesellschaft des 21. Jahrhunderts werden die Bedeutung der Informations- und Kommunikationstechnik noch deutlicher hervortreten lassen. Die Wirtschaft steht dabei vor der dramatischen Aufgabe, die aus den Anfängen dieses Jahrhunderts stammenden, arbeitsteiligen und funktionsorientierten Strukturen in flexible, kundennahe und prozeßorientierte Organisationsformen zu überführen. Unstrittig ist, daß gerade dafür der digitalen Informations- und Kommunikationstechnik eine immense Hebelwirkung zukommt. Weil Wissen in der Informationsgesellschaft zum entscheidenden Produktions- und Standortfaktor wird, gilt es, die kontinuierliche Umsetzung von Wissen in die gesamte Wertschöpfungskette zu integrieren. Dies wird nur möglich sein, wenn es gelingt, die Basiskomponenten Daten, Inhalte und Informationsprozeß in eine schnelle, freie und gut organisierte Kommunikation zu übertragen.

Die Vermittlung von Wissen über die Grundlagen und Anwendungsfelder der digitalen Informations- und Kommunikationstechnik ist das zentrale Anliegen dieses Buches, Ein wenig "genötigt" haben wir - die Kollegen im Fachbereich Medienwirtschaft - den Autor zum Schreiben des Manuskriptes. Versprochen hatten wir ihm weniger Rückfragen in unseren gemeinsamen Seminaren und Theorie / Praxis Transferprojekten. Nach der Lektüre sind viele Fragen beantwortet und unser Verständnis für die Informations- und Kommunikationstechnik steht nicht mehr allein auf "tönernen Füßen". Das Fragen haben wir allerdings nicht eingestellt. Den verehrten Leserinnen und Lesern dieses Buches wünsche ich eine anregende Lektüre mit vielen und kontroversen Anregungen. Ich hoffe auf Erkenntnisgewinn, nicht nur für das Thema der Datenverarbeitung, sondern auch im Hinblick auf die Konvergenz von Datentechnik, Telekommunikation und Medien.

Wiesbaden, im Dezember 1997

Wolfgang Jäger

Vorwort

Als der Studio Presse Verlag vor einigen Jahren unter dem Titel "Handbuch der digitalen Audiotechnik" die ersten Gehversuche meiner Autorentätigkeit veröffentlichte, begann das Vorwort mit einem Satz, der bis heute nichts von seiner Gültigkeit eingebüßt hat:

"Mit einem Buch über moderne Technologie verhält es sich, wie mit leicht verderblichen Lebensmitteln: Von der Drucklegung bis zu ersten Heiterkeitsausbrüchen seitens der Leserschaft ob des eher antiquarisch anmutenden Inhalts vergeht eine erstaunlich kurze Zeitspanne."

Warum also überhaupt ein solches Buch? Die schiere Menge und Geschwindigkeit, mit der täglich neue Schlagworte und Begriffe der digitalen Ära auf uns einstürmen, zwingt uns, das zu ihrem Verständnis nötige Gedankengebäude in erster Linie schnell und mit reichlich Improvisationstalent auf- und permanent aus- bzw. umzubauen. Dies führt zu immer gewagteren Konstruktionen auf fragwürdiger Basis, schließlich bleibt bei soviel Baubetrieb keine Zeit für die Konsolidierung des Fundaments. Der vor Ihnen liegende Titel macht sich eben jenes Fundament zum Ziel. Er umfaßt einen Schnappschuß des augenblicklichen Zustands der digitalen Informations- und Kommunikationstechnik. Erfüllt er seinen Zweck, ersetzt er improvisierte durch solide Grundlagen und bildet den stabilen Ausgangspunkt für den Umgang mit zukünftigen Entwicklungen.

Das Selbstverständnis dieses Buches steckt in folgenden vier Kernaussagen:

- **Technik, Anwendung und Informationsprozeß werden inhaltlich gleichwertig behandelt.** Dieses Buch versteht Technik als Teil eines Informationssystems und als Werkezug für den Informationsprozeß.
- **Zielgruppe sind professionelle Anwender, nicht professionelle Informatiker oder Informationstechniker.** Professionelle Anwender sind täglich mit Informationstechnik konfrontiert, die aber nicht selbst Kern ihrern Arbeit, sondern Bestandteil und Voraussetzung frü den Wettschöpfungsprozeß ist.
- **Mediale und logische Qualität digitaler Informationstechnik werden verbunden.** Die Flut von logsichen Informationen im Unternehmen erfodert deren Darstellung in hoher medialer Qualität. Umgekehrt entwickelt sich Medientechnik zu einem inhaltlichen Sonderfall der Informationstechnik.

Alle aufzuzählen, die wissentlich oder unwissentlich über die Jahre einen Beitrag zur Entstehung dieses Buches geleistet haben, sprengt den Rahmen eines Vorworts. Stellvertretend für diesen Personenkreis bedanke ich mich insbesondere bei folgenden Helfern und Kollegen: Bei Stefan Kanitz, dessen stiller Beitrag zur Entstehung des dem Buch zugrunde liegenden Vorlesungszyklus gerne unterschätzt wird. Bei meinen Kollegen Prof. Thomas Vogel, Prof. Dr. Michael Martin und Prof. Dr. Wolfgang Jäger, letzterem insbesondere für viele Anregungen aus Sichtweise des Betriebswirtes. Bei meinen fleißigen Helfern Monika Ritter, Daniel Volmer, Julia Petri und Markus Scheuermann für den sprichwörtlichen Haufen Arbeit. Bei allen Mitarbeitern des Fachbereichs Medienwirtschaft für ihren Umgang mit dem gestreßten Autor. Bei unseren Studenten, die den Weg von der Idee des Vorlesungzyklus "Informations- und Kommunikationstechnik" über die holprigen Anfänge bis heute erlebt und teils erlitten haben.
Auch dem Springer Verlag sei an dieser Stelle gedankt, insbesondere Herrn Dr. Merkle, dessen großvolumiges Gedächtnis trotz zwischenzeitlich mehrjähriger Pause das bereits damals geplante Projekt wiederauferstehen ließ.

Zwar konnte nicht einmal die Textverabeitung eines berühmten Softwarehauses aus den USA die Fertigstellung des Projektes verhindern, es ergeht jedoch die dringende Bitte, die Funktion "Master Document" gründlichst zu überarbeiten.

Zu guter Letzt läßt sich die Geduld meiner Familie Karin und Jana nicht mit ein paar Vor - Worten aufwiegen. Es grenzt an ein Wunder, daß beide ihr Haus über lange Monate hinweg mit einem geistig abwesenden Verrückten geteilt haben, ohne mit Sack und Pack das Weite zu suchen.

Bad Soden, im November 1997

Peter Bienert

Hinweise zur Benutzung

Aufbau der Gliederung: Was für Sie interessant sein könnte

Der Text läßt sich in vier Abschnitte untergliedern:

- **Abschnitt 1 umfaßt die Kapitel 1 und 2 und konzentriert sich auf eher strategische und theoretische Fragen rund um den Begriff "Information" und "Kommunikation"**

Das **Einführungskapitel** beschäftigt sich mit der Frage, warum sich digitale Informations- und Kommunikationstechnik schon heute zum zentralen strategischen Feld erfolgreichen Wirtschaftens für die Zukunft entwickeln. Ich versuche dabei auch, ein Modell für das Selbstverständnis eines eigenständigen beruflichen Qualifikationsprofils im Feld der professionellen Anwendung von Informationstechnik zu entwickeln. **Kapitel 2** ist ausschließlich der Frage gewidmet "Was ist Information?". Es liefert abstrakte Modelle für den Informationsprozeß und überträgt sie anschließend auf Begriffe der betrieblichen Organisation, der klassischen Medien und der betrieblichen EDV, die sich dabei als unterschiedliche Aspekte einer generellen digitalen Informationsumgebung erweisen.

Dieser Abschnitt liefert, so hoffe ich, allen mit Informationstechnik befaßten Lesern nützliche, womöglich auch kontroverse Anregungen für den Umgang mit dem Informationsbegriff.

- **Abschnitt 2 umfaßt die Kapitel 3 bis 5 und konzentriert sich auf die grundlegende Funktionsweise digitaler Computer und zentrale Fragen ihrer Anwendung, insbesondere beim Betrieb von Datenbanken**

Kapitel 3 beschreibt die Geschichte von Rechenautomaten und Computern und führt über binäre Systeme und den inneren Aufbau einer CPU zur grundlegenden Architektur eines Rechnerkerns aus CPU, Memory und BUS . Der Rest des Kapitels legt seinen Schwerpunkt auf systeminterne Prozesse, die das Zusammenspiel von Hardwarekomponenten untereinander, sowie zwischen Software und Hardware kontrollieren.

Wer sich für Details der Hardware nicht interessiert, kann die Abschnitte 3.2.2. und 3.3.3. bis 3.3.5 getrost übergehen, für den im Umgang mit Rechnern literaten Leser sind gerade diese Abschnitte die spannendsten in Kapitel 3, sie enthalten Konzepte, die in der Einführungsliteratur über PC - Systeme meist nicht abgedeckt werden.

Kapitel 4 ergänzt das Kernsystem aus Kapitel 3 um einen Massenspeicher und untersucht, wie Speicher und Rechenleistung als gemeinsame Ressourcen über das Betriebssystem verwaltet werden. Abschnitt 4.3. listet einige erweiterte Konzepte zur Verbesserung von Rechenleistung und Speicher auf, die man in nahezu allen modernen Systemen vorfinden kann.

Viele Inhalte in Kapitel 4 bewegen sich auf der Ebene nicht unbedingt nötiger Detailkenntnis. Nicht verzichtet werden sollte aus Sicht nachfolgender Kapitel, insbesondere der Kapitel 5 und 9, auf die Abschnitte 4.1.1 bis 4.1.4.. Das Segment 4.3. liefert hoffentlich Antworten auf einige der heute am häufigsten benutzten Schlagworte, wie RISC, RAID, HSM etc.

Kapitel 5 beschreibt die systembedingten Vorteile digitaler Informationssysteme für die Anwendung anhand von Textverarbeitung, Tabellenkalkulation, Grafik und Datenverwaltung. Anschließend folgt ein detaillierter Abschnitt über den Aufbau und Betrieb von Datenbanken. Dieser Schwerpunkt wird stark anwendungsbezogen anhand eines konkreten Beispiels behandelt, da nach meiner Erfahrung kein anderes Anwendungsfeld der digitalen Informationstechnik von einem so großen Mißverhältnis zwischen strategischer Bedeutung und tagtäglicher Anwendung einerseits und den Kenntnissen der Anwender über Strukturen, Chancen und Probleme andererseits gekennzeichnet ist. Den Abschluß bildet eine Einführung in die Denkweise von Objektmodellen beim Umgang mit Daten und Prozessen.

Ich glaube, die Abschnitte 5.1. und 5.2. sind für jeden professionellen Anwender von großem Interesse, Abschnitt 5.3 ist als Ergänzung und Hinweis auf eine neue Sichtweise der Datenverarbeitung aus strategischer Sicht dienlich.

- **Abschnitt 3 umfaßt die Kapitel 6 bis 9 und konzentriert sich auf digitale Netze der Tele- und Datenkommunikation, sowie auf Internetworking und den Betrieb moderner verteilter Informationssysteme**

Kapitel 6 enthält einige der grundlegenden Konzepte der Datenkommunikation sowie eine Beschreibung des Telefonnetzes mit dem Schwerpunkt auf dessen digitaler Infrastruktur. **Kapitel 7** widmet sich ausschließlich den Fragen einfacher und komplexer lokaler Datennetze und schließt mit einer Gegenüberstellung wichtiger Systemkonzepte bei der Datenübermittlung. **Kapitel 8** schließlich handelt von Weitverkehrsnetzen für Daten und von Internetworking, abschließend beschreibt es die Migration dieser Netze auf eine immer einheitlichere Basis und das Ziel des ATM.

Wer mit den grundlegenden Fragen der Datenvernetzung vertraut ist, dem sei aus den ersten beiden Kapiteln zumindest der Abschnitt 6.1.1. und 6.3. empfohlen, sowie Abschnitt 7.2.3. Zwar lassen sich die beiden Kapitel unabhängig durchforsten, für das Verständnis der Konvergenz aus Datentechnik und Telekommunikation sollten sie aber zusammen konsumiert werden. In Kapitel 8 ist es, so hoffe ich, gelungen, die selbst in der Literatur oft widersprüchlichen Aussagen zu den Unterschieden der Weitverkehrsnetze zu vereinheitlichen..

Kapitel 9 schließt den Kreis im Zyklus dieses Abschnittes. Die Verfügbarkeit internationaler Netze verändert die Sichtweise auf den Umgang mit Daten innerhalb und außerhalb eines Unternehmens dramatisch. Wir nähern uns dieser Fragestellung vom Ausgangspunkt der Unternehmensstrategie, erläutern anschließend Fragen der Datenverteilung und Datenorganisation in heterogenen Systemen und schließen mit einem Abschnitt über Internet und Intranet.

Der Abschnitt 9.1.1. ist auch für den technisch wenig versierten Leser als Einführung in die Probleme der verteilten Systeme geeignet. Abschnitt 9.1.2. ist als Exkurs für technisch Interressierte zu betrachten. Abschnitt 9.2. und 9.3. erläutern die grundlegende Basis für die Funktionalität in einem verteilten System. Abschitt 9.4. liefert eine kompakte Einführung in das Internet, 9.4.1. kommentiert auch das organisatorische und politische Umfel des Internet.

- **Abschnitt 4 umfaßt die Kapitel 10 und 11 und konzentriert sich auf die Besonderheiten medialer Daten, wie Bild, Ton und Video in digitalen Systemen und die durch Konvergenz bedingten Trends im Medienmarkt.**

In Kapitel 10 findet sich eine modellhafte Beschreibung für die Ziele medialer Informationssysteme. Ausgehend von diesen Zielen werden die Besonderheiten bei der digitalen Darstellung von Medieninhalten beschrieben. Der zweite Teil behandelt ausschließlich die strategisch zentrale, technisch aber extrem komplexe Frage der Datenreduktion, deren Grundverfahren kurz umrissen werden.

Für alle, die mit den Grundlagen der digitalen Signaldarstellung vertraut sind, bietet der Abschnitt 10.1. nichts Neues. Wer sich nicht zu sehr in die Materie der Datenreduktion einarbeiten will, kann hinter Abschnitt 10.2.1. aussteigen.

Kapitel 11 bildet den Abschluß des Buches mit einem Streifzug durch die aktuellen Trends der digitalen Medientechnik, die sich erneut als Sonderfälle der Informationstechnik erweisen. Neben einem allgemeinen Teil über die Entwicklung des Medienmarktes werden die Themen digitaler Hörfunk und digitales Fernsehen (DAB und DVB) behandelt. Anschließend geht es um die verschiedenen Verteilwege für Medien zum Endkunden und die multimedialen Speichersysteme der CD-ROM und der DVD. Ein getrennter Abschnitt widmet sich dem Aufbau digitaler medialer Netze, die für den Betrieb von Hörfunk und Fernsehen alle Ton- und Bildinformationen digital vorhalten und vermitteln.

Der Einführungsteil 11.1. enthält einen für alle im Medienmarkt Tätigen hilfreichen Überblick über die aktuellen technischen und strategischen Trends. Der Abschnitt 11.2.2. liest sich besser, wenn vorher 11.2.1. gelesen wurde, ansonsten sind die Inhalte von 11.2. und 11.3. voneinander unabhängig. Wer aus dem Bereich der klassischen EDV kommt, findet in 11.3. einige Hinweise, warum sich die dort eingesetzte Technik nicht ohne Probleme auf Medieninhalte übertragen läßt.

Einsatz als Nachschlagewerk und Stichwortquelle

Das Buch ist so gegliedert, daß es einerseits das schnelle Auffinden der gewünschten Informationen erlaubt, anderseits dem Leser bei der anschließenden Lektüre die Wahl zwischen zwei Varianten des nötigen Detailreichtums überläßt. Dabei sollen ihnen folgende Hilfestellungen dienen

- **Gezielter Zugang über Inhaltsverzeichnis mittels vier Gliederungsebenen**
- **Sichtbare Indizierung der Kapitel am Seitenrand**
- **Angabe der zweiten und dritten Gliederungsebene auf allen Seitenköpfen**
- **Schnelles Querlesen der deutlich abgehobenen Zusammenfassungen**
- **Auswahl des gewünschten Detailreichtums über Zusammenfassung oder Fließtext**

Für Studium und Lehre

Der Text basiert auf dem Vorlesungszyklus zur Informations- und Kommunikationstechnik und der vorausgehenden Einführungsvorlesung "Grundlagen der Rechnertechnik" am Fachbereich 09 „Medienwirtschaft" der Fachhochschule Wiesbaden. Zusammen erstrecken sich diese Veranstaltungen mit je 2 Semesterwochenstunden über die ersten vier Fachsemester und stehen in engem Zusammenhang mit Veranstaltungen zum Thema „EDV und Organisation", die parallel gelesen werden. Die Studienordnung des FB 09 sieht als Ziel die Ausbildung von Betriebswirten mit der Zusatzqualifikation vor, über ein für Managemententscheidungen nötiges Grundverständnis aus Technik und Gestaltung zu verfügen. Das Zusammenwachsen von Informationstechnik und Medientechnik, sowie die zunehmende Bedeutung der medialen Kompetenz bei der innerbetrieblichen Kommunikation machen eine Grundlagenvorlesung über medien- bzw. wirtschaftsspezifische Informations- und Kommunikationstechnik erforderlich. Zielsetzung bei der Gestaltung des Inhaltes war es, einen kompakten Text zu schaffen, der sich insbesondere jenen Inhalten annimmt, für die aus dem Bereich der klassischen Wirtschaftsinformatik und der klassischen Medientechnik keine aktuelle oder für die inhaltliche Struktur eines begleitenden Studieninhaltes geeignete Literatur zur Verfügung steht. Neben dem weitgehend technischen Schwerpunkt, der sich an den praktischen Erfordernissen und Konsequenzen der Technologie orientiert und weniger am technischen Detailreichtum im Sinne eines Ingenieurstudiums, werden auch solche Inhalte im Umfeld der Wirtschaftsinformatik und der Medien behandelt, die aus Sicht des Autors in der dort üblichen Lehre nicht ausreichend abgedeckt werden.

Inhaltsverzeichnis

1 Einführung

1.1 Warum Informations- und Kommunikationstechnik ?

1.1.1 Der Trend: konvergente Systeme

1.1.1.1 Technik als historisches Denkmuster

Bewußtsein und Denken einer Epoche sind seit jeher stark vom Fortschritt der dem Menschen zugänglichen Werkzeuge und Hilfsmittel abhängig. Gesellschaftliche und wirtschaftliche Entwicklungsprozesse sind direkt mit dem Entstehen, Aufblühen und Vergehen von Basistechnologien verwoben, sind zugleich deren Ursprung und Ergebnis. So hat sich, ausgehend von seinen Wurzeln im 16ten und 17ten Jahrhundert, das Denkmodell von Naturwissenschaft und Technik zum bestimmenden Faktor für unser Weltbild und unseren Alltag entwickelt. Das Erfahrungsprinzip als Möglichkeit, unter gleichen Bedingungen gleiche Ergebnisse zu erzielen und die Mathematik als Basis für deren objektive Bewertung und Vergleichbarkeit bilden den Kern dieses Denkmodells. Sie stehen in engem Zusammenhang mit der Entwicklung der Manufakturen als Vorläufer der industriellen Serienfertigung von Produkten und der blühenden weltumspannenden Handelskontore des Mittelalters als Keimzelle moderner Wirtschaftsstrukturen. Weltbild und Wirtschaftsmodell haben durch ihren bestimmenden Einfluß im Verlauf der Geschichte moderner Industrienationen auch den Großteil der gesellschaftlichen Strukturen der Gegenwart bestimmt. Schlagworte, wie "fraktale Unternehmen", "Business Reengineering" oder "Fuzzy Management" belegen den Versuch, die modellhaften Vorstellungen der Naturwissenschaft auch heute auf die Unternehmensführung zu übertragen.

Technologie und deren Wandel hat einen nachhaltigen Einfluß auf die Denkmodelle in Wirtschaft und Gesellschaft.

Zum Zeitpunkt der Entstehung dieses Textes ist die Suche nach neuen Managementmodellen und deren Vermittlung an die handelnde Entscheidungsebene in Unternehmen und Politik zu einem lukrativen Geschäft geworden. Das Wirtschafts- und Gesellschaftsgefüge ist in Bewegung geraten. Verunsicherung macht sich breit angesichts eines, zumindest im Sinne der Industrienationen, globalen Umbruchs, der mit hoher Wahrscheinlichkeit unser Leben ebenso radikal verändern wird, wie dereinst die Thesen von Newton und Descartes. Vermeintliche Ursachen für diesen Wandel werden gesucht, Modelle für seine Bewältigung vorgeschlagen. Im Gegensatz zu damals jedoch steht heute nicht die verbesserte Erkenntnis über das den Menschen umgebende Universum als Lebensraum im Mittelpunkt. Die Herausforderungen, denen es Herr zu werden gilt, resultieren vielmehr aus der Tatsache, daß vom Menschen geschaffene Technologien schneller zu veränderten Lebensbedingungen führen, als dies auf der Basis der vorhandenen Erkenntnismodelle begriffen und verarbeitet werden kann. Beispiele liefern die teils unvorhersehbar komplexen Folgen der Technik für Umwelt und Gesellschaft, sowie die Hilflosigkeit, mit der Politik, Wirtschaft und Bevölkerung selbst hochindustrialisierter Länder dem rasend schnellen Fortschritt der Informationstechnik und dem damit verbundenen nationalen und internationalen Strukturwandel begegnen.

Die Herausforderung des Informationszeitalters ist der Umgang mit Technologien, deren Folgen schneller eintreten, als dies intellektuell auf Basis vorhandener Erkenntnismodelle verarbeitet werden kann.

1.1.1.2 Konvergenz durch digitale Technik

Ob man von der vierten oder fünften industriellen Revolution spricht, ob man die Moderne das "Silicon Age" nennt, "Globalisierung" oder "Informationsgesellschaft" in den Mund nimmt, begründet sind die mit diesen Schlagworten umschriebenen Entwicklungen letztlich in der explosionsartigen Beschleunigung der Datenverarbeitung und des Datentransports. Die Verkürzung der Kommunikationswege und der Datenbeschaffung beschleunigt den Grundtakt des Wertschöpfungsprozesses, elektronisch verwaltete Finanzmärkte sorgen für eine ungeahnte Beweglichkeit virtuell gewordener Kapitalströme, Information wächst in die Rolle des zentralen Unternehmenskapitals. All dies ist ein Spiegel der einheitlichen Repräsentation aller Daten auf digitaler Basis und deren Zusammenfließen in ein weltumspannendes Informationssystem. Dieses System verbindet bisher getrennte Medien- und Kommunikationsformen, Bild-, Text-, Ton- und Verwaltungsdaten auf einer gemeinsamem Plattform und reißt die Trennwände zwischen bislang getrennten Fachbereichen ein.

Auf der Basis einheitlicher binärer Repräsentation verschwindet die Grenze zwischen Qualifikationsprofilen, zwischen verschiedenen Formen der klassischen Medien.

Wo aber die Trennung in Medienformen, wie Bild, Text, Ton, Film, etc. nicht mehr sinnvoll und durch den vagen Sammelbegriff "multimedial" ersetzt ist, verschwinden auch die Grenzen zwischen bisher getrennten Arbeitsbereichen und Qualifikationsprofilen der damit befaßten Menschen. Wo die Beschaffung und Verteilung von Informationen verzögerungsfrei erfolgt, wo jeder jederzeit Zugang zu allen Inhalten hat, können die Strukturen der Organisationseinheiten nicht unberührt bleiben. Und wo auf der Basis digitaler Vereinheitlichung Medien zum Sonderfall eines allgemeinen Informationsbegriffes werden und umgekehrt, entfällt auch die bisherige "Zuständigkeit" der Medien, der betrieblichen EDV und der Kommunikationstechnik, die zukünftig alle im Rahmen der Konvergenz von Technologien unter einem gemeinsamen Dach betrachtet werden müssen. Der Umgang mit und der sinnvolle Einsatz von Informationstechnik stellt für die Zukunft eine Mindestanforderung an jeden Versuch dar, unternehmerisch und gestaltend erfolgreich tätig zu sein.

Informations- und Kommunikationstechnologie ist die treibende Kraft für die Konvergenz von Produkt-, Markt- und Qualifikationsprofilen. Der Umgang mit ihr ist in Zukunft Basis für unternehmerisch und gestaltend erfolgreiches Handeln.

1.1.1.3 Die Suche nach neuem Profil

Die Forderung, konvergierende Technologien unter einem Überbegriff als Gesamtheit zu betrachten, stößt nicht überall auf positive Resonanz. Die Betrachtung eines so weitreichenden Feldes bringt zwangsläufig die Abkehr vom Spezialistentum und dem damit verbundenen Spartendenken, statt dessen eine Hinwendung zum Generalisten als Musterprofil einer wünschenswerten Qualifikation mit sich. Zynisch gesagt: An die Stelle dessen, der Alles über nichts weiß, tritt einer, der Nichts über Alles weiß. Nicht ohne Grund fürchten die Spezialisten auf den gerade beschriebenen Fachgebieten deshalb eine zunehmend unsaubere und wenig qualifizierte Auseinandersetzung mit komplexen Themen.

Informations- und Kommunikationstechnik erfordert eine fachübergreifende Betrachtung im Zusammenhang mit ihren Anwendungsfeldern und damit eine Abkehr vom reinen Spezialistentum.

Es wird eine der strategischen Herausforderungen werden, sich nicht nur der Frage nach dem Fortbestand bisher üblicher Ausbildungs- und Berufsprofile zu stellen, sondern nach den generellen Grenzen heute üblicher Denkmodelle zu suchen. Was die Frage von Fachwissen oder Generalistentum betrifft, soll meine Überzeugung anhand eines Beispieles verdeutlicht werden: Selbstverständlich versteht ein KFZ Mechaniker oder Maschinenbauingenieur mehr von der Funktionsweise eines Autos als ein mit dem Management des Fuhrparks betrauter Betriebswirt. Um über die Folgen und Risiken des Einsatzes einer großen Anzahl von Fahrzeugen und deren Auswirkung auf die Struktur des Unternehmens urteilen zu können, ist dies jedoch ohne Bedeutung. Noch deutlicher formuliert: Sinnvolle Verkehrspolitik kann auch betreiben, wer das Prinzip der luftmengengestützen Gemischregulierung elektronischer Einspritzanlagen nicht verstanden hat. Dem modernen Betriebswirt auf der Suche nach Wegen, Information als Unternehmenswert zu erhalten und zu vermehren, bleibt in Zukunft die Auseinandersetzung mit Informationstechnik ebensowenig erspart wie dem Medienmanager, der im Wettbewerb mit neuen Informationsformen veränderte Geschäftsmodelle und Programmangebote für sein Unternehmen sucht. In beiden Fällen geht es darum, über die klassische Berufsqualifikation hinaus über ein zeitgerechtes Verständnis für die strategischen Chancen und Risiken der Informationstechnik in ihrer vollen Breite zu verfügen. Für die allgemeine Betriebswirtschaft schafft dies mediale Fähigkeiten im Informationsmanagement des Unternehmens, für Medienwirtschaft die Erkenntnis, Medien als einen Sonderfall der allgemeinen Informations- und Kommunikationstechnik zu begreifen.

1

Konvergenz nutzen heißt, mediale Qualitäten im Unternehmensmanagement und informationstheoretische Fähigkeiten im Medienmanagement zu entwickeln.

1.1.2 Information und Informationssysteme

1.1.2.1 Formalisierung bewußt erweitern

"Die Menschen sollen nicht so viel nachdenken,
*was sie **tun** sollen, sie sollen vielmehr*
*bedenken, was sie **sind**"*

Meister Eckhart

In einem dem Umgang mit "Wissen" gewidmeten Abschnitt seines Buches "Haben oder Sein" unterscheidet Erich Fromm wie folgt zwischen der am Sein und der am Haben orientierten Zielsetzung von Wissen: "Das höchste Ziel der Existenzweise des Seins ist *tieferes Wissen*, in der Existenzweise des Habens *mehr Wissen*". Das von ihm genannte Zitat des Meister Eckhart steht, wie auch sein eigener Standpunkt, in engem Bezug zum Umgang mit Informationstechnik. Dort, wo Informationssysteme genutzt oder hergestellt werden, steht die Intensität der Auseinandersetzung mit deren technischer Funktionsweise oft in einem krassen Mißverhältnis zur Menge an Wissen über den Informationsprozeß selbst. Folglich verstehen wir mehr von der Funktionsweise des als Hilfsmittel für Informationsverarbeitung gedachten Systems, als von den inneren Strukturen der Information und deren Bedeutung für den Erkenntnis-, Lern- und Organisationsprozeß. Als

Ergebnis sammeln sich mit technischer Hilfe Unmengen unstrukturierter und nutzloser Daten an, deren Vermehrung ab einem gewissen Zeitpunkt keine zusätzliche Aussage liefert, die nicht schon im vorhandenen Datenbestand enthalten wäre. Das oftmals beklagte Scheitern ehrgeiziger EDV - Projekte an den Problemen beim Zusammenspiel mit und zwischen den daran arbeitenden Menschen ist ein weiterer Aspekt dieser Grundeinstellung. Im schlimmsten Fall ist nicht etwa diejenige Lösung gefragt, die den vorhandenen Prozeß bestmöglich unterstützt, sondern jene, die aufgrund technischer Überlegungen als Produkt fertig verfügbar und vor allem mit umfangreichen technischen Neuerungen bestückt ist. Der Versuch, mit der Geschwindigkeit technischer Entwicklung Schritt zu halten, beansprucht vielfach alle verfügbaren Zeitresourcen und erstickt die Frage nach dem ursprünglich beabsichtigten Zweck vieler Systeme im Keim.

Die bisherige Auseinandersetzung mit Informationstechnik enthält ein Mißverhältnis zwischen dem erzielten Verständnis für die Funktionsweise technischer Systeme und dem Wissen über die Struktur des Informationsprozesses selbst.

Informationstechnik kann nicht isoliert von "Information" als Zwischenzustand des menschlichen Erkenntnisprozesses betrachtet werden. Gerade an dieser Stelle aber wird die Grenze der technokratischen Herangehensweise deutlich: Die Informatik ist seit jeher eine formalisierende Wissenschaft. Dies ist nicht zuletzt der Grund für ihre Stärke. Für eine formalisierende Wissenschaft gilt aber: "Was sie nicht formalisieren kann, kann sie nicht erfassen. Was sie nicht erfassen kann, eliminiert sie aber nach Möglichkeit. Was sie eliminiert, verschwindet erst aus der Wissenschaft, dann aus ihrer Anwendung. Unformalisierbar ist aber alles, was mit dem realen Menschen und dem sozialen Leben zu tun hat." (Steinmüller)

Eine sinnvolle angewandte Informatik muß die Beschränkung auf Formalisierbares bewußt überwinden.

Es könnte sich als eine der wichtigsten Aufgaben der modernen Technik erweisen, die Verbindung zu den "nichtformalisierten" Wissenschaften zu wagen. Was für den Einsatz von Informationssystemen gilt, kann fast unverändert auf viele Probleme der modernen Industrienationen übertragen werden, die eventuell deshalb nicht gelöst werden können, weil der Blick auf das offensichtliche verstellt ist durch Festhalten an alten Denkmodellen, die unformalisierbares kategorisch als "nichtexistent" aus ihrem Weltbild ausgrenzen.

1.1.2.2 Inhalt und Bedeutung von "Information"

Das Wort "Information" wird heute in einer Vielzahl unterschiedlicher Zusammenhänge gebraucht. Nicht zuletzt die Massenmedien haben den Umgang mit dem Informationsbegriff erschwert. Das Bombardement durch Werbung mit eher gut getexteten als inhaltlich korrekten Beiträgen verwässert die Bedeutung von

Worten durch deren unsachgemäße Nutzung. So fällt es beispielsweise nach Jahren teils kläglicher Werbefeldzüge und Berichterstattung in TV und Print schwer, das Wort "Multimedia" überhaupt noch in einen sinnvollem Kontext zu setzen. Dieser Begriff hat durch seine freizügige Verwendung ohne eindeutigen Bezug seine Aussagekraft völlig verloren. "Multimedia" ist alles und dadurch zugleich nichts. In gleichem Maße gilt dies auch für den Begriff "Information". Aus diesem Grund wird ein Gutteil des zweiten Kapitels dem Versuch gewidmet sein, der Auseinandersetzung mit den komplexen Fragen der Informations- und Kommunikationstechnik erst die einigermaßen saubere Vereinbarung eines Vokabulars vorauszustellen. Damit soll die eigentliche Leistung der verbalen oder schriftlichen Information wiederhergestellt werden: Die Fähigkeit, komplexe Objekte oder Sachverhalte abstrakt und dennoch eindeutig zu beschreiben.

Die häufige Verwendung des Begriffes "Information" in verschiedenen Definitionszusammenhängen erfordert eine eindeutige Regelung für das Verständnis der Begriffe im Informationsprozeß.

Zum Schluß dieser breitgefächerten Einleitung sei mir noch ein kurzer Ausflug in ein anderes Feld erlaubt, das die Problematik des zwiespältigen Umgangs mit Information und Informationssystemen verdeutlicht. Vielen Medienmachern ist das Empfinden für den Umgang mit "Information" verloren gegangen. Sie ignorieren bewußt oder unterschwellig, daß für die Zuschauer mediale Inhalte immer auf einer ähnlichen Ebene stehen, wie reale, von ihnen selbst erlebte Informationen. Selbst einfache Anwendungen der modernen Medientechnik, wie gezielter Schnitt und geschickter Kamerastandort, erlauben es, einen "realen" Informationsbeitrag zu verfälschen. "Unterhaltung" mit absichtlich "erfundenen" und möglichst real dargestellten Inhalten ist ein Sonderfall von Information und bleibt ebenfalls nicht ohne Wirkung auf den Rezipienten: Auch wenn ein direkter Zusammenhang bis heute verleugnet wird: Die Wahrnehmung einer in Handlung dargestellten Realität, die pro Fernsehabend im Durchschnitt 40 bis 70 Tote über alle Kanäle hinweg auf die Mattscheibe bringt, kann nicht ohne Auswirkung auf das Bild bleiben, das sich der Mensch von seiner vermeintlichen Umwelt macht. Wo gar die Grenze zwischen Unterhaltung und Information nicht nur unabsichtlich, sondern mit Vorsatz und andauernd überschritten wird, wie am Beispiel von "Reality TV", ist die unkritische Empfänglichkeit für "Pseudo-information" und deren Auswirkungen auf das unterschwellige Realitätsbild noch größer. Es bleibt zu hoffen, daß sich engstirniges Wissens um technische Produktionsmittel, Verbreitungskanäle und Gewinnmaximierung dahingehend erweitert, daß die hochgesteckten Ziele der Medienexpansion nicht ohne Rücksicht auf den Wert und Nutzen der angebotenen Inhalte erreicht werden können.

1.2 Der Begriff: Information und Kommunikation

1.2.1 Vielfalt und Perspektivität des Informationsbegriffes

1.2.1.1 Information in verschiedenen Bezugssystemen

Menschen und Umwelt stehen in fortwährendem Kontakt zueinander. Die Einflüsse der Umgebung resultieren in vorhersagbar reproduzierbaren Reaktionen auf rein biologischer Ebene. Selbst das "Funktionieren" des einfachsten Organismus ist von der Fähigkeit abhängig, die Außenwelt zu registrieren und die benötigten Reaktionen darauf im Organismus selbst abzustimmen. Informationsaustausch und Kommunikation finden also bereits auf der untersten Ebene des Lebens statt.

Kommunikation und Information sind Kernbestandteile eines jeden funktionierenden Organismus.

Man könnte selbstverständlich geneigt sein, den Begriff "Information" in Zusammenhang mit der biologischen Funktion einer einzelnen Zelle nicht zuzulassen. Die Reaktion der Zelle auf die von außen "erfahrenen" Umweltparameter erfolgt schließlich nach Vorgabe eines biologischen "Programmes" und vollkommen unwillkürlich, ist sozusagen eine reflexartige Auswirkung eines elektrochemischen oder anderen Reizes. Die vom System "Zelle" registrierten Signale (Umwelteinflüsse) führen aber nicht zu einer zufälligen Folge von Prozessen, sondern im Gegenteil zu einer extrem optimierten Reaktionskette im Sinne einer bestmöglichen Überlebenschance. Diese Kette ist das Ergebnis eines langen Evolutionsprozesses, der dazu geführt hat, daß eben jener Zelltypus heute und an seine Umwelt angepaßt existieren kann. Man kann der Evolution als Prozeß keinen bewußten Lernvorgang zugestehen. Die Natur dieser Zelle verfügt mit diesen Abläufen aber trotzdem über ein umfangreiches "Wissen" um die Einflüsse und Reaktionen im Zusammenspiel mit der Umwelt. Bis heute ist es uns nicht gelungen, die Reaktionsketten und die Anpassungsfähigkeit dieser einfachen Organismen auch nur im Ansatz mittels technischer Systeme nachzuahmen.

Der Informationsprozeß als Überlebensprinzip findet auch auf der Ebene der einfachsten Organismen statt und sind bis heute technisch nicht vollständig reproduzierbar.

Welche Argumentationskette im Einzelnen auch verfolgt wird, nicht nur der Umweg über die Betrachtung der Einzeller führt zu einem wichtigen Schluß über die Begrifflichkeit des Wortes "Information". Information tritt in einem breiten Spektrum von Qualitäten auf, die selbst bei identischen Situationen aus Sicht unterschiedlicher Bezugssysteme vollkommen verschieden ausfallen. Was für das System "Mensch" wie ein billiger Reflex aussieht, stellt aus der Sicht der Zelle einen wichtigen Informationsvorgang als Reaktion auf veränderte Umweltbedingungen dar: Was von außen einfach aussieht, bedeutet im Inneren der Zelle komplexe Prozesse für die Abstimmung der unterschiedlichen Funktionsgruppen untereinander.

Der Inhalt aller Begriffe im Umfeld des Informationsbegriffes hängt von der Wahl des Bezugssystems ab, in dessen Zusammenhang sie betrachtet werden.

1.2.1.2 Kommunikation zwischen Systemen

Im vorhergehenden Abschnitt war von der Wahl des geeigneten Bezugssystems die Rede. Jedes betrachtete System läßt sich beliebig weit in kleinere Teileinheiten dividieren, die wiederum als selbständige Systeme im Sinne des Informationsbegriffes betrachtet werden können. Wie eine einzelne Zelle erhalten sie Signale und reagieren durch sinnvolle Abstimmung ihrer Bestandteile. Unabhängig davon, wo man die Grenze zwischen den Bestandteilen von Ober- und Untersystemen zieht: Das innere Zusammenspiel einer jeden Organisationseinheit, die sich aus mehr als einem Mitglied zusammensetzt und deren Inhalt in einer verbesserten Leistungsfähigkeit des Gesamten im Vergleich zum Potential seiner Bestandteile besteht, ist von der Kommunikation, also vom Austausch von Informationen zwischen seinen Mitgliedern abhängig.

Alle Systeme (biologische Organismen ebenso wie künstlich geschaffene Strukturen) und deren Subsysteme, also Organisationseinheiten jeder Art, erfordern den Austausch von Informationen, also Kommunikation.

In diesem Sinne sind Information und Kommunikation untrennbar verbunden, tragen letztlich ein und denselben inhaltlichen Kern. Wenn Information in Zusammenhang mit einer nicht zufälligen, sinnvollen Reaktion auf die Umwelt gebracht wird, kann Information ohne Kommunikation nicht existieren. Hätte Information noch eine Qualität, wenn die in ihr enthaltene Sinnhaltigkeit nicht mitgeteilt und daher auch nicht genutzt werden könnte ? In der Philosophie reichen die Gedanken bis zur Frage, ob man als "existent" bezeichnen kann, was niemand beobachtet hat, was sich auch theoretisch nicht mitteilen oder kommunizieren kann. Auch die Quantenphysik liefert dazu einen interessanten Beitrag mit der Feststellung, daß der Lauf der Natur unterschiedliche Wege in Abhängigkeit davon einschlägt, ob er beobachtet, also gemessen wird oder nicht.

Information und Kommunikation sind untrennbar verbundene, oft sogar gegeneinander austauschbare Begriffe.

1.2.1.3 *Information und Kommunikation als Grundrecht*

Mittels der rein biologischen Mechanismen seiner körperlichen Funktion und der ihn umgebenden sozialen und gesellschaftlichen Strukturen ist der Mensch ein politisches Wesen. Nichts beeinflußt ihn mehr als das Erleben subjektiver Empfindungen im Umgang mit seiner Umwelt und die Fähigkeit zu deren Reflexion. Soziologie und Psychologie geben ausreichenden Aufschluß über die Notwendigkeit zur Kommunikation. Für den Menschen gilt es daher, neben dem Recht auf rein biologisches Überleben auch das Recht auf ein menschenwürdiges Leben einzufordern, in dem das Recht auf Selbstverwirklichung, Informationszugang und Freiheit der Kommunikation eine entscheidende Rolle spielt.

Letztlich gründen die Menschenrechte als Sammeleinheit der menschlichen Grundbedürfnisse zum großen Teil auf dem Recht zur freien Kommunikation und Information.

1.2.2 Information / Kommunikation aus Sicht der Technik

1.2.2.1 *Integration von Information und Kommunikation*

Die Technik erweitert die Möglichkeiten der Kommunikation und der Informationsverarbeitung. Sie verbessert den Radius der zeitgleichen Kommunikation bzw. der zeitgleich zugänglichen Informationen, sie ermöglicht die zeitversetzte Aufbereitung von Informationen.

Medientechnik verbessert die Möglichkeiten der mittelbaren und zeitversetzten Kommunikation und Informationsgewinnung.

Systeme als abgeschlossene Einheiten benötigen für die Befähigung zur Kommunikation, zur Aufnahme und Weitergabe von Informationen eine Schnittstelle zur Umgebung. Diese Umgebung muß zudem geeignet sein, die Information zwischen den Systemen zu übertragen. Ebenso erfordert die zeitversetze Informationsverarbeitung einen Mechanismus, der geeignete Umgebungsparameter so verändert, daß diese Veränderung bis zum Zeitpunkt der Weiterverarbeitung einwandfrei erhalten bleibt. Umgebungen, die diese Voraussetzungen erfüllen, bezeichnen wir als “Medien”. In diesem Sinne ist der Begriff nicht nur auf den Transport von Informationen beschränkt, wir sprechen auch von “Speichermedien”.

Das “Medium” ist eine den Systemen gemeinsam zugängliche Umgebung die geeignet ist, Informationen als Veränderung der Umgebungsparameter zu transportieren, oder solche Parameter über lange Zeiträume unverändert zu erhalten.

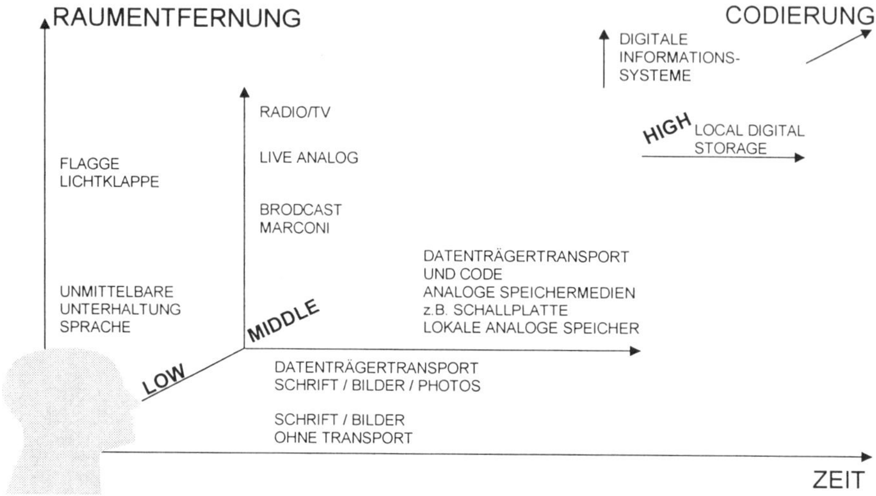

Abbildung 1.1 Technische Codierung für Speicher und Kommunikation

Es werden in der Informationstechnik also Signale von den Einschränkungen der unmittelbar für die Wahrnehmung zugänglichen Medien befreit und in physikalische Parameter einer anderen Umgebung verpackt. Damit sind die Inhalte nur noch über technisches Codieren und Decodieren zugänglich. So gesehen ist selbst die Handschrift auf Papier bereits ein medientechnischer Code, dessen Decodierung aber nach Erlernen der Schrift ohne weitere Hilfsmittel zugänglich ist. Im Falle des Videobandes zeigt sich, daß ohne den geeigneten Coder (Videorecorder) die Aufzeichnung, ohne den Decoder (Videoplayer und Monitor) die Wiedergabe nicht mehr möglich ist. Der dabei verwandte Code unterscheidet sich aber deutlich von dem der Aufzeichnung von Ton auf einem Tonbandgerät oder der "Verschlüsselung" von Bildern durch die chemischen Reaktionen einer Photoschicht beim Film.

Die Nutzung technischer Medien erfordert die Codierung und Decodierung von Inhalten als Zugang für die Wahrnehmung.

Die Abbildung 1.1 zeigt, wie die Komplexität der Codierung für die Überwindung von Zeit und Raum beim Informationsaustausch im Lauf der Zeit zunimmt. Mit der Einführung der digitalen Technik verschwindet die Grenze zwischen den Codes. Alle Daten sind auf unterster Ebene einheitlich, in Form eines binären Zahlencodes mit den Schaltzuständen “An” und “Aus” repräsentiert. Damit hat zugleich die Einheitlichkeit der Codierung und die Komplexität des Codes ein Maximum erreicht. Die digitale Technik führt also zu einer Integration von Speicher- und Kommunikationssystemen: In einem vernetzen multimedialen System sind die unterschiedlichen Formen der Kommunikation und der Speicherung zu einem integrierten Gesamtkonzept verbunden. Wurde Kommunikationstechnik als Basis für den zeitgleichen Austausch von Informationen verstanden, so bezeichnete die Informationstechnik hauptsächlich die Qualität eines Systems, Informationen organisiert abzulegen und später wieder abzurufen. Dies ist aber nichts anderes als eine Kommunikation des Systems zu einem Zeitpunkt mit sich selbst zu einem anderen Zeitpunkt über das Medium "Speicher". Fügt man in die Kommunikationsstrecke ein Speicherglied ein, so ist allen Anforderungen der Information und Kommunikation Genüge getan.

Vernetzte digitale Informationssysteme integrieren den zeitversetzten Austausch von Informationen über einen Speicher im Sinne der klassischen Informationstechnik mit dem zeitgleichen Austausch im Verständnis der klassischen Kommunikationstechnik.

1.2.2.2 Das Schichtenmodell

Das Schichtenmodell ist ein universelles Gedankenmodell zur Beschreibung inhaltlicher und technischer Strukturen der Informationsverarbeitung. Es geht davon aus, daß der Austausch einer Information von der Informationsquelle zum Informationsempfänger eine Reihe logisch und funktional deutlich identifizierbarer und voneinander trennbarer Stufen durchläuft. Jede dieser Ebenen auf dem Informationstransport kann unabhängig betrachtet und verschiedenartig realisiert werden, solange nur die Schnittstellen zu den benachbarten Ebenen eindeutig sind.

Das Schichtenmodell erlaubt eine Untergliederung komplexer Vorgänge in eine sequentielle Abfolge aufeinander aufbauender Prozesse. Jeder dieser Prozesse ist unabhängig von der technischen Realisation der anderen Prozeßebenen.

Bei den Grunderfordernissen der Kommunikation und der Speicherung haben wir das Medium als notwendige Voraussetzung definiert. Das Medium, ob für die Übertragung oder für die Speicherung genutzt, stellt also in beiden Fällen im Schichtenmodell die unterste Schicht dar. Alle Prozesse in Informations- und Kommunikationssystemen benötigen die "physikalische Basis". Auf dieser untersten Schicht geht es um die physikalischen Parameter, die auf dem Speicher oder Transportmedium zur Repräsentation der Informationen eingesetzt werden.

Basis des Schichtenmodells ist immer die physikalische Repräsentation der Informationen. Auf dieser Schicht bauen zwangsläufig alle anderen Vorgänge der Informations- und Kommunikationstechnik auf.

Für die Umsetzung der Informationen in den durch das Medium der technischen Systeme vorgegebenen Code benötigen wir einen Encoder und Decoder, also ein Zwischensystem. Dieses System übernimmt, wo in unserer Modellvorstellung erforderlich, auch weitere organisatorische Aufgaben. Im Bereich der Informationstechnik ist dies die Gliederung und Sortierung der Daten in einer Art und Weise, die ihr Wiederauffinden beim Abruf vereinfacht. Systeme der Kommunikationstechnik benötigen meistens einen Mechanismus für die Ermittlung des gewünschten Adressaten und den Aufbau einer Verbindung dorthin. All diese Funktionen, die teils einer detaillierten Untergliederung bedürfen, fassen wir für das einfachste aller Schichtenmodelle unter dem Begriff "Zugang zum Medium" zusammen. Auf der obersten Ebene stehen dann schließlich die im System betriebenen Inhalte. Sie sorgen für die "Anwendung" der bereitgestellten Funktionen der darunterliegenden Schichten.

Ein grobes Schichtenmodell besteht von unten nach oben aus der physikalischen Grundlage eines Speicher- oder Kommunikationssystems, der Ebene des Zugangs zu diesem physikalischen System und der Anwendungsebene

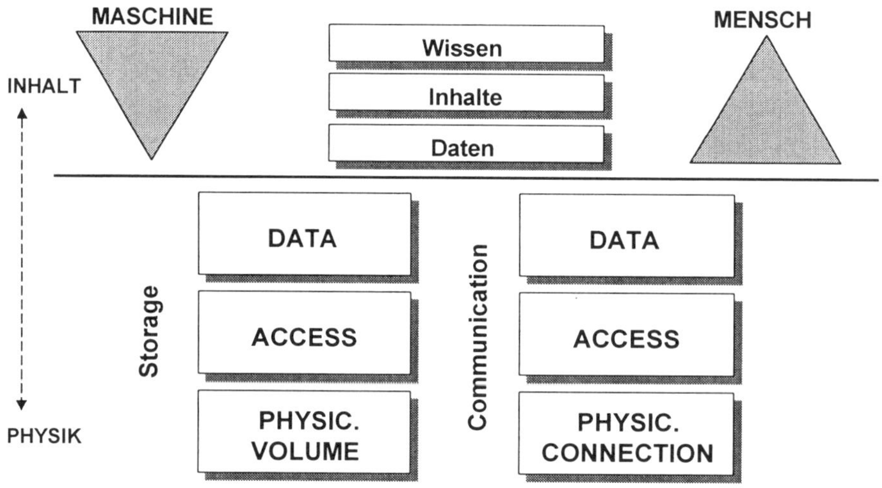

Abbildung 1.2 Schichtenmodell für Technik und Anwendung

Abbildung 1.2 zeigt ein solches Schichtenmodell für Kommunikation (links) und Speicher (rechts) mit jeweils drei Schichten. Die Schnittstelle zu den Anwendungen der derart beschriebenen Technik ist mit Hinblick auf die Beschreibung des Informationsprozesses im nächsten Kapitel dargestellt. Beispiel für diese Struktur ist die Trennung der Anwendungsprogramme eines PC von der Speicherverwaltung, die durch ein gemeinsames Teilsystem realisiert wird, egal ob eine Applikation oder der User direkt damit umgeht. Diese Ebene ist das durch das File System und andere Teile des Betriebssystems repräsentiert. Bei der Kommunikation ist es die oberste Ebene, auf der der Inhaltsaustausch stattfindet, beim Telefon also das Gespräch oder der Datenaustausch, darunter das Telefongerät mit seiner Wählverbindungsstruktur, und im Falle der Daten auch das Modem als Zugangsebene, ganz unten das Leitungsnetz und die Signale auf den Kabeln. Die Telekom kann

Metallkabel auf der physikalischen Ebene durch Glasfaser ersetzen, ohne die Telefonnummernstruktur und die Endgeräte ändern zu müssen. Beim PC ist der Zugriff auf Files immer gleich, egal ob diese auf Floppy, Harddisk, CD ROM oder sogar auf einem anderen, über ein Datennetz erreichbaren System stehen.

Die Isolation der Schichten gegeneinander erlaubt den totalen Umbau einzelner Schichten ohne Beeinflussung der Nachbarschichten.

1.2.2.3 Universalität des Schichtenmodells

Das Schichtenmodell kann auf beliebige Fragestellungen angewandt werden, solange es der Grundidee der Isolation der Schichten gegeneinander treu bleibt. Die Anzahl der dabei gewählten Ebenen hängt von der Detailfülle ab, mit der man ein gegebenes Problem untergliedern möchte.

Die Analyse von Problemen in Schichten nach dem Fragemuster von “B baut auf A auf” und “B ist von A durch folgenden Übergang logisch getrennt” ist auf eine Fülle von Problemen anwendbar.

1.3 Informations- / Kommunikationstechnik für Anwender

1.3.1 Selbstverständnis einer angewandten Informatik

1.3.1.1 Klassisches Selbstverständnis der Fachdisziplinen

Noch bis vor wenigen Jahren galt die Trennung der Wissenslandschaft in schmale Sparten auch im Umfeld der Informationstechnik als sinnvoll und notwendig. Die Medien verstanden sich hauptsächlich als Vertreter eines non-interaktiven Transportweges, also einer Einbahnstraße in die Haushalte eines Massenpublikums, mit der Qualifikation, mediale Möglichkeiten für die ansprechende und unterhaltsame Präsentation von Informationen und Unterhaltung zu nutzen. Technisch waren die Medien eine Domäne der Elektrotechnik. Demgegenüber definierte sich die Betriebsinformatik, die klassische EDV, als eine auf die korrekte und sichere Verwaltung großer Mengen betriebsrelevanter Daten fokussierte Nutzung der Informationstechnik. Hier steht der Inhalt im Mittelpunkt, nicht die Form. Storage and Retrieval ist der Kern der Zielsetzung: Daten organisieren, Ablegen und Wiederfinden. Auch wenn die Wirtschaftsinformatik als Anwendungsfall der Kerninformatik gilt, kann man die in diesem Bereich nach klassischem Verständnis geforderten Qualifikationen getrost hauptsächlich der Informatik zuordnen. Die Kommunikationstechnik hingegen war mit der Bereitstellung von Leitungen für die

Überbrückung physikalischer Distanzen befaßt, hatte demnach auch keinerlei Ambitionen, sich um die Form und den Zweck der auf diesen Leitungen transportierten Inhalte Gedanken zu machen. Hier war die Nachrichtentechnik zu Hause. Die Spielfelder der Fachqualifikationen waren damit seit jeher gut verteilt, die Aufgaben klar vergeben, die Berufsprofile, das Credo und das Selbstverständnis der Fachleute gut gegeneinander abgegrenzt.

Medien-, (betriebliche) EDV- und Kommunikationstechnik waren bisher klar gegeneinander abgegrenzte Felder, die in der Hauptsache von Elektrotechnikern, Nachrichtentechnikern und Informatikern betrieben wurden.

1.3.1.2 Ende der Fachdisziplinen durch Konvergenz

Mit der Konvergenz der Technologie kommt Bewegung in die Spartenteilung. Zum einen ermöglicht die einheitliche digitale Repräsentation von Daten unabhängig von deren Zielform als Text, Bild, Video oder Ton, den systemübergreifenden Schulterschluß zwischen Medientechnik und Informationstechnik. Betrachtet man die augenblicklichen Planungsprojekte der Medienindustrie, so ist schnell ersichtlich, daß sich hinter einem TV - Produktions- und Sendezentrum für das nächste Jahrtausend als technischer Kern ein in Teilsegmenten durch hochspezialisierte Ergänzungen an die Medien angepasstes Rechenzentrum verbirgt. Auf dem Schauplatz der modernen Kommunikationstechniken bietet die avisierte Generation von Hochgeschwindigkeitsnetzen eine transparente Integration von Diensten der klassischen Telekommunikation, der Datenkommunikation und der Rundfunkverbreitung auf ein- und derselben Leitung an. Aus dem "chaotischen" und medial witzig aufbereiteten Internet drängt eine dezentral organisierte und hochflexible Technologie unter dem Schlagwort "Intranet" in die Spielwiese der klassischen EDV. Diese Beispiele und viele andere Entwicklungen stützen die Erkenntnis:

Medien-, Kommunikations- und Managementsysteme sind nur spezielle Unterkategorien einer allgemeinen breiten und integrierten Informationtstechnik.

1.3.1.3 Anwendungsinformatik / angewandte Informatik

Mit diesem Wandel kommt es auf zweierlei Weise zum Konflikt zwischen den Spezialgebieten der Kerninformatik, Computertechnik und Betriebswirtschaftslehre: Zum einen erheben die Vertreter der Anwendungsinformatiken (z.B. Wirtschaftsinformatik) den Anspruch, ebenso qualifiziert über Sinn und Unsinn der Informationstechnik, über Konzepte, Planungen und Produkte urteilen zu können, wie die Informatiker selbst. Zugleich melden jene als Repräsentanten der klassischen Datenverarbeitung ihren Anspruch auf ein Mitspracherecht in ihnen bisher "fachfremden" Bereichen an, weil diese zukünftig mit EDV - Technik betrieben werden. Gerade für die kritische Schnittstelle zwischen den Spezifika der Anwendungen und den Kernkompetenzen der Informatik fühlt sich niemand so recht zuständig. Eine Technik, die in sich selbst geschlossen Informationen verwaltet, diese aber dem Nutzer nicht oder nur unverständlich zugänglich macht, verfügt aber über keinen augenscheinlichen Nutzen. Das Umfeld der Informatik in den Dimensionen Hard- / Software und Informatik / Anwendung symbolisiert die Abbildung 1.3.

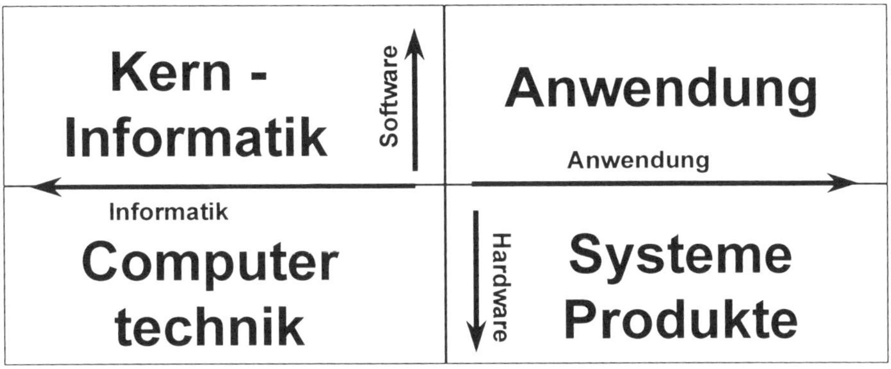

Abbildung 1.3 Umfeld der Informatik

Den Kampf um einen sinnvollen Begriff für die Brückenfunktion von der Informationstechnik zur Kommunikationstechnik und von beiden hin zu Medien, Betriebswirtschaft und Rechts- bzw. Staatswesen, sowie allgemein allen Anwendungswissenschaften haben zahlreiche Autoren aufgenommen. Ich will mich der Definition von Wilhelm Steinmüller aus seinem 1993 erschienenen Buch "Informationstechnologie und Gesellschaft" anschließen: Er spricht von "Angewandter Informatik" als gemeinsame Schnittmenge aller Fachinformatiken.

Definition der Brücke zwischen Informationstechnik und Anwendung nach Steinmüller: "Angewandte Informatik (AI) ist, was alle Fachinformatiken brauchen, aber weder Kerninformatik noch Fachwissenschaften beisteuern können".

Die Abbildung 1.4 soll bei der Abgrenzung der angewandten Informatik gegenüber den benachbarten Fachdisziplinen behilflich sein. Sie unterscheidet vertikal nach Bereichen der „Software" (oben) im Sinne virtueller und der „Hardware" (untere Bildhälfte) im Sinne „physikalischer" Komponenten eines gesamten Informationssystems. Horizontal trennt die Grafik den klassischen Heimatbereich der technischen Informatik und der Informatik, sowie der Kommunikationstechnik (linke Bildhälfte) von den Anwendungsbereichen für die aus diesen Fachgebieten stammenden Produkte und Verfahren. Der zentrale schwarze Kreis versucht die Umschreibung des Kernfeldes der angewandten Informatik.

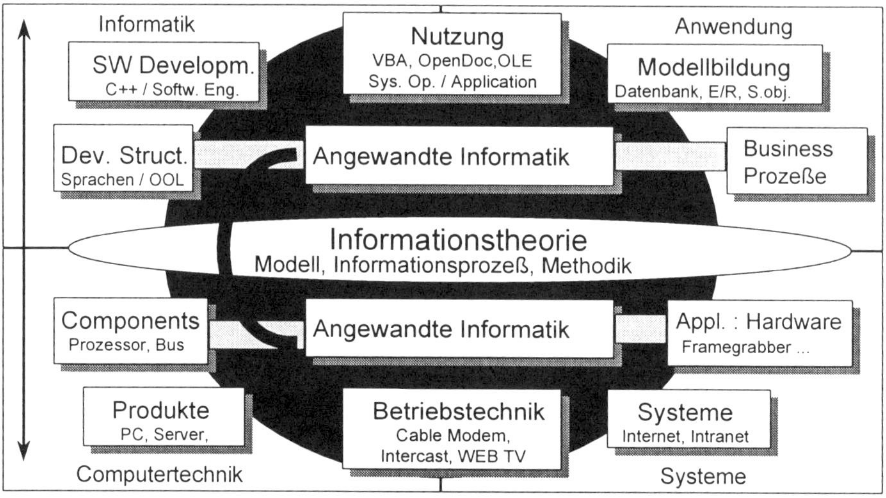

Abbildung 1.4 Kern- und Randgebiete einer angewandten Informatik

Im Zentrum der vier Quadranten steht die grundlegende **Informationstheorie** oder Informationswissenschaft. Sie liefert die theoretische Basis für die Betrachtung aller Teilaspekte und Teilsysteme des Informationsprozesses, nicht zuletzt durch den Versuch einer klaren Definition der in diesem Zusammenhang nötigen Fachbegriffe. Die **Angewandte Informatik** stellt eine Brücke zwischen den Segmenten der Anwendung und der Informatik, sowie zwischen jenen der Hardware und der Software her. Dabei streift sie die betroffenen Fachgebiete nur und dringt nicht weiter in die Details ein, als es zum Verständnis der strategischen Zusammenhänge und der sich ergebenden Konsequenzen für ein Gesamtsystem nötig ist. Der Praxisbezug der AI findet sich in der starken Überschneidung mit den Feldern der **Nutzung** und der **Betriebstechnik** wieder, die den Betrieb eines Informationssystems einmal aus der Sicht der Anwendung und einmal aus der Sicht des technischen Regelbetriebes abdecken. Dies ist ein Kerngebiet der AI, da eine Technologie erst dann auf eine erfolgreiche Marktverbreitung hoffen darf, wenn ihre Nutzung und ihr Tagesbetrieb nicht mehr nur von den Entwicklern, sondern auch von „Anwendern“ im weitesten Sinne betrieben werden kann. Weitere enthaltene Funktionen der AI sind die Brückenbildung zwischen den grundlegenden Denkstrukturen der **Softwareentwicklung** und jenen der **Unternehmensorganisation**. Ein Unternehmen, das in zunehmenden Maß von den Fähigkeiten seines Informationssystems abhängt, kann keine Organisationsstruktur entwickeln, die von den Strukturen der Informationstechnik unabhängig ist und umgekehrt. Ebenso gilt dies für die teils problematische Schnittstelle zwischen anwendungsunabhängigen und anwendungsspezifischen Hardwarekomponenten. Gerade im Bereich der digitalen Medien müssen viele Computerhersteller feststellen, daß es mehr als nur die Verarbeitung größerer Datenraten bedeutet, wenn auf vernetzten Rechnersystemen Bild- und Tondaten genutzt werden sollen.

1.3.2 Methodik und Didaktik einer angewandten Informatik

1.3.2.1 Praxisbezug der „Paradigm Pioneers“

1

Die Brückenfunktion der AI basiert auf der konsequenten Betrachtung der geforderten Problemlösung. Dieser Praxisbezug auf den gesamten Prozeß des Zusammenspiels zwischen Informationssystem, Anwendung und Anwender bringt die angewandte Informatik in die Nähe der allgemeinen Informationswissenschaft, die sich nicht nur auf technische, sondern auf jegliche Art von Informationssystemen bezieht. Auch die explosionsartige Geschwindigkeit der technischen Entwicklung legt einen konsequenten Praxisbezug nahe. Der sinnvolle Einsatz neuer Informationstechnologien kann nicht von der Voraussetzung eines vollständig durchdrungenen theoretischen Gedankenmodells abhängig gemacht werden. Für die Bewertung und Korrektur des eingeschlagenen Kurses ist beim Einsatz aktueller Systemtechnik die Erfahrung im praktischen Umgang die einzige Erkenntnisquelle. “Historische“ und aussagefähige Erfahrungswerte liegen meist nicht, oder in einer nicht auf den eigenen Problemfall übertragbaren Form vor. Die entscheidenden Wettbewerbsvorteile werden ebenso wie die wichtigsten Fortschritte beim Einsatz aktueller Informationstechnik auf dem Feld des praktischen „Experiments“ im Betrieb erzielt. Die Vorstellung, ohne theoretischen Grund und Boden auf die Planung und Realisation eines großen Datenverarbeitungsprojektes loszugehen erscheint wenig verlockend. Trotzdem sprechen die praktischen Erfahrungen für diesen Ansatz. Es sind mehr Projekte an unreflektierten, weil niemals praktisch „erfahrenen“ Forderungskatalogen gescheitert als an einer gesunden Mischung aus schnellem Aufbruch und intelligenter Richtungskorrektur. Mit anderen Worten: Den Aufbruch zu neuen Ufern mit all den potentiellen Gewinnen einer Entdeckungsreise kann man nicht aufschieben, nur weil niemand weiß, was am anderen Ende warten wird. In diesem Zusammenhang sprechen wir von der Geisteshaltung der „Paradigm Pioneers“, die bereit sind, mit einer ausreichend konkreten Vision vor Augen den Boden für Neues zu ebnen.

Die wichtigsten Erkenntnisse im Umgang mit modernen Informationssystemen stammen von Pionieren, die auf unsicherem Boden ihre Erfahrungswerte für ein Gedankenmodell parallel zum praktischen Einsatz gewinnen. Probieren und Korrigieren geht hier vor Theoretisieren.

1.3.2.2 *Bewußter Umgang mit „Soft Facts"*

1

Das Selbstverständnis der Lehre für eine angewandte Informatik kann nicht auf das Feld der technischen Untereinheiten des gesamten Informationsprozesses begrenzt sein. Damit werden auch die Grenzen scharf formalisierbarer Vorgänge überschritten. Die Verbindung aus technischem Hilfsmittel und menschlicher Zielvorgabe bewegt sich zwangsläufig - zumindest in Teilen - auf dem aus der Sicht der klassischen Informatik unsicheren Boden der Soziologie und Philosophie. Die angewandte Informatik ist daher, wie andere Wissenschaften auch, nicht wertfrei. Sie stellt nicht den funktionellen Ablauf eines maschinellen Informationsvorganges (losgelöst von dessen Sinn und Auswirkungen auf die mit ihm befaßten und von ihm betroffenen Menschen) in den Mittelpunkt der Betrachtung. Statt dessen betrachtet sie das technische Informationssystem als eine Erweiterung der menschlichen Handlungsmöglichkeiten auf dem Weg zu „sinnvollen" Zielen. Technische Informationssysteme erhalten ihre Berechtigung und ihren Reiz nicht mehr aus der Tatsache ihrer funktionsfähigen Existenz alleine. Besonders der erfolgreiche Einsatz der neuen Technologien bei volks- und betriebswirtschaftlicher Betrachtung erfordert ein hohes Maß an Auseinandersetzung mit den beabsichtigten Zielen und den Auswirkungen auf eine Organisationseinheit. Ängste und Widerstände gegenüber Informationstechnik beruhen nicht zuletzt auf fehlenden Werten, mit denen sich ihre Nutzung nicht nur ausreichend rechtfertigen, sondern im Sinne eines gemeinsamen und wünschenswerten Ziels begründen läßt.

Erfolg mit neuen Informationstechnologien in Wirtschaft und Gesellschaft erfordert den bewußten Umgang mit „soft facts" aus den Bereichen der Sozial- und Kommunikationswissenschaften, sowie der Organisationslehre. Damit aber verläßt die AI den Definitionsbereich einer „wertfreien Wissenschaft"

In diesem Sinne muß die eingangs in Anlehnung an Steinmüller definierte angewandte Informatik mehr als nur die Auseinandersetzung mit der Einführung der Informationstechnik in alle denkbaren Anwendungsbereiche zum Ziel haben. Sie soll die Interessen des Prozesses und aller Prozeßbeteiligten ebenso erfassen, wie alle sonstigen Interessen der Umgebung.

Informationstechnik im Sinne der Kerninformatik ist nur der technische Teil eines im Gesamten betrachteten Informationssystems. Die angewandte Informatik hat die Erforschung der Gestaltung technikgestützter Informationssysteme zum Gegenstand.

2 Der Informationsprozeß

2.1 Einführung

2.1.1 Grundmodell hierarchischer Metaebenen

2.1.1.1 Abstraktion und Information

Bereits im ersten Kapitel wurde deutlich, daß die Bedeutung des Begriffes „Information“ von einer großen Menge an begleitenden Faktoren abhängt. Neben der Frage, welches System im Zusammenhang mit dem Begriff betrachtet wird, gibt es ein breites Spektrum tatsächlich denkbarer und tatsächlich verstandener Inhalte für das Wort „Information”. Ausgangspunkt für die weitere Betrachtung ist die Gewinnung von Informationen: Der zugehörige Prozeß erfordert die Fähigkeit eines Systems, im Sammelsurium der ihm aus seiner Umgebung zugeführten Reize das Zufällige vom Nicht-Zufälligen zu trennen. Generell hat der Informationsprozeß deshalb immer mit der Verdichtung von Zusammenhängen und der Fähigkeit zur Abstraktion zu tun. Die Abstraktion trennt Erfahrungen, die für das grundlegende Wesen betrachteter Objekte und Sachverhalte wichtig sind von den dafür überflüssigen. Damit erlaubt sie, aus der mittelbar und unmittelbar zugänglichen Umgebung gewonnene Eindrücke in Zusammenhänge einzuordnen und sie für die Zukunft unabhängig von ihrer physikalischen Präsenz erfahrbar und begreifbar zu machen.

Information entsteht durch Abstraktion und Verdichtung, durch Trennung des Wesentlichen vom Unwichtigen. Sie ist ein zweckgebundenes und immaterielles modellhaftes Abbild der Realität

Die Kommunikation nutzt als Code einen gemeinsam vereinbarten, höchst effizienten Ausschnitt möglicher Reize, um die Unabhängigkeit der kompakten und abstrahierten Begriffe von der physikalischen Erfahrung auf Andere zu übertragen. Ein wichtiges Beispiel für die Kraft der Abstraktion ist die Sprache. Anstelle einer komplexen Beschreibung der einzelnen Bestandteile eines Objektes tritt die kompakte Nutzung eines gemeinsamen Begriffes. Aus einer

„......Kunststoffkiste mit einer Glasscheibe in der Mitte, hinter der sich ein evakuierter Kolben mit Vakuum befindet, in dem sich Elektronen nach Vorgabe eines von einem Stecker eingehenden Signals so bewegen, daß sie auf der Rückseite der Scheibe auf einer Beschichtung einen Lichteffekt derart hervorrufen, daß man damit bewegte Bilder erzeugen kann.........“

wird ein „Fernseher“. Diese Verdichtung durch Sprache setzt allerdings den sauberen Umgang mit den Definitionen voraus. Werden die mit Begriffen sauber verbundenen Worte häufig in einem Zusammenhang gebraucht, der dem eigentlichen Begriff widerspricht oder jenen unnötig und unsauber erweitert, so verliert das Wort seine Schlagkraft.

2

Sprache liefert ein bedeutendes Beispiel für die Leistungsfähigkeit der Abstraktion. Diese Leistung ist aber an die saubere Verwendung von Begriffen gebunden.

2.1.1.2 Die Treppe der Metaebenen

Modellhaft kann die Bedeutung der Abstraktion als Grundprozeß des Informationsbegriffes grafisch symbolisiert werden (Abbildung 2.1). Die Betrachtung der Umwelt aus Sicht eines Beobachters ist bestimmt durch die Metaebene, die die aus der Realität gewonnene Abstraktion enthält. Damit wird umschrieben, daß die im System des Beobachters erfaßte „vermeintliche“ Realität nicht durch direkte und wertfreie Abbildung der „tatsächlichen“ Realität entsteht, sondern immer mit einem komprimierenden und dadurch zwangsläufig reduzierenden Prozeß verbunden ist, dessen Ergebnis die in der Metaebene liegenden abstrakten Bilder der Realität sind.

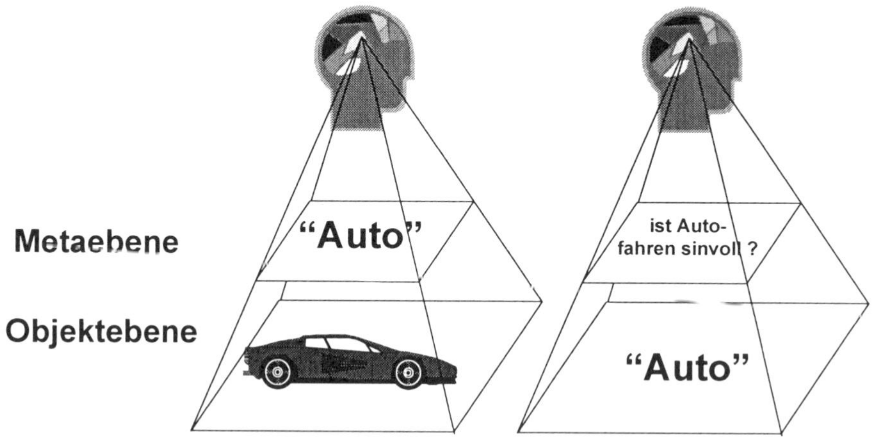

Abbildung 2.1 Metaebene als Basis des Informationsprozesses

Abstraktion kann als hierarchische Folge von Objekt- und abstrakter Metaebene verstanden werden. Jede Metaebene kann als Objektebene einer höheren Abstraktion dienen.

Ähnlich wie bei der Abgrenzung von Systemen und der möglichen Untergliederung in Teilsysteme festgehalten, kann auch das Modell der Metaebenen weiter unterteilt werden: Der Informationsprozeß beinhaltet eine Reihe durchaus unterschiedlich hoher Abstraktionsniveaus, die in hierarchischem Zusammenhang stehen. Im Sinne des Schichtenmodells stellt jede Teilebene des gesamten Informationsprozeßes die notwendige Voraussetzung für alle darüber liegenden Teilebenen dar. Jede Metaebene bildet daher potentiell die Objektebene für eine im Abstraktionsniveau höher liegende Metaebene, also den Ausgangspunkt für eine weitere Stufe der Verdichtung und/oder Modellbildung.

2.1.1.3 Metaebene und Subjektivität

Der Vorgang der Abstraktion, der dem Modell der Metaebene zugrunde liegt, ist vom Wesen her subjektiv. Das Ergebnis der Abstraktion ist von den Erfahrungen des Individuums und von dessen individuellen Fähigkeiten geprägt (Abbildung 2.2). Auf den ersten Blick mag dies für ein technisches Informationssystem nicht gelten. Dort werden subjektive Vielfalt und „Nichtvorhersagbarkeit“ im Verdichtungsprozeß durch objektiv bei jedem Vorgang identische Algorithmen ersetzt. Dennoch: Die Gewinnung der Metaebene basiert in diesem Fall auf den Voraussetzungen des Algorithmus selbst. Dieser nutzt aber ein bestimmtes, von den bei der „Programmierung“ gemachten Annahmen abhängiges Vorgehen für die Abstraktion, ist selbst also modellhaft und unvollständig.

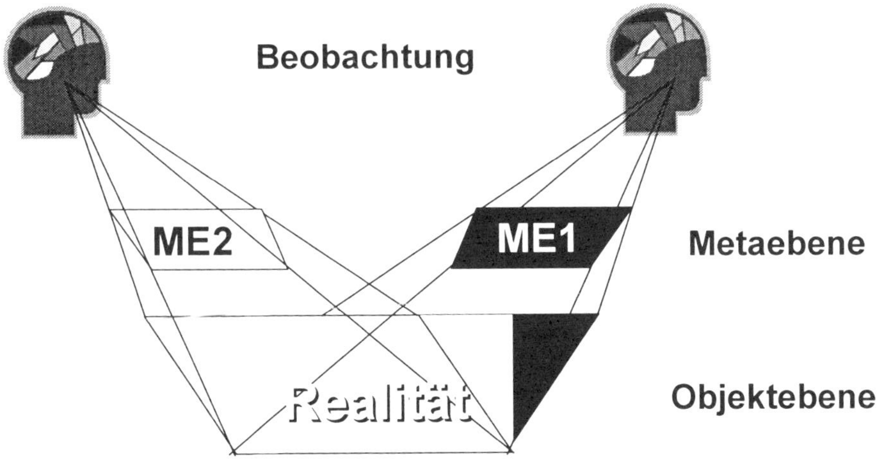

Abbildung 2.2 Perspektivität der Metaebenen

2

Abstraktion ist subjektiv und hängt davon ab, was im Rahmen der zugrunde liegenden modellhaften Vorstellung als „zugelassener" und „sinnvoller" Abstraktionsprozeß eingeordnet wird.

2.1.2 Informationsverständnis als geschlossenes Modell

2.1.2.1 Wissenschaft und Subjektivität

Subjektivität ist ein allgemeines Prinzip der Abstraktion. Die wissenschaftliche Abstraktion und Modellbildung kann davon nicht ausgenommen werden. Sie verpflichtet ihre Modelle zur inneren Konsistenz und zur Übereinstimmung mit den nach dem Erfahrungsprinzip gewonnenen Meßresultaten der Experimente. Dabei darf aber nicht vergessen werden, daß die meisten Aussagen der Naturwissenschaft auf so stark vereinfachenden Annahmen beruhen, daß die in dieser Form beschriebenen Systeme eigentlich nie in der Realität vorkommen. Der enorme Erfolg des für die Abstraktion in der Naturwissenschaft zugrunde liegenden Weltbildes versperrt häufig den Blick auf dessen eigene Subjektivität: Womöglich existieren vielfältige andere, ebenso zulässige Beschreibungsmodelle, die mit dem Erfahrungsprinzip in Übereinstimmung gebracht werden könnten und sich sogar besser für den Umgang mit der Vielfalt jener Erscheinungen unserer Umwelt eignen, für die naturwissenschaftliche Methoden heute keine ausreichende oder gar keine Erklärung liefern können. Die im oft unreflektierten Vertrauen auf das heute übliche Weltbild entstandene Modellsingularität ist schon deshalb fragwürdig, weil allein die Akzeptanz eines Modells durch die überwältigende Mehrheit der modernen Industriegesellschaft über deren Wert wenig aussagt.

Auch das Vorgehen der Wissenschaft nach dem Erfahrungsprinzip ist, trotz seines Erfolges, unter dem Blickwinkel eines subjektiven Modellsystems zu verstehen.

2.1.2.2 Das Modell eines Modells

Das im Weiteren aufgeführte Modell für Information und Informationsprozesse unterliegt natürlich selbst den soeben genannten Einschränkungen. Das Kapitel 2 enthält Informationen über ein Modell zur Information. Dieses Modell ist perspektivisch, nicht vollständig und von subjektiven Vorlieben geprägt. Keinesfalls ist es die einzige mögliche oder sinnvolle Erklärung der darin beschriebenen Vorgänge. Es dient nicht der Verbreitung einer „absoluten" Einsicht, sondern eigentlich der in sich geschlossenen Vermittlung der von mir verwandten Terminologie. Der Leser sollte im Idealfall weniger das hier angebotene Modell übernehmen, als vielmehr nach seinem eigenen Modell suchen.

Das im Folgenden erläuterte Modell ist subjektiv und unvollständig, aber systematisch. Es soll andere Modelle nicht ausschließen, sondern eher anregen.

Das Angebot besteht also in Form einer sicherlich nicht grundsätzlich falschen, zumindest von groben logischen Fehlern weitgehend freien Landkarte, die das Gebiet zur gemeinsamen Erforschung schnell zugänglich macht. Im Detail aber bedarf es den Erfahrungen der „Forschungsreisenden“ selbst. Diese Fähigkeit zur eigenständigen Modellentwicklung wird im Folgenden auch als eines der wesentlichen Merkmale für die Verwendung des menschlichen Intellekts an sich bezeichnet werden. Bei all seiner Unvollständigkeit aber bemüht sich das Modell dennoch immer darum, in sich selbst einer nachvollziehbaren und, wo möglich, in der Realität widergespiegelten, inneren Logik zu folgen. Es liefert eine systematische Basis für die Betrachtung nicht nur des technischen Teiles der Informationssysteme.

2.1.2.3 Trennung von Informationsprozeß und Informationssystem

Die Betrachtung der modellhaften Struktur des Informationsprozesses an sich ist von der Frage, in welchem System dieser Prozeß realisiert ist, zuerst einmal unabhängig. Wenn die allgemeine Qualität der Information als solcher für den Erkenntnisprozeß und die für diesen Prozeß nötigen „Bausteine“ und „Komponenten“ herausgearbeitet werden sollen, sind die erzielten Erkenntnisse davon unabhängig, ob diese immaterielle modellhafte Systematik physikalisch in Form des menschlichen Gehirns, also auf der Basis bis zum heutigen Tag nur unvollständig durchdrungener biochemischer Mechanismen, oder aber auf der Basis elektrischer Signale in einem Halbleiter realisiert ist. Jedes Modell zur Information als solcher sollte im Idealfall unabhängig von der „realisierenden Hardware“ sein. Damit ist garantiert, daß nicht gerade eben mögliche und aktuelle "technische" Systeme das Modell bestimmen, sondern das erwünschte Ziel der Maßstab für die Realisation des modellhaften Prozesses bleibt.

Der modellhafte Informationsprozeß ist von der Frage des realisierenden Systems unabhängig und wird daher auch systemunabhängig betrachtet.

2.2 Der Informationsprozeß

2.2.1 Vorgehensweise bei der Beschreibung

2.2.1.1 Sequentieller Text und vernetzte Beschreibung

Trotz der genannten Leistungsfähigkeit von Sprache und Text leidet die Beschreibung komplexer Prozesse und die Erklärung vielschichtiger Begriffe unter der zwangsläufig sequentiellen Logik dieser Ausdrucksformen. Sind Inhalte auf mehreren logischen Ebenen miteinander verwoben oder wechselseitig abhängig, gilt es also, mehr als nur ein Ordnungsschema zu berücksichtigen, so bieten sich nur zwei mögliche Vorgehensweisen an: Entweder werden nacheinander alle begrifflichen Bausteine in der Fülle ihrer komplexen Verbindungen untereinander beschrieben, oder man führt zuerst alle inhaltlichen Komponenten getrennt voneinander ein und beschreibt deren mögliche Verbindungen und Abhängigkeiten untereinander erst anschließend. Birgt die erste Lösung die Gefahr, den Leser mit einem Sammelsurium von Begriffen zu überhäufen, die, zumindest bis zur Vervollständigung des Beschreibungsbildes, scheinbar zusammenhanglos in der Luft hängen, so leidet der zweite Weg an einer bewußten Vernachlässigung oder Vereinfachung der Zusammenhänge: Bereits eingeführte und für sich stehende logische Verbindungen müssen im Bewußtsein der Leser später erneut aufgebrochen, ergänzt und relativiert werden. Dennoch habe ich mich aus Gründen der besseren Gliederung für den zweiten Ansatz entschieden. Wir werden also zuerst Grundbegriffe einführen, die Komponenten in einem Modell aus Metaebenen beschreiben und die vollständigen Zusammenhänge dieser Metaebenen erst später ergänzen.

Die sequentielle Logik der textlichen Beschreibung erfordert die Einführung einzelner Begriffe in nur einem von vielen logisch nötigen Zusammenhängen. Fehlende Verbindungen werden anschließend ergänzt.

2.2.1.2 Die zwei Phasen des Informationsprozesses

Als Rechtfertigung für das Wort „Information" hatten wir die zweckgebundene und nicht - zufällige Reaktion eines Systems auf die von außen einwirkenden Parameter der Umgebung genannt. Der Begriff der unzufälligen Zweckgebundenheit hat nur einen Sinn, wenn der Informationsprozeß in Zusammenhang mit einer Handlungsabsicht gebracht werden kann. Es ist gerade die Handlungsabsicht, die in jeder gegebenen Situation für ein System die Frage nach der Trennung von wichtigen und unwichtigen Reizen und Wahrnehmungen beantwortet. Zufälliges

Handeln erfüllt eher den Begriff des Reflexes als den einer Informationsverarbeitung. Ob ein System in der Tat auf unterschiedlichen Stufen der Abstraktion über Informationen verfügt, manifestiert sich an dessen realen „Handlungen", auch in Form der Kommunikation und des Wunsches nach Information an sich. Daraus folgt, daß der Prozeß des Umgangs mit Informationen in zwei Phasen gegliedert werden kann, von denen die erste mit der Gewinnung von Information und die zweite mit deren Anwendung zu tun hat.

Der Informationsprozeß hat eine Phase der Informationsgewinnung und eine in engem Zusammenhang dazu stehende Phase der Informationsanwendung.

Die Informationsgewinnung und der darauf aufbauende Erkenntnisvorgang kann von den bewußten Handlungen des Systems nicht getrennt werden. Erkenntnis und die Gewinnung von Informationen setzt selbst schon bewußtes Vorgehen und damit den Zugriff auf bereits vorhandene Informationen und/oder Erkenntnisse voraus. Es entsteht folglich das Dilemma, auf welche Art und Weise der Prozeß in einem noch „leeren" System in Gang gebracht werden kann. Erfordert die Informationsgewinnung bereits das Vorhandensein gewisser Basisinformationen, kann ein vollkommen leeres System diese Basisinformationen nie aus sich selbst heraus gewinnen, sie müssen also von "Außen" eingeimpft werden. Woher kommt aber im Falle des Menschen dieser „Grundintellekt", also die Fähigkeit zu Lernen und neue Informationen zu gewinnen und zu verarbeiten? Wir werden dieser Frage noch genauer nachzugehen versuchen. Bis dahin aber müssen wir, in Anlehnung an die über sequentielle Logik gemachten Bemerkungen, auch hier eingangs eine Vereinfachung in Kauf nehmen, bevor wir den gesamten Prozeß sauber beschreiben können. Der Vorgang der Informationsgewinnung wird also zuerst losgelöst von der eigentlich mit ihm untrennbar verbundenen Frage der Informationsanwendung untersucht. Die bei dieser Beschreibung nötigen Einschränkungen werden anschließend, wo nötig, korrigiert und ergänzt.

Obwohl Informationsgewinnung vom Vorhandensein bereits gewonnener Informationen und deren Anwendung abhängig ist, werden die beiden Phasen hintereinander beschrieben.

2.2.1.3 Verdichtung und Abstraktion auf 4 Ebenen

Vor der Auseinandersetzung mit einem möglichen Modell des menschlichen Informationsprozesses steht die Vereinbarung einer Basis an klar definierten Begriffen zu dessen Beschreibung. Diese Begriffsordnung ist stellenweise willkürlich, die Begriffe könnten durchaus anders gewählt werden. Wichtiger als die Auswahl der Worte ist deren begriffliche Einordnung zueinander, die von jedem Ausgangspunkt zu ähnlichen Zielen führt. Ausgehend von der Objektebene der betrachteten Realität lassen sich, je nach gewünschtem und sinnvollen Detailreichtum, unterschiedlich viele Metaebenen definieren, von denen jede der nächstfolgenden als Objektebene dient, was das Bild eines stufenweise weiterführenden Verdichtungsprozesses erzeugt. Damit ist die Gliederung der wesentlichen Begriffe der Informationsgewinnung möglich, die als erste der beiden Phasen beschrieben werden soll. Was unterscheidet Begriffe, wie "Daten", "Inhalte", "Wissen" oder "Intelligenz" aus der Sichtweise des Schichtenmodells ?

Im Sinne eines Schichtenmodells hierarchischer Metaebenen sollen die Begriffe: „Daten“, „Inhalte“, „Wissen“ und „Intellekt“ als Beschreibung unterschiedlicher Qualitäten von Information genutzt werden.

2

Die genannten Begriffe kommen auf der Basis des Schichtenmodells in eine ordinale Reihenfolge durch die Frage: „Was baut auf welchen anderen durch die Begriffe beschriebenen Schichten auf, welche Abstraktionsebenen repräsentieren die Begriffe im Vergleich untereinander “. Der Begriff "Information" selbst taucht in der genannten Liste nicht auf. Er steht vielmehr für den gesamten Überbau und als Sammelbegriff für alle möglichen Abstraktionsqualitäten. Information kann nicht zugleich ein Überbegriff für unterschiedliche Qualitäten seiner selbst und eine Beschreibung jeder einzelnen dieser Qualitäten sein. Häufig wird in der Literatur der Begriff Information im Sinne des Begriffes „Inhalt“ benutzt, wie er im Zusammenhang dieses Textes als Zwischenschritt von Daten zu Wissen aufgeführt wird. Die Abbildung 2.3 ist als begleitende Visualisierung des folgenden Textabschnitts gedacht.

Vielfach wird „Information“ in anderen Modellen mit der Bedeutung „Inhalt“ im Sinne des hier vorgestellten Modells benutzt.

Im Allgemeinen erfolgt auf dem Weg vom Reiz zur intellektuellen Erkenntnis ein Verdichtungsprozeß. Je höher wir in der ordinalen Struktur unserer Begriffe steigen, desto mehr Prozeßaufwand wird für Erlangen und Erweiterung der jeweiligen Verarbeitungsstufe erforderlich. Umgekehrtes gilt für die Menge der Inhalte auf diesen Verarbeitungsstufen. Es erfordert eine Vielzahl an Daten, um daraus Informationen gewinnen zu können. Ebenso erfordert es umfangreiches Wissen, um seinen Intellekt zu schulen und zu erweitern. Dieser Verdichtungsprozeß läßt die Vermutung zu, daß höher liegende Stufen jeweils zur Schaffung und Anwendung übergeordneter Strukturen und Prinzipien fähig sind. Informationen gewinnen heißt demnach, Zusammenhänge zwischen Daten zu erkennen und Daten einzuordnen. Das Verstehen um den Zusammenhang zwischen Informationen und deren Beschreibung bis hin zur Vorhersage von Ergebnissen auf der Basis von Modellen, also der Fähigkeit, Daten und Informationen durch reines Nachdenken zu gewinnen, kann als Wissen bezeichnet werden. Der Intellekt wiederum ist in der Lage, solche Modelle zu erschaffen und zu bewerten. Er verläßt die Stufe der rein von unten im Informationsprozeß gewonnen Prinzipien mit Hilfe immaterieller Prozesse, wie Inspiration oder "Idee".

Der Informationsprozeß beruht auf einer Verdichtung hinsichtlich der Menge von Daten zu Informationen, weiter zu Wissen und schließlich zur intellektuellen Erkenntnis, wobei der erforderliche Prozeßaufwand zunimmt.

2.2.2 Sichtweise der Metaebenen

2.2.2.1 Daten

Daten stellen die unterste Stufe der betrachteten Metaebenen dar. Diese erste Abstraktion erlaubt es, sich ein Abbild eines real betrachteten Objektes durch die Trennung der dieses Objekt bestimmenden Wahrnehmungen von jenen zu gewinnen, die entweder zufällig oder nicht logisch mit dem Objekt verbunden sind. Diese Stufe dient dem Erkennen von Gegenständen und Vorgängen, nicht deren Zuordnung oder Kategorisierung. Daten als notwendige Zwischenstufe zu begründen fällt schwer, wenn man nur das Informationssystem „Gehirn" betrachtet. Eine der grundlegenden Forderungen aber war die Unabhängigkeit des betrachteten Modells von den realisierenden Systemen. Was den Umgang mit unserem eigenen Informationssystem, dem Gehirn, betrifft, befinden wir uns in einer interessanten Situation: Zwar erlaubt uns unser Gehirn, in Gedanken den Informationsprozeß zu untersuchen und modellhaft zu gliedern, über die physikalische Basis dieser Gedanken, die Funktionsweise des Gehirns an sich, haben wir aber bisher keine wirklich umfassenden Erkenntnisse gewonnen. Es ist nur in groben Zügen bekannt, in welcher Form wahrgenommene Objekte im Bewußtsein durch bioelektrische und biochemische Signale repräsentiert werden. Wir erfahren in unserem Bewußtsein Wahrnehmungen nicht auf der „Systemebene" des Gehirns, können nicht, wie beispielsweise bei der Repräsentation von Informationen in einem digitalen Speicher durch Bits, die Repräsentationsform der einzelnen Objekte in den Gehirnzellen abfragen. Dazu besteht auch keinerlei biologische Notwendigkeit, Wahrnehmung liefert uns als Ergebnis immer bereits die Abstraktionsstufe „Inhalt". Deshalb ist das Modell mit "Daten" als Ausgangspunkt einer Treppe von Metaebenen aber dennoch konsistent mit menschlichen Denkvorgängen. Wenn wir dessen Details auch nicht genau kennen, so wissen wir doch, daß alle unsere Gedanken und Erinnerungen in irgendeiner Form physikalisch als codierte "Daten" im Gehirn vorliegen müssen.

Daten stehen für die unterste systeminterne Repräsentationsstufe der betrachteten Objekte und Vorgänge.

Im Falle künstlicher Informationssysteme und Informationshilfen, wie Schrift oder Computer, ist die Zwischenstufe der Daten deutlicher nachvollziehbar: Codes, Zeichen und Werte, wie sie in technischen Systemen auf der untersten Ebene als gezielte Auswahl aus der Menge aller möglichen Signale benutzt werden, bilden die Basis für alle höher abstrahierenden Schichten. Dabei darf nicht nur von Schriftzeichen die Rede sein, auch die Repräsentation von Bildern durch Helligkeits- und Farbwerte in digitalen Datenworten stellen einen spezifischen Code dar. Daten stehen also für die unterste systemeigen codierte Darstellung realer Objekte zum Zwecke der Speicherung und Weiterverarbeitung. Diese Daten können in den nachfolgenden Abstraktionsstufen in viele unterschiedliche Zusammenhänge gebracht und weiter verdichtet werden. Das Datenmaterial stellt einen universellen Ausgangspunkt für eine Vielzahl möglicher Verarbeitungsprozesse dar.

Daten basieren auf Codes, der gezielten Auswahl tatsächlich genutzter aus dem Spektrum aller möglichen Signale zum Zwecke der Speicherung, Weiterverarbeitung und Kommunikation.

Damit kommt den Daten eine fundamentale Rolle im Informationsprozeß zu. Zum einen dienen sie als notwendige Basis für den Austausch von Informationen. Die aus der ersten Stufe der Abstraktion gewonnenen Abbilder der Realität können an andere Systeme weitergegeben werden, ohne daß diese den Abstraktionsprozeß selbst am Original nachvollziehen müssen, vorausgesetzt, der vom Sender benutzte Code ist dem Empfänger bekannt. Die Kommunikation zwischen Systemen selbst beruht wiederum nicht auf zufälligen, sondern eben gerade auf beabsichtigt und logisch strukturiert erzeugten, also codierten Signalen oder Daten. Weiterhin sind Daten das Fundament aller höheren Abstraktionsstufen. Sind bereits die Daten mangelhaft, so sind alle weiteren Stufen mit falschen Grundvoraussetzungen belastet und liefern ein zwangsläufig unvollständiges Ergebnis. Dies gilt auch für die menschliche Wahrnehmung der Realität selbst, da die Umgebung für uns nur über einige wenige Fenster der Sinne zugänglich ist, wir also zwangsläufig immer von einem unvollständigen und subjektiven Bild der Welt ausgehen müssen.

2.2.2.2 *Inhalte*

Die Schrift des französischen Fahrplanes kann ich wohl lesen, die Daten sind mir zugänglich, anders als dies bei einem chinesischen Fahrplan der Fall wäre, wo der Prozeß der Informationskette bereits auf der Datenebene scheitert. Zwar nehme ich dort die Signale, also die Schriftzeichen in Form von Helligkeitsschwankungen auf dem Papier wahr, sie ergeben aber keinerlei Sinn. Für einen Blinden wäre dieser Weg durch die Informationskette bereits auf der Signalbasis unterbrochen. Die Voraussetzung eines mir bekannten Codes für die Interpretation der vorliegenden Daten ist ein gutes Beispiel für die Probleme der eingangs bewußt gewählten Einschränkung auf die Phase der Informationsgewinnung. Die Interpretation von Daten setzt die Anwendung bereits vorhandener Informationen über die Art und Weise der Codierung voraus. Erst wer das Alphabet kennt, kann auch lesen. Nochmals sei darauf hingewiesen, daß aus Sicht des allgemeinsten Informationssystems auch die innere Repräsentation von Wahrnehmung nicht zwangsläufig an die Form von Zeichen im Sinne von Schrift gebunden sein muß. Auch die Repräsentation von Objekten durch biologische Signale im Gehirn ist unzufällig und damit codiert.

Sprache und Grammatik sind Beispiele für eine höhere Organisationsform von Daten, die für die Verschlüsselung von Inhalten in Daten nötig sind.

Auch im deutschen Fahrplan geben die Zeichen oder Zeichengruppen IC, 3425, M, ü, n, c, h, e, n, Hamburg, nicht 2.5., 19.56 U Kurswagen, die bereits eine relativ hohe innere Ordnung in Form von Worten aufweisen, erst durch ihren Zusammenhang in Form einer tabellarischen Anordnung als Fahrplan einen Sinn. Meßwerte erfordern neben einer bekannten Codierung, beispielsweise als arabische Ziffern, auch deren Anordnung im Zusammenhang des Meßvorganges selbst. Dieser Zusammenhang ist oft selbst durch die Nutzung von geeigneten Codes formalisierbar, kann also durch „Daten" abgebildet werden. Diese Organisationsdaten, die die verschiedenen Zusammenhänge zwischen den Ursprungsdaten enthalten, bezeichnen wir als Metadaten.

Die Beschreibung der inneren Organisationsform, der Anordnung von Daten im richtigen Zusammenhang, bezeichnen wir als Metadaten.

Metadaten erlauben eine Einordnung und Klassifizierung von Merkmalen, eine Ordnung nach Kriterien. Für die Weiterverarbeitung von Daten ist es nötig, zumindest die Merkmale für die Klassifizierung, also die Metadaten, zu kennen. Es besteht jedoch ein grundlegender Unterschied zwischen der Fähigkeit, Daten nach bekannten Merkmalen einzuordnen und jener, diese Ordnungsstrukturen zu schaffen und zu erweitern. Eine vorschnelle Einordnung von Wahrgenommenen in vermeintlich bereits bekannten Kategorien ergibt keinerlei Anstoß an die höheren Schichten des Informationsprozesses. Die "Nichteinordnungsfähigkeit" einer Wahrnehmung ist aber ebenfalls ein wichtiges Metadatum, eine wichtige neue Information. Diese Trennung zwischen der intellektuellen Qualität der tatsächlichen Verdichtung von Informationen auf höhere Abstraktionsebenen, also der Erschaffung neuer Kategorien, und der reinen Anwendung der auf dieser Ebene abgelegten Ordnungsmerkmale wird uns bei der Betrachtung des Informationsprozesses zwischen den Metabenen noch beschäftigen.

Es besteht ein qualitativer Unterschied zwischen der Anwendung von Ordnungsmerkmalen und deren Erschaffung bzw. Aktualisierung.

Die Forderung nach einer sinnvollen Anordnung von Daten für die Übermittlung von Inhalten führt zu einigen Konsequenzen für den Umgang mit diesen Begriffen in der modernen Informationstechnik. Die Anhäufung von Daten erbringt alleine keinerlei Erkenntnisgewinn. Leider ist aber zu beobachten, daß nicht selten die sogenannte Informationstechnik zu nichts anderem als eben dieser Anhäufung genutzt wird. Für viele Entscheidungsvorgänge hat sich durch die Einführung von Rechnersystemen zwar die Menge der zu jedem Zeitpunkt verfügbaren Daten dramatisch erhöht, nicht aber die zu deren Weiterverarbeitung nötige Struktur verbessert.

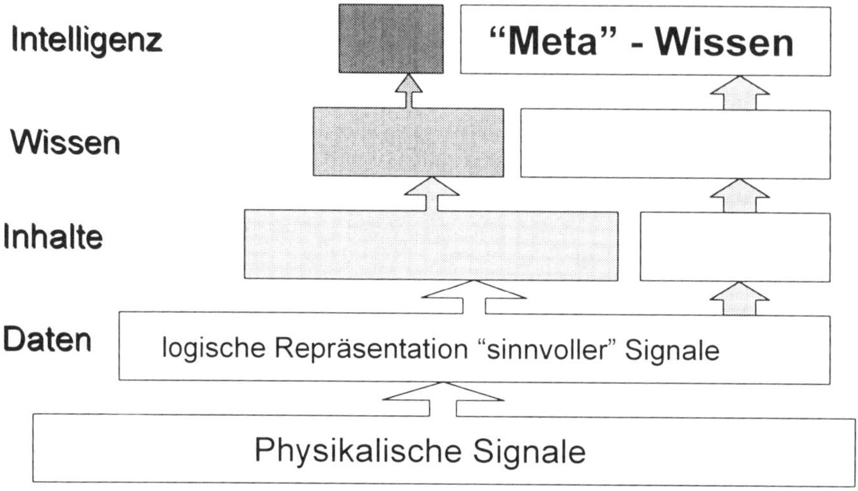

Abbildung 2.3 Verdichtung entlang des Informationsprozesses

Der Einsatz von Informationstechnik birgt die Gefahr einer Überflutung mit Daten anstelle ordentlich strukturierter Inhalte. Die Vergrößerung der Datenmenge alleine bringt aber keinerlei weitere Entscheidungsgrundlage.

2.2.2.3 Wissen

Selbst für den Fall, daß die Daten strukturiert vorliegen und damit den enthaltenen Inhalt offenbaren, besteht ein weiterer großer Sprung zwischen der korrekten Interpretation der Inhalte und dem Verständnis um die ihnen zugrunde liegenden Prozesse. Diese Abstraktionsstufe bezeichnen wir als Wissen. Inhalte und Wissen trennt die Differenz zwischen dem Lesen eines Textes, also der korrekten grammatikalischen „Übersetzung" und dem wahren „Verständnis" dessen, was den Autor zu seinen Äußerungen und Folgerungen bewogen hat und wie sich die daraus resultierenden Inhalte mit anderen, bereits bekannten Inhalten zu neuen Inhalten verbinden lassen oder zur Ergänzung bereits bekannter Erkenntnisse dienen können.

Wissen ist die Verdichtung von Inhalten auf die diesen zugrunde liegenden Prozesse und deren Verbindungen.

Diese Definition bedarf aber noch einer Präzisierung: Das Wesen von Wissen basiert auf der Prozeßerkenntnis, dem modellhaften Ordnen von Inhalten nach gleichen Ursprungsmustern. Damit erfüllt die neue Metaebene auch die Forderung nach einer zunehmenden Verdichtung der Informationen. Nicht mehr der Inhalt selbst muß abstrakt „abgelegt" werden, an seine Stelle tritt das den Inhalt erzeugende Grundprinzip. Die oft benutzte Definition von Wissen als „gespeicherter Information" kann in diesem Modell nicht vertreten werden. Wissen ist nicht die im Bücherregal gesammelte Menge an Inhalten, sondern deren Verständnis, unabhängig vom Vorhandensein der Inhalte selbst, die Betonung liegt hier auf dem Verdichtungsprozeß.

Wissen ist somit mehr als nur „gespeicherte Information". Es ist die Suche nach dem einheitlichen Prinzip hinter einer Vielzahl von Vorgängen und Objekten.

Bei wissenschaftlichen Arbeiten ist der Sprung von Inhalten zu Wissen an zwei Beispielen gut sichtbar: An die Stelle einer großen Menge logisch für den Informationsprozeß korrekt angeordneter Daten, also Inhalte, tritt die aus der modellhaften Abstraktion gewonnene „Gesetzmäßigkeit", mit der sich Ergebnisse von Experimenten, also Naturbeobachtungen, ohne sie selbst durchzuführen, genau vorhersagen lassen. Die Leistung der naturwissenschaftlichen Arbeit besteht also in einer Zusammenfassung einer extrem breiten Palette an Erscheinungen und deren Rückführung auf ein übergeordnetes Prinzip. Es stellt eine extreme Verdichtungsleistung dar, wenn der Fall eines Gegenstandes vom Schreibtisch nach dem gleichen Prinzip erklärt werden kann, wie die Bewegungen der Planeten um die Sonne. Die ganze Wissenschaft ist von diesem Streben nach der Suche des universellen Grundprinzips gekennzeichnet, wie z.B. der Suche nach der GUT, der „Grand Unified Theory" für die Erklärung aller Elementarteilchen und Elementarkräfte (Wechselwirkungen).

Es besteht ein qualitativer Unterschied zwischen der Erzeugung von Wissen und der Nutzung der formalisierbaren Teile des Abstraktionsprozesses.

Ebenso, wie auf der Ebene der Inhalte ergibt sich eine Trennung zwischen Anwendung und Erzeugung von Wissen. Formalisierbare Abstraktionsergebnisse auf dem Weg von Inhalten zu Wissen, also durch geeignete Daten und Metadaten darstellbare Informationen, nennen wir „Metainhalte". Diese Metainhalte entsprechen der Beschreibung der formelhaften Teile des Modells, in der Physik also den mathematischen Zusammenhängen zwischen den Meßparametern eines beobachteten Systems. Diese Inhalte sind kommunizierbar und anwendbar. Jeder, der Code und Grammatik, in diesem Fall die Zahlen und die mathematischen Formalismen kennt, kann die Modelle anwenden, unabhängig davon, ob er deren Ursprung tatsächlich verstanden hat. Ein Rechnerprogramm, das aus eingegebenen Daten für Gewicht und Abschußgeschwindigkeit die Flugbahn eines Projektils berechnet, kann von jedermann mit den entsprechenden Kenntnissen der Benutzerschnittstelle bedient werden. Das Wissen beschränkt sich also in diesem Fall auf das Wissen um den Umgang mit dem System und hat nichts mit dem Verständnis für den dort berechneten Prozeß zu tun. Die Möglichkeit, Wissen für Andere verfügbar zu machen, beschränkt sich auf den rein formalisierbaren Teil des Wissens. Welche Probleme die Formalisierung aber bietet, zeigt sich z.B. bei der Gestaltung von Expertensystemen, die nicht nur formelhaft berechnete Ergebnisse, sondern auch Begründungen und logische Ketten anbieten sollen.

Metainhalte bilden die formalisierbaren Zusammenhänge zwischen unabhängig wahrgenommenen Informationen ab. Dies ist aber nur ein Teil des mit Wissen verbundenen Prozeßverständnisses.

2.2.2.4 Intellekt

Die Abgrenzung des Intellektbegriffes ist vielfach und an sehr viel berufenerer Stelle versucht worden. Die Frage nach der Einmaligkeit des menschlichen Geistes und das damit verbundene Problem, den Nachweis für die zumindest theoretische Möglichkeit künstlicher Intelligenz zu erbringen, bestimmt den Inhalt umfangreicher Literatur an der Grenze zwischen Philosophie und Technik. Gegenwärtig ist die Diskussion auf breiterer Front durch die Veröffentlichungen von Roger Penrose mit dem Titel „Computerdenken“ und „Schatten des Geistes“ erneut angefacht worden. Penrose führt dort einen mathematischen Beweis für die Unmöglichkeit künstlicher Intelligenz (KI). Die Frage nach KI (oder AI im englischen Sprachraum für artificial intelligence) ist natürlich zu einem großen Teil davon abhängig, was man als „intelligent“ bezeichnet. Penrose betont deshalb den wichtigen Unterschied zwischen der Frage, ob sich ein künstliches System so verhält, als wäre es intelligent, und jener nach der tatsächlichen Intelligenz eines Systems an sich.

Die Diskussion zum Thema Intelligenz ist von stark unterschiedlichen Interpretationen dessen gekennzeichnet, was als intelligentes Handeln angesehen wird.

Die Probleme mit dem Begriff „Intellekt“ resultieren aus den Grenzen der Formalisierbarkeit. Während wir das Ergebnis des Verdichtungsprozesses von Daten auf Inhalte als formalisierbar ansehen und als Metadaten bezeichnen, sind wir bei der nächsthöheren Metaebene bereits vorsichtiger und schränken ein, daß nur ein Teil von „Wissen“ in der Tat formalisierbar ist. Man könnte den nicht formalisierbaren Teil von Wissen bereits als „Intellekt“ bezeichnen, eine Argumentation, der ich aber nicht unbedingt folgen will. Wissen stellt vielmehr das Ergebnis eines intellektuellen Prozesses dar, der eine auf allen Abstraktionsebenen immer nötige Voraussetzung darstellt. Wissen hat viele Facetten, der Weg zum Wissen jedoch führt immer über die grundlegende Fähigkeit des Intellekts. In diesem Verständnis wird der Intellekt zum Sinnbild der Prozeßfähigkeit an sich.

Sämtliche Ergebnisebenen des Informationsprozesses sind ein Resultat intellektueller Prozesse, die die eigentliche Abstraktionsleistung erbringen.

Die auf allen Stufen getroffene Unterscheidung zwischen der Anwendung vorhandener und der Schaffung neuer Abstraktionsergebnisse findet hier ihren Ursprung. Die Qualitäten der Abstraktion, die auf unterschiedlichen Stufen eines funktionierenden Informationsprozesses entstehen, können klassifiziert und beschrieben werden. Damit aber erklärt sich noch nicht die wichtigste Fähigkeit, die Voraussetzung für das Vorhandensein dieser Ergebnisse, nämlich die Fähigkeit zur Verdichtung an sich, die Ausstattung des Systems mit Prozessen, die von Daten zu Inhalten und weiter zu Wissen führen.

Selbst wenn die Prozeßfähigkeit als ein Kennzeichen des Intellekts formalisierbar (z.B. in Algorithmen) wäre, so bliebe doch die Frage nach der reflektierten Erzeugung und Modifikation dieses Algorithmus aus sich selbst.

Auch auf dieser Ebene kann man noch zwei getrennte Qualitäten erkennen: Die Fähigkeit zum Verdichtungsprozeß selbst und jene zur Kritik am Prozeß und den für den Prozeß angenommenen Voraussetzungen. Am Gedankenmodell eines theoretischen Systems mit künstlicher Intelligenz wird deutlich: Selbst wenn es möglich ist, ein System mittels einer formalisierten Prozeßfähigkeit auszurüsten, die in der Tat nicht nur Inhalte, sondern auch Wissen liefert, ist es dennoch ein weiter Weg zur Befähigung dieses Systems, eben jenen Formalismus zu reflektieren und ihn nötigenfalls zu verändern. Wenn also in der Tat die Fähigkeit zur Abstraktion und Verdichtung formalisierbar wäre, so bedeutet die Nutzung dieser formalisierten Intelligenz dennoch etwas anders als deren Schaffung. Letztere ist auch in der Lage, den gewählten Prozeß zu verwerfen oder kritisch zu hinterfragen. An dieser Stelle sitzt dann auch der Spielraum des Modells für Fragen der Emotionen und der in unseren begrenzten modellhaften Vorstellungen nicht erfaßten „unlogischen“ Inhalte des menschlichen Denkens.

2.2.3 Sichtweise funktionaler Komponenten

2.2.3.1 Das Ähnlichkeitsprinzip

Der von der Methode her gewählte Ansatz, die unterschiedlichen Stufen des Informationsprozesses unabhängig voneinander in einer von „unten" nach „oben" im Abstraktionsniveau führenden Rangfolge einzuführen, hat eine Reihe von Schwächen. Die getrennte Betrachtung erweckt einerseits den Anschein, am oberen Ende der Abstraktionskette seien Grundstrukturen, wie jene der Daten, bedeutungslos, und übersieht andererseits, daß schon die Verdichtung von Daten auf unterster Ebene das Vorhandensein von intellektueller Grundausstattung auf oberster Ebene voraussetzt. Deshalb sollen jetzt die Gemeinsamkeiten der einzelnen Abstraktionsebenen und deren Abhängigkeiten voneinander untersucht werden. Basis dafür ist das Ähnlichkeitsprinzip, das sich an Strukturen orientiert, die in ähnlicher Form auf allen Stufen des Informationsprozesses vorkommen. Der Begriff der Metadaten und der Metainformation kennzeichnet beispielsweise ein solches Ähnlichkeitsprinzip für zwei beliebige aufeinander folgende Stufen der Abstraktionskette.

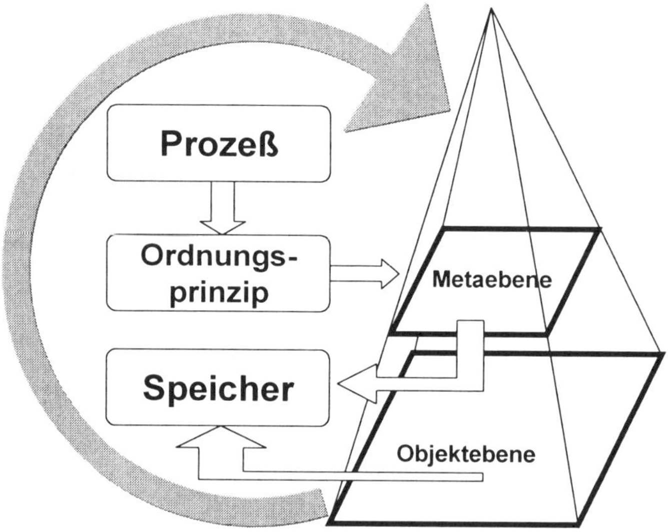

Abbildung 2.4 Grundelemente einer einzelnen Verdichtungsstufe

Der Informationsprozeß kann nicht nur vom Gesichtspunkt stufenweise wachsender Abstraktion, sondern auch ausgehend von der Frage nach den allen Abstraktionsebenen gemeinsamen Basisfunktionen gegliedert werden.

Allgemein finden sich auf dem Weg durch die Abstraktionsebenen drei grundlegende Komponenten für die Verdichtung von Informationen (Abbildung 2.4). Als erstes ist dies die physikalische / logische Voraussetzung für die Aufbewahrung und Bereitstellung der entsprechenden Qualität von Information, im Folgenden als Speicher bezeichnet. Die auf der jeweils höheren Abstraktionsebene gespeicherten Ergebnisse unterscheiden sich von den darunter liegenden nicht nur hinsichtlich der Menge, sondern auch durch das auf dieser Ebene angesiedelte Ordnungsprinzip. Das Ordnungsprinzip ist der Oberbegriff für die Metainformationen, die den inneren Zusammenhang der jeweiligen Abstraktionsstufe enthalten. Als letzter und wichtigster Baustein für den Verdichtungsvorgang kann die Prozeßfähigkeit gelten, die das Ordnungsprinzip schafft und anwendet, wobei ersteres der eigentlich intellektuelle Teil, letzteres eher Teil der weiter unten beschriebenen Handlungskette ist.

Der für die Treppe fortschreitender Abstraktion zwischen den Metaebenen erforderliche Verdichtungsprozeß benötigt auf allen Stufen die Funktionalitäten „Speicher“, „Ordnungsprinzip“ und “Prozeß“ bzw. „Verarbeitung“.

2.2.3.2 Speicher

Der Informationsgehalt der durch Abstraktion gewonnenen Ergebnisse wird auf höheren Metaebenen immer wichtiger und macht die „Ablage“ der dem Verdichtungsprozeß zugrunde liegenden Basisinformationen überflüssig. Dies ist einer der wichtigsten „Tricks“ des menschlichen Gehirns bei der Bewältigung großer Informationsmengen, da es, zumindest aus technokratischer Sicht, durch ein extremes Mißverhältnis zwischen der Fähigkeit zur Abstraktion und der Fähigkeit zur Speicherung großer Datenmengen gekennzeichnet ist.

Die im Vergleich zur Abstraktionsleistung geringe Speicherfähigkeit des Gehirns zwingt zur Verdichtung von Informationen durch Nutzung des Intellekts.

Wie bereits beschrieben, wollen wir Daten als die unterste systeminterne Repräsentationsstufe bezeichnen, die Informationen codiert darstellt. Die Qualität „Daten“ des Informationsbegriffes spielt damit nicht nur auf der Ebene der Daten selbst eine wichtige Rolle, sondern auf allen genannten vier Ebenen. In anderen Worten: Alle Ergebnisse, sowie die zu diesen Ergebnissen führenden Ordnungsprinzipien und Prozesse müssen alle auf der Basis der untersten systeminternen Repräsentationsstufe gespeichert und transportiert werden. Allerdings erfüllt die reine Datenform noch keine Speicherfunktion. Erst die organisierte Anordnung von Daten in einem geregelten Zusammenhang macht es möglich, abgelegte Informationen auch zielsicher auffinden zu können. Zu diesem Zweck sind zusätzlich Metadaten als Teil der Prozeßkomponente “Ordnungsprinzip” nötig

Die Basisfunktion „Speicher" bildet sich auf allen Abstraktionsebenen als deren erforderliche Repräsentation mittels Daten ab.

2.2.3.3 Ordnungsprinzip

Das Ordnungsprinzip enthält die Aussagen zum Zusammenhang der auf der betrachteten Ebene vorhandenen Informationsbausteine. Dieses Ordnungsprinzip ist unabhängig von der Tatsache, ob sich auf der Ebene tatsächlich Informationen befinden. Grammatik als Ordnungsprinzip ist auch ohne einen momentan vorliegenden Text sinnvoll und wichtig. Das logische Niveau des Ordnungsprinzips wächst entlang der einzelnen Stufen auf der Abstraktionsleiter. Ordnungsprinzipien stecken im Begriff der Metainformationen auf Ebene von Daten und Inhalten, sowie in der Frage des gewählten grundlegenden Modellansatzes, der den Erkenntnisprozeß kontrolliert. Das Erfahrungsprinzip als eine durchgehende logische Kette von der Datengewinnung bis zur Formalisierung von Prozessen durch mathematische „Gesetze“ und deren Verifizierung durch das Experiment ist ein gutes Beispiel für ein solches Ordnungsprinzip. Einfachere Ordnungsprinzipien sind die Sortierung von Informationen nach gewissen Kriterien, Ablagestrukturen und Vorschriften im organisatorischen Geschäftsablauf.

Das Ordnungsprinzip enthält die inneren Zusammenhänge der Informationsbausteine. Es umschließt auch die Komponente „Speicher“, die ohne Ordnungsprinzip nicht realisierbar ist.

Nicht alle im Ordnungsprinzip enthaltenen Informationen sind zwangsläufig formalisierbar. Mit der Komplexität der betrachteten Objektebene wächst die Unschärfe des Ordnungsprinzips. Zumindest die heute üblichen Formalisierungsmechanismen erlauben aber keine unscharfen Informationen. Nicht zuletzt daran scheitert in der Informationstechnik die Realisation eines homogenen Ordnungsprinzips als notwendige Voraussetzung für die Nachbildung des menschlichen Erkenntnisvorgangs. Die Ergebnisse des Denkprozesses und der Assoziation als Fähigkeit zur blitzschnellen Querverbindung zwischen Informationen, sowie die erfolgreiche Arbeit des Gehirns mit unscharf definierten und auf Gedankenebene dennoch genau nachvollziehbaren Abstraktionen lassen auf eine homogene Struktur für das Ordnungsprinzip im Kopf schließen. Musik löst die Erinnerung an Szenen aus, die man erlebt hat, Gerüche verknüpfen sich mit Wortfetzen, alles ist frei assoziierbar. Wir behalten die zu einem Thema gelesenen Texte nicht als photoreales Abbild der Buchstaben im Kopf. Bilder aus der Imagination und Bilder, die wir selbst gesehen haben, alle Arten unterschiedlicher Information, gleich von welchem Sinnesorgan sie stammen, scheinen im Inneren des Systems „Gehirn“ nicht in scharf nach Typ und Wahrnehmungskanal getrennter Form vorzuliegen. Informationssysteme basieren auf einem heterogenen Ordnungsprinzip. Zwar sind die Daten auf physikalischer Ebene heute alle als Bits dargestellt, die auf dieser einheitlichen Signalform basierenden Codes unterscheiden sich aber stark nach unterschiedlichen Formen von Information. Bilder, Töne, Text und Video lagern in getrennten Ablageformaten auf den Speichern der Informationstechnik, dadurch liegen die zu gleichen Vorgängen und Objekten gehörigen Daten in verschiedenen Formen vor.

Im Gegensatz zum menschlichen Denken verfügen Informationssysteme über kein homogenes Ordnungsprinzip

2.2.3.4 Prozeß bzw. Verarbeitung

Die Beschreibung des Informationsprozesses durch die Komponenten der Speicherung und des Ordnungsprinzips auf den Ebenen Daten, Inhalte, Wissen und, soweit dort noch gültig, auch der Intellektebene ist statisch. Sie erfaßt das Vorhandensein der unterschiedlichen Abstraktionsqualitäten als Ergebnis des Abstraktionsvorganges. Es fehlt aber der eigentliche Vorgang selbst, der die Ordnungsprinzipien bildet, Informationen gemäß ihrer Strukturen einordnet und die inhaltliche Veränderung der Informationen hin zu höherer Dichte bewirkt. Gerade diese dynamische Komponente ist das Herzstück des Informationsprozesses, die Prozeßkomponente an sich. Erst durch die Verarbeitung von Information werden die gewonnenen Erkenntnisse nutzbar. Anwendung erfordert die Verarbeitung der dem System von außen zugeführten Daten anhand der im System bereits vorhandenen Informationen.

Die funktionale Komponente „Prozeß" steht für den dynamischen Teil aller Funktionskomponenten.

Schon bei der Betrachtung der Information aus der Sicht der vier Metaebenen hatten wir die Tatsache erläutert, daß die Fähigkeit zur Verdichtung eigentlich Ausdruck der Intellektebene als höchster Stufe der Qualitätsleiter ist. Es ist eine Schwäche des Modells getrennt erklärter Ebenen, die mögliche Abhängigkeit der Abstraktion auf einer Stufe von den Informationsqualitäten einer anderen Stufe zu vernachlässigen. Der Prozeß spielt aber auf allen Ebenen des Ebenenmodells (ebenso für alle Komponenten im Funktionenmodell) eine wichtige Rolle. Bereits der Betrieb eines Speichers ist dynamisch und erfordert Prozesse, die das Einstellen und Entfernen von Speicherinhalten, die Organisation der Speicherstruktur und deren Anpassung an die permanente Aktualisierung des Inhalts tatsächlich durchführen. Auch Ordnungsstrukturen sind dynamisch, erfordern Pflege und Anpassung, sowie Mechanismen, die neue Informationen auf die Frage hin untersuchen, wo sie innerhalb der Ordnungsstruktur logisch einzufügen sind. Dies ist im Übrigen eine andere Aufgabe als die Prozeßfunktion der Speicherebene, wo es nicht um die logische, sondern um die physikalische Anordnung der Informationen geht.

Der Prozeß als Komponente umschließt alle anderen Komponenten. Er ist für die Speicherkomponente ebenso wichtig, wie für das Ordnungsprinzip.

Nicht aber die Aktualisierung und Pflege der Speicher und der Ordnungsstrukturen ist das wesentliche Kennzeichen der Prozeßkomponente, sondern die Fähigkeit, Informationen und Ordnungsprinzipien zu modifizieren, zu verknüpfen, Erkenntnis durch Abstraktion zu erschaffen und die gewonnenen Informationen sinnvoll in Handlungen und Bewertungen umzusetzen, auf aus der Wahrnehmung gewonnene Daten anzuwenden. Der Prozeß als Schlüssel zum Intellekt zerfällt in zwei Phasen, den Aufwärts- und den Abwärtsprozeß. Der Abwärtsprozeß beinhaltet die Fähigkeit, aus der Fülle der vorhandenen Informationen in Speichern und Ordnungsprinzipien diejenigen auszuwählen, die für die Betrachtung einer Situation oder die Lösung eines Problems geeignet erscheinen. Der Abwärtsprozeß dient hauptsächlich der Anwendung vorhandener Informationen, die in Verbindung zum betrachteten Objekt oder Vorgang gebracht werden. Der Aufwärtsprozeß hingegen dient der Verdichtung von Informationen, dem „Erlernen" neuer Zusammenhänge und Ordnungsprinzipien.

Der Prozeß kann in eine Aufwärtskomponente zur Gewinnung höherer Abstraktion und eine Abwärtskomponente zu deren Anwendung unterteilt werden.

2.2.4 Information und Kommunikation

2.2.4.1 Metaebene und funktionale Komponenten

Die beschriebenen Metaebenen sind wenig hilfreich für die technische Abbildung des Informationsprozesses. Die funktionalen Komponenten hingegen zeigen Ähnlichkeiten mit der Struktur der Informationstechnik. Funktionen, wie „Speicher", „Ordnungsprinzip" und „Prozeß" finden ihre ungefähre Entsprechung als „physikalisches Medium", „Betriebssystem" und „Anwendung" im Schichtenmodell der Informationstechnik. Bis zu welcher Abstraktionsqualität die heute in Rechnersystemen realisierten funktionalen Komponenten vordringen können, bleibt damit noch offen. Auch der einfachste Taschenrechner verfügt über die Komponenten „Speicher", „Ordnungsprinzip" und „Prozeß", dennoch würde man einem solchen System weder Wissen noch Intellekt zugestehen. So bleiben die beiden Sichtweisen für sich unvollständig, sind aber zweifach miteinander verknüpft: Die funktionalen Komponenten wiederholen sich in unterschiedlicher Bedeutung auf allen Metaebenen. Die Metaebenen selbst sind Ergebnis, Ausgangspunkt und Inhalt des durch die Funktionskomponenten beschriebenen Vorgangs der Informationsverdichtung. Die Abbildung 2.5 zeigt schematisch, wie die Bedeutung der Funktionskomponenten für die verschiedenen Abstraktionsniveaus verstanden werden kann. Diese Darstellung hat keinerlei quantitativen Charakter, selbst die qualitativ gemeinten Grenzen zwischen den Bereichen sind weitgehend frei definierbar.

Abhängig davon, ob eher die „technische" Struktur des Vorgangs oder aber die logische Qualität des Ergebnisses im Vordergrund steht, eignet sich das Komponenten- oder Metaebenenmodell.

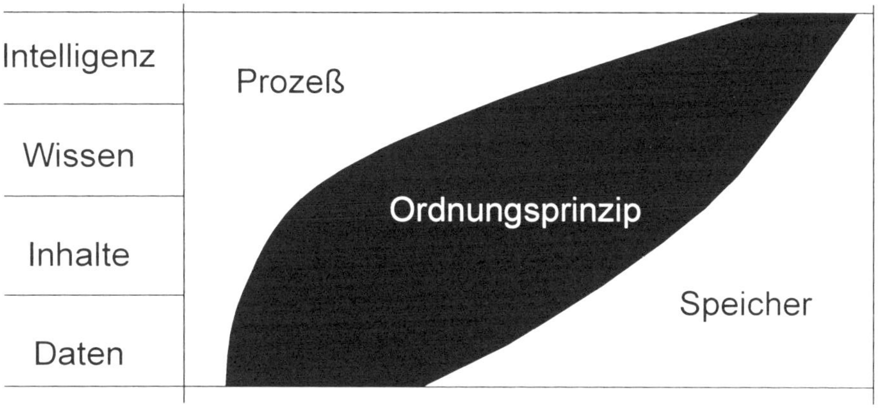

Abbildung 2.5 Zusammenhang von Metaebenen und Prozessmodell

Mein subjektives Verständnis von Informationsprozessen führt zu der Überzeugung, daß letztlich alle Abstraktionsleistungen auf allen Ebenen eine Folge der Prozeßfähigkeit sind. Informationsgewinnung ist ein dynamischer Vorgang, der auf der Gabe des Intellekts beruht, Beobachtungen zu kategorisieren und auf der Basis übergreifender Prinzipien verständlich zu machen. Diese aus Überlegung entstandenen Prinzipien machen es überflüssig, bei der Betrachtung bereits bekannter Phänomene den kompletten geistigen Umlauf der Abstraktion bis zum gleichen Ergebnis zu wiederholen. Sie „konservieren" sozusagen die Erkenntnis. Auch wenn Intellekt als die „Heimat" der Prozeßfähigkeit verstanden werden könnte, kann Prozeßfähigkeit nicht umgekehrt als "Heimat" des Intellekts gelten. Wäre die Prozeßfähigkeit alleine schon Ausdruck von Intelligenz dann würde auch die heutige Rechnertechnik bereits diesem Anspruch genügen.

Prozeßfähigkeit ist der Schlüssel zur Abstraktion, nicht jedoch hinreichende Voraussetzung für Intellekt.

Der Intellekt bildet als höchste Stufe dieses Modells die „Schnittstelle" zu allen nicht mit Begriffen, wie „Prozeß" oder „Daten" erklärbaren Erlebnissen der menschlichen Existenz. Wir erleben das „Fühlen" oder „Spüren", selbst das Denken nicht als einen elektrochemischen Vorgang in unserem Gehirn. Damit bleibt immer ein nichtmaterieller Anteil an unserem „Informationsgebahren", der gemeinhin mit dem Wort „Geist" oder „Seele" umschrieben wird. Selbst wenn es eines Tages gelingen sollte, das Gehirn in seinen letzten Geheimnissen zu entschlüsseln, wird die daraus gewonnene Erkenntnis nichts an der zentralen Wichtigkeit der Seele ändern. In den sinngemäßen Worten von Richard Feynman:

„Das Wissen um den Mechanismus, der zur Entstehung des Regenbogens führt, sagt dir nichts darüber, was du empfindest, sobald du einen siehst."

2

2.2.4.2 Kommunikation, Verdichtung und Unschärfe

Mit der Verdichtung des Informationsgehaltes wächst die Unschärfe. Codes auf Datenebene liefern ein immer eindeutig reproduzierbares Ergebnis. Die Einteilung in Klassifikationen beim Übergang zu höheren Metaebenen setzt voraus, daß eine Reihe von unscharfen Merkmalen bei der Einteilung von Wahrnehmungsparametern eingeführt wird. Die Kategorie "Ball" ist eben nicht über ein eindeutiges Set an Parametern identifizierbar, sondern vielmehr durch ein Sammelsurium von mehr oder weniger unscharfen Aussagen.

Die Zusammenfassung "ähnlicher" Objekte und Vorgänge im Zuge der Informationsgewinnung erfordert eine Verbreiterung im Sinne „weicher Abgrenzungen" für bisher scharfe Definitionen.

Dieser Vorgang setzt sich im Bereich der Wissensebene fort. Ein "Modell" von Vorgängen erfordert die Fähigkeit, unabhängig wahrgenommene Ereignisse in einen logischen Zusammenhang zu stellen. Auch wenn das Modell selbst eindeutig und algorithmisch ausfällt, ist für dessen Entwicklung die Erkenntnis der übergreifenden Gemeinsamkeit der beschriebenen Vorgänge und damit Unschärfe erforderlich. Mit anderen Worten: Nur das formalisierbare Resultat auf der Ebene von Wissen ist scharf definierbar, die für Wissen nötige Erkenntisfähigkeit basiert gerade auf der Fähigkeit zur Unschärfe. Für die Formalisierbarkeit ergeben sich Probleme beim Umgang mit Wahrheiten, die aufgrund eigener oder lange überlieferter Erfahrungen entstanden, dem klassischen naturwissenschaftlichen Erfahrungsprinzip zufolge aber nicht eindeutig reproduzierbar sind. Beispiele hierfür sind "Weisheiten" über die Art und Weise des Zusammenlebens von Menschen in einer Gemeinschaft, die zwar als Grundlage nahezu jeder Gesetzgebung auf der Welt dienen, dennoch aber weder irgendwo exakt eingehalten werden, noch auf rein logischer Basis begründet werden können. Die Grundlage für alle politischen Gebilde bildet daher die Philosophie und nicht die Wissenschaft. Ebenso gilt dies für die als "Bauernregel" verspotteten Erfahrungen, die oft mit einer Trefferquote von weit mehr als 50% die Realität voraussagen. Mit der Frage, ob Regeln als "falsch" zu betrachten sind, die nicht in 100%, sondern nur in 80% der Fälle das korrekte Ergebnis liefern, beschäftigt sich die "unscharfe Logik" der Fuzzy Sets.

Scharf abgegrenzte Begriffe als Basis liefern zwangsläufig nur die Beschreibung eines begrenzten Ausschnittes der Wirklichkeit. Ihr wesentlicher Vorteil ist jedoch die leichte Umformung in Begriffe, Kategorien und Algorithmen.

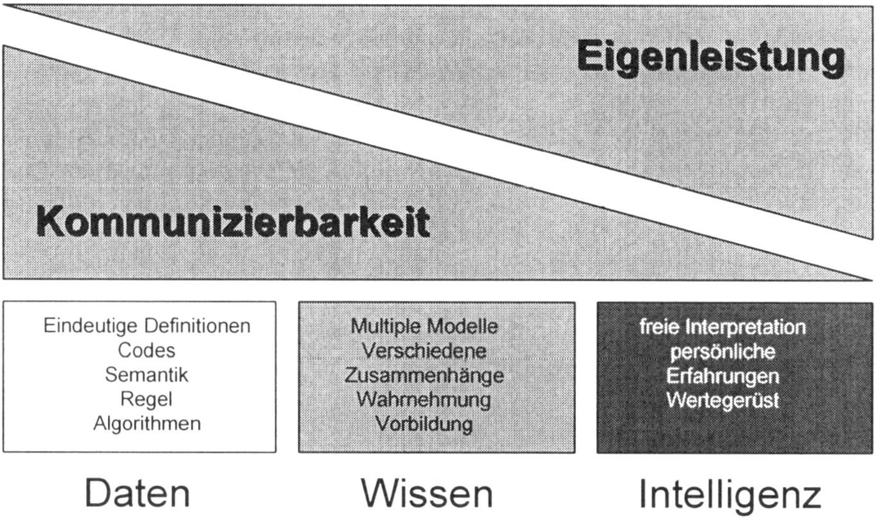

Abbildung 2.6 Abstraktion und Kommunikation

Während der Austausch von Daten nur die gemeinsame Kenntnis des Codes voraussetzt, erfordert die Kommunikation auf Informationsebene zumindest den korrekten zeitlichen und räumlichen inneren Zusammenhang der Daten. Ein typisches Beispiel für die fehlerhafte Erzeugung von Informationen aus den Daten ist die bewußte Setzung von räumlichen und zeitlichen Ausschnitten der Berichterstattung bei Hörfunk und Fernsehen durch Kameraführung und Schnitt. Für den Transfer von Wissen ist die Problematik noch deutlicher zu erkennen (Abbildung 2.6). Wissen ist ein auf einer umfangreichen Menge individuell zusammengestellter Erfahrungen und Informationen und deren Verknüpfungen beruhendes Gedankengerüst. Die Kommunikation zwischen Menschen unterschiedlicher Voraussetzungen hinsichtlich dieser Erfahrungswerte gestaltet sich schwierig. Dies gilt unter Anderem für die Probleme der Fachsprachen oder den Versuch, über soziale und kulturelle Schichten hinweg zu kommunizieren.

Die Kommunikation auf Datenebene erfordert nur einen gemeinsam vereinbarten Code, Informationsaustausch benötigt innere Zusammenhänge der Daten, Wissensvermittlung erfordert einen gemeinsamen Grundstamm an Erfahrungen und setzt "Verständnis" als geistige Eigenleistung voraus

Für den Lehrbetrieb bedeutet dies, daß der Schwerpunkt der Ausbildung auf dem Grundverständnis der inneren Strukturen des Stoffes und der gewählten modellhaften Abbildung der Realität liegen sollte. Erst danach kann garantiert werden, daß die übermittelten hochverdichteten Inhalte des Wissens überhaupt auf der Empfängerseite verarbeitet werden können. Der Arbeitsaufwand des Lernenden ist auf der Wissensebene deutlich erhöht, da der Zusammenhang der gebotenen Informationen abhängig vom persönlichen Reservoir an Verbindungsassoziationen hergestellt werden muß. Der Austausch und Transfer von Intellekt ist nahezu unmöglich. Die Interpretation von Informationen und Wissen erfordert ein breites Spektrum an Erfahrungen, die nicht verkürzt durch Kommunikation vermittelbar sind. Hier spielt die Philosophie und das Weltbild die entscheidende Rolle. Welches Weltbild im Einzelnen dabei allerdings genutzt wird, spielt keine Rolle, solange es den Zugang zum Inhalt für das Individuum öffnet.

🖫 Intellekt ist dem Individuum von außen nicht vermittelbar.

2.2.5 Den Informationsprozeß nutzen

2.2.5.1 Informationsprozeß und Lernfähigkeit

Das beschriebene Modell der Informationsverarbeitung basiert auf einem Ähnlichkeitsprinzip des Zusammenhangs benachbarter Schichten. Aus der darunterliegenden Schicht entsteht mit Hilfe von übergeordneten Ordnungsprinzipien eine höhere Verdichtung der Inhalte, eben die aktuell betrachtete Schicht des Prozeßmodells. Die Erschaffung dieser Kategorien, sowie die Fähigkeit ihrer korrekten und situativen Anwendung setzt aber den steuernden Einfluß der nächsthöheren Schicht voraus. So kann ohne Intellekt und Eingabe durch Inspiration die Kategorisierung von Prozessen, wie sie die Basis für Wissen darstellt, niemals in Gang kommen. Wissen schafft die Voraussetzung für die Kategorien der Information als Basis der Datenverdichtung. Daraus ergibt sich sofort folgende Forderung:

🖫 Das Ähnlichkeitsprinzip der Informationsverarbeitung bedingt eine intellektuelle Grundausstattung des Systems im "leeren" Ausgangszustand und die Fähigkeit diese durch Lernen zu erweitern.

Selbstverständlich wäre es denkbar, ein System schon zu dessen Existenzbeginn mit der vollen intellektuellen Palette auszurüsten. Dies würde den Lernprozeß aber keinesfalls überflüssig machen, wahrscheinlich nicht einmal verkürzen. Zum einen ist die Lernfähigkeit für die konstante Anpassung des Systems an veränderte Umweltbedingungen und neue Wahrnehmungen erforderlich, zum anderen verbessert ein intelligenter und wirklicher Lernprozeß auch sich selbst und damit die Geschwindigkeit und Lernfähigkeit des Systems als solches.

Lernen dient nicht hauptsächlich dem Füllen des Ausgangszustandes, sondern eher der permanenten Systemanpassung.

2.2.5.2 *Inneres und äußeres Lernen*

Lernen steht in engem Zusammenhang mit den zwei Phasen des Informationsprozesses, die als Aufwärts- und Abwärtsprozeß bezeichnet wurden. Während beim Aufwärtsprozeß die Daten den Ausgangspunkt bilden, so steht beim Abwärtsprozeß der Intellekt am Beginn einer Prozeßkette. Die Anwendung des Intellekts eignet sich auch für "virtuelle" Daten und Informationen, also solche, die ohne vorhergehende Wahrnehmung eines realen Vorganges entstanden sind. "Gedankenexperimente" sind eines der wichtigsten Kriterien eines intelligenten Systems und Voraussetzung für Lernfähigkeit. Einmal erlebtes (der Herd tut weh, wenn er heiß ist, der Teller fällt nach unten, wenn ich ihn loslasse) muß kein weiteres Mal real eintreten, die Ergebnisse können vorhergesagt werden. Auf höherer Ebene heißt dies, daß selbst Ergebnisse vorhergesagt werden können, die noch niemals wirklich beobachtet worden sind (z.B. in der Naturwissenschaft). Allerdings stellt das Meßkriterium für solche Vorhersagen immer die externe Realität dar.

„Innere" Lernfähigkeit ermöglicht die Vorhersage und Erzeugung von Daten, Inhalten und Wissen durch rein interne Geistesleistung im Sinne von „Gedankenexperimenten" durch zyklischen Wechsel von Aufwärts- und Abwärtsprozessen.

Bisher haben wir die Handlungen des Menschen als Antwort auf die Umwelt außer acht gelassen und uns darauf konzentriert, wie die von außen einwirkenden Wahrnehmungen im Informationsprozeß verarbeitet werden. Jetzt wollen wir kurz auf die Aussage zurückkommen, die Definition der Auswahl von „sinnvollen" und „zielgerichteten" Informationen im Verdichtungsprozeß setze eine Handlungsabsicht voraus. In Anlehnung an das Schichtenmodell der Information betrachten wir das "Tun" als direkte Wechselwirkung mit der Umwelt in Form von Kommunikation oder mechanischer Arbeit, "Handeln" als höherwertige, weil sinnvolle und zielgerichtete Kette von Tätigkeiten, "Entscheiden" als Überführung von potentiellen Alternativen in eine Handlungskette und "Wollen" als Ausdruck der vom Intellekt (Geist) angestrebten Zielsetzung.

Auf der Basis identischer Grundüberlegungen läßt sich zum Informationsprozeß eine schichtweise Handlungskette als Modell konstruieren.

2

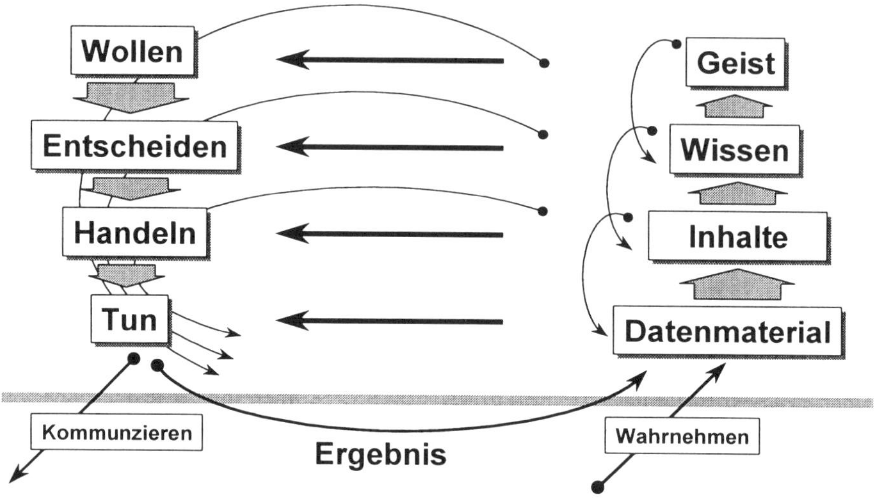

Abbildung 2.7 Lernzyklen und Informationsprozess

Die Handlungskette bewirkt ein mittelbares oder unmittelbares Ergebnis als Wechselwirkung zwischen Informationsprozeß und Umwelt, wie in Abbildung 2.7 dargestellt. Dieser Zyklus von Absicht, Handlung und Ergebnis bildet einen externen Feedbackzyklus für das Lernen. Damit verfügt der Mensch neben dem inneren Erlernen über die Chance, im Sinne des Erfahrungsprinzips die Sinnhaltigkeit seiner Überlegungen durch deren Anwendung auf die Realität zu erproben und zu optimieren.

Der externe Lernzyklus ist die Basis für das vom Erfahrungsprinzip geleitete Lernverfahren aus Modell und Experiment. Der Zyklus von Abwärts- und Aufwärtsprozeß findet über den Umweg der Außenwelt statt.

2.2.5.3 Kurze und lange Lernzyklen, lernende Organisation

Auf dem Weg zu einer informationsbestimmten Wirtschaftsform steht auch die klassische Lehre der Unternehmensorganisation auf dem Prüfstand. Unsicher reagieren viele Unternehmen auf die Erkenntnis, daß sich immer größere Teile des Wertschöpfungsvorgangs und viele potentielle Wettbewerbsvorteile virtualisieren. Es ist zu erwarten, daß sich das Modell von Boden, Arbeit und Kapital nicht für das Informationszeitalter eignet. Anstelle von "Geld" wird "Wissen" zum wichtigsten Kapital eines Unternehmens. Die Organisationsform, die dieses Wissen ermöglicht, bildet den Boden, Inspiration und Kreation stehen für den modernen Arbeitsbegriff. Wie aber wird „Wissen" für die Unternehmen greifbar und organisierbar. Diese Frage setzt ein radikales Umdenken hinsichtlich vieler lange genutzter Strukturen voraus. Welches Defizit der Umgang mit Information im Unternehmen aufweist, zeigt sich am eklatanten Mißverhältnis zwischen dem Aufwand, der für die korrekte Erfassung physikalischer Waren als „Kapital" betrieben wird und jenem, der die Erfassung und Bewahrung von Informationen zum Ziel hat. Der Wettbewerbsvorteil liegt in Antworten auf die Frage, welche Prozesse bei der Unternehmensorganisation zu schaffen sind, um einen möglichst effizienten Informationsfluß zu ermöglichen. In anderen Worten: Es sind nicht die öffentlich verfügbaren Informationen, die den Wettbewerbsvorteil ausmachen, sondern jene, die das Unternehmen selbst erzeugt hat, insbesondere, um den Umgang mit Informationen zu verbessern.

Die Lernfähigkeit einer Organisation bestimmt den Wettbewerbsvorteil der Zukunft, da nur auf diese Weise eigene, nicht auch öffentlich verfügbare Informationen gewonnen werden können.

Nicht nur die Handlungskette des Systems „Mensch" kann nach dem gerade beschriebenen Muster modelliert werden. Systemunabhängig eignet es sich auch für Unternehmensstrukturen. In der klassischen Unternehmensstruktur finden sind die unterschiedlichen Stufen der Handlungs- und Informationskette meist als Hierarchiestufen wieder. Komplexe Vorgänge und Abläufe trennt dieses Schema zweifach voneinander: Auf einer Stufe des Lernzyklus werden Tätigkeiten und Informationsgewinnung, also die beiden Sinnbilder für Aufwärts- und Abwärtsprozeß, nach Funktionalitäten auf verschiedene Menschen verteilt. Dieses Prinzip der häufigen Wiederholung identischer Handlungen mit schmalem Qualifikationsprofil stammt aus der Fließbandfertigung und findet sich auch in weiten Teilen der Verwaltungsarbeit. Zweitens steht den Mitarbeitern, egal auf welcher Ebene, keine Möglichkeit für einen wirklich geschlossenen Lernzyklus aus Handlung und Ergebnis zur Verfügung. Die höheren Stufen des Informationsprozesses finden sich auf den hohen Hierarchiestufen, auf der oft die Wechselwirkungen einer Entscheidung mit der Realität nicht mehr direkt spürbar sind. Rückmeldungen fallen langsam und unpräzise aus, weil sie zu viele Organisationsstufen durchlaufen müssen.

Finden unterschiedliche Qualitätsstufen des Informationsprozesses nahezu ausschließlich auf den zugehörigen Hierarchiestufen statt, wird der Regelkreis des inneren und äußeren Lernens gestört.

2.3 EDV, Medien und Informationstechnik

2.3.1 Realität und eine "allgemeine" Informationstechnik

2.3.1.1 Horizontale und vertikale Funktion der IT

2

Eine Informationstechnik, die ihrem Namen gerecht wird, strebt nach einer optimalen Abbildung des realen Informations-, wie auch des mit diesem verbundenen Kommunikationsprozesses auf technische Hilfsmittel. Allerdings hat sich durch die Sichtweise klassischer Fachsparten eine beständig zwischen Kommunikation und Information getrennte Entwicklung von Technik und Gerät ergeben, mit bestimmendem Einfluß auf das darauf basierende Gesamtsystem aus Technik, Anwender und Anwendung. Das zeigt nicht nur die Unterscheidung von „Informatik" und „Nachrichtentechnik", sondern auch jene zwischen den Anwendungsfeldern „Medien" und „elektronischer Datenverarbeitung". Beide Sparten befassen sich mit unterschiedlichen Teilaspekten einer modellhaften Abbildung der Realität (siehe Abbildung 2.8).

Die getrennte Entwicklung von Informations- und Kommunikationstechnik führt zu getrennten Sparten bei der Abbildung der Realität mittels technischer Systeme.

Die klassische EDV (EDP) bemüht sich um eine um eine Unterstützung des Informationsprozesses, der aus den die Realität repräsentierenden Daten durch Verdichtung und Abstraktion Inhalte, Wissen und intellektuelle Einsicht liefert. Das Gesamtsystem aus Organisation, EDV und Mitarbeitern arbeitet sozusagen in vertikaler Richtung. Daten müssen im Rahmen der beabsichtigen Zielsetzungen die abgebildete Realität aus Objekten und Vorgängen einwandfrei im System repräsentieren. Die unbedingte Integrität der Beziehung zwischen Realität und Beschreibung steht im Widerspruch zur Unschärfe, die insbesondere auf höheren Metaebenen mit Kommunikationsprozessen verbunden ist. Die Darstellung von Daten auf den Bildschirmen der klassischen EDV läßt unschwer erkennen, daß es um die zweifelsfrei eindeutige Repräsentation der Datenbestände und nicht um jene ihrer medial erleichterten Interpretation geht. Damit aber stößt die betriebliche EDV, eben die elektronische "Datenverarbeitung", an ihre Grenzen, wenn die Abstraktionsebene der reinen Daten überschritten werden soll.

Die betriebliche EDV liefert planbare und homogene Systeme für die vertikale Informationsgewinnung und Informationsverarbeitung. EDV wird dabei als Daten- und nicht als Kommunikationswerkzeug verstanden.

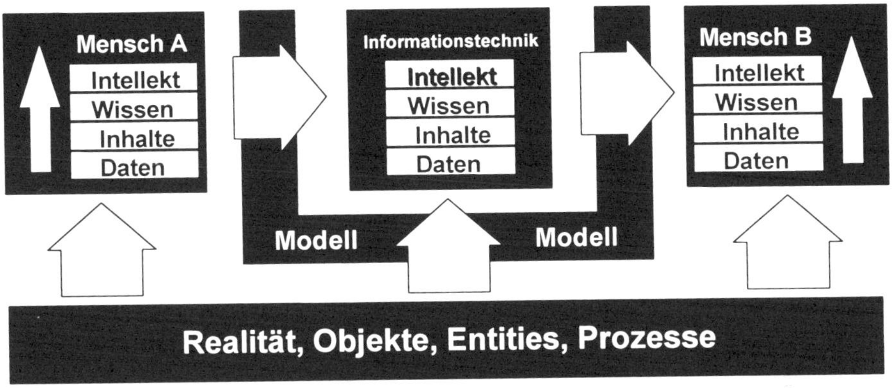

Abbildung 2.8 Horizontale und vertikale Funktion der Informationstechnik

Im Gegensatz zählt für die Medien weniger, wie eine Information gewonnen wurde. Wichtiger ist es, Information schön, ansprechend und gut verständlich zu Kommunizieren. Selbst das bewußte "Erfinden" von Information gilt nicht nur als zulässiges, sondern als im Bereich der "Unterhaltung" ausschließlich akzeptiertes Stilmittel. Medien erzählen wahre und erfundene Geschichten, vermitteln Meinungen und Argumente, weichen der Unschärfe der Kommunikation auf hoher Metaebene nicht aus, sondern nutzen sie als Mittel zum Zweck. Klassische Medientechnik unterstützt daher nicht die (vertikale) Gewinnung von Informationen, sondern die (horizontale) Übermittlung von bereits gewonnenen Abstraktionen zwischen Repräsentanten des „Informationssystems" Mensch. Dabei stellt die digitale Medientechnik eine große Auswahl an frei kombinierbaren Stilmitteln bereit, die vom klassischen Printmedium über Video, Hörfunk und Film bis zum elektronischen Publizieren in vernetzten Systemen reichen.

🖫 Für die Medien steht die (horizontale) und zwangsläufig heterogene Vermittlung der im Informationsprozeß eines Menschen gewonnenen Informationen auf den eines anderen im Mittelpunkt.

Zusammenfassend kann gesagt werden, daß alle Anwendungen der Informationstechnik auf dem Ziel beruhen, den potentiellen menschlichen Handlungsrahmen bei all jenen Vorgängen zu unterstützen, für die Information und deren Austausch eine signifikante Rolle spielen. Dieses Ziel unterliegt keinerlei Beschränkung auf die in der klassischen EDV verfochtenen Ziele der elektronischen Datenverarbeitung. Multimediale Lernsysteme, Expertensysteme, intelligente Informationsagenten sowie die frei verfügbare Fülle von Informationsquellen im Internet sind ein Beispiel für den erweiterten Begriff von Informations- und Datentechnik.

🖫 Eine von der Daten- zur Informationsverarbeitung entwickelte Informationstechnik verwischt die Grenzen zwischen betrieblicher EDV und Multi-Media.

2.3.1.2 Das Prinzip der Modellbildung

Die erfolgreiche Nachbildung des menschlichen Informationsprozesses durch Informationstechnik setzt ein modellhaftes Verständnis der in der Realität vorkommenden Prozesse und Objekte voraus. Sie müssen, ebenso wie die Informationen, auf unterschiedlichen Ebenen des Informationsprozesses als Daten und Strukturen in Hardware- und Softwarekomponenten repräsentiert werden. Die Aufgabe der Modellbildung ist vergleichbar mit jener der Naturwissenschaft. Um ein in sich geschlossenes und selbstkonsistentes Modell der Realität zu gewinnen, unterwirft sie sich einem strengen Codex methodischer Vorschriften, die im Erfahrungsprinzip und der Verwendung der Mathematik als formaler Sprache zum Ausdruck kommen. Diese methodische Vorgehensweise ist auch für die Modellierung von Informationen und Informationsprozessen im Rahmen einer informationstechnischen Aufgabenstellung unabdingbar. Die Modellbildung der Informationstechnik ist in der Abbildung 2.9 schematisch dargestellt: Das technische Informationssystem ist sowohl gegenüber dem menschlichen Informationsprozeß als auch gegenüber der abzubildenden Realität durch das Modell abgegrenzt.

2

Eine methodisch saubere Modellbildung stellt einen einwandfreien und reproduzierbaren Zusammenhang zwischen Daten und Programmen der Informationstechnik und den durch diese beschriebenen Prozessen und Objekten der Realität her.

Der Versuch, den Informationsprozeß technisch abzubilden und die damit verbundene Aufgabenstellung der Modellbildung kann unterschiedlich weit gefaßt werden. Unbedingt nötige Voraussetzung für vertikale IT ist die möglichst vollständige Repräsentation der Realität im Informationssystem. Das Ergebnis dieser Modellbildung ist demnach ein "Realitätsmodell". Die Kommunikation bereits gewonnener Informationen basiert auf einer modellhaften Brücke zwischen den Verständniswelten der beiden Kommunikationspartner, einem "Informationsmodell". Sie ist der in Bildern, Worten, Gliederungen, Photos, Texten, generell allen verfügbaren Darstellungsmitteln ausgedrückte Erklärungsversuch der individuellen Erfahrung für einen Anderen. Informationsmodelle stehen in engem Zusammenhang mit dem universalen Dokumentenbegriff: Dokumente, deren Inhaltskomponenten und deren Struktur bilden letztlich das Informationsmodell. Die letzte und schwierigste Aufgabe ist die modellhafte Beschreibung des Informationsprozesses selbst. Nicht die Abbildung bereits vorhandener Informationen oder realer Objekte und Vorgänge durch Informationstechnik, sondern vielmehr die eigenständige Fähigkeit der Informationstechnik zur Verdichtung und Abstraktion steht dabei im Mittelpunkt. Das nötige Modell ist demnach also ein "Prozeßmodell", ein Versuch, Intellektleistung in Teilen oder vollständig modellhaft zu erklären und nachzuvollziehen.

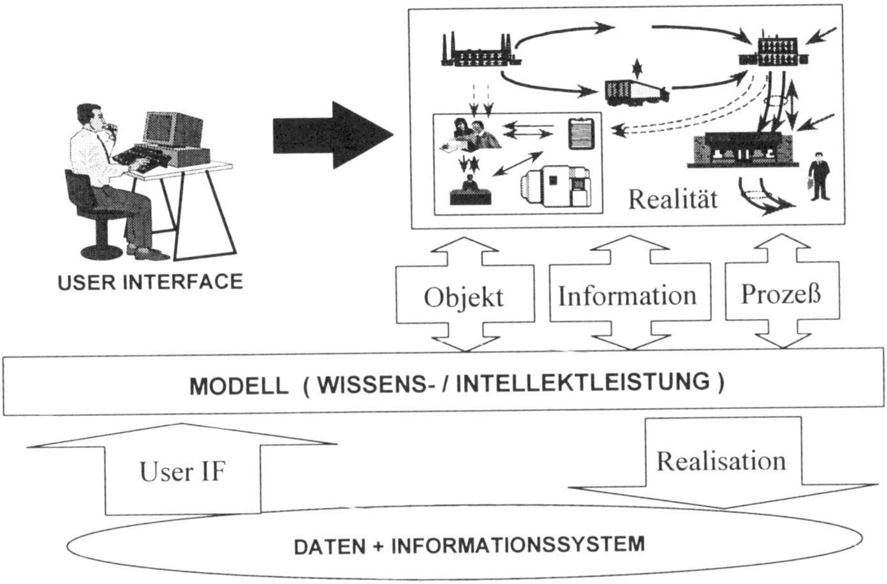

Abbildung 2.9 Modellbildung beim Einsatz von Informationstechnik

Modellbildung kann auf den Komplexitätsebenen eines reinen Realitätsmodells, eines Informationsmodells oder aber eines Prozeßmodells betrieben werden.

Das gewählte Modell legt die möglichen Leistungsmerkmale und Grenzen des auf seiner Basis realisierten Informationssystems fest. Daher hat die Modellbildung eine zentrale Bedeutung beim Einsatz von Informationstechnik. Sie liefert, unabhängig von den Detailfragen der letztendlichen Lösung durch Produkte der Hard- und Softwareindustrie ein universelles Problemverständnis der Aufgabenstellung. Sind in der Aufgabenstellung verborgene Prozesse und Probleme bei der Auswahl der Modelle nicht berücksichtigt oder erkannt worden, so ist die auf deren Basis aufgebaute Informationstechnik unvollständig. Ein Regelbetrieb ist dann oft nur auf Umwegen möglich, das eigentliche Ziel der Prozeßeffektivierung bleibt auf der Strecke. Die Modellbildung wird als notwendiger Zwischenschritt auf dem Weg von der gewünschten Problemlösung zur konkreten technischen Systemrealisation vielfach ignoriert oder unterschätzt. Die erreichte tatsächliche Lösung spiegelt dann weniger die erwünschte Antwort auf das Problem wider, als vielmehr die Möglichkeiten eines ähnlichen, bereits fertig auf dem Markt verfügbaren Konzepts. Dies ist nur dann akzeptabel, wenn die zum gegebenen Zeitpunkt verfügbare Technologie den vollen Umfang der Aufgabenstellung nicht abdecken kann. Gerade in diesem Fall ist es besonders wichtig, am ursprünglichen Problemverständnis unverändert festzuhalten und so die Perspektive für eine mit verbesserter Technologie schrittweise eingeführte Lösung zu öffnen.

🖫 Die Modellbildung als Zwischenschritt von der gewünschten Problemlösung zur konkreten technischen Realisation wird oft ignoriert und hat das Scheitern vieler Projekte der Informationstechnik (IT) zur Folge.

2.3.2 Vertikale Informationstechnik: EDV

2

2.3.2.1 Realitätsmodelle: Betriebliche EDV

Information und Kommunikation sind der Kern jeglichen wirtschaftlichen Handelns. Damit wird die klassische EDV mit dem Ziel der Effektivierung von Geschäftsprozessen zum zentralen Bestandteil einer modernen Unternehmensorganisation. Sie bildet die unternehmerische Wertschöpfungskette möglichst effizient auf ein Werkzeug zu deren beschleunigter und verbesserter Abwicklung ab. Das System wird mit einer Vorgabe organisatorischer Zusammenhänge und klaren Anweisungen zu deren Handhabung gespeist. Schlußfolgerungen oder gar die Verwaltung von "Wissensbeständen" bleibt nach dem klassischen Verständnis nicht dem System, sondern seinen Betreibern überlassen.

🖫 Die klassische Wirtschaftsinformatik betreibt reine "Datenverarbeitung" mit dem Ziel einer Prozeßeffektivierung

Die Wirtschaftswelt besteht aus einer Reihe beobachtbarer Objekte und Vorgänge. Grundlage des Realitätsmodells sind die im Rahmen eines geplanten Informationssystems betrachteten gegenständlichen oder nicht gegenständlichen Waren, Güter, Leistungen, Personen oder Personengruppen, die wir, wie in der Datentechnik oft gebräuchlich, als "Entities", Mehrzahl von "Entity" bezeichnen werden. Entities sind in einem realen Geschäftsprozeß selbstverständlich nicht statisch. Warenzugang und Abgang, Buchungen, Verkauf, Zusammenfassung und Herstellung neuer Güter aus Rohstoffen verändern ständig die Menge der Entities und deren Zusammenhang. Diese Veränderungen steuert ein Satz genauer Vorschriften, die die Verwaltungsstruktur des Unternehmensprozesses widerspiegeln. Die Menge der Prozesse enthält also die Regeln für den Umgang mit und die Verknüpfungen zwischen den Entities. Diese "Business Rules" und "Relations" sind also ein Satz von Funktionen zur Abbildung der Menge der Entities auf sich selbst, die das Hinzufügen, Entfernen, Verändern und Kombinieren von Entities umfassen.

🖫 Die bei der betrieblichen EDV betrachteten Waren, Güter, Leistungen oder Personen bezeichnen wir als Entities (Mehrzahl von Entity), ihre Beziehungen untereinander als Relations, Regeln zu deren Handhabung als Business Rules.

2.3.2.2 Vertikale Daten- und Informationsverarbeitung

Der Versuch, die Gewinnung von Informationen höherer Abstraktionsordnung selbst technisch zu realisieren, hängt vor allem von der heute möglichen Qualität der Prozesse ab. Es ist fraglich, ob mit Hilfe digitaler Rechnersysteme die Grenze hin zu höheren Abstraktionsebenen bei der Informationsgewinnung verschoben werden kann. Die analoge Datenverarbeitung, welche wir als Verwaltung von Daten mittels Karteikarten, Listen, Kontobüchern und Durchschriftformularen verstehen wollen, war durch die Begrenzung der Mittel ausschließlich auf die Speicherkomponente und die Metaebene der Datenanordnung beschränkt. Selbst die einfachsten Prozesse konnten nicht von der „Technik" selbst, sondern nur von Menschen realisiert werden.

Papiergestützte "analoge" Datenverwaltung ist auf Speicher und Ordnungsprinzip beschränkt, für jeglichen Verarbeitungsprozeß ist menschliche Gedankenarbeit nötig.

Mit der Verbreitung der digitalen Technik unter dem Namen „elektronische Datenverarbeitung" konnte die Fähigkeit der Informationstechnik zumindest auf grundlegende Prozesse erweitert werden, solange diese Prozesse eindeutig und vollständig mit Mitteln der digitalen Rechnertechnik formalisierbar sind. Die Überführung von Daten in Inhalte bleibt nach wie vor der menschlichen Gedankenleistung überlassen. Dies impliziert, daß die Datenverarbeitung, wie schon ihr Name vermuten läßt, zwar die Menge der generierten und verfügbaren Daten enorm gesteigert, für die Betroffenen aber eher zu einer Datenflut als zu einer Einsichtsflut geführt hat.

Digitale Informationstechnik verfügt zwar über die Fähigkeit zur eigenständigen Prozeßleistung, meist allerdings nur auf der Qualitätsebene der Daten.

Die zukünftige Entwicklung konzentriert sich darauf, auch auf höheren Abstraktionsebenen die grundlegenden Prozesse in technischen Systemen zu realisieren. Ein erster Schritt führt von der Daten- zur Informationsverarbeitung. Damit könnte nicht nur die Menge der verfügbaren Daten vergrößert, sondern auch deren Gliederung, Bewertung und Weiterverarbeitung auf Basis technischer Hilfsmittel unterstützt werden. Aus einer erweiterten Sicht der Informationstechnik kann man darauf hoffen, daß die zukünftige Informationstechnik nicht nur den operativen Umgang mit Informationen unterstützt, sondern den Informationsradius und den Erfahrungshorizont des Menschen generell erweitern wird. Die damit mögliche Verbesserung der Lernfähigkeit durch die Kombination aus menschlichem und technischen Informationsprozeß als Hilfsmittel stellen einen potentiellen Quantensprung der menschlichen Entwicklung dar.

Die Weiterentwicklung der Informationstechnik von der Datenverarbeitung zur echten Informationsverarbeitung ist ein zwangsläufig nötiger und logischer Schritt der technischen Evolution in die Zukunft.

2.3.2.3 *Prozeßmodelle: Weg zur künstlichen Intelligenz*

Prozeßmodelle versuchen, den menschlichen Informationsprozeß in Teilen oder als Gesamtheit mit Hilfe der Informationstechnik nachzubilden. Die Komplexität dieser Aufgabe hängt vom erstrebten Qualitätsniveau der künstlichen Abstraktionsleistung ab. Allerdings stellt schon die Verdichtung von Bild- und Schallsignalen zu Daten extrem hohe Anforderungen an die Prozeßleistung des Systems. Muster- und Spracherkennung sind Beispiele für eine derart automatische Datengewinnung. Modellhafte Beschreibungen für die Muster visueller Eigenschaften von Objekten und für die Klangstruktur von Worten liefern die Basis für die Umwandlung der von Kameras und Mikrofonen gelieferten Signale in beschreibende Daten. Kein statisches Modell reicht aus, um die in der Sprache unterschiedlicher Menschen vorkommenden Nuancierungen eines Wortes oder die unter verschiedensten Bedingungen vorkommenden Erscheinungsformen eines Objektes für die automatische Erkennung vorzuhalten. Lernfähigkeit mit „Trial und Error" ist also unbedingte Voraussetzung für ein derartiges Erkennungssystem.

Prozeßmodelle bilden die Basis für die eigenständige Abstraktionsleistung. Schon die Eingangsstufe der Datengewinnung durch Sprach- und Mustererkennung stellt extreme Anforderungen an die Technik.

Wie schwierig es ist, reine Informationsverwaltung und echte Prozeßmodelle zu unterscheiden und eine klare Grenze zur künstlichen Intelligenz zu ziehen, sei am Beispiel der Expertensysteme verdeutlicht. Derartige Systeme strukturieren das von Fachleuten gesammelte Wissen und machen es für andere Benutzer zugänglich, die selbst nicht für Entscheidungen im betreffenden Problemfeld qualifiziert sind. Das im System vorgehaltene Ergebnis eines Verdichtungsprozesses stammt also nicht aus dem System selbst, sondern ist das Resultat menschlicher Gedankenarbeit. Das System verhält sich unter Umständen intelligent, kann aber die Wissensbasis seiner Entscheidungshilfen nicht selbst erweitern oder schaffen.

Die Fähigkeit eines Systems, sich unter gewissen Umständen intelligent zu verhalten, ist alleine kein ausreichender Beweis für künstliche Intelligenz.

Die grundlegende Fähigkeit von Maschinen zur Intelligenz hängt im Grundsatz an der Frage: Wie kommt der Abstraktionsprozeß eines "leeren" Systems in Gang und kann er als Modell des menschlichen Denkens künstlich nachgebildet werden? Der Versuch, künstliche Intelligenz zu erzeugen, erfordert die Beschreibung der mit dieser Intelligenz verbundenen Vorgänge durch eine geeignete, auf die geplante Maschine übertragbare Terminologie, einen Algorithmus. Die Ausführung gewisser Prozesse durch eine Maschine nach dem Vorbild einer menschlichen Tätigkeit ist als Abfolge strikt vorgegebener Algorithmen möglich. Dies gilt ebenso für die Abbildung eines im Menschen vorhandenen Erkenntnis- und Erfahrungstandes mit einer sinnvoll zusammenhängenden Beschreibungsgrammatik. Ein derartiges System "verhält" sich, wenn die genannte Beschreibungsgrammatik das situativ veränderliche Verhalten des Menschen ausreichend gut erfaßt, tatsächlich menschenähnlich. Diese Art der Programmierung ist ein "Abwärtsalgorithmus" in Anlehnung an das Modell der Anwendung bereits erlernter Inhalte. Ein Aufwärtsalgorithmus hingegen versucht, die Verdichtung von Daten im System eigenständig nachzuvollziehen. Dazu ist es erforderlich, Kategorien neu zu bilden und der sich verändernden Welt anzupassen. Die damit geforderte Lernfähigkeit des Systems bedeutet nicht, nach Vorgabe eines von außen erzeugten Modells den Informationsprozeß nachzuahmen, sondern dieses Modell selbst, wo nötig, verändern zu können. Allerdings steht auch die dogmenhafte und unbelehrbare Weise im Widerspruch zum Begriff Intellekt, mit der heute an renovierungsbedürftigen Modellen festgehalten wird, teils trotz einer zu ihnen in klarem Widerspruch stehenden Entwicklung der Realität.

Abwärtsalgorithmen wenden bereits verdichtete Informationen an, sie gehören meist auf die reine Informationsebene und sind nichtintelligent. Aufwärtsalgorithmen versuchen, die Verdichtung selbst zu modellieren.

2.3.3 Horizontale Informationstechnik: Media / Multimedia

2.3.3.1 Terminologie und Informationsaustausch

Informationen zwischen einer Quelle und einem Nutzer über den Umweg des Informationssystems zu vermitteln, ist ein typischer Anwendungsfall der "horizontalen" Informationstechnik. Daten oder Informationen benötigen eine modellhafte Repräsentation im Informationssystem, um, einmal eingespeist, anderen Nutzern in sinnvoller Weise zur Verfügung zu stehen. Ein Textdokument, das über den Umweg eines Datenspeichers und eines Datennetzes vom Autor an den Leser übermittelt wird, ist ein einfaches Beispiel für eine solches Modell. Die Schrift wirkt dabei als Informationsträger hoher Dichte. Sie beschreibt Inhalte nach einem Ordnungsprinzip aus Rechtschreibung und Grammatik mittels Zeichen als Code. Zwar sind Codes und Grammatik scharf formalisierbar, die korrekte Anordnung der Worte und deren Schreibweise ist festgelegt, schwierig bleibt aber die zweifelsfreie und unmißverständliche Bindung zwischen dem vom Autor ausgedrückten Inhalt und dem beim Leser tatsächlich erzeugten Eindruck.

Neben die Subjektivität der Abstraktion tritt also noch die Subjektivität der gewählten Terminologie.

Terminologie bezeichnet den Ausdruck einer persönlichen Abstraktionsleistung durch ein teilweise individuelles Ordnungsprinzip in Form von Wortwahl und Textaufbau.

Terminologie als individuelles Ordnungsprinzip bedeutet die Verschlüsselung eines Informationsinhaltes für Kommunikation (Sprache) und / oder Speicher (Schrift). Sie umfaßt neben der Wortwahl die Gliederung und den logischen Aufbau eines Textes. Der Begriff "Dokument" steht für die allgemeinste Form eines solchen Ordnungsprinzips. Im Zeitalter multimedialer Information ist ein Dokument mehr als nur ein strukturierter Text, es ist eine Sammlung von Text, Bild, Ton oder Grafik in inhaltlich zielgerichteter Anordnung, die sogar abhängig von der Interaktion des Benutzers sein kann.

Das Dokument ist eine inhaltlich zielgerichtete Form der Anordnung von Medien aller Art (Text, Bild, Ton). Das Dokument ist eine „Meta-Terminologie" für die unterschiedlichen Inhaltsformen.

2.3.3.2 Der multimediale Dokumentenbegriff

Die moderne digitale Informationstechnik erweitert den Dokumentenbegriff von "Text" auf Bilder, Grafiken, Textbausteine und zeitabhängige Medien, wie Video und Ton als gleichberechtigte Elemente seiner logischen Struktur. Diese logische Organisation ist von Anordnung und Verarbeitung der Medienelemente im Inneren des technischen Systems unabhängig. Ein multimediales Dokument besteht nicht aus einer im Rahmen der Erstellung zwangsläufig vorgegebenen Struktur linear aneinandergefügter Informationen. Sie sind vielmehr in Form von inhaltlichen Objekten organisiert, die durch einen von ihrer systeminternen Repräsentation unabhängigen Zusammenhang verknüpft werden.

Moderne Multimediasysteme liefern ein von den Inhalten (Multimedia Content) unabhängiges Gerüst aus verbindenden Zusammenhängen (Hypermedia Structure) und erfordern keine lineare Informationsform mehr.

Diese Hypermedia Structure schafft eine große Zahl von Freiheitsgraden für die Bewegung eines Konsumenten in der vom Autor geschaffenen Informationslandschaft. Neben bekannten Gliederungsformen, wie Inhaltsverzeichnis oder Schlagwortindex, legt dies die Entwicklung neuer Orientierungshilfen nahe. Auf unterschiedlichen Ästen eines logischen Baumes angeordnete Inhalte lassen sich mit Hypertext quer über alle Verzweigungsebenen hinweg direkt verknüpfen. In welcher Reihenfolge die derart angebotenen Inhalte vom Nutzer durchlaufen werden, ist hauptsächlich von dessen Interaktion mit der Informationsstruktur abhängig. Alle Bewegungen des Benutzers durch den „Hyperspace“ protokolliert das System automatisch, der Weg zu jedem errichten Endpunkt kann dadurch schrittweise in umgekehrter Richtung durchlaufen oder erneut beschritten werden (History List).

Neben Multimedia Content (M) und Hypermedia Structure (H) steht als dritte Dimension von "Multimedia" der interaktive und kommunikative Umgang mit Inhalten (Cooperative Access). Man spricht auch vom CHM Würfel.

Multimedia hat also drei gleichwertige Dimensionen: Die identische binäre Darstellung und Verarbeitung unterschiedlicher, also multimedialer Medienformen, wie Bild, Text, Ton, bezeichnet als „**multimedia** content“. Die Dimension verbindender Strukturen der einzelnen multimedialen Bausteine zu einem sinnvollen “Dokument”, „**hypermedia** context“ genannt. Dazu die Fähigkeit zur zeitgleichen Nutzung durch eine Vielzahl von Anwendern sowie zur Interaktion mit und zum Austausch von Daten zwischen Anwendern, kurz “**cooperative access**”.

2.3.3.3 Dokument oder Datenbank ?

Auch die klassische Datenbank ist mit dem Problem konfrontiert, die Informationslandschaft einer Quelle auf die Informationslandschaft eines Benutzers abzubilden. Zu diesem Zweck erfaßt die Quelle Inhalte anhand der von einer Datenbank vorgegebenen Attribute, also durch Kategorisierung. Bringt der Benutzer dieser Datenbank jedoch in seiner Verständniswelt andere Kategorien mit einem objektiv identischen Inhalt in Verbindung, bleiben die eigentlich wichtigen Daten im Falle einer Recherche verborgen. Werden bei der Erfassung Daten eines Artikels beispielsweise mit den Begriffen „Rechner“, „Videoschnitt“, „Produktion“ in Verbindung gebracht, die Recherche zum gleichen Thema startet aber mit den Begriffen „Multimedia“ und „Bildschnitt“, so ist die Abbildung der beiden Informationswelten fehlgeschlagen, auch wenn der gespeicherte Inhalt faktisch das recherchierte Thema behandelt. Eine Volltextrecherche, die die Suche nach allen im Text enthaltenen Worten erlaubt, umgeht zwar das Problem, führt aber aufgrund der fehlenden Verdichtungsleistung der Eingabe zu einer extrem großen Anzahl von Treffern, die zeitaufwendig nach den tatsächlichen Detailinteressen des Benutzers durchsucht werden müssen. Es ist eines der zentralen Forschungsthemen, wie die in einem großen Datennetz verfügbaren Mengen an Information durch geeignete Suchmaschinen (Search Engines) gezielt zugänglich gemacht werden können.

Die sinnvolle Abbildung von Informationen als Bindeglied zwischen Quelle und Abnehmer ist nicht nur auf die mediale Qualität beschränkt, sondern zentrales Thema bei der Verwaltung großer Informationsbestände.

2.3.4 Integration von EDV, Multimedia und KI

2.3.4.1 Virtuelle Entities und virtuelle Waren

Die in einem Informations- oder Verwaltungssystem betrachteten Entities sind nicht zwangsläufig reale physikalische Objekte. Beispiele für diesen Fall sind die Buchung von Hotelzimmern oder Sitzplätzen in Bahn, Bus und Flugzeug, sowie Verwaltung, Verkauf von und Zugang zu digital gespeicherten Inhalten in Form von Bild, Ton, oder Text. Der in diesem Zusammenhang oft verwandte Begriff der Virtualität bedarf jedoch einer genaueren Definition. Der Sitzplatz, dessen Nutzung als Produkt verwaltet und verkauft wird, ist an die physikalische Existenz des Flugzeugs und des Kunden am betrachteten Ort zum betrachteten Termin gebunden. Wird der Platz gebucht und benutzt, ist die Ware „verbraucht", der Sitzplatz kann nicht mehrfach genutzt werden (obwohl die gegenteilige Hoffnung bei der Überbuchungspraxis vieler Airlines zum Ausdruck kommt). Die hier angebotene Dienstleistung ist demnach selbst keine virtuelle Entity, sondern eine Beziehung (Relation) zwischen mehreren realen Entities. Anders stellt sich der Fall beim Vertrieb elektronischer Dienste und Inhalte dar. Die Nutzung des Angebotes ist zeitgleich parallel möglich, das Produkt verbraucht sich nicht durch den Verkauf an einen einzelnen Kunden. Der Zugang zum Angebot und dessen Nutzung sind zudem in einem vernetzten digitalen System nicht vom Aufenthaltsort des Kunden, vom Lagerort des Produktes oder vom Zeitpunkt des Zugangs abhängig.

Gebrauch und Wert virtueller Entities sind vom Zusammenhang ihrer physikalischen Repräsentation unabhängig. Virtuelle Objekte verbrauchen sich nicht durch Nutzung und können ohne Kopien mehrfach parallel genutzt werden.

Die potentiellen Möglichkeiten des "digital commerce" im Sinne eines virtuellen Produktangebotes über vernetzte Rechner- und Informationssysteme konfrontiert die Betriebswirtschaftslehre und das Rechtsverständnis mit einer Reihe neuer Probleme. Wenn die Information über ein Produktangebot nicht „real" an den Kunden gelangt, wie dies im Falle einer von Aufenthaltsort und Zeitpunkt abhängigen Werbebotschaft und noch viel mehr im Falle der persönlich gewonnenen Information durch den Besuch des Fachgeschäftes der Fall ist, welche für den Kunden wichtige Leistung erbringt dann noch die Vertriebskette? Wenn virtuelle Produkte in Netzen angeboten werden, die ihrer Herkunft nach ohne Aufwand reproduziert und danach ohne Verbrauch jederzeit vielfach und parallel genutzt werden können, wer sichert dann das Urheberrecht und die Überwachung der Nutzungsrechte?

Die Möglichkeiten des virtuellen Produktangebotes über vernetzte Rechner- und Informationssysteme konfrontiert die Betriebswirtschaftslehre und das Rechtsverständnis mit einer Reihe noch ungelöster Probleme

2.3.4.2 Reale und virtuelle Strukturen

Nicht nur für Produkte und Leistungen stellt die Virtualität eine neue Chance und eine neue Herausforderung dar. Von Zeit und Ort potentiell unabhängige Strukturen für den Austausch von Daten und Informationen bleiben, wie bereits in der Einleitung geschildert, nicht ohne Folgen für die Unternehmensorganisation, für Personalführung, Wirtschaftsverständnis, allgemein für die Managementtheorie. Die Beschleunigung der Informationsketten hat verkürzte Entscheidungszyklen zur Folge. Ohne ein schnelles und verändertes Verarbeitungsverfahren für relevante Daten und ein konsequentes Risc - Management wächst das Risiko unternehmerischer Entscheidungen. In Teilen virtualisierte Segmente der Wertschöpfungskette und die Zugänglichkeit von Informationen für alle Wettbewerber führen zu einem kurzen "Window of Opportunity", kürzere Produktlaufzeiten folgen aus den schnell veränderlichen Profilen der Märkte. Die beschleunigte Datenermittlung bietet aber auch die Möglichkeit, durch Verkürzung der Wege bisher ungenutzte Potentiale für kurzfristige, projektbezogene Kooperationen zu erschließen. Diese Kooperationen beschränken sich nicht auf die Zusammenarbeit zwischen Unternehmen, sondern auch auf die Integration von Kunden und Auftragnehmer. Möglichkeit und Wunsch, Leistungen und Produkte möglichst marktnah zu definieren, die Individualisierung durch perfekten Zuschnitt der Leistung auf jeden Kunden zu maximieren („jeder Kunde eine eigene Zielgruppe") fordern die Flexibilität und den Ideenreichtum der Anbieter heraus. Industrien, die von jeher mit ursächlich virtuellen Produkten zu tun haben, sind von diesen Veränderungen naturgemäß stärker betroffen als solche Leistungsbereiche, die faktisch nicht virtualisiert werden können. Der Besuch beim Zahnarzt ist ebensowenig ein virtuelles Produkt, wie die durch Löschen erbrachte Leistung der Feuerwehr. Insbesondere aber die Softwareindustrie strebt nach einer immer besseren Anpassung der Produkte an die Bedürfnisse des Kunden. Software bietet die Möglichkeit, tatsächlich ein mit geringem Aufwand auf die Wünsche eines jeden Anwendungsfalles zugeschnittenes Produkt anzubieten. Große EDV Projekte rechtfertigen den Aufwand der individuellen Produktentwicklung, aber auch im Bereich des Breitenmarktes ermöglichen Strategien, wie die im Abschnitt 5.3. beschriebene „Componentware" dem Nutzer, die optimale Konfiguration seiner Lösung durch das Kombinieren vorgefertigte Module zu erhalten.

Virtuelle Strukturen erschließen ungenutzte Potentiale für die Schaffung von Kooperationen zwischen Unternehmen und die Integration von Kunden, Lieferanten und Auftragnehmern auf der Basis schneller Informationsnetze.

2.3.4.3 Strategiefaktor Informationstechnik und mediale Kompetenz

Ein moderner Umgang mit Information läßt die Trennung in die Fachsparten der horizontalen und vertikalen Abbildung nicht länger zu. Unternehmen, die Information als einen der entscheidenden Wettbewerbsfaktoren für die Zukunft erkannt haben, werden Informationstechnik nicht mehr nur als Werkzeug, sondern als Teil einer umfassenden Strategie betrachten. Damit rückt die Bedeutung der Modellbildung in den Mittelpunkt des Interesses. Nicht die Frage, was Technik für den Betrieb in seiner klassischen Organisationsform leisten kann, bestimmt die Investitionsentscheidung, sondern der Wunsch nach einer an die Wettbewerbsziele und die individuellen Leistungsmerkmale des Unternehmens angelehnten offensiven Lösung.

Organisation und Informationstechnik werden zu eng verwobenen Bausteinen für den Umgang mit kürzeren Innovations- und Entscheidungszyklen, sind nicht mehr Teil- sondern Kernbereiche der Unternehmensführung.

Wer aber das Informationssystem zum Markenzeichen seines Betriebes nach innen und nach außen, für Mitarbeiter, Kunden und Partner macht, tut gut daran, die dort verwalteten Inhalte überzeugend in Form und Darstellung zu präsentieren. Anders als die Warenwirtschaft auf textbasierten Terminalsystemen ist der Umgang mit dichteren Informationen nach innen und deren glaubhafte Übermittlung an integrierte Kunden und Partner von hoher medialer Kompetenz gekennzeichnet. Grafische Aufbereitung, Übersichtlichkeit, gute Visualisierung komplexer Prozesse, knapp und lesbar formulierte Inhalte erreichen einen bisher nicht gekannten Stellenwert. Nicht nur in solchen Unternehmen, deren Rechnersysteme im Zuge der Virtualisierung auch das Produkt selbst liefern rückt, was wir als „betriebliche EDV" verstanden haben damit näher an die multimediale Produktion der horizontalen Abbildung heran.

Information als strategisches Markenzeichen erfordert ein hohes Maß an medialer Kompetenz bei deren Aufbereitung und Darstellung nach innen und außen.

Umgekehrt spielt die saubere Verwaltung von Daten im Sinne einer vertikalen Abbildung für zukünftige Medien eine große Rolle. Medieninhalte sind Sonderformen von Information und unterliegen in einem integrierten Netz den gleichen Verwaltungszielen, wie die Daten der EDV. Auch multimediale Inhalte verlangen, sofern sie als Waren angeboten werden, nach einer zielgerichteten Warenwirtschaft. Im Zuge der schnell wachsenden verfügbaren Angebote an Inhalten fordert der Kunde zugleich verbesserte Orientierungsmöglichkeiten, also eine klare Struktur der Angebote. Bei aller nötigen Betonung der Kreativität kommt erfolgreiches Produzieren mit modernen Medien nicht an den Grundqualifikationen der betrieblichen EDV vorbei.

In Zukunft nutzt die Medienbranche speziell an ihre Anforderungen angepaßte Informationstechnik und braucht das für den korrekten Umgang mit der eingesetzten Technologie nötige Grundverständnis.

3 Digitale Informationstechnik 1 - Hardware

3.1 Struktur und Geschichte

3.1.1 Von der Rechenmaschine zum Computer

3.1.1.1 Die Anfänge - Rechenautomaten

Stand in den einleitenden Kapiteln die Bedeutung der digitalen Informationstechnik für Medien und Betriebswirtschaft sowie die modellhafte Beschreibung des Informationsprozesses im Vordergrund, so konzentriert sich das dritte Kapitel auf die Grundbausteine digitaler Informationstechnologie und deren Funktion. Wie die meisten Begriffe der Umgangssprache aus dem Umfeld der Informationsverarbeitung erfordert auch der Begriff „Rechner" bzw. "Computer" eine genauere Betrachtung. Der Wunsch, logische und arithmetische Operationen mittels technischer Unterstützung zu vereinfachen und zu beschleunigen hat eine lange Geschichte. Wie im Jahre 1935 gefundene Papiere belegen, ist der Tübinger Wilhelm Schickart (1592 - 1635), im übrigen ein Freund des Astronomen Keppler, einer der Pioniere der Rechnertechnik. Er realisiert mit seiner "Rechenuhr" eine Maschine für die Addition und Subtraktion sechsstelliger Zahlen. Erst als 1931 der Engländer Wynn-Williams in Cambridge mit Hilfe der Röhrentechnik einen ersten elektronischen Rechner entwickelt, geht die Epoche der ausschließlich mechanischen Rechenhilfen zu Ende. 1935 gelangt die erste Konstruktion auf der Basis elektrischer Relais auf den breiten Markt. Diese Maschine, die einzelne Multiplikationen in der unglaublichen Zeitdauer von unter 1 Sekunde durchführen kann, wird 1.500 mal gebaut und macht ihren Hersteller, die International Business Machines Corporation, kurz IBM, nicht nur zum heute größten, sondern auch zum ältesten Hersteller von Computern bzw. Rechnersystemen.

🖫 Ausgehend vom 17. Jh. bis zum Jahre 1931 waren alle Rechenautomaten mechanischer Natur. Die erste marktfähige Maschine auf Basis elektrischer Relais lieferte 1935 die IBM Corporation.

Mit der Fertigstellung der Z1 durch Konrad Zuse in Berlin im Jahre 1938 lösen programmierbare Rechnersysteme den reinen Rechenautomaten ab. Letztere bieten einen festen Satz mathematischer, algebraischer oder logischer Funktionen an, die sie an den vom Benutzer eingegebenen Zahlen automatisch ausführen können. Ein programmierbares Rechnersystem verfügt zusätzlich über die Fähigkeit, eine vom Benutzer eingegebene Folge aus solchen Befehlen, das sogenannte Programm, selbständig abwickeln zu können. Komplexe mathematische oder naturwissenschaftliche Berechnungen erfordern damit nicht länger die Eingabe der Operanten und der gewünschten Operation für jeden einzelnen Rechenschritt und die manuelle Übertragung der Zwischenergebnisse auf den nächsten. Umfangreiche Berechnungsreihen laufen nach Aufruf des einmal erstellten Programms automatisch ab. Im weiteren Verlauf des Textes dienen die Begriffe „Rechenautomat“ und „Computer“ zur Unterscheidung von nicht programmierbaren und programmierbaren Systemen.

Mit der Z1 von Konrad Zuse treten "Computer" mit der Fähigkeit zur eigenständigen Abwicklung von Befehlsfolgen an die Stelle der "Rechenautomaten", die nur einzelne Operationen ermöglichen.

3.1.1.2 Geschichte und Zukunft

Die heute üblichen Rechnersysteme arbeiten ausschließlich auf Basis digitaler Technologie. Alle internen Vorgänge sind durch binäre Schaltzustände realisiert, die nur die beiden Werte “Ein” und “Aus” annehmen können. Der Rückblick auf die geschichtliche Entwicklung der Computertechnik macht deutlich, daß sich auch andere Wege für die Realisation funktionsfähiger Rechenautomaten oder Computer eignen. Auch Systeme, deren Datenrepräsentation und Berechnungsverfahren nicht auf der Basis diskreter Zahlen, sondern auf Basis kontinuierlicher, analoger Werte erfolgt haben die Bezeichnung “Rechner” oder “Computer” verdient. Dies gilt selbstverständlich auch für jene Systeme, die intern zwar diskret arbeiten, anstelle zweier zugelassener Zustände aber das gewohnte Dezimalsystem verwenden, wie beispielsweise der oft als Erstlingswerk der Rechnertechnik zitierte ENIAC aus dem Jahre 1945. Es bleibt abzuwarten, ob die Weiterentwicklung der Informationstechnik sogar Abschied von der binären Architektur nehmen muß, um die hochgesteckten Ziele, beispielsweise jene der künstlichen Intelligenz, überhaupt erreichen zu können.

Computer sind nicht nur auf dem Wege der heute üblichen digitalen (diskreten und binären) Technologie möglich.

3.1.2 Das Schichtenmodell der Prozeßabwicklung

3.1.2.1 Der Befehlssatz

Die Sammlung aller Funktionen, die der Kern des Computers als Einzelschritte eines Programms selbständig durchführen kann, bezeichnen wir als Befehlssatz. Für jede Funktion aus dem Angebot des Befehlssatzes liefert der Rechner ohne weitere Hilfe die aus den Eingabedaten resultierenden Ergebnisse. Durch intelligene Kombination dieser elementaren Befehle zu einem Programm kann das Komplexitätsmaß der für einen Computer lösbaren Aufgaben weit über das Niveau des Befehslsatzes hinaus gesteigert werden. Jede noch so komplexe Aufgabe, die einem Computer zur Bearbeitung übergeben wird, ist also immer an eine Abfolge dieser Basisfunktionen gekoppelt, die als einzige auf unterster Ebene vom Computer tatsächlich automatisch ausgeführt werden können.

3

Die Sammlung verschiedener Funktionen, die auf unterster Ebene des Computers von der digitalen Elektronik durch direkten Aufruf eigenständig ausgeführt werden können, bezeichnen wir als Befehlsatz.

Die eigenständige Abarbeitung komplexer Berechnungsreihen erfordert die Programmierbarkeit des Rechenautomaten, der damit, nach unserer Definition, zum Computer wird. Im Rahmen der Programmierung gilt es, die logische Lücke zwischen der komplexen Aufgabe einerseits und den wenigen Basisfunktionen des Befehlssatzes andererseits zu schließen. "Programmieren" des Computers bedeutet demnach, komplexe Aufgabenstellungen solange Schritt für Schritt in eine Folge von weniger komplexen Arbeitsschritte zu zerlegen, bis jeder Arbeitsschritt direkt einem der im Vorrat des Befehlssatzes enthaltenen Funktionen entspricht. Diese Folge von Befehlen kann schließlich dem Computer zur sequentiellen Verarbeitung übergeben werden. Nach dem Start des Programms übernimmt der Computer alle für den schrittweisen Ablauf der Befehlssequenz nötigen Schritte.

Der Befehlssatz bildet die Basis für alle Aufgabenstellungen, Programme werden vom Computer immer als Folge von Funktionen des Befehlssatzes abgewickelt.

3.1.2.2 Grammatik von Befehlssatz und Hochsprache

Auf alle systeminternen Ebenen unterhalb des Befehlssatzes hat der Anwender keinen Einfluß, seine Schnittstelle zur Maschine bleibt der Befehlssatz. Alle an dieser Schnittstelle übergebenen Befehle müssen sich zwangsläufig in einer für die Maschine verständlichen Form befinden. In einem binären System sind beispielsweise nur die Zustände "Ein" und "Aus" zugelassen, auch die Befehle aus dem Befehlssatz selbst müssen bei der Eingabe also als Folge dieser Zustände vorliegen. Ein derartiger "Wortschatz" entspricht aber nicht den semantischen Gepflogenheiten menschlichen Denkens, weshalb man die Programmentwicklung durch logische Zwischenschichten zwischen Aufgabenstellung und Befehlssatz vereinfacht. Zu diesem Zweck dienen sogenannte Programmiersprachen, insbesondere die "Hochsprachen", deren Wortschatz und Grammatik an das menschliche Verständnis der jeweiligen Aufgabenstellung angelehnt ist. Häufig vorkommende und komplexe Operationen können in dieser Sprachen durch einzelne Codeworte und einfache Strukturen effizient repräsentiert werden. Die mit Wortschatz und Grammatik dieser semantisch höheren Ebene erzeugten Codefolgen (Source Code oder Quellcode) übersetzt anschließend ein spezielles Programm, der sogenannte Compiler, wieder in eine Sequenz aus binär codierten Befehlen des Befehlssatzes, die der Computer als Programm in der ihm verständlichen "Sprache" ausführen kann.

An der Schnittstelle zur realisierenden Hardware sind alle Befehle schwer verständlich in der "Sprache" der Maschine codiert. Die Programmerstellung erfolgt deshalb in sogenannten Hochsprachen, die von "Compilern" in Befehle des Befehlssatzes übersetzt werden.

Der Vollständigkeit halber sei darauf hingewiesen, daß in manchen modernen Rechnerarchitekturen zumindest indirekt die Möglichkeit besteht, auch unterhalb der Ebene des Befehlssatzes die funktionalen Abläufe des Rechnerkerns zu verändern. Dabei wird der interne Ablauf der Prozeßrealisation im Inneren des Rechnerkerns, das sogenannte Mikroprogramm, von außen verändert. Damit läßt sich faktisch durch Eingriff von außen der Umfang der vom Rechnerkern angebotenen Funktionen und damit auch der Befehlssatz verändern.

3.1.3 Grundstruktur automatischer Prozeßrechner

3.1.3.1 Zuse und Turing als Urväter der Computertechnik

Oft erscheint das Jahr 1995 als 50-jähriges Jubiläum der Fertigstellung des ENIAC (Electronic Numerator Integrator, Analyzer and Computer) als Urvater der Computertechnik durch Mauchly und Eckert an der University of Pennsylvania. Der wesentliche theoretische Teil der Erfindung des Computers, sofern diese überhaupt auf einzelne Personen reduziert werden kann, muß aber dem britischen Mathematiker Alan Turing, der wesentliche Beitrag zum praktischen Teil dem deutschen Bauingenieur Konrad Zuse zugesprochen werden. Turing legte mit seinem oft zitierten Papier im Jahre 1937 das mathematische und theoretische Fundament für die digitale Computertechnik. Er führte den Beweis, daß alle denkbaren algorithmisierbaren Aufgaben auf der Basis einer modellhaften "Turingmaschine" abgewickelt werden können.

Der britische Mathematiker Alan Turing schafft 1937 mit dem Gedankenmodell der Turingmaschine die theoretische Basis für die Abwicklung beliebiger algorithmisierbarer Aufgaben durch Computer.

Zuse, der im gleichen Jahr den Prototypen seiner ersten digitalen programmierbaren Rechenmaschine, der Z1 in Berlin fertigstellt, hat es auf abenteuerlichen Umwegen über Maschinenbau und Architektur schließlich zu einem Abschluß als Bauingenieur gebracht. Im Eigenbau und getrieben von rein praktischen Überlegungen entsteht mit der Z1 der erste funktionsfähige Computer in der bis heute üblichen Struktur. Die Gedankenmaschine von Alan Turing und das Konzept der Z1 und ihrer Nachfolgemaschine Z3 sollen im folgenden als Beispiel für die Grundstrukturen digitaler Rechnersysteme dienen.

Konrad Zuse liefert 1937 unabhängig von Turing´s Überlegungen mit der Z1 den ersten funktionsfähigen Computer.

3.1.3.2 Die Turingmaschine

Die von Alan Turing in Form eines Gedankenexperiments ersonnene Maschine besteht aus folgenden Komponenten: Auf einem unendlich langen Band befinden sich diskrete Zellen, in denen entweder die Ziffer 0 oder die Ziffer 1 notiert sein kann. Dieses Speicherband wird beweglich an einem statischen Schreib- und Lesekopf vorbeigeführt, der den Inhalt der jeweiligen Zelle entnehmen und dem Verarbeitungsmechanismus zuführen oder aber das Ergebnis des Verarbeitungsmechanismus in die Zelle zurückschreiben kann. Der Verarbeitungsmechanismus selbst besteht aus einer Reihe einfacher und fest vorgegebener Zustände. Jeder Zustand beschreibt das Verhalten der Turingmaschine zum gegebenen Zeitpunkt in Abhängigkeit des Inhalts der zuletzt gelesenen Zelle. Jeder Zustand besteht also aus zwei möglichen Handlungsabläufen, abhängig davon ob der gelesene Zelleninhalt mit 0 oder 1 belegt ist. Der Handlungsablauf jedes Zustands beschreibt, welche Ziffer als Ergebnis auf das Band zurückgeschrieben werden soll, in welche Richtung das Band anschließend weiterbewegt wird und welcher Zustand als nächster für die Weiterbearbeitung angesprungen werden soll. Der Zustand der Turingmaschine ist demnach abhängig vom Inhalt der gelesenen Speicherzelle und vom Ablauf des bisherigen Prozesses. Der eigentliche „Rechenprozeß" der Turingmaschine ist nur fähig, den Speicherinhalt 0 in den Inhalt 1 zu verwandeln bzw. umgekehrt oder aber den augenblicklichen Speicherinhalt zu erhalten.

🖫 Die Turingmaschine kann Speicherzellen mit binärem Inhalt lesen, abhängig vom augenblicklichen Systemzustand deren Inhalt verändern und einen neuen Systemzustand einnehmen.

Turing erbrachte den mathematischen Beweis, daß jede denkbare algorithmisierbare Aufgabe auf der Basis einer solchen Turingmaschine abgewickelt werden kann. Turing selbst entwickelte den oft zitierten "Turing - Test" als Nachweis künstlicher Intelligenz nach seinem Verständnis: Wäre der menschliche Denkprozeß als Algorithmus darstellbar, könnte er auf Basis einer Turingmaschine nachgebildet werden. Der Test erlaubt einem Benutzer per Terminal (Tastatur und Bildschirm) entweder mit dem zu prüfenden System oder aber mit einem für ihn nicht sichtbaren menschlichen Gegenüber zu kommunizieren. Ist aus der Sicht des Benutzers das Verhalten der Maschine in dieser Umgebung vom Verhalten eines menschlichen Kommunikationspartners nicht zu unterscheiden, verdient das System den Begriff intelligent. Diese Definition hat sich in den letzten Jahren stark revidiert. Nicht zuletzt die Arbeiten des britischen Mathematikers Roger Penrose unterscheiden deutlich zwischen Systemen, die intelligentes Verhalten simulieren können und solchen, die tatsächlich intelligent sind.

3

🖫 Der "Turingtest" versteht sich als Bewertungsmaßstab für künstliche Intelligenz auf der Basis eines per Turingmaschine nachgebildeten Intellekts.

3.1.3.3 *Exkurs: Beispiel einer Turingmaschine*

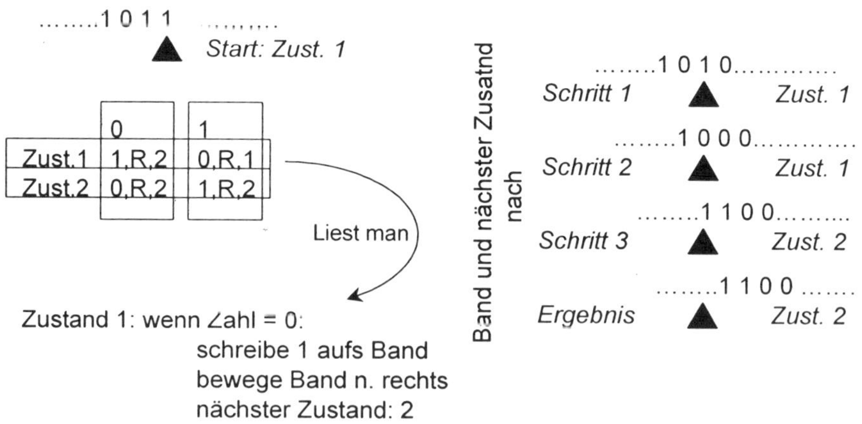

Abbildung 3.1 einfache Turingmaschine

Die Abbildung 3.1 zeigt ein einfaches Beispiel für die Funktionsweise einer Turingmaschine. Die Aufgabenstellung besteht darin, zu der auf dem Speicherstreifen repräsentierten digitalen Zahl 1011 eine 1 zu addieren. Unabhängig vom Verständnis binärer Mathematik kann aufgrund der in der Grafik aufgelisteten Zustandsgrößen schrittweise die Realisierung dieser Aufgabe verfolgt werden. Dies sei am Beispiel des ersten Rechenschrittes kurz erläutert. Zum Ausgangszeitpunkt befindet sich die Turingmaschine im Zustand 1 und der Schreib-Lese-Kopf an der letzten Stelle der auf dem Band notierten binären Zahl. Der Zustand 1 definiert zwei unterschiedliche Handlungsvorgaben in Abhängigkeit der vom Schreib-Lese-Kopf vorgefundenen Speichergröße. Ist diese Speichergröße 0, so lautet die Befehlsfolge für den Zustand 1: Schreibe eine 1 an die Stelle der augenblicklich über dem Schreib-Lese-Kopf befindlichen Speicherzelle, bewege das Band um eine Zelle nach rechts und springe anschließend den Zustand 2 an. In diesem Beispiel jedoch befindet sich an der fraglichen Speicherstelle eine 1, so daß die Turingmaschine den ebenfalls in der Zustandstabelle aufgelisteten Zyklus durchführt, der eine 0 auf das Band schreibt, dieses nach rechts bewegt und anschließend in den Zustand 1 zurückspringt. Dieser Zustand ist als Ergebnis von Schritt 1 ebenfalls grafisch dargestellt, und ist die Ausgangsbedingung für den nächsten Schritt der Turingmaschine, die als Ergebnis in der Tat das korrekte Resultat der Addition liefert.

3.1.3.4 Die Z1 und Z3 von Konrad Zuse

Während sich das stark mathematisch und theoretisch geprägte Modell von Alan Turing nur schwer direkt auf die Architektur heutiger Rechnersysteme übertragen läßt, sind die Analogien zwischen dem Konzept der Z1 und Z3 von Konrad Zuse und der heutigen Rechnerarchitektur unverkennbar. Im Fall der Turingmaschine ist die Trennung zwischen den zur Verarbeitung anstehenden Daten und den die Datenverarbeitung steuernden Befehlen nicht eindeutig möglich. Hingegen ist die Trennung von Programm und Daten in Zuses Maschine bereits wie in der modernen Rechnertechnik klar vollzogen.

Zuse´s Konzept erlaubt die klare Trennung der Befehlsfolge des Programmablaufes von den als Eingabe vorgegebenen und durch den Programmablauf manipulierten Daten.

Der Programmablauf wird mit Hilfe eines Filmstreifens im 35mm Format gesteuert, auf dem Programmbefehle in Form unterschiedlicher Lochmuster in das Filmmaterial gestanzt werden. Für die Daten besteht ein getrennter Speicher. Abbildung 3.2 verdeutlicht den Aufbau der Z3: Der Rechenautomat im Kern erlaubt die fünf mathematischen Funktionen Addition, Subtraktion, Multiplikation und Division, sowie Ermittlung der Quadratwurzel. Die Auswahl der Operanden, an denen diese Funktionen durchgeführt werden sollen, erfolgt durch ihre Übertragung aus dem Datenspeicher auf zwei spezielle Speicherplätze des Rechenautomaten, die als Register bezeichnet werden. Das Ergebnis der Operation wird ebenfalls in eines der beiden Register übertragen und überschreibt die dort stehenden Inhalte.

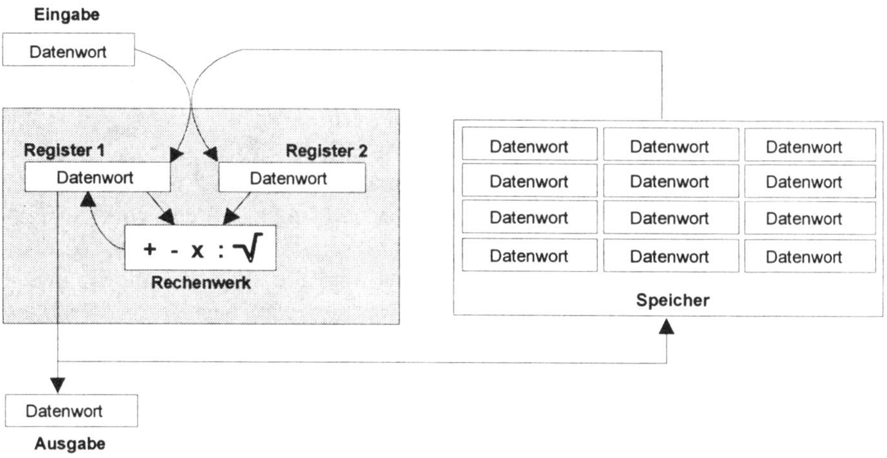

3

Abbildung 3.2 Architektur der Z1 bzw. Z3 von Konrad Zuse

Daten werden durch Angabe ihres Speicherplatzes in die als Register bezeichneten Operandenspeicher übertragen, an deren Inhalt dann die im Programm festgelegte mathematische Operation erfolgt.

Neben dem Aufruf der eigentlichen algebraischen und mathematischen Funktionen benötigt der Befehlssatz der Z3 daher noch Befehle zum Laden von Daten aus bestimmten und zum Zurückschreiben von Ergebnissen an bestimmte Positionen des Datenspeichers. Ähnlich wie am Beispiel der Turingmaschine wird hier eine Zweiteilung der Funktionalitäten eines programmierbaren Rechenautomaten oder Computers deutlich. Neben der eigentlichen Durchführung der logischen, algebraischen und mathematischen Operationen im sogenannten Rechenwerk des Computers benötigt das System einen Kontrollmechanismus zur korrekten Abwicklung der Einzelschritte des Programms. Das Lesen der Programmbefehle vom Programmspeicher, die Auswahl der benötigten Daten aufgrund der gelesenen Programmbefehle und deren Transfer ins Rechenwerk, sowie das Zurückschreiben der Ergebnisse an die vorgegebenen Speicherplätze koordiniert das sogenannte Steuerwerk. Diese Architektur spiegelt Zuse's Maschine hervorragend wider, die Begriffe des Rechenwerks und Steuerwerks haben sich bis auf den heutigen Tag bei der Beschreibung moderner digitaler Prozessoren erhalten, zusammen bilden sie den Kern des Rechners, der heute als CPU (Central processing Unit) bezeichnet wird.

Neben der eigentlichen Datenmanipulation steuert der Kern des Computers (CPU oder central processing unit) die Vorbereitung der Einzelschritte und den Ablauf der Befehlsfolge. Die CPU besteht aus dem mit der Manipulation der Daten betrauten Rechenwerk und dem Steuerwerk, das den Programmablauf koordiniert.

3.1.4 Computersysteme und deren Architekturen

3.1.4.1 Die Bausteine, Speicher, CPU, I/O und Betriebssystem

Bereits in den Arbeiten von Zuse und Turing lassen sich die bis auf den heutigen Tag gültigen Grundkomponenten eines Computersystems erkennen: Neben der CPU, bestehend aus Rechenwerk und Steuerwerk, gibt es einen Speicher, der das augenblicklich ablaufende Programm und die in dessen Ablauf erforderlichen Daten vorhält, sowie einen Mechanismus zur Ein- und Ausgabe von Daten, das sogenannte Input/Output- oder I/O-System.

3

Alle Komponenten eines Computersystems erfüllen eine der Grundfunktionen Speicher, Prozessor (CPU) oder Ein- / Ausgabe (I/O).

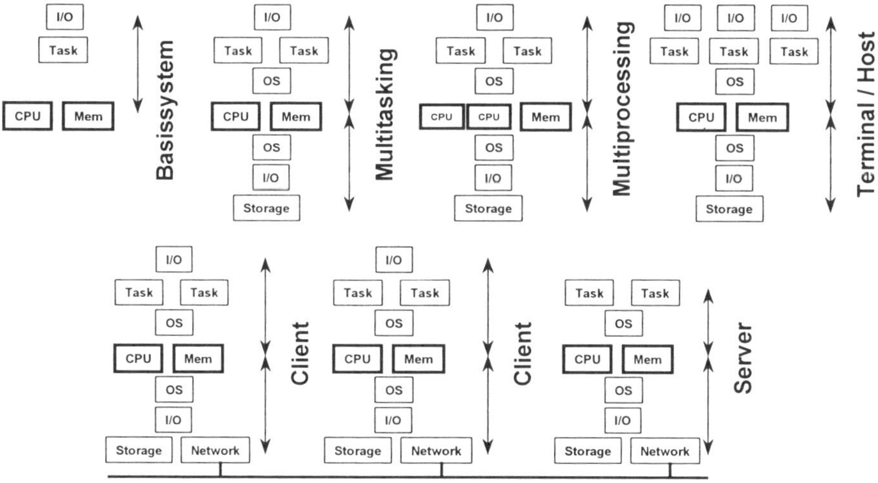

Abbildung 3.3 Komponenten und Strukturen von Computersystemen

Die Anordnung dieser Komponenten aus der Sicht des Benutzers ist in der Abbildung 3.3 als „Basissystem" angegeben. Aufgabenstellungen gelangen in Form von Programmen und Daten über die Ein-/Ausgabe-Schnittstelle an den Rechnerkern aus Speicher (hier Memory) und CPU und werden dort abgearbeitet. Anders als bei den experimentellen Systemen der 30er Jahre ist es für die kommerzielle Nutzung nicht erstrebenswert, jedes einzelne Programm und die zugehörigen Daten jedesmal unmittelbar vor Arbeitsbeginn neu im Rechner erfassen zu müssen. Neben dem flüchtigen Memory verwenden alle Computersysteme daher einen Permanentspeicher, auf dem die unterschiedlichen Programme und Daten auch bei ausgeschaltetem System erhalten bleiben.

🖫 Um die wiederholte Eingabe von identischen Programmen und Daten zu umgehen, werden sie über die I/O Struktur auf Permanent- bzw. Massenspeichern vorgehalten.

Dies erfordert die Einführung einer Organisationsinstanz, da nunmehr Programme, die unabhängig voneinander von verschiedenen „Autoren“ erstellt worden sind, sich ein gemeinsam genutztes Speichermedium ohne gegenseitige Störung teilen müssen. Neben der Aufgabe, verschiedenen Programmen und Datenstrukturen einen geordneten Zugriff auf ein gemeinsam genutztes Permanentspeichermedium zu gewähren, leistet diese Organisationsinstanz, das sogenannte Betriebssystem, englisch Operating System oder abgekürzt OS, auch die Verteilung der im Rechnersystem verfügbaren Rechenleistung auf möglicherweise mehrere zum gleichen Zeitpunkt ablaufende Prozesse.

🖫 Das Betriebssystem oder Operating System (OS) gewährleistet einen koordinierten Zugriff mehrerer Programme auf den Permanentspeicher und andere gemeinsam genutzte Resourcen des Systems.

Befinden sind gleichzeitig mehr als nur ein Programm auf dem Rechner in Bearbeitung, spricht man von einem Multitaskingsystem. Die zugehörige Struktur ist ebenfalls in der Abbildung 3.3 verdeutlicht. Mit der Anzahl der gleichzeitig ablaufenden Prozesse und der Komplexität einzelner Aufgaben steigt die Anforderung an die benötigte Rechenleistung. Die Rechenleistung eines einzigen Zentralprozessors läßt sich allein schon aus physikalischen Gründen nicht unendlich weit steigern. Aus diesem Grund kann es durchaus vorkommen, daß die innerhalb eines Systems ablaufenden Programme von einem Rechnerkern abgearbeitet werden, der aus mehr als einer CPU besteht. Das Betriebssystem verteilt die insgesamt verfügbare Rechenleistung auf die gerade vom Benutzer geforderten Programme und vergibt die dabei anfallenden Verarbeitungsaufgaben an die parallel verfügbaren Prozessoren, man spricht von einem Multiprocessing - System (siehe Abbildung 3.3).

🖫 Laufen mehrere Programme gleichzeitig ab, so spricht man von Multitasking. Multiprocessing steht für die Verteilung der Prozeßaufgaben auf mehrere parallel laufende Prozessoren.

3.1.4.2 Anordnung der Bausteine in Systemarchitekturen

In den Gründerjahren, als Rechenleistung teuer und die Betreuung einer Rechenanlage nur von Spezialisten zu leisten war, wurde die von vielen angeschlossenen

Teilnehmern angeforderte Prozeßrechenleistung an einem zentralen Ort konzentriert. Jeder angeschlossene Benutzer verfügte über ein eigenes I/O-System zur Ein- und Ausgabe von Daten an den Zentralrechner. Das Betriebssystem organisiert dabei die Verteilung der von den einzelnen I/O-Einheiten ankommenden Daten und Programme auf die insgesamt verfügbare Rechenleistung sowie deren Zugriff auf den verfügbaren Permanentspeicher. In diesem Fall spricht man von einer klassischen Mainframe - Architektur mit Terminals und einem Host als Zentralrechner (siehe Abbildung 3.3).

Ein- / Ausgabestationen, die selbst keine Programme abwickeln, bezeichnet man als Terminals. Über ein Kabelnetz sind sie mit einem zentralen Systemkern, dem Host verbunden, auf dem in einer solchen Architektur alle Programme ablaufen.

Insbesondere durch den weiten Einsatz des Personal Computer zeichnet sich eine Trendwende bei Großrechenanlagen der betrieblichen EDV ab. An die Stelle von I/O-Systemen, die alle Rechenleistung aus dem Zentralrechner beziehen, verfügt bei einer modernen Architektur jeder Benutzer über ein vollständiges lokales Rechnersystem. Alle diese Rechnersysteme werden über Netzwerkadapter verbunden, die in jedem PC über Betriebssystem und I/O erreichbar sind. Innerhalb des Netzes wickeln dafür speziell ausgerüstete Computer jeweils einzelne Aufgabenbereiche, wie Kommunikation, Ausdruck auf verschiedenen Druckersystemen oder das Abspeichern von Daten und deren automatische Sicherung als Dienstleistungen ab. Diese Dienstleistungsanbieter bezeichnet man als Server, die lokalisierten Rechner der einzelnen Benutzer als deren Kunden oder Clients (siehe Abbildung 3.3).

Die Verbindung eigenständiger Arbeitsplatzrechner mit zentralen Systemen, die für spezielle Aufgabengebiete optimiert sind, bezeichnet man als Client / Server - Architektur.

Die folgende Einführung in die digitale Informationstechnologie und die daran anschließende Beschreibung möglicher Software-Komponenten für ein derartiges Hardware-System basieren ausschließlich auf Architekturen, die sich als geschlossenes System mit an einer Stelle lokalisierbarer Prozeßrechen- und Speicherleistung verstehen lassen. Die Implikationen verteilter Systeme, wie sie durch die Vernetzung eigenständiger Rechner entstehen, werden erst nach Einführung der Grundlagen für Kommunikations- und Netzwerktechnik im Kapitel 9 behandelt.

Die Kapitel 3 und 4 basieren auf Systemen mit eindeutig lokalisierbarer Speicher- und Rechenleistung. Verteilte Systeme werden in Kapitel 9 behandelt.

3.2 Die digitale Basis

3.2.1 Die binäre Repräsentation

3.2.1.1 Kontinuierliche und diskrete Daten

Die Wahl des heute üblichen diskreten und binären Systems für Computerdaten ist keineswegs zwingend. Beim Rechenschieber handelt es sich um ein Beispiel für die kontinuierliche Datenein- und Datenausgabe. Viele mechanische Rechenautomaten repräsentieren Daten ebenfalls analog in Form geometrisch geschnittener oder geschliffener Bleche, die sich gegenseitig bewegen und zum Resultat in Form einer "Zeigerstellung" führen. Es gibt keinerlei Grenze für die theoretische Genauigkeit, mit der ein vom Benutzer eingegebener und vom System ausgegebener Zahlenwert im System repräsentiert werden kann, analoge Systeme erlauben also Ergebnis und Eingabe mit theoretisch unendlich hoher Genauigkeit. Eine mechanische Registrierkasse liefert hingegen ein gutes Beispiel für ein diskretes System: Für die Ein- und die Ausgabe jeder Zahlenstelle kommen nur die zehn verschiedenen Ziffern 0 bis 9 des Dezimalsystems in Frage.

Diskrete Systeme begrenzen die Zahl der für die Ein- und Ausgabe in Frage kommenden Werte auf einen festgelegten Vorrat. Analoge Systeme verfügen über einen unendlich großen kontinuierlichen Wertebereich.

Die unendlich genaue Repräsentation begründet zugleich auch die wesentliche Schwäche der analogen Technik. Werden Daten übermittelt, gespeichert oder berechnet, so führen selbst geringfügigste Störungen im Inneren des Systems zu Ergebnissen, die zwar verfälscht sind, vom Benutzer als solche aber nicht erkannt werden können. Jeder vom System fehlerhaft ausgegebene Wert könnte genauso als unverfälschter und beabsichtigter Wert aus dem kontinuierlichen und unendlichen Vorrat möglicher Resultate am Ende eines Speicher- oder Berechnungsprozesses vorkommen.

Der unbegrenzte Vorrat möglicher Werte verhindert bei analoger Technik die Unterscheidung zwischen beabsichtigtem Inhalt und zufälliger Störung.

Diskrete Zahlensysteme reduzieren die Anzahl der zugelassenen Werte, im Fall des Dezimalsystems auf die zehn Ziffern 0 bis 9. Werden diese Ziffern in Form einer elektrischen Spannung repräsentiert, so ergeben sich automatisch Toleranzgrenzen, innerhalb denen mögliche Verfälschungen auf dem Übertragungs- oder Berechnungsweg keinen Einfluß auf das Ergebnis nehmen können. Sollen die Zahlen 0 bis 9 durch Ströme zwischen 0 und 9 Volt abgebildet werden, so gibt es zwar unendlich viele Spannungen zwischen 7 Volt und 9 Volt. Wegen der diskreten Darstellung aber führen alle Werte zwischen 7,50 und 8,49 Volt immer zum einzig möglichen Ergebnis, nämlich der Ziffer „8“. Sämtliche im Rahmen einer Übertragung oder Berechnung auftretenden Systemfehler bleiben ohne Folgen für den Inhalt, solange sie innerhalb dieser Grenzen liegen.

Diskrete Systeme eliminieren unbeabsichtigte Verfälschungen der Daten, solange sie den Toleranzbereich zwischen den diskreten Wertestufen nicht überschreiten.

Auf diese Art und Weise liefern diskrete Systeme im Gegensatz zu kontinuierlichen oder analogen mit höherer Wahrscheinlichkeit vorhersagbare, eindeutige und nicht fehlerbehaftete Resultate. Der amerikanische Autor Kenneth Pohlmann hat dies an einem einfachen Beispiel verdeutlicht: Diskrete und analoge Systeme unterscheiden sich voneinander, wie der Transport einer fest vorgegebenen Menge Wasser in flüssiger Form oder in Form von Eiswürfeln. Im Fall von Wasser führt das geringste Verschütten einer noch so kleinen Flüssigkeitsmenge bereits zu einem verfälschten Ergebnis, wird das Wasser in Form von Eisbrocken im Inneren des Eimers transportiert, müssen zumindest so große Erschütterung auf dem Transportweg auftreten, daß ein kompletter Brocken aus dem Eimer fällt, um ein verfälschtes Ergebnis zu erzeugen.

3.2.1.2 Das Dualsystem

Das binäre Zahlensystem maximiert den Vorteil der diskreten Darstellung. Nur noch zwei Werte, 0 und 1 bzw. "Ein" und "Aus" sind zugelassen. Dies erhöht nicht nur die Fehlersicherheit sondern vereinfacht auch die technische Realisation digitaler Rechnersysteme. Es mag auf den ersten Blick erstaunlich erscheinen, daß beliebige Zahlen und Ziffern mit Hilfe zweier Zustände überhaupt abgebildet werden können. In einem binären System oder Dualsystem sind jedoch ebenso vollständige mathematische Berechnungen möglich, wie im Dezimalsystem.

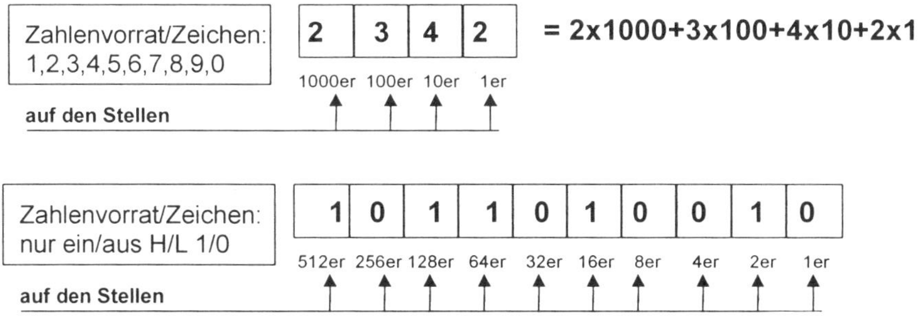

=1x512+0x256+1x128+1x64+0x32+1x16+0x8+0x4+1x2+0x1= 722

Abbildung 3.4 Dezimal- und Dualsystem

Das Dualsystem ist ein vollständiger mathematischer Rahmen, in dem Zahlen und Operationen durch nur zwei unterschiedliche Zustände beschrieben werden.

In einem diskreten Zahlensystem, egal ob nun dezimal oder dual, werden große und kleine Zahlenwerte, bzw. die gewünschte Genauigkeit durch die Aneinanderreihung der vorgegebenen Werte nach einem festen Muster erreicht. Die Zahl 2342 im Dezimalsystem, also die Aneinanderreihung der zugelassenen Werte 2, 3, 4 und 2 erfolgt nach den Potenzen der Zahl 10, also 1 für 10^0, 10 für 10^1 und 100 für 10^2. Die Lesart für diese Notation zeigt Abbildung 3.4. Das Dualsystem ist nach einem absolut identischen Muster aufgebaut, basiert jedoch, der Name impliziert es, auf der Zahl 2. Dies bedeutet, daß nicht, wie beim Dezimalsystem zehn mögliche Werte, sondern nur zwei, nämlich die Werte 0 und 1 zugelassen sind. Diese werden verkettet und miteinander nach Potenzen der Zahl 2 verbunden. Die niederwertigste Stelle steht wiederum für den Wert 1, das Ergebnis der Potenz 2 hoch 0. An den höherwertigen Stellen folgen daraufhin die Zahlen 2, 4, 8, 16, 32, 64, 128, 256 usw. Die Zahl 1011010010 liest sich also im Dualsystem ebenfalls, wie in Abbildung 3.4 gezeigt.

Die Darstellung von beliebigen Werten im Dualsystem basiert auf mehrstelligen Ziffernfolgen aus den Zuständen 0 und 1, die Potenzen der Zahl 2 (1,2,4,8,16,32 usw.) repräsentieren.

3.2.1.3 Hexcodes, Bytes und Nibble

Die kleinste Zelle eines binär repräsentierten Inhalts ist das Bit, also eine einzelne Stelle des dualen Zahlenwortes, die entweder den Wert 0 oder 1 annehmen kann. Zur Vereinfachung der Systemorganisation werden im allgemeinen keine Bitfolgen beliebiger Länge zugelassen. Die übliche kleinste Blockgröße oder Wortbreite, mit der einzelne Bits zusammengefaßt werden, ist das Byte, bestehend aus 8 Bit. Ein derartiges Datenwort kann bis zu 256 verschiedene Zustände repräsentieren.

Eine einzelne Stelle im digitalen Zahlenwort heißt bit, ein 8 bit langes Datenwort bezeichnet man als Byte.

Anstelle der auf den ersten Blick naheliegenden Benennung dieser 256 Zustände in Form dezimaler Nummern hat sich in der Computertechnik die Kennzeichnung in Form des sogenannten Hexadezimalsystems eingebürgert. Anders als das Dual- oder Dezimalsystem, die auf der Basis 2 und der Basis 10 beruhen, beruht das Hexadezimalsystem auf der Basis 16. Da aus dem klassischen Symbolvorrat nur 10 Zahlensymbole von 0 bis 9 rekrutiert werden können, ergänzt man die fehlenden 6 Zustände durch die ersten Buchstaben des Alphabets A bis F. „F" repräsentiert also den Wert „15" für eine einzelne Stelle des hexadezimalen Zahlensystems (siehe Abbildung 3.5). Sechzehn unterschiedliche Werte können durch ein 4 Bit langes Datenwort repräsentiert werden. Das Byte beinhaltet zwei solcher 4 Bit langen Unterworte, die hin und wieder mit dem Begriff „Nibble“ bezeichnet werden. Zur Kennzeichnung der durch ein 8 Bit langes Wort darstellbaren Zustände benötigt man also zwei Symbole oder Stellen des hexadezimalen Zahlensystems. Trifft man auf eine Zeichenkette der Form „7F“, so kann daraus geschlossen werden, daß es sich bei der dargestellten Zahl zwangsläufig um ein hexadezimales Format handelt. Da im Hexsystem aber auch Zahlen wie „17“ auftreten können, wird oft zur Unterscheidung von dezimal dargestellten Zahlen unmittelbar im Anschluß an die Zeichenkette ein h angefügt. Die korrekte Darstellung wäre also demnach beispielsweise „F7h“.

4 Bit Wort	Dezimal	Hex
0000	0	0
0001	1	1
0010	2	2
0011	3	3
0100	4	4
0101	5	5
0110	6	6
0111	7	7
1000	8	8
1001	9	9
1010	10	A
1011	11	B
1100	12	C
1101	13	D
1110	14	E
1111	15	F

ASCII = 2xHex = 8 Bit = 256 Werte = 256 Zeichen

Beispiele:

30 = 1	31 = 2	....	39 = 9
41 = A	42 = B	....	5A = Z
61 = a	62 = b	....	7a = z

2F = /

Abbildung 3.5 Hexadezimale Codes und ASCII

In der Computertechnik werden oft Zahlen im hexadezimalen System eingesetzt, das auf der Basis der Zahl 16 mit den Symbolen 0 bis 9 und A bis F arbeitet.

3.2.1.4 Ziffern, Zahlen, Buchstaben und Zeichen

Die mathematische Basis der Zahl 2 macht zwar verständlich, in welcher Form Zahlen im Inneren eines digitalen Computers repräsentiert werden können, löst das Problem aber nicht für die Darstellung beliebiger Symbole, beispielsweise des Alphabets. Da aber alle Inhalte, auch die einer Textverarbeitung, systemintern durch duale Zustände repräsentiert sein müssen, weist man jedem der im Alphabet enthaltenen Zeichen einen Zahlencode in Form 8 Bit langer Datenworte zu. Die bekannteste Form der Abbildung der damit möglichen 256 unterschiedlichen

Zahlenwerte auf alphanumerische Symbole ist der sogenannte ASCII-Code, der neben Buchstaben auch Steuerzeichen, wie Zeilenumbruch, und allgemeine Symbole enthält. Streng genommen legt der ASCII-Code nur die Bedeutung der ersten 128 Zeichen fest, erfordert also eigentlich nur 7 Bit Länge. Heutzutage wird jedoch in den meisten Fällen der von IBM erweitert definierte ASCII-Code verwendet, der auch die Werte 128 bis 255 mit festgelegten Zeichen versieht.

Zeichen des Alphabets werden systemintern durch "Kennziffern" zwischen 0 und 256 im erweiterten ASCII Code repräsentiert.

Treten in einer Textverarbeitung diese 8 Bit langen Worte auf, interpretiert sie das System nicht als Zahlen, sondern als das durch den Zahlenwert eindeutig im Zeichensatz festgelegte Zeichen. Im Übrigen existieren nationale Zeichensätze, die sich in der Zuweisung der Schriftzeichen auf die 256 Kennziffern unterscheiden. Im Falle des Betriebssystems MS-DOS legt bis zum heutigen Tag der Benutzer beim Starten des Systems fest, ob die intern verwendete Repräsentation der Kennziffern beispielsweise auf eine US-amerikanische oder deutsche Tastatur abgebildet werden soll. Die auf Computerausdrucken aufscheinenden kryptografischen Zeichen anstelle der ursprünglich eingegebenen deutschen Umlaute sind ein vielen Usern bekanntes Phänomen, das aus einer Abbildung der 256 alphanumerischen Codes auf solche Symbole resultiert, die nicht mit jenen zum Zeitpunkt der Eingabe übereinstimmen.

Die Belegung der Kennziffern mit Zeichen ist von der Wahl eines nationalen Zeichensatzes abhängig.

In den meisten Programmen kommen sowohl numerische wie auch alphanumerische Daten gleichberechtigt vor. Die Situation verkompliziert sich weiterhin dadurch, daß auch die Programmbefehle des Befehlssatzes für den Prozessor selbst dual repräsentiert sein müssen. Jeder im Prozessor oder Speicher vorliegende binäre Inhalt kann also ein Datum, beispielsweise in Form einer Fließkomma- oder einer ganzen Zahl, ein alphanumerisches Symbol oder aber einen Programmbefehl enthalten. Kernstück für die Unterscheidung dieser Datentypen ist das Programm selbst. Der Programmablauf beginnt an einer fest vorgegebenen Startadresse im Speicher, an dessen Stelle sich, per definitionem, nichts anderes befinden kann als eine Bitfolge, die einen Programmbefehl repräsentiert. Im weiteren Verlauf der schrittweisen Abarbeitung der Programmbefehle enthalten diese eine Aussage darüber, ob die von ihnen verwendeten oder erzeugten Daten als numerische oder alphanumerische Daten zu interpretieren sind bzw. in welchem Format diese gelesen oder abgespeichert werden sollen.

Ob eine Bitfolge im Speicher als Zahl oder Zeichen interpretiert wird, ist durch den auf dieses Datum zeigenden Befehl im Programmablauf festgelegt.

3.2.2 Der Transistor als Schalteinheit

3.2.2.1 Geschichte des Transistors

Der 1947 erstmals als Labormuster in den Bell - Laboratories hergestellte Transistor ist die vielleicht folgenreichste Erfindung der modernen Industriegeschichte. Er brachte seinen Erfindern den Nobelpreis ein und lieferte die Basis für die digitale Informationstechnik. Mehrere Millionen dieser Transistoren sind heute in hochintegrierten Halbleiterschaltungen, beispielsweise in CPUs, auf einem Halbleiterstück von der Größe eines Daumennagels untergebracht. Die Entwicklung der Halbleitertechnik folgt dabei seit den Gründerjahren im wesentlichen dem von Gordon Moore, einem der Mitbegründer der Intel Corporation, aufgestellten Gesetz, nach dem sich die Packungsdichte der Halbleitertechnik alle 18 Monate verdoppelt. Die Fabrikationsprozesse für Halbleiterstrukturen haben mittlerweile eine Rastergröße von etwa 0,3 Mikron (1 Mikron = 1 Tausendstel Millimeter) erreicht.

Seit Erfindung des Transistors hat sich die Packungsdichte der Halbleiter (Transistoren pro Flächeneinheit) gemäß dem Moore´schen Gesetz alle 18 Monate verdoppelt.

Der Transistor besteht aus unterschiedlich verunreinigten oder „dotierten" Halbleiterelementen. Der wichtigste Ausgangsstoff für die Herstellung eines Halbleiters ist hochreines und kristallines Silizium. Die äußeren vier Elektronen des Silicium werden dabei für die Bindung zu jeweils benachbarten Atomen in einer vollkommen regelmäßigen Kristallgitterstruktur benutzt. Wird ein solcher hochreiner Kristall mit Atomen verunreinigt, die in der äußersten Elektronenschale über fünf Elektronen verfügen, also als „fünfwertig" bezeichnet werden, bleibt nach der Einbindung dieser Störatome in das Kristallgitter ein frei bewegliches Elektron zurück. Da Elektronen eine negative Ladung tragen, spricht man von einem negativ dotierten Halbleiter, der zwar insgesamt elektrisch neutral ist, jedoch über eine hohe Anzahl an leicht beweglichen negativen Ladungsträgern verfügt. Nach dem gleichen Verfahren entstehen P-dotierte Halbleiter durch das Einbringen von dreiwertigen Elementen.

Halbleiter als Baumaterial für Transistoren entstehen aus ursprünglich hochreinem Silizium, in dem durch gezielte Verunreinigung die Zahl der frei beweglichen positiven (P-Typ) oder negativen (N-Typ) Ladungen erhöht wird.

3.2.2.2 *Der Feldeffekttransistor als Beispiel*

Auch wenn der erste Transistortyp in der Entwicklungsgeschichte physikalisch als sogenannter Bipolartransistor realisiert wurde, wollen wir uns auf die Erklärung des in den 50er Jahren erstmals hergestellten Feldeffekttransistors oder FET beschränken. Das Grundprinzip des FET wurde bereits weit vor der Erfindung des Bipolartransistors vorgeschlagen, konnte aber zum damaligen Zeitpunkt aufgrund technischer Mängel nicht realisiert werden. Er läßt sich vereinfacht leichter erklären als sein bipolares Gegenstück und stellt zudem die Basis der Mehrzahl der heute in der Informationstechnik eingesetzten Halbleiterbausteine dar. In der Abbildung 3.6 ist ein sogenannter MOS-FET dargestellt. Er besteht aus einem N-dotierten Halbleiter, an den zwei Metallelektroden angebracht sind, die man als Source (Quelle) und Drain (Senke) bezeichnet. Ein weiterer Metallkontakt, das sogenannte Gate, ist nicht direkt mit dem Halbleiter verbunden, sondern von diesem durch eine Oxyd- oder Isolationsschicht getrennt. (Daher die Namensgebung: MOS = Metall Oxyd Semiconductor.)

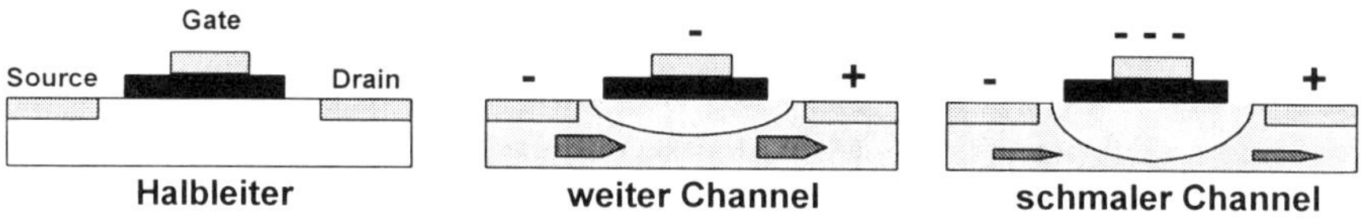

Abbildung 3.6 Vereinfachter Aufbau des Feldeffekt - Transistors

Liegt an Source eine negative und an Drain eine positive Spannung, fließt ein Elektronenstrom von der Quelle zur Senke. Dieser Strom nutzt den Halbleiter zwischen Drain und Source als Kanal, englisch Channel. Ein ebenfalls negatives, am Gate angelegtes Potential erzeugt ein elektrisches Feld, das die negativen Ladungsträger verdrängt und so die Breite des für den Strom nutzbaren Kanals verändert. Auf diese Art und Weise kann durch veränderte Spannungen am Gate die Höhe des zwischen Drain und Source fließenden Stroms gesteuert werden. In der Digitaltechnik reduziert sich die Anforderung an eine solche Transistorschaltung ausschließlich auf die Steuerung der Zustände Ein und Aus.

Der Transistor ist im Sinne der Digitaltechnik ein steuerbarer Ein-/Ausschalter. Für den folgenden Text vereinbaren wir die Bezeichnung "1" anstelle von "High" oder "Ein" und die Bezeichnung "0" anstelle von "Low" oder "Aus".

3.2.2.3 *Logische Operationen mit Transistoren*

Durch eine geeignete Anordnung von Transistoren als Schaltelemente lassen sich logische Verknüpfungsoperationen zwischen den einzelnen Bits zweier Datenworte realisieren. Wir betrachten dabei den Transistor als einen von außen steuerbaren Schalter, der geschlossen wird, wenn der Steuereingang den Wert "1" annimmt. Die in der Abbildung 3.7 dargestellte serielle Anordnung zweier derartiger Schalter liefert am Ausgang nur dann den Zustand „1" in Form der durchgeschalteten Versorgungsspannung, wenn sich beide Steuereingänge zugleich im Zustand „1" befinden. Dies entspricht der logischen Verknüpfung "Ausgang gleich Eingang 1 UND Eingang 2". Der Zusammenhang zwischen Eingangswerten und Ausgangswert solcher Grundoperationen wird in Form einer "Wahrheitstabelle" angegeben, die jeweils neben den Symbolen und Schaltungsanordnungen in der Grafik aufgeführt ist.

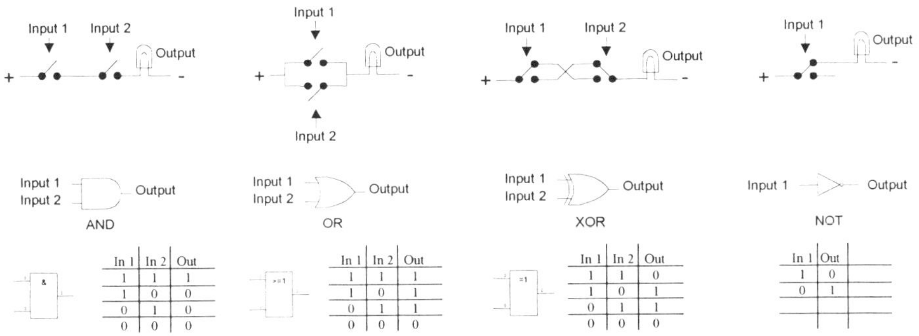

In 1	In 2	Out
1	1	1
1	0	0
0	1	0
0	0	0

In 1	In 2	Out
1	1	1
1	0	1
0	1	1
0	0	0

In 1	In 2	Out
1	1	0
1	0	1
0	1	1
0	0	0

In 1	Out
1	0
0	1

Abbildung 3.7 Logische Bitverknüpfung mittels Transistoren als Schalter

Eine parallele Anordnung der Schalter liefert ein logisches ODER als Verknüpfung der dualen Eingangswerte. Das Ergebnis wird "1", wenn mindestens einer der beiden Eingangsvariablen den Wert "1" annimmt. Das dritte Schaltungsbeispiel realisiert ein EXCLUSIVE ODER, das „1" als Resultat ergibt, wenn sich einer und nur einer der beiden Eingangswerte im Zustand „1" befindet. Die logischen Grundschaltungen sind in Form fertiger Halbleiterbauelemente erhältlich, die eine oder mehrere dieser Verknüpfungsfunktionen als sogenannte "Gatter" enthalten. Die Boolesche Algebra liefert den mathematischen Beweis, daß die Wahrheitstabelle jeder noch so komplexen logischen Operation durch eine geeignete Kombination der logischen Grundschaltungen „UND", „ODER" und der Zusatzfunktion „NOT" realisiert werden kann, von denen die letztere den Eingangswert "1" als "0" und umgekehrt an den Ausgang weitergibt. Auch mathematische Berechnungen sind nichts anderes als feste Gesetzmäßigkeiten für die logische Verknüpfung oder Manipulation von Bitwerten eines oder mehrerer Datenworte. Damit bilden geeignete Kombinationen der Grundschaltungen oder Gatter als deren elektronische Realisation digitale Rechenvorgänge auf der Basis von Strom und Spannung ab.

Die Operationen "UND", "ODER", "EX ODER" und "NOT" zwischen Bits können auf der Basis fertiger Transistoranordnungen, sogenannter Gatter realisiert werden. Aus diesen Grundfunktionen lassen sich alle mathematischen Berechnungen des dualen Zahlensystems elektronisch nachbilden.

3.2.2.4 *Addierer und ALU (Arithmetical Logical Unit)*

Daß sich in der Tat Berechnungen des dualen Zahlensystems elektronisch nachbilden lassen, soll im Folgenden am Beispiel eines Addierers verdeutlicht werden. Zwei Bitwerte, die eine Stelle im binären Zahlenwort der beiden Summanden repräsentieren, können in vier verschiedenen Kombinationen am Eingang eines Addierers vorliegen. Die Kombination "0" und "0" ergibt bei Addition für diese Stelle den Wert "0", die beiden Fälle mit je einer "0" und einer "1" addieren sich zu "1", für eine "1" an beiden Eingängen ergibt sich, wie in der Dezimalrechnung, für die betroffene Zahlenstelle eine "0" mit einem Übertrag "1" auf die nächsthöhere Stelle des Zahlenwortes. Die Wertetabelle der Abbildung 3.8 zeigt, daß das Ergebnis für die Zahlenstelle dem des logischen "EXCLUSIVE ODER" oder "EXOR" entspricht, der Übertrag ist identisch mit dem logischen "UND". Die Anordnung der Gatter für zwei solche "Halbaddierer" ist in den gestrichelt eingerahmten Teilen des Volladdierers in Abbildung 3.8 zu sehen. Der Halbaddierer kann keinen von darunter liegenden Stellen eingehenden Übertrag verarbeiten und eignet sich daher nur für die erste Stelle der Addition. Volladierer berücksichtigen auch den Übertrag zusätzlich zu den Eingangswerten der betroffenen Zahlenstelle.

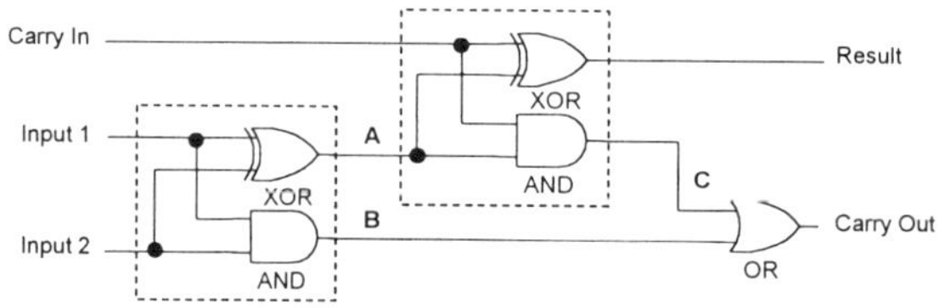

In 1	In 2	A	B
1	1	0	1
1	0	1	0
0	1	1	0
0	0	0	0

A	CaIn	Res	C
1	1	0	1
1	0	1	0
0	1	1	0
0	0	0	0

B	C	CaOut
1	1	1
1	0	1
0	1	1
0	0	0

Abbildung 3.8 Volladdierer für eine Bitstelle

Das Herzstück des Rechenwerks, die ALU (Arithmetical Logical Unit) besteht aus unterschiedlichen Transistor- oder Gattergruppen, von denen jede für die Durchführung einer der im Befehlssatz vorkommenden mathematischen und logischen Verknüpfungsoperationen strukturiert ist. Fordert der aktuelle Programmbefehl eine dieser Operationen an, werden die Register, in denen sich die betroffenen digitalen Daten befinden, mit der für die gewünschte Funktion zuständigen Baugruppe der ALU, beispielsweise also dem Addierer, verbunden und die Berechnung vom Steuerwerk aktiviert. Die Ergebnisleitungen, auf denen das Berechnungsresultat in Form von High- und Low-Pegeln vorliegt, sind ebenfalls mit einem, oft speziell für diesen Zweck vorgesehenen Register verbunden.

Halbaddierer und Volladddierer liefern das Additionsergebnis zweier binärer Summanden durch Verknüpfung von Gattern der

Grundfunktionen. Das Rechenwerk (ALU für Arithmetical Logical Unit) besteht aus jeweils einer derartigen Gatterschaltung für jede der angebotenen Funktionen.

3.2.2.5 Der Bus als Kommunikation zwischen Komponenten

An der korrekten Durchführung der im Programm vorgegebenen Aufgaben sind im Inneren des Computers eine große Anzahl unterschiedlicher funktionaler Baugruppen beteiligt. Neben der Realisierung dieser funktionalen Komponenten selbst sind daher Verbindungen zwischen den Komponenten für Kommunikation und Koordination erforderlich. Die Kommunikation erfolgt parallel, d.h. alle Stellen eines dualen Datenwortes werden zwischen zwei Komponenten zeitgleich auf parallel laufenden Verbindungsleitungen übertragen. Bei der Wahl der Anzahl dieser Verbindungsleitungen ist zwischen Kosten und Performance abzuwägen, da mit der Anzahl der Leitungen der Hardwareaufwand steigt, aber auch Datenworte mit großer Stellenzahl in einem Schritt übermittelt werden können. Die Anzahl der insgesamt benötigten Leitungen steigt dramatisch an, wenn jede funktionale Komponente mit jeder anderen über einen eigenen Verbindungsweg verknüpft werden sollte. Um das Design von Computerarchitekturen auf ein handhabbares Komplexitätsmaß zu reduzieren, erfolgt der Datenaustausch zwischen den Komponenten auf Basis eines gemeinsam genutzten zentralen Leitungssystems, dem sogenannten Bus.

Die Kommunikation zwischen den Komponenten eines Rechnersystems erfolgt über einen Satz gemeinsam genutzter paralleler Leitungen, an die alle Komponenten angeschlossen sind, den sogenannten Bus.

Soll beispielsweise ein 16 Bit breites Datenwort auf einem 16 Leitungen breiten Bus zwischen zwei Komponenten ausgetauscht werden, so prägt der Datensender die zu übermittelnden Daten den 16 Busleitungen auf. Der Empfänger entnimmt zugleich die auf den Busleitungen anliegenden high- und low-Zustände zur internen Weiterverarbeitung. Nach Ende des Übertragungsprozesses klemmen sich beide Komponenten von den Busleitungen ab, die somit für Kommunikationsvorgänge anderer Komponenten wieder zur Verfügung stehen. Wäre in diesem Beispiel der Bus nur 8 Bit breit, so würde die Übertragung zwei aufeinander folgende Arbeitsschritte erfordern. Das Bussystem und andere gemeinsam genutzte Komponenten erfordern eine Koordination und Synchronisation der Zugriffe durch angeschlossene Einheiten. Schreib- und Lesezugriff auf das Bussystem verteilt auf Antrag ein Busarbiter, wörtlich übersetzt also ein „Schiedsrichter“. Oberster Schiedsrichter für die Koordination der Busaktivitäten ist dabei der Prozessor selbst, genauer gesagt das Steuerwerk der CPU. Jegliche Synchronisation im Inneren eines Computers und damit alle Arbeitsschritte insgesamt folgen einem zentral erzeugten Taktraster, das von einem Quarz als hochpräziser Uhr erzeugt wird. Jeder Arbeitsschritt, jeder Übertragungsvorgang auf dem Bussystem wird im Idealfall innerhalb eines solchen Taktzyklus, wenn nötig innerhalb eines ganzzahligen Vielfachen dieser Taktzeit abgeschlossen. Dies garantiert, daß die Sende- und Empfangsbereitschaft der am Bus angeschlossener Komponenten auf den gleichen Zeitpunkt fallen. Der sequentielle Ablauf der Befehle eines Programms wird durch einen vom zentralen Takt getriebenen Zähler gesteuert. Der Zählerstand spiegelt also zu jedem beliebigen Zeitpunkt den aktuellen Stand des Programmablaufs und den augenblicklich in Bearbeitung befindlichen Befehl wieder.

Die Kontrolle über den Bus erfolgt durch einen Busarbiter, meist durch das Steuerwerk der CPU. Buszugriffe und andere Arbeitsvorgänge erfolgen im Rhythmus eines zentral erzeugten Taktrasters.

3.3 Von der CPU zum Rechnersystem

3.3.1 Aufbau und Funktionsweise der CPU

3.3.1.1 CPU in Kürze

Die Prozeßfähigkeit der CPU basiert auf den Funktionen der Kernkomponenten Rechen- und Steuerwerk. Alle Aufgaben der Programmabwicklung werden im Steuerwerk koordiniert. Es ermittelt die Speicheradresse des nächsten im Programmablauf vorgesehenen Befehls und lädt diesen aus dem Speicher. Anschließend decodiert das Steuerwerk den im geladenen Datenwort binär repräsentierten Befehl. Dabei wird festgestellt, inwieweit für die Ausführung des erforderlichen Prozesses weitere Daten benötigt werden, wie beispielsweise die für eine Addition nötigen Summanden. Nach deren Bereitstellung in den Registern wird die dem Befehl entsprechende mathematische bzw. logische Operation in der ALU ausgelöst.

Die Arbeitssequenz der CPU umfaßt Laden und Decodieren des Programmbefehls, nötigenfalls Laden der Daten, sowie das Durchführen der Rechenoperationen in der ALU und das Zurückschreiben des Resultats in den Speicher.

Der Speicher, der Programmbefehle und Daten enthält, ist mit der CPU über einen externen Bus verbunden. Die Kommunikation zwischen den internen Komponenten der CPU erfolgt über einen CPU-internen Bus. Beide Bussysteme sind über eine Bus-Schnittstelle als Teil der CPU verbunden. Die Bus-Schnittstelle erzeugt alle Steuersignale zur Koordination des Datenverkehrs auf dem Bussystem. Der Datenaustausch zwischen internem und externem Bus findet grundsätzlich über die beiden speziellen Register MAR (Memory Adress Register) und MDR (Memory Data Register) statt. Sie enthalten die Adresse des ausgewählten Speicherplatzes für den Schreib-Lese-Vorgang auf dem externen Bus und die im Rahmen des Übertragungsvorganges über den Bus empfangenen bzw. für die Übermittlung anstehenden Daten selbst.

Speicher und CPU sind über einen CPU-externen Bus verbunden. Die CPU selbst verfügt über einen internen Bus zur Verbindung ihrer Teilkomponenten und eine Busschnittstelle zwischen den beiden Bussystemen.

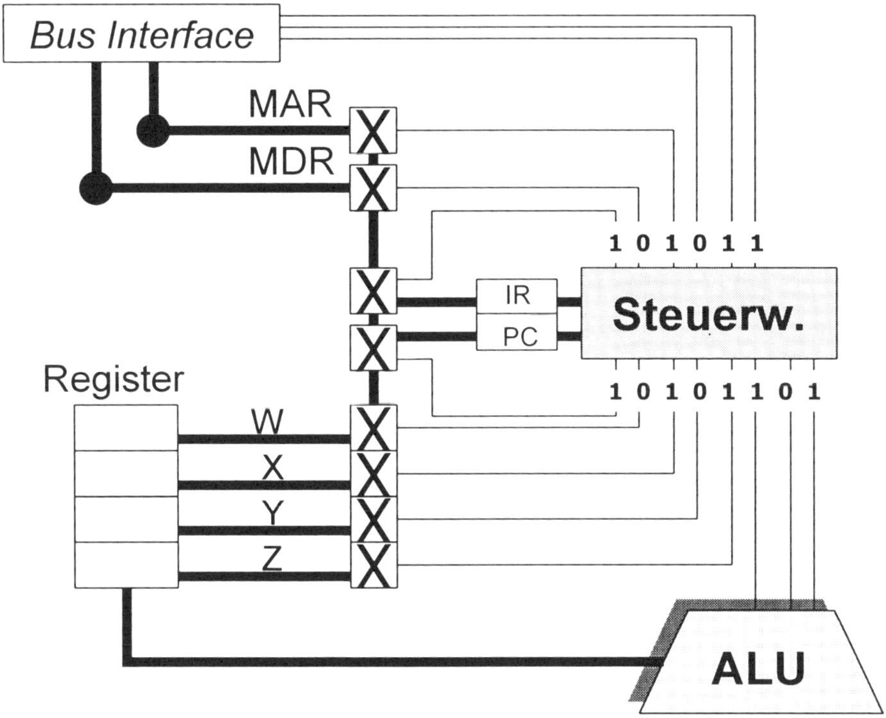

Abbildung 3.9 Blockdiagramm der CPU

3.3.1.2 Einzelschritte des CPU - Zyklus für einen Befehl

Die schrittweise Abwicklung der aufeinanderfolgenden Programmbefehle wird durch den Program Counter (abgekürzt PC) gesteuert. Dieses Register enthält im einfachsten Fall direkt die Adresse des nächsten aus dem Speicher zu ladenden Programmbefehls und wird nach dessen Abarbeitung um eine Adresseinheit erhöht. Moderne Computersysteme allerdings ermitteln die reale physikalische Adresse des Programmbefehls über recht komplexe Umrechnungsverfahren, deren Prinzip im Kapitel 4 in Zusammenhang mit Betriebssystemen kurz vorgestellt wird. Der aktuelle Programmbefehl selbst befindet sich im Instruction Register oder Befehlsregister (abgekürzt IR). Auf dieses Register greift der Decoder als Teil des Steuerwerks zu und entschlüsselt die dort abgelegte binäre Datenfolge als den vom Programmierer gewünschten Befehl aus dem Vorrat des Befehlssatzes. Die logische Anordnung der Komponenten im Inneren der CPU zeigt Abbildung 3.9.

Der nach Maßgabe des Programmzählers (PC für Program Counter) aktuelle Befehl wird in das Befehlsregister (IR für Instruction Register) geladen.

Jeder Befehlszyklus beginnt mit dem Laden des aktuellen Programmbefehls. Zu diesem Zweck wird die jeweils im Programmzähler PC stehende Adresse des nächsten Programmbefehls an die Busschnittstelle zusammen mit einem Lesebefehl ("Read") übergeben. Die Busschnittstelle liefert den aus der Speicheradresse ermittelten Befehl an das IR. Das Steuerwerk sorgt anschließend für die Einleitung der korrekten CPU-internen Prozeßabläufe für die Abwicklung des decodierten Programmbefehls. Stellt der Decoder des Steuerwerks bei der Analyse des Programmbefehls fest, daß für dessen Ausführung weitere Daten aus dem Speicher benötigt werden, finden sich deren Adresse auf einem dem Programmbefehl unmittelbar folgenden Speicherplatz oder aber verschlüsselt im Programmbefehl selbst. Gemäß der so ermittelten Adressen erfolgt über mehrere Lesevorgänge nach dem oben beschriebenen Muster das Laden der Daten in das MDR und von dort in andere Register der CPU.

Die für den angeforderten Befehl nötigen Daten werden ermittelt und aus dem Speicher in die Register der CPU geladen.

Alle modernen Mikroprozessoren verfügen über eine große Anzahl universell verwendbarer Register, sogenannte Multi Purpose Register oder MPR. Dort können auch die im Verlauf der Berechnung auftretenden Zwischenergebnisse bequem und in der Nähe der ALU abgelegt werden. Sind alle vorbereitenden Schritte abgeschlossen, wird der vom Befehl erforderliche logische oder mathematische Vorgang durch Ansteuern der ALU vom Steuerwerk ausgelöst.

Die für die Umsetzung des Befehls vorgesehene Gatteranordnung der ALU wird mit den Registern verbunden und aktiviert.

3.3.1.3 Das Mikroprogramm

Die Abarbeitung eines im Programm enthaltenen Befehls erfolgt in einer Sequenz einzelner Teilprozesse, die von Befehl zu Befehl unterschiedlich ausfallen. Wie die Abbildung 3.9 verdeutlicht, kontrolliert das Steuerwerk die interne Kommunikation der CPU über spezielle Leitungen, die in der rechten Hälfte der Grafik dargestellt sind. Diese Leitungen steuern das An- und Abkoppeln der einzelnen Komponenten vom internen Bus und damit den Datenverkehr der CPU, sowie die unterschiedlichen Funktionen des Businterface und der ALU. Wie alle anderen Informationen auch, können diese Leitungen nur die Zustände "1" oder "0" annehmen. Die Gatter für die Anbindung an das interne Bussystem reagieren auf diese Zustände durch das Verbinden oder Abtrennen der betroffenen Teilkomponente vom Bus. Da Businterface und ALU über mehr als nur eine Funktion verfügen, erfordert ihre Steuerung mehrere Leitungen. Jede in der ALU mögliche Rechenoperation wird durch eine individuelle Kombination der Signale auf diesen Leitungen, also einen mehrstelligen binären Zahlencode ausgelöst.

Die Verbindung aller Komponenten mit dem internen Bus wird über Gatter gesteuert, deren Zustände ein binäres Signal vom Steuerwerk aus kontrolliert. Auf diese Weise werden auch die Funktionen von ALU und Businterface aktiviert.

Jeder für die Durchführung eines einzelnen Befehls aus dem Befehlssatz der CPU nötige Teilschritt ist charakterisiert durch die für diesen Schritt nötigen Steuerkommandos. Wie in der Abbildung 3.9 gezeigt, können die auf den Steuerleitungen erzeugten binären Steuerspannungen aufgereiht als digitales Datenwort repräsentiert werden. Im Falle der Grafik ist dieses Wort mit 14 binären Steuerspannungen 14 Bit breit. Es enthält alle „Weichenstellungen" für die Übertragung von Daten und „Funktionsaktivierungen " für interne Prozesse der ALU und des Businterface. Der für die Realisation eines Befehls aus dem Befehlssatz nötige Prozeß aus internen Teilschritten ist also durch eine Sequenz solcher Worte charakterisiert. Diese Sequenz bezeichnet man als Mikroprogramm, ihre Bestandteile entsprechend als Mikroprogrammworte.

Jeder Befehl des Befehlssatzes wird CPU-intern als Folge von Teilschritten realisiert. Jeder Teilschritt weist eine charakteristische Konfiguration der Steuerspannungen auf. Diese Konfiguration binärer Spannungen nennt man einen "Mikroprogrammbefehl", deren Abfolge ein sogenanntes "Mikroprogramm".

Das Steuerwerk des Prozessors ist also ein Automatismus, der selbständig den zu einem Befehlscode gehörigen Teil des Mikroprogramms erkennt und sequentiell abarbeitet. Der interne Takt der CPU bestimmt dabei die Anzahl der Mikroprogrammschritte pro Zeiteinheit. Dies bedeutet aber, daß die Taktrate eines Prozessors über dessen Leistung alleine noch wenig aussagt. Entscheidend ist vielmehr die Frage, welche Anzahl extern vorgegebener Befehle der Befehlssatzebene in einer Zeiteinheit verarbeitet werden können. Das Mikroprogramm ist meist als Halbleiterstruktur beim Herstellungsvorgang des Chips festgelegt. Allerdings besteht auch die Möglichkeit, das Mikroprogramm für spezielle Eingriffe von außen manipulierbar zu machen. Auf diese Art kann der Befehlssatz eines Prozessors nachträglich verändert werden.

🖫 Das Steuerwerk enthält neben den Mikroprogrammen den zu deren Abwicklung erforderlichen Mechanismus und ist damit die eigentliche Heimat der Prozeßfähigkeit der CPU.

3.3.2 Der Speicher

3.3.2.1 Statisches und dynamisches RAM

3

Wichtigster externer Baustein in Zusammenarbeit mit der CPU ist der in Halbleitertechnologie aufgebaute Programm- und Datenspeicher, das Random Access Memory, abgekürzt RAM. Random Access, zu deutsch wahlfreier Zugriff, bedeutet extrem schnelles Schreiben und Lesen von Daten an jeder beliebigen Adresse ohne zwingenden Zusammenhang zwischen Schreib- und Lesefolge.

🖫 RAM oder Random Access Memory als Speicher erlaubt Schreib- / Lesezyklen, die unabhängig von der Zieladresse im Speicher gleich schnell bedient werden.

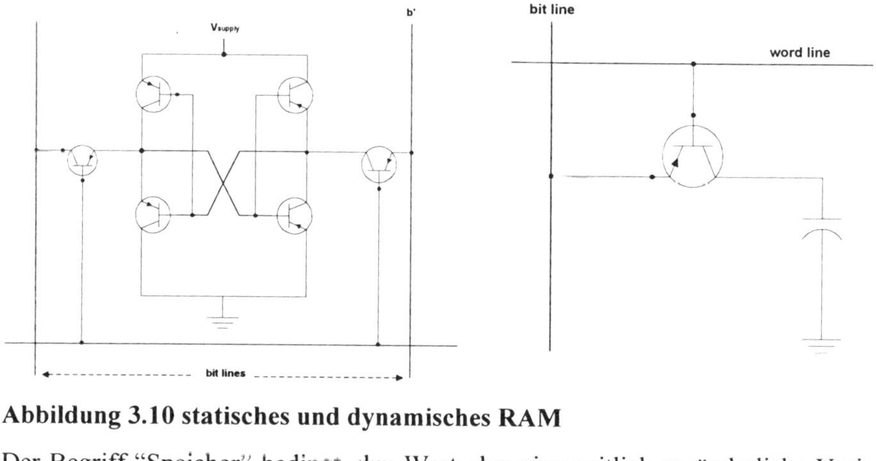

Abbildung 3.10 statisches und dynamisches RAM

Der Begriff "Speicher" bedingt, den Wert, den eine zeitlich veränderliche Variable zum Zeitpunkt der Abspeicherung einnimmt, bis zum Auslesezeitpunkt zu erhalten, auch wenn sich die Variable selbst zwischenzeitlich verändert. Da der Ausgangszustand eines als Schalter betriebenen Transistors dem Eingangszustand unmittelbar folgt, kann er als einzelnes Bauelement nicht für Speicherzwecke herangezogen werden. Das Speichern von Bits auf Basis der Halbleitertechnologie erfordert daher komplexere Strukturen, von denen in modernen Computern zwei unterschiedliche Typen im Einsatz sind. In der Abbildung 3.10 ist der Aufbau einer einzelnen Bitspeicherzelle für den Typ des statischen und des dynamischen RAM dargestellt. Ein im Falle des statischen RAM über die Bitleitung aktivierter Zustand wird solange gehalten, bis der Strom abgeschaltet oder der Zustand durch Eingriff von außen zurückgesetzt wird. Die in der Grafik eingezeichnete Word Line dient dabei der Adressierung der gewünschten Speicherzelle. Auf diese Art und Weise ist es möglich, mehrere Zellen über eine gemeinsame Bitline zu beschreiben. Die Zielzelle für einen Schreib- und Lesevorgang wird über die Wortleitung angewählt.

Der einzelne Transistor ist als Speicherzelle ungeeignet. Eine Speicherzelle des "statischen" RAM bildet ein elektronisches Relais, das einen gesetzten Zustand beibehält, bis er durch Speichern neuer Daten überschrieben oder die Stromversorgung unterbrochen wird.

Während beim statischen Memory 6 Transistoren erforderlich sind, kommt das dynamische Memory mit nur einem Transistor aus. Der damit verbundene Kostenvorteil basiert auf dem Einsatz eines Kondensators, der als Datenspeicher in Form einer kleinen Batterie arbeitet. Im Gegensatz zum statischen Memory, das den gespeicherten Zustand solange vorhält, wie der Strom eingeschaltet bleibt, tendiert der als Ladungsspeicher eingesetzte Kondensator dazu, seine Ladung im Lauf der Zeit zu verlieren. Dynamisches Memory muß also in regelmäßigen Abständen durch sogenannte Refreshzyklen aufgefrischt, der vorhandene Speicherinhalt gelesen und erneut in selber Form zurückgeschrieben werden. Die für das Wiederauffrischen nötigen Zeiträume sowie andere konstruktiv bedingte Parameter führen zu einer erheblichen Verlangsamung von Schreib- und Leseprozessen im Vergleich zum statischen Memory. Während kommerziell erhältliche statische Memory-Chips heute mit Zugriffszeiten um 10 Nanosekunden arbeiten, benötigt ein dynamisches Speicherelement für den gleichen Vorgang 60 Nanosekunden und länger.

Dynamisches RAM erfordert eine regelmäßige Auffrischung der Speicherinhalte. Es besteht nur aus einem Bruchteil der im statischen RAM erforderlichen Transistoren, ist daher entsprechend billiger, aber im Vergleich deutlich langsamer.

3.3.2.2 Verwaltung von Speicherbausteinen

Die in den Computerspeichern eingesetzten Halbleiterbausteine enthalten eine große Anzahl einzelner Speicherzellen, die meist in Form einer Matrix nach Zeilen und Spalten angeordnet sind. Dies hat den Vorteil, einer geringeren Anzahl von Adreßleitungen, da ein Satz von Leitungen hintereinander für Zeilen- und Spaltenadressen genutzt werden kann. Dadurch verringert sich die Anzahl der am Halbleiterbaustein nötigen Anschlüsse, die zudem davon abhängig ist, wie breit das pro Schreib- oder Lesevorgang in oder aus dem Chip geschriebene Datenwort sein soll. Ein einzelner RAM-Baustein mit einer Gesamtkapazität von beispielsweise 4 Megabit kann in unterschiedlicher Art und Weise organisiert sein. Ein sogenannter 4 M1 Chip liefert 4 Mio. Speicherzellen à 1 Bit, ein Chip identischer Speicherkapazität der Organisationsform 1 M4 hingegen 1 Mio. Speicherzellen mit jeweils 4 Bit Wortbreite. Derselbe Chip könnte aber auch als 512 K8 organisiert sein und jeweils 8 Bit breite Worte anfordern bzw. liefern.

Speicherbausteine sind intern als Matrix aus Bitzellen realisiert und weisen unterschiedliche Organisationsformen hinsichtlich Adresse und Wortbreite auf.

Für die Anordnung der Speicherbausteine in einem Rechnersystem gibt es also viele Freiheitsgrade. Sollen beispielsweise pro Schreib-Lese-Vorgang zwischen CPU und Memory 16 Bit breite Worte übermittelt werden, kann dies durch unterschiedliche Kombinationen von Speicherbausteinen geschehen. Ein 16 Bit breites System kann durch das Zusammenfügen von 16 Memory-Bausteinen des Typs 4 M1 oder aber auch durch das Zusammenfügen von 4 Bausteinen des Memory Typs 1 M4 hergestellt werden. Im ersten Fall erzielt man mit den 16 Chips a 4 Megabit eine Speicherkapazität von 64 Megabit, im zweiten Fall durch die 4 Chips à 4 Megabit nur eine Speicherkapazität von 16 Megabit. Da die CPU selbst nur Adressen, nicht aber interne Speicherorganisationen verwalten kann, wird die Verwaltungsarbeit der unterschiedlichen RAM-Konfigurationen auf einen Speichercontroller ausgelagert, der im Falle des dynamischen Memorys auch für die Durchführung der Refreshzyklen verantwortlich ist.

Um die CPU von den Details der internen Speicherstruktur zu isolieren, wird zur Speicherverwaltung ein spezieller Baustein, der Memory Controller eingesetzt

3.3.2.3 Das Cache - Memory

Die Forderung nach einem zugleich schnellen, großen und preisgünstigen Speicher kann aufgrund der zugehörigen widersprüchlichen technischen Voraussetzungen nicht erfüllt werden. Allerdings erlauben statistische Überlegungen, die Geschwindigkeit eines großen, verhältnismäßig langsamen aber preisgünstigen Speichers durch dessen Ergänzung um einen teuren, schnellen und verhältnismäßig kleinen zumindest scheinbar zu erhöhen. Ein derartiger Zwischenspeicher oder "Cache" besteht aus statischem RAM und liegt zwischen CPU und dem großen, aber langsameren dynamischen RAM. Gelänge es, „rein zufällig" immer jenen Ausschnitt der Daten des RAM, die von der CPU gerade benötigt werden, im Cache vorzuhalten, wäre die aus Sicht der CPU erlebte Zugriffszeit immer die der schnellen Speicherelemente. Zwar kann eine hundertprozentige Deckung zwischen den im Cache befindlichen und den tatsächlich von der CPU benötigten

Befehle und Daten niemals erreicht werden. Selbst wenn nur in 50 % der Fälle auf den etwa sechsmal schnelleren statischen Speicher des Cache zugegriffen werden kann, erhöht sich aber die scheinbare Geschwindigkeit des Speicherzugriffs um den Faktor 3.

Cache Memory nutzt einen schnellen und kleinen Zwischenspeicher zur Vorbereitung der wahrscheinlich als nächstes benötigten Daten. Dies verkürzt die mittlere Zugriffszeit der CPU auf den Datenspeicher.

Die Aufgabe, die als nächstes wahrscheinlich benötigten Daten mit hoher Treffsicherheit aus dem Speicher in das Cache zu laden, kann aufgrund einiger grundlegender Eigenschaften realer Programme verhältnismäßig leicht erledigt werden. Man spricht in diesem Zusammenhang von zeitlicher und lokaler Kohärenz. Einmal im Programmablauf auftauchende Befehle treten mit hoher Wahrscheinlichkeit innerhalb eines kurzen Zeitraums im selben Programmcode ein weiteres Mal auf (zeitliche Kohärenz). Alle von der CPU angeforderten Daten werden daher zugleich in das Cache geladen und dort vorgehalten, da jede kurz darauf folgende Wiederholung des Zugriffs auf das Datenelement dann über das schnellere Cache erfolgt. Die als nächstes erforderlichen Befehle und Daten im Programmablauf befinden sich mit hoher Wahrscheinlichkeit in der unmittelbaren Adreßumgebung der gerade geladenen Daten (räumliche Kohärenz). Diesen Effekt nutzt das Cache, indem nicht nur die gerade von der CPU angeforderten Daten aus dem Speicher zugleich ins Cache übertragen werden, sondern auch jene aus deren unmittelbarer Umgebung im Speicherraum. Liegt der nächste benötigte Befehl bzw. das nächste Datum bereits im Cache, spricht man von einem Cache Hit.

In der Hoffnung, gerade eben angeforderte Daten oder jene aus ihrer unmittelbaren Umgebung im Speicher würden von der CPU in absehbarer Zukunft benötigt, werden die an die CPU gesandten Daten samt ihrer Nachbarn im Speicher auch ins Cache kopiert.

Von der CPU angeforderte, im Cache aber nicht verfügbare Daten müssen aus dem Memory nachgeladen werden und überschreiben zugleich alte, seit längerer Zeit nicht mehr benutzte Inhalte des Cache. Die Reaktionszeiten schneller Speicherelemente können auch beim Zurückschreiben von Ergebnissen aus der CPU genutzt werden. Damit entsteht aber das Problem, daß Ergebnisse zwar im Cache aktualisiert sind, nicht aber der mit dem Cache-Eintrag korrespondierende Speicherplatz im RAM. Sollen also Daten des Cache überschrieben werden, darf es sich nur um solche handeln, die schon mit den Einträgen des Hauptspeichers konsistent sind. Werden Daten grundsätzlich zuerst ins Cache und dann zurück in den Hauptspeicher geschrieben, so spricht man von Write Back. Ein erzwungenes gleichzeitiges Zurückschreiben von Daten in Cache und Memory heißt Write Through. Auch der in vielen Systemen erlaubte Zugriff auf Speicherdaten ohne Kontrolle der CPU, beispielsweise durch Direct Memory Access (DMA) ist für

Inkonsistenzen potentiell gefährlich. Das Cache könnte Daten als Spiegel von Speicheradressen enthalten, die ohne Zutun der CPU zwischenzeitlich durch andere Inhalte ersetzt worden sind. Ähnlich wie die Organisation der Memory-Strukturen wird auch die Organisation und das Management des Cache durch getrennte Baugruppen, sogenannte Cache-Controller, übernommen.

Die Verwaltung des Cache Memory, also den Austausch veralteter Inhalte durch neuere, übernimmt der Cache Controller als getrennter Baustein.

3

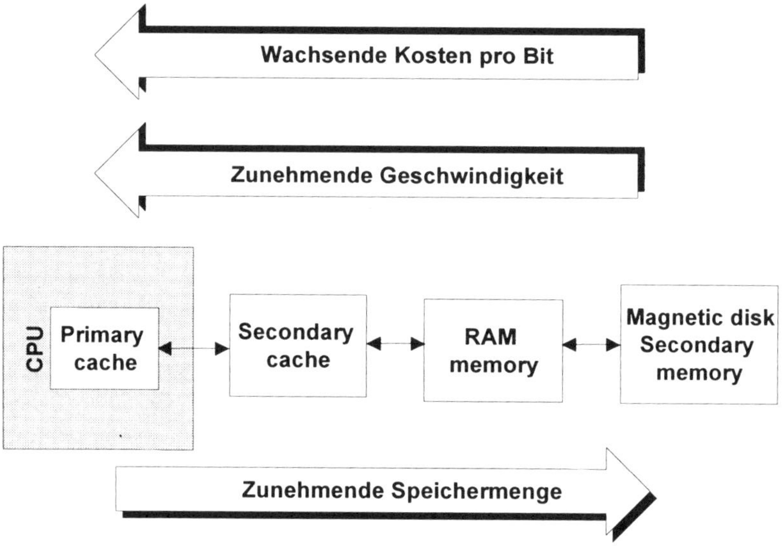

Abbildung 3.11 Cache - Idee im Gesamtsystem

Die Idee des Caching ist ein einfaches Mittel zur Performancesteigerung von Rechnersystemen. Sie findet sich gemäß Abbildung 3.11 auf allen Ebenen der Rechnerarchitektur in Form einer hierarchischen Struktur wieder. Selbst innerhalb moderner CPU-Bausteine befinden sich kleine, interne Cache-Speicher, die man als Level 1 oder L1 Cache bezeichnet. Der externe Cache aus schnellem statischen Memory in unmittelbarer Umgebung der CPU wird L2 oder Level 2 Cache genannt. Betrachtet man den externen Speicher bis hin zum Permanentspeicher als logisch durchgehenden Speicherraum der Rechners, so kann das Memory als Cachesystem für die Festplatte verstanden werden. Die Organisation dieser Strukturen, beispielsweise mit Hilfe von Virtual Memory, wird im Abschnitt 4.2 detailliert aufgegriffen.

Die Idee von Cache findet sich als hierarchisches Konzept durchgehend auf allen Speicherebenen vom Register der CPU bis hin zum externen Massenspeicher, wie Band oder Festplatte wieder.

3.3.3 I/O-Systeme und Busarchitekturen

3.3.3.1 Kommunikation über Puffer, Polling und Interrupt

Die Eingabe von Programmen und Daten in den und die Ausgabe von Resultaten aus dem Rechner erfordert eine Schnittstelle von CPU und RAM zu externen Ein- bzw. Ausgabeeinheiten. Auch der Zugriff auf Massenspeichersysteme ist in diesem Sinne ein I/O-Vorgang, weil die Kommunikation mit Systemteilen außerhalb des Kerns aus CPU und Memory stattfindet. Die Kommunikation mit externen Systemteilen über I/O-Prozesse unterscheidet sich in mehrfacher Hinsicht von der Kommunikation zwischen CPU und RAM. So unterliegt insbesondere die Eingabe nicht der direkten Kontrolle durch die CPU oder den Programmablauf. Vielmehr erfolgt sie oft zu einem nicht bei der Programmerstellung vordefinierten, sondern einem unvorhersehbaren, vom Benutzer festgelegten Zeitpunkt. Darüber hinaus sind die meisten I/O-Devices oder I/O-Geräte deutlich langsamer als die CPU. Diese Aussage erfordert allerdings vor dem Hintergrund multimedialer Anwendungen eine gewisse Einschränkung.

Externe Ein- Ausgabeeinheiten sind langsamer als die CPU und bei Interaktion mit dem Benutzer oder anderen Systemen von Faktoren abhängig, die nicht der Kontrolle des Programmablaufes unterliegen.

Die CPU kann weder permanent alle externen Eingänge des Systems auf eventuell gerade vorhandene Daten abprüfen, noch die wesentlich langsameren Prozesse der I/O-Einheiten abwarten, ohne unnötig viele Taktzyklen nutzlos zu verschwenden. Der Zeitraum, den beispielsweise ein Drucker zur Ausgabe eines einzelnen von der CPU gesandten Zeichens benötigt, umfaßt bereits mehrere 100 oder 1000 Taktzyklen der CPU selbst. Für die Lösung beider Probleme spielt die Kommunikation über Pufferspeicher eine wichtige Rolle. Eingaben werden in diesen Pufferspeichern solange vorgehalten, bis die CPU den Speicherinhalt zur Weiterverarbeitung abholen kann. Umgekehrt schreibt die CPU zur Ausgabe bestimmte Resultate in den Puffer der Ausgabeeinheit und wendet sich dann anderen Aufgaben zu, während die Ausgabeeinheit die Bearbeitung dieser Daten mit der ihr eigenen Geschwindigkeit beendet.

Die Kommunikation mit I/O - Einheiten erfolgt über Pufferspeicher, die eingehende Daten bis zu deren Abholung durch die CPU oder von ihr gelieferte Daten für die langsamere Verarbeitung durch die Peripherie bereithalten.

Regelmäßig ablaufende Prüfvorgänge der CPU informieren diese darüber, ob Daten zur Abholung bereitstehen oder das vorhergehende Datum von der Ausgabeeinheit abgewickelt und sie somit zur Aufnahme weiterer Daten bereit ist. Nach diesem Modell prüft die CPU regelmäßig den Pufferzustand einer Ein-/Ausgabeeinheit ab, man spricht auch von Polling. Dabei geht wertvolle Rechenzeit verloren, weil viele dieser Abfragen als Resultat keine anhängigen I/O-Vorgänge melden. Effizienter läßt sich dieser Kommunikationsvorgang durch eine aktive Meldung der beteiligten I/O-Komponenten über deren Sende- und Empfangsbereitschaft an die CPU regeln. Wird ein Ein- oder Ausgabewunsch über eine getrennte, speziell für diesen Zweck vorgesehene Leitung an die CPU herangetragen, unterbricht diese den aktuell laufenden Prozeß, arbeitet den erforderlichen I/O-Prozeß ab und nimmt anschließend den vorher unterbrochenen Prozeß wieder auf. Solche Steuerkommandos bezeichnet man demgemäß als „Interrupts" oder Unterbrechungen. Neben den per getrennter Leitungen elektrisch ausgelösten Hardware-Interrupts gibt es sogenannte Software-Interrupts, die vom Programmablauf selbst angestoßen werden. Die nächsten beiden Abschnitte werden sich den Besonderheiten der Interrups für I/O und Betriebssystem zuwenden.

Um die CPU von der Überprüfung der Peripherie ("Polling") zu entlasten, fordern externe Einheiten über spezielle Steuerleitungen eine Unterbrechung laufender Prozesse der CPU zugunsten gerade nötiger I/O Vorgänge als "Interrupt" an.

3.3.3.2 Hardwarestruktur von Bussystemen

Im Abschnitt 3.2.2. wurde bereits das grundsätzliche Verfahren der Kommunikation mehrerer Einheiten über ein gemeinsam genutztes Bussystem erläutert. Neben Datenleitungen selbst umfaßt der Bus noch solche Leitungen, mit deren Hilfe die für einen Kommunikationsvorgang vorgesehen Busteilnehmer eindeutig adressiert werden können. Dieser Adreßbus verfügt über ebenso viele Leitungen, wie unterschiedliche Adressen im System binär repräsentiert werden sollen. 10 Adreßleitungen ergeben, gemäß einem 10 Bit langem Datenwort, 1024 mögliche Adressen. Da die meisten Computer, wie bereits beschrieben, als byte-adressable Computer ausgelegt sind, entspräche dies einem Gesamtspeicherraum von 1024 x 1 Byte oder einem Megabyte. Ein vollständiges Bussystem stellt neben den eigentlichen Datenleitungen also die Leitungen für Adressen, sowie eine Reihe von Steuerleitungen, beispielsweise zur Unterscheidung von Schreib- und Lesevorgängen oder als Interruptleitungen zur Verfügung.

Ein vollständiges Bussystem beinhaltet Datenleitungen, Adreßleitungen und Steuerleitungen

Bussysteme unterscheiden sich in der Anzahl der Daten bzw. Adreßleitungen, die über den Umfang der pro Arbeitstakt transportierten Datenmenge und die maximale Größe des insgesamt möglichen Speicherraums entscheiden. Je nach Technologie und Kosten sind Bussysteme zudem für verschieden hohe Taktraten oder in modularer Bauweise aufgebaut. Ein modularer Bus verfügt über Steckplätze, in die jederzeit weitere Komponenten in Form entsprechend geformter Platinen, sogenannter Steckkarten, eingefügt werden können. Die für die Größe der Karten nötige physikalische Ausdehnung und die mechanischen Toleranzen solcher Modularsysteme führen zu langen Signallaufzeiten und erfordern hohe Sicherheitsreserven bei der Datenkommunikation. Neu eingesetzte Komponenten müssen zudem vom System erkannt und in den Prozeßablauf eingefügt werden. Die Möglichkeit bei eingeschaltetem Gerät zusätzliche Module einzufügen oder solche zu entnehmen bezeichnet man als "Hot Plugging". Diese widersprüchliche Ausgangslage zwischen hohen Anforderungen an die Geschwindigkeit einerseits und an die Flexibilität modularer Systeme andererseits, führt zur Konzeption hierarchischer Bussysteme.

Die unterschiedlichen Zielsetzungen hinsichtlich Geschwindigkeit, Preis und modularer Erweiterung über Steckplätze führen zu einer heterogenen Struktur unterschiedlich schneller, über Brücken verbundener Bussysteme.

Schnellster Vertreter in der Hierarchie ist der lokale Bus, der Speicher, CPU und die Brückenbausteine zu den modularen Bussen miteinander verbindet. Unter Umständen bindet man dort auch das Grafiksubsystem mit ein. Sind Memory und Bus in diesem Fall (Abbildung 3.12b) ausreichend schnell, kann sogar auf den aus Geschwindigkeitsgründen auf der Grafikkarte erforderlichen getrennten Speicher verzichtet werden, was zu erheblichen Kostenvorteilen führt (AGP-Konzept). Über Brückenbausteine können unterschiedlich schnelle Bussysteme für den modularen Ausbau mit dem lokalen Bus als Zugang zu CPU und RAM verbunden werden. Zu diesen modularen Busstandards gehört neben PCI (Peripheral Component Interface) oder MCA (Microchannel Architecture) auch ISA und EISA. Im Sinne einer verbesserten Lastverteilung in Hochleistungscomputern ist es sogar denkbar, Komponenten über mehrere parallel laufende Busse gleichzeitig miteinander zu verknüpfen, von denen immer der gerade am wenigsten belastete benutzt wird. Auch die Einrichtung von „Teilbussen" zwischen Komponenten mit besonders hohem Kommunikationsvolumen ist hier ein gangbarer Weg (siehe Abbildung 3.12). Es stellt eine wesentliche Frage für das Design eines Computers dar, welche der Busse synchron zum Prozessor und welche asynchron und mit eigenem Takt betrieben werden sollen. Insbesondere die hohen Datenraten zwischen modernen Prozessoren und dem RAM führen dazu, alle an den lokalen Bus angeschlossenen Komponenten an den Takt der CPU zu binden. In diesem Zusammenhang spricht man auch von SDRAM oder synchronem dynamischen RAM. Die modularen Komponenten hingegen können dieser Taktrate nicht folgen, die entsprechenden Bussysteme sind mit einem aus dem Prozessortakt durch Division erzeugten langsameren Takt verbunden.

Memory, CPU und u.U. auch die Grafik sind über einen lokalen Hochgeschwindigkeitsbus verknüpft, der u.U. synchron zum CPU-

Takt betrieben wird. Die Taktraten der modularen Bussysteme dagegen sind gegenüber dem Takt der CPU verlangsamt.

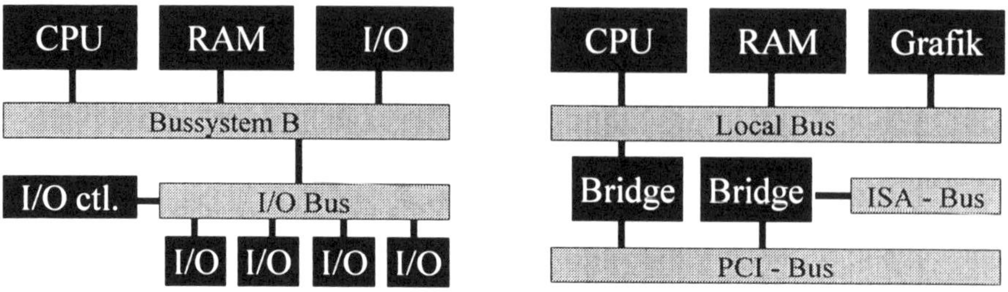

a) Teilbus für lokalen Datenverkehr b) hierarchisches Bussystem

3

Abbildung 3.12 Struktur von Bussystemen

3.3.3.3 DMA - direct memory access

In einem Minimalsystem übernimmt die CPU selbst die Funktion des Schiedsrichters über beantragte Kommunikationswünsche auf dem Bus. In einem hierarchischen Bussystem mit vielen potentiellen Kommunikationskomponenten übersteigt diese Aufgabenstellung jedoch ein für die CPU vertretbares Maß. Zuviel potentiell nutzbare Rechenzeit geht durch Verwaltungsaufgaben für Buszugriffe verloren. Aus diesem Grunde braucht man Mechanismen, um Kommunikationsprozesse über den Bus ohne Kontrolle der CPU vorzunehmen, wie den Direct Memory Access (DMA). Er erlaubt, Daten von I/O-Komponenten über den Bus in das Memory zu transferieren, ohne daß die CPU den Ablauf des Prozesses im Detail überwachen muß. Der Kopiervorgang der Daten wird durch die CPU ausgelöst und anschließend durch einen speziellen DMA-Baustein überwacht, der die Beendigung des Übertragungsvorgangs abschließend an die CPU zurückmeldet. Daraufhin übernimmt diese wieder die Busmasterfunktion. In modernen Bussystemen ist dieser Grundgedanke bis zur Fähigkeit externer Komponenten erweitert worden, die Busmasterfunktion für begrenzte Zeiten zu übernehmen (beispielsweise PCI-Busmasterkarten). Über spezielle Register des DMA-Controllers wird festgelegt, an bzw. von welcher Quelle im I/O-System die Daten transferiert werden sollen, von oder an welche Stelle im Memory sie geschrieben werden und wie groß der Umfang der geplanten Übertragung ausfällt.

DMA oder direct memory access ist die eigenständige Abwicklung der Übertragung eines Datenblocks in das bzw. aus dem Memory durch einen speziellen DMA Controller ohne zwischenzeitliche Steuerung durch die CPU.

Da der DMA-Prozeß selbst das Bussystem belegt, bleiben der mit anderen Aufgaben beschäftigten CPU weniger Zugriffsmöglichkeiten auf den Speicher. Diese Tatsache bezeichnet man als Cycle Stealing, da der DMA-Controller Buszyklen vom Prozessor „stiehlt". In Großrechnersystemen, in denen eine Vielzahl von I/O-Prozessen gleichzeitig ablaufen, würde diese Art des I/O-Transfers den Bus schnell überlasten. Daher wird hier mit einer als Data Channel bezeichneten I/O-Struktur gearbeitet. Sie verwendet intelligente I/O-Prozessoren, die ein eigenes Programm aus dem Hauptspeicher selbständig abarbeiten. Dieses Programm kann wesentlich umfangreicher und komplexer als die Aufgabenstellung eines DMA-Controllers ausfallen. Die CPU wird aufgrund der selteneren Interrupt-Meldungen entlastet. Außerdem kann eine dezentralisierte Busstruktur verwendet werden, die die Abwicklung von I/O-Aufgaben in einem eigenständigen Segment des Rechners mit einem eigenen speziellen I/O-Bus und einem speziellen I/O-Prozessor übernimmt.

3

Hochleistungsrechner verwenden selbständige Prozessoren, die I/O - Prozesse in lokalen Subsystemen vollkommen unabhängig von der CPU durchführen können.

3.3.4 Subroutinen, Interrupts, Schnittstelle zum Betriebssystem

3.3.4.1 Nichtlinearer Programmablauf

Der bisher angenommene lineare Ablauf der Programmbefehle in der Reihenfolge ihrer Anordnung im Speicher stellt eher die Ausnahme als den Regelfall dar. Interrupts als unvorhergesehene Unterbrechungen sind ein Beispiel dafür, daß die Reihenfolge der Befehlssequenz im Rahmen des Programmablaufes nicht immer bei der Programmerstellung vorhergesagt werden kann. Welchen Verlauf das Programm im einzelnen einschlägt, hängt unter Umständen von den ermittelten Zwischenresultaten oder zwischenzeitlichen Eingaben des Benutzers ab. Spezielle Befehle des Befehlssatzes dienen dazu, Programmverzweigungen (englisch: branching) in Abhängigkeit von logischen oder mathematischen Bedingungen einzuleiten. Die typische grammatikalische Form solcher Sprungbedingungen lautet: „Wenn Bedingung erfüllt, dann setze Programmauflauf fort an Adresse ...". Das direkte Anspringen in Abhängigkeit von Verzweigungsbedingungen gilt als schlechter Programmierstil, da der Ablauf des Programms schnell unübersichtlich und die vielfältigen Verzweigungswege unüberschaubar werden. Sehr viel häufiger trifft man auf die in der Abbildung 3.13 ebenfalls dargestellten Programmschleifen, deren grammatikalische Befehlsfolge lautet: „Führe das Teilsegment zwischen Adresse A und Adresse B so lange aus, wie die Bedingung erfüllt ist." Als typisches Beispiel für den Einsatz einer derartigen Programmschleife mag die Multiplikation aller in einer elektronischen Preisliste abgelegten Zahlenwerte mit einem identischen Faktor darstellen. Alle Datenfelder vom ersten bis zum letzten

Datenfeld werden mit einer identischen Berechnungsschleife durchlaufen. Die Abbruchbedingung lautet in diesem Fall, die Berechnung so lange durchzuführen, bis die Nummer des betreffenden Datensatzes größer ist als die Anzahl der insgesamt abgespeicherten Preise.

Der Programmablauf folgt, abhängig vom Rechenverlauf, den Verzweigungen, Unterprogrammaufrufen und Schleifen, die über spezielle Kommandos des Befehlssatzes angelegt werden.

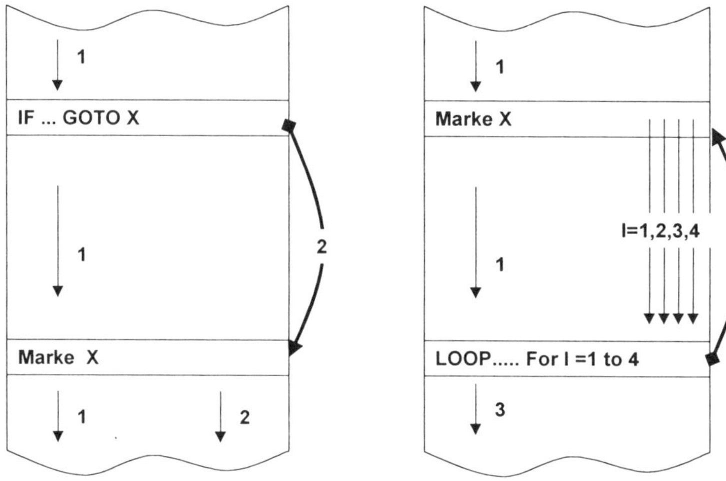

Abbildung 3.13 Nichtlineare Programmabläufe Sprung und Schleife

Der für die Programmerstellung wichtigste Vertreter nicht linearer Programmabläufe ist das sogenannte Unterprogramm oder englisch Subroutine. Das Unterprogramm ist ein Teilbereich des Programmablaufes, der von unterschiedlicher Stelle aus immer wieder für die Abwicklung einer Teilaufgabe in Anspruch genommen wird (Abbildung 3.14). Im Gegensatz zur Schleife, die ein im Rahmen des linearen Programmablaufes vorkommendes Teilsegment rekursiv wiederholt, bildet eine Subroutine ein vollkommen eigenständiges Teilprogramm, das an beliebiger Adresse im Speicherbereich des aktiven Programmes abgelegt sein kann. Beim Aufruf eines derartigen Unterprogramms muß darauf geachtet werden, daß die Adresse, von der aus der Aufruf des Unterprogramms erfolgte für den einwandfreien Fortgang des Programmablaufs nach Ende der Subroutine zwischengespeichert wird.

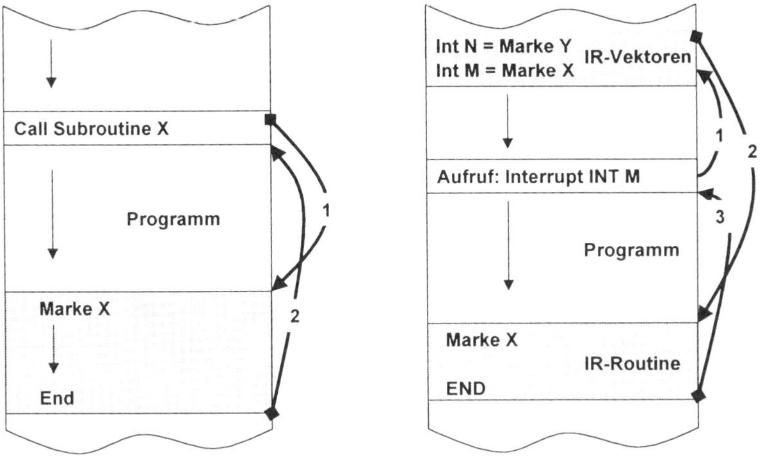

Abbildung 3.14 Nichtlinearer Programmablauf Interrupt und Subroutine

3.3.4.2 Der Stack

Bei der Übergabe des Programmablaufes an ein Unterprogramm muß geklärt werden, ob und wie der Zustand der CPU-Register vor Beginn des Unterprogrammablaufes zu sichern ist. Prozessorregister liefern eine einfache Möglichkeit, die in ihnen aus dem aufrufenden Programm verbleibenden Datenwerte zur Weiterverarbeitung in das Unterprogramm zu übergeben. Nutzt das Unterprogramm jedoch generell alle Prozessorregister ohne Rücksicht auf die dort befindlichen Inhalte, können Zwischenergebnisse für Rechnungen im Hauptprogramm verloren gehen. Die Anzahl der für Subroutinen erforderlichen Parameter sowie die Zahl der Datenregister der CPU, die unangetastet erhalten bleiben müssen, verkomplizieren die Parameterübergabe per Register. Daher hat sich der Austausch der Programmparameter und die Verwaltung der Prozessorregister und Einsprungadressen mit Hilfe des sogenannten Stack eingebürgert.

Unterprogrammaufrufe erfordern eine Übergabe der dort benötigten Daten und eine Verwaltung der Rücksprungadressen ins aufrufende Programm. Dies erfolgt meist über einen als Stack bezeichneten Speicherbereich.

Der Stack funktioniert im Sinne eines Kartenstapels: Karten dürfen grundsätzlich nur von oben auf den Stapel gelegt oder von dort entfernt werden. Der Prozessor verwaltet den Stack in einem ungenutzten Teilbereich des Speichers mit Hilfe eines speziellen Registers, des sogenannten Stackpointers. Dieser enthält die Adresse des obersten auf den Stack aufgelegten Datensatzes. Werden Daten auf dem Stack abgelegt (Push) oder entnommen (Pop) ändert sich die im Stackpointer enthaltene Adresse entsprechend. Der Stack bietet einen variablen Zwischenspeicherbereich, dessen Einsatz das Beispiel eines Unterprogrammaufrufes verdeutlicht: Das aufrufende Programm schiebt als erstes die als Parameter für die Subroutine vorgesehenen Datenworte auf den Stack. Ein weiterer Push auf den Stack betrifft die Rücksprungadresse, also die Adresse für den Programmfortgang nach Abschluß der Unterprogrammroutine. Nach Abschluß ihrer Aufgabe schreibt das Unterprogramm das Resultat in den Stack, und springt an die dort ebenfalls angegebene Adresse zur Fortsetzung des Programmes zurück. Die Verwendung eines Stack bei der Abwicklung von Unterprogrammen öffnet auch die Möglichkeit, Unterprogramme in beliebiger Tiefe ineinander zu verschachteln. Wie in der Abbildung 3.15 für den Fall dreier ineinander verschachtelter Unterprogramme dargestellt, befindet sich zu jedem beliebigen Zeitpunkt gerade jene Rücksprungadresse und jener Datenbereich an der Spitze des Stackstapels, der für die korrekte Rückabwicklung des Programmablaufs nach Beendigung der gerade aktiven Subroutine erforderlich ist.

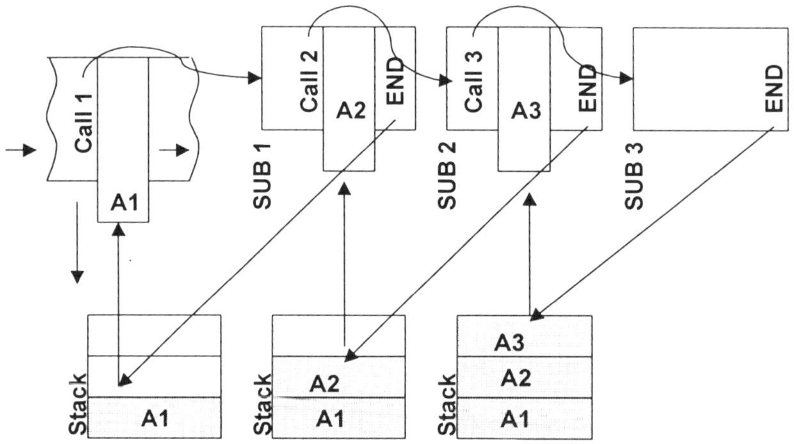

Abbildung 3.15 Unterprogrammaufrufe über drei Ebenen

Parameterübergabe über den Stack, auch als Passing by Value bezeichnet, weist eine Reihe von Schwächen auf: Übersteigt die Anzahl der in der Subroutine ermittelten Ergebnisse die Menge der vom aufrufenden Programm übergebenden Parameter, so muß sichergestellt werden, daß bereits beim Unterprogrammaufruf ein entsprechnend großer Stackbereich für die Aufnahme der Berechnungsresultate angelegt wird. Adreßverweise übergeben größere Mengen an Parametern auf bequemere Art. Bei diesem Verfahren, auch Passing by Reference genannt, wird nicht der für das Unterprogramm oder die aufrufende Routine bestimmte Zahlenwert selbst über den Stack übergeben, sondern nur eine Adresse, die den Hinweis enthält, an welcher Stelle im Datenspeicherbereich die betreffenden Parameter aufzufinden sind.

Anstelle einer Übergabe der Parameter an ein Unterprogramm per Stack oder Register (passing by value) ist der Zugriff auf die betroffenen Daten auch über Zeiger auf deren Speicherplatz möglich (passing by reference).

3.3.4.3 Interrupthandling als Sonderfall von Unterprogrammen

Interrupts sind Programmunterbrechungen, die auf dreierlei Art und Weise ausgelöst werden können. Hardware-Interrupts erlauben es peripheren Komponenten, die Aufmerksamkeit der CPU zur unmittelbaren Abwicklung von Ein- oder Ausgabeprozessen durch sofortige Unterbrechung des aktuellen Programmablaufes zu gewinnen. Sie werden über Interruptleitungen als Bestandteil des Steuerblocks im Bussystem ausgelöst. Da theoretisch jede der angeschlossenen Peripherieeinheiten zeitgleich eine Interruptanforderung an die CPU abgeben kann, ist ein Arbitrations- oder Schiedsrichtermechanismus erforderlich. Ein spezieller Baustein, der Interruptcontroller, sortiert die von den Hardwareeinheiten ankommenden Interruptforderungen nach Priorität und leitet sie an die CPU weiter. Hardware-Interrupts entstehen als Reaktion auf Ereignisse, deren Zeitpunkt bei der Programmerstellung grundsätzlich nicht vorhersagbar ist. Ein gutes Beispiel dafür ist die Eingabe von Daten durch den Benutzer.

Hardware - Interrupts peripherer Einheiten, wie sie bei I/O Prozessen auftreten, werden von einem Interrupt - Controller koordiniert. Zudem sind vom Programmablauf selbst ausgelöste Software - Interrupts möglich.

Der Befehlssatz des Prozessors bietet über besondere Befehle die Möglichkeit, Interrupts als beabsichtigten Teil des Programmablaufes herbeizuführen. Letzte Quelle für Interrupts ist schließlich der Prozessor selbst. Derartige Interrupts, sogenannte Exceptions, dienen der Programmunterbrechung im Falle besonderer Ereignisse, wenn beispielsweise im Rahmen einer Befehlsfolge die Division durch Null gefordert wird oder aber der im Instruktionsregister vorliegende Befehl nicht als Teil des Befehlssatzes erkannt werden kann. Eine weitere wichtige Anwendung von Exceptions ist die Fehlersuche bei der Programmentwicklung, das sogenannte Debugging. Zu diesem Zweck kann der Prozessor in einen Modus versetzt werden, in dem er nach jedem einzelnen abgearbeiteten Befehl den Programmablauf so lange anhält, bis ihn der Programmierer zu dessen Fortsetzung auffordert. Damit wird die Gelegenheit geschaffen, zu jedem beliebigen Zeitpunkt den Speicherzustand und das Zwischenresultat der letzten Berechnung zu überprüfen.

🖫 Vom Prozessor selbst initiierte Interrupts (Exceptions) signalisieren interne Fehlerzustände und bieten zu Testzwecken die Möglichkeit, den Programmablauf nach jedem Einzelschritt anzuhalten.

Welche Routine im Falle eines Interrupts von der CPU durchgeführt wird, hängt von der Art des Interruptaufrufes selbst ab. Jeder Hard- und Software-Interrupt übermittelt neben der eigentlichen Interruptmeldung zusätzlich die Kennziffer der als Reaktion nötigen Interruptroutine an den Prozessor. Software-Interrupts enthalten die Adresse der betreffenden Routine als Bestandteil des Interruptaufrufes selbst, bei Hardware-Interrupts fordert der Interruptcontroller von der aufrufenden Peripherieeinheit die Kennummer des gewünschten Prozesses an. Die als Reaktion auf den Interruptaufruf nötigen Routinen befinden sich in einem speziellen Speicherbereich, der, wie Abbildung 3.14 zeigt, indirekt über eine sogenannte Vektortabelle angesprungen wird. Diese Vektortabelle befindet sich in einem für den Prozessortyp fest vorgegeben Speicherbereich und enthält die Einsprungadressen aller über Interrupts aufrufbarer Unterprogramme. So sind im Falle der Intel-Prozessorfamilie X 86 die ersten 1024 Bytes für die Interruptvektortabelle reserviert. Die mit dem Interruptaufruf übergebene Adresse zeigt also auf den Eintrag der Interrupttabelle, der wiederum die Adresse des ersten Programmbefehls für die betroffene Interruptroutine enthält.

3

🖫 Die über Interrupts angeforderten Unterprogramme werden indirekt über Zeiger in der sogenannten Vektortabelle angesprungen, die sich an einer fest vorgegeben Adresse im Speicher befindet.

Der Aufruf einer Unterprogrammroutine setzt die Kenntnis der Einsprungadresse dieses Unterprogramms im Programmspeicher voraus. Innerhalb eines Programmes ist die komplette innere Struktur des später im Speicher belegten Adreßbereiches und damit auch jede Einsprungadresse bereits zum Zeitpunkt der Programmerstellung bekannt. Interrupts erlauben es einem Programm hingegen, zum Zeitpunkt seiner Abwicklung im Prozessor Funktionen eines anderen Programms zu benutzen, obwohl beide zum Zeitpunkt der Programmerstellung unabhängig voneinander und ohne wechselseitige Kenntnisse der inneren Strukturen entwickelt worden sind. Das Interruptverfahren befreit den Aufruf einer Subroutine von der Notwendigkeit, die Einsprungadresse des betroffenen Unterprogramms zum Zeitpunkt der Programmerstellung zu kennen. Statt dessen kann über die Angabe einer Interruptnummer auf die Vektortabelle verwiesen werden, an der sich die betroffene Einsprungadresse befindet. Dieser Mechanismus funktioniert unabhängig von der Kenntnis der internen Struktur der Routine, die über dieses Verfahren aufgerufen wird.

🖫 Interruptroutinen erlauben einem Programm, Funktionen aus Programmsequenzen außerhalb des von ihnen belegten Speicherbereichs aufzurufen. Dies ist die Basis für gemeinsam von mehreren Programmen benutzte Routinen.

Die Fähigkeit von Interruptroutinen, schnell auf die Erfordernisse von I/O-Komponenten zu reagieren und anderen Programmen gemeinsam nutzbare Funktionen anbieten zu können, machen sie zur idealen Vermittlungsebene zwischen den komplexen, stark hardwareabhängigen I/O-Strukturen und den Anwendungsprogrammen. Die Isolierung der Anwendungsprogramme von den Detailfragen der Hardware garantiert, daß ein einmal vom Programmierer erstelltes Programm unabhängig von den Details der jeweiligen Hardware auf einer Vielzahl unterschiedlicher Rechnerkonfigurationen sauber ablaufen kann. Interruptroutinen und Vektortabelle sind Bestandteile des Betriebssystems oder Operating System, abgekürzt OS, das beim Einschalten des Computers als erstes in das Memory geladen wird. Die zusätzlich vom Betriebssystem angebotenen Verwaltungsfunktionen für den gemeinsam genutzten Massenspeicher werden in den Abschnitten 4.1.3. und 4.1.4., jene für die Verteilung von Prozessor- und Speicherressourcen auf mehrere gleichzeitig ablaufende Prozesse (Multitasking) im Abschnitt 4.2.2. detailliert behandelt.

3

Das Betriebssystem ist eine Sammlung von Routinen für die Verwaltung gemeinsam genutzter Ressourcen und wird als oberste Verwaltungsinstanz beim Systemstart zuerst geladen.

3.3.5 Hardwarenahe Programmierung

3.3.5.1 Befehle und Adresssierung für I/O

Der Schluß dieses Kapitels beschäftigt sich mit der Frage, wie Interruptroutinen als Teil des Betriebssystems auf unterster Ebene tatsächlich mit den I/O-Komponenten kommunizieren. Jede I/O-Komponente verfügt über eigene Register, die über den Bus als Teil des Adressbereichs angesprochen werden können. Manche Prozessoren verfügen sogar über getrennte I/O-Adressen für das Ansprechen peripherer Komponenten. Die Befehle eines I/O Datentransfers enthalten dann eine Aussage darüber, ob die benannte Adresse als Teil des Speichers oder des I/O-Adressbereichs zu verstehen ist. Das sogenannte "Memory-mapped I/O" betrachtet die Register der Peripherie als Bestandteil eines auch für das RAM genutzten gemeinsamen Adreßbereichs der CPU. Moderne Betriebssysteme stellen den Anwendungsprogrammen eine Vielzahl mächtiger Funktionen für die Kommunikation mit der Peripherie zur Verfügung, die weit über das Komplexitätsmaß einer einfachen Datenübertragung zwischen Registern der CPU und jenen der Peripherie hinausgehen. Komplette Grafikelemente, Bildschirminhalte oder sogar Menüs bzw. Dialogboxen können durch einfache Funktionsaufrufe der Anwendungsprogramme an das Betriebssystem auf den Bildschirm gezaubert,

Daten und Programmspeicherbereiche geschlossen benannt und als Block auf den Massenspeicher oder zurück ins Memory transferiert werden. An die Stelle seitenlanger Befehlssequenzen tritt dabei der einfache Aufruf einer Betriebssystemfunktion, die zudem garantiert, daß es zu keinerlei Konflikten mit anderen Programmen bei der Benutzung einer Komponente des Systems kommen kann.

Das Betriebssystem stellt den Anwendungsprogrammen komfortable Funktionen für die konfliktfreie gemeinsame Nutzung von I/O Systemen, Massenspeichern und Grafik zur Verfügung.

3.3.5.2 Treiber und BIOS

3

Der schnelle Fortschritt der Computertechnik bringt es mit sich, daß die Peripheriekomponenten der nächsten Generation meist über einen sehr viel komplexeren Funktionsumfang verfügen als diejenigen der Gegenwart. Die Anzahl der zur Steuerung aller peripheren Komponenten notwendigen Befehle übersteigt deshalb das sinnvolle Komplexitätsmaß eines Befehlssatz für die CPU. Betriebssystemroutinen enthalten daher Befehle an diese Komponenten, die nicht im Befehlssatz der CPU enthalten sind. Aus der Sicht des Prozessors sind diese Befehle reine Daten, die im Rahmen des Programmablaufs über die Register an die für die Weiterverarbeitung der Befehle zuständigen peripheren Komponenten übermittelt werden. Diese Befehle haben einen extrem engen Bezug zur Hardware der Peripherie und können nicht ohne gemeinsame Vereinbarung mit den jeweiligen Herstellern festgelegt werden. Das Betriebssystem steht damit vor einem Dilemma. Einerseits sind die Betriebssystemroutinen für eine Isolation der Anwendungsprogramme gegenüber der Hardware zuständig, andererseits benötigt das Betriebssystem selbst wiederum eine Isolationsebene gegenüber den schnellen Veränderungen der Hardwarekomponenten. Nicht jede Betriebssystemgeneration kann für jedes potentiell auf dem Markt befindliche Peripheriegerät mit all seiner Komplexität vorbereitet sein. Nicht jede neue Generation von Peripheriegeräten kann automatisch zum Austausch sämtlicher Betriebssysteme führen, nur um die von dieser Peripheriegeneration angebotenen Funktionen zu nutzen. Alle modernen Betriebssysteme sind daher in der Lage, durch modulare Teilkomponenten in ihrer Funktionalität angepaßt und erweitert zu werden. Derartige Teilkomponenten, die das Betriebssystem bei der Umsetzung der von ihm an die Anwendungsprogramme angebotenen Funktionen auf die hardwarenahen Befehle der Peripherie unterstützen, bezeichnet man als Treiber.

Das große Angebot an Peripherie und deren kurzfristige Modifikation macht eine modulare Erweiterung des Betriebssystems um individuelle Befehle für externe Zusatzgeräte nötig. Diese Erweiterungen nennt man Treiber.

Wird der Rechner abgeschaltet, so verliert er sämtliche Software im Memory. Beim Wiedereinschalten des Rechners gibt es also im Memory keine Betriebssystemroutinen um beispielsweise das Grafikdisplay oder den Massenspeicher anzusprechen. Damit befindet sich das System in einem Teufelskreis: Es ist keine Routine vorhanden, mit deren Hilfe man eine Routine zum Laden der Routine laden könnte. Aus diesem Grund müssen gewisse hardwarenahe Parameter und ein Minimum an Grundfunktionen bereits beim Einschalten des Computers zur Verfügung stehen. Teile der allernotwendigsten I/O-Routinen, des sogenannten BIOS (Basic Input/Output System), sind deshalb in einem ROM-Baustein auf der Platine des Computers untergebracht. Dieser enthält Funktionen, mit deren Hilfe der im Massenspeicher sitzende Teil des BIOS und dann auf dessen Basis der Kern des Betriebssystems in den Speicher geladen werden kann. Für die im ROM abgelegten Teile des BIOS ist ein festgelegter Adreßbereich vorgesehen, der vom Prozessor als erster Programmbefehl nach dem Systemstart direkt angesprungen wird. Der ROM-Teil des BIOS-Bausteins wird ergänzt durch einen per Batterie auch im ausgeschalteten Zustand abgesicherten veränderlichen Speicherbereich. Dieser enthält die Aussagen darüber, wo im Adressbereich der CPU die Register einzelner Peripheriekomponenten in der augenblicklichen Konfiguration des Rechnersystems vorzufinden sind.

3

Die Grundfunktionen des I/O, das BIOS, befinden sich zusammen mit den Daten über die augenblickliche Konfiguration des Rechners in batteriegepuffertem RAM oder unlöschbarem ROM im inneren eines speziellen Bausteins.

3.3.5.3 Zusammenspiel von Betriebssystem, BIOS und Treibern

Treiber sorgen für die Erweiterung der Betriebssystemfunktionen um die Befehlsketten für einen spezifischen Typus am Rechner angeschlossener I/O-Geräte. Damit wird garantiert, daß aus Sicht der Anwendungsprogramme Aufrufe an Grafik, Massenspeicher oder andere periphere Systeme unabhängig von Typ und Hersteller des in einem Rechner eingesetzten Produkts immer gleich ausfallen. Dies entspricht der Zielsetzung des Betriebssystems, Anwendungen gegenüber den Eigenheiten der Hardware zu isolieren. Identische Typen von Peripherie können in verschiedenen Rechnersystemen an verschiedenen Adressen im I/O Bereich der jeweiligen CPU eingebaut sein, was den Konfigurationsteil im ROM-BIOS begründet. Da Befehle und Routinen des ROM-BIOS zum Zeitpunkt der Herstellung festgelegt werden, ist eine spätere Erweiterung dieser Befehle sinnvoll. Grafikkarten und Festplattencontroller bringen oft ihr eigenes BIOS mit, das im Rahmen des Startvorgangs als Erweiterung des Standard-BIOS in den dafür vorgesehenen Speicherbereich geladen wird. Damit lassen sich Befehle des BIOS, auf die auch das Betriebssystem zurückgreift, angelehnt an hardwareabhängige Details der Peripherie optimieren oder erweitern.

Das ROM-BIOS kann beim Systemstart um Befehle und Routinen spezieller Hardwarekomponenten erweitert werden.

Abbildung 3.16 zeigt, wie der Zugriff auf die Hardware im System schematisch über Isolationsschichten erfolgt. Der Anwender greift entweder direkt auf das Anwendungsprogramm zu, das in Form einer Befehlskette in der Sprache des Befehlssatzes vorliegt, oder aber er erzeugt als Programmierer über eine Hochsprache und den zugehörigen Compiler ein solches Programm. Die Grafik weist darauf hin, daß auch das Betriebssystem ein Programm darstellt und, zumindest in Teilen, mittels einer solchen Programmiersprache entwickelt werden kann. Das Anwendungsprogramm nutzt Funktionen des Betriebssystems für den Zugriff auf die Hardware. Die Routinen des Betriebssystems und seiner Erweiterungen über Treiber greifen entweder direkt oder unter Zuhilfenahme von Routinen des BIOS auf die Register der Hardware zu. Im ersten Fall müssen die korrekten Adressen der Register aber aus dem Konfigurationsteil des ROM-BIOS entnommen werden.

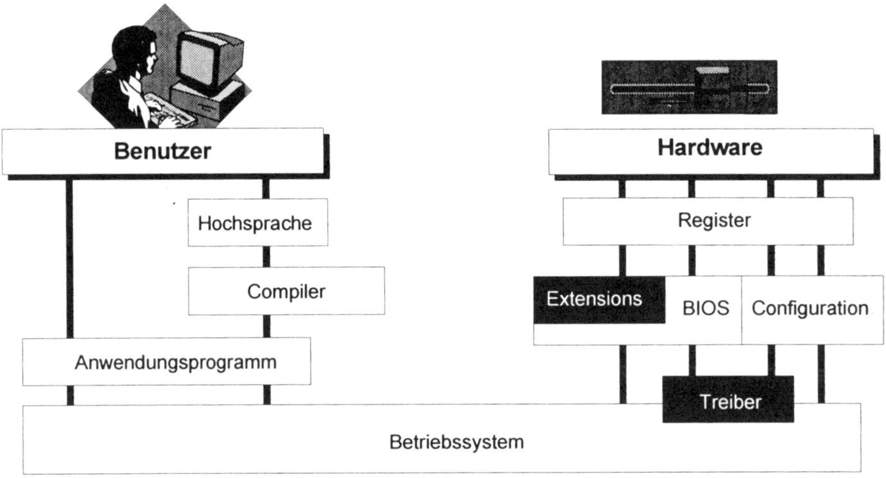

Abbildung 3.16 Anwendung, Betriebssystem, Treiber und BIOS

Das Zusammenspiel von Betriebssystem, Treiber und BIOS soll an zwei konkreten Beispielen erläutert werden. Der Ausdruck von Dokumenten erfolgt durch die Übergabe von Druckdaten an die parallele Schnittstelle und von dort aus weiter an den angeschlossenen Drucker. Das Drucken selbst wird durch Aufruf einer Betriebssystemroutine vom Anwendungsprogramm ausgelöst. Diese Betriebssystemroutine sorgt dafür, daß die von der Anwendung gelieferten Druckdaten zwischenzeitlich auf dem Massenspeicher vorgehalten (Spooling) und von dort aus ohne weiteren Eingriff der Anwendung vom Betriebssystem mit der vom Drucker vorgegebenen Geschwindigkeit abgearbeitet werden können. Die Anwendung selbst wird dadurch von den Abwicklungsaufgaben des Druckvorgangs befreit. Auf diese Weise koordiniert die Druckfunktion des Betriebssystems auch die von unterschiedlichen Anwendungsprogrammen eingehenden Druckbefehle und reiht sie hintereinander in einer Warteschlange (Queue) auf. Die Betriebssystemroutine übernimmt gegenüber den Anwendungsprogrammen die Verwaltung der Druckjobs und überträgt die Druckdaten in Form binärer Worte in die entsprechenden Registeradressen der parallelen Schnittstelle. Diese Aufgabe unterstützen Treiber und BIOS. Die vom Anwendungsprogramm zum Ausdruck gelieferten geometrischen Formen oder Textzeichen müssen beispielsweise auf die Beschreibungssprache oder den Farbvorrat des verwendeten Druckers übersetzt werden. Zu diesem Zweck wird das Betriebssystem um den für den Drucker vorgesehenen Treiber modular erweitert. Die einwandfreie Übertragung der über den Treiber erzeugten Daten an die vorgesehene Registeradresse setzt voraus, daß dem Betriebssystem die bei der augenblicklichen Computerkonfiguration für die Parallelschnittstelle vorgesehene Adresse auch bekannt ist. Diese Information enthält der Konfigurationsspeicherteil des auf der Hauptplatine befindlichen BIOS-Bausteins. Ähnliche Verhältnisse finden sich bei der Ausgabe von Grafikdaten auf den Bildschirmen. Die vom Betriebssystem angebotenen Grundfunktionen für die Ausgabe von Zeichen können zwar von allen Peripheriekomponenten realisiert werden, manche Grafikkarten bieten jedoch einen großen Fundus an Zusatzfunktionen an. Um diese Optimierungsbefehle im Zusammenhang mit den vom Betriebssystem angebotenen Funktionen zu nutzen, ist ein für die Grafikkarte spezifischer Treiber erforderlich. Ein derartiger Treiber kann auch Befehle aus dem Betriebssystem "abfangen" und an spezielle Routinen übergeben, die als Teil der Erweiterung des BIOS von der Grafikkarte mit ins System eingebracht wurden.

4 Digitale Informationstechnik 2 - Systeme

4.1 Massenspeicher und Filesysteme

4.1.1 Dateien, Verzeichnisse und Filesystem

4.1.1.1 Massenspeicher und Betriebssystem

Das Betriebssystem liefert einen Satz von Funktionen für den einfachen Umgang mit I/O-Devices. Den einzelnen Programmen bleiben die komplexen Details der jeweiligen Geräte (englisch Devices) verborgen, solange sie sich für den Umgang mit ihnen der Betriebssystemfunktionen bedienen. Wichtige Klassen solcher Betriebssystemfunktionen handhaben Bildschirmausgabe, Grafik, Multimedia und Netzwerkfunktionen für den Datenaustausch mit anderen Rechnersystemen sowie den Umgang mit Massenspeichern. Halbleiterspeicher ist schnell, teuer und verliert seinen Inhalt beim Abschalten der Stromversorgung. Daher eignet er sich nur für solche Daten, die sich im schnellen und direkten Zugriff der CPU befinden müssen. Das RAM (Primary Storage) wird daher durch Massenspeichersysteme oder Secondary Storage ergänzt. Massenspeicher enthalten abgeschlossene Programm- und Datensegmente, sogenannte Dateien (englisch Files), die bei Bedarf zur Abarbeitung in den Halbleiterspeicher übertragen werden. Für die Verwaltung von Dateien auf Massenspeichern stehen über moderne Betriebssysteme eine große Anzahl komfortabler Funktionen zur Verfügung. Sie gehen weit über die elementaren Prozesse des Typus "Schreiben/Lesen" oder "read/write" hinaus, die der Anlage neuer Dateien auf dem Massenspeicher und dem Zurückladen von Dateien in den Halbleiterspeicher dienen.

Als eine seiner wichtigsten Aufgaben bildet das Betriebssystem die Schnittstelle zwischen flüchtigem RAM oder Primary Storage und permanentem Massenspeicher oder Secondary Storage.

Neben den eigentlichen Dateninhalten einer Datei schreibt das Betriebssystem bei der Neuanlage eines Files eine Reihe von Verwaltungsattributen mit auf den Massenspeicher. Sie enthalten grundlegende Informationen, wie den Namen der Datei, deren Umfang und das Datum der ersten Anlage, in größeren Systemen dienen diese Attribute auch zur Verwaltung der Nutzungsrechte. Dem Urheber der Datei wird dabei Gelegenheit gegeben, einzelnen Personen oder Personengruppen unterschiedliche Rechte beim Umgang mit den von ihm erstellten Dateien zu erteilen. Der Umgang mit einer permanent zunehmenden Anzahl von Dateien auf dem Massenspeicher wird schnell unübersichtlich. Alle Betriebssysteme erlauben daher die Gliederung der Inhalte nach mehreren hierarchischen Verwaltungsebenen. Dateien werden dabei in Verzeichnissen organisiert, die selbst wiederum Unterverzeichnisse enthalten können. Die Abbildung 4.1 verdeutlicht, wie jede einzelne Datei innerhalb des hierarchischen Systems eindeutig durch die Angabe eines Pfadnamens gekennzeichnet ist, der vom Ausgangspunkt, dem Verzeichnis der höchsten Hierarchieebene oder Wurzelverzeichnis den Weg durch den Verzeichnisbaum bis zur Datei selbst enthält. Die Verwaltung dieser logischen Dateistruktur ist dabei von den Einzelheiten der zugrunde liegenden physikalischen Speichermedien vollkommen unabhängig. In diesem Sinne bildet das Betriebssystem also die nach oben angebotene logische Verwaltungsstruktur nach unten auf die physikalische Struktur der verwendeten Massenspeichermedien ab.

4

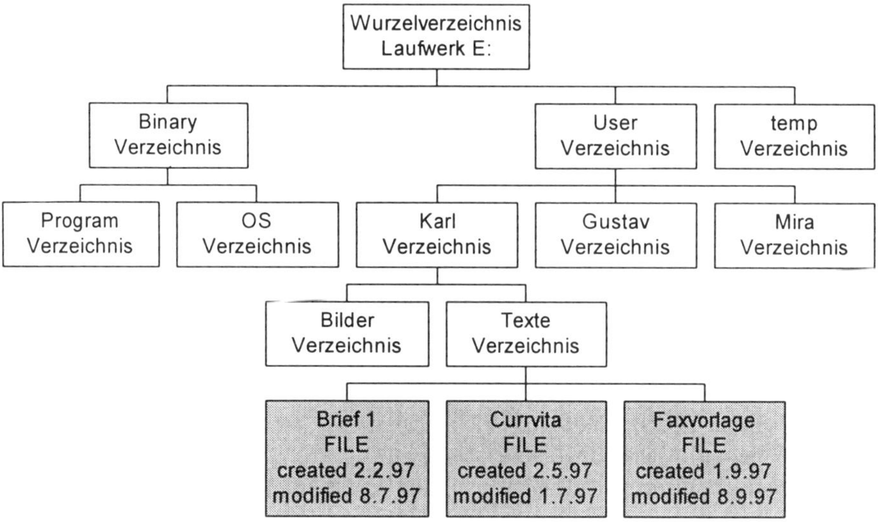

Abbildung 4.1 Struktur eines Verzeichnisbaumes

Die Verwaltung der Datenbereiche oder Files des Massenspeichers folgt einer hierarchischen Ordnungsstruktur aus Verzeichnissen. Die Files sind mit zusätzlichen Informationen über Größe, Datum, Nutzungsrechte und Eigner gekennzeichnet.

4.1.1.2 Files und Datenstrukturen

Files sind abgeschlossene Mengen digitaler Informationseinheiten oder Bits. Für das Anlegen, Benennen, Zurückrufen oder Löschen einer Datei spielt es keine Rolle, welchen logischen Inhalt diese Daten repräsentieren, ob es sich also um Zeichencodes einer Textverarbeitung, um Helligkeits- und Farbinformationen eines Bildes oder um Lautstärkewerte eines Schallsignals handelt. Im einfachsten Fall ist das File aus Sicht des Betriebssystems eine vollkommen unstrukturierte Aneinanderreihung von Bits, man spricht vom sogenannten Binärformat. Die Struktur, die den aus Sicht der betroffenen Anwendung sinnvollen Zusammenhang zwischen den Bits enthält, ist nur dem Anwendungsprogramm bekannt, das diesen Datenabschnitt an das Betriebssystem zu Speicherzwecken übergeben hat. Da dem Betriebssystem die innere Struktur des File verborgen bleibt, kann das Anwendungsprogramm kein begrenztes Segment dieser auf dem Massenspeicher befindlichen Datei über Betriebssystemroutinen anfordern. Soll nicht immer das komplette File in den Speicher geladen werden um das nötige Segment auf der Anwendungsebene aufzusuchen, wird der umständliche Zugriff über Interruptroutinen des BIOS auf Befehle erforderlich, die die direkte Manipulation physikalischer Speicherabschnitte des verwendeten Massenspeichermediums gestatten. Dies steht jedoch im Widerspruch zum ursprünglichen Ziel für ein Betriebssystem, Anwendungsprogramme gegenüber hardwarebedingten Einzelheiten zu isolieren. Der Zugriff auf Dateisegmente über das Betriebssystem erfordert eine einheitliche Gliederung der binären Daten. Die Zusammenfassung von einzelnen Bits zu Zeichen (englisch: Character) stellt die erste mögliche Hierarchiestufe dar. Zeichenorientierte Files enthalten meist 8 Bit lange Datenworte des erweiterten ASCII-Codes. Die nächsthöhere innere Strukturstufe, die als Datenfeld oder Field bezeichnet wird, entsteht durch die Zusammenfassung einzelner Zeichen zu Zeichengruppen vorher festgelegter Länge. Solche Felder spielen beispielsweise in einem Kundenverwaltungsprogramm als Adreß- oder Namensfelder eine große Rolle. Jeder Kunde in einem solchen Verwaltungsprogramm ist wiederum durch die Inhalte einer festen logischen Kombination solcher Datenfelder gekennzeichnet, also durch seinen persönlichen Satz an Anschrift, Postleitzahl, Telefonnummer, Name und Anrede. Dies ist ein Beispiel für einen sogenannten Datensatz oder Record.

Ein aus Sicht des Betriebssystems unstrukturiertes File (binary Data) kann nicht segmentweise aus dem und in den Massenspeicher übertragen werden. Strukturen innerhalb einer Datei sind auf Zeichen-, Datenfeld- und Datensatzebene möglich.

Die Orientierung der inneren Dateistruktur an gemeinsam mit dem Betriebssystem vereinbarten Vorgaben bringt in eine Reihe erheblicher Vorteile mit sich: Nicht nur komplette Dateien, sondern Records oder sogar Fields können als eigenständige Einheiten über Betriebssystembefehle angelegt, modifiziert oder gelöscht werden. Des weiteren liefert die einheitliche Struktur von Dateien eine Basis für den anwendungsübergreifenden Austausch von Informationen über das gemeinsame Dateiformat. Eine solche Ansammlung von Files, die einer gemeinsamen inneren Struktur folgen, bezeichnet man als Database oder Datenbasis. Wie im Kapitel 5 deutlich werden wird, ist die anwendungsabhängige und heterogene Dateistruktur ein wesentliches Hindernis auf dem Weg zu neuen Anwendungen, die durch die einheitliche digitale Repräsentation unterschiedlicher Inhaltsformen möglich wären.

4.1.1.3 Benutzerschnittstelle zum Betriebssystem

Die vom Kern des Betriebssystems oder "Kernel" bereitgestellten Funktionen zur Manipulation von Files werden sowohl von den Anwendungsprogrammen, als auch direkt vom Benutzer verwendet. Ein spezielles Anwendungsprogramm, die sogenannte Shell, ermöglicht dem Benutzer, durch die Eingabe von Befehlscodes in eine Kommandozeile direkt auf Funktionen des Betriebssystems zuzugreifen. Um dem Laien aber die Eingabe kryptischer Befehlsworte zu ersparen, erfolgen wichtige Funktionen, wie das Kopieren von Dateien zwischen mobilen Datenträgern und lokaler Festplatte, das Einrichten von Verzeichnissen, das Löschen und Umbenennen von Dateien oder das Auflisten der Festplatteninhalte über eine grafische Benutzeroberfläche. Dateien, Laufwerke und Verzeichnisse sind in Form von Piktogrammen dargestellt. Diese grafische Benutzerführung gehört also nicht zum Betriebssystem selbst, sondern ist ein Anwendungsprogramm für den komfortablen Zugang zu häufig benötigten Betriebssystemroutinen.

Funktionen des Betriebssystem, die der Verwaltung des Massenspeichers dienen, können über eine Kommandozeile oder grafische Oberflächen vom Anwender direkt angesprochen werden.

4.1.2 Massenspeicherhardware

4.1.2.1 Prinzip der magnetischen Speicherung

Die meisten der heute üblichen Speichermedien basieren auf dem Prinzip von Magnetismus und Induktion. Die ursprünglich ungerichteten Elementarmagnete im Inneren eines jeden Materials richten sich unter dem Einfluß eines äußeren Magnetfeldes nach dessen Vorgabe aus. Für den Einsatz als Speicher kommen nur solche Materialien in Frage, bei denen diese Ausrichtung der Elementarmagnete auch nach Wegfall des äußeren Feldes erhalten bleibt. Eine Spule erzeugt das für die Ausrichtung der Elementarmagnete des Speichermediums verantwortliche Magnetfeld. Sie wird von einem im Signalrhythmus veränderlichen Strom durchflossen, es entsteht ein magnetisch-analoges Abbild des elektrischen Signalstroms. Auf dem während des Aufzeichnungsvorgangs an der Spule vorbeigezogenen

Magnetmaterial ergibt sich daraus eine Abfolge unterschiedlich magnetisierter Bereiche. Der Lesevorgang erfolgt durch die Umkehrung des Vorgangs auf Basis der Induktion. Dieses physikalische Prinzip besagt, daß ein zeitlich veränderliches Magnetfeld im Inneren einer Spule einen Strom erzeugt oder "induziert". Das mit den Informationen magnetisch beschriebene Speichermaterial wird an einer ausreichend nah angebrachten Spule vorbeigezogen. Die im Rhythmus des Signals bei der Aufzeichnung unterschiedlich magnetisierten Bereiche des Speichermediums führen zu einer Veränderung des Magnetfelds in der Umgebung der Spule, es entsteht ein Strom, der auf die Magnetisierung des Speichermediums zurückschließen und so die Signalinformation zurückgewinnen läßt.

Die meisten gebräuchlichen Massenspeicher nutzen das Prinzip der Magnetisierung und Induktion nach dem Muster des Tonbandes.

Die Qualität der magnetischen Aufzeichnung hängt ganz wesentlich von einer Reihe elementarer Parameter ab. Neben den magnetischen Beschaffenheiten des Speichermaterials ist dies insbesondere der Abstand zwischen Schreib- und Lesevorrichtung und der zu beschreibenden magnetischen Oberfläche. Je näher sich die Schreib- und Lesevorrichtung an der Oberfläche befindet, desto genauer kann das Magnetfeld auf einen eng eingegrenzten Bereich des Speichermediums konzentriert werden. Dadurch läßt sich die Anzahl der pro Flächeneinheit aufgezeichneten Informationen erhöhen. Die extrem hohe Dichte digitaler Daten auf modernen Festplattenlaufwerken hat dazu geführt, daß anstelle des Induktionsprinzips beim Lesen der Daten von der Festplatte heute zunehmend sogenannte magnetoresistive Köpfe zum Einsatz kommen. Diese bestehen aus einem Material, dessen elektrischer Widerstand sich unter dem Einfluß eines äußeren Magnetfelds verändert.

4.1.2.2 Die Floppydisc

Disketten und Festplattenlaufwerke beruhen auf einem rotierenden magnetischen Datenträger. Ein wie in der Abbildung 4.2 beweglich angebrachter Schreib- und Lesekopf erzeugt so konzentrische Spuren in unterschiedlichem Abstand vom Mittelpunkt der Datenoberfläche. Da diese Spuren oder Tracks im Gegensatz zu linearen Speichermedien kein eindeutiges Ende und keinen eindeutigen Anfang aufweisen, werden sie, wie Tortenstücke, in klar abgegrenzte Segmente, sogenannte Sektoren unterteilt. Jeder Sektor gelangt also aufgrund der Rotationsbewegung des Datenträgers in regelmäßigen Abständen an der Position des beweglichen Schreib-Lese-Kopfes vorbei. Dies stellt die Basis für die Random-Access-Eigenschaft von Floppy- und Harddisc dar, also deren Fähigkeit, Daten in unabhängiger Reihenfolge voneinander und kurzem Abstand zueinander auf das Medium zu schreiben bzw. vom Medium zu lesen. Die maximale Wartezeit für das Erreichen eines bestimmten Sektors durch den Schreib-Lese-Kopf ist aus diesem Grund durch zwei Komponenten gegeben: Zum einen durch die sogenannte Latenzzeit, die aufgrund der Rotationsbewegung für das Einlaufen des nötigen Sektors unter die Schreib-Lese-Vorrichtung nötige Zeitdauer. Zweiter Faktor ist die sogenannte Seek-Time, die für die Bewegung des Kopfes auf die entsprechende Spur eingerechnet werden muß. In einem Floppydisc-Laufwerk wird eine Umdrehung typischerweise in 170 bis 200 Millisekunden ausgeführt, diese Zeitdauer wird auch für die vollständige Linearbewegung des Kopfes zwischen der innersten und äußersten Spur vom System beansprucht. Die Zugriffszeit beträgt also ca. 200 Millisekunden. Je nachdem, ob nur eine oder beide Seiten der Floppydisc magnetisch beschichtet sind, verfügt die bewegliche Schreib-Lese-Kopfvorrichtung über ein oder zwei komplette Kopfsysteme, die auf der Unter- und Oberseite der magnetisch beschichteten Oberfläche entlangschleifen. Die heute aktuellen Floppylaufwerke mit 3,5 Zoll Größe und einer Speicherkapazität von 1,44 Megabyte verfügen über 80 Spuren à 18 Sektoren.

4

Floppy- und Harddisc bestehen aus rotierenden, magnetisch beschichteten Oberflächen, die in konzentrischen Kreisen von radial beweglichen Schreib- und Leseköpfen mit Daten beschrieben werden. Jede Kreisspur wird aus Verwaltungsgründen zusätzlich in Sektoren unterteilt.

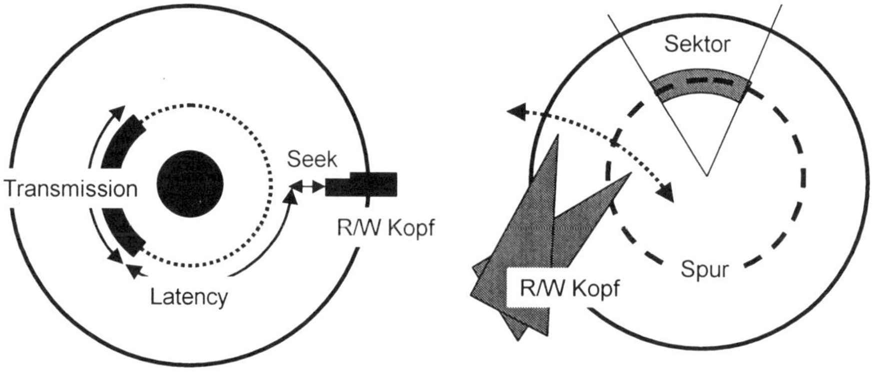

Abbildung 4.2 Spuranordnung und Zugriffszeiten bei Floppy und Harddisc

4.1.2.3 Festplatten

Außer dem grundlegenden Prinzip eines rotierenden magnetischen Datenträgers und der Aufzeichnung in konzentrischen Spuren und Sektoren haben Floppydisc und Festplattenlaufwerke nichts gemeinsam. Ein Festplattenlaufwerk besteht meist aus einem ganzen Stapel magnetisch beschichteter Oberlächen, die auf einer gemeinsam angetriebenen Achse rotieren (siehe Abbildung 4.3). Die übereinander liegenden konzentrischen Spuren des gesamten Stapels nennt man Zylinder. Die Rotationsgeschwindigkeit der Festplatte ist gegenüber der Floppydisc deutlich erhöht und beträgt im Standardfall 3600, bei schnellen Laufwerken auch 7200

Umdrehungen pro Minute. Aufgrund dieser hohen Relativgeschwindigkeit zwischen Speicherfläche und Schreib- / Lesekopf würde ein direkter Schleifkontakt der Köpfe auf der Datenoberfläche zu einer reibungsbedingten Erhitzung und zur vollständigen Zerstörung des Datenträgers führen. Eine spezielle aerodynamische Formgebung der Kopfstruktur sorgt dafür, daß die Schreib- und Leseköpfe während des Betriebes auf einem extrem dünnen Luftpolster in einem Abstand von nur 50 Nanometern über der Datenoberfläche schweben. Gerät der Kopf dennoch in Kontakt mit der Oberfläche, spricht man von einem sogenannten Headcrash, die Festplatte wird in diesem Fall samt der abgespeicherten Daten teilweise zerstört. Spezielle Rückholmechanismen ziehen deshalb bei einer unvorhergesehen Unterbrechung der Stromzufuhr den Kopfmechanismus aus dem empfindlichen Datenbereich ab und parken ihn neben der Datenfläche. Zudem darf die im Inneren des Festplattenlaufwerkes befindliche Luft nicht durch Schmutzpartikel aus der Umgebungsluft verunreinigt werden. Der Stapel aus Datenoberflächen und die komplette Mechanik der Kopfaufhängungen befindet sich daher in einem luftdicht abgeschlossenen Gehäuse und wird aus diesem Grund auch als HDA oder Head-Disc-Assembly bezeichnet. Abbildung 4.3 zeigt schematisch den Aufbau einer geöffneten HDA.

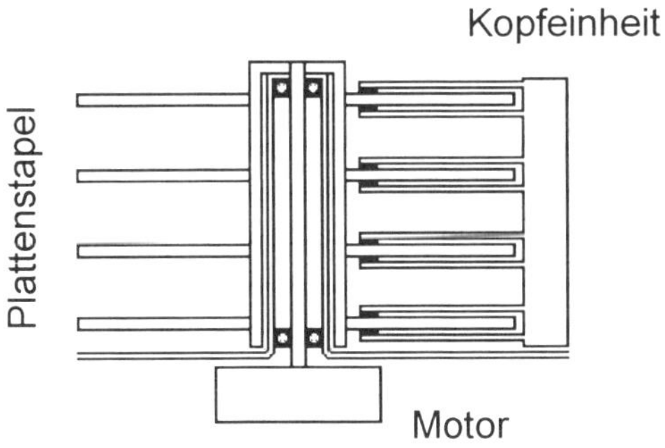

Abbildung 4.3 Plattenstapel und geöffnetes Gehäuse einer HDA

Festplatten, Köpfe und Elektronik einer Festplatte bilden eine hermetisch abgeschlossene Einheit, die HDA (Head-Disc-Assembly). Die Köpfe schweben auf Luftpolstern über der mit hoher Geschwindigkeit rotierenden Datenoberfläche.

Eine große Herausforderung bei der Konzeption von Festplatten ist die exakte Positionierung der Schreib- und Leseköpfe über den schmalen Datenspuren. Floppylaufwerke positionieren den Kopf über einen Schrittmotor, der nur ein festes Raster vorbestimmter radialer Positionen anfahren kann. Aufgrund mechanischer Toleranzen, beispielsweise der Erwärmung des Materials, sind diese Spurpositionen von Fall zu Fall geringfügig verschieden. Derartige mechanische Toleranzen machen sich auf Floppys wegen ausreichend breit angelegter Spuren nicht bemerkbar. Der geringere Spurabstand einer Festplatte macht diesen Ansatz unmöglich, die Positionierung erfolgt stufenlos durch einen sogenannten Linearmotor, der die Köpfe des gesamten Plattenstapels gemeinsam bewegt. Die Positionierung orientiert sich an speziellen Servoblöcken, fest auf den Spuren der Platte aufgebrachten Informationsbereichen mit Steuerdaten. Diese Servoblöcke können sich auf einer ansonsten unbenutzten Oberfläche des Datenträgerstapels befinden, was aber zu einer Verschwendung an nutzbarem Speicherbereich führen würde. Moderne Festplatten plazieren die Servoinformationen als spezielle Datenmuster zwischen den eigentlichen Nutzdaten auf der Plattenoberfläche.

Das exakte Auffinden der schmalen Spuren erfordert zusätzliche Datenmuster (Servoblöcke) zur Steuerung der Kopfposition.

Festplatten haben im Lauf der letzten Jahre eine rasante Entwicklung durchlaufen. Hatte die von der Firma Seagate 1980 als Modell ST 506 eingeführte Festplatte noch einen Durchmesser von 5¼ Zoll und eine Speicherkapazität von 5 Megabyte bei 17 Sektoren und 150 Zylindern, haben heute übliche Festplatten weit über 70 Sektoren und 2.000 Zylinder. Der wichtigste Leistungsparameter eines Festplattenlaufwerkes ist die Zugriffszeit, also die maximale Zeitdauer bis ein adressierter Sektor auch tatsächlich gelesen oder geschrieben werden kann, sowie der Datendurchsatz, also die maximale Anzahl von Bytes, die pro Sekunde auf die oder von der Festplatte übertragen werden können. Die Zugriffszeit moderner Festplattenlaufwerke liegt in der Größenordnung zwischen 10 und 15 Millisekunden, der auf der Basis dieser Zugriffsgeschwindigkeit realisierbare Datendurchsatz hängt stark vom individuellen Anwendungsprofil ab. Werden beispielsweise kontinuierlich auf einer Spur hintereinanderliegende Sektoren angefordert, erhöht sich der Datendurchsatz gegenüber solchen Anforderungsprofilen, die wahllos einzelne Sektoren auf unterschiedlichen Spuren anspringen. Liegen mehrere Anfragen unterschiedlicher Programme für ein Festplattensystem gleichzeitig vor, wird im Zusammenspiel aus BIOS und Betriebssystem ein sogenanntes Disc - Scheduling betrieben. Ziel ist, die Reihenfolge der tatsächlich geschriebenen oder gelesenen Sektoren unabhängig von der Reihenfolge der eingegangenen Schreib- und Lesebefehle so zu optimierten, daß möglichst wenige Kopfbewegungen auftreten. Der typische Datendurchsatz ergibt sich überschlagsmäßig wie folgt: 3.600 Umdrehungen pro Minute entsprechen 60 Umdrehungen pro Sekunde, die sich bei 70 Sektoren zu einer Lesegeschwindigkeit von 4.200 Sektoren pro Sekunde summieren. Für eine typische Sektorgröße von 512 Byte ergibt sich ein Datendurchsatz von etwa 2 Megabyte pro Sekunde.

Festplatten werden nach Zugriffszeit, also der Verzögerung zwischen einem Schreib- bzw Lesebefehl und dessen Ausführung, sowie nach dem Datendurchsatz in Byte/sec bewertet.

4.1.2.4 Bandspeicher

Festplatten sind ein hervorragendes Massenspeichermedium für Daten, die regelmäßig durch die angeschlossene CPU benutzt werden. Im Lauf der Zeit jedoch füllt sich jede Festplatte mit Dateien, die einerseits nicht mehr regelmäßig benutzt werden, andererseits aber nicht aus dem System entfernt werden können. Die im Vergleich zur Entwicklung der Festplattenkapazität überproportional schnelle Zunahme der vorgehaltenen Menge an digitalen Informationen zwingt dazu, nach einem preisgünstigen und verläßlichen Archivmedium zum Auslagern von Daten zu suchen. Hier hat der Bandspeicher hohe Bedeutung. Im Gegensatz zur Festplatte ist das Speichermedium beim Bandspeicher nicht fest und untrennbar mit dem Laufwerk verbunden. Bandmaterial ist verhältnismäßig preisgünstig, die Aufzeichnung erfolgt aber linear. Im schlimmsten Fall erfordert der Zugriff auf gewünschte Daten das komplette Umspulen des linearen Bandes von einer Spule auf die andere. Die damit realisierbaren Zugriffszeiten sind für die direkte Entnahme von Daten im permanenten Zugriff wenig geeignet. In den Gründerjahren der Computer vor der Ära zuverlässig und preiswert verfügbarer Festplatten diente das Band dennoch auch als Datenspeicher für Random Access. Acht parallel angebrachte Aufzeichungs-/Wiedergabeköpfe bespielten derartige Bänder mit jeweils einem 8 Bit breiten Datenwort. Typische Bänder der Länge von 2.500 Fuß hatten eine Speicherkapazität von etwa 25 Megabyte. Die einzelnen Datensätze waren durch Lücken in der Magnetisierung voneinander getrennt, um eine eindeutige Positionierung der Wiedergabeköpfe zwischen den adressierten Datensektoren zu ermöglichen. Viele alte Filme zeigen die hektische Aktivität einer ganzen Kolonne solcher Datenspeicher, in denen sich Bandspulen ruckartig vor- oder rückwärts bewegen.

Die Kosten des nicht wechselbaren Datenträgers Festplatte erfordern für umfangreiche digitale Archive eine preisgünstige und verläßliche Ergänzung. In diesem Bereich ist das Magnetband dominierend.

Die heute üblichen Bänder sind nicht auf offenen Spulen, sondern in festen Gehäusen untergebracht. In ihnen befinden sich die Auf- und Abwickelspule entweder getrennt (Cassette) oder auf einer gemeinsamen Achse (Cartridge). Die Aufzeichnung auf Band erfolgt in einem der folgenden drei Verfahren: Linear, d.h. Schreib-/Lesekopf übertragen die Daten hintereinander auf das am Kopf vorbei bewegte Medium. Beim Schrägspurverfahren (englisch helical Scan) führt man das Band mit verhältnismäßig geringer Geschwindigkeit an einem schräg zur Bandoberfläche in hoher Geschwindigkeit rotierenden Schreib- und Lesekopf vorbei. Die beiden Verfahren sind in der Abbildung 4.4 gegenübergestellt. Die dritte Alternative ist das sogenannte Serpentine Recording. Mehrere Spuren befinden sich parallel zueinander auf einem longitudinal am Kopf vorbeilaufenden Datenträger. Diese Spuren werden jedoch nicht einer, sondern in wechselnder

Laufrichtung abgearbeitet. Das Inhaltsverzeichnis befindet sich an beiden Enden des Bandes und kann daher schnell erreicht werden. Das entsprechende Datum wird also nicht durch das vollständige Umspulen des linearen Datenträgers von A nach B adressiert, sondern durch das Bewegen des Kopfes auf die zugehörige Spur und eine dadurch entsprechend verkürzte lineare Bewegung des Bandes. Das DLT-System (Digital Linear Tape) erreicht mit Serpentine Recording eine Kapazität von 20 Gigabyte pro Cartridge und einen Datendurchsatz von 1,5 Megabyte pro Sekunde. Die Zugriffszeiten betragen im schlimmsten Fall zwischen 60 und 100 Sekunden auf jedes gewünschte Datenelement. Die auf der Basis des IBM-Formats 38/40 bis heute im Mainframe-Bereich großer Rechner üblichen Datencartridges liefern in ihrer letzten Version (39/40E) eine Datenmenge von 800 Megabyte pro Cartridge bei einem Datendurchsatz von 3 Megabyte pro Sekunde. Daneben existieren eine Fülle von Formaten in 8-Millimeter-Technik auf der Basis des ursprünglich im Videobereich von Sony entwickelten Bandformates. Lineare Lösungen im Viertelzollformat, die ursprünglich für den Low-End-Markt konzipiert wurden, können mittlerweile aber ebenfalls bis zu 1,6 Gigabyte an Speicherkapazität pro Cassette anbieten. Das 8-Millimeter-Exabyte von Sony erreicht in seiner letzten Version immerhin 20 Gigabyte pro Cartridge und einen Datendurchsatz von 3 Megabyte pro Sekunde.

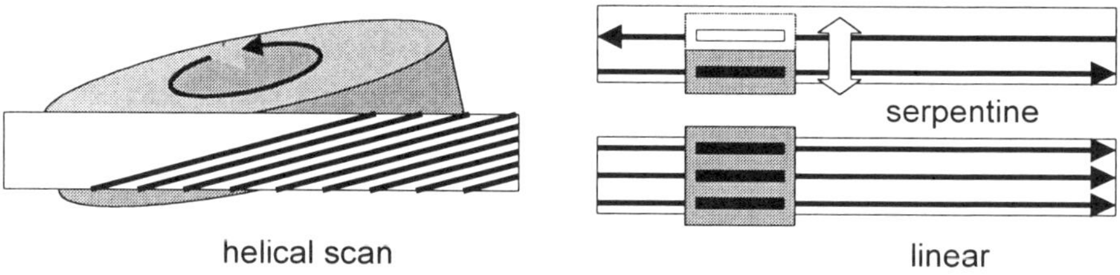

Abbildung 4.4 Bandaufzeichnung im helical Scan oder linear

Typische Speichermengen für Bandcassetten oder Cartridges liegen bei 20 Gigabyte mit Datentransferaten bis zu 3 Mbyte/sec. Spitzensysteme erreichen 100 Gigabyte pro Band bei bis zu 1 Gigabit/sec Transferrate.

4.1.3 Schnittstelle von Speicher, BIOS und Betriebssystem

4.1.3.1 Low-Level-Formatierung

Wie bereits mehrfach beschrieben, werden die vom Betriebssystem angebotenen Funktionen hardwarenah durch Aufrufe von BIOS-Routinen realisiert. Um die über das Betriebssystem angeforderten Daten tatsächlich auffinden zu können, benötigen die BIOS-Routinen exakte Kenntnisse über die auf dem Massenspeicher verwendete physikalische Anordnung der Datensegmente. Aus diesem Grund muß eine Floppydisc oder eine Festplatte vor der ersten Benutzung durch das Betriebssystem formatiert, also in eine dem BIOS bekannte Struktur von Spuren und Sektoren unterteilt werden. Aus der Sicht des BIOS besteht die derart formatierte Oberfläche aus physikalischen Sektoren, die durch Angabe von Spur-, Kopf- und Sektorennummer eindeutig über die Steuerelektronik des betroffenen Laufwerks angesprochen werden können. Das BIOS selbst unterscheidet dabei nicht, welche Sektoren zu welchen Files gehören. Das BIOS übergibt nur die Adressen des betroffenen Sektors und den nötigen Prozeßauftrag, beispielsweise "Schreiben" oder "Lesen" an die Register der Steuerelektronik des Massenspeichersystems. Während bei der Floppydisc die Low-Level-Formatierung tatsächlich Spuren und Sektoren auf einer jungfräulichen Datenoberfläche festlegt, erfolgt die Formatierung einer Festplatte durch das Betriebssystem anhand der bereits bei der Produktion auf der Datenoberfläche fest angebrachten Servoinformationen. Spuren und Sektoren werden also nach deren Maßgabe erzeugt, die Formatierung beschränkt sich im wesentlichen darauf, die logischen Informationen des Filesystems auf die entsprechenden Sektoren aufzubringen.

4

Vor der ersten Benutzung eines Massenspeichers legen Betriebssystem und BIOS eine ihnen bekannte spezifische Struktur aus Spuren und Sektoren auf der Speicherfläche an, die man "Low-Level" - Formatierung nennt.

Das Betriebssystem liefert eine logische Sicht auf den Massenspeicher, die anstelle physikalischer Details eine Verwaltungsstruktur aus Dateien und Verzeichnissen enthält. Die Benennung von Sektoren, die im übrigen nicht nur als File, sondern auch einzeln über das Betriebssystem angesprochen werden können, erfolgt über eine fortlaufende logische Sektornummer, die von 0 bis zur Maximalkapazität des Massenspeichers durchgezählt wird. Diese "nach oben" angebotene Abstraktion geschlossener Files und fortlaufender Sektoradressen übersetzt das Betriebssystem in Funktionsaufrufe des BIOS für den Umgang mit den physikalischen Datensektoren, die eine Angabe von Kopf-, Spur- und Zylinderadresse benötigen.

Das Betriebssystem abstrahiert die auf der BIOS-Ebene nötigen physikalischen Details des Massenspeichers auf den Umgang mit geschlossenen Dateien und fortlaufend numerierten Datensektoren.

4.1.3.2 Fragmentierung und Allocation Units

Welche Sektoren eines Massenspeichers bei der Neuanlage einer Datei für deren Dateninhalte tatsächlich benutzt werden, hängt vom augenblicklichen Zustand eines Massenspeichers ab. Die Inhalte von Dateien, die unmittelbar nach der Neuformatierung eines Laufwerkes abgespeichert werden, befinden sich selbstverständlich in aufeinanderfolgenden logischen Sektoren. Diese übersichtliche Anordnung von Dateiinhalten geht im Rahmen des Regelbetriebs einer Festplatte schnell verloren. Werden Dateien beispielsweise gelöscht, entsprechen die jetzt frei gewordenen Sektoren selten in ihrer Länge genau den Anforderungen einer später neu angelegten Datei. Das gleiche gilt für die Erweiterung oder Verkürzung von Dateien durch deren Modifikation, beispielsweise die Erweiterung oder Verkürzung von Texten eines Textverarbeitungssystems. Wird der Text vergrößert, befinden sich im Regelfall keine unmittelbar an die bereits existierende Datei anschließenden Sektoren, die zur Vergrößerung des Speicherinhalts benutzt werden könnten. Umgekehrt ergibt eine Verkürzung der Datei einige „verlorene" Sektoren, auf denen sich niemals eine geschlossene Datei unterbringen ließe. Die ungeordnete Verteilung der zu einzelnen Dateien gehörigen bzw. frei verfügbaren Sektoren bezeichnet man als Fragmentierung.

Das Modifizieren der Speicherinhalte führt zu einer Fragmentierung der Speicherstruktur, in deren Folge sich die Inhalte einer Datei nicht mehr in benachbarten Sektoren des Massenspeichers plazieren lassen.

Dieses Problem kann nur gemeistert werden, wenn die Reihenfolge der Datensegmente in einer Datei von der Abfolge der zu ihrer Speicherung vom Betriebssystem benutzten Sektoren unabhängig ist. Über eine Indextabelle, die die Adressen aller zu einer Datei gehörigen Datensektoren verzeichnet, können Sektoren an beliebiger Stelle des Massenspeichers in beliebiger Folge benutzt werden. Dies bezieht auch jene Sektoren ein, die das Betriebssystem im Rahmen des Löschvorganges als erneut verfügbar in eine spezielles Verzeichnis einträgt und damit zur Nutzung freigibt. Da eine zunehmende Fragmentierung aufgrund zusätzlich notwendiger Suchvorgänge den Datendurchsatz verschlechtert, kann die Anordnung der Dateien in aufeinander folgende Sektoren mit Hilfe spezieller Defragmentierungsprogramme weitgehend wiederhergestellt werden. Da ohne Indextabelle keine Datei mehr in der richtigen Reihenfolge zusammengesetzt werden kann, enthalten die meisten Festplatten mehrfache Kopien der Indextabellen, die im Anschluß an die Low-Level-Formatierung an fest vorgegebene Sektoren geschrieben werden.

Das Problem unzusammenhängender Sektoren löst eine Indextabelle, die zu jeder gespeicherten Datei eine Liste der benutzten Sektoren enthält.

Die Größe der Indextabelle und der Aufwand für ihre Verwaltung hängt von der Anzahl und der Größe der Sektoren ab. Da die Länge der Dateien nie einem ganzzahligen Vielfachen der Sektorengröße entspricht, bleibt ein mehr oder weniger großer Teil des letzten Datensektors einer Datei als "Überhang" brach liegen.

Wenige große Sektoren führen zwar zu kleinen Indextabellen, zugleich aber zu großen Überhängen. Dies läßt sich durch kleinere Sektoren verhindern, die aber einen vergrößerten Verwaltungsaufwand zur Folge haben. Als Kompromiß benutzen die meisten Betriebssysteme sogenannte Allocation Units, kurz AU, eine Zusammenfassung mehrerer Sektoren zu logischen Einheiten. Im Regelfall wird auf AU's zugegriffen, der Zugriff auf einzelne Sektoren wird jedoch ebenfalls unterstützt. Sektorgröße und Anzahl der in einer AU zusammengefaßten Sektoren variieren von Betriebssystem zu Betriebssystem.

4.1.3.3 Logische Formatierung, Partitionen und Bootsektoren

Indextabellen und Verzeichnisstrukturen, unterscheiden sich zwischen verschiedenen Betriebssystem ebenso, wie die Größe der AU´s und der Sektoren. Index und Wurzelverzeichnis als Ausgangspunkt des hierarchischen Verzeichnisbaumes schreibt das Betriebssystem im Anschluß an die Low Level Formatierung in die dabei generierten Sektoren, man spricht von logischer Formatierung des Datenträgers. Wie groß die angelegte Indextabelle ausfällt und wieviele Kopien davon vorhanden sind, die Größe der AU´s und die Sektorennummern, unter denen sich Indextabelle und Wurzelverzeichnis befinden, schreibt das Betriebssystem im Rahmen der logischen Formatierung in den ersten logischen Sektor des Massenspeichers, den Bootsektor. Die beim Einschalten des Computers automatisch ablaufenden Startroutinen des ROM-BIOS springen immer zuerst an die Adresse dieses Bootsektors und laden ein dort untergebrachtes Programm, mit dessen Hilfe anschließend die Betriebssystemdateien selbst vom Massenspeicher in das Memory kopiert werden können.

4

Die logische Formatierung legt Kopien der Indextabelle sowie ein Wurzelverzeichnis als Ausgangspunkt des Verzeichnisbaumes an. Der Bootsektor enthält Struktur und Sektornummern dieser Informationen und dient zum Laden des Betriebssystems.

Ein Betriebssystem ist ein Programm, das wie jedes andere Programm auf dem Prozessor des Systems abläuft. Es ist also möglich, den Prozessor mit verschiedenen vom Massenspeicher geladenen Betriebssystemen zu starten. Da jedes dieser zur Auswahl stehenden Betriebssysteme aber die ihm eigene Struktur für die Datenverwaltung auf dem Datenträger erfordert, kann der Massenspeicher nicht einheitlich logisch formatiert werden. Statt dessen unterteilt man die Festplatte in, aus der Sicht der einzelnen Betriebssysteme vollkommen unabhängige, virtuelle Laufwerke. Diesen Laufwerken werden feste Zylinder, also Spurbereiche, auf der Festplatte zugewiesen. Sie bilden sozusagen jeweils konzentrische Speicherringe innerhalb des Plattenstapels, die man als Partitionen bezeichnet. Hier erweist sich die Stärke des Konzepts, logische und physikalische Sektornummern getrennt zu behandeln. Während das BIOS den tatsächlichen physikalischen Speicherort eines jeden Sektors kennt, arbeitet das Betriebssystem mit fortlaufend numerierten logischen Sektoren. Der erste einem Betriebssystem zur Verfügung stehende logische Sektor muß nicht unbedingt auch der erste physikalische Sektor einer Festplatte sein, sondern kann sich auch am Beginn einer Partition im inneren Spurbereich befinden. Ob und wie viele Partitionen auf der Platte vorhanden sind und welcher physikalische Spurenbereich jeder einzelnen Partition zugewiesen wurde, ist in der Partitionstabelle verzeichnet, die sich an der Stelle des ersten physikalischen Sektors auf der Festplatte befindet. Sie enthält auch eine Aussage darüber, in welcher der Partitionen sich das beim Start des Computers zuerst zu ladende Betriebssystem befindet. Dies widerspricht dem oben beschriebenen Bootvorgang nicht, da nach Auswertung der Partitionstabelle die BIOS Routine jenen Bootsektor erreicht, der vom dort zuständigen Betriebssystem als der erste logische Sektor angesehen wird. Vielfach dienen Partitionen auch der logischen Unterteilung einer großen Festplatte in getrennte Segmente, die von einem gemeinsamen Betriebssystem wie getrennte Laufwerke verwaltet werden.

4

Partitionen sind konzentrische physikalische Spurbereiche einer Festplatte, die als logisch unabhängige Massenspeicher von verschiedenen Betriebssystemen individuell logisch formatiert werden können.

4.1.4 Realisation von Filesystemen

4.1.4.1 FAT/DOS

Das Standardbetriebssystem der ersten PC-Generation gelangte über die explosionsartige Verbreitung des Personal Computer in millionenfacher Auflage in den Computermarkt und gilt auch heute noch als eines der verbreitetsten Betriebssysteme. Auch wenn DOS (Disc Operating System) mit seinen eingeschränkten Möglichkeiten den Anforderungen des modernen Computermarkts nicht mehr gewachsen ist, eignet es sich doch als gutes Beispiel für die Realisation von Filesystemen.

Die Verbreitung von DOS ist eng an den Erfolg des PC gebunden. Heute kann DOS nur noch als Beispiel eines einfachen File- und Betriebssystems mit stark eingeschränkten Möglichkeiten dienen.

Wie in allen besprochenen Beispielen ist die Organisation von Files bei DOS baumartig in Form von Verzeichnissen und Unterverzeichnissen realisiert. Ausgangspunkt ist das Wurzel- oder Stammverzeichnis, das in unmittelbarem Anschluß an den Boot- und Partitionssektor und die Indextabelle am Anfang der Festplatte untergebracht ist. Jeder Stammverzeichniseintrag ist maximal 32 Byte lang und verweist entweder direkt auf eine Datei oder aber auf ein im Stammverzeichnis angelegtes Unterverzeichnis. Die Länge des Stammverzeichnisses selbst ist auf 32 Sektoren der Harddisc begrenzt, was einer maximalen Anzahl von 512 Stammverzeichniseinträgen entspricht. Schlimmstenfalls bedeutet dies, daß trotz freiem Platz auf dem Massenspeicher keine weiteren Files angelegt werden können, weil für die zu ihrer Verwaltung notwendigen Namen kein Platz im begrenzten Stammverzeichnis mehr besteht. Dateinamen sind unter DOS Einträge in ein Verzeichnis mit einer Länge von maximal 11 Zeichen. Die letzten 3 Zeichen dienen als sogenannte Extension oder Erweiterung, die den Dateityp, wie Textverarbeitung oder Tabellenkalkulation kenntlich machen soll. Neben dem Namen und der Extension enthält jeder Verzeichniseintrag einige einfache Attribute, wie Uhrzeit und Datum der Dateierstellung, Länge der Datei und einen Verweis auf die erste AU (auch Cluster) der betroffenen Datei. Ein Verzeichniseintrag, der auf eine Datei oder ein anderes untergeordnetes Verzeichnis verweist, enthält die Startadresse des ersten Sektors, in dem sich diese Datei oder dieses Verzeichnis befindet. Um den Ausgangspunkt eines jeden augenblicklich gewählten Arbeitsverzeichnisses und das übergeordnete Verzeichnis leicht anspringen zu können, enthält jedes Verzeichnis zu Beginn seine eigene Startadresse sowie die Startadresse des übergeordneten Verzeichnisses.

4

Verzeichniseinträge unter DOS sind 32 Byte lang und enthalten neben dem Namen einer eingetragenen Datei- bzw. eines eingetragenen Unterverzeichnisses dessen erste Sektoradresse.

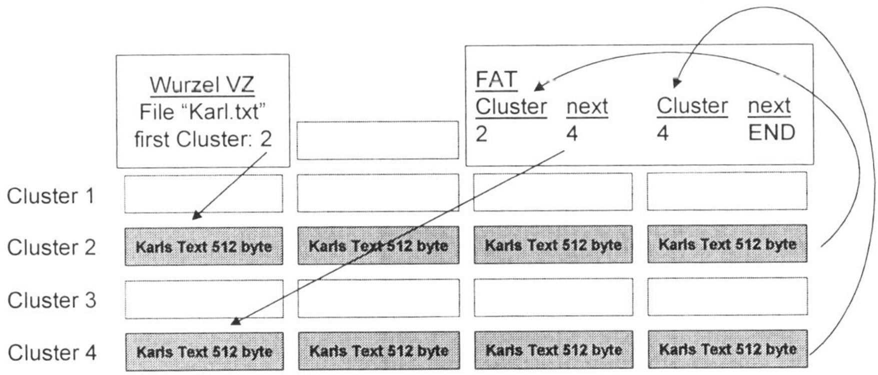

Abbildung 4.5 FAT und Dateiverwaltung unter DOS

Da jeder Verzeichniseintrag nur auf die Startadresse der betroffenen Datei bzw. des betroffenen Unterverzeichnisses verweist, muß die Auswahl der für einen Dateieintrag verwendeten logischen und physikalischen Sektoren über eine getrennte Indextabelle vorgenommen werden. Sie wird FAT oder File Allocation Table genannt. Filemanipulationen auf Betriebssystemebene beziehen sich unter DOS auf Allocation Units, die als Cluster bezeichnet werden und vier Sektoren, also 2.048 Byte groß sind. Für jeden dieser Cluster gibt es im File Allocation Table einen eigenen Eintrag. Dieser Eintrag enthält die Startadresse des nächsten

Clusters, der mit Daten der betroffenen Datei belegt ist. Dieses Verfahren ist in Abbildung 4.5 für eine im Stammverzeichnis eingetragene Datei von etwa 4 kByte Länge dargestellt. Stellt ein Cluster den letzten in einer Datei benötigten Cluster dar, enthält er eine spezielle „Ende“-Marke. Auf diese Art und Weise werden die zu einer Datei gehörigen Sektoren in einer sequentiellen Kette nach folgendem Muster adressiert: Der Pfadname spezifiziert ausgehend vom Wurzelverzeichnis den Weg durch die hierarchische Baumstruktur bis zum eigentlichen Dateieintrag. Ist auf diese Art der Verzeichniseintrag gefunden, der direkt auf den ersten Cluster der Datei verweist, wird dieser gelesen und im Anschluß daran der Eintrag des File Allocation Table für den ersten Cluster ausgewertet, der auf den zweiten logisch zur Datei gehörigen Cluster verweist und so weiter.

🖫 Die gesamte Abfolge der zu einer Datei gehörenden Sektoren wird über den File Allocation Table oder FAT verwaltet, der für jeden Cluster die Adresse des logisch folgenden nächsten Clusters enthält. Die Datei wird also durch eine Kette solcher Folgeverweise zusammengestellt.

4.1.4.2 UNIX

UNIX hat als Betriebssystem eine lange und variantenreiche Geschichte und stellt heute die wichtigste Betriebssystemplattform für Großrechnersysteme und leistungsfähige Workstations dar. Ausgehend von einem gemeinsamen Grundrahmen existiert eine große Anzahl unterschiedlicher Unix - Derivate. Jeder der größeren Computerhersteller verfügt über einen eigenen Ableger des Betriebssystems. Als Standardreferenz dient dabei oft das sogenannte Berkeley-Unix, auf das sich alle Angaben im Folgenden beziehen sollen.

🖫 UNIX ist die bedeutendste Plattform für Großrechensysteme und Workstations und gilt aufgrund seiner Verbreitung in einer Vielfalt von Derivaten als Standard der professionellen Informationstechnik.

UNIX ist ein Betriebssystem, das von vornherein auf die Verwaltung von Computernetzwerken ausgelegt wurde. Viele der mit UNIX erstmals angebotenen Funktionalitäten werden bei der Besprechung von Computernetzen in den Kapiteln 7, 8 und 9 behandelt. Die Verwaltung einer großen Anzahl von Benutzern in einer Verzeichnisstruktur erfordert die klare Vergabe von Zugangsrechten für jede Datei. Die von Unix abgespeicherten Dateiattribute erlauben die Festlegung einzelner Benutzer oder die Definition von Benutzergruppen, denen für jede Datei getrennte Rechte zugewiesen werden können. Die zur Verwaltung von Dateien und Verzeichnissen erlaubten Namen sind bis zu 255 Zeichen lang. Ausgehend von einem Wurzelverzeichnis in der ebenfalls baumförmig strukturierten Verzeichnishierarchie erhält jeder Benutzer des Systems ein eigenes Verzeichnis.

Anders ausgedrückt kann jedes Benutzerverzeichnis als Ausgangspunkt einer darunterliegenden Hierarchie von persönlichen Unterverzeichnissen bezeichnet werden. UNIX erlaubt es, eine einmal auf dem Massenspeicher physikalisch vorhandene Datei in mehrere Verzeichnisse parallel einzutragen, was als Linking bezeichnet wird.

Aus Sicht der Benutzer erhält jeder ein eigenes Wurzelverzeichnis für seine Dateien. Verzeichniseinträge dürfen bis zu 255 Zeichen lang sein, die Verwaltungsdaten unterstützen die Vergabe von Zugriffsrechten auf jede Datei bzw. jedes Verzeichnis.

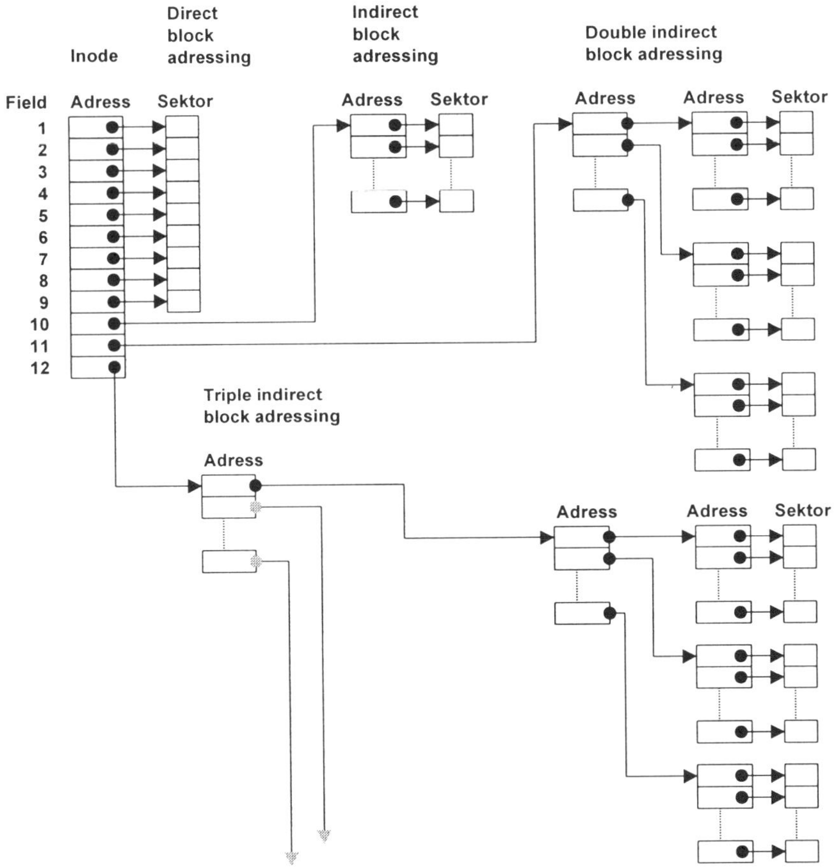

Abbildung 4.6 INODES und Sektorverwaltung unter UNIX

Jeder Verzeichniseintrag kann entweder auf ein weiteres untergeordnetes Verzeichnis oder aber direkt auf eine Datei hinweisen. Die Struktur der zu einer Datei oder einem Verzeichnis gehörenden physikalischen Sektoren wird für jeden Eintrag in einem eigenen Verwaltungsblock abgespeichert, den man als INODE bezeichnet. Jeder Verzeichniseintrag verweist also nicht direkt auf die Sektoradresse der betreffenden Datei oder des Unterverzeichnisses, sondern auf den dieser Datei oder diesem Verzeichnis zugewiesenen INODE. Der INODE enthält alle Attributinformationen der betroffenen Datei sowie einen sogenannten Blocklocator. Dieser Blocklocator besteht aus 13 Adreßeinträgen, die entweder direkt oder über zwischengeschaltete Hierarchieebenen alle Adressen der logisch zu einer Datei gehörigen Sektoren enthalten. In den meisten Fällen sind 9 Sektoren für die unter Unix typischerweise vorkommenden Dateilängen ausreichend. Die Adressfelder 10, 11 und 12 der INODES erlauben bei umfangreicheren Dateien das Auflisten von Adressen indirekt über eine, zwei oder drei zwischengeschaltete Indextabellen. Damit können beliebig große Dateien unter UNIX sauber angesprochen werden. Dieses Verfahren ist in Abbildung 4.6 verdeutlicht. Besonders effizient arbeitet UNIX bei kleineren Dateien, die direkt über die ersten neun Einträge des INODES adressiert werden können.

Die Zusatzdaten zu jeder Datei und jedem Verzeichnis sind in einem individuellen Verwaltungsblock pro Datei, dem sogenannten INODE, enthalten, der als Indextabelle direkt oder indirekt auch die Adressen aller zu einer Datei gehörenden Sektoren enthält.

4.1.4.3 HPFS (OS/2-Filesystem)

Wie DOS und Unix arbeitet auch das OS/2-Dateisystem HPFS (High Performance Filesystem) mit einer Baumstruktur von Verzeichnissen und Unterverzeichnissen. Wesentliches Ziel von HPFS ist, die zur Verwaltung einer Festplattensektion erforderlichen Daten sowie die Attributeinträge der Dateien und Verzeichnisse möglichst nah an den tatsächlichen betroffenen physikalischen Sektoren anzusiedeln. Auch die Struktur der Verzeichniseinträge ist auf die Optimierung der Zugriffszeit ausgerichtet. Ähnlich wie bei Unix erfolgt die Adressierung der zu einer Datei oder zu einem Verzeichnis gehörigen Sektoren indirekt, man spricht hier von sogenannten FNODE`s. Ein FNODE enthält maximal 8 Adreßeinträge, die aber nicht auf einzelne physikalische Sektoren, sondern auf sogenannte Sektorblöcke hinweisen, die durch Angabe der ersten Adresse und der Anzahl aufeinander folgender Sektoren definiert sind. Für Dateien, die tatsächlich in einer Sequenz aufeinanderfolgender Sektoren abgelegt werden können, gibt es also nur einen einzigen Blockeintrag im FNODE.

HPFS verwaltet keine einzelnen Sektoren, sondern Sektorblöcke, für die nur der erste Block und die Zahl der aufeinanderfolgenden Sektoren angegeben wird. Dies favorisiert den schnellen Zugriff auf zusammenhängende Dateien.

Falls 8 Blockeinträge nicht ausreichen, erlaubt HPFS das Einfügen unbegrenzt vieler indirekter Zwischentabellen für die Verwaltung von Blockadressen. Verzeichnisse besitzen unter HPFS die feste Länge von 2 Kilobyte. Je nachdem, wie umfangreich die Benennung der Dateien (maximal 254 Zeichen) vom Benutzer tatsächlich ausgeführt wird, kann ein derartiges Verzeichnis unterschiedlich viele Einträge enthalten. Übersteigt die Anzahl der Einträge in einem Verzeichnis die feste Größe des FNODE in Höhe von 2 Kilobyte, wird der FNODE um eine Hierarchieebene erweitert. Diese Hierarchieebene wird aber nicht zufällig angelegt sondern nach Maßgabe einer alphabetischen Sortierung der einzelnen Verzeichniseinträge. Der FNODE eines umfangreichen Verzeichnisses könnte beispielsweise auf 10 Erweiterungen verweisen, von denen jeder einen unterschiedlichen Ausschnitt des Alphabets der im Verzeichnis eingetragenen Dateinamen und Unterverzeichnisnamen verwaltet. Diese Struktur, die an den Aufbau von Indextabellen in Datenbanken erinnert, erlaubt einen extrem schnellen Zugriff auch in weitverzweigten Hierarchiestrukturen des Filesystems.

Umfangreiche Verzeichnisse verwaltet HPFS über einen alphabetischen Baum für die enthaltenen Einträge.

4

4.1.4.4 Verteilte Filesysteme

Als Folge der zunehmend favorisierten Struktur vernetzter Systeme befinden sich die vom Dateisystem verwalteten Einträge nicht mehr unter der lokalen Kontrolle eines einzelnen Rechners auf einem lokalen Massenspeicher. Moderne Betriebssysteme, beispielsweise Windows NT oder die Erweiterung des UNIX von Sun Microsystems enthalten Funktionen, wie das Network Filing System oder NFS, mit denen sich auch verteilte Dateisysteme realisieren lassen. Mittels NFS ist es möglich, entsprechende Zugriffsrechte vorausgesetzt, Dateien, die sich auf dem Massenspeicher eines „fremden" Computers im Netz befinden, ebenso zu behandeln wie Dateien des lokalen Massenspeichers. Die Probleme, die beim Zugriff vieler Benutzer in einem vernetzten System auf gemeinsam eingesetzte Dateien entstehen, werden in Zusammenhang mit den Anwendungsstrukturen von Netzsystemen im Kapitel 9 genauer untersucht.

Der Aufbau verteilter und vernetzter Rechnersysteme erfordert Dateisysteme für den Umgang mit verteilten Daten.

4.1.5 Schnittstellen zum Massenspeicher

4.1.5.1 Controller und Hostadapter

Die von den BIOS-Routinen angesprochenen Register eines peripheren Systems müssen sich in unmittelbarer Nähe des physikalischen Bussystems selbst befinden. Demgegenüber ist es günstig, wenn die zur Steuerung der Köpfe und Adressierung der einzelnen Sektoren vorgesehene Elektronik ("Controller") einer Festplatte in unmittelbarer Nähe des physikalischen Datenträgers als Bestandteil der Festplatte oder Floppydisc integriert ist. Die erste Generation von Festplatten plaziert den Controller komplett auf einer Bussteckkarte oder auf einem integrierten Baustein in unmittelbarer Nähe des Systembusses und übermittelt alle Daten und Steuersignale über ein Verbindungskabel an die Platten-/Kopfeinheit. Dies führt mit wachsender Geschwindigkeit der Zugriffe bei schnellen Laufwerken zu einem unvertretbar langsamen Kommunikationsweg zwischen Elektronik und Mechanik. Darüber hinaus ist ein solches System unflexibel, da die Festplattenhersteller unabhängig voneinander den jeweils nur für ihre Festplatte geeigneten Controller anbieten. Moderne Festplatten kommunizieren mit dem Bus über einen sogenannten Hostadapter, der die mit dem Bus über die Register ausgetauschten Daten aufnimmt und sie an den direkt an der Festplattenmechanik angebrachten Controller übermittelt. Derartige Hostadapter folgen meist einer standardisierten Schnittstellendefinition, so daß unterschiedliche Festplatten- oder Massenspeicherhersteller unabhängig von ihrer internen Systemlösung ihre Produkte über einen gemeinsamen Hostadapter im System betreiben können. Als beispielhafter Vertreter für eine solche Hostadapterstruktur soll im folgenden das Small Computer Systems Interface, abgekürzt SCSI, ausgesprochen "Skassi", besprochen werden.

Die lokal in Nähe der Festplatte angebrachte Steuerelektronik, der sogenannte Controller, wird heute über herstellerunabhängige Schnittstellen zum Bus, die sogenannten Host - Adapter, angesprochen. SCSI ist ein Beispiel für eine derartige Schnittstelle.

4.1.5.2 SCSI

SCSI bildet einen eigenen lokalen Bus für bis zu acht Geräte. Die interne Abwicklung des Datenverkehrs auf dem SCSI-Bus unterscheidet sich deutlich von jener auf dem normalen Systembus. Sie ist mit Hinblick auf die Erfordernisse von Massenspeichersystemen optimiert worden. Die Übertragung von Daten zwischen zwei am SCSI-Bus angeschlossenen Einheiten erfolgt auf Anfrage des sogenannten Initiators, der sein Gegenstück, das sogenannte Target, um die Übermittlung von Daten bittet. Das Target bestätigt den Übermittlungswunsch und baut zwischen Initiator und Target eine logische Verbindung auf, die solange aufrechterhalten wird, bis der komplette Datenaustausch zwischen den beiden Einheiten stattgefunden hat. Anschließend übernimmt das Target die Kontrolle des SCSI-Busses. Auf diese Art und Weise kann das komplette Übertragungssystem von den Bedürfnissen des Massenspeichers gesteuert werden, der die Daten für die Übertragung liefert. Sowohl der Prozessor des Computers als auch der Auslöser des Datentransfers, also der Initiator, müssen sich um die Detailbelange der Datenbeschaffung im Inneren des jeweiligen Massenspeichertargets nicht kümmern.

Ist das Targetsystem mit inneren Verwaltungsaufgaben beschäftigt, wird der SCSI-Bus für die Benutzung durch andere Einheiten freigegeben. Für die Verwaltung der logischen Übertragungsverbindung nötige Daten bleiben bei Initiator und Target aber erhalten. Die Datenübermittlung kann kurzfristig wieder aufgenommen werden, wenn das Target seine Verwaltungsaufgaben beendet hat. Zwar ist im Regelfall der auf dem Systembus des Computers sitzende SCSI-Hostadapter der Initiator für eine Datenübertragung, der SCSI-Standard erlaubt aber auch den Austausch von Daten zwischen zwei am SCSI-Bus angeschlossenen Massenspeicherlaufwerken ohne weitere Kontrolle durch den Hostadapter. Zudem ist es denkbar, zwei Hostadapter als SCSI-Elemente in den Bus einzubinden, was theoretisch die gemeinsame Nutzung eines SCSI-Massenspeichersystems durch zwei getrennte Computer ermöglicht.

SCSI erlaubt den Betrieb von bis zu 8 Einheiten über einen eigenen Bus, auf dem ein einmal initiierter Datenverkehr eigenständig unter Kontrolle der Datenlieferanten abgewickelt wird. Eine dieser Einheiten ist der Hostadapter selbst.

Die physikalische Verbindung zwischen SCSI-Einheiten erfolgt durch sogenanntes "Daisychaining", dem einfachen Anklemmen von Einheiten an einen gemeinsamen Kabelstrang. Bei im Computer intern eingebauten Systemen erfolgt dies in Form eines Flachbandkabels, auf das in regelmäßigen Abständen sogenannte Pfostensteckverbinder aufgepreßt sind. Externe SCSI-Devices verfügen über getrennte In- und Through-Stecker, die entweder die Verbindung vom vorhergehenden Device aufnehmen oder die Verbindung zum nächstfolgenden Device in der Buskette ermöglichen. Die ursprüngliche Spezifikation (SCSI 1 aus dem Jahre 1986) definiert einen 8 Bit breiten Datenbus mit einer maximalen Transferrate von 5 Megabyte pro Sekunde. Das verwendete Kabel hatte 50 Pole, die maximale Kabellänge betrug 6 Meter. Seit 1994 ist der Nachfolgestandard SCSI 2, der bereits vorher als de-facto Standard weitverbreitet war, auch offiziell bestätigt worden. SCSI 2 bietet gegenüber SCSI 1 eine Reihe von zusätzlichen Optionen. Zum einen kann der Bus wahlweise in Standardbreite von 8 Bit oder als Wide SCSI mit 16 Bit bzw. Ultra Wide SCSI mit 32 Bit Breite ausgeführt werden. Die Anzahl der pro Sekunde möglichen Datentransfers wurde von 5 Millionen Transfers auf 10 Millionen Übertragungen erhöht. Je nach Breite des Busses ergibt sich damit eine Datenrate von 10, 20 oder 40 Megabyte pro Sekunde. Zum augenblicklichen Zeitpunkt befindet sich der SCSI 3 Standard in der Diskussion, der im wesentlichen auf die Trennung der logischen Verwaltungsfunktionen des SCSI-Busses von der physikalischen Realisation zielt. Damit soll der Betrieb von SCSI-Einheiten auf der Basis des SCSI-Protokolls über unterschiedliche physikalische Schnittstellen ermöglicht werden. Dies trägt der Tatsache Rechnung, daß in Zukunft verstärkt mit einheitlichen Hochgeschwindigkeitsschnittstellen zu rechnen ist, die nicht nur an der Massenspeicherverwaltung sondern auch am Datenaustausch über externe Netzverbindungen orientiert sind. Beispiele für solche Entwicklungen sind der sogenannte Fibre - Channel (siehe Abschnitt 4.3.3.2) oder das serielle System nach IEEE 1394, auch Firewire genannt (siehe Abschnitt 11.2.2.5).

Die Kombination eines 8 bzw. 16 (wide SCSI) oder 32 Bit (ultra wide SCSI) breiten Bus erlaubt bei Taktraten von 5 oder 10 MHz (fast SCSI) theoretische Datenraten zwischen 5 und 40 MByte pro Sekunde.

4.2 Memory Management und Task Management

4.2.1 Das gesamte Betriebssystem (OS)

4.2.1.1 Betriebssystemaufgaben: Single-Task - Betrieb

Bei allen bisherigen Betrachtungen galt: Anwendungsprogramme werden auf dem Permanentspeicher vorgehalten und einzeln ins Memory geladen. Zu jedem Zeitpunkt werden CPU und Memory also nur von einem einzigen Anwendungsprogramm belegt. Das Betriebssystem, kurz OS, isoliert nach diesem Modell die einzelnen Anwendungen von den Einzelheiten der Hardware. Sie liefert mächtige Funktionen für die einfache Handhabung von I/O - Devices, unter anderem zur Verwaltung von Massenspeichern durch das Filesystem. Über eine Benutzerschnittstelle in Form eines eigenen Programms erhält der Nutzer direkten Zugriff auf Betriebssystemfunktionen, beispielsweise um Programme auf den Datenträger kopieren und von dort aus starten, also zur Ausführung in das RAM übertragen zu können. Über modulare Erweiterungen, Treiber genannt, läßt sich das OS an die Gegebenheiten einzelner Gerätetypen anpassen, die Details der physikalischen Hardwarekonfiguration bleiben unter der Ebene des BIOS verborgen, das sich ebenfalls gerätespezifisch erweitern läßt.

Bei Single Tasking verwaltet das Betriebssystem die Massenspeicher, erlaubt die Auswahl bzw. das Laden und Starten eines einzelnen Programmes und unterstützt dieses Programm beim Umgang mit der Hardware des Computers.

4.2.1.2 Erweiterung im Multitaskingbetrieb

Solange das System zu jedem Zeitpunkt nur von einem Programm belegt wird, bleibt die Zuweisung von Memory und Arbeitsleistung der CPU während des Programmablaufs statisch. Das OS lädt das Programm und startet es. Das Programm übernimmt die Kontrolle, ruft ab und zu Routinen des OS als Hilfestellung auf und gibt bei Programmende die Kontrolle an das OS zurück. Demgegenüber steht "Multitasking" für den Ablauf mehrerer Programme, die sich zur gleichen Zeit im Speicher befinden und Rechenzeit der CPU zu ihrer Abwicklung erfordern. Schon beim Filesystem wurde klar: Das Teilen einer gemeinsamen Ressource erfordert deren Verwaltung durch eine zentrale Instanz. Der Ansatz der Speicherverwaltung muß demnach für Multitasking vom Filessystem des Massenspeichers auf das Management von RAM und CPU erweitert werden. Das OS übernimmt diese Aufgabe durch eine zentrale Kontrolle aller im System laufenden Prozesse (Process Management), die Zuweisung von Speichersegmenten an jeden dieser Prozesse und deren gegenseitigen Schutz voreinander (Protection).

Bei Multitasking schützt das Betriebssystem alle laufenden Prozesse voreinander und weist jedem einzeln Rechenzeit und Speicherbereiche als gemeinsame Ressource zu.

Da ohne das OS kein Prozeß in Gang kommen kann, steht der Kern des OS , der sogenannte "Kernel", ständig im Zentrum des Geschehens. Seine Ablaufgeschwindigkeit ist von zentraler Bedeutung für die Performance des gesamten Systems. Die Rechenleistung einer CPU führt daher, je nach Effizienz des verwendeten Betriebssystems, zu unterschiedlich schnellen Prozeßabläufen. In Großrechnersystemen wird der Kernel daher sogar teils in Form von Microcode direkt in die CPU geschrieben (IBM VM).

4

4.2.2 Process Management

4.2.2.1 Was ist ein Prozeß ?

"Prozeß" wird als Ablauf eines Programms auf der CPU definiert. Jeder Prozeß benötigt einen eigenen und geschützten Speicherbereich für Befehle und Daten, einen vollständigen Satz an privaten Verwaltungsvariablen, wie Programmzähler, Stack etc., sowie einen Teil der Rechenzeit der CPU. Die für parallel laufende Prozesse verfügbare Rechenleistung hängt stark von der Konfiguration des Systems ab. Wahre Parallelität bedeutet, daß unabhängige Prozesse zeitgleich auf getrennten Prozessoren laufen. Dies steht im Gegensatz zur quasi - parallelen Abwicklung von Programmen durch Unterteilung der auf einer einzigen CPU verfügbaren Rechenleistung in Zeitschlitze. Eine Mischung aus beiden Konzepten liegt dann vor, wenn die auf mehreren Prozessoren verfügbare Leistung als Gesamtheit von der CPU auf alle aktiven Prozesse verteilt wird (Multiprocessing).

Steht nur ein einziger Prozessor zur Verfügung, entsteht “Parallelität” durch Unterteilung seiner Gesamtleistung in Zeitschlitze für die Abarbeitung einzelner Programme.

4.2.2.2 Prozeßverwaltung durch das OS

Jeder Prozeß befindet sich zu jedem Zeitpunkt in einem der Zustände "running", "blocked" oder "ready". “Running” weist auf eine laufende Abarbeitung des Prozesses an seiner gegenwärtigen Befehlsadresse durch die CPU hin, “Ready” bezeichnet einen zur Ausführung vorbereiteten Prozeß, der auf Rechenleistung wartet, “Blocked” schließlich steht für bewußt vom System geparkte Vorgänge, die auf ihre Reaktivierung warten. “Blocked Processes” warten beispielsweise auf die Beendigung eines I/O Vorgangs, der für ihre Weiterführung nötig ist. Ähnlich wie im Fall der Dateiverwaltung liefert das OS eine Reihe von Funktionen für den Umgang mit Prozessen. Sie umfassen das Erzeugung und Beenden eines Prozesses sowie die Veränderung seines Zustands. Wird einem Prozeß das Anlegen von Tochterprozessen gestattet, ergibt sich eine Hierarchie von Prozessen in Form eines Prozeßbaumes. Das OS verwaltet eine Reihe von Attributen, die den Namen, den Zustand des Prozesses, dessen Zugehörigkeit zu übergeordneten Prozessen und eine Aussage über seine Priorität im Vergleich zu anderen Prozessen enthalten. Diese Parameter stehen im PCB oder Process Control Block, der sich im Speicher oder bei schnellen System sogar als besonderes Register im Prozessor befindet.

Das Betriebssystem bietet Funktionen für das Aktivieren und Beenden eines Prozesses. Jeder aktive Prozeß befindet sich in einem der Zustände “Running”, “Ready” oder “Blocked”.

4.2.2.3 Asynchrone Prozesse und Parallelverarbeitung

Zwischen der gleichzeitigen oder quasi - parallelen Abarbeitung unabhängiger Programme und der parallelen Abarbeitung der Befehle eines einzelnen Programmes besteht eine Reihe weitreichender Unterschiede: Alle für ein einzelnes Programm denkbaren Aufgaben sind in geeigneter Reihenfolge sequentiell, viele Aufgaben jedoch niemals parallel zu Realisieren. Die Berechnung der Mehrwertsteuer für einen Verkaufspreis ist nicht zeitgleich mit der Ermittlung des Einkaufspreises möglich, da das erste Resultat vom zweiten abhängt. Umgekehrt kann die Berechnung neuer Einkaufspreise aufgrund eines geänderten Wechselkurses für alle Artikel parallel abgearbeitet werden. Die Berücksichtigung einer parallelen Abarbeitung bei der Programmerstellung ermöglicht das OS durch Befehle zur Aufteilung der Prozeßabwicklung in parallele Teilprozesse, sogenannte "Threads". Threads sind nur für Teilbereiche der Programmsequenz geeignet und arbeiten oft an einem gemeinsamen Datenspeicherbereich. Das OS synchronisiert diese "asynchronen konkurrierenden" Prozesse regelmäßig und stimmt ihre Ergebnisse aufeinander ab.

Die parallele Abwicklung getrennter Programme und die parallele Abarbeitung der Befehlskette eines einzelnen Programmes sind unterschiedlich komplex, da unabhängige Aufgaben gut, voneinander abhängige nur schlecht zeitgleich erledigt werden können.

4.2.2.4 Processor Scheduling

Die Zuweisung von realer Rechenzeit auf der CPU an Prozesse erfolgt gemäß Abbildung 4.7 auf drei Ebenen. Zuerst wird entschieden, welche Prozesse überhaupt aktiviert, also vom Massenspeicher geladen und zur Abarbeitung vorbereitet werden sollen. Derartig vorbereitete Prozesse befinden sich im Zustand "Suspended & Ready", also "Ready" aber noch nicht an den Prozessor übergeben. Durch einen vom Betriebssystem ausgelösten Übergang in den Zustand "Ready" gelangen sie in die Liste der aktiven Prozesse, die tatsächlich in regelmäßigen Abständen von der CPU bearbeitet werden ("Running") aber als Ergebnis eines I/O Aufrufs zwischenzeitlich dessen Vollendung und die Programmfortführung abwarten ("Blocked"). Wird der Prozessor zu stark belastet, so entfernt das OS einzelne Prozesse durch Überführen von Prozessen im Zustand "Blocked" oder "Ready" in die Zustände "Suspended & Blocked" oder "Suspended & Ready", wo sie nicht mehr an der Verteilung der Rechenzeit teilnehmen.

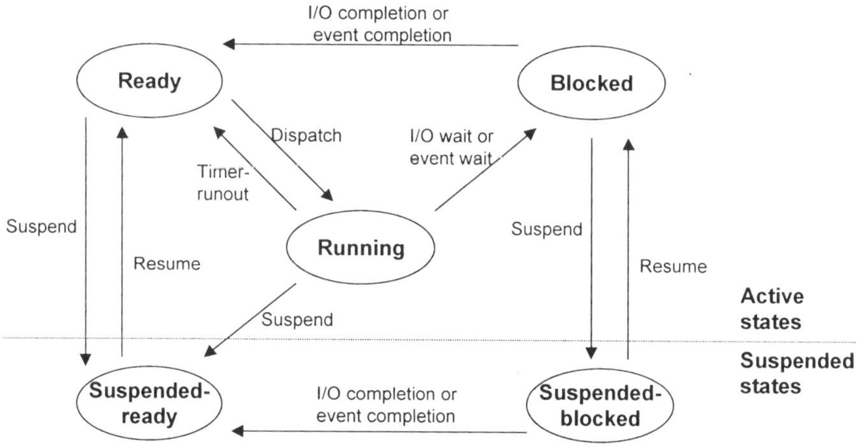

Abbildung 4.7 Prozesszustände

Der sogenannte Dispatcher des Betriebssystems sorgt für die faire Verteilung der Rechenleistung unter den aktiven Prozessen und weist ihnen eine der drei aktiven Prozesszustände zu. Unterschiedliche Faktoren bestimmen diese Zuweisung, beispielsweise die Priorität des Prozesses, die insgesamt von diesem Prozeß bereits benutzte Rechenzeit, die Frage, wie nahe sich ein Prozeß bereits am Ende seiner Ausführungskette befindet und ob wichtige Ressourcen des Systems durch ihn blockiert sind oder nicht. Je komplizierter die Menge der berücksichtigen Faktoren wird, desto unvorhersehbarer wird das im Einzelfall bei der Prozeßabwicklung auftretende Zeitverhalten des Systems. Erlaubt man die Kontrolle der CPU durch das OS auch gegen den Widerstand des betroffenen Prozesses, spricht man von präemptivem Multitasking. Im Falle des non-präemptiven Multitasking bleibt es den Prozessen selbst überlassen, die Kontrolle über die CPU zu einem von ihnen selbst bestimmten Zeitpunkt an den Dispatcher zurückzugeben, was natürlich mit der Gefahr der Blockade des gesamten Systems durch ein fehlerhaftes Programm verbunden ist.

4.2.3 Segmentation

4.2.3.1 Mehrdimensionaler Adreßraum

Der Adreßraum der CPU erstreckt sich von der kleinsten bis zur größten durch die Anzahl der Adreßleitungen darstellbaren Adresse. In diesem Adreßraum befinden sich logisch zusammengehörige Blöcke von Speicherinhalten, wie Programme, Daten, Stacks, Interruptvektoren und Interruptroutinen. Liegen sie unmittelbar hintereinander im Speicher, kann keines dieser Segmente erweitert oder verkürzt werden, ohne mit anderen Inhalten in Konflikt zu kommen oder ungenutzte Adreßbereiche zu hinterlassen. Die Verwaltung des Memory beim Laden neuer oder entfernen alter Speicherinhalte führt also zur Fragmentierung. Sollen logisch zusammengehörige Datenbereiche in jeweils einem zusammenhängenden Speicherbereich untergebracht werden, was die vom RAM geforderten kurzen Zugriffszeiten erzwingen, so führt nur die Verschiebung dieser geschlossenen Datenbereiche zur Defragmentierung oder "Compaction" des Speichers. Verschiebungen verändern aber aus Sicht der CPU die Adressen aller in diesen Blöcken enthaltenen Daten. Als Folge entsteht ein aufwendiger Verwaltungsmechanismus für die Umrechnung von im Programm enthaltenen logischen Adressen auf deren augenblicklichen physikalischen Aufenthaltsort irgendwo im Speicher.

🖫 Das Verändern der Speicherbelegung im RAM durch wechselnde Daten und Programme führt, wie beim Massenspeicher, zur Fragmentierung. Die Verwaltung des Memory bei mehreren parallelen Prozessen erfordert demnach auch hier die Trennung der logischen und physikalischen Adressen.

4.2.3.2 Segmentation

Es liegt nahe, die Verwaltung von Speicher und CPU als gemeinsam genutzte Ressource zusammen mit der Abbildung des logischen Adreßbereiches auf den physikalischen zu lösen. Diesen Zweck erfüllt die Segmentation des Speichers in enger Zusammenarbeit zwischen Prozessor und Betriebssystem. Aus der logischen Sicht der im Prozessor ablaufenden Befehlsfolgen besteht der Speicher dabei nicht mehr länger aus einem linearen, sondern aus einer Vielzahl voneinander unabhängiger linearer Adreßräume, den sogenannten Segmenten. Stack, Programmbefehle und alle weiteren zu jedem der laufenden Prozesse gehörigen Datenstrukturen belegen jeweils ein eigenes Segment, das aus ihrer Sicht mit der logischen Adresse 0 beginnt und sich bei Bedarf bis zur maximal durch die CPU darstellbaren Adresse erstreckt. Jeder Adreßvorgang benötigt die Auswahl des gewünschten Segments und die Angabe der logischen Datenadresse innerhalb des Segments, die auch als Offset bezeichnet wird. Dies erfordert einen entsprechend ausgerüsteten Prozessor, der getrennte Register für Segment und Offset und entsprechende Befehle im Befehlssatz für ihre Verwaltung anbietet. Die Verwaltung der Segmente selbst obliegt dem Betriebssystem.

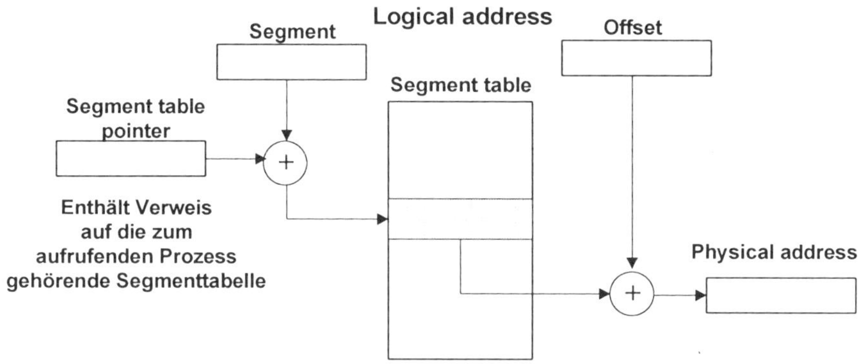

Abbildung 4.8 Umrechnung logischer in physikalische Speicheradressen

Durch Segmentation weist das Betriebssystem jedem Prozeß einen eigenen logischen Adreßraum zu. Die Umrechnung der logischen Adressen auf reale Speicheradressen im RAM erfordert eine dafür ausgerüstete CPU.

Das Betriebssystem erzeugt für jeden aktiven Prozeß eine Segmenttabelle, in der die tatsächlichen physikalischen Startadressen und die Größe aller von diesem Prozeß genutzter Segmente verzeichnet sind. Die Startadresse der Segmenttabelle eines jeden Prozesses selbst ist wiederum in einem getrennten Index, der Segmentzeigertabelle oder dem Segment Pointer Table, eingetragen. Die Umrechnung einer logischen, durch Segmentwahl und Offset bestimmten Adresse in ihr physikalisches Gegenstück erfolgt, wie in der Abbildung 4.8 gezeigt. Zur logischen Segmentnummer wird der in der Segmentzeigertabelle enthaltene Zeiger auf die Startadresse der zugehörigen Segmenttabelle addiert. Dort befindet sich die reale Startadresse des benötigten Segments, zu der letztlich noch der Offset summiert wird, um die vollständige Adresse zu erhalten.

4.2.3.3 Paging

Selbst der größte theoretisch mögliche Adreßraum einer CPU ist von geringem Nutzen, wenn die Größe des real installierten RAM nicht zur Aufnahme der zur Programmabwicklung nötigen Files oder Segmente ausreicht. Von genau jener Voraussetzung geht man aber aus, wenn das Betriebssystem nur solche Dateien ausführen kann, die geschlossenen in den Arbeitsspeicher passen. Spätestens das Konzept der Segmentierung, das viele logische Adreßräume von der jeweils maximalen Größe des physikalischen Adreßraumes erlaubt, führt direkt zur Frage, wie mit Adreßräumen umzugehen ist, die größer sind als das vorhandene Memory eines Computers. Dieses Problem ist seit den Gründertagen der Rechnertechnik bekannt, als der Umfang der Programme schnell die Grenze des machbaren und bezahlbaren RAM überstieg. Die Lösung bestand aus einer während der Programmerstellung erzeugten Tabelle (Overlay - Tabelle) mit genauen Angaben darüber, welche Teilsegemente der Daten und Befehle an welcher Stelle der Programmausführung benötigt werden, um diese gemäß Fortschritt und Ablaufweg der Programmabwicklung in das RAM zu transferieren. Nicht zuletzt die aufgrund vieler Programmverzweigungen große Anzahl möglicher Ablaufwege führte zu Overlaystrukturen, die ähnlich komplex ausfielen, wie das Programm selbst.

4

Paging behandelt das Problem, wie mit von Programmen genutzten Adreßräumen umzugehen ist, die größer sind als das installierte Memory des betroffenen Computers.

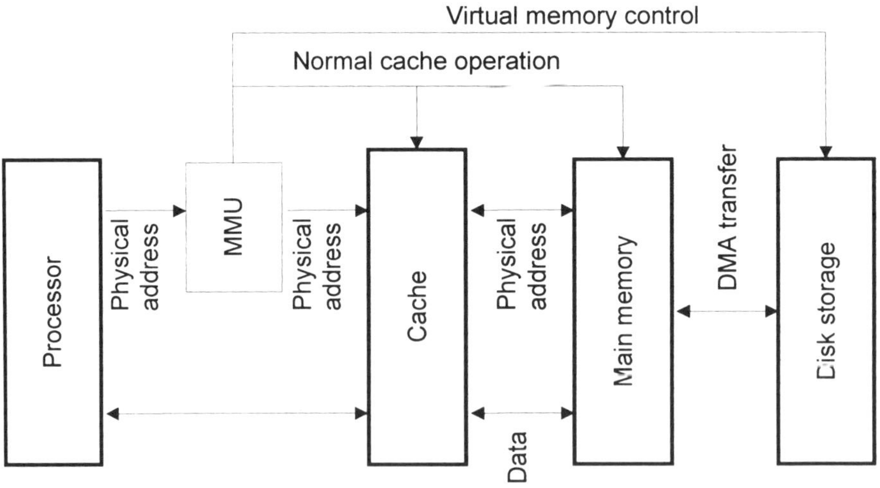

Abbildung 4.9 Speicherverwaltung / Caching zwischen CPU und Festplatte

Heute wird das bedarfsgesteuerte Laden von Programm- und Dateninhalten eines Adreßraumes in den kleineren realen Arbeitsspeicher vom OS kontrolliert. Reicht der Platz des RAM für die nötigen Segmente oder Programme nicht aus, so wird die Festplatte als künstliche Erweiterung des RAM herangezogen. All jene Inhalte des auf diese Weise künstlich vergrößerten verfügbaren Speichers, die nicht mehr im unmittelbaren Zugriff der CPU stehen, werden vom real vorhandenen RAM auf spezielle temporäre Files der Festplatte ausgelagert. Aus der Sicht der Anwendungsprogramme und der CPU steht immer der gesamte Adreßraum im direkten Zugriff zur Verfügung. Ist das vorhandene Memory dafür nicht groß genug, befindet sich nur Teile des Adreßraums tatsächlich im RAM, andere hingegen auf der Festplatte. Dies bezeichnet man als virtuelles Memory, der Mechanismus ist dem Cache ähnlich. In der Tat wird durch virtuelles Memory die Festplatte zu einer scheinbaren Erweiterung des RAM, oder umgekehrt das RAM zu einem Cache für die zur künstlichen RAM - Erweiterung genutzten Festplattenbereiche gegenüber dem Prozessor. Die Abbildung 4.9 zeigt die Hierarchie der Speicher von der Festplatte bis zur CPU. Die MMU (Memory Management Unit) sorgt dafür, daß immer die gerade benötigten Datenbereiche auch tatsächlich ins reale RAM geladen werden.

Benötigter Speicher, der nicht als reales RAM zur Verfügung steht, wird durch das Auslagern von Dateien auf temporäre Files der Festplatte hergestellt. Man spricht von "virtuellem Memory".

4

Der gesamte Adreßraum des virtuellen Memory wird in eine Reihe gleich langer Abschnitte, sogenannte Seiten oder Pages, unterteilt. Der Datenaustausch zwischen Massenspeicher und RAM erfolgt nur in Vielfachen dieser Grundeinheiten. Jede physikalische Adresse, die von der CPU angesprochen wird, besteht nach diesem Schema aus einer Pagenummer und dem Offset des gesuchten Datenwortes vom Beginn dieser Page. Das Betriebssystem legt eine Verwaltungstabelle an, die alle gerade im Memory befindlichen Ausschnitte des gesamten Adressraumes und deren Adresse im real vorhandenen RAM enthält. Bei Zugriffen auf den Speicher wird aus der angeforderten Pagenummer ermittelt, ob sich die Daten dieser Page tatsächlich im RAM befinden. Ist die nötige Page nicht im RAM, wird vom Betriebssystem ein Transfer der Seite vom "künstlichen" Teil des RAM auf dem Massenspeicher in das reale RAM ausgelöst. Abschließend sei festgestellt, daß Paging kein reales RAM ersetzt. Jeder Zugriff auf die Festplatte im Falle einer nicht geladenen Seite verzögert die Programmausführung aufgrund der gegenüber dem RAM verringerten Zugriffsgeschwindigkeit der Festplatte.

Der gesamte Adreßraum des realen und virtuellen Memory wird in Form von Blöcken fester Länge, sogenannter Pages, verwaltet, die das Betriebssystem bei Bedarf zwischen RAM und Festplatte transferiert. Auch das Paging erfordert einen dafür ausgerüsteten Prozessor.

Paging liefert einen Mechanismus, der dem Programmierer die Nutzung des gesamten Adreßraumes für die Programmabwicklung ermöglicht, unabhängig von der Größe des real im System vorhandenen Arbeitsspeichers. Paging wird nicht bewußt genutzt, sondern ist eine virtuelle Erweiterung des RAM durch verborgene Hintergrundprozesse des OS und der CPU. Das Anfordern, Freigeben und Nutzen von Segmenten hingegen ist, zumindest innerhalb eines Programms, ein bei dessen Erstellung bewußt genutzter Prozeß. Die Verwaltung der Segmente insgesamt, also die Zuweisung von Segmenten und Segmenttabellen hingegen obliegt dem OS beim Starten der Programme. Paging und Segmentierung sind miteinander kombinierbar. Im einfachsten Fall erfolgt die Umsetzung der als Ergebnis der Segmentierung ermittelten "physikalischen" Adressen ins Format aus Page und Offset, anschließend werden diese Adressen mittels der Pagetabelle (Page Table) direkt aus dem RAM oder vom Massenspeicher geladen.

4.2.4 Betriebssystem und Sicherheitsaspekte

4.2.4.1 Der Schutz von Daten und Programmen

4

Die Segmentierung des Speichers unter der Kontrolle des Betriebssystems auf der Basis spezieller Funktionen der CPU ist die Grundlage für den Schutz von Programm- und Datenbereichen gegen unerlaubte oder unbeabsichtigte Eingriffe durch andere Programme. Der Betriebsmodus der CPU, der derartige Sicherheitsfunktionen unterstützt, wird als "protected mode" bezeichnet. Die CPU überwacht dabei die in der Segmenttabelle festgelegten Schutzattribute der Segmente. Diese Schutzattribute markieren ein Segment beispielsweise als "read only" zum Schutz gegen Überschreiben, als "execute only" im Falle von Programmsegmenten, die nie als Daten gelesen werden sollen oder als "system only" für solche, die nur von Programmen einer besonderen Hierarchiestufe genutzt werden dürfen. Dies impliziert die Unterstützung verschiedener Sicherheitsstufen durch die CPU. In der Tat verfügen alle aktuellen Prozessoren über die Möglichkeit, jedem Prozeß beim Ablauf eine aus mehreren möglichen Sicherheitsstufen zuzuweisen.

Im "protected mode" stuft die CPU Prozesse in Hierarchieklassen ein und überwacht den Zugriff von außen auf geschützte Speichersegmente.

Prozesse der höchsten Sicherheitsstufe haben Zugang zu allen Funktionen und allen Segmenten. Ihnen alleine ist das Anlegen und Verwalten von Segmenten und von Prozessen erlaubt. Prozessen niedriger Priorität ist der Zugriff auf Befehls- oder Datensegmente höherer Einstufung grundsätzlich nicht gestattet. Die CPU kennt aufgrund der gerade geladenen Registerinhalte immer das Segment, aus dem der aktuelle Befehl eines Programmes stammt. Versuche eines Befehls, einen aufgrund der ihm zugewiesenen Sicherheitsstufe verbotenen Vorgang auszulösen, also eine Adresse in einem anderen geschützten Segment anzusprechen oder aber die Segmentverwaltung zu verändern, unterbindet die CPU. Sie stoppt das betreffende Programm und löst eine entsprechende Routine des OS aus. Die Aufgabe der zentralen Verwaltungsinstanz erfordert, daß das OS als einziges

Programm die höchste Sicherheitsstufe erhält. Deshalb ist es wichtig, daß das OS beim Systemstart zuerst geladen wird und diese Einstufung sofort belegt. Anschließend kann kein Prozeß die Zuweisung von Speicher oder gar die Aufnahme in die Prozeßliste direkt erreichen. Jeder diesbezügliche Versuch verletzt die Stellung der höchsten Sicherheitsstufe und wird abgebrochen. Nur über den Umweg des OS selbst erhält der Prozeß Zugang zu den Ressourcen, die auf Anfrage durch Auslösen der nötigen Systembefehle vom OS freigegeben werden.

Nur die höchste Hierarchiestufe hat Zugriff auf alle Funktionen der CPU und wird beim Booten vom Betriebssystem belegt. Somit können Segmente und Prozesse aller Art nur über das Betriebssystem angelegt und verwaltet werden.

4.2.4.2 Interrupts und Call Gates

Die Isolation geschützter Segmente gegen den Zugriff von außen steht teilweise im Widerspruch zur Absicht des Betriebssystems, allen Prozessen gemeinsam nutzbare Funktionen für die Abwicklung komplexer Teilaufgaben zur Verfügung zu stellen. Solche gemeinsamen Routinen befinden sich immer außerhalb des Segmentes der darauf zugreifenden Benutzerprozesse. OS-Routinen befinden sich auf der höchsten Sicherheitsstufe und sind aus diesem Grund nicht über den direkten Aufruf ihrer Startadresse aus einem normalen Programmsegment erreichbar. Statt dessen fordert das Programm derartige Betriebssystemfunktionen per Interrupt an. Dies führt zu einer erzwungenen Unterbrechung des Programmablaufes und verlangsamt die Arbeitsgeschwindigkeit des Systems. Der direkte Einsprung in solche gemeinsame Routinen ist über sogenannte Call Gates möglich, die von einigen Prozessoren angeboten werden. Sie definieren, ähnlich wie eine Interrupttabelle, feste Adressen für den Einsprung in Betriebssystemroutinen. Der Aufruf erfolgt also eigentlich durch Adressieren der Tabelle, die dann auf den Startpunkt der gewünschten Routine verweist. Damit ist das versehentliche Einspringen in die Mitte einer Routine durch falsche Adreßberechnungen des aufrufenden Programms unterbunden.

4.3 Speicher und Prozessoren: Hochleistungssysteme

4.3.1 Mikroprozessor Architekturen

4.3.1.1 Pipelining

Die Ausführung eines CPU - Befehls erfolgt in vier Phasen: Fetch (Holen), Decode (Auswerten), Operate (Ausführen) und Write (Ergebnis zurückschreiben). Diese Phasen führt die CPU für jeden Befehl sequentiell aus. Nach Abschluß des Zyklus lädt sie den nächsten Befehls aus dem Memory. Auch wenn für die Abwicklung eines Befehls immer vier Phasen und damit vier Taktperioden der CPU nötig sind, kann dennoch ein Befehl pro Taktperiode beendet werden, wenn das Abarbeiten der Phasen verschachtelt erfolgt. Die Montage eines einzelnen Wagens von der Basis bis zur Fertigstellung entlang des Fließbandes erfordert womöglich 10 oder 12 Stunden. Dennoch rollt im Abstand weniger Minuten ein neues Fahrzeug vom Band. Die Übertragung dieses Konzeptes auf die CPU nennt man Pipeline. Die CPU wird zu diesem Zweck in funktionale Gruppen gegliedert, die unabhängig voneinander eine der vier Phasen ausführen können (siehe Abbildung 4.10)

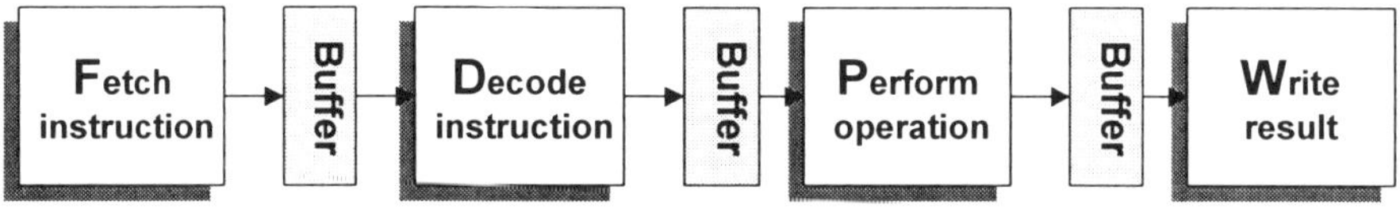

Abbildung 4.10 Die vier Funktionsblöcke eines Befehlszyklus der CPU

Die Abbildung 4.11 verdeutlicht das Prinzip der Pipeline. Der in Phase 1 von der Fetcheinheit aus dem Memory geladene Befehl wird in Phase 2 von der Decode-Einheit decodiert. Zugleich lädt unabhängig davon die jetzt wieder freie Fetcheinheit bereits den nächsten Befehl und so fort. Dies funktioniert natürlich nur, wenn die Arbeit der Einheiten vom den Resultaten einer weiter "hinten" in der Pipeline liegenden Funktionseinheit unabhängig ist. Wird die nächste Befehlsadresse über eine Rechenoperation in der Verarbeitungseinheit erst ermittelt, so können Fetch und Decode nicht vor Beendigung dieser Berechnung ausgeführt werden.

Pipelining überträgt den Gedanken der Fließbandfertigung auf die verschachtelte Abarbeitung der Phasen eines Befehlszyklus in getrennten Einheiten der CPU.

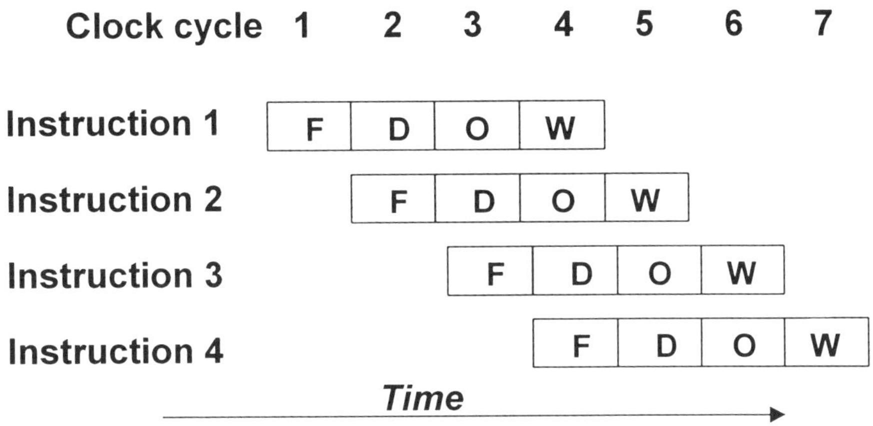

Abbildung 4.11 Pipeline für einen Befehlszyklus

4.3.1.2 Branch Prediction und Prefetch

Im Falle von Programmverzweigungen verfällt der Vorteil der Pipeline. Eine Pipeline hat eventuell bereits den dritten Befehl aus einer Befehlssequenz geladen und den zweiten decodiert, wenn als Folge der Ausführung des ersten eine Verzweigung an die Adresse des zehnten Befehls ermittelt wird. Damit sind die Vorbereitungen der Pipelinestufen Fetch und Decode mit den dort befindlichen Befehlen zwei und drei nutzlos geworden, es vergehen zwei ungenutzte Phasen, bevor wieder ein Befehl zur Ausführung in die Verarbeitungseinheit gelangt. Aus diesem Grund versuchen moderne Prozessoren, den Weg des Programmablaufes "vorherzusagen". Diese Funktion übernimmt eine erweiterte Fetcheinheit. Sie wertet die Befehle bereits soweit aus, daß sie Verzweigungen erkennt und auf spekulativer Basis die entlang des einen oder anderen Verzweigungsweges folgenden Befehle vorbereitend lädt. Welcher der Wege dabei als wahrscheinlich angenommen wird, kann in einem Verzweigungsbefehl selbst codiert sein (Static Prediction), oder von der CPU aufgrund statistischer Überlegungen selbst entschieden werden (Dynamic Prediction). Aus der Fetcheinheit wird dadurch eine Prefetcheinheit, die versucht, die wahrscheinlichsten als nächste benötigten Daten in die Register des L1 Cache der CPU zu übertragen.

Prefetch bedeutet den Versuch, im Falle einer Programmverzweigung die wahrscheinlich als nächstes nötigen Daten vorbereitend in die Register der CPU zu laden, um die Pipeline im Verzweigungsfall nicht verwerfen zu müssen.

4.3.1.3 Superscalare Systeme

Es spricht nichts dagegen, jede funktionale Einheit auf der Pipeline mehrfach in einer CPU einzubauen. Soweit dies aufgrund der gegenseitigen Abhängigkeiten der Befehlsausführung voneinander möglich ist, erlaubt dies die parallele Umsetzung von Befehlen durch parallele Einheiten. Dabei kann es durchaus vorkommen, daß Befehle außerhalb ihrer Reihenfolge im Programm durch Einheiten der CPU realisiert werden. Ist beispielsweise eine der mehrfach vorhandenen Verarbeitungseinheiten mit einer Funktion blockiert, die mehrere Taktzyklen erfordert, kann der nächste Befehl bereits in einer anderen Verarbeitungseinheit realisiert werden und ist unter Umständen schneller abgeschlossen als sein Vorgänger. Dies bezeichnet man als "out of order execution". Die insgesamt pro Zeiteinheit durch die Pipeline realisierte Zahl an Befehlen läßt sich durch mehrfach parallel vorhandene Ausführungseinheiten deutlich steigern. In der Folge erzielen sogenannte superskalare Prozessoren eine Befehlsrate von mehr als einem vollständig durchgeführten Maschinenbefehl pro Taktzyklus.

Mehrfach parallele Funktionseinheiten in der Pipeline steigern die Leistung auf mehr als einen pro Prozessortakt durchgeführten Befehlszyklus, man spricht von “superskalaren” Prozessoren.

4.3.1.4 RISC

RISC steht für "reduced instruction set computer", also Rechner mit einem gegenüber dem klassischen CISC - System ("complex instruction set") reduzierten Befehlssatz. Die Komplexität der Funktionen eines CISC beruht auf komplexen Mikroprogrammen. Externe Befehle werden decodiert und das zugehörige Segment des Mikrocodes als sequentieller Ablauf prozessorinterner Schaltzustände ausgeführt. Jeder interne Teilschritt erfordert die Dauer einer einzelnen, die Vollendung eines externen Befehls demnach eine Vielzahl von Taktperioden der CPU (siehe Abschnitt 3.3.1.). Je komplexer die vom Befehlssatz angebotenen Funktionen, desto umfangreicher das zugehörige Mikroprogramm, desto aufwendiger die Decodierung, desto langsamer das System, so der Einwand des RISC gegen den CISC.

Ein hoher Komplexitätsgrad vom Befehlssatz angebotener Funktionen erfordert aufwendige Mikroprogramme. Das Verhältnis aus Prozessortakt und Anzahl der abgewickelten Befehlszyklen verschlechtert sich.

Was spricht überhaupt für einen um immer komplexere Funktionen erweiterten Befehlssatz? Die Ausführung komplexer Aufgaben durch Angabe eines einzelnen Befehls an die CPU vereinfacht die Programmerstellung. Dies ist besonders wichtig, da die meisten Programmierer Hochsprachen verwenden. Die semantische

Lücke, also der Unterschied zwischen der Mächtigkeit der von der Programmiersprache angebotenen Funktionen und den Möglichkeiten des Befehlssatzes als Schnittstelle zur CPU schließt der Compiler. Er übersetzt die Befehlsfolge aus der Hochsprache in eine Folge von Maschinenbefehlen. Je kleiner die semantische Lücke, desto einfacher die Aufgabe des Compilers. Da es wenig Sinn macht, das Abstraktionsniveau der Hochsprachen zu senken, bleibt als Lösung nur der komplexere Befehlssatz. Das Abarbeiten eines einmal aus dem Speicher geladenen komplexen Befehls durch viele interne Mikroprogrammschritte verkürzt die Verarbeitungszeit gegenüber einer Vielzahl einzelner Teilbefehle, die aus dem Memory geladen werden müssen, da interne Register und Mikroprogrammschritte schneller zugänglich sind als das Memory. So argumentiert der CISC gegen RISC.

CISC - Prozessoren (complex instruction set computer) mit komplexen Befehlssätzen vereinfachen die Programmierung auf Maschinenebene und erfordern bei gleicher Aufgabenstellung eine geringere Anzahl von Programmschritten.

Die Verbesserung der Compiler und die Beschleunigung der Speicherbausteine haben diese Begründungen für CISC abgeschwächt und zur Entwicklung von RISC geführt. Hauptziel von RISC ist die Optimierung der Verarbeitungsgeschwindigkeit durch Abspecken des Befehlssatzes auf wenige Funktionen und deren garantierte Abarbeitung innerhalb eines einzelnen Taktzyklus. Statistische Untersuchungen belegen, daß nur ein kleiner Teil des umfangreichen Befehlsangebots der CISC Prozessoren von realen Programmen auch tatsächlich genutzt wird. Die Geschwindigkeit der häufig genutzten Befehle und damit die gesamte Performance leidet an der Schwerfälligkeit, die durch selten nötige Sonderfunktionen bedingt ist. Solche Sonderfunktionen entfallen bei RISC ersatzlos, der Compiler muß sie als Kette von einzelnen externen Aufrufen einfacherer Befehle selbst realisieren. Der daraus resultierende Verlust an Geschwindigkeit wird durch einen weit überproportionalen Gewinn bei häufig aufgerufenen Standardfunktionen ausgeglichen.

RISC Prozessoren (reduced instruction set..) bieten keine komplexen und selten genutzten Sonderfunktionen im Befehlssatz an. Alle angebotenen Befehle werden innerhalb einer Taktperiode erledigt, es ergibt sich in der Summe ein Geschwindigkeitsvorteil.

Ein wesentliches Problem bei der hohen Packungsdichte der Prozessoren ist die durch enge Anordnung der Transistoren bedingte Aufheizung des Halbleiters, die proportional mit der Taktfrequenz (Anzahl der Schaltzyklen pro Sekunde) steigt. Ein RISC Prozessor erfordert einen wesentlich weniger komplexen Aufbau des Steuerwerks und kann daher bei gleicher Packungsdichte höher getaktet werden. Der aus den ersten Versuchen in Berkeley hervorgegangene RISC 1 und seine kommerziellen Nachfolger der SUN SPARC Familie sowie der in Stanford entwickelte und heute unter gleichem Namen vertriebene MIPS läuteten Mitte der

80er Jahre ein Umdenken bei CPU-Architekturen ein. Alle heute gängigen Hochleistungsprozessoren basieren auf der mehr oder weniger starken Berücksichtigung von RISC - Strukturen.

4.3.2 Mehrprozessorsysteme

4.3.2.1 Der "von Neumann" - Flaschenhals

Die direkte oder indirekte Kontrolle aller im System befindlichen Komponenten durch das Steuerwerk einer immer komplexeren CPU führt zu unausgewogener Belastung. Den immer leistungsfähigeren Funktionen für Datenverarbeitung in der CPU steht deren hauptsächliche Beschäftigung mit Steuerungsaufgaben gegenüber. In der Realität wurde der Flaschenhals dieser klassischen, nach ihrem Erfinder benannten "von-Neumann Architektur" schnell erkannt. Heute sind zwar auch von-Neumann Rechnersysteme fast ausnahmslos Mehrprozessorsysteme, weil die CPU durch die Arbeit spezieller Prozessoreinheiten, wie I/O Prozessoren, Festplattencontroller, Grafikprozessoren etc. unterstützt wird. Die generelle Geschwindigkeit eines Systems kann aber nicht durch die Auslagerung von Sonderaufgaben, sondern nur durch die Beschleunigung des "Kerngeschäftes" erreicht werden. Physikalische Grenzen, wie die Lichtgeschwindigkeit als Grenze für immer schnelleren Datentransport, oder die hohe Abwärme immer dichter gepackter Transistoren ergeben eine natürliche Optimierungsgrenze für die mit einer einzelnen CPU mögliche Verarbeitungsleistung. Alle parallelen Architekturen zielen auf die Überwindung dieser Grenze durch die Vervielfachung der im System vorhandenen Speicher- und Prozessoreinheiten. Mögliche Freiheitsgrade beim Aufbau eines derartigen Systems sind die Anzahl der Prozessoren und deren Funktionsumfang, Anzahl und Umfang der Speicherbereiche sowie die wichtig Frage der Verbindung aller Komponenten untereinander.

Die zentrale Kontrollfunktion einer CPU für das gesamte Rechnersystem sowie die Grenzen der Integrationsdichte limitieren die pro Mikroprozessor erreichbare Rechenleistung. Höhere Leistungsanforderungen führen zur Mehrprozessorarchitektur.

4.3.2.2 Arten paralleler Verarbeitung

Die Art der auf Mehrprozessorsystemen abgewickelten Programme unterteilt sich in drei grundsätzlich verschiedene Klassen. Im ersten Fall wickelt jede der mehrfache vorhandenen CPU / Memory - Einheiten eine eigene Aufgabenstellung, also ein Programm oder einen “Job” ab. Die Jobs sind voneinander unabhängig, es ist keine Kommunikation zu anderen Teileinheiten erforderlich. Das direkte Gegenstück dieser Struktur sind viele Prozessoren, die sich an der Verarbeitung ein und desselben Jobs zu dessen beschleunigter Abwicklung beteiligen. Von-Neumann

Rechner, die nur einen Strom von Befehlen und Daten kennen, nennt man demgemäß "Single Instruction - Single Data" oder SISD. Die soeben genannten Typen von Parallelrechnern bezeichnet man als "Multiple Instruction - Multiple Data", abgekürzt MIMD. Bei der Simulation und im Bereich der numerischen Supercomputer kommt es als Sonderfall zur parallelen Durchführung identischer Operationen an einer großen Anzahl von verschiedenen Datensätzen in jeweils einer CPU für jeden Datensatz, also "Single Instruction - Multiple Data" oder SIMD.

Im Gegensatz zur einzelnen CPU, die nur einen Programm- und Datenstrom bearbeitet (Single Instruction - Single Data SISD) verarbeiten Mehrprozessorsysteme zeitgleich mehrere Programm- und Datenströme (Multiple Instruction - Multiple Data MIMD).

4.3.2.3 Shared und private Memory

Die Notwendigkeit gemeinsamer Speicher für die Prozessoren eines MIMD System ist davon abhängig, inwieweit ein Prozeß auf vielen Prozessoren oder unabhängige Prozesse auf je einem Prozessor abgewickelt werden sollen. Der erste Fall setzt einen erheblich umfangreicheren Austausch und eine komplexe Koordination von Dateninhalten zwischen den Prozessoren voraus. MIMD Rechner bestehen entweder aus einem eigenen Memory (Private Memory) für jeden einzelnen oder aber aus einem gemeinsamen Speicherbereich für alle Prozessoren (Shared Memory). Die Frage, ob ein Speicher logisch gemeinsam nutzbar ist, bleibt von der Frage seiner physikalischen Anordnung unberührt. Auch physikalisch getrennte Speicher können über einen geeigneten logischen Mechanismus und ausreichend schnelle Verbindungswege gemeinsam genutzt werden. Systeme mit logisch und physikalisch getrenntem Speicher (Multicomputing) und solche mit in beider Hinsicht gemeinsamen Memory (Multiprozessing) sind verhältnismäßig leicht zu verstehen. Interessant hingegen ist eine Anordnung physikalisch getrennter, logisch aber einheitlich erreichbarer Speicher. Gelingt es nämlich, das Memory vieler getrennter Computer wie einen gemeinsamen Speicher zu verwalten, vereinfacht sich die Erstellung von Programmen, die bei Bedarf als einzelner Job durch Verteilung auf viele dieser Rechner parallel abgewickelt werden können. Dies ist die Basis für wahre verteilte Systeme, denen Kapitel 9 gewidmet ist.

4.3.3 Verbindungssysteme

4.3.3.1 Switched Connections oder Bus

Der Austausch von Daten oder Kontrollinformationen in einem Multiprozessorsystem erfordert eine Kommunikationsstruktur zwischen Memorybereichen und Prozessoren bzw. kombinierten Memory/Prozessoreinheiten. Ebenso, wie die Wahl zwischen Shared oder Private Memory hängt auch die Wahl des Verbindungssystems von Häufigkeit und Umfang des Datenaustausches zwischen den angeschlossenen Komponenten ab. Mit der Kommunikation aller Daten und Programme innerhalb eines Mehrprozessorssystems ist ein einzelner Bus schnell überfordert. Selbst einfache Erweiterungen, wie die getrennte Führung von Programm und Datenbus (sog. Harvard Architektur) sorgen nur dann für Besserung, wenn Daten und Programme selten vom Massenspeicher in das Memory geladen werden und verhältnismäßig lange zur Bearbeitung durch den lokalen Prozessor dort verbleiben. Der gemeinsame Zugriff auf eine Übermittlungsleitung, wie den Bus, konzentriert die Kommunikation aller Sender mit allen Empfängern auf einer einzigen physikalischen Strecke, die zudem, um Kollisionen paralleler Zugriffe zu verhindern, aufwendig verwaltet werden muß. Schneller und häufiger Datenverkehr innerhalb eines Systems erfordert daher geschaltete Vermittlungssysteme. Anstelle einer einzigen gemeinsamen Leitung für alle stellt ein derartiges System im Idealfall eine eigene Leitung für jeden einzelnen Kommunikationswunsch bereit. Theoretisch braucht man dafür eine Leitung von jeder Komponente zu jeder anderen im System, wobei die Anzahl der Leitungen nahezu mit dem Quadrat der Anzahl der angeschlossenen Subsysteme steigt. Effizienter und für die meisten Anwendungsfälle ausreichend ist die Vernetzung in Form einer Matrix. Jeder der Komponenten ist an eine "Zeilen-" und eine "Spaltenleitung" der Matrix angeschlossen, an den Kreuzungspunkten sitzen Schalteinrichtungen zu deren elektrischer Verbindung.

Das extrem hohe Datenvolumen für die Kommunikation zwischen Prozessoren und Memoryeinheiten kann nicht mehr über Bussysteme, sondern nur durch schnelle Schaltmatrizen bewältigt werden, die Komponenten über Kreuzungspunkte bei Bedarf direkt miteinander verbinden.

In der sogenannten Transputerarchitektur sind die Prozessor/Memoryeinheiten selbst die Kreuzungspunkte der Matrix, neben den eigentlichen Rechenaufgaben übernehmen sie die Vermittlung in der Matrix. Transputerprozessoren verfügen daher über vier I/O Schnittstellen, um die an jedem Kreuzungspunkt aufeinander treffenden Leitungen aufzunehmen. Im Folgenden sollen zwei Hardwarekonzepte gezeigt werden, die für die Realisierung von Verbindungssystemen mit hoher Geschwindigkeit in Frage kommen, Fibre Channel und HIPPI.

4.3.3.2 Fibre Channel

Fibre Channel (FC) integriert die Verfahren der klassischen Datennetze für die Verbindung ganzer Rechnersysteme mit jenen für die interne Verbindung von Komponenten innerhalb eines Rechners. "Networks" mit der ihnen eigenen Struktur zur Vermittlung von Daten einer Quelle zum gewünschten Empfänger und "Channels" als einfache Punkt-zu-Punkt Verbindungen sind beide als Teil von FC möglich. FC arbeitet seriell, erfordert also nur ein einziges Kabel. Durch die isolicrte physikalische Schicht gegenüber dem auf seiner Basis abgewickelten Datenverkehr erlaubt FC den Transport der wichtigsten aktuellen Protokolle der Datentechnik über ein einheitliches, wenn gewünscht sogar gemeinsames Kabel. Zu den möglichen Protokollen über FC zählen SCSI und IP (siehe Kapitel 8). Was die Verkabelungsstruktur oder Topologie angeht, ist für FC neben der Topologie des klassischen Vermittlungsnetzes nach dem Vorbild von Telefon ("Fabric") auch die extrem simple Punkt-zu-Punkt Verbindung ("Point to Point") oder aber eine geschlossene Kabelschleife ("arbitrated Loop") definiert. Das Verbindungskabel selbst muß nicht Glasfaser sein, auch Koaxialkabel ist zugelassen. Je nach Kabeltyp und Entfernung sind Datenraten bis zu 100 Megabyte pro Sekunde möglich.

4.3.3.3 HIPPI

HIPPI steht für "High Performance Parallel Interface". Im Gegensatz zu FC ist HIPPI ein paralleles Interface, das aus der Rüstungstechnik und der Supercomputerindustrie stammt. Die von Forschern des Kernwaffenzentrums Los Alamos in den 80er Jahren vorgeschlagene Spczifikation forderte Datenraten von maximal 1600 MBit/s. HIPPI war als simples Punkt-zu-Punkt System und nicht als Bus oder als Netz gedacht, erst später wurde eine Matrix mit Schaltfunktionen zur Vermittlung zwischen HIPPI-Leitungen eingeführt. HIPPI nutzt zwei 50 Leitungen breite Kabel und arbeitet bis zu einer Länge von 25 Metern. Mit seiner enormen Datenrate wurde HIPPI schnell zum Standart der Superrechnertechnik.

4

4.3.4 RAID Systeme

4.3.4.1 Die Idee

RAID steht für "Redundant Array of Inexpensive Discs" und war ursprünglich gedacht, um mehrere preiswerte Festplatten zu einem System größerer Kapazität zusammenzufassen. Heute, im Zeitalter großer und dennoch preisgünstiger Platten, muß RAID anders definiert werden, was auch die Namensänderung von "Inexpensive" auf "Independent" zeigt. Während nämlich seit etwa 20 Jahren die Rechenleistung pro Jahr um 40% und die RAM Performance um 40 % bis 100 % wachsen, sich die Kapazität der Festplatten in drei Jahren bei halben Kosten verdoppelt, bleibt die mögliche Geschwindigkeit für Zugriff auf und Transfer von Plattendaten aus physikalischen Gründen begrenzt. Zudem übersteigen die stark wachsenden Mengen an digital vorliegenden Daten die Kapazitätsentwicklung von Einzellaufwerken auf der Zeitachse. RAID verkoppelt mehrere Festplatten zu einem System mit folgender Zielsetzung: Erhöhte Datenrate, vergrößerte Kapazität sowie Datensicherheit durch Redundanz bei der Aufzeichnung.

RAID - Technologie faßt mehrere Festplatten zu einer logischen Einheit zusammen, die sich nach außen wie ein einzelnes Laufwerk verhält, dabei aber über erhöhte Datenrate, Kapazität und Fehlersicherheit verfügt.

4.3.4.2 Striping

Die Zugriffsformen auf Massenspeicher lassen sich nach zwei wesentlichen Kriterien unterscheiden: Request Rate und Transfer Rate. Hohe Request Rate bedeutet eine große Anzahl von Zugriffen auf unterschiedliche, jedoch kleine Datenblöcke. Datenbankzugriffe folgen diesem Muster, da zwar zeitgleich viele Datensätze von vielen Usern angesprochen werden, jeder aber durch den Transfer einiger weniger Byte vollendet werden kann. Hohe Transfer Rate heißt verhältnismäßig wenige Zugriffe, von denen jeder aber große Mengen an Daten transferiert, wie bei Anwendungen im Bereich CAD, Grafik und Multimedia.

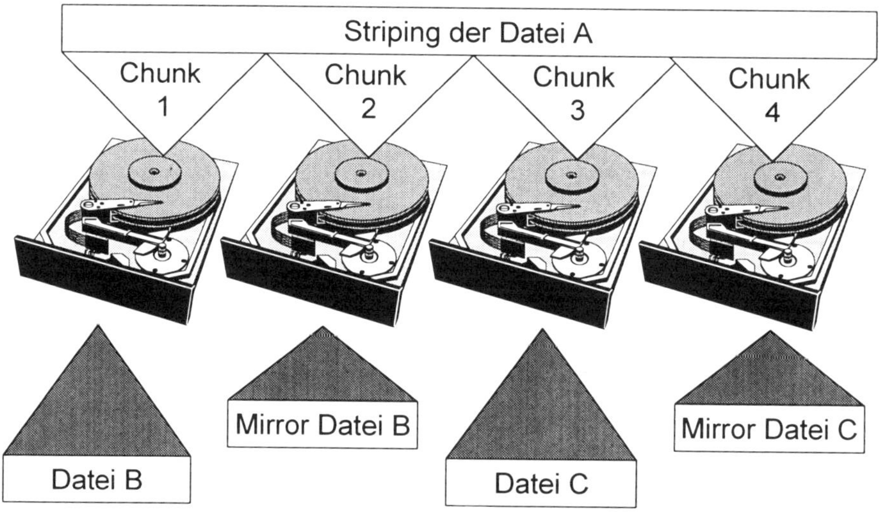

Abbildung 4.12 Mirror und Striping bei RAID Arrays

RAID vermeidet in beiden Fällen Engpässe durch die Verteilung der Last auf mehrere Laufwerke in Form von Striping. Unterschiedliche Teile einer Datei werden, wie in Abbildung 4.12 gezeigt, auf unterschiedlichen Festplatten abgelegt. Ein spezieller Controller (RAID Controller), der meist als Steckkarte im Systembus sitzt und an den alle Platten mittels SCSI angeschlossen sind, regelt die Datenverteilung bei der Speicherung und ihre Rekombination beim anschließenden Abruf. Die Größe der Datenteile oder "Chunks" auf den einzelnen Platten im Verhältnis zur durchschnittlich abgerufenen Menge an Daten pro Zugriff oder Request hat einen Einfluß auf den optimalen Einsatzfall: "Chunks", die größer als die durchschnittlich angeforderte Datenmenge pro Zugriff sind, liefern bei hoher Request Rate gute Performance, weil jede Platte dann mit hoher Wahrscheinlichkeit einen eigenen Request abarbeitet. Im Vergleich zur Lademenge kleine Chunks fördern den Durchsatz pro Request, da alle Drives nun parallel an einem jeweils anderen Ausschnitt des geforderten Files arbeiten.

4.3.4.3 Mirror & Duplex und Parity

Striping bietet keine zusätzliche Datensicherheit. Die einfachste Lösung, um den Verlust der Daten einer Platte bei ihrer Zerstörung zu verhindern, ist die parallele Speicherung aller Daten auf einem identischen zweiten Laufwerk über den Controller. Daten werden sequentiell zuerst auf die erste, dann auf die zweite Platte geschrieben. Dieses "Mirroring" erhält die Daten im Falle des Verlustes einer der beiden Platten. Solange beide Platten im Betrieb sind, steigert das Vorhandensein zweier Platten mit identischen Daten sogar die mögliche Request oder Transfer Rate (siehe Abbildung 4.12). Der Preis allerdings ist mit einer verdoppelten Bruttokapazität bei gleichbleibender Nettokapazität des Systems extrem hoch. Es empfiehlt sich außerdem, auch die Controller zu verdoppeln, da dadurch die nachteilige sequentielle Aufzeichnung entfällt und die Daten auch beim Ausfall eines der Controller verfügbar bleiben. Wie für alle anderen bei RAID genutzten Verfahren gilt auch hier, daß die fehlerhaften Platten im Betrieb getauscht werden können (Hot Swap). Der Controller sorgt anschließend sukzessive für den Wiederaufbau der Spiegeldaten auf dem neuen Laufwerk. Anstelle einer verdoppelten Plattenstruktur kann das Ziel der Redundanz von Daten zu Sicherheitszwecken auch durch die Mechanismen der Fehlerkorrektur erreicht werden. Zu diesem Zweck ermittelt der Controller auf der Basis mathematischer Operationen aus den Nutzdaten eine gewisse Menge an Zusatzdaten, mit deren Hilfe sich der ursprüngliche Inhalt durch die Umkehrung des Rechenprozesses rekonstruieren läßt, falls ein Teil der Speicherdaten beschädigt wurde. Solche Daten nennt man Parity-Daten, ihr Umfang macht meist im ganzen System nur eine zusätzliche Platte für alle Korrekturdaten nötig.

RAID verteilt Daten eines Files in Blöcken (Chunks) auf mehrere Laufwerke (Striping) oder dupliziert Files identisch auf einem zweiten Datenträger (Mirror). Zusätzlich werden Mechanismen zur Korrektur auftretender Fehler über sogenannte Paritydaten angewandt.

4.3.4.4 Raid Level 0,1,2,3,4,5...

Die Kombination der geschilderten Techniken führt zu einem "Baukastensystem" aus unterschiedlichen RAID Strukturen, die mit unterschiedlichen "Levels" benannt sind. Der Level sagt allerdings nichts über die Qualität oder Datensicherheit eines solchen Systems aus, jedes Level von RAID hat spezifische Vor- und Nachteile, die je nach Einsatzfall genutzt werden können. Level 0 umfaßt ausschließlich Striping, liefert keine Datensicherheit, ist schnell und günstig. Optimierung für Request Rate oder Data Rate erfolgt über die Größe der Chunks. Level 1 basiert ausschließlich auf Mirror bzw. Duplex. Request Rate und Datenrate liegen im Idealfall doppelt so hoch wie für einzelne Plattenlaufwerke. Level 3 nutzt Striping und eine getrennte Platte für die Paritydaten aller anderen Platten. Die Datenverteilung erfolgt in extrem kleinen Chunks (bits oder Bytes) über alle Laufwerke, so daß jeder Request alle Laufwerke zeitgleich blockiert. Damit steigt die Datenrate um den durch die gesamte Zahl der Platten gegebenen Faktor, die Request Rate ist identisch mit der einer einzelnen Platte. Level 5 verteilt die Paritydaten wie normale Daten über alle Platten. Die Chunks sind groß im Verhältnis zur durchschnittlich geforderten Übertragungsgröße. Dadurch ist die Request Rate exzellent, die Datenrate ist der von Level 3 aber unterlegen.

Die Kombination aus Striping, Mirroring und Parity führt zu einem Baukasten verschiedener RAID “Levels”, deren Numerierung nichts über die Qualität oder Datensicherheit aussagt, sondern verschiedene Anwendungsprofile bedient.

4

4.3.5 Backup und HSM - der unendliche Massenspeicher

4.3.5.1 Backup von Daten

Redundanz ist eine zunehmend wichtige Eigenschaft von digitalen Speichersystemen, da mehr und mehr auch extrem kritische Daten auf der digitalen Ebene verarbeitet und verwaltet werden. Die einfachste Form der Datensicherung besteht aus regelmäßigen Kopien des kompletten Laufwerksinhaltes der Festplatten auf einen preisgünstigen Massenspeicher, was als Backup" bezeichnet wird. Backup-Dateien werden nicht für den Regelzugriff auf die Daten benötigt, sondern für den Ausnahmefall. Nur, wenn die Daten auf der Festplatte zerstört sind, erfolgt das Rückladen der Backupdaten auf die Ersatzplatte. Zumindest der Zustand zum Zeitpunkt des letzten Backup ist damit wiederhergestellt, zwischenzeitliche Änderungen am Datenbestand gehen aber verloren. Als Backup-Medium kommt daher hauptsächlich Band zum Einsatz. Bandspeicher sind preisgünstig, speichern große Datenmengen und verfügen, zumindest bei modernen Systemen, über exzellente Transferraten. Der wesentliche Nachteil von Band, die hohen Zugriffszeiten, sind für den Einsatzfall "Backup" wenig bedeutsam.

Backup besteht aus Sicherheitskopien der Daten auf einen preisgünstigen Massenspeicher (meist Band) für den Fall des Datenverlustes.

4.3.5.2 Archiv und ewiger Datensatz

Für die Anforderungen eines Archivs gelten andere Grundlagen als für die reine Datensicherung. Geht es beim Backup um die Rettung im Katastrophenfall, handelt es sich beim Archiv um das Ablegen extrem großer Datenmengen mit hoher Sicherheit. Gilt bei Backup das Speichermedium selbst bereits als redundant in dem Sinn, daß es eine Kopie der Daten enthält, steht beim Archiv die Qualität des Mediums selbst im Vordergrund, da die darauf gespeicherten Daten aufgrund der schieren Menge nicht doppelt vorgehalten werden können. Es geht also um die Frage, wie sicher die Daten auf dem Medium überhaupt abgespeichert werden können, wie sich der Speicher über lange Zeiträume aufgrund von Verschleiß und Umwelteinflüssen verhält.

Digitale Archive sind keine Backups, sondern extrem große Speicher für selten benutzte Daten. Im Gegensatz zum Backup enthalten Archive keine Kopie der Daten, sondern die Daten selbst.

Da nicht vom dauerhaften Bestand irgendeines Datenträgers auszugehen ist, muß nach anderen Wegen für die Erhaltung von Daten gesucht werden. An die Stelle des ewigen Datenträgers tritt mit der digitalen Speichertechnik die Philosophie des ewigen Datensatzes. Digitale System erlauben es, Kopien auf einen neuen Datenträger herzustellen, deren binäre Datenrepräsentation besser ist, als auf dem Ausgangsmaterial. Diese gegenüber analoger Technik für das Archiv revolutionäre Aussage gilt allerdings nur, solange "Ein" und "Aus" als Grundzustände der digitalen Datenverarbeitung noch sauber erkannt werden können. Auf dieser Basis kann eine Beobachtung des Datenträgers durch geeignete Messungen eine Kopie auf einen neuen Datenträger auslösen, sobald erste Einschränkungen in der Qualität des Mediums zu erkennen sind, noch bevor diese aber zur Unlesbarkeit der digitalen Signalzustände führen. Dabei ist wiederum die extrem hohe Kopiergeschwindigkeit der Bandsysteme eine gute Voraussetzung.

Die Fähigkeit digitaler Speicher, verlustfreie Kopien anzufertigen, führt zur Philosophie eines immer wieder auf neue Träger kopierten ewigen Datensatzes anstelle der Philosophie eines ewigen Datenträgers.

4.3.5.3 Das Konzept von HSM

Mit der wachsenden Menge von Daten, die für den Regelbetrieb verfügbar gehalten werden müssen, kommt ein zusätzlicher Faktor in die Überlegungen rund um den Massenspeicher. Nicht mehr die Sicherheit alleine entscheidet, sondern auch die Frage einer effizienten und finanzierbaren Vorhaltung großer Datenmengen im direkten Zugriff. Für reine Archivzwecke oder Backup spielt es eine untergeordnete Rolle, wie schnell die gesamten Daten und wie problematisch einzelne

Datenausschnitte vom Archivmedium in den Random - Access Bereich des Rechnersystems zurückgeladen werden können. Wird das gesamte Datenprofil jedoch immer wieder benötigt, liefert erneut die schon beim Cache angeführte statistische Verwaltung eine Möglichkeit zur Kostenreduktion ohne Verlust an Funktionalität. HSM oder hierarchisches Speichermanagement erweitert den Cache - Ansatz auf alle im System vorhandenen Datenträger durch deren Anordnung nach Zugriffszeit und möglicher Speichermenge. Es ergibt sich eine Pyramide von Speichern, an deren breiter Basis große Mengen an selten benötigten, an deren Spitze kleine Mengen an häufig benötigten Daten stehen. Der L1 Cache der CPU steht dabei ganz oben, der bandgestützte Massenspeicher ganz unten. Ein intelligentes System, eigentlich eine Erweiterung des Betriebssystems, übernimmt automatisch die Aufgabe, Daten innerhalb der Pyramide nach deren Nutzungshäufigkeit zu verlagern.

Mit der Menge der im direkten Zugriff benötigten Daten muß der Ansatz einer statistisch bedingten Verteilung von Daten zwischen schnellen und teuren Speichern auf der einen, billigen und langsamen auf der anderen Seite erweitert werden. Man spricht von hierarchischem Speichermanagement oder HSM.

5 Daten und Anwendungen

5.1 Vorteile digitaler Datensysteme

5.1.1 Trennung physikalischer und logischer Segmente

5.1.1.1 Textverarbeitung

In jedem Text findet sich ein inneres Ordnungsprinzip in Form von Wortwahl, logischer Sequenz des Textes und Gliederung. Diese Ordnungsprinzipien sind auf unterster Ebene durch die Reihenfolge der Zeichen repräsentiert, die als Daten die Basis aller in einem Schriftstück enthaltenen Qualitätsstufen von Information bilden. Diese Reihenfolge ist untrennbar mit dem physikalischen Speichermedium Papier verbunden und wird daher zum Zeitpunkt der Entstehung des Schriftstükkes unwiderruflich festgelegt. Jede Änderung des Ordnungsprinzips bedingt unweigerlich Änderungen am Speichermedium selbst mittels TippEx, Radiergummi, Rasierklinge oder dem Erstellen einer neuen Kopie. Die Textverarbeitung hebt auf elektronischer Ebene die enge Bindung des Ordnungsprinzips an die Eigenschaften des Speichermediums auf. Zwischen der Texteingabe und dem Ausdruck liegt immer ein Puffer in Form von Memory oder Massenspeicher.

Die Textverarbeitung hebt die Einschränkungen der strikten Bindung an das statische Speichermedium Papier auf. Veränderungen am Text erfordern keine physikalische Manipulation am Originalspeicher.

Dadurch ist es möglich, ein Textdokument mehrfach parallel in identischen oder aber geringfügig veränderten Versionen zu nutzen oder Inhalte direkt im elektronischen Format zu versenden. Ein derartiges Format enthält kein unveränderlich zusammengefügtes Resultat, sondern unabhängig von Speicher und Transportmittel das "Baumaterial" der Zeichen sowie den "Bauplan" des inneren Ordnungsprinzips. Ein mit klassischer Post ("Snail Mail") übermitteltes Dokument erfordert den Transport des physikalischen Datenträgers von der Quelle zum Empfänger. Das Fax überwindet diese Einschränkung, liefert aber nur ein an den lokalen Ausdruck des Textes gebundenes Dokument ohne Trennung in Zeichen und Ordnungsprinzip. Elektronische Post (E-Mail) hingegen erlaubt die Modifikation von Zeichen und/oder Ordnungsprinzip und die verteilte Arbeit an einem gemeinsamen Dokument. Bei elektronischen Dokumenten in einem Netzwerk sind Datenquelle und Benutzer eines Dokuments räumlich vollkommen unabhängig voneinander. Neben den Ordnungsprinzipien ist in einer Textverarbeitung auch die äußere Erscheinungsform eines Dokuments von der Repräsentation der Zeichen selbst unabhängig. Ein einmal erfaßter Text kann nachträglich mit unterschiedlich gestalteten Schriftbildern und Satzspiegeln versehen werden. Das Ergebnis der Anwendung aller in der Textverarbeitung möglichen Funktionen für das Ordnungsprinzip eines Dokuments bezeichnen wir als dessen logische Segmentierung.

Ordnungsprinzip und Erscheinungsform eines Textes, also dessen "logische Segmentierung", sind bei digitalen Dokumenten von der Repräsentation der Daten im System weitgehend unabhängig.

5.1.1.2 Grafik

Was für die Verarbeitung von Texten gilt, kann sinngemäß auf die Verarbeitung von Bildern übertragen werden. Bilder sind eine 2-dimensionale Anordnung von "Bildpunkten" unterschiedlicher Farbe und Helligkeit. In der analogen Welt bestehen diese Bildpunkte aus Farbpigmenten auf einem Trägermaterial, digital sind es Datenworte, die als Code die Aussage über Farbe und Helligkeit eines Bildpunktes enthalten. Grafikprogramme puffern ebenfalls Bildeingabe und fertiges Produkt gegeneinander über die digitale Speicherung ab. Welches Maß an logischer Segmentierung durch Ordnungsprinzipien für Bildinhalte zur Verfügung steht, ist durch den Typ der bearbeiteten Bilder gegeben, die man nach Bitmap und Vektorgrafik unterscheidet. Bitmaps übertragen den Gedanken der Bildpunkte direkt in den digitalen Speicher. Jeder Bildpunkt, jedes "Pixel", ist durch ein Datenwort hinsichtlich Farbe und Helligkeit repräsentiert. Der einzige Zusammenhang mit anderen Pixeln besteht in der Anordnung der Bildpunkte im Speicher. Bitmapbilder enthalten keinerlei Hinweis darauf, daß ein Bild aus geometrisch oder anderweitig logisch zusammengehörigen Formen besteht. Ein Kreis im Bitmap kann aus diesem Grunde auch nicht als solcher verändert werden, er besteht aus Sicht der Grafikanwendung aus unzusammenhängenden Bildpunkten. Die Vektorgrafik erweitert das Ordnungsprinzip für grafische Inhalte. Anstelle der einzelnen Pixel tritt die Beschreibung der logischen oder geometrischen Figuren auf der Basis mathematischer Formeln. Während dies für Rechtecke oder Kreise durch Angabe von Breite und Länge bzw. den Radius und durch die Position im Gesamtbild noch einfach möglich ist, stellen freie Kurven und im Allgemeinen aus der Realtität gewonnene Bilder die Beschreibung vor komplexe Probleme. Dafür aber kann jede der beschriebenen Figuren als geschlossene Einheit verändert, verschoben, vergrößert, verkleinert oder sonstwie modifiziert werden.

🖫 Digitale Bildbearbeitung unterstützt entweder nur die Trennung des Bildinhaltes vom Speichermedium (Bitmap) oder aber die Organisation der Bildinhalte nach logischen Segmenten (Vektorgrafik).

5.1.1.3 Indirekter Zugriff über Adressen

Beim Umgang mit der logischen Segmentierung ist es für den Anwender heute selbstverständlich, keine Rücksicht auf die Eigenheiten der Repräsentation seiner Texte oder Bilder im Speicher des Systems nehmen zu müssen. Auf der untersten Schicht steht auch bei digitalen Datensystemen ein physikalisches Medium als Basis für Speicher oder Transport von Daten. An die Stelle von Papier treten magnetische Flächen oder Siliziumelemente, denen der Dateninhalt über Schreib- und Leseköpfe oder Halbleiterbauteile aufgeprägt wird. Das Medium ist aber, im Gegensatz zu Papier, in Datenbereiche fester Größe unterteilt, die über eine Adresse identifiziert werden. Diese Segmente kann das digitale Rechnersystem unabhängig voneinander direkt über die Adresse anspringen und beschreiben bzw. auslesen. Dennoch ist der Speicher im Sinne der den Segmenten des Mediums zugeordneten Adressen linear. Die zu einem Text gehörigen Datencodes werden Buchstabe für Buchstabe entlang der Eingabereihenfolge in Segmente aufsteigender Adresse abgelegt. Schon im Abschnitt 4.1.3. über Dateisysteme und Speicherverwaltung wurde klar, daß ein derartiges Vorgehen unweigerlich zur Fragmentierung des Speichers führt: Für das nachträgliche Einfügen von Buchstaben fehlt für die zugehörigen Datencodes an der entsprechenden Adresse des Speichers der erforderliche Platz. Umgekehrt bleibt beim Entfernen von Worten ein Leerraum an Adressen im bisher durchgehend gefüllten Speicher zurück.

🖫 Als "physikalische Segmentierung" bezeichnen wir die Organisation des physikalischen Mediums digitaler Speicher in Form einzeln adressierbarer Segmente.

Die von diesem Problem unberührte freie Veränderung von Inhalten erfordert es, die logische Abfolge der Daten von deren Anordnung auf dem Speicher zu trennen. Anders als im analogen Fall erfordert eine veränderte logische Struktur des Inhaltes, beispielsweise die Umstellung von Textsegementen, keine Veränderung der physikalischen Speicherobjekte, die die Daten der betroffenen Inhalte systemintern als Code repräsentieren. Der Zugriff auf diese Codes erfolgt vielmehr indirekt über Querverweise und Zeiger unter Zuhilfenahme der Adressen. Die Datencodes eines logischen Inhalts werden in einem zweistufigen Prozeß angesprochen, der über den Umweg des Zeigers zu den nach rein systeminternen Kriterien angeordneten realen physikalischen Speicherobjekten führt. Mit anderen Worten: Die sich aus der Anwendung ergebende logische Anordnung der Daten wird nicht durch die Anordnung der Datencodes auf dem Adressraum des physikalischen Mediums, sondern durch die Reihenfolge der Zeiger abgebildet. Dies hat zur Folge, daß veränderte Anwendungsstrukturen keine Veränderung der physikalischen Speicherobjekte, sondern nur eine Änderung der Zeigerstruktur zur Folge haben. Die wesentlichen Vorteile digitaler Informationstechnik basieren auf der Kombination dieser Strategie mit der Fähigkeit, die mit der indirekten Adressierung verbundenen Prozesse in hoher Geschwindigkeit abzuwickeln.

Fragmentierung erfordert die indirekte Organisation von Inhalten über Zeiger, die auf die Adressen der zugehörigen physikalischen Datensegmente verweisen. Auf diese Weise werden logische und physikalische Segmente voneinander entkoppelt.

5.1.1.4 Problem proprietärer Fileformate

5

Textverarbeitungsprogramme bilden die Texteingabe Buchstabe für Buchstabe auf sequentiell hintereinander liegende Byteadressen im Speicher ab. Später eingefügter Text wird physikalisch als Code an das augenblickliche Ende des Textspeicherbereiches angehängt, ein Zeiger an der gewünschten Textstelle gewährleistet die korrekte Reihenfolge bei der Darstellung. Löschvorgänge erfolgen dementsprechend durch Zeiger, mit deren Hilfe die logisch entfernte Textstelle beim Auslesen der Datencodes aus dem physikalischen Speicher einfach übersprungen wird. So entsteht im Lauf der Zeit ein reichlich zergliedertes Sammelsurium von Datensegmenten im Speicher, deren logische Folge über die Zeiger hergestellt wird. Spätestens beim Übertragen der Daten auf den sekundären Speicher optimiert die Textverarbeitung diese Anordnung und stellt, soweit möglich, wieder eine sequentielle Ordnung der Daten her. Die Abbildung des Ordnungsprinzips auf die Anordnung der Bytes im Speicher und die Codierung von Formaten und Layout für Textsegmente verschiedener Größe, wie beispielsweise Absatz, Abschnitt, Dokument, Wort oder Zeichen, erfordert einen umfangreichen internen Verwaltungsaufwand. Dies gilt auch bei Grafikprogrammen, insbesondere für die gewählte mathematische Repräsentation geometrischer Objekte bei der Vektorgrafik. Auch Bitmaps brauchen zumindest Angaben zum Bildformat und zu Fragen der Farbdarstellung der einzelnen Pixel. Die innere Verwaltungsstruktur von Dateien unterliegt keinem einheitlichen Standard. Als Folge davon können Dateien, die mit einem Anwendungsprogramm erzeugt wurden, nur mit starken Einschränkungen in anderen Anwendungsprogrammen identischer Zielsetzung bearbeitet werden. Der mit dem Textverarbeitungsprogramm A erstellte Text kann also nicht ohne weiteres mit einem Textverarbeitungsprogramm B gelesen oder modifiziert werden. Der Datenaustausch erfolgt entweder über ein von beiden Programmen gemeinsam unterstütztes Dateiformat, meist um den Preis der unvollständigen Erfassung aller Sonderfunktionen des Quellprogramms, oder durch den Einsatz von speziellen Konvertierungsprogrammen. Die strategischen Möglichkeiten, die eine einheitliche Darstellung aller Informationen unabhängig von ihrer Erscheinungsform durch digitale Daten bietet, wird also auf der höher angesiedelten Ebene der Dateiformate wieder aufgehoben.

Im Gegensatz zum Zeichencode ASCII existieren keine Standards für die Darstellung logischer Ordnungsprinzipien durch interne Speicherformate (Fileformate). Die uneinheitliche Formatierung behindert den direkten digitalen Datenaustausch und relativiert die einheitliche binäre Datendarstellung als wesentlichen potentiellen Vorteil der digitalen Datentechnik.

Es gilt, die durch Fileformate bedingte Trennung der Daten aufzuheben, soweit möglich. Diese Aufgabe hat zwei Teilaspekte: Zum Einen geht es um die Vereinheitlichung der Dokumentendarstellung über unterschiedliche Plattformen, also Anwendungsprogramme verschiedener Hersteller oder verschiedene Betriebssysteme hinweg. Zum anderen steht die Integration getrennter Dokumentenformen im Brennpunkt. Das Analogon des "Schreibtisches", der als "Desktop" auf dem Bildschirm abgebildet wird, macht diese Einschränkung deutlich: Entnimmt man dem Eingangskorb des realen Schreibtisches ein Dokument, dann ist dessen Inhalt sofort lesbar, unabhängig davon, ob es sich um Bilder, Texte oder Tabellen handelt. Die Ordnung der Dokumente ist ausschließlich von der Frage gekennzeichnet, ob sie logisch verbunden sind, also zu einem "Vorgang", Kunden oder Projekt gehören. Im Gegensatz dazu erfordert der Zugriff auf Dokumente vom Desktop eines PC immer die Angabe, ob es sich um einen Text, eine Grafik oder eine Tabelle handelt. Auch wenn Betriebssysteme diesen Vorgang oft hinter einer festen Zuweisung von Dateitypen an einzelne Programme zu verbergen suchen, stellt dies eine nicht unwesentliche Einschränkung der Flexibilität dar. Besonders die sukzessive Erweiterung der Programme um Zusatzfunktionen, die ursprünglich besonderen Applikationen vorbehalten waren, macht es zunehmend schwieriger, zu entscheiden, ob ein Rechnungsformular nun mit den Formularvorlagen der Grafik, über die Textverarbeitung oder als Tabellenkalkulation bzw. Datenbank erzeugt werden soll. Auch wenn das als Ausdruck vorliegende Ergebnis in allen Fällen nahezu identisch und die gewünschte Funktionalität gleich ist, handelt es sich doch um vollkommen verschiedene Fileformate mit teilweise weitreichenden Konsequenzen für deren Weiterverarbeitung. Die Frage eines übergreifenden Dokumentenformates ist Gegenstand von Abschnitt 5.3.4., der Austausch von Dokumenten über betriebssystemübergreifende Netzwerke wird in Abschnitt 9.4.3. behandelt.

Moderne digitale Dokumentenformate sind portabel, also unabhängig von Betriebssystemen und Anwendungsprogrammen und integrieren Text, Grafik, Bild und Ton als mögliche Erscheinungsformen für Inhalte.

5

5.1.2 Trennung von Inhalt und Beschreibung

5.1.2.1 Klassifikation als Ordnungsprinzip vertikaler IT

Im Abschnitt 2.3.3. hatten wir Dokumente als Transportmittel für Inhalte zwischen einem erzeugenden Informationsprozeß als Quelle und einem anderen als Empfänger beschrieben. Dokumente sind eine Metaterminologie für die Beschreibung von Inhalten, ein typisches Beispiel für die horizontale Funktion der Informationstechnik. Textverarbeitung und Grafik liefern Werkzeuge für die Gestaltung von Dokumenten. Die vertikale Abbildung der Realität auf technische Informationsprozesse und Strukturen unterstützen diese Werkzeuge nicht, sie treten erst in Funktion, wenn der betreffende Inhalt als Qualität des Informationsprozesses bereits erzeugt worden ist. Eine vertikale IT hingegen sucht nach Wegen, reale Objekte in Beschreibungsklassen einzuordnen und deren Beziehungen zueinander statisch und dynamisch in Algorithmen abzubilden. Eine ideale vertikale Informationstechnik würde die in einem Text enthaltenen Aussagen oder die Zugehörigkeit einer per Kamera aufgenommenen Ware zu einer Produktgruppe automatisch erkennen. Auch wenn bei der Text-, Sprach- und Mustererkennung große Fortschritte erzielt werden, bleibt für die Abbildung der Realität auf die Informationstechnik heute nur der Weg über ein Modell, das Teile der Realität systematisch und vereinfacht beschreibt. Diese Vereinfachung ist eine für das Anwendungsziel ausreichende, bewußte Einschränkung der Vielfalt der Realität auf die Fähigkeiten und Funktionen der Informationstechnik.

5

Horizontale Informationstechnik, wie Textverarbeitung oder Grafikprogramme transportieren Ergebnisse des Informationsprozesses. Vertikale Informationstechnik dient der Abbildung eingeschränkter Teile der Realität in technischen Systemen.

5.1.2.2 Tabellenkalkulation

Ein Beispiel für die feste Vorgabe eines eingeschränkten Ordnungsprinzips als Modell für Prozesse der Realität ist die Anordnung von Daten in einer Tabellenkalkulation. Sie folgt grundsätzlich einer matrixartigen Struktur mit zwei oder drei Dimensionen. Alle Daten befinden sich in einer durch die Aufgabe eindeutig gegebenen Anordnung an Kreuzungspunkten einer Zeile und einer Spalte, einer sogenannten Zelle. Die im Rahmen einer Berechnung für eine Zelle vorgesehene Aufgabe oder Bedeutung ist vom aktuellen Wert der Zelle unabhängig, Beschreibung und Inhalt sind entkoppelt. Eine Berechnungstabelle für die Verkaufspreise von Produkten enthält entlang einer Zeile für jedes Produkt deren Artikelnummer, Einkaufspreis, Transportkosten, Zollsatz, einen gemeinsamen Währungskurs für ausländische Waren, den daraus resultierenden Lagerwert, sowie die aus der Großhandels- und Einzelhandelsmarge ermittelten Verkaufspreise an Zwischenhändler und Kunden, mit und ohne Mehrwertsteuer. Abbildung 5.1 zeigt eine Tabelle und die den Zellen zugeordneten Berechnungsfunktionen, die sich auf die Inhalte der durch Zeilen und Spaltennummer vorgegebenen Zellen beziehen.

	A	B	C	D	E	F
1		**Marge GH**	0,33	**Marge EH**	0,33	
2		**Umrechn**	1,81	**Mwst.Satz**	0,15	
3						
4				o. Mwst	o. Mwst	
5	**Artikel**	**EK US $**	**EK in DM**	**VK Groß**	**VK Kunde**	**VK brutto**
6						
7	10001111	185,35	=B7*$C$2	=C7/(1-$C$1)	=D7/(1-$E$1)	=E7*(1+$E$2)
8		0	=B8*$C$2	=C8/(1-$C$1)	=D8/(1-$E$1)	=E8*(1+$E$2)
9		0	=B9*$C$2	=C9/(1-$C$1)	=D9/(1-$E$1)	=E9*(1+$E$2)
10		0	=B10*$C$2	=C10/(1-$C$1)	=D10/(1-$E$1)	=E10*(1+$E$2)
11		0	=B11*$C$2	=C11/(1-$C$1)	=D11/(1-$E$1)	=E11*(1+$E$2)
12						

Abbildung 5.1 Tabelle mit Berechnungsfunktionen

	A	B	C	D	E	F
1		**Marge GH**	33,00%	**Marge EH**	33,00%	
2		**Umrechn**	1,81	**Mwst.Satz**	15,00%	
3						
4				o. Mwst	o. Mwst	
5	**Artikel**	**EK US $**	**EK in DM**	**VK Groß**	**VK Kunde**	**VK brutto**
6						
7	10001111	185,35	335,48	500,72	747,35	859,45
8		0,00	0,00	0,00	0,00	0,00
9		0,00	0,00	0,00	0,00	0,00
10		0,00	0,00	0,00	0,00	0,00
11		0,00	0,00	0,00	0,00	0,00
12						

Abbildung 5.2 Rechenergebnisse der Tabelle

Diese Berechnungsfunktionen sind beim Anlegen der Tabelle fest vorgegeben worden, unabhängig davon, welcher Wert an dieser Stelle der Tabelle später tatsächlich eingetragen wird. Nach Eintragen der Zelleninhalte erfolgt automatisch die Berechnung anhand der vorgegebenen Funktionen. Ändert sich ein Parameter, z.B. der Umrechnungskurs, so genügt die Veränderung dieses einen Wertes, alle anderen mit diesem Parameter durch die Struktur der Tabelle verknüpften Zellen werden automatisch aktualisiert. Abbildung 5.2 zeigt das Aussehen der Tabelle, sobald Daten in die Zellen eingetragen wurden. Die Werte der Spalten C-F in Zeile 7 wurden automatisch aus dem Wert in Zelle A7 unter Auswertung der globalen Parameter in den Zellen C1, C2 und E1, E2 ermittelt.

Die Tabellenkalkulation liefert ein festes Beschreibungsmuster für die Erfassung und Auswertung von Daten und deren Zusammenhang in Form einer Matrix. Die in einer Tabelle jeder Matrixzelle zugeordnete Funktion ist vom augenblicklich dort eingetragenen Wert unabhängig.

Die Tabellenkalkulation (TK) entkoppelt zwar Strukturbeschreibung und aktuellen Wert voneinander, die Strukurbeschreibung selbst ist aber statisch vorgegeben. Andere Anordnungen von Daten als jene einer Matrix sind nicht möglich, die logische Funktion einer Zelle kann nach Anlage der Tabelle nicht mehr ohne weiteres verändert werden. Damit ist die TK ein ideales Werkzeug für jene Fälle, in denen sich der Zusammenhang von Daten in einer zwei- oder dreidimensionalen Sicht tabellarisch abbilden läßt. Viele betriebswirtschaftliche Berechnungen sind für diese Art von Ordnungsprinzip geeignet, da die Tabelle schon in Zeiten von Bleistift und Papier als Basis für Kontobuch und Formularsatz dient. Vielfach aber sind die Zusammenhänge zwischen den Daten sehr viel komplexer und in mehr als drei Dimensionen vernetzt, besonders dann, wenn es nicht nur um Berechnungs-, sondern auch um Verwaltungsaufgaben geht.

5.1.2.3 Datenbank

Eine flexible Datenverarbeitung erfordert unter Umständen eine Reihe vollkommen unterschiedlicher logischer "Sichten" auf ein und dasselbe Datenmaterial. Was für die Lagerverwaltung eine Tabelle mit Waren ist, die nach Lagerort sortiert sind, ist für die Produktion eine für jedes Produkt getrennte Stückliste, in der nur die für dieses Produkt nötigen Bauteile in einer für die Montage sinnvollen Reihenfolge enthalten sind. Der Controller hingegen interessiert sich weder für Artikelnummer noch für Lagerort, sondern für den summierten Bestand aller Waren nach Umschlagsdauer und den erwirtschafteten Deckungsbeitrag. Basis aller dieser "Sichten" ist dabei immer der beschreibende Datenbestand aller Entities des Wertschöpfungsprozesses und ihrer Beziehungen untereinander. Diese Beschreibung nimmt bereits bei kleinen Unternehmen recht umfangreiche Ausmaße hinsichtlich Datenmenge und Komplexität an, so daß die nötige Struktur nicht mehr sinnvoll in einem einzigen File untergebracht werden kann. Das flexibelste Werkzeug für den Umgang mit großen und komplexen Datenbeständen ist die Datenbank. In ihr ist das Ziel einer Entkoppelung von Inhalt und Struktur am weitesten fortgeschritten.

Die Datenbank erlaubt viele unterschiedliche "Sichten" auf die einmal in ihr erfaßten Daten. Da die innere Repräsentation des Dateninhalts von ihrer für eine bestimmte Anwendung gewählten Darstellungsform oder Anordnung unabhängig ist, sprechen wir von einer Entkoppelung zwischen Struktur und Inhalt.

Die Gesamtheit der zur logischen Beschreibung aller Entities nötigen Daten und die diese Daten enthaltenden Files bilden die sogenannte Datenbasis. Sie ist auf dem physikalischen Medium in Form eines Dateiformates repräsentiert, das für alle Files der Datenbasis gleich ist. Das Festlegen der Datenstrukturen für die Datenbasis sowie der Zugang zu und die Veränderung von darin enthaltenen Daten erfolgt immer unter der Kontrolle einer zentralen Instanz, des sogenannten Database Management Systems, kurz DBMS. Das DBMS liefert eine für das eingesetzte Datenbankprodukt charakteristische, systemeigene Sicht auf die Daten, die für die interne, dem Benutzer verborgene Beschreibung der Datenstrukturen und der logischen Verknüpfungen genutzt wird. Diese systemnahe Datenstruktur ist aber von der Sichtweise des Benutzers isoliert. Die Daten lassen sich in nahezu jeder gewünschten Form betrachten, anordnen und auswerten, ohne Rücksichtnahme auf die grundlegende physikalische Form der Datenordnung auf dem Speichermedium.

Die Gesamtheit aller Daten einer Datenbank bezeichnet man als Datenbasis. Die Entkoppelung der Datenbasis von allen Anwendungen erfolgt über das Data Base Management System oder DBMS als Vermittlungsinstanz.

Enitities werden in Datenbanken als eine Sammlung von Beschreibungsfeldern abgebildet, die für das beschriebene Objekt die charakteristischen Attribute enthalten. Anstelle einer freien Beschreibung eines Kunden in Form einer vom Kundenbetreuer verfaßten Textnotiz gibt die Datenbank die für die Beschreibung der Entity "Kunde" nötigen Attribute fest vor. Dies sind Datenfelder, wie "Name", "Vorname", "Straße", "Postleitzahl". Es ist deutlich zu erkennen, wie die Beschreibung der Kategorie "Kunden" durch eine Sammlung von Attributen unabhängig von den Werten ist, die diese Attribute für einen bestimmten Kunden annehmen, der "Meier", "Karl" heißt und in der "Leibnizstrasse" in "65152" wohnt. Zur Unterscheidung der Beschreibungsstruktur von den einzelnen mit ihrer Hilfe beschriebenen Kunden verwendet man auch den Begriff "Instance" einer beschreibenden "Entity". Herr Meier ist demnach eine Instance der Entity "Kunde". Die Anordnung der Felder und deren Verknüpfung ist nicht durch Zusammenhang und Reihenfolge bei der Dateneingabe oder durch die interne Repräsentation eingeschränkt. Vielmehr lassen sich nahezu beliebig flexible Zusammenstellungen, Auswahlkriterien, Berechnungen zwischen und Sortierungen von Daten aus dem DBMS anfordern. Auch die tabellarische Anordnung von Daten und Berechnungsvorschriften kann mit Hilfe einer Datenbank erzeugt werden. Dieser Gedanke ist besonders wichtig, da die in einigen Produkten für Tabellenkalkulation angebotenen "Datenbankfunktionen" zur fälschlichen Annahme verleiten, komplexe Auswertungen von Daten auch ohne den Umweg über die schwieriger verständliche "echte" Datenbank durchführen zu können.

Die Tabellenkalkulation ist ein der möglichen "Sichten" auf eine Datenbasis, deren Datenstruktur als häufig nötiger Anwendungsfall bereits fertig vorliegt. Damit ist die TK ein eingeschränkter Sonderfall der Datenbank.

5.1.3 Multimediale digitale Systeme

5.1.3.1 Folgen des wahlfreien Zugriffs (Random Access)

Die Entkoppelung physikalischer und logischer Segmente beruht auf der Unabhängigkeit von Reihenfolge und Struktur beim Zugriff auf abgespeicherte Daten von Reihenfolge und Struktur ihrer Anordnung auf dem physikalischen Speichermedium. Der dafür nötige wahlfreie Zugriff (Random Access) erfordert kleine und einzeln adressierbare Segmente, die alle innerhalb kürzester Zeit verfügbar sein müssen. Nur die extrem große Geschwindigkeit bei Speicherzugriffen erlaubt es, weit verstreut auf dem Speichermedium vorliegende Dateninhalte als logisch zusammengehörig auszulesen. Der Halbleiterspeicher ist dabei um ein vielfaches schneller als die Festplatte. Bei RAM ist die potentiell kleinste Segmentierung das einzelne Bit, von denen jedes über einen eigenen Schreib- / Lesezugang in Form von Transistoren verfügt. Beim Einsatz eines rotierenden Datenträgers handelt es sich um größere Datensegmente, die nur in regelmäßigen, durch die vollständige Umdrehung der Platte gegebenen Zeitabständen von einem entsprechend beweglich montierten Kopf abgelesen werden können.

5

Die Entkoppelung von physikalischer Speicher- und logischer Datenstruktur gelingt nur auf der Basis des extrem schnellen wahlfreien Zugriffs.

Die Fragmentierung erfordert den indirekten Zugriff über Verzeichnistabellen mit der exakten Reihenfolge und Adresse der verwendeten Segmente auf dem Datenträger. Diese Verwaltungsaufgabe wird im Betriebssystem, verborgen vor den einzelnen Anwendungen, abgewickelt. Aus deren Sicht ist Speichern und Lesen immer so strukturiert, als wäre ein freier Raum sequentiell aufeinanderfolgender Datensegmente auf dem Medium vorhanden. Aus der Sicht des Betriebssystems haben die Daten einer Datei keinen anderen Grad an gegenseitiger Verbindung als ihre Zugehörigkeit zu einem gemeinsamen Namen und eine Reihenfolge, mit der sie von der Anwendung beim Speichervorgang an das Betriebssystem abgegeben werden. Dies führt zu einer nicht unbedingt nötigen Zweistufigkeit der Datenverwaltung. Das Betriebssystem liefert die Datei, holt also sozusagen den richtigen Ordner aus dem Datenschrank, erst die Anwendung aber kann mit den dort abgelegten Daten etwas anfangen. Die Suche nach bestimmten Inhalten im Inneren einer Textdatei führt also immer über den Weg, zuerst die gesamte Datei über das Betriebssystem zu finden, sie zu laden und anschließend mit der zum Fileformat passenden Anwendung zu durchsuchen. Dieses Problem ist zwar mit dem Aussterben der nur 8 Zeichen langen Dateinamen und mit zunehmender Unterstützung von Suchfunktionen in modernen Betriebssystem weniger brisant geworden. Abhilfe schafft aber nur eine Systemphilosophie, die das Betriebssystem selbst als Datenbank versteht, deren Basis, nämlich die verwalteten Files, sich dann einem Minimum an gemeinsamer Formatierung unterwerfen.

Das Betriebssystem bildet Dateninhalte geschlossen als Dateien auf die Speicher ab. Dateimanagement anhand logischer Dateiinhalte im Sinne einer Datenbank mit den Files als Basis ist aufgrund uneinheitlicher Dateiformate unmöglich.

5.1.3.2 Datenverarbeitung, Datenverwaltung, Datenkommunikation

Der Siegeszug der Informationstechnik nahm seinen Anfang in der reinen Verarbeitung von Daten. Das Softwarepaket, das den ursprünglichen Einstieg der Personal Computer in die Bürowelt ermöglicht hat, war eine Tabellenkalkulation. Außer der Notwendigkeit, Daten abzuspeichern und wieder aufzurufen, um sie nicht jedesmal neu eintippen zu müssen, waren die Forderungen an die Verwaltung der Daten recht gering. Dies hat sich mit der Zunahme der auf Basis digitaler Daten realisierten Prozeßunterstützung im Bereich der Unternehmensorganisation stark verändert. An die Stelle unstrukturierter Datenbereiche, die nur aus der Sicht der unmittelbar mit ihnen befaßten Anwendung sinnhaltig waren, treten extrem große Datenbestände, die transparent für eine Vielzahl von Programmen, Nutzern und einzelnen Rechnern verfügbar sein müssen. Die Datenbank wurde damit zur wichtigsten Anwendung der Informationstechnik für Unternehmen. Sie koexistiert heute mit den proprietären, abgeschlossenen und immer noch auf die Einzelanwendung zugeschnittenen Dateiformaten. Der letzte Entwicklungsschritt der IT vollzieht sich mit dem Übergang von einzelnen Rechnern zu erst lokal, dann weiträumig und schließlich global vernetzten Systemen, zwischen denen die Grenzen hinsichtlich Technik und Anwendung verschwinden sollen. Damit nimmt die IT als weitere, bislang oft unbeachtete Dimension die Aufgabe eines Kommunikationsmittels wahr. Die daraus resultierenden drei Dimensionen der Anwendung digitaler IT sind, mit unterschiedlichen Namen, sowohl in der Multimedia- wie auch in der betriebswirtschaftlichen Welt gleichermaßen aktuell. Im Abschnitt 2.3.3. war von der Definition des multimedialen Würfels die Rede. Seine drei Dimensionen, namentlich "Multimedia Content", "Hypermedia Structure" und "Cooperative Access" stehen spiegelbildlich für die hier benutzten Begriffe "Datenverarbeitung", "Datenverwaltung" und "Datenkommunikation". Diese Analogie unterstreicht die Bedeutung zusammenwachsender Profile aus Medien und BWL.

Mit dem Ziel transparent vernetzter Informationssysteme muß die Aufgabe der Informationstechnik von der reinen Datenverar-

5

beitung auf die Datenverwaltung und die Datenkommunikation ausgedehnt werden.

5.1.3.3 Zusammenfassung

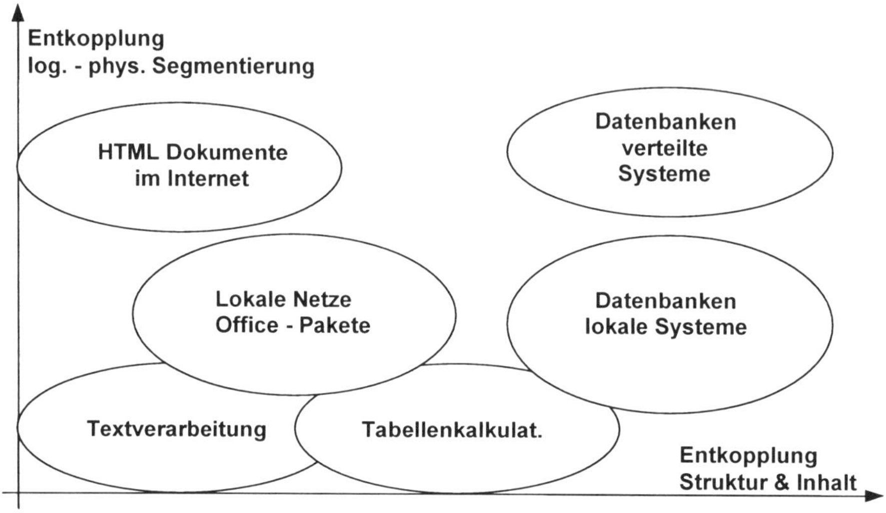

Abbildung 5.3 Anwendungsbereiche und Trends der DV

Der wesentliche Vorteil der digitalen IT ist ihre Fähigkeit, logische und physikalische Segmente voneinander zu entkoppeln. Basis hierfür sind schnelle Speichermedien und die Fähigkeit, algorithmisch beschriebene Prozesse selbständig und schnell abzuwickeln. Mit der Erweiterung der Systeme um Datennetze ist die Bindung von logischem Inhalt und physikalischem Speicher auch hinsichtlich des Aufenthaltsortes der Daten gelöst. Neben der Trennung dieser Segmentierungen voneinander und der Prozeßfähigkeit des Systems steht die mit der fortschreitend verbesserten Datenverwaltung entstandene Trennung von Beschreibungsstruktur und Inhalt. Die Abbildung 5.3 zeigt die Einordnung aktueller Anwendungen der digitalen IT entlang der beiden Dimensionen "wachsende Entkoppelung der Segmente" und "wachsende Trennung von Inhalt und Struktur". Während die Textverarbeitung und die Tabellenkalkulation im Folgenden nicht im Detail behandelt werden, ist dem Thema Datenbanken der Abschnitt 5.2. dieses Kapitels gewidmet, die Kommunikation von Daten in Netzen ist Thema von Kapitel 9.

5.2 Datenbanken

5.2.1 Paradigma der analogen Datenverwaltung: Die Bibliothek

5.2.1.1 Entities und Daten in einer analogen Bibliothek

Datenbanken sind mit der Verwaltung von Daten befaßt, die sich einer vorher vereinbarten, gemeinsamen Struktur unterwerfen. Objekte und Leistungen im weitesten Sinne, die Gegenstand einer abbildenden Datenstruktur sein sollen, bezeichnen wir als "Entities". Ihre Beziehungen untereinander nennen wir "Relations", die Regeln für den Umgang mit Strukturen und Inhalten heißen "Business Rules". Dabei nutzen wir teilweise das Vokabular des weiter unten zur Datenmodellierung detailliert beschriebenen Modells von "Entity" und "Relationship". Als Beispiel für den Vergleich von Verwaltungsstrukturen mit und ohne Integration digitaler Informationssysteme sollen die Objekte und Prozesse bei der Organisation einer Bibliothek dienen. Wichtigste Entities sind neben den Büchern selbst die Benutzer der Bibliothek. Zusätzlich gilt es, die bei der Suche nach einem gewünschten Exemplar, beim Hinzufügen neuer Bücher und bei der Ausleihe auftretenden Geschäftsprozesse in Form von Business Rules und Relations zwischen diesen Entities modellhaft abzubilden. Ein Beispiel für derartige Geschäftsregeln ist die für die Dauer der Ausleihfrist begrenzte Beziehung zwischen einem Leser und den von ihm entliehenen Titeln.

In der Bibliothek verwaltet man als Entities Kunden und Bücher, sowie deren Beziehungen zueinander.

Jede Bibliothek ist durch die Aufstellung der Bücher in den Regalen, beispielsweise nach unterschiedlichen Wissenschaftszweigen und durch die alphabetische Sortierung nach Autoren oder Titeln organisiert. Es sprechen schon vor der Einführung digitaler Datensysteme eine Reihe praktischer Gründe dafür, ein von der physikalischen Anordnung der Bücher unabhängiges Ordnungsprinzip einzuführen. Die Beschreibung der Bücher auf jeweils einer Karteikarte und deren anschließende Sortierung nach unterschiedlichen Kriterien beschleunigt die Durchmusterung der Datenbestände bei der Recherche. Die Einführung solcher als Index bezeichneter Karteien ist jedoch mit dem Problem möglicher Inkonsistenzen zwischen logischem und physikalischem Datenbestand verbunden. Zwischen jeder Karteikarte und dem durch sie beschriebenen Buch im Regal besteht eine eindeutige Beziehung. Zu diesem Zweck erhält jedes Buch einen eindeutigen und individuellen Schlüssel, durch dessen Vermerk auf der Karteikarte das zugehörige physikalische Objekt gekennzeichnet ist. Die Integrität dieser Beziehung beruht darauf, daß der Schlüssel auch auf das physikalische Ordnungsprinzip der Bücher in den Regalen abgebildet ist. Inkonsistenzen entstehen dann, wenn ein Titel unter

5

Mißachtung dieses Ordnungsprinzips an falscher Stelle physikalisch eingestellt oder ohne Korrektur des Index endgültig entfernt wird.

Die Verwaltung der Bücher stützt sich auf Indizes aus sortierten Karteikarten, die über einen eindeutigen Schlüssel mit den durch sie beschriebenen Büchern verbunden sind.

5.2.1.2 Koppelung logischer und physikalischer Segmente

Die Verkürzung der Zugriffswege durch parallele Indizes, also nach unterschiedlichen Kriterien sortierte Karteikartenstapel, beispielsweise Autoren- und Schlagwortkatalog, ist mit einem erheblichen Mehraufwand für den Bibliotheksbetrieb verbunden. Jeder zusätzliche Kartenstapel erfordert faktisch das Duplizieren des kompletten beschreibenden Datenbestandes der Bibliothek auf einen neuen Datenträger (Karteikarten). Mit der Anzahl der Indizes steigt die Redundanz, also die parallele Speicherung identischer Daten und der Aufwand, der für die Vermeidung von Inkonsistenzen bei Einstellen oder Entfernen von Titeln betrieben werden muß. Dennoch spiegelt keine noch so aufwendige Parallelindizierung jeden potentiell denkbaren Recherchevorgang wieder, mit dessen Hilfe ein Benutzer den von ihm gewünschten Inhalt sucht. Kombinierte Suche, beispielsweise nach jenen Veröffentlichungen eines Autors innerhalb eines vorgegebenen Zeitraums, erzwingt das sequentielle Abarbeiten aller aus dem Autorenindex aufgefundenen Einträge des gewünschten Verfassers nach Datum oder umgekehrt.

Verbesserte Recherche durch verschieden sortierte Indizes erfordert das mehrfach redundante Duplizieren der Bücherbeschreibung auf den Karteikarten und ermöglicht doch keine komplexen Suchvorgänge.

Auch die korrekte Abwicklung der Ausleihe führt zu einem Anforderungsprofil, das mit Hilfe einer Karteikartenlösung nur schwer, teilweise überhaupt nicht zu erfüllen ist. Der Ausleihvorgang selbst erzeugt eine zeitlich befristete Relation zwischen einem Kunden und den von ihm entliehenen Büchern. Wird die Ausleihe auf der Karteikarte des Buches vermerkt, liefert dies zwar einem anderen Bibliotheksbenutzer die Information über den Rückgabezeitpunkt des Titels, mehrfach parallele Indizes erfordern aber die Eintragung des Ausleihvorgangs in jeden Kartenstapel. Unklar bleibt bei dieser Organisation außerdem, wie das Mahnwesen organisiert werden kann, weil keine Kartei mit Titel und Nutzer existiert, die nach Ablauf der Ausleihfirst sortiert ist. Um diese Anforderung zu erfüllen, empfiehlt sich die Anlage einer getrennten Datei, die für jeden Ausleihvorgang die Beziehung zwischen Kunde und Buch enthält. Betrachtet man den Fall, daß einem gerade anwesenden Kunden der augenblickliche Ausleihwunsch verweigert werden soll, weil von ihm bereits entliehene Titel die Ausleihfrist überschritten haben, so kann dies wiederum am besten mit einem Vermerk aller Ausleihvorgänge auf den Karteikarten der Kundendatei erfolgen.

Geschäftsprozesse mit dynamisch wechselnden Beziehungen zwischen den Entities sind mit Karteikarten nur unter mit hohem Aufwand realisierbar.

All diese prinzipiellen Schwachpunkte basieren auf der Bindung des logischen Ordnungsprinzips an die Anordnung seiner physikalischen Basis. Jede Veränderung der Ordnungsstruktur erfordert eine Veränderung der physikalischen Anordnung des Speichermediums durch Umsortieren der Bücher oder der Karteikarten. Die Zugänglichkeit der Daten, die Flexibilität und Geschwindigkeit des Zugriffs, sowie die potentiellen Auswertungsmöglichkeiten des Datenbestandes sind dadurch stark eingeschränkt. Für den Nutzer sind sowohl solche Titel unzugänglich, die gerade an andere Nutzer verliehen sind, wie auch jene, deren Lagerort sich nicht in der von ihm benutzten lokalen sondern in einer entfernten Bibliothek befindet. Sind die im Rahmen einer Aufgabenstellung nötigen Dokumente von einer entfernten Bibliothek letztlich beschafft worden, erfordert die Auswertung der in ihnen enthaltenen Daten und Inhalte zwingend einen vom Benutzer geleisteten Arbeits- und Zeiteinsatz. Selbst einfachste Aufgaben, wie eine Verknüpfung der in statistischen Jahrbüchern enthaltenen Daten über einen Zeitraum mehrerer Jahre hinweg, können nicht vom System selbst, sondern nur durch Eigenleistung und händisches Neuerfassen von Daten, bestenfalls unter Zuhilfenahme eines Taschenrechners, gelöst werden.

5

Eingeschränkte Verfügbarkeit durch Bindung der Informationen an den Aufenthaltsort und die fehlende Verarbeitungsfähigkeit der Speicher- und Verwaltungssysteme kennzeichnen analoge Datenbestände.

5.2.1.3 Die Leistungsfähigkeit der digitalen Informationstechnik

Im Gegensatz zu den analogen Verwaltungssystemen entkoppelt die digitale Informationstechnik physikalische und logische Segmente weitgehend. Anders als im analogen Fall erfordert der Zugriff gemäß einer vorgegebenen logischen Struktur, beispielsweise die Neusortierung von Daten, keine Veränderung der physikalischen Speicherobjekte, die die beschreibenden Daten der betroffenen Entities systemintern repräsentieren. Der Zugriff auf diese Strukturen erfolgt vielmehr indirekt unter Zuhilfenahme von Adressen, die schnell auf die realen Speicherobjekte umgerechnet werden können. Der indirekte Zugriff über eine Verzeichnistabelle ist eines von vielen Beispielen für die Effizienz der indirekten Adressierbarkeit von Informationen eines digitalen Informationssystems. Einmal mit Hilfe dieser Tabelle auf einen Datenträger wahlfreien Zugriffs gebrachte Daten unterstützen jede potentielle Recherche. Zu diesem Zweck wird die Prozeßfähigkeit des Rechensystems ausgenutzt. Der Rechner überprüft einfach der Reihe nach alle auf dem Festplattenträger abgespeicherten Einträge auf die in der Suche als Zielwunsch angegebenen Begriffe und liefert im Falle einer Übereinstimmung mit dem Suchbegriff den Inhalt des Datensatzes auf dem Ausgabemedium, beispielsweise dem Bildschirm, ab. Sind die zur Durchmusterung anstehenden Datenbestände jedoch von extrem großem Volumen, können auch bei hoher verfügbarer Rechenleistung die für den Benutzer entstehenden Antwortzeiten das vertretbare Maß leicht übersteigen. Datenbanken mit mehreren Millionen Einträgen sind in der Realität keine Seltenheit, so daß für diesen Fall tatsächlich auch innerhalb des Rechners eine Präindizierung, also ein Vorsortieren der Dateien vorgenommen werden muß. Das Sortieren von Datensätzen im Inneren eines digitalen Informationssystems erfolgt jedoch nicht, wie bereits besprochen, durch Umsortieren der physikalischen Speicherelemente auf dem zugehörigen Speichermedium, sondern aufgrund des indirekten Zugriffes durch das Umsortieren der Adresszeiger, also der indirekten Hinweise auf den Aufenthaltsort eines gesuchten Objektes.

Prozeßfähigkeit und Random Access Speicher der digitalen IT erlauben das automatisierte Duchmustern großer Datenbestände nach beliebigen Suchkriterien.

5.2.2 Einsatzbeispiele für Datenbanken

5.2.2.1 Buchhaltung

Die Buchhaltung betrachtet als (meist virtuelle) Objekte eine große Anzahl von Zahlungsvorgängen, die nach unterschiedlichen Kriterien gruppiert sein können oder müssen. Man unterscheidet Zahlungen nach unterschiedlichen Bankkonten oder Kassenbeständen zum Abgleich mit den realen Kontoständen. Zugleich aber werden Zahlungen unabhängig vom Konto nach einem internen Kontenrahmen für Buchhaltung und Bilanz sortiert. Eine genaue Kostenanalyse erfordert die Zusammenführung von Zahlungsvorgängen nach Projekten oder Produktgruppen unabhängig von der Zugehörigkeit zu Konten oder Kontenrahmen. Tabellenkalkulationssysteme sind im Regelfall für die Verfolgung einzelner Zahlungsvorgänge nicht geeignet. Sie erlauben es aber, einen Ausschnitt von Buchungen oder bereits vorverarbeiteten Zahlen (z.B. Einnahmen nach Produktgruppen) schnell in unterschiedlichen wechselnden Zusammenhängen untereinander zu betrachten, insbesondere, wenn mit Zahlenmaterial zu Planungszwecken "gespielt" werden soll.

5.2.2.2 Warenwirtschaft

Die Objekte der Warenwirtschaft sind hauptsächlich real. Neben den verwalteten Produkten oder Waren selbst geht es um Lagerorte, Kunden und Lieferanten. Auch die Beziehungen zwischen den Waren sind mehrdimensional. Waren können nach Produktgruppen sortiert sein, die gemeinsam kalkuliert werden. Davon unabhängig müssen Waren nach Lagerort sortiert und angesprochen werden können. Eine typische Beziehung zwischen den Entities ist die Zusammenstellung von Lieferungen, Bestellungen und Rechnungen und die sich daraus ergebenden Konsequenzen für die korrekte Bestandsführung der Artikel. Auch bei der Produktionsplanung spielen erweiterte Warenwirtschaftsprogramme eine entscheidende Rolle. Dabei ist es nötig, einzelne Produkte in ihre Komponenten zu zerlegen und diese als einzelne Bestandsobjekte zu verfolgen. So kann nach Bestelleingang oder schon bei Anfrage nach Produkten geprüft werden, ob die für die Produktion erforderlichen Bestandteile vorhanden oder bereits für ein bestimmtes Lieferdatum bestellt sind, oder ob sie nachbestellt werden müssen.

5.2.3 Struktur einer Datenbank

5.2.3.1 Geschichte der Datenbanken

Der ursprüngliche Schwerpunkt für den Einsatz digitaler Informationstechnik war die Datenverarbeitung, weniger die Datenverwaltung. Programme und Daten waren auf riesigen Lochkartenstapeln codiert, die, wenn immer ein Nutzer Zugang zur Maschine hatte, geschlossen eingelesen und ausgewertet wurden. Jedes Programm brachte also seine Daten selbst mit. Die Stapel wurden als Papierhaufen verwaltet, wie alle anderen Unterlagen des Bürobetriebes auch. Erst mit der Ablösung dieses sogenannten "Batchbetriebes" durch dialogfähige Systeme entstand die Anforderung, Programme und Daten nicht nur abzuarbeiten, sondern zwischenzeitlich auch in systeminternen Speichern zu verwalten. Programmaufrufe und Ergebnisausgabe erfolgten nunmehr über das Terminal des Nutzers, alle benötigten Daten lagen erstmals in ausschließlich digitaler Form vor, jedoch ohne gegenseitige Austauschbarkeit. Jeder Programmierer erstellte dabei eine für sein Programm optimierte Struktur an Daten, die ausschließlich seiner Anwendung bekannt war. Jede noch so kleine Veränderung der Datenstrukturen erforderte Eingriffe auf Ebene der Programmbefehle in allen anderen Anwendungen, die diese Daten nutzen wollten. Größere Aufgabenstellungen mit umfangreichen Datenbeständen und vielfältigen Anwendungen, die aufgrund des Arbeitsaufwandes von mehreren Programmierern unabhängig voneinander parallel erstellt werden mußten, führten bei derartigen Systemen schnell zu einem unübersichtlichen Netz gegenseitiger Abhängigkeiten, die Ursache vieler versteckter und nur schwer korrigierbarer Fehler waren

Die erste Generation der Informationstechnik war von reiner Datenverarbeitung, die zweite von gegeneinander isolierter Datenhaltung einzelner Anwendungsprogramme gekennzeichnet.

Erst die dritte Generation der digitalen IT lieferte die ersten "richtigen" Datenbanken, die zumeist auf dem hierarchischen Modell beruhten. Ähnlich dem Dateisystem gliedert eine solche Datenbank die Daten in Form eines Baumes, dessen Äste sich ausgehend von einem zentralen Knotenpunkt beliebig weit verzweigen können. Die Datenstrukturen werden in speziellen Definitionswerkzeugen für jede Datenbankanwendung festgelegt, die Relationen zwischen den Daten systemintern in Form hierarchischer Zugehörigkeit in Ober- und Unterklassen abgebildet. Die heute übliche, vierte Generation der Datentechnik basiert auf dem Ansatz der relationalen Datenbanken, die Daten systemintern als verknüpfte Tabellen verwalten und damit sehr komplexe Abhängigkeiten der Daten erlauben. Die Ausführungen dieses Kapitels stützen sich im wesentlichen auf relationale Datenbanken.

Datenbanken als Basis für die breite Nutzung einheitlich definierter und verwalteter Datenbestände haben sich mit der dritten Generation der IT etabliert. Die aktuelle vierte Generation ist von der Dominanz relationaler Datenbanken bestimmt.

5

5.2.3.2 Leistungsmerkmale einer Datenbank

Einem mit dem realen Einsatz von Datenbanken nicht befaßten Anwender in wenigen und präzisen Aussagen zu beantworten, was eine Datenbank eigentlich ist, erweist sich als erstaunlich komplexe Aufgabe. Als Kriterium gilt die gemeinsame Verwaltung aller zu einer Datenbankanwendung gehörenden Files, der sogenannten Datenbasis, unter einer gemeinsamen, von einer zentralen Instanz überwachten Struktur. Auch eine Anordnung von Dateien, die intern alle nach einem vorgegebenem Muster die Inhalte "Name", "Adresse", "PLZ" und "Wohnort" für verschiedene Personen enthalten und auf die über eine gemeinsame Schnittstelle zugegriffen werden kann, erfüllt dieses Kriterium. Ein derartiges System, wie wir es im Westentaschenformat zur Adressverwaltung in jedem besseren "Organiser" vorfinden, bezeichnen wir als "File Processing". Erst die Möglichkeit, Datenstrukturen weitgehend frei miteinander zu verknüpfen und in einer Vielzahl unterschiedlicher logischer Zusammenhänge darzustellen oder solche Zusammenhänge auszuwerten macht daraus eine Datenbank.

Die Möglichkeit, Datenstrukturen frei zu verknüpfen und in einer Vielzahl logischer Zusammenhänge darzustellen oder auszuwerten unterscheidet die Datenbank vom "File-Processing".

Zusammenfassend können folgende Leistungsmerkmale einer Datenbank aufgezählt werden:

- Isolierung der physikalischen Datenstruktur von der logischen Sichtweise der Anwendung, so daß sowohl die physikalische, wie auch die logische Struktur ohne Rückwirkung auf die jeweils andere frei verändert werden kann. Dies ist die Sicht datenunabhängiger Anwendungen im Gegensatz zu den datenabhängigen Strukturen proprietärer Dateiformate.
- Die Datenstrukturen sind so angelegt, daß Inkonsistenz ausgeschlossen und zugleich Redundanz vermieden wird. Im Idealfall liegt jedes Datum nur einmal vor, alle Zusammenhänge, in denen dieses Datum potentiell erscheinen kann, sind nur eine Frage der unabhängigen logischen Sicht des Datenbestandes.
- Die Datenbank liefert zur Integrität des Bestandes auch zugleich die Möglichkeit, den Zugriff auf den Datenbestand zu überwachen. Zu diesem Aufgabenbereich gehören die Vergabe von Nutzungsrechten an die Anwender, der Schutz von Dateien gegen unbefugte Zugriffe, sowie die Sicherung des Datenbestandes gegen eventuelle Datenverluste.
- Letzes und vor dem Hintergrund wachsender Vernetzung der Systeme wichtigstes Merkmal sind vielfältige und herstellerübergreifende Schnittstellen des Datenbestandes zu einer großen Anzahl von Anwendungen auf unterschiedlichen Betriebssystemplattformen.

5.2.3.3 Die drei ANSI / SPARC Modellebenen

Aus der notwendigen Forderung, logische und physikalische Segmente voneinander zu isolieren, erwächst als zentrale Eigenschaft der Datenbank, Abstraktionsmodelle für die Realtität und solche für die Datenorganisation eines digitalen Computers miteinander so zu verbinden, daß deren Eigenständigkeit unangetastet bleibt. Die Abbildung 5.4 veranschaulicht die Funktion der Datenbank als Bindeglied zwischen Abstraktionsmodellen, die an die Hardware gebundene und der Realität entstammende Vorgaben miteinander verknüpft. Da keines der beiden Modelle von der Datenbank dem jeweils anderen aufgezwungen werden kann, bedient sich die Datenbank eines eigenen Modells. Dieses Modell hängt wesentlich vom Entwicklungsstand des theoretischen Verständnisses für Datenstrukturen sowie von den Möglichkeiten der verfügbaren Generation von Hard- und Softwaretechnologie ab. Die Methodik, die für eine algorithmische Beschreibung der in der Realität vorkommenden Prozesse genutzt wird, ist von der Frage der zu seiner Unterstützung genutzten Informationstechnik unabhängig. Das in einem getrennten Abschnitt besprochenen Entity-Relationship - Modell ist ein Beispiel für die Abstraktion der Realität auf dieser Ebene. Das Modell der drei Ebenen ist Teil der Standardisierung durch die ANSI und die SPARC (American National Standards Institute und Standarts Planning and Requirements Committee). Ist die Realität mittels eines geeigneten Modells beschreibbar und faßbar geworden, erfolgt die Abbildung dieses Modells auf das Datenmodell eines ausgewählten Datenbankproduktes, also einer Software. Wie das auf die interne Repräsentation der Datenbank umgesetzte Realitätsmodell dann tatsächlich auf physikalischer Ebene abläuft, bleibt der Datenbank überlassen und dem Benutzer verborgen.

Abbildung 5.4 Die ANSI/SPARC Modellebenen

Die Datenbank verbindet Abstraktionsmodelle für die Realität mit den Modellen für Datenorganisation der Informationstechnik. Diese Bindung erfolgt in einer eigenen, von beiden Modellen unabhängigen "Systemsicht".

5

5.2.3.4 Systemsicht der Daten: Das DBMS

Im vorhergehenden Abschnitt war von der Vermittlungsfunktion zwischen den Abstraktionsmodellen des technischen Systems und der darauf abzubildenden Realität die Rede. Diese Funktion ist innerhalb des DBMS als Kernstück der Datenbank untergebracht. Die Programme des DBMS sitzen, wie Abbildung 5.5 zeigt, zwischen der Ebene der physikalischen Daten und der Anwendung, funktional nahe am Betriebssystem. Während das Filesystem aber nur eine Modellsicht auf die ansonsten geschlossenen Files liefert, liefert die Datenbank eine Modellsicht auf den kompletten angeschlossenen Datenbestand, eben die Datenbasis. Diese Sicht ist unabhängig davon, ob die Daten physikalisch in Files oder in kleinere, fileinterne Organisationseinheiten untergliedert sind. Die Bindung des logischen Zugriffes an die "Granulation", also die "Feinheit" der Speichersegemtierung, ist damit aufgehoben. Zu diesem Zweck greift das DBMS natürlich auch am Filesystem vorbei über die BIOS - Funktionen des Betriebssystems auf die Interna der Dateien zu. Nach oben, also für die auf das DBMS aufbauenden Programme, liefert das DBMS eine einheitliche Sicht der Daten gemäß dem zum DBMS - Produkt gehörigen Modell. Im Gegensatz dazu bleiben alle vom Filesystem für andere Anwendungen verwalteten Dateien geschlossene Container bis hin zur Ebene der Anwendung. Erst aus deren Sicht ergeben sie einen Sinn und haben eine innere Struktur. Die Überlappung mit dem Dateisystem aus der Sicht des DBMS rührt daher, daß natürlich auch die Datenbank die bequemen Funktionen des Betriebssystems nutzt, wenn es um die Verwaltung ganzer Files auf den Massenspeichern geht.

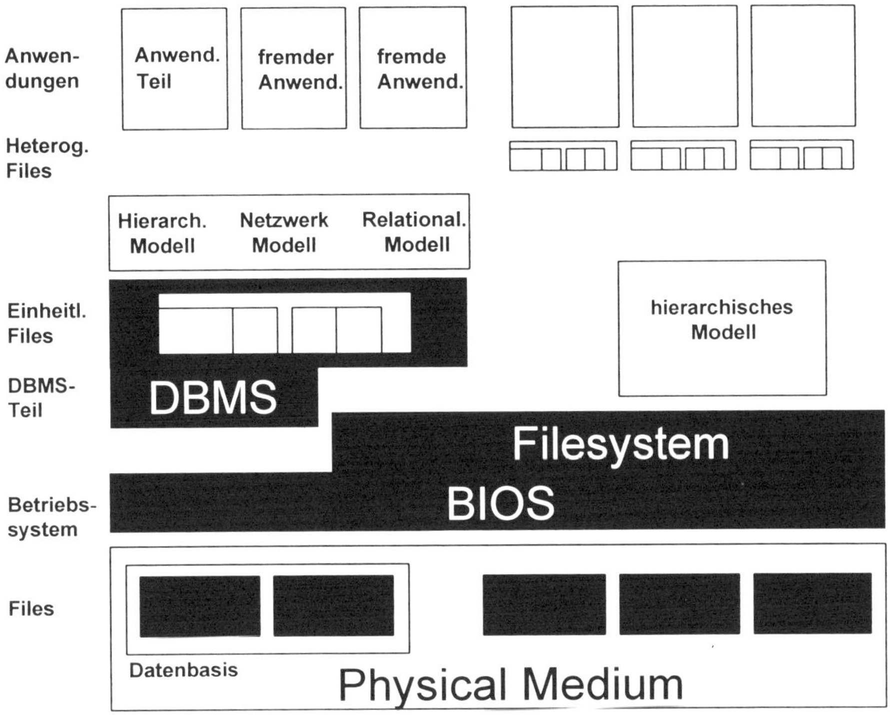

Abbildung 5.5 Systemsicht und Position des DBMS

Filesysteme bilden eine statische Modellsicht auf geschlossene Files, Datenbanken eine dynamische Modellsicht auf eine Datenbasis, unabhängig von deren physikalischer Untergliederung in Files oder in kleinere Organisationseinheiten.

Nicht jedes DBMS muß unbedingt auch eine komfortable Schnittstelle zum Benutzer mitbringen. Das DBMS stellt aber mindestens einen Satz von Funktionen bereit, die für den Entwurf und Betrieb einer Datenbank benötigt werden und die sich von Programmentwicklern als Bausteine in komfortable Endanwendungen integrieren lassen. Diese Funktionen lassen sich in drei grobe Klassen gliedern: Zum Einen sind dies Funktionen des Data Definition Layer (DDL) zur Datendefinition und zur Bestimmung der Struktur einer neuen Datenbank. Mit ihrer Hilfe wird beispielsweise festgelegt, welche und wie viele Felder der Art "Name", "Vorname", "Strasse" usw. für die im Rahmen einer Anwendungen nötige Beschreibung der Entity "Kunde" vorgesehen werden, welche Werte die Inhalte der Felder annehmen dürfen und wie verschiedene Entities miteinander verknüpft sind. Die Funktionen des Data Manipulation Layer (DML) dienen dem Regelbetrieb der Datenbank. Die über Funktionen des DDL erzeugten Strukturen werden in unserem Beispiel durch die Eingabe der Daten realer Kunden in die vorgegebenen Felder gefüllt, die Daten auf der Basis von Verknüpfungen ausgewertet, analysiert und modifiziert. Schließlich gibt es noch den für den normalen Nutzer verborgenen Data Administration Layer (DAL), der autorisierten Systemverwaltern alle für die Überwachung und Wartung der Datenbank nötigen, teils recht systemnahen Eingriffe ermöglicht. Alle diese Funktionen können auf unterschiedliche Art und Weise in Datenbankanwendungen und andere Anwendungsprogramme eingebaut werden. Viele Datenbankprodukte, besonders solche für den PC Markt, bringen eigene, anwendungsnahe Entwicklungsumgebungen für Datenbanken mit, die meist mit grafischer Bedienerführung und umfangreichen Assistenzfunktionen durch die Gestaltungsschritte einer Datenbank führen. Allerdings befreit auch diese komfortable Art der Unterstützung nicht von der Notwendigkeit, sich zuerst über Sinn und Zweck einer Anwendung und die zugehörigen Datenstrukturen klar zu werden. Viele DMBS bieten eine breite Palette von Schnittstellen an, über die Daten und Funktionen auch von solchen Anwendungen genutzt werden können, die weder mit dem Hersteller noch dem individuellen Produkt des DBMS verbunden sind. Schließlich besteht die Möglichkeit, die Datenbankfunktionen als eine Bibliothek von Routinen für eine Programmiersprache anzubieten, auf deren Basis dann die Anwendung entwickelt wird. Welche dieser Möglichkeiten sinnvoll ist, hängt von der Komplexität der Aufgabenstellung, der vorhandenen System- und Datenumgebung und natürlich auch der geforderten Geschwindigkeit ab.

Das DBMS stellt Funktionen für die Definition (Data Definition Layer DDL), den Betrieb (Manipulation DML) und die Wartung (Administration DAL) einer Datenbank zur Verfügung. Je nach Komplexität können sie auf höherer Ebene über einfache Benutzerschnittstellen oder Programmiersprachen angesprochen werden.

5.2.4 Das Entity / Relationship - Modell

5.2.4.1 Das Modell

Die Strukturen eines Datenbanksystems sind eng an Abstraktionsmodelle gebunden. Im Abschnitt 2.1.1. war als wesentliche Voraussetzung für die Abstraktionsfähigkeit festgestellt worden:

"Generell hat der Informationsprozeß deshalb immer mit der Verdichtung von Zusammenhängen und der Fähigkeit zur Abstraktion zu tun. Die Abstraktion erlaubt es, aus der mittelbar und unmittelbar zugänglichen Umgebung ***durch die***

***Trennung der für das grundlegende Wesen komplexer Objekte und Sachverhalte verantwortlichen Erfahrungen von den dafür überflüssigen, diese in Zusammenhänge einzuordnen** und sie für die Zukunft unabhängig von deren physikalischer Präsenz erfahrbar und begreifbar zu machen.*

Die Klassifikation von Erfahrungen ist in der Realität des menschlichen Informationsprozesses ein extrem komplexer Vorgang. Die Umwelt wird in ihrer Vollständigkeit parallel und zeitgleich erfaßt, die "Gliederungsvorgänge" im Inneren des Gehirns sind vielfältig, mehrdimensional, teilweise unscharf und ändern sich von Fall zu Fall. Es existiert eine große Anzahl potentiell möglicher Modelle, mit deren Hilfe sich die Klassifikation der Realität in einen nachvollziehbaren und formalisierten Rahmen bringen läßt. Das hier aufgeführte Modell von Entity und Relationship ist also, wie alle anderen Modelle auch, unvollständig. Es stellt jedoch die heute übliche Weise für die Erfassung von Geschäftsprozessen und deren Abbildung auf Datenbanken dar. In Teilbereichen gewinnt jedoch die Beschreibung mit Objektmodellen zunehmend an Bedeutung, die Abschnitt 5.3. dieses Kapitels besprochen wird.

Das Entity / Relationship Modell (E/R) ist nur eine aus einer Vielzahl potentiell möglicher Formalisierungsvorschriften für die Abbildung der Realität auf eine Datenstruktur.

5

Nach Verständnis des Entity-Relationship - Modells, kurz E/R, besteht die abzubildende Realität aus klar voneinander trennbaren Dingen, sogenannten Entities und deren Beziehungen zueinander. Diese werden mit Hilfe von Klassifikationsmerkmalen oder Attributen beschrieben, die für sie charakteristisch sind. Die Definition dieser Attribute, also die Frage, welche beschreibbaren Eigenschaften einer Enitity tatsächlich für ihre vollständige Beschreibung im Sinne des gesetzten Zieles nötig sind, ist (im Gegensatz zur Realität) weitgehend statisch. Die Zahl und Art der Attribute wird in der Definitionsphase der Datenbank durch Funktionen des DDL festgelegt und ändert sich beim Betrieb der Datenbank nicht. Objekte und Beziehungen der Realität hingegen ändern sich aber sowohl dadurch, daß eines der sie beschreibenden Attribute einen anderen Wert annimmt, wie auch durch die Veränderung der Attributstruktur selbst. Ein sehr einfaches Beispiel hierfür ist die Änderung des Postleitzahlensystems, die nicht durch Neueingabe der PLZ für alle Orte in der Betriebsphase der Datenbanken gelöst werden konnte, sondern einen Eingriff auf der Entwurfsebene erfordert hat. Nicht der bisherige Wert des Attributes "Postleitzahl" für jeden Ort mußte neu erfaßt werden, die 4-stelligen Ziffern der Definition des Attributes in der Datenbank selbst waren nicht mehr brauchbar. Neben den Entities und Relations gibt es eine Reihe "verborgener" Regeln für den Umgang mit den derart definierten Strukturen. Sie garantieren die "Integrität" der Datenbank durch vorgegebene Spielregeln bei deren Betrieb. Entities, die per Vorgabe der Geschäftsregeln nur mit höchstens einer anderen Entity verknüpft sein können, dürfen beispielsweise nicht durch

Fehleingabe mehrfach verbunden werden. Die Folge wäre möglicherweise ein an mehr als einen Kunden zugleich verkauftes Auto. Weiterhin dürfen die Attribute keine beliebigen Werte annehmen, der Wert "128473,24" für das Attribut "Verkaufsdatum" ist wenig sinnvoll. Die für den Betrieb der Datenbank wichtigen Regeln bezeichnet man als Business Rules.

Die Realität des E/R - Modells besteht aus gegenständlichen und virtuellen Objekten (Entities), die über eine geeignete Auswahl an charakteristischen Eigenschaften (Attributen) eindeutig identifizierbar sind, sowie deren Verknüpfung untereinander (Relations). Den sauberen Umgang mit Entities und Relations im Betrieb der Datenbank regeln die sogenannten "Business Rules".

5.2.4.2 Entities und Attribute

Als Beispiel für den Umgang mit Entities und Attributen soll erneut der Aufbau eines Verwaltungssystems für die Bibliothek dienen. Zuerst betrachten wir die beiden wichtigsten Entities der Bibliothek, Bücher und Leser. Für die Entity "Buch" wählen wir die Attribute "Titel", "Autor", "Verlag" und "Erscheinungsjahr". Zusätzlich soll ein Attribut "Teilbibliothek" reflektieren, daß sich das Buch in einer von mehreren Außenstellen oder Lagerorten der Bibliothek befinden kann. Es ist wichtig, an dieser Stelle nochmals auf den Unterschied zwischen Struktur und Inhalt der Daten hinzuweisen. Die Definition legt fest, welche Attribute für eine Entity vom Typ "Buch" erforderlich sind. Für jedes in der Bibliotheksdatenbank erfaßte Buch, auch "Instance" der Entity "Buch" genannt, nimmt jedes Attribut den für eben dieses Buch korrekten Wert an. Bei der Eingabe der Daten für die verschiedenen Bücher entsteht also jeweils ein kompletter Satz an Attributwerten oder "Datensatz". Dies ist in der Abbildung 5.6 veranschaulicht.

Die konkreten Werte der Attribute "Autor", "Titel", "Verlag" usw. für ein Exemplar der Entity "Buch" ergeben einen dieses einzelne Exemplar (Instance) eindeutig beschreibenden Satz an Attributen, den sogenannten Datensatz.

Die Definition der Attribute erfordert noch eine Reihe detaillierter Spezifikationen. Man unterschiedet zwischen ein- und mehrwertigen Attributen, sowie zwischen einfachen und zusammengesetzten Attributen. Das Attribut "Autor" könnte als mehrwertig definiert werden, da es zu einem Titel mehr als einen Autor geben kann. Das Attribut "Verlag" wird zum zusammengesetzten Attribut, wenn der Verlag durch Details, wie "Name", "Ort" und "Straße" noch genauer beschrieben werden soll. Auch die Festlegung der für ein Attribut zugelassenen Werte spielt eine wichtige Rolle. Der Vorrat an zugelassenen Werten eines Attributs wird auch "domain" oder "Domäne" genannt und kann unterschiedlichen Einschränkungen unterliegen. Es können nur gewisse Datentypen, wie Datum, ganze Zahlen, Dezimalzahlen, Texte usw. zugelassen sein oder sogar eine exakt vorgegebene Auswahl an Werten, zum Beispiel nur die Werte "Montag", "Dienstag" bis "Freitag" für das Attribut "Wochentag".

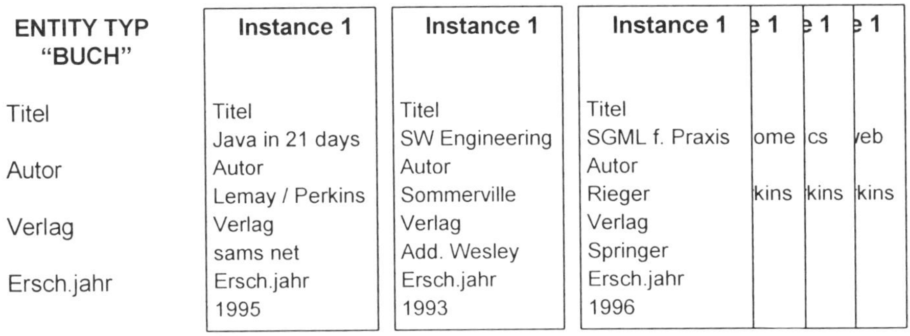

Abbildung 5.6 Entity "Buch" und einige Instances dieser Entity

Die für ein Attribut zulässigen Werte können auf bestimmte Datentypen, Wertebereiche oder eine feste Listenauswahl beschränkt werden.

Der einwandfreie Umgang mit Datensätzen, die ein reales Objekt repräsentieren, erfordert die unzweifelhafte und eindeutige Identifikation jeder einzelnen Instanz einer Entity. Auch wenn zwei Personen mit Namen "Karl Meier" aus Sicht der Attribute identisch sind, so repräsentieren sie doch in der Realität zwei verschiedene Menschen. Eine wesentliche Frage ist also, welche einzelnen oder welcher Satz an Attributen den Datensatz und die von ihm beschriebenen Objekte eindeutig charakterisiert. Attribute, die einzeln oder zusammen für diese Identifikation geeignet sind, bezeichnet man als "candidate keys" oder "Schlüsselkandidaten", das letztlich daraus ausgewählte Attribut entsprechend als "Key" oder "Schlüssel". Die hier aufgeworfene Frage umfaßt zwei getrennte Teilprobleme: Die eindeutige Kennung eines Datensatzes im Inneren des Systems ist eine andere Problematik, als die eindeutige Zuweisung einer Beziehung zwischen einem Datensatz und dem durch ihn repräsentierten Objekt. Im Beispiel der Bibliothek sind die bisher festgelegten Attribute im Zweifelsfall selbst gemeinsam noch keine sichere Identifikation. Daher führen wir weitere Attribute ein, die als Candidate Keys in Frage kommen. Dies sind die ISBN Nummer, die international eindeutig vergeben wird, sowie die Ordnungsnummer für die Bibliothek selbst, die als Rükkennummer auf jedem Buch angebracht ist. Welchen der beiden Kandidaten wir wählen, ist weitgehend frei, die Ordnungsnummer aber unterliegt vollständig der eigenen Verwaltung und könnte daher besser geeignet sein. Zugleich ist sic der Zuordnungsschlüssel als Bindeglied zwischen Verwaltungsdatenbank und den realen Büchern. Es ist für den Betrieb des Systems unabdingbar, daß die durch die

Ordnungsstruktur der Bücher vorgegebene Systematik auch eingehalten wird, da es ansonsten, wie bei der Karteiverwaltung besprochen, zu Inkonsistenzen zwischen System und Realtität kommt. Da derartige Inkonsistenzen aber im realen Betrieb nie ausgeschlossen werden können, ist ein regelmäßiger Abgleich der Datenbestände mit den realen Objekten nötig, der im Rahmen der Inventur durchgeführt wird.

Die unmißverständlich eindeutige Identifikation eines Datensatzes erfolgt über ein einzelnes oder eine Gruppe von Attributen, die man als Schlüssel bezeichnet. Zu Schlüsselzwecken wird oft ein getrenntes Attribut (Personal-, Artikel-, Vorgangsnummer) eingeführt.

5.2.4.3 Relationship - Beziehungen

Bevor wir uns den verschiedenen Beziehungen zwischen Entities zuwenden, soll für das Beispiel der Bibliothek der Entity Typ "Leser" mit den Attributen "Name", "Vorname" und "Kundennummer" (Schlüssel) vereinbart werden. Zusätzliche Attribute für "Leser" sind "Sprache" für die Kennzeichnung der Sprachkenntnisse des Lesers und "Fachgebiet" für dessen spezielle Interessensphäre. Nicht alle Bücher aus der Bibliothek in unserem Beispiel dürfen von allen Lesern genutzt werden. Den Studenten der Universität stehen andere Titel für die Ausleihe zur Verfügung als den Professoren, externe Benutzer unterliegen weiteren Einschränkungen. Deshalb werden die Leser und Bücher nach Gruppen kategorisiert.

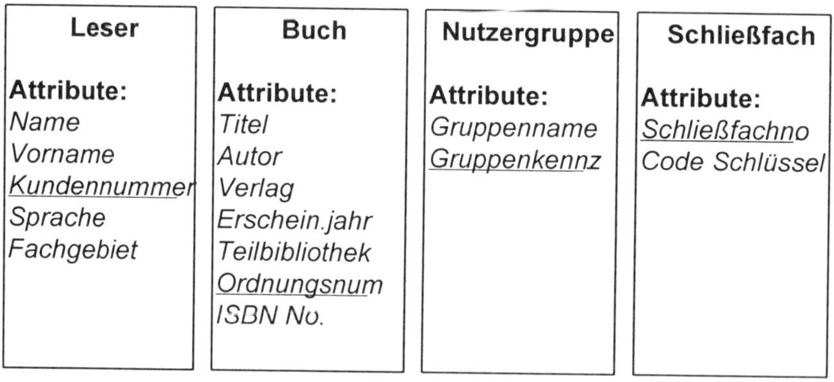

Abbildung 5.7 Entities und Attribute für das Beispiel "Bibliothek"

Aus Verwaltungsgründen führen wir also noch die Entity "Nutzergruppe" mit den Attributen "Gruppenname" und "Gruppenkennzahl" (Schlüssel) ein. Als letze Entity des Beispiels schaffen wir den Typ "Schließfach" mit den Attributen "Schließfachnummer" (zugleich Schlüssel) und "Code des Schlosses". Regelmäßigen Benutzern der Bibliothek steht auf Wunsch für den Zeitraum ihrer häufigen Anwesenheit ein persönliches Schließfach zur Verfügung. Die Abbildung 5.7 zeigt alle bisher definierten Entities, Schlüsselattribute sind unterstrichen dargestellt. Diese Entities können verschiedenartig zueinander in Beziehungen stehen. Die Beziehung "Ausleihe" zwischen Leser und Buch, aus der Sicht des Lesers also "habe ausgeliehen" aus der Sicht des Buches "bin ausgeliehen an" ist eine sogenannte 1:N Relation, da ein Leser viele Bücher ausleihen, umgekehrt aber jedes Buch nur an einen Leser verliehen sein kann. Die Beziehung "Gruppenzugehörigkeit Leser" ist ein weiteres Beispiel für 1:N Relationen, da eine Nutzergruppe zwar aus vielen Lesern besteht, jeder Leser aber nur zu einer Gruppe gehören darf. Die Beziehung "Leser hat Schließfach" zwischen den Entities Leser und Schließfach ist eine 1:1 Relation. Jedes Schließfach kann nur einen Benutzer haben, umgekehrt darf kein Leser mehr als ein Schließfach besetzen. Als letzter Fall gilt die M:N Relation, wie sie als "Buch darf von Gruppe gelesen werden" zwischen Buch und Nutzergruppe besteht. Jede Nutzergruppe hat natürlich auf mehr als nur eines der Bücher Zugriffsrecht, umgekehrt aber kann ein Buch nicht nur einer einzigen, sondern einer Vielzahl von Benutzergruppen für die potentielle Ausleihe freigegeben sein. Die Abbildung 5.8 zeigt die Relationen zwischen allen Entities des Beispiels.

5

🖫 Man unterscheidet die drei Relationstypen 1:N (am Beispiel: Leser hat Buch), 1:1 (Leser hat Schließfach) und M:N (Buch kann an Nutzergruppe verliehen werden).

Ein wichtiges Kriterium für jede Relation ist deren Kardinalität. Sie legt fest, wie viele aktive Mitglieder eine Relation mindestens haben muß und höchstens haben kann. Am Beispiel der Relation "Leser hat Schließfach" stellt sich die Kardinalität wie folgt dar: Muß zu jeder Relation zwingend ein Leser gehören, bedeutet dies, daß es zwar Leser ohne Schließfach, aber kein Schließfach ohne Leser geben kann. Umgekehrt resultiert eine zwingende Mitgliedschaft der Entity "Schließfach" darin, daß es zwar verwaiste Schließfächer, jedoch keinen Leser ohne Schließfach geben darf. Schreibt man keine zwingende Mindestmitgliedschaft vor, sind die beiden Entities diesbezüglich ohne gegenseitigen Einfluß. Im Gegensatz zur 1:1 Relation mit maximal einem Mitglied auf beiden Seiten, macht beim Typus 1:N durchaus auch eine maximale Zahl von Teilnehmern Sinn, in unserem Beispiel als Limit der höchstens von einem Leser gleichzeitig ausgeliehenen Bücher.

🖫 Für jede Relation regelt die "Kardinalität", wie viele Mitglieder auf beiden Seiten der Relation mindestens und höchstens möglich sind. Beispiel: Jeder Leser <u>muß ein</u> Schließfach haben jeder Leser darf <u>höchstens 10</u> Bücher ausleihen.

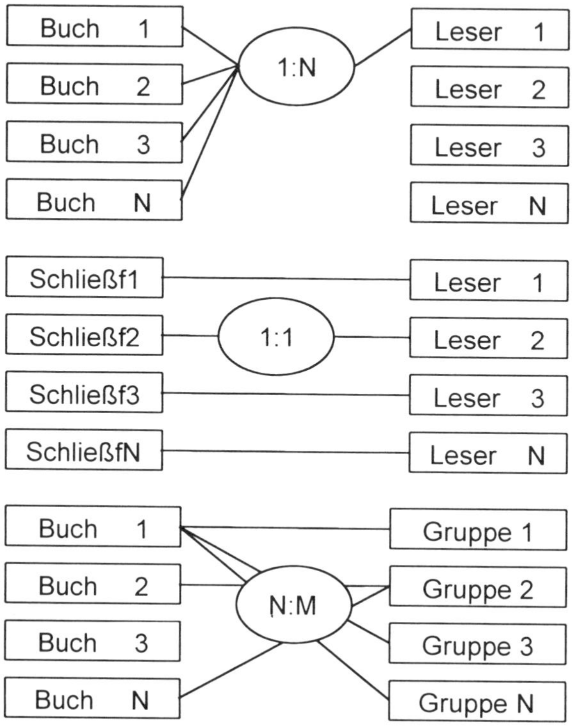

Abbildung 5.8 mögliche Relationstypen am Bibliotheksbeispiel

Ein besonderer Typ von Relationen sind die "IS A" - Beziehungen, die eine Entity mit ihrer eigenen Spezialisierung verbindet. Eine Entity "Auto" beschreibt als Beispiel eine extrem große Menge an möglichen Fahrzeugen, die teilweise recht unterschiedliche Attribute zur korrekten Beschreibung erfordern. Das Attribut "Anzahl der Achsen", "Zuladung", "Anhängertyp" und "Zahl der Paletten auf der Ladefläche" macht für einen PKW wenig Sinn. "Kennzeichen" und "Fahrgestell No" sind aber in beiden Fällen sinnvolle Attribute. Die Lösung ist eine Entity für die Oberklasse "Auto" und spezielle Entities für jede der Unterklassen, wie "LKW"oder "PKW". Jede Instance der Entity "Auto" steht dann in einer 1:1 Beziehung zu jeweils einer der möglichen Unterklassen. Es handelt sich also um den Sonderfall paralleler 1:1 Relationen zwischen der Entity "Auto" und allen für die Unterklassen definierten Entities mit der minimalen Kardinalität 1 für "Auto" und der neuen Zusatzbedingung, daß nicht zwei dieser Relationen gleichzeitig bestehen dürfen.

5.2.5 Umsetzung von E/R auf relationale Datenbanken

5.2.5.1 Tabellen, Datensätze, Indizes und Schlüssel

Grundform der Datenorganisation in relationalen Datenbanken ist die Tabelle. Die eine Entity charakterisierenden Attribute bilden die Spalten dieser Tabelle, jede Zeile mit den in diesen Spalten für die betreffende Instance der Entity eingetragenen Werten ergibt einen Datensatz. Die DDL - Werkzeuge einer Datenbank stellen Funktionen für die Definition von Tabellen zur Verfügung. Produkte, die nicht nur DBMS, sondern auch komfortable Anwendungsschnittstellen anbieten, lösen dies auf der Basis einfacher, meist grafischer Werkzeuge. Die in diesem Abschnitt unterstützend eingebauten Bildschirmausschnitte wurden mit dem PC - Produkt "Access" aus dem Hause Microsoft erstellt, die beschriebenen Funktionalitäten werden aber in vergleichbarer Form von vielen Produkten anderer Hersteller angeboten. Die Abbildung 5.9 und Abbildung 5.10 zeigen das Definitionswerkzeug für Tabellen mit den Attributen des Entity - Typs "Buch" sowie die Ansicht der damit erzeugten Tabelle, in dic bereits einige Datensätze eingegeben worden sind.

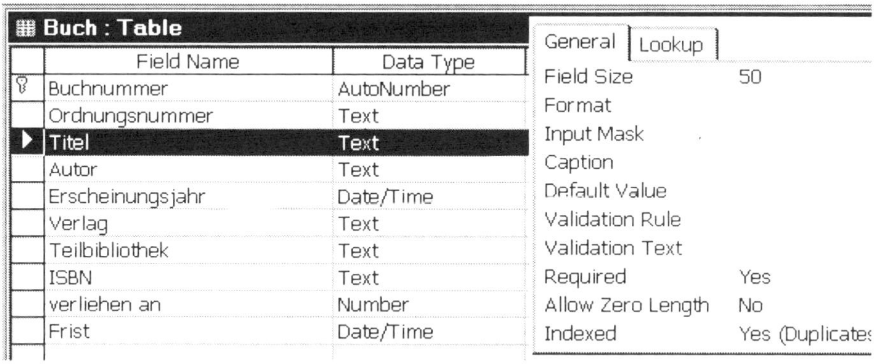

Abbildung 5.9 Definitionsansicht einer relationalen Datenbank

Der Funktionsumfang der Werkzeuge für das Tabellendesign übersteigt bei weitem den Umfang dieser Einführung, auf einige bedeutende Details sei aber kurz hingewiesen. Alle Datenfelder, in denen die Attributinhalte eingegeben werden, können nach gewissen Kriterien formatiert werden. Neben der Länge des Feldes legt diese Formatierung auch den für die Eingabe zugelassenen Datentyp, einen ohne Eingabe dem Feld zugewiesenen Standardwert, oder sogar detaillierte Berechnungsvorschriften für die Überprüfung einer Eingabe oder deren automatische Ermittlung fest. Manche Felder können als zwingend notwendig, manche als optional für einen Datensatz definiert sein, sogar ganze Programmroutinen können auf Wunsch im Rahmen der Eingabe ausgelöst werden, was auch die Überwachung extrem komplexer Business Rules bei der Dateneingabe erlaubt. Die Abbildung zeigt einige der möglichen Parameter und deren Einstellungen für das Attribut "Titel".

Die Darstellung von Daten erfolgt in relationalen Datenbanken tabellarisch mit den Attributen als Spalten und den Datensätzen der Instances als Zeilen.

Buch : Table

	Titel	Autor	Erschein	Verla
▶	Datenbankmodelle, Datenbanksprachen und..	Gottfried Vossen	01.01.94	Addison Wes
	Relationale Datenbanken	Hermann Sauer	01.01.94	Addison Wes
	SGML für die Praxis	Wolfgang Rieger	01.01.95	Springer Heic
	How Software Works	Ron White	01.01.93	Ziff Davis
	Software Engineering	Ian Sommerville	01.01.82	Addison Wes
	Object Oriented Technology	David Taylor	01.01.94	Addison Wes
	Teach Youself JAVA in 21 Days	Lemay / Perkins	01.01.96	Sams Publis
*				

Abbildung 5.10 Tabellenansicht dieser Datenbank

Von besonderer Bedeutung sind die Parameter "Schlüssel" und "Index". Der Index ist eine Verzeichnistabelle für den indirekten Zugriff auf die Datensätze nach dem Muster der zweistufigen Adressierung. Der Index enthält eine nach optimalen Kriterien für einen schnellen Zugriff angeordnete Liste von Zeigern auf alle Datensätze. Der Index kann beispielsweise eine Zeigerstruktur für die alphabetische Sortierung der Datensätze anhand der Inhalte eines Attributes enthalten. Während Datensätze logisch unsortiert in der Reihenfolge von Eingabe in und Entfernen aus der Datenbank auf das Speichermedium geschrieben werden, wird der Index durch entsprechende Aktualisierungen seiner Struktur immer an die logische Ordnung angepaßt. Warum Indizes meist keine lineare Anordnung der Zeiger nach dem gegebenen Sortierkriterium sind und wie Indizes tatsächlich organisiert werden, wird im Abschnitt 5.2.7. beschrieben. Da jeder Index getrennt Speicherplatz beansprucht und nicht alle Attribute bei den Recherchen auf der Datenbasis tatsächlich für einen schnellen Zugriff abgefragt werden, spezifiziert man bei der Anlage der Tabellen die für einen Index vorgesehenen Attribute. Selbstverständlich unterstützt die Datenbank auch Recherchen auf der Basis von nichtindizierten Attributen. Diese allerdings sind bei großen Datenmengen von hohen Antwortzeiten gekennzeichnet, da tatsächlich der komplette Bestand an Daten ohne Abkürzung über ein Ordnungsverzeichnis nach Übereinstimmungen mit den Abfragekriterien durchsucht werden muß.

Der Suche nach Datensätzen läßt sich durch die Indizierung der als Suchbegriff häufig benötigten Attribute, also die Anlage einer separaten, logisch sortierten Verzeichnisdatei beschleunigen.

Wird nicht nur der gedruckte Band als Entity einer Datenbank verwaltet sondern auch der gesamte Textinhalt dort als virtuelles Objekt gespeichert, entsteht die

Forderung nach direkter Recherche in einem Fließtext. Der Inhalt des Textes wird dabei nicht länger durch ein paar beschreibende Attribute umrissen, auf deren Übereinstimmung mit dem Suchbegriff die Recherche beschränkt ist. Der oder die Zielbegriffe sollen vielmehr im gesamten Dokument gesucht werden können. Anders als bei Attributfeldern, wo pro Feld nach dem jeweils dort eingetragenen Begriffen indiziert wird, ist bei Fließtexten die Indizierung nach allen im Text auftauchenden Worten nötig. Indizes, deren Größe an die des Textes selbst heranreichen, sind die Folge. Eine derartige Suche in Texten bezeichnet man auch als Volltextrecherche.

Wird im Falle eines Textes nicht nach Attributen, sondern nach allen im Text vorkommenden Worten indiziert, spricht man von Volltextrecherche.

5.2.5.2 Umsetzen des E/R - Modells

Während die Darstellung von Entities und Attributen in allen Datenbanken ähnlich gelöst und weitgehend nur durch verschiedene sprachliche Bezeichnungen unterschieden ist, sind die Fähigkeiten zur Abbildung komplexer Beziehungen zwischen diesen Entities ein wesentliches Unterscheidungsmerkmal. Die relationale Datenbank erlaubt sehr flexible Verknüpfungen der Entities durch Verbindungen der beschreibenden Tabellen über einen verhältnismäßig einfachen Mechanismus. Sind Entity A und Entity B miteinander über eine Relation verbunden, wird der Wert des Schlüssels der betroffenen Instanz aus Tabelle A einfach in ein zu diesem Zweck angelegtes Attributfeld der Tabelle B eingetragen, wie in Abbildung 5.11 gezeigt. Dort sind anhand unseres Beispiels der Kunde mit der Kundennummer 14 als Schlüsselattribut und das Schließfach mit der Schließfachnummer 9 als Schlüsselattribut durch die beschriebene 1:1 Relation verbunden. Der Eintrag der Kundennummer in ein Attributfeld "Kunde zum Schließfach" der Tabelle "Schließfach" drückt dies ebensogut aus, wie umgekehrt der Eintrag der Schließfachnummer in ein Attribut "Nummer des benutzten Schließfaches" der Tabelle "Kunde". Schon dieses Beispiel zeigt, daß der grundlegend einfache Mechanismus eine gewisse Anzahl von Freiheitsgraden bei der Abbildung verschiedener Relationstypen offen läßt. Wie sich die aus dem E/R Modell gewonnenen Entities und Beziehungen sauber auf Tabellen der relationalen Datenbank und deren Verknüpfung übertragen lassen, soll im folgenden beschrieben werden.

Beziehungen zwischen Entities stellt die relationale Datenbank über den Eintrag des Schlüsselattributes einer Entity in ein Attributfeld der anderen Entity her.

5

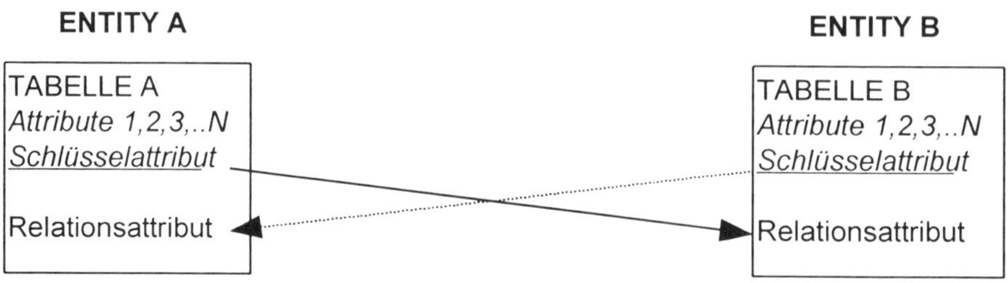

Abbildung 5.11 Beziehung in einer relationalen Datenbank

Der Austausch von Schlüsselattributen zwischen Tabellen relationaler Datenbanken erklärt im übrigen auch, warum das Schlüsselattribut der Tabelle "Buch" in Abbildung 5.9 vom Schlüsselattribut für den Typ "Buch" nach Abbildung 5.7 abweicht. Die für die Verknüpfung verwandten Schlüssel müssen in der Datenbank einem einfachen numerischen Typ folgen, der systemintern gut verwaltet werden kann. Dies ist mit einem Buchcode aus Text und Zahlen nicht durchführbar. Statt dessen nutzen wir die Funktion "AutoNumber" für ein neues, eigens zum Zweck der Schlüsselfunktion geschaffenes Feld mit dem Namen "Buchnummer". Sie erzeugt für jeden neuen Datensatz eine fortlaufende Nummer als Schlüssel. Duplikate sind ausgeschlossen, eine manuelle Eingabe dieses Wertes ist nicht nötig. Die Ordnungsnummer wird statt dessen als normales Textattribut geführt. Allerdings ist darauf zu achten, daß das System auch hier in jedem Falle die versehentliche Eingabe von Duplikaten verhindert. Neben anderen Feldern, wie "Titel" oder "Autor" ist auch das Feld "Ordnungsnummer" als Indexfeld, hier aber mit der Zusatzbedingung angegeben worden, daß keine Duplikate auftreten dürfen.

5

Die für die Verknüpfung vorgesehenen Attributfelder müssen gewissen Einschränkungen hinsichtlich des möglichen Datentyps unterworfen werden.

Schon bei einer 1:1 Beziehung ergeben sich drei unterschiedliche Fälle für die Auflösung der Relation in Tabellen, je nach Minimalwert der Kardinalität der Relation. Sind beide Entities zwangsläufig als aktive Mitglieder vorgeschrieben, so treten die Attribute, die sie beschreiben, auch nur zusammen und niemals unabhängig auf. Es gibt also in unserem Beispiel nur Leser mit Schließfächern, keine Leser ohne Fach, keine Fächer ohne Leser. Da es damit für jedes Fach zwingend auch einen Leser gibt, kann man die Attribute des Entity Typs "Schließfach" auch in den Entity Typ "Leser" aufnehmen, ohne Informationen zu verlieren oder umgekehrt. Die gemeinsame Tabelle eignet sich grundsätzlich auch, wenn nur eine der beiden Entities zwingend Mitglied der Relation ist. Hat ein Leser also kein Schließfach, so findet sich in den Attributfeldern "Schließfachnummer" und "Code des Schlüssels", die jetzt Teil der Tabelle "Leser" sind, kein Eintrag, man spricht von einem "NULL"-Wert. Sauberes Datenbankdesign allerdings sollte

Nullwerte möglichst vermeiden, das sie bei der Auswertung der Datenbasis eine Reihe von Problemen verursachen.

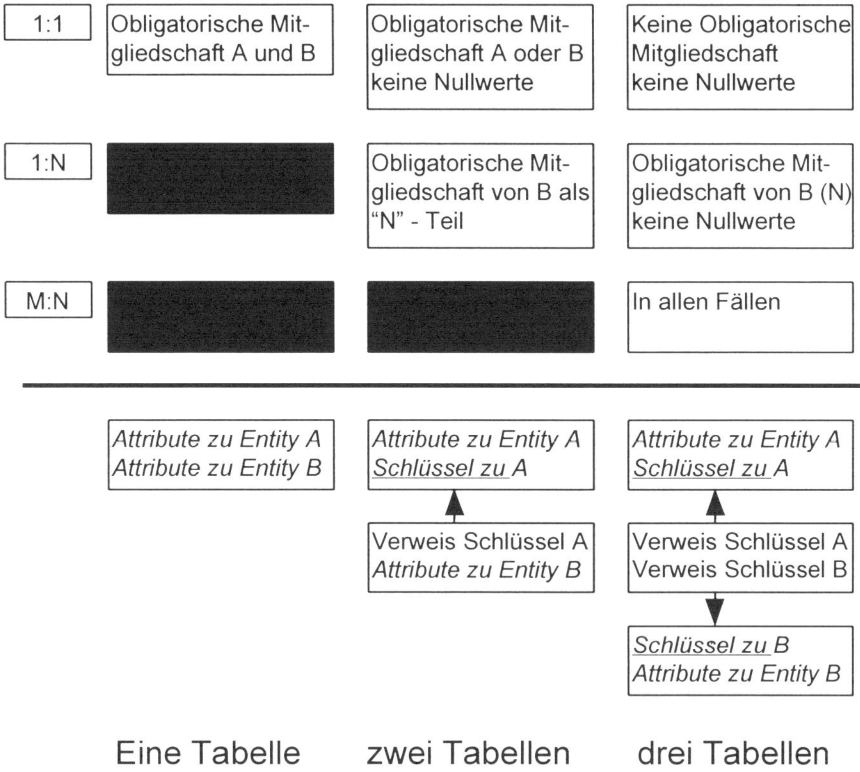

Abbildung 5.12 Auflösung der Relationen in Tabellen

Folgt man diesem Paradigma, so benötigt die Auflösung der Relation zwei Tabellen, die Verbindung wird über den Eintrag der "Kundennummer" als Schlüssel von "Leser" in ein für die Beziehung extra geschaffenes Attributfeld "Schließfachnutzer" der Tabelle "Schließfach" verwaltet. Zwei Tabellen sind sogar zwangsläufig nötig, wenn beide Entities schließlich vollkommen unabhängig hinsichtlich der Mitgliedschaft zur Relation sind. Es gibt also Leser ohne Fach und Fächer ohne Leser. Da die Attribute von "Schließfach" aber im Falle einer einzigen Tabelle zwangsläufig nur in "Leser" auftauchen, verliert man alle Information über solche Fächer, die gerade an keinen Leser vergeben sind, deren Attributinhalte also nirgendwo mehr gespeichert werden. Um auch hier Nullwerte des Attributes "Schließfachnutzer" bei jenen Schließfächern zu vermeiden, die keinem Leser zugewiesen sind, ist sogar eine dritte Tabelle nötig, die nur die Relation abbildet und Datensätze mit den Attributen "Kundenummer" und "Schließfachnummer" für jede der aktiven Beziehungen enthält. Die Abbildung 5.12 zeigt die drei Auflösungsfälle.

5

Je nach Kardinalität benötigt die saubere Darstellung einer 1:1 Beziehung eine, zwei oder sogar drei getrennte Tabellen.

In einer 1:1 Relation sind Fälle möglich, in denen die beiden Entities nur zusammen auftreten können und deshalb ebenso in einer gemeinsamen Tabelle verwaltet werden können. In einer sinnvollen 1:N Relation kommt dies zwangsläufig niemals vor, hier sind immer zwei Tabellen nötig. Die Relation "Ausleihe" generiert zwei Tabellen für die Entities "Leser" und "Buch", letztere um das Attributfeld "verliehen an" erweitert. Dieses Attribut enthält für jedes Buch die Kundennummer als Schlüssel der Tabelle "Leser". Ist eine Mitgliedschaft der "N"-Seite dieser Relation nicht zwingend, gibt es also auch Bücher, die nicht verliehen sind, resultieren daraus erneut Nullwerte des Relationsattributes. Eine dritte Tabelle, die nur die Relation mit den Attributen "Buchnummer" und "Kundennummer" enthält, beseitigt sie. Eine M:N Relation schließlich führt grundsätzlich immer zu einer getrennten Verknüpfungstabelle.

Relationen des Typs 1:N erfordern zwei oder drei, solche des Typs M:N grundsätzlich drei Tabellen zur korrekten Auflösung.

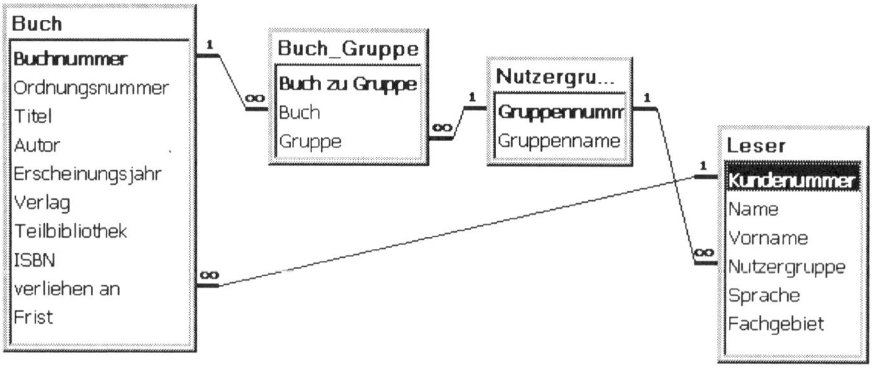

Abbildung 5.13 Relationsansicht am Beispiel der Bibliothek

In einer relationalen Datenbank ist es möglich, auch die Relationen selbst mit Attributen zu versehen. Für die Nutzungsdauer eines Schließfaches oder die Ausleihe eines Buches kann beispielsweise die Frist als zusätzliches Attribut für die Beschreibung einer Eigenschaft der Relation eingeführt werden. Die Abbildung 5.13 zeigt das Verwaltungswerkzeug für die Beziehungen zwischen Tabellen in "Access" anhand des hier gewählten Beispiels. Es ist zu erkennen, wie die Relation "Ausleihe" vom Typ 1:N zwischen Buch und Leser und die Zugehörigkeit zur Nutzergruppe zwischen Leser und Nutzergruppe durch ein Attributfeld in "Leser "und "Buch" aufgelöst wurden. In "Buch" existiert das zusätzliche Feld "Frist", das eine Eigenschaft der Ausleihe enthält. Da zwar zwingend vorgeschrieben werden kann, daß jeder Leser einer Nutzergruppe angehören, nicht aber, daß jedes Buch verliehen sein muß, kommt es bei dieser Form der Realisierung zu Nullwerten der Attribute "verliehen an" und "Frist". Die N:M Relation "Bücher zu Gruppe" erfordert eine getrennte Verknüpfungstabelle, wird also sozusagen über die Tabelle "Buch_Gruppe" in zwei 1:N Relationen aufgelöst.

5.2.5.3 Normalisierung von Tabellen

Selbst nach Abbildung aller Entities und Relationen des E/R Modells auf Tabellen und Beziehungen zwischen diesen Tabellen ist die Arbeit der Datenbankdefinition nicht beendet. Nicht selten enthalten die resultierenden Tabellen unentdeckte Abhängigkeiten, unnötige Redundanzen oder sogar versteckte Entities. Ohne deren saubere Auflösung kann es beim Betrieb der Datenbank oder deren späterer Erweiterung zu sogenannten Anomalien kommen. Auch unser Beispiel weist solche Probleme auf, wie folgende Überlegung zeigt: Gibt es zu irgendeinem Zeitpunkt zufällig nur einen Leser, der sich für eine Fachsparte der Bibliothek interessiert, so verschwindet mit dem Löschen dieses Lesers auch die Information über die Existenz dieses Fachgebietes, auch wenn dieses selbstverständlich in der Bibliothek weiterhin enthalten ist. Der "Erfinder" des relationalen Datenmodells, E.F. Codd unterschied die drei Normalisierungsregeln der ersten, zweiten und dritten Normalform. Später wurden weitere Regeln hinzugefügt, heute ist von meist 6 Normalisierungsregeln die Rede. Auch hier verbietet es der Umfang des Textes, ins Detail einzudringen. Statt dessen sei anhand einiger exemplarischer Beispiele auf die Bedeutung der Normalisierungsregeln hingewiesen.

5

Nach Übertragung eines Datenmodells gemäß E/R auf eine relationale Datenbank ist diese anhand sogenannter Normalisierungsregeln gegen Redundanzen oder Anomalien abzusichern.

Die Forderung der ersten Normalform für Relationen besagt, daß es keine mehrwertigen Attribute geben darf. Jedes Attribut enthält also maximal einen Wert dieses Attributs. Unsere Tabelle "Buch" verletzt diese Normalform, da es mehrere Autoren für ein Buch geben kann. Dies hätte zur Folge, daß nicht genau ausgesagt werden könnte, wie viele Autoren maximal in das Feld aufgenommen werden können, wie lange das Feld also definiert werden soll. Bei der Indizierung des Feldes taucht nur einer der Namen im Index auf. Die Auflösung besteht in einer getrennten Tabelle mit Autoren, die zu "Buch" über eine M:N Relation verbunden sind. Damit löst sich auch die unnötige Redundanz auf, die durch Autoren entsteht, deren Namen in der Bibliothek mehrfach identisch bei allen von ihnen geschriebenen Büchern abgespeichert ist. Ein gutes Beispiel für verborgene Probleme in unsauberen Definitionen liefert das Attribut "Teilbibliothek" von "Buch". Ist Teilbibliothek in dem Sinne zu verstehen, daß ein und derselbe Titel in mehreren Standorten der Bibliothek vorhanden ist, so identifiziert der Schlüssel "Buchnummer" nicht mehr länger ein konkretes Buch, sondern nur den Titel eines in mehreren Exemplaren vorhandenen Werks. Fünf Exemplare in fünf Teilbibliotheken bedeuten dann aber fünf Einträge in "Buch", die bis auf das Attribut "Teilbibliothek" identisch sind. Dies zusammen verletzt aber die zweite Normalform. Eine getrennte Tabelle für Teilbibliotheken, die dann auch die Erkennungsnummer dieser Teilbibliothek enthalten soll, löst das Problem. Die Beziehung zu "Buch" ist dann von der Art 1:N wenn jede Teilbibliothek nur ein Exemplar eines Buches enthalten kann. Fügen wir in "Buch" zusätzlich zu "Verlag" noch die Attribute "Verlagsort", "Verlagsstraße" usw. ein, so verletzt dies schließlich die dritte Normalform, da die Verlagsdaten funktional nur voneinander, nicht aber von "Buch" abhängig sind. Auch hier muß "Verlag" als getrennte Tabelle mit allen beschreibenden Attributen ausgelagert werden.

Das Beispiel zeigt, welche Komplexität bereits der Aufbau einfacher Datenstrukturen für ein sauberes Abbild von Prozessen der Realität erzeugt.

Bereits anhand des sehr einfachen Beispiels wird klar, wie komplex die saubere Entwicklung einer Datenbank vom E/R Modell bis zur fertigen Anwendung ausfallen kann. Wieweit die Normalisierung und die Zerlegung in Teiltabellen aber tatsächlich betrieben wird, hängt davon ab, inwieweit die potentiellen Redundanzen und Inkonsistenzen für eine betreffende Anwendung tatsächlich ein Problem darstellen.

5.2.6 Datenauswertung und Datenmanipulation

5.2.6.1 Abfragen

Neben der reinen Verwaltung von Daten ist selbstverständlich deren Pflege und Auswertung ein zentrales Aufgabengebiet der Datenbank. Die mit der Pflege verbundenen Funktionalitäten der DML-Klasse umfassen im Wesentlichen das Löschen (Delete), Einfügen (Insert) und Aktualisieren (Update) von Datensätzen. Diese Grundprozesse enthalten teilweise recht komplexe Einzelheiten. Beim Löschen eines Datensatzes müssen alle Indizes von Attributfeldern der betreffenden Tabelle angepaßt und die referentielle Integrität gesichert werden. Es ist zu entscheiden, ob und wie ein Datensatz entfernt werden darf, auf den Beziehungsattribute anderer Tabellen verweisen. Leser beispielsweise, auf die noch offene Ausleiheinträge verweisen, sollten nicht aus dem Datenbestand entfernt werden können. Updates wiederum führen zu besonderen Problemen, wenn mehr als ein Benutzer in einem großen System zugleich auf die Inhalte eines Datensatzes verändernd zugreift. Auswertungsfunktionen der Datenbank erlauben die Suche nach Datensätzen, die nahezu beliebig komplexen Suchkriterien entsprechen. Diese Kriterien können sich auf eines oder mehrere Attribute einer oder mehrerer verknüpfter Tabellen beziehen. Basis für die meisten Auswertungen ist die Abfragefunktion, die als Resultat eine eigene Tabelle generiert. Diese Tabelle kann Attribute aus allen in der Abfrage vorkommenden Tabellen enthalten und liefert für diese Attributkombination die Werte aus all jenen Datensätze, die dem Suchkriterium entsprechen. Die Abbildung 5.14 zeigt ein einfaches Beispiel für eine Abfrage (engl. Query), die nur auf der Tabelle "Buch" basiert.

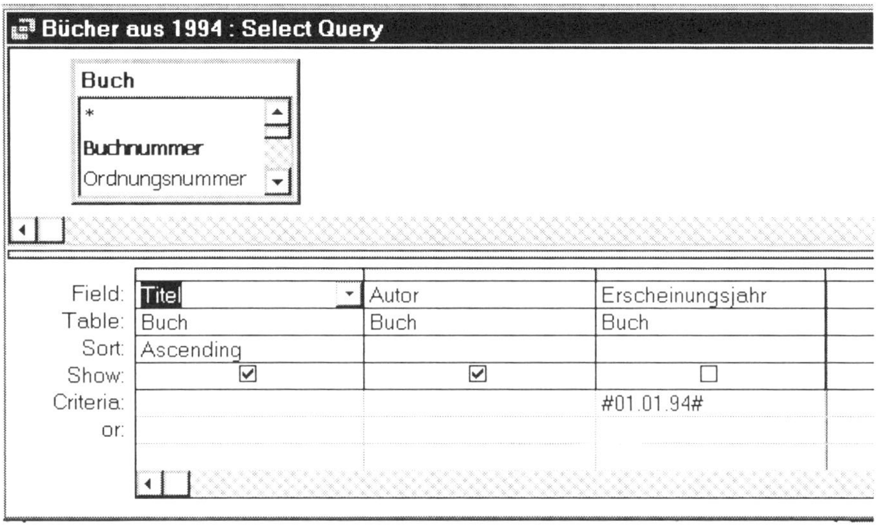

Abbildung 5.14 Beispiel einer Abfragedefinition für die Tabelle "Buch"

Funktionen für den Betrieb einer Datenbank umfassen das Einstellen, Modifizieren und Entfernen von Datensätzen (Insert, Update, Delete), sowie die Abfrage (Query) nach Suchkriterien über eine oder mehrere verknüpfte Tabellen hinweg.

Aus den Attributfeldern von "Buch" zeigt die Abfragetabelle nur "Autor" und "Titel". Die Abfrage enthält zwar auch "Erscheinungsjahr", jedoch nur um das Abfrageziel anzugeben, nämlich das Jahr 1994. Im Resultat selbst, wie die Abbildung 5.15 zeigt, taucht dieses Attributfeld, das für alle "Treffer" ohnehin gleich wäre, nicht auf. Ein Vergleich mit den eingegebenen Büchern aus Abbildung 5.10 zeigt, daß in der Tat nur jene aufgelistet sind, die 1994 veröffentlicht wurden und zwar, wie in der Abfrage angegeben, in alphabetischer Reihenfolge der Titel. Als komplexeres Beispiel einer Auswertung über mehrere, verknüpfte Tabellen hinweg sollen jene Bücher aufgelistet werden, die für eine bestimmte Nutzergruppe, in diesem Fall Studenten, freigegeben sind. Bücher und Gruppen stehen in N:M Relation über die Verknüpfungstabelle "Buch_Gruppe". Die Gruppennummer 1 steht für Studenten, die Gruppennummer 0 für Gäste. Abbildung 5.16 zeigt die Verknüpfungstabelle, die den Büchern der Schlüsselnummer 1,4, und 5 die Benutzergruppe 1 zuweist.

Abbildung 5.15 Ergebnis der Abfrage aus Abbildung 5.14

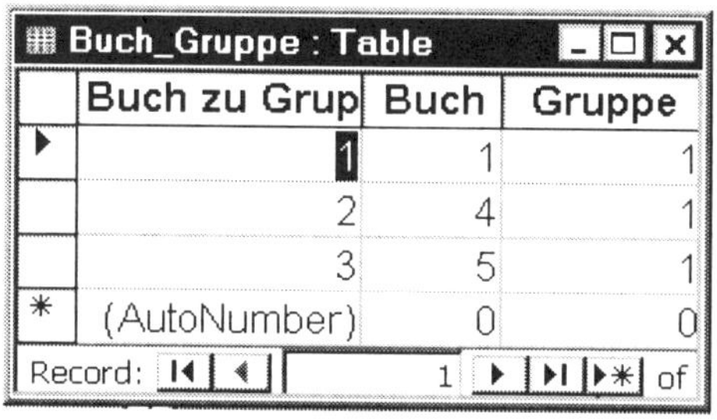

Abbildung 5.16 Verknüpfungstabelle Buch und Nutzergruppe

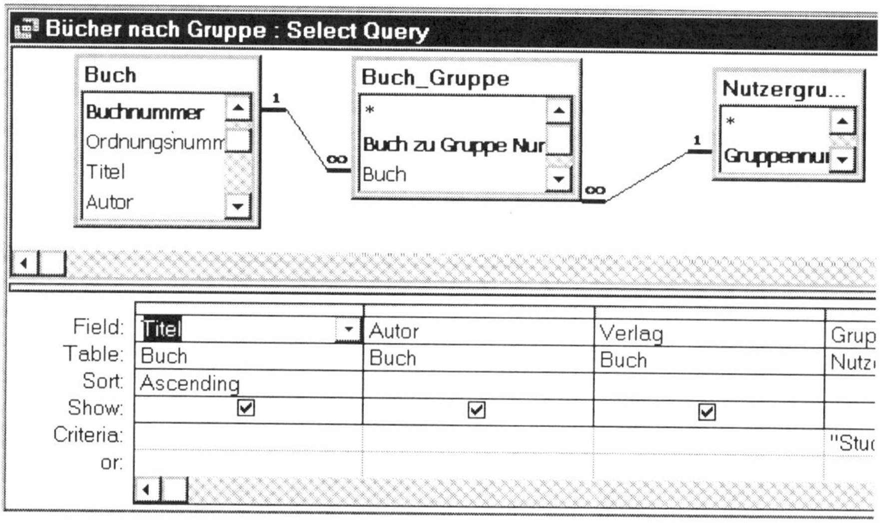

Abbildung 5.17 Abfragedefinition "Bücher der Nutzergruppe Studenten"

Die Abfrage enthält laut Abbildung 5.17 die drei Tabellen "Buch", "Buch_Gruppe" und "Nutzergruppe", aus deren Attributen die Resultattabelle nur die Attribute "Titel", "Autor", "Verlag" und "Gruppenname" zur Ausgabe enthält. Der Gruppenname, der für alle Datensätze der Abfrage "Student" sein soll, wird aus Gründen der Demonstration ebenfalls angezeigt. Auch wenn als Ziel der Abfrage ein Wert aus der Tabelle "Nutzergruppe" angegeben ist, zieht die Datenbank über die Verknüpfungstabelle die geforderten Attribute der korrekten Datensätze aus der damit verknüpften Tabelle "Buch", wie das Ergebnis in Abbildung 5.18 zeigt:

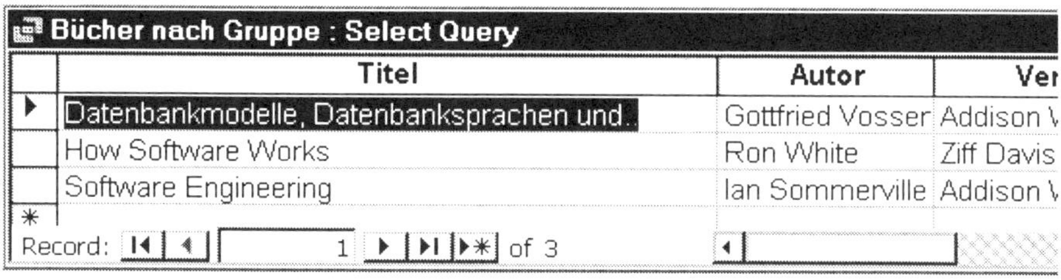
Bücher nach Gruppe : Select Query

	Titel	Autor	Ver
▶	Datenbankmodelle, Datenbanksprachen und	Gottfried Vosser	Addison \
	How Software Works	Ron White	Ziff Davis
	Software Engineering	Ian Sommerville	Addison \
*			

Record: 1 of 3

Abbildung 5.18 Ergebnis der Abfrage aus Abbildung 5.17

5.2.6.2 SQL

So komfortabel das hier gezeigte Verfahren für die Erstellung von Abfragen auch ist, so wenig standardisiert sind die von Datenbanksystemen intern benutzten Verfahren zu deren Umsetzung. Die Auswertung von Abfragen in einem vernetzten System liefert um so bessere Resultate, je größer die für den Vorgang verfügbare Datenbasis ausfällt. Der Zugriff auf verschiedene Datenbestände, die zum Teil nicht in dem System erzeugt wurden, aus dem die Abfrage stammt, kann nicht auf die Eigenheiten aller beteiligten Systeme Rücksicht nehmen. Schon frühzeitig erkannte man, daß der Wert einer Sammlung von Daten im Wesentlichen von deren Zugänglichkeit abhängt. Die Notwendigkeit, Datenbestände über Systemgrenzen hinweg zu definieren, zu pflegen und auszuwerten, hat zur Festsetzung einer Beschreibungs- bzw. Befehlssprache für Datenbanken geführt, die als "SQL" bezeichnet wird. SQL steht für "Structured Query Language" und nahm ihren Anfang, als bei IBM in den Siebzigern die Umsetzbarkeit des relationalen Datenmodells auf konkrete Produkte erforscht wurde. Basierend auf der dominierenden Rolle von IBM und der weiten Verbreitung der Kernprodukte DB2 für die Betriebssystemfamilie MVS und SQL/DS nahmen nahezu alle Hersteller die Entwicklung von Schnittstellen zu diesen Datenbanksystemen auf. SQL entwickelte sich damit zum de-facto Standart für die Schnittstelle zur relationalen Datenbank und wurde unter dem Druck der Realität von der ANSI im Jahre 1989 offiziell standardisiert. SQL-Befehle decken den kompletten Bereich an Funktionen für die Layer DDL, DML und DAL ab. Zwischenzeitlich wurde der Funktionsumfang der Basisversion SQL 1.0 sowohl außerhalb des Standards individuell durch einzelne Hersteller, wie auch durch die Neufassung von SQL 2 selbst erweitert. Durch die späte Standardisierung allerdings liegen in den wenigsten Fällen SQL Produkte in "Reinkultur" mit vollkommen unbedenklicher Austauschbarkeit der Befehlsketten auf dem Markt vor. SQL sprengt den Rahmen dieser kurzen Einführung, als Beispiel ist in der Abbildung 5.19 die SQL - Formulierung der Abfrage aus Abbildung 5.17 angegeben.

Die Abfragesprache SQL (Structured Query Language) liefert einen standardisierten Zugriff auf Datenquellen unterschiedlicher Herkunft.

Bücher nach Gruppe : Select Query

```
SELECT Buch.Titel, Buch.Autor, Buch.Verlag, Nutzergruppe.Gruppe
FROM Nutzergruppe INNER JOIN (Buch INNER JOIN Buch_Gruppe (
Buch.Buchnummer = Buch_Gruppe.Buch) ON Nutzergruppe.Gruppe
Buch_Gruppe.Gruppe
WHERE (((Nutzergruppe.Gruppenname)="Student"))
ORDER BY Buch.Titel;
```

Abbildung 5.19 Abfrage aus Abbildung 5.17 in SQL - Sprache

5.2.6.3 Formulare und Reports

Tabellen, die als interne Darstellungsform alle Daten in der relationalen Datenbank repräsentieren, sind für die benutzergerechte Darstellung von Daten und Ergebnissen nach außen und für die anwendungsbezogene Dateneingabe wenig geeignet. Daher bieten die anwendungsnahen Teile eines Datenbanksystems, soweit vorhanden, umfangreiche Funktionen zur Gestaltung einer grafisch ansprechenden und übersichtlichen Ein- und Ausgabeschnittstelle an. Sollten solche Funktionen, wie im Falle eines reinen DBMS Produktes, nicht vorhanden sein, so können die Anwendungsprogramme der Benutzerschnittstelle mittels Hochsprachen erstellt werden, die über Routinen des DBMS Zugriff auf die Datenbankfunktionen erhalten oder mittels standardisierter Befehle, wie SQL, Datenbankfunktionen aufrufen. Als eine häufig angebotene Form der grafischen Aufbereitung von Tabellen oder Datenbankinhalten aus beliebigen Datenbanken sei kurz auf “Formulare” und “Berichte” bzw. “Reports” hingewiesen. Formulare zielen dabei auf die interaktive Arbeit mit Datenbeständen. Sie präsentieren Daten aus vorhandenen Datensätzen, die sogar auf Auswertungen beruhen können und bieten die Eingabe von Daten in Attributfelder. Reports hingegen zielen auf die Gestaltung umfangreicher Berichte aus dem Datenbankbestand, die nach unterschiedlichen Kriterien gegliedert werden können, Dateneingabe ist nicht vorgesehen. Die Abbildung 5.20 zeigt als Beispiel ein einfaches Eingabeformular für die Tabelle “Buch”, die Abbildung 5.21 den Entwurf eines Reports für den Ausdruck des Abfrageergebnisses “Bücher aus 1994”:

Die grafisch ansprechende Aufbereitung interaktiver Datenein- und Ausgabe, sowie für Resultate komplexer Abfragen ist über die Werkzeuge der Formular- und Berichtserstellung möglich.

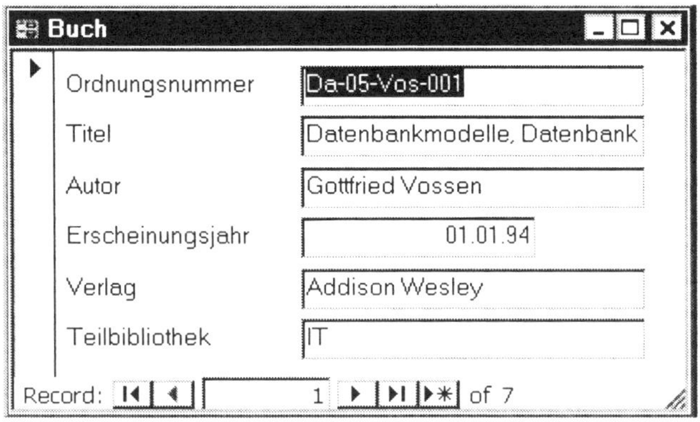

Abbildung 5.20 Eingabeformular für Tabelle "Buch"

Abbildung 5.21 Report zur Abfrage "Bücher des Jahres 1994"

5.2.7 Interna einer Datenbank

5.2.7.1 Hardwarenahe Organisation

Das DBMS - System wickelt Dateneingabe und Datenausgabe, Anfragen und Updates in einer Folge logisch aufeinander aufbauender Schichten ab, von denen die oberste den direkten Kontakt zur Benutzerschnittstelle darstellt, die unterste den Umgang mit den Datenelementen auf dem physikalischen Speichermedium. Eine grobe Unterteilung ergibt 4 Schichten, die in der Abbildung 5.22 dargestellt sind. Besonders interessant sind dabei Fragen der Datenorganisation auf dem Medium selbst, der Zugriffsbeschleunigung über Indexfiles und des Verfahrens für den Umgang mit parallelen Veränderungen an einem Datensatz.

Von besonderer Bedeutung für den Betrieb der Datenbank ist der interne Umgang mit primärem und sekundärem Speicher, mit der Indizierung und dem Problem parallel schreibender Zugriffe auf einen Datensatz.

In allen realen Anwendungsfällen ist davon auszugehen, daß der Hauptspeicher des Systems nicht für Aufnahme der komplette Datenbasis und der für ihre Bearbeitung nötigen Programmteile ausreicht. Der Zugriff auf die Daten erfordert also den permanenten Austausch von Daten zwischen dem sekundären Speicher und dem Memory, wo die Bearbeitung stattfindet. Die Organisation von Daten auf dem Massenspeicher erfolgt in Form von Blöcken, deren Größe entweder durch die Seitengröße für das Paging der virtuellen Speicherverwaltung oder aber durch die Größe der Allocation Units bzw. Sektoren der Festplattenformate begründet ist. Der Zugriff auf das Medium über Routinen des Betriebssystems basiert immer auf der so gegebenen "Granularität", des Speichers. Für den Umgang mit geschlossenen Files und für viele Operationen auf dem Massenspeicher nutzt die Datenbank die vom Betriebssystem angebotenen Funktionen. Der Umgang des Betriebssystems mit dem Austausch von Speicherseiten zwischen Memory und Festplatte ist aber nicht immer für Datenbankinhalte geeignet, da z.B. das Zurückschreiben von Seiten auf den Massenspeicher aus Sicherheitsgründen unabhängig vom Betriebssystem erzwungen werden muß.

Auch wenn sich das DBMS, wo sinnvoll, auf Funktionen des Betriebssystems stützt, ist doch oft der direkte Zugriff auf Speicherfunktionen über das BIOS unabdingbar.

Aus Sicht einer Datenbank bestehen Daten nicht aus hardwarenahen Organisationseinheiten, sondern aus logischen Datensätzen, deren Größe von Anzahl und Länge der zugehörigen Attributfelder abhängt. Je nach Größe eines einzelnen Record kann dic physikalische Blockeinheit einen oder mehrere Datensätze enthalten. Die Verwaltung auf Ebene der Datenbank basiert auf der Nummer eines Datensatzes, der sog. "Record - Number" innerhalb der Folge von Datensätzen auf dem Medium. Ist die Record Number bekannt, so kann die Adresse des zugehörigen Speicherblockes einfach ermittelt werden, wenn alle Datensätze des Files die gleiche "Länge" aufweisen. Ein Länge von 500 Byte pro Record ergibt für den Datensatz der Nummer 10 eine Adresse, die 5 kByte vom Anfang des betreffenden Files entfernt ist. Dabei treten zwei Probleme auf: Da die Datensätze auf dem Medium keiner logischen, sondern einer durch die Eingabe- und Modifikationsreihenfolge gegebenen Ordnung folgen, ist ein Verfahren zur Umrechung der logischen auf die physikalische Ordnungsstruktur nötig. Die Umrechnung der durch dieses Verfahren gelieferten Datensatznummer auf eine physikalische Adresse ist nicht nur für den Fall von Datensätzen konstanter Länge (fixed length records), sondern auch für solche variabler Länge (variable length records) zu lösen.

Abbildung 5.22 Abwicklung von Datenbankprozessen auf 4 Ebenen

Datenbanken numerieren alle Datensätze zu Zwecken der internen Referenz. Die Umrechung der Datensatznummer auf eine physikalische Speicheradresse ist nur für Datensätze konstanter Länge (fixed length) einfach möglich.

Es sei dabei nochmals auf den Unterschied zwischen dem vom Betriebssystem aufgefangenen Problem der Fragmentierung und dem Problem der logische Reihenfolge hingewiesen. Fragmentierung bedeutet, daß die in einem geschlossenen Datenbereich, dem File, hintereinander liegenden Datenblöcke nicht in hintereinander liegenden Adressen physikalischer Speicherblöcke gespeichert sein müssen. Das Betriebssystem kümmert sich aber nicht darum, ob die in diesem File enthaltenen Daten irgendeine durch die Anwendung gegebene Ordnungsstruktur, beispielsweise eine alphabetische Sortierung haben sollen. Die beiden Teilprobleme sind anhand der Abbildung 5.23 nochmals gegenübergestellt. Die in einer Tabelle angelegten Attribute sind meistens in fester Länge definiert. Anzahl und Typ der erlaubten Zeichen für die zu einem Datensatz gehörigen Attributfelder ergeben den pro Datensatz benötigten Speicherplatz. Dieses Format kann nicht ohne weiteres verändert werden, es stellt den benötigten Speicherplatz im einfachsten Fall auch dann auf dem Medium zur Verfügung, wenn das Attributfeld leer bleibt.

Damit verhindert die Speicherverwaltung Probleme, die dann auftreten könnten, wenn ein ursprünglich leeres Attributfeld eines Datensatzes später gefüllt wird.

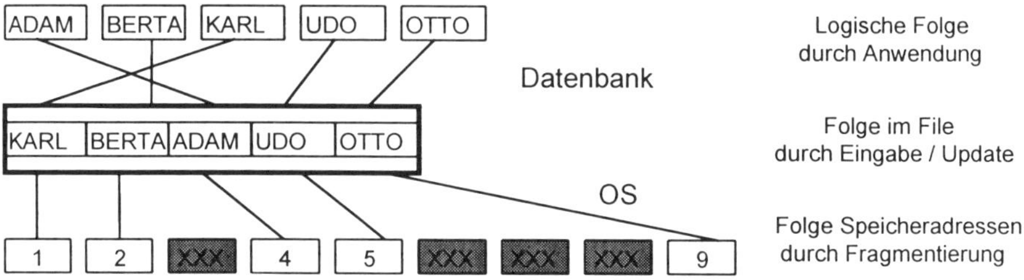

Abbildung 5.23 Logische und physikalische Ordnung von Daten

Eine solche Struktur ist für Anwendungsfälle mit Attributen nicht vorhersagbarer Länge ungeeignet. Aus diesem Grund erlauben Datenbanken nicht nur Attribute vom Typ "fixed length" sondern auch solche des Typs "varibale length", die sich dadurch auszeichnen, daß sie jederzeit erweitert werden können ohne an eine vorgegebene Grenze hinsichtlich der Feldlänge zu stoßen. Attributfelder variabler Länge stellt die Datenbank in getrennte Files und verwaltet sie ähnlich Texten in einer Textverarbeitung. Die Beziehung dieser Textsegmente zu den Records erfolgt über Zeiger, die aus den fixed length - Teilen der Datensätze auf die zugehörigen variable length Felder in der entsprechenden Datei verweisen.

5

Attributfelder variabler Länge (variable length) verwaltet die Datenbank innerhalb getrennter Files im Sinne einer Textverarbeitung, auf die über Zeiger aus dem eigentlichen Datenbankfile verwiesen wird.

5.2.7.2 Index - Grundlagen

Die Datenbank liefert den Mechanismus für die logisch korrekte Ordnung der Datensätze aus den Files, das Betriebssystem die Basis für die Verwaltung des fragmentierten Sekundärspeichers. Beide Systemebenen nutzen dabei den indirekten Zugriff über eine Verzeichnistabelle. Sie enthält beim Betriebssystem für jeden gespeicherten Datenblock, bei der Datenbank für jeden Datensatz im File einen Eintrag mit der Blockadresse (Betriebssystem) bzw. der Datensatznummer (Datenbank). Ohne Verzeichnistabelle kommt es bei der Suche nach einem Zielbegriff in einem der Attribute, beispielsweise "Name = Meier" zu einem sequentiellen Abarbeiten aller Datensätze im File, von denen jeder auf die Übereinstimmung seines Attributwertes im Feld "Name" mit dem Zielbegriff "Meier" geprüft wird. Existiert eine Verzeichnistabelle, so verkürzt sich die Suche aufgrund des geringeren Datenumfangs der Tabelle gegenüber dem File, besonders dann, wenn die komplette Tabelle ins Memory geladen werden kann. Ein großer Datenbestand erzeugt aber so große Verzeichnistabellen, daß auch im Falle schneller Speicher und Prozessoren untragbar lange Zugriffszeiten entstehen. Verzeichnistabellen, deren Einträge nach Maßgabe optimaler Suchgeschwindigkeiten strukturiert sind, nennt man Indizes. Wie bereits erwähnt, kann für jedes Attribut einer Tabelle bestimmt werden, ob ein zugehöriger Index erzeugt werden soll oder nicht. Soll zu einem existierenden Datenbestand ein Index für das Attribut "Name" erzeugt werden, so entsteht als Ergebnis im einfachsten Fall eine zweispaltige Tabelle, die nur den betreffenden Buchstaben des Alphabets und die Datensatznummern aller Datensätze enthält, deren Inhalt im Attribut "Namen" mit diesem Buchstaben beginnt, wie die Abbildung 5.24 zeigt.

Im einfachsten Fall ist ein alphabetischer Index des Attributes "Namen" eine Verzeichnistabelle, die zu jedem Buchstaben des Alphabets die Nummern aller Datensätze enthält, deren Attribut "Namen" mit diesem Buchstaben beginnt.

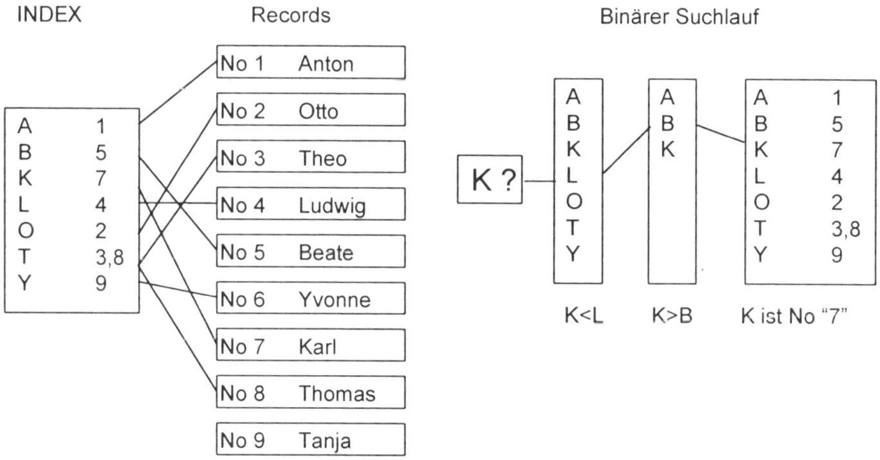

Abbildung 5.24 Index für das Attribut "Name"

Für die beiden hintereinander stehenden Einträge "Thomas" und "Tanja" gibt es nur einen Indexeintrag, da der Suchvorgang vom Einsprungpunkt aus sequentiell in der Recordstruktur weiterlaufen kann. Besonders schnell ist die Suche, wenn der Index binär durchlaufen wird, wie ebenfalls in der Abbildung 5.24 gezeigt. Mit dem gesuchten Zielbuchstaben des Alphabets springt der Suchalgorithmus in die Mitte des Index und prüft, ob das Ziel in der oberen oder unteren Hälfte des Index zu finden ist. In einem zweiten Schritt verzweigt die Suche dann in die Mitte der ermittelten Hälfte und so weiter.

5.2.7.3 Hierarchischer Index und Hash

Diese Art der Indexbildung stößt, wie alle Formen der Datenorganisation, auf Grenzen im Falle einer Veränderung des Datenbestandes. Werden Datensätze eingefügt oder gelöscht, muß die Datenbank alle betreffenden Indizes reorganisieren, d.h. die korrekte Reihenfolge der Indexeinträge im Indexfile wiederherstellen. Damit ist das Problem aber nur verlagert worden: Nicht mehr die realen Datensätze selbst sind nunmehr einer zeitaufwendigen und daher inakzeptablen Neuanordnung auf dem Speicher unterworfen, sondern dafür die Indexeinträge. Als Lösung bietet sich die rekursive Anwendung des Indexprinzips auf den Index selbst an. Der Index wird als File mit getrennter logischer und physikalischer Ordnung betrachtet und mittels eines übergeordneten Index verwaltet. Die linke Seite der Abbildung 5.25 zeigt das Anfügen eines neuen Eintrags in einen bisher alphabetisch sortierten Index am Ende des Indexfiles und dessen Anspringen über einen hierarchisch höheren Indexknoten. Auf diese Art und Weise entsteht eine Baumstruktur für den Index, die allerdings unsymmetrisch wachsen kann.

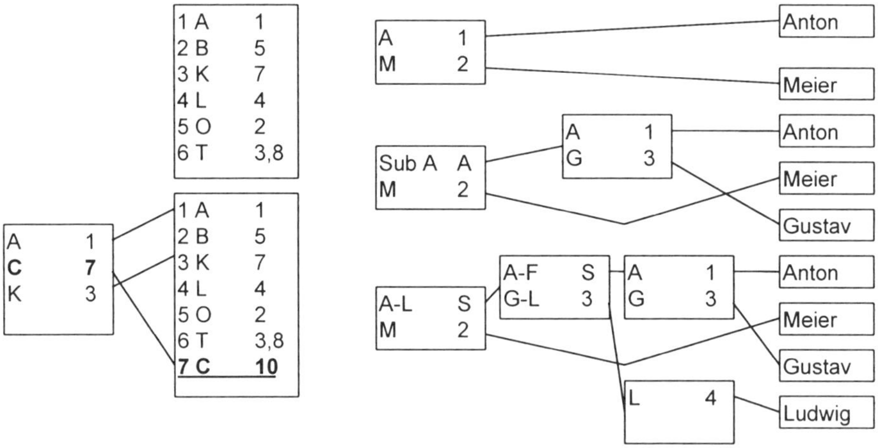

a) Einfügen eines Indexeintrages b) unsymmetrischer Indexbaum

Abbildung 5.25 Mehrstufige Indexhierarchie

Angenommen, jeder Knoten des Index kann in einem sehr einfachen Beispiel maximal zwei Einträge aufnehmen. Die rechte Seite der Abbildung 5.25 zeigt, wie dieser Index nach Eingabe zweier Datensätze mit den Namen "Anton" und "Meier" aussieht: Der einzige nötige Knoten enthält direkt die beiden Datensatznummern. Das Hinzufügen eines dritten Satzes mit "Gustav" überfordert die Kapazität des Knotens, eine neue Hierarchieebene ist unabdingbar und wird durch den Subknoten für den Buchstabenbereich "A - L" aufgespannt. Der Wurzelknoten enthält jetzt nur noch für "Meier" die Datensatznummer, ansonsten die Adressen des zum Subknoten gehörigen Indexeintrages im Speicher, dieser wiederum die Datensatznummern für "Anton" und "Gustav". Der Name "Ludwig" schließlich erfordert eine weitere Ebene in der Hälfte "A - L" des Baumes. Werden also immer nur Namen aus diesem Buchstabenbereich eingefügt, so wächst der Baum unsymmetrisch. Um die Datensatznummer eines Records ausfindig zu machen, müssen also unterschiedlich viele Knotenebenen durchlaufen werden, je nachdem, in welchem Buchstabenbereich sich der Zielbegriff befindet. Unsymmetrische Bäume können keine maximale Zahl von nötigen Indexebenen für eine Suche garantieren und weisen ein hohes Maß an Redundanz auf. Der Indexeintrag "A" beansprucht in unserem Beispiel auf drei Knotenebenen Speicherplatz. Deshalb werden Indizes oft als "balancierte Bäume" ausgeführt, deren Verwaltung eine gleiche Tiefe unabhängig von der statistischen Verteilung der Schlüsselwerte im Attribut garantiert.

Im Falle der Modifikation des Datenbestandes fragmentiert sich der Index, der deshalb wieder in Form eines indizierten Files verstanden werden kann. Es entsteht eine Baumstruktur aus Hierarchieebenen für den Aufbau des Index.

Eine weitere Möglichkeit ist die direkte Berechnung einer Speicheradresse aus dem logischen Ordnungsprinzip nach dem "Hash" - Verfahren. Ausgangspunkt der Überlegungen sind Annahmen über die maximal mögliche Anzahl realer Objekte, die von einer Entity beschrieben werden sollen. Wählt man ein theoretisches Ordnungsprinzip für ein Warenlager, das sechsstellige Artikelnummern hat, so könnten 1 Million Artikel in diesem Lager verwaltet werden. Geht man davon aus, daß durch die begrenzte Lebensdauer von Produkten und deren Austausch im Angebotsportfolio nie mehr als 100.000 Artikelnummern aus diesem Vorrat zu einem beliebigen Zeitpunkt tatsächlich vergeben sein werden, reserviert man im Speicher fest 100.000 Speicherplätze der definierten Recordgröße. Die Adresse eines Datensatzes mit der logischen Artikelnummer X ermittelt man als ganzzahligen Rest der Division dieser Nummer durch die Anzahl der Speicherplätze, also 100.000. Diese Berechnung ergibt für die Artikelnummer "00.00.05", also fünf den Speicherplatz Nummer "5", da der Wert 100000 in die Zahl 5 "Null mal paßt" mit einem Rest von 5. Zur Artikelnummer "14.28.39" ergibt sich der Speicherplatz "42839", für "74.23.44" der Platz mit Nummer "42344". Allerdings ergibt sich auch für die Artikelnummer "90.00.05" der Speicherplatz Nummer 5, der jedoch schon vergeben wurde. Dieses Problem löst man durch einen Überlaufbereich, den man im Speicher zusätzlich für solche Fälle reserviert oder durch ein mehrstufiges Verfahren. Ist der nach dem ersten Berechnungsschritt ermittelte Platz belegt, so folgt eine zweite Berechnung, ist der daraus resultierende Platz belegt, eine dritte und so weiter. Im Gegensatz zum Index ist der große Vorteil des Hash - Verfahrens, daß zur Ermittlung der zu einem logischen Ziel gehörigen physikalischen Adresse nicht erst die Baumstruktur des Index durch alle Knoten durchlaufen werden muß, sondern der Speicherplatz direkt durch Rechnung ermittelt werden kann.

Die direkte Ermittlung einer Datensatznummer über ein mathematisches Berechnungsverfahren als Index bezeichnet man als "Hash". Es erspart das sequentielle Durchlaufen aller Knotenebenen eines hierarchischen Index.

5.2.7.4 Concurrency

Datenbanksysteme verwalten in vielen Anwendungen kritische Daten, komplette Betriebsabläufe sind von den Datenbeständen abhängig. Neben der Forderung, die Hardware eines solchen Systems mit hoher Redundanz zu konzipieren, ist ein sauberer Umgang der Datenbanksoftware mit den abgebildeten Entities zwingend erforderlich. Besonders durch den Abbruch von Datenmanipulationen in einem undefinierten Zwischenzustand und durch den unsynchronisierten Zugriff mehrere Benutzer auf denselben Datensatz kann es zu verborgenen Inkonsistenzen des Datenbestandes kommen. Dies soll an drei einfachen Beispielen anhand von Abbildung 5.26 verdeutlicht werden. Jede Anforderung an eine Datenbank und deren Abwicklung, eine sogenannte Transaktion, kann in drei grobe Funktionsschritte aufgeteilt werden. Zuerst transferiert der Data / Buffer Manager den betroffenen Datensatz aus dem Sekundärspeicher ins Memory, dort erfolgt die Modifikation, wie von der geforderten Aufgabe vorgegeben, anschließend wird das Ergebnis in den Sekundärspeicher zurückgeschrieben, die Transaktion ist abgeschlossen. Fordern mehrere Benutzer unabhängig voneinander Transaktionen parallel an, kommt es durch die Verzahnung der Einzelschritte zu potentiellen Konflikten. Abbildung 5.26a zeigt den Fall eines "verlorenen Updates" im Buchungssystem einer Airline.

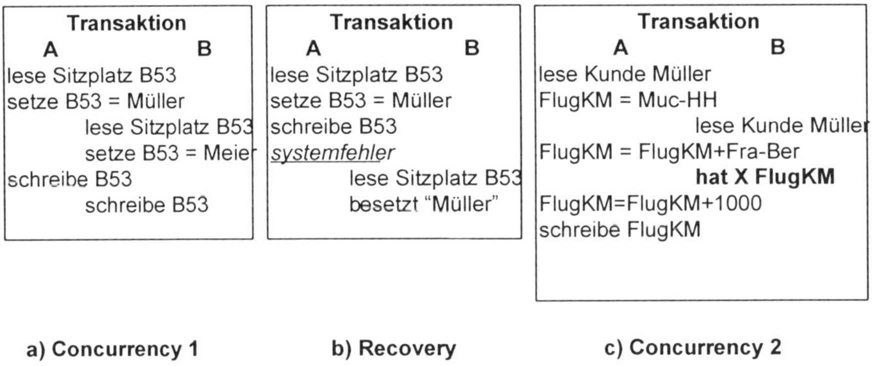

Abbildung 5.26 Transaktionsprobleme und Datenintegrität

Das Attribut "Sitz B53" im Datensatz des betreffenden Fluges soll vom Buchungsplatz A aus mit dem Kunden "Müller" belegt werden. Der Datensatz wird gelesen, "Müller" eingetragen, vor dem Rückschreiben und beenden der Transaktion aber erfolgt unabhängig davon über das Buchungsterminal B eine identische Befehlsfolge für den Kunden "Meier". Der aus dem Sekundärspeicher gelesene Datensatz enthält die Belegung von B53 noch nicht, also wird B53 nun in gutem Glauben mit "Meier" überschrieben. Nach Abschluß der Transaktion glauben beide Seiten, ihre Anforderung sei einwandfrei bearbeitet worden. Das Problem paralleler Zugriffe nennt man "Concurrency".

Parallel verzahnte Zugriffe auf einen Datensatz führen zu potentiell inkonsistenten Resultaten, man spricht von Concurrency.

Concurreny kann im einfachsten Fall durch das strikte Serialisieren von Datenbankzugriffen verhindert werden. Zu jedem beliebigen Zeitpunkt darf also nur eine Transaktion in der Datenbank ablaufen. Selbstverständlich ist dies eine unnötig schwerwiegende Einschränkung mit unzumutbaren Folgen für die Reaktionsgeschwindigkeit und den Datendurchsatz einer Datenbank. Verzahnte Transaktionen werden also zugelassen, da in den meisten Fällen verschiedene und unabhängige Datensätze betroffen sind oder aber in einer Transaktion nur unproblematische Lesezugriffe aufgelistet sind. Abbildung 5.26b enthält die Situation, die durch einen unkoordinierten Transaktionsabbruch entstehen kann. Während des Schreibvorgangs für B53 aus Buchungssystem A tritt ein Fehler auf, die Transaktion ist nicht ordnungsgemäß abgeschlossen. Ob der Name "Müller" tatsächlich auf dem Speicher auftaucht oder nicht, steht nicht fest. Während aber die Transaktion A als abgebrochen gemeldet wird, der Kunde "Müller" also die Sitzzuweisung nicht bekommt, meldet eine Anfrage auf B53 aus Terminal B einen besetzten Sitz, da nicht der Ursprungszustand vor der abgebrochenen Transaktion, sondern deren unsicheres Resultat als Inhalt ausgegeben wird. Der Vorgang, mit dessen Hilfe ein DBMS in diesem Falle die Wiederherstellung des Ausgangszustandes garantiert, heißt "Recovery".

Können komplexe Transaktionen nicht garantiert vollständig abgeschlossen werden, garantiert die Datenbank über ein sogenanntes "Recovery" die Wiederherstellung des Ausgangszustandes.

Es existieren eine Reihe von Verfahren mit dem Ziel, Concurrency zu handhaben. Das meist genutzte Verfahren arbeitet mit Locks oder "Schlössern", die in eine Transaktion verwickelte Datensätze nach außen solange "abschließen", bis die Transaktion abgeschlossen ist. Wird die Transaktion gestartet, so prüft der "Scheduler" des DBMS, der für die Abwicklung der Abfolge von Einzelschritten aller laufenden Transaktionen verantwortlich ist, ob für diesen Datensatz bereits ein Schloß besteht. Wenn nicht, so verschließt das DBMS diesen Datensatz, führt die Transaktion aus und entfernt nach deren Ende das Schloß. Meist können unterschiedlich "starke" Schlösser vergeben werden, so daß zumindest für eine Transaktion unproblematische Schritte anderer Transaktionen an diesem Datensatz erlaubt sind. So kann im Fall der Concurrency aus Abbildung 5.26a das Lesen der Daten während der Transaktion durchaus erlaubt, ja sogar erwünscht sein, um den Belegungszustand frühestmöglich verfügbar zu machen. Für den Fall c) allerdings ist nicht nur der Schreib- sondern auch der Lesezugriff zu sperren. Die dortigen Transaktionen berechnen die Flugkilometer eines Kunden für das Bonussystem der Airline. Erfolgt während der Berechnung ein Lesezugriff, so gibt dieser den falschen Kontostand aus, da die Neuberechnung der Bonuskilometer noch nicht abgeschlossen ist.

5.3 Programme + Daten = Objekte

5.3.1 Ausgangspunkt der Objektorientierung

5.3.1.1 Software - Development

Die Entwicklung eines Anwendungsprogrammes zerfällt in folgende Phasen: Auf eine möglichst genaue Formulierung der gewünschten Funktionalitäten in Form eines Pflichten- oder Lastenheftes folgt die modellhafte Beschreibung des Lösungsansatzes. Teilziele dieses Phase sind die Zerlegung der Aufgabe in getrennte Einzelmodule, deren exakte Beschreibung und Abgrenzung voneinander, sowie die Anordnung der Module im Prozeßablauf, meist in Form eines Flußdiagrammes. Ein einfaches Beispiel für die Gliederung der Aufgaben in getrennte Module zeigt Abbildung 5.27. Anschließend erfolgt die Formulierung der Module in einer geeigneten Programmiersprache, ausgehend von den Vereinbarungen über die Schnittstellen zu globalen und unmittelbaren Nachbarmodulen des Programms. Dieser Schritt kann, rein theoretisch, mit jeder Textverarbeitung erfolgen, die den Text in Reinform, ohne zusätzliche Formatierungsdaten abspeichert. In der Realität finden jedoch meist speziell zum Zwecke der Programmierung entwickelte "Editoren" Verwendung. Nur in den einfachsten Fällen übersetzt der Compiler den so entstandenen Programmcode direkt in eine Befehlssequenz des Befehlssatzes für den gewünschten Prozessor. Da die Module einzeln entwickelt und übersetzt werden, liegt als Ergebnis der Arbeit des Compilers eine Zwischenstufe, der sogenannte "Object Code" vor. In einem weiteren Schritt, der insbesondere der endgültigen Eintragung der Adreßverhältnisse bei Sprüngen und der Plazierung des für die Variablen nötigen Memory dient, sorgt ein sogenannter "Linker" schließlich für die Zusammenfügung aller Programmteile zu einem funktionsfähigen Ganzen.

Die Entwicklung von Anwendungssoftware erfolgt in Teilmodulen, die klare Schnittstellenvereinbarungen voraussetzen. Die Module werden in der gewählten Hochsprache formuliert, übersetzt (Compiler) und anschließend zusammengefügt (Linker).

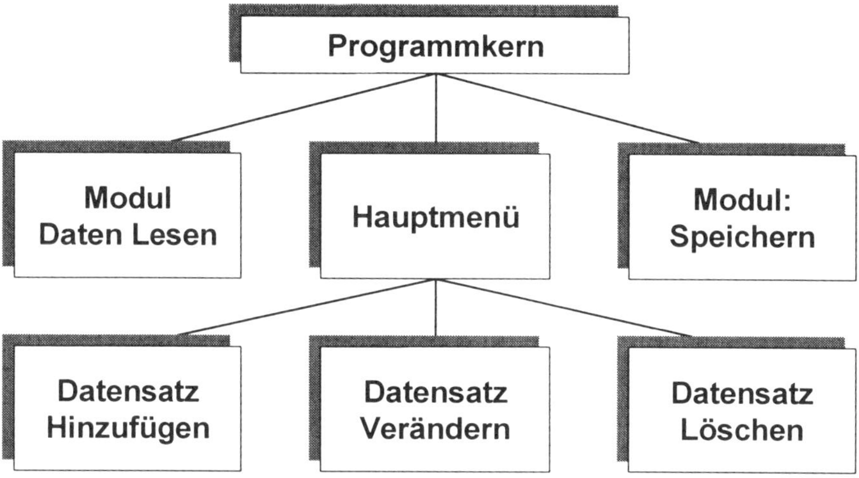

Abbildung 5.27 Module zur Aufgabenteilung eines Programms

Effiziente Programmentwicklung sucht nach Möglichkeiten, den Entwicklungsprozeß durch gezielte Wiederverwendung von Teilen aus anderen Programmen zu verkürzen. Im einfachsten Fall gelingt dies durch das Einfügen eines Teilstücks des in Programmsprache formulierten Codes in einen anderen über die Funktionen "Ausschneiden" und "Einfügen" der Textverarbeitung bzw. des Editors. Komfortabler sind sogenannte Bibliotheken mit Unterprogrammen und Funktionen, die durch einfache Aufrufe in den Ablauf des Programmes eingebunden werden können. Schnittstellen und Funktionen aller Bibliotheksroutinen müssen genau organisiert und dokumentiert werden, um den gewünschten Effekt der regelmäßigen Wiederverwendung zu erzielen. Solange die von Teilmodulen eines Programms erzeugten Daten nur innerhalb dieses Teilmoduls benutzt werden, bleiben die Teilmodule unabhängig voneinander. Wie im Falle der Datenbank erläutert, treten Probleme auf, wenn Datenstrukturen und deren Inhalte von einer Vielzahl von Programmkomponenten zugleich genutzt werden sollen.

Nur im Falle einfacher Datenstrukturen verkürzt sich die Programmentwicklung durch den Rückgriff auf in "Bibliotheken" organisierte, bereits vorhandene Unterprogrammkomponenten.

Vielfach erinnert der Softwarebetrieb an die Manufakturen des Mittelalters. Die Wiederverwendbarkeit von Komponenten und der Austausch von Modulen zwischen Projekten ist selten möglich, die nötige Vorarbeit für eine organisatorische Struktur der Softwareentwicklung wird vielfach nicht investiert. Erst in den letzten Jahren ist eine eigene Lehre zur Projektorganisation von Entwicklungsprozessen für Software entstanden, die als "Software Engineering" bezeichnet wird. Dabei werden Ansätze aus dem Bereich der klassischen Produktentwicklung an die "virtuellen" Produkte der Softwareindustrie angepaßt: Der Bau eines Autos besteht nicht nur aus den "handwerklichen" Fähigkeiten des Maschinenbaus, sondern aus einem komplexen Zusammenspiel vieler Komponenten, die alle in ihrer gesamten Struktur geplant werden müssen. Ebenso erfordert effiziente Softwareentwicklung die Abkehr vom Bild des verrückten Genies aus der Gründergeneration der Programmierer. Statt dessen sind gut geplante und sorgfältig überwachte Grundstrukturen nötig. Sie reichen nicht nur von der Problembeschreibung bis zur Festlegung der nötigen Anwendungsmodule und deren Zusammenspiel, sondern erstrecken sich weit darüber hinaus in Fragestellungen der Wartung, der Produktpflege, der Kundenbetreuung und der Wiederverwendung von Modulen für andere Aufgabestellungen.

Erst in den letzten Jahren entwickelt sich das Software - Engineering als eigene Disziplin für den Fertigungs-, Anpassungs- und Wartungsprozeß bei Softwareprodukten.

5.3.1.2 Information Hiding - Kapselung der Daten

Die freie Wiederverwendung von Programmsegmenten erfordert "Information Hiding": Die im Inneren eines Teilsegmentes ablaufenden Prozesse sollen für dessen Benutzer im Idealfall belanglos bleiben, nur die nach außen angebotenen Funktionen haben eine Bedeutung. Diese Abgeschlossenheit kann nur erreicht werden, wenn die Daten als innerer Teil der Programmroutinen nach außen eingekapselt werden. Jede Teilroutine, also jedes Modul eines Programmes, nutzt demnach seine eigenen lokalen Daten. Die für einen Bearbeitungsschritt nötigen Daten werden im Rahmen des Funktionsaufrufes an die mit der Bearbeitung betraute Routine in einer für diese Routine geeigneten Form übergeben (siehe Abbildung 5.28).

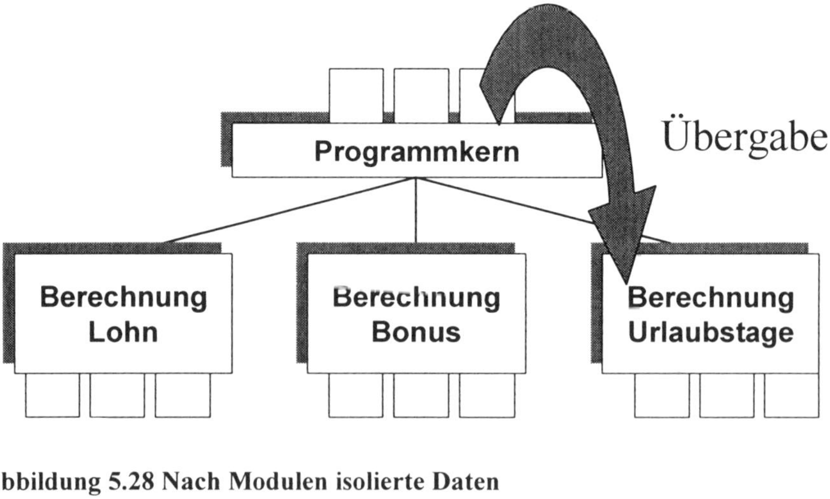

Abbildung 5.28 Nach Modulen isolierte Daten

Dieses Verfahren verhindert die wechselseitige Abhängigkeit der Module, versagt aber bei extrem großen Datenvolumina. Zudem ergibt sich das Problem des Offline - Zugriffes, also der Manipulation von Daten über den Umweg des Massenspeichers, wenn die betreffenden Teilprozesse ruhen. Die Trennung von Anwendungen und Daten bleibt in diesem Fall nur dann gewahrt, wenn auf jedes Datum immer nur ein einziges Programm und ein einziger Nutzer zugreifen darf.
Die Möglichkeit des Datenaustausches zwischen verschiedenen Programmen und die Kontrolle des Datenzugriffes erfordert eine zwischengeschaltete Instanz, z.B. das DBMS. Das DBMS führt aber keine Operationen an den Daten durch. Es verwaltet eine Datenbasis anhand eines vorgegebenen Modells, beispielsweise dem der relationalen oder hierarchischen Datenbanken. Damit bleiben die Daten weiterhin von den auf sie angewandten Methoden und Verfahren getrennt, die Datenbank selber beschränkt sich auf die Beschreibung einer statischen Datenstruktur, das dynamische Verhalten von Entities kann nur schlecht erfaßt werden.

Der Zugriff unabhängiger Programme auf den gleichen Datenbestand ist nur auf Basis eines DBMS möglich, das die Zugriffe abstimmt und Datenkonsistenz garantiert. Die Prozesse sind dabei aber nicht Teil des Datenmodells, das weitgehend statisch bleibt.

5.3.1.3 Modularität von Daten

Datenstrukturen lassen sich im Allgemeinen nicht durch Kombination vorhandener Datenstrukturen erzeugen oder sich in solche zerlegen. Eine Datenbank für Adressen kann nicht aus den digital vorhandenen Geschäftsbriefen durch Zusammenfassung der darin jeweils enthaltenen Anschriftsbereiche und der Anrede erzeugt werden, weil der als Textdokument angelegte Brief diese Dokumentbausteine nicht als eigenständige Komponenten verwaltet. Auch ein Dokument aus Bestandteilen, die sich andauernd als Ergebnis laufender Prozesse verändern, ist weder mit den Datenstrukturen der Textverarbeitung noch denen der Datenbank gut herzustellen: Betrachten wir als Beispiel eine Imagebroschüre, deren elektronische Repräsentation immer die aktuellsten Geschäftsergebnisse als Grafik enthalten soll. Diese Grafiken stehen immer an gleicher Stelle im Dokument, dessen Struktur damit weitgehend statisch ist, ihr Inhalt und die u.U. im Text erwähnten Resultate aber verändern sich jeden Monat. Die Textverarbeitung liefert zwar einfache Werkzeuge für ein ansprechendes Layout, jedoch kaum Hilfsmittel für den Umgang mit eigenständigen und dynamisch variierenden Komponenten. Also besorgen sich die Grafiker jeden Monat die erforderlichen Daten und stellen eine aktualisierte Version des Dokuments her. Die Datenbank hat zwar mit der Auswertung dynamischer Daten und deren Darstellung keine Probleme, bietet aber meist keine ausreichend flexiblen Gestaltungsmöglichkeiten und ist schwerfällig in der Handhabung.

Es fehlt ein einfaches Verfahren, funktionsfähige komplexe Datenstrukturen und Dokumente durch Zusammensetzung oder Auseinanderbrechen von vorhandenen Strukturen und Dokumenten zu erzeugen.

5.3.1.4 Modularität von Programmen, dynamic linking, DLL

Das Problem in sich geschlossener Datenstrukturen findet sich auch auf Ebene der Software wieder. Die beschriebene Modularität wiederverwendbarer Komponenten beschränkt sich auf die Softwareentwicklung. Als Resultat des Entwicklungsprozesses erhalten wir ein geschlossenes Programmfile, das durch Aufrufe über das Betriebssystem als Gesamtheit ausgeführt wird. Als Folge davon entsteht ein hohes Maß an Redundanz zwischen Programmen, deren innere Strukturen ähnliche Funktionen enthalten. Während in der ersten Generation die Funktionalitäten unterschiedlicher Anwendungsprogramme noch deutlich getrennt waren, Textverarbeitung also nur Texte, Grafikprogramme nur Grafik und Tabellenkalkulationen nur Tabellen erzeugen und manipulieren konnten, nähern sich Funktionalitäten moderner Software immer weiter an. Die Textverarbeitung bietet das Erzeugen von Texten an und enthält, wie auch die Tabellenkalkulation, grundlegende Grafikfunktionen und die Möglichkeit, eingefügte Bilder zu manipulieren. Zusammen mit der Präsentationsgrafik erlauben alle den Zugriff auf Grafik- und Bildbibliotheken. Viele Anwendungsprogramme streben nach dem integrierten Durchgriff auf Funktionen der Internet- oder Intranetanbindung, wie E-mail oder andere Groupware. Die Liste der in vielen Anwendungen parallel enthaltenen funktionalen Komponenten läßt sich nahezu beliebig weit fortsetzen.

5

Als Ergebnis des wachsenden Funktionsumfanges der Software überschneiden sich die Anwendungsprogramme in vielen ähnlichen oder gar identischen Teilfunktionen, die dann mehrfach redundant auf einem Rechner vorliegen.

Für den Programmierer erscheint das Problem aufgrund der Modularität von Programmen gut gelöst: Die einzelnen Funktionalitäten können, eine gut durchdachte Struktur der Komponenten vorausgesetzt, ohne Wiederholung der Entwicklungsarbeit im Rahmen aller Anwendungen wiederverwandt werden. Die den Programmcode enthaltenden Files werden dadurch aber unnötig groß und schwerfällig. Auch wenn große Teile des Programmcodes zweier Programme vollstandig identisch sind, können sie dennoch nur innerhalb eines geschlossenen Programmfiles und nicht von "außen" benutzt werden. Grund sind die inneren Adreßverhältnisse für Daten und Sprünge im Progammablauf, die für alle beteiligten Segmente klar definiert sein müssen und bei der Übersetzung und beim Linking des Programmes festgelegt werden. Eine Ausnahme bildet das Betriebssystem, dessen Funktionen indirekt über Interrupt - Tabellen anderen Programmen zur Verfügung stehen (siehe Abschnitt 3.3.4.). Eine wichtige Voraussetzung dafür, Programmkomponenten nicht schon am Ende der Herstellungsphase, sondern erst bei deren Aufruf modular zusammenfügen zu können, ist die Unterstützung des "dynamic linking" durch das Betriebssystem. Programmkomponenten, die Routinen für diese Art des "Linking zur Runtime" enthalten, nennt man DLL´s oder Dynamic Link Libraries.

Die Modularisierung von Programmen zur Laufzeit, also das Einbinden gerade benötigter Komponenten beim Aufruf über das Betriebssystem anstelle des festen Zusammenbindens aller Komponenten eines Programms bei der Entwicklung nennt man "dynamic linking".

5.3.1.5 Integration von Daten und Anwendungen

Ein wesentliches Hindernis auf dem Weg zu modularen Systemen besteht in der Trennung von Daten und Anwendungen. Eine nach dem modularen Paradigma aus vielen Anwendungskomponenten zusammengesetzte neue Anwendung erzeugt auf der Basis der ihr verliehenen Fähigkeiten einen ganz speziellen Typus von Daten oder Dokumenten. Dieser läßt sich weder in das starre Schema der Fileformate vorhandener Anwendungen einpassen, noch von anders kombinierten modularen Anwendungen lesen und verarbeiten. Der freie Austausch modularer Datenteile nutzt wenig, wenn eine Anwendung mit der inneren Struktur einer in "ihr" Dokument eingefügten fremden Dokumentkomponente nichts anzufangen weiß, da sie nicht über die für deren Anzeige oder Bearbeitung nötigen Funktionen verfügt. Die Lösung des Problems kann von zwei Seiten angegangen werden. Mit wachsender Modularisierung der Software in Komponenten ist es denkbar, jedem Typus von Dokumentkomponente die für seine speziellen Anforderungen und sein Datenformat nötigen Bearbeitungsverfahren in Form einer privaten Softwarekompomente "anzuhängen". Eingefügte Dokumentteile bringen dann die für den Umgang mit Ihnen nötigen Verfahren "huckepack" mit ins Zieldokument. Problematisch ist es allerdings, wenn ein Dokument mehrere Teilkomponenten ein- und desselben Typs und damit auch mehrfache Kopien der zugehörigen Programme enthält. Ein anderer Weg führt über eine möglichst universelle Beschreibungssprache für die Struktur und Teile von Dokumenten, die anwendungsübergreifend alle Dokumenttypen erfaßt und über die Grenzen von Anwendungsprogrammen und Betriebssystemen hinweg austauschbar macht. Eine derartige Dokumentstruktur, wenn man sie im Sinne von Multimedia - Dokumenten versteht, muß jede Art von Dokumentkomponenten enthalten können, auch solche, die "aktiv" Vorgänge auslösen oder "interaktiv" abhängig auf Benutzereingaben reagieren. Damit aber schließt sich der Kreis zur ersten Lösung, denn als Ergebnis dieser Forderung entstehen erneut Dokumente, die Programmkomponenten enthalten können.

Modular aus Komponenten erzeugte Anwendungen und aus Teildokumenten zusammengefügte Dokumente erfordern die Integration von Daten und datenverarbeitenden Prozessen in eine gemeinsame Struktur ohne Trennung von "ausführbaren" (Programm) und "statischen" (Daten) Files.

5.3.2 Was sind Objekte?

5.3.2.1 Objektmodelle und andere Software-Trends

Zusammenfassend kann man das Problemfeld der Behandlung von Daten und Programmen anhand der bisher beschriebenen "konventionellen" Vorgehensweise wie folgt summieren: Daten und Anwendungen werden getrennt behandelt, sowohl Daten wie auch Anwendungen sind weder in sich noch gegenüber dem jeweils anderen modular aufgebaut. Viele aktuelle Trends der Softwareindustrie versuchen, die daraus resultierenden Einschränkungen zu umgehen oder besser, zu beseitigen. Die Abbildung 5.29 versucht, diese Entwicklungen im Zusammenhang darzustellen. Die Phase 1 und 2 steht für die bisher beschriebene Situation. Phase 1 kennzeichnet geschlossene, nur in der Entwicklungsphase modulare Anwendungen, die auf von ihnen getrennte Datenfiles zugreifen, von denen einige womöglich über ein DBMS verwaltet werden. Phase 2 bricht die Anwendungen in Module auf und ermöglicht die Zusammenstellung von Funktionen zur Runtime, man spricht auch von "Componentware". Manche dieser Programmkomponenten sind fest an eigene Dateitypen gebunden, die als Teilstücke in andere Dokumente eingebunden werden können und ihre Anwendung selbst "mitbringen". Dokumente entstehen dabei ausgehend von einer "Klammeranwendung", in deren Dokumente die Komponenten mit den zugehörigen Programmen eingebettet sind. Der Ansatz eines zentralen Dokumentenformats, das neben der Beschreibung der Dokumentenstruktur aus passiven Komponenten auch aktive Bestandteile enthalten kann, ist ein ähnlicher Ansatz. Allerdings besteht die Klammer für das Dokument nicht aus einer Anwendung, sondern einer systemübergreifenden Dokumentenbeschreibung.

Die Grenzen der Trennung von Anwendung und Daten lassen sich durch modulare Softwarekomponenten lockern, die bei der Einbettung von Dokumentteilen in übergeordnete Rahmen als zugehöriger aktiver Bestandteil mit übernommen werden.

In Phase 3 tritt erstmals die Objektorientierung auf den Plan. Wesentliches Kennzeichen ist die als logische Fortsetzung der Entwicklung von Phase 1 nach Phase 2 resultierende Integration der Daten und der zu ihrer Bearbeitung nötigen Programme zu logischen Einheiten, die wir als Objekte bezeichnen. Ein Objekt kommuniziert mit einem anderen nur durch Aufruf einer der zu diesem Objekt gehörenden Anwendungen. Unabhängig von der Frage, ob ein komplettes Informationssystem durchgehend im Objektmodell aufgebaut ist, eignet sich der Ansatz, Daten und Prozesse gemeinsam und als Einheit zu begreifen, für die verbesserte Modellierung der Realität in Datenstrukturen genauso, wie für einen hohen Grad an Wiederverwertbarkeit bei der strukturierten Softwareentwicklung.

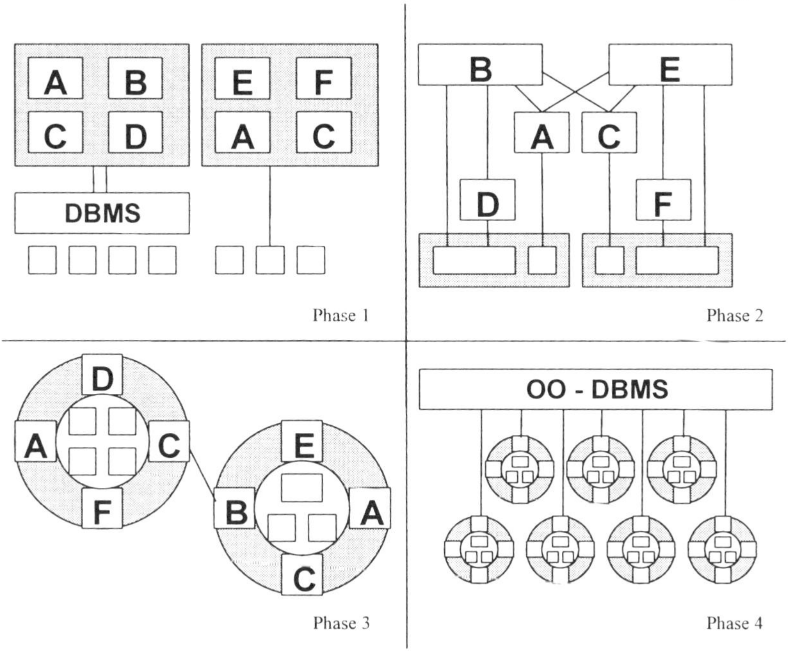

Abbildung 5.29 Phasen zunehmender Objektorientierung

Gerade in der Softwareentwicklung findet man heute in hohem Maße objektorientierte Verfahren vor, jedoch selten in Reinkultur, sondern meist als Mischform mit klassischen Konzepten. Der Einsatz eines objektorientierten Entwicklungssystems für die Programmierung ergibt als Resultat nicht zwangsläufig ein dem Objektmodell entsprechendes System aus Software und Daten. Von der letztlichen Zielvorstellung der Phase 4, in der ein gesamtes System ausschließlich aus Objekten besteht, deren Struktur und Wechselwirkung im Sinne eines intelligenten objektorientierten Datenbanksystems verwaltet wird, sind wir heute noch ein gutes Stück entfernt.

Objekte verbinden alle Daten fest mit den zur ihrer Bearbeitung nötigen Methoden. Daten sind umgekehrt grundsätzlich nur über die sie umgebenden Methoden von außen erreichbar. Eine saubere Struktur der Objektverwaltung erfordert ein objektorientiertes Datenbanksystem.

5

5.3.2.2 Daten, Verfahren und Nachrichten

Anders als in der Welt der "klassischen" Software ist bei Einsatz des Objektmodells nicht die spezielle Aufgabenstellung der Ausgangspunkt der Softwareentwicklung. Nicht die aus der komplexen Realität entstandene Aufgabe soll in Form eines Algorithmus formuliert werden, es geht um ein die Komplexität simulierendes Abbild der Realität selbst. Aus Sicht der Datenbanken bedeutet dies den Übergang von weitgehend statischen Datenstrukturen (Beschreibungen) auf die dynamische Nachbildung (Simulation von Verhalten) realer Objekten. Ausgangspunkt der Objektbewegung war die Programmiersprache SIMULA, die in Norwegen in den späten 60er Jahren zu Simulationszwecken entwickelt wurde. Module in SIMULA sind keine Prozeduren, wie in klassischen Sprachen, sondern Objekte, Sammlungen von geschlossenen Einheiten logisch verknüpfter Daten und Programme. Die Programme nennt man "Methoden", die Daten "Variablen" eines Objekts.

Grundidee der Objektmodelle ist, Prozesse nicht durch genaue Formalisierung eines Ergebnisses unbekannter Ursache abzubilden, sondern durch Simulation der diese Prozesse verursachenden Realität.

Betrachten wir die Leistungsfähigkeit des Objektmodells am Beispiel eines "virtuellen" Videorecorders (VCR), der sein reales Gegenstück möglichst genau simulieren soll. Das "Verhalten" eines VCR kann beschrieben werden durch den Zustand, in dem er sich befindet und die Aktionen, die er ausführt, um diesen Zustand zu verändern. Der jeweilige Zustand charakterisiert sich in Form der Werte der Variablen des objektmodellierten VCR. Solche Variablen sind u.a. der Laufwerkszustand (Play, Stop, Pause, Rewind etc.), der Zählerstand der Bandposition, der Name des eingelegten "Bandes" und dessen Länge, das gewählte Videoformat (PAL, NTSC). Die Aktionen spiegeln sich im Objektmodell durch Methoden wider, die den Zustand verändern, wie "lade Band", "Spiele ab", "Stop", "gehe zum Anfang", "wirf Band aus". Der Vorteil eines auf diese Weise dargestellten virtuellen VCR ist, daß er von außen ohne weitere Kenntnis um seine innere Struktur benutzt werden kann. Objekte rufen die Methoden anderer Objekte durch "Messages" oder Nachrichten auf. Beim Aufruf "Spiele ab" wird das augenblickliche "Band" des VCR abgespielt. Welche Verfahren der VCR für die Umsetzung der Daten auf das Bildschirmformat verwendet, ob und wie er den Ton ausgibt, wie er das Format der Codierung erkennt, all dies ist für den Benutzer des Funktionsaufrufes bzw. den Absender der Message ohne Belang.

Die Daten eines Objekts nennt man Variablen, die zugehörigen Prozesse des Objektes heißen Methoden. Objekte rufen die Methoden anderer Objekte über Messages auf, die Interna eines Objektes bleiben nach außen verborgen.

Wichtig ist dabei, daß auch der VCR wieder auf andere Objekte aktiv zurückgreifen kann. Der Befehl "Lade Band", der zusammen mit dem Parameter "Indiana Jones 3" an das VCR - Objekt übergeben wird, kann von diesem nur ausgeführt werden, wenn das "Band", also in unserem Fall das File mit dem Videomaterial auch tatsächlich zu finden ist. Zu diesem Zweck ruft der VCR womöglich die Methode "besorge Band" eines virtuellen Bibliotheksmanagers auf, der ebenfalls als Objekt vorliegt. Dieser greift dann auf seinen Datenbestand zu und liefert das gewünschte Ergebnis. Auf diese Weise ist nebenbei noch garantiert, daß alle Daten immer im Sinne einer Sicherheitsinstanz nur durch den "Umweg" über die zu ihnen gehörigen Methoden zugänglich sind. Damit aber ist der Grundsatz des "Information Hiding" durchgehend gesichert.

5.3.2.3 Klassen, Instanzen und Vererbung

Objekte sind in Klassen organisiert. Eine Klasse beschreibt den Typus der von ihr simulierten oder modellierten Objekte. Ein konkretes einzelnes Objekt, das durch einen bestimmten Zustand aller Variablen dieses Objekttypus bestimmt ist, nennt man eine Instanz dieses Objektes. Die Nomenklatur erinnert an die Begriffe des Entitiy Relationship Modells für Entity und Instance. Eine Klasse "Auto" umfaßt alle Methoden, die für das dynamische und alle Variablen, die für das statische Abbild des Verhaltens eines Autos nötig sind. Zu diesen Methoden gehört z.B. die Methode "Beschleunige mit Vollgas", die für alle Autos gleich ist, deren Ausführung aber vom konkreten Wert der Variablen einer Instanz dieser Klasse abhängt, also davon, ob es sich um ein Goggo oder einen Ferrari handelt. Schon dieses Beispiel legt nahe, daß die Hierarchie von Klassen und Instanzen mehrere Ebenen haben kann. "Auto" ist ein möglicher Überbegriff für Nutzfahrzeuge, Busse und PKW. Die Klasse "PKW" enthält ihrerseits die Unterklassen "Sportwagen", "Limousine" und "Kombi". Letztlich könnte ein bestimmter Fahrzeugtyp von Ferrari als Unterklasse von Sportwagen verstanden werden. Jedes einzelne zugelassene auf der Straße stehende Exemplar dieses Typs wäre dann eine Instanz dieser untersten Klasse. In der Tat unterstützt das Objektmodell dieses Konzept der Sub- und Superclasses. Klassen geben durch Vererbung (inheritance) alle Eigenschaften (Variablen und Methoden) an ihre Unterklassen weiter. Die Unterklassen beschreiben nur noch die speziellen Eigenschaften, die nicht schon auf der höheren Ebene der Klassenhierarchie beschrieben wurden. Damit treten Probleme des Typus "Entity ist ein......", die wir in Abschnitt 5.2.4.3. besprochen hatten, gar nicht erst auf.

Objekte sind in Klassen organisiert, deren Eigenschaften (Variable und Methoden) hierarchisch an Unterklassen vererbt werden können. Eine konkreter Wertesatz für die Variablen einer Klasse beschreibt ein Exemplar des Objekts und heißt Instance dieses Objekts.

5.3.2.4 Abstract Data Types

Eine wesentliche Einschränkung für die Flexibilität vieler Programmiersprachen ist die unveränderlich feste systeminterne Repräsentation einer eingeschränkten Zahl an erlaubten Datentypen und der für ihre Verarbeitung nötigen Funktionen. Sie wurden bestimmt und ausgewählt, als die Programmiersprache nebst Compiler, Linker und anderen nötigen Werkzeugen entwickelt wurde. Objektorientierte Umgebungen betrachten Daten und Methoden grundsätzlich als gekapselte Einheit. Es wird also möglich, vorhandene Datentypen durch die Definition anderer Datentypen und der für ihre Behandlung nötigen Methoden zu ergänzen, die als Objekte systemintern alle Rechte der ursprünglichen Datentypen genießen. Darüber hinaus dürfen Objekte auch andere Objekte zum Inhalt haben, es enstehen "composite objects". Sie erlauben die leichtverständliche Abbildung modularer Konzepte aus der Realität, zum Beispiel den Zusammenbau eines Autos aus anderen, ebenfalls eigenständigen Objekten, wie Motor, Getriebe und Bodengruppe. Die Zusammensetzung und das Wechselspiel der Teilobjekttypen ist im Gesamtobjekttyp "Auto" definiert. Eine jede Instanz eines solchen "composite object" ist dann durch die Instanzen der Typen seiner Bestandteile charakterisiert. Dieses Modell erlaubt sehr viel mehr als nur die statische Organisation logisch zu einem neuen Ganzen zusammengefügter Objekte, wenn der Ursprung des Objektmodells aus dem Bereich der Simulation genutzt wird.

5

🖫 Im Objektmodell können neue Datentypen beliebig und gleichrangig zu den ursprünglich vorhandenen Grundtypen erzeugt und benutzt werden. Objekte können zudem andere Objekte als Bestandteil haben (composite objects), was die Simulation komplexer Anordnungen aus Teilkomponenten ermöglicht.

Ein wichtiger Sonderfall der Vererbung ist das Overriding. Dabei wird eine von einer der übergeordneten Superklassen vererbte Methode oder Variable lokal durch eine andere überschrieben. Solche Ausnahmen sind extrem wichtig für die Flexibilität. Treffen nämlich die Methoden einer Mutterklasse auf alle Tochterklassen zu, nur auf eine einzelne nicht, wobei aber alle anderen vererbten Eigenschaften anstandslos übernommen werden könnten, so macht man für diese Eigenschaft eine lokale Ausnahme, zerstört aber den logischen Zusammenhalt der Objektstrukturen nicht.

🖫 Einzelne von einer Oberklasse vererbte Eigenschaften eines Objektes können, wenn nötig, lokal in der Unterklasse überschrieben werden (Overriding).

5.3.2.5 Polymorphismus und Overloading

Polymorphismus oder Overloading ist ein hervorragendes Beispiel für die versteckten Vorteile des Objektkonzeptes. Bleiben wir bei der Simulation von Fahrzeugen im Computer. Durch die klassischen Trennung der Daten von den Prozessen, die diese Daten verändern, kann eine Routine nicht durch ihre Zugehörigkeit zu einer über Daten modellierten Entity von anderen Routinen unterschieden werden. Jede Routine braucht einen eigenen Namen, um Verwechslungen auszuschließen. So kommt es, daß die für die Beschleunigung eines simulierten Fahrzeugs im Rechner nötigen, je nach Typ verschiedenen Routinen auch alle verschiedene Namen haben, "Beschl_PKW" für PKW, "Beschl_LKW", "Beschl_BUS". Diese Vielfalt dient keinesfalls der Übersichtlichkeit, zumal alle Funktionen ein und dasselbe Ergebnis haben: Sie beschleunigen das simulierte Fahrzeug. In einer objektorientierten Umgebung gehört jeder Prozeß als Methode immer zu einem Objekt. Die Beschleunigungsmethode heißt immer "Beschleunige", egal, ob sie an einen LKW, PKW oder BUS übergeben wird. Werden weitere Autoklassen eingefügt, muß nie geprüft werden, wie die nötige Funktion heißen könnte, sie heißt immer "Beschleunige".

Durch die Bindung von Methoden an Objekte können Methoden identischen logischen Typs aller Objekte ohne Verwechslung über einen einzigen Namen angesprochen werden. In Abhängigkeit vom angesprochenen Objekt wird die Methode dann jeweils in anderer Form realisiert (Polymorphismus).

5.3.3 Anwendungen des Objektmodells

5.3.3.1 Datenbank - Modellierung

Im Abschnitt 2.3. wurde die Modellbildung als generelles Konzept an der Schnittstelle zwischen Informationsprozeß und Informationstechnik eingeführt. An dieser Stelle hatten wir die Begriffe "Informations-", "Prozeß-" und "Realitätsmodell" unterschieden. Das Realitätsmodell hatte dabei die Funktion einer möglichst sauberen Abbildung der Realität auf Datenstrukturen. Die Verbindung von Parametern und zugehörigen Prozessen zu Objekten erweitert den Beschreibungshorizont gegenüber klassischen Datenmodellen. Als eines der wesentlichen Konzepte im Rahmen von Objektmodellen gilt die Möglichkeit, gleichberechtigte abstrakte Datentypen jederzeit zu definieren. Übertragen auf die Datenbank bedeutet dies, neben der tabellarischen auch beliebige andere Ordnungsprinzipien zuzulassen. Dabei werden die Ordnungsstrukturen selbst zu Objekten, die in Form von Klassen organisiert werden können. Die Instanzen der Objekte auf der untersten Ebene der Klassenhierarchie repräsentieren dann die modellierten Entities.

🖫 In einer objektorientierten Umgebung werden die Datenstrukturen selbst zu Objekten im Sinne komplexer Datentypen. Es sind nicht mehr nur tabellarische oder hierarchische oder netzwerkartige Strukturen erlaubt, sondern beliebige.

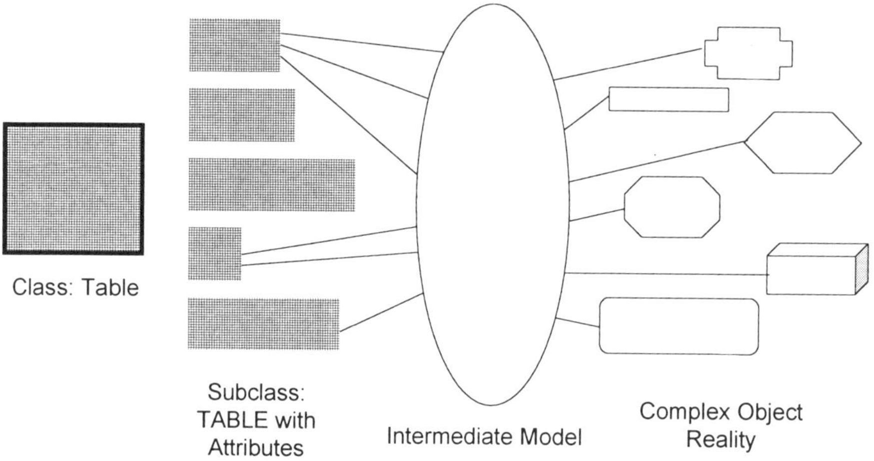

Abbildung 5.30 Die relationale Datenbank aus Objektsicht

Wie das E/R Modell ist auch diese Repräsentation der Realität weitgehend statisch. Die Daten werden also nicht selbst "aktiv", zeigen kein "Verhalten". Veränderungen an Struktur und Instanzen erfolgen, wie bei konventionellen Datenbanken durch Anwendungen "oberhalb" des DBMS auf der Basis der vom DBMS gebotenen Grundfunktionen. Diese werden mit der Definition neuer Datentypen nur um jene grundlegende Methoden erweitert, die für den Umgang der von "oben" per DBMS zugreifenden Anwendungen mit diesen Datentypen nötig sind. Erst in einem zweiten Schritt werden auch die Methoden nicht nur für den Umgang mit den definierten Datentypen, sondern als Bestandteil aktiver und per Nachricht kommunizierender Objekte Teil der Datenbank. Die in einer solchen Datenbank gespeicherten Objekte simulieren also ohne weitere Hilfestellung von außen innerhalb der Datenbank das Verhalten der abgebildeten Realität.

🖫 Die Verallgemeinerung der möglichen Datenstrukturen in einem ersten Schritt führt noch immer zu einer nach ihrer Gestaltung weitgehend statischen Datenrepräsentation.

5.3.3.2 Objektdatenbanken

Die bislang betrachtete relationale Datenbank basiert auf der ausschließlich tabellarischen Anordnung von Daten. Das DBMS stellt für die Attribute als Spalten der Tabelle eine Reihe von Datentypen bereit und liefert Werkzeuge für die Definition, die Pflege und die Auswertung dieser Tabellen. Aus der Sicht eines Objektmodells verfügen die klassischen hierarchischen, Netzwerk- oder relationalen Datenbankmodelle also nur über eine einzige Objektklasse. Im Falle der relationalen Datenbank ist dies die Klasse "Tabelle", die als Unterklassen die mit unterschiedlichen Attributen in den Spalten definierten Tabellen enthält (siehe Abbildung 5.30. Jede dieser Tabellentypen enthält als Instanzen die durch den Eintrag der Attributwerte in die Spalten entstehenden Zeilen. Sie sind die Repräsentation der Entities in der Datenbank. Zudem gibt es noch Methoden, um die Größe der Tabelle und die Beschreibung bzw. Formatierung der Spalten für Attribute festzulegen und um Datenzeilen zu lesen oder zu schreiben. Die realen Objekte in ihrer Komplexität müssen, ob nun geeignet oder nicht, in das statische Modell der Relationen gepreßt werden. Schematisch entspricht die Gegenüberstellung von relationalen und objektorientierten Datenbankmodellen der Abbildung 5.31.

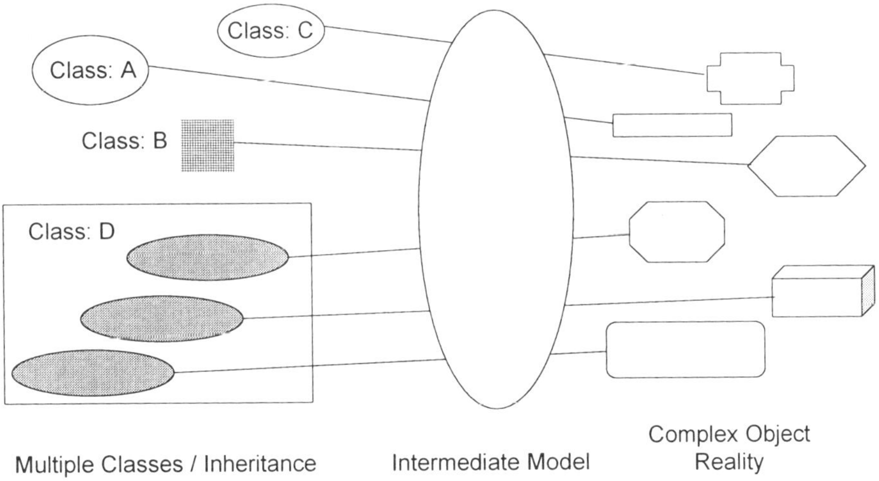

Abbildung 5.31 Objektdatenbank im Vergleich

Im Gegensatz zum relationalen Modell besteht die Objektdatenbank aus frei definierbaren Klassen von Datenobjekten und den daran angelehnten Typen. Deren Instanzen repräsentieren durch die Werte der Variablen jeweils ein aus der Realität modelliertes Objekt. Die Objekte sind also, im Gegensatz zu den Zeilen der Tabellen, eigenständig. Damit vereinfachen sich die Möglichkeiten, auch komplexe Verbindungen zwischen Objekten schnell aufzulösen. Ein Beispiel soll dies verdeutlichen: Besteht eine Baugruppe eines Produkts aus vielen einzelnen Bauteilen, so besteht zwischen den Baugruppen und den Bauteilen im E/R Modell eine N:M Beziehung, die über eine getrennte Relationstabelle hergestellt wird. Diese Tabelle enthält als Datensätze oder Zeilen die Zuweisung aller Bauteile an alle Baugruppen. Soll also der Zusammenhang "Welche Bauteile sind in der Baugruppe X enthalten" oder "In welchen Baugruppen findet sich das Bauteil Y" ausgewertet werden, so muß die Datenbank alle Einträge der Tabelle durchlaufen, um das korrekte Ergebnis zu ermitteln. Im Falle von Objekten führt der Verweis von jeder Instanz der Baugruppe zu jeder zugehörigen Instanz eines Bauteils. Das Durchsuchen einer Relationstabelle entfällt, die Auswertung beschleunigt sich. Die Freiheit bei der Wahl des Beschreibungsmodells für ein Objekt vereinfacht die Rolle des dazwischen liegenden Modellprozesses deutlich und macht ihn transparenter.

Aufgrund der Eigenständigkeit der Objekte bilden nicht die Tabellendefinitionen, sondern die Objekte selbst die Beziehungen ab. Dies beschleunigt die Arbeit mit komplex verknüpften Datenbeständen.

5.3.3.3 Intelligente Datenbanken

Entities des E/R - Modells verändern sich entlang der Zeitachse nicht strukturell, es ändern sich höchstens die Werte ihrer Attribute. Entities sind passiv, die Veränderungen der Attribute erfolgt durch eine Anwendung oberhalb des DBMS, die auf die Grundfunktionen des DBMS zurückgreift. Prozesse werden als Business Rules im Rahmen der Definition von Abfragen, der Gestaltung von Formularen und Reports oder durch getrennt programmierte Anwendungen abgebildet. Der Funktionsumfang des DBMS gegenüber der eigentlichen Datenrepräsentation ist bei der Programmierung des DBMS also unveränderlich festgelegt worden. Funktionen, die über das vom DBMS angebotene Maß an Komplexität hinausgehen, entstehen "oberhalb" des DBMS, getrennt von der Datenstruktur. Das DBMS überwacht keine durch Veränderungen der Datenstruktur bedingte Verletzungen der logischen Integrität im Zusammenspiel von Anwendung und Datenbasis. Die Anwendungen müssen demnach bei Änderungen der grundlegenden Datenstruktur geprüft und u.U. modifiziert werden. Das Objektmodell integriert Methoden mit in die Abbildung der Realität. Nicht nur die logische Struktur der Objekte, auch deren Verhalten wird jetzt Teil des Realitätsmodells.

Das klassische DBMS garantiert keine Transparenz der Daten gegenüber veränderten Anwendungen und keine Isolation der Anwendungen gegenüber veränderten Datenstrukturen.

Nur solange also die einmal vereinbarten Strukturen unverändert bleiben, sichert das DBMS den Regelbetrieb der Datenbank ab. Die Planung und Realisation von Informationssystemen auf der Basis eines vollständig objektbasierten Modells erweist sich gegenüber dem problemzentrierten Ansatz eines E/R Modells in vielen Anwendungsbereichen als weit überlegen. Während dort die als Ergebnis komplexer Wechselspiele der realen Objekte entstandenen Aufgabenstellungen in die digitale Welt übertragen werden, modelliert das Objektmodell die Realität und damit alle sich aus ihr ergebenden Folgen. Die Entscheidung zu Gunsten des Objektmodells führt anfänglich zu einem erhöhten Aufwand bei der Modellbildung. Die abgebildeten Eigenschaften sollen nicht nur die zu einem konkreten Problem gehörigen Teilaspekte eines Objekts, sondern dessen vollständige Beschreibung umfassen. Ist der Modellbildungsprozeß beendet, repräsentiert diese Vollständigkeit das logische Verhalten der so beschriebenen Objekte auch in einem später eventuell komplett veränderten Zusammenhang. Der einmal betriebene Aufwand macht sich durch das auf Vererbung und Overriding begründete Maß an Wiederverwendbarkeit vielfach bezahlt.

Objektmodelle erfordern einen höheren Einstiegsaufwand, belohnen aber mit einer besseren Repräsentation der Realität, deren Potential ohne Veränderung weit über die Lösung des aktuellen Aufgabenspektrums hinaus reicht.

Da Objekte miteinander über Nachrichten kommunizieren und eigenständig, ohne Anstoß von außen, aktiv Methoden auslösen können, sind sie der ideale Ansatz für den Umgang mit zeitabhängigem und dynamischem Verhalten von Objekten. Ändert in der Konstruktionsphase eines Autos beispielsweise einer der Ingenieure die Größe der Räder, zeigt sich aus einem korrekten Objektmodell sofort ein potentieller Konflikt mit der Größe der Radkästen oder dem Aufbau der Aufhängung. Bei vollständiger Modellierung ändert sich sogar das im Konstruktionsmodell simulierte Fahrverhalten oder der Federungskomfort. Besonders in Industrien, die durch ein extrem hohes Maß an komplexen Tests zur Verifikation der Funktionsfähigkeit eines Konstruktionsprinzips gekennzeichnet sind, führt ein vollständig objektorientiert in digitalen Rechnersystemen ausgeführter Konstruktionsprozeß zu großen Einsparungen. Als eines der ersten Projekte, das zum großen Teil auf der Basis eines derart integrierten Entwicklungs- Simulations- und Fertigungskonzepts erstellt wurde, gilt die Boeing 777, die einen Teil der Flugversuche noch weit vor der realen Fertigstellung des ersten Flugzeuges im Simulator auf der Basis der Konstruktionsunterlagen abwickeln konnte.

Durch objektorientierte Systeme tritt das reale Verhalten eines Gesamtsystems im Modell auch dann ein, wenn die zugrunde liegenden Zusammenhänge nicht absichtlich und bewußt in die Modelle einbezogen wurden.

5.3.4 Modulare Software - modulare Dokumente

5.3.4.1 Component - Ware

Nur eine weitgehende Modularisierung von Software erlaubt die ideale Anpassung der Anwendungsprogramme an individuelle Anforderungen. Zudem führt sie zu extrem kurzen Entwicklungszyklen, da ein Großteil der Funktionalität aus bereits bestehenden Komponenten bezogen werden kann und nicht neu erstellt werden muß. Allerdings verlagert sich mit dem Ziel der anwendungsnahen Lösung auch die Programmerstellung mehr und mehr vom geschulten Programmierer als Spezialsten für Softwarefragen auf den ungeschulten Anwender als Spezialist für das zu lösende Problem. Dies erreicht man mittels einer immer einfacheren Umgebung für die Zusammenstellung und Verknüpfung von Komponenten zu fertigen Programmen. Aus den Makrosprachen der ersten Generation sind Skriptsprachen geworden, die sich mit Hochsprachen wie Visual Basic zu einer vergleichsweise intuiven Entwicklungsbasis für den Anwender verbinden. "Vergleichsweise intuitiv" heißt allerdings nicht, daß der Umgang mit solchen Werkzeugen ebenso leicht zu erlernen ist, wie der mit Textverarbeitung oder Tabellenkalkulation. Die Skriptsprachen bedienen sich der von den Komponenten angebotenen Methoden, die meist in Abhängigkeit von Interaktionen mit dem Benutzer angesprochen werden. Skriptsequenzen kommen in vielfältiger Weise für die Aktivierung von Komponenten in Frage. Moderne Hilfen zur "visuellen" Entwicklung von Programmen bieten dem Benutzer eine komfortable Verfahrensweise für die Erstellung gut gestalteter und eindrucksvoller Bildschirmoberflächen an. Die Schlüsselpunkte für die Interaktion mit dem Benutzer, Fenster, Menüs, Dialogboxen etc. entstehen nicht durch seitenlanges Programmieren, sondern durch Zeichenfunktionen im Stile eines Grafikprogrammes, eben "visuell". Das Entwicklungssystem übersetzt dann die gewünschte Bildschirmoberfläche in den Quellcode der benutzten Hochsprache. Dieser Quellcode enthält für jede der möglichen Interaktionen des Benutzers mit den Elementen der Bildschirmoberfläche einen zugehörigen Abschnitt. An diesen läßt sich der als Reaktion auf diese Interaktion geplante Aufruf einer der Funktionen bereits vorhandener Komponenten anhängen. Damit wird der Programmteil für die Abwicklung der Interaktion nach außen zum zentralen Bindeglied der verknüpften Komponenten. Auch für die Steuerung von Aktionen durch interaktive Dokumente eignet sich ein Skript. Die im Internet üblichen HTML Dokumente können auf diese Weise lokal vorhandene Softwarekomponenten steuern (siehe Abschnitt 9.4.3.5.). Fehlt die für einen gewünschten Vorgang benötigte Softwarekomponente auf dem Rechner, so kann sie als Teil des übermittelten Dokumentes selbst mitgeliefert werden.

Die individuelle Anpassung der Software erfordert eine Verlagerung der Softwareentwicklung zum Endanwender. Ziel ist es, diesem durch das einfache Zusammenfügen vorgefertigter Komponenten ("Componentware") ein stark individuelles Leistungsprofil zu ermöglichen.

5.3.4.2 Dokumentaustausch über Embedding & Linking

Aus der Sicht des durchschnittlichen Benutzers steht der Vorteil modularer Software unter einem ganz anderen Aspekt. Schon mehrmals wurde auf die Einschränkungen verwiesen, die durch proprietäre und unkompatible Dateiformate entstehen. Die freie Kombination von Dokumentelementen unterschiedlicher medialer Form führt nur über den Weg eines universellen Dokumentenformates und einer zu seiner Interpretation fähigen Software. Beides steht heute auf der Vielzahl der Systeme nicht zur Verfügung. Statt dessen bietet sich an, Dokumentausschnitte, die in ein fremdes Dokument eingefügt sind, mit einem kleinen zugehörigen Programm zum Umgang mit dem jeweiligen Format auszurüsten. Diese Art der Vorgehensweise nennt man Embedding. Das übergeordnete Dokument, das andere Dokumentteile enthält, heißt dabei Container. Container und eingebettete Objekte ergeben eine Hierarchie, da Container natürlich wieder in andere Container eingebettet werden können. Der oberste Container bildet dabei den Grundrahmen für das Dokument. Moderne Verfahren für Embedding, wie sie z.B. durch OLE aus dem Hause Microsoft realisiert sind, bieten sogar die Möglichkeit, eingebettete Objekte im Container selbst mit allen zum Format des betreffenden Objektes gehörigen Funktionen bearbeiten zu können. Zudem gibt es die Funktion "Linking", die zu einer automatischen Aktualisierung eines Objektes in allen Containern führt, wenn das Objekt selbst in irgendeiner Umgebung verändert worden ist. Ändert sich also eine Tabellenkalkulation, die Zahlen einer Bilanz enthält, so aktualisiert sich der in der Textverarbeitung erstellte Jahresbericht an der Stelle der eingebetteten Tabelle ohne Zutun des Benutzers.

Der Mangel an universellen Dateiformaten für Dokumente kann durch das Einbetten (Embedding) von Dokumentteilen nebst eines für den Umgang mit ihnen erforderlichen Softwareausschnittes in ein anderes Dokument (Container) umgangen werden.

An sich ist im ersten Moment schwer zu erkennen, warum Embedding und Linking nicht schon alleine ein universelles Dokumentenformat ersetzen können. Der wesentliche Unterschied besteht im Ansatzpunkt der beiden Philosophien: Auch die mittels Embedding und Linking erstellten Dokumente erfordern ein hohes Maß an interner strukturierter Beschreibung des zusammengesetzten Dokuments. Sie versuchen jedoch, der Festlegung auf einen gemeinsamen Dokumentenstandard bei der Beschreibung mit folgendem Argument zu entgehen: Wenn alle Dokumententeile ihre eigene Anwendung gleich mitbringen, muß auf eine Vereinheitlichung der Formate ohnehin keine Rücksicht genommen werden. Unterschlagen wird dabei aber, daß dieser Ansatz bis heute nur auf Dokumente innerhalb eines Betriebssystems anzuwenden ist, was den Datenaustausch in vernetzten Systemen mit heterogener Betriebssystemstruktur erschwert. Außerdem entstehen bei der einzigen zum augenblicklichen Zeitpunkt wirklich funktionsfähigen Implementation in Form von OLE schnell extrem hohe Anforderungen an die Speichermenge oder aber extrem lange Antwortzeiten.

5.3.4.3 Universelle Dokumentenformate, SGML

Die Gegenüberstellung aktueller Trends im Bereich der Informationstechnik zeigt deren mehr oder weniger direkte Beeinflussung durch die oder Verwandtschaft mit der Objektphilosophie. In der Tat eignet sich der Gedankenansatz von Objekten für ein breites Spektrum möglicher Einsatzgebiete. Die objektorientierten Datenbanken haben wir schon besprochen, auch die modularen Anwendungen und der Dokumentenaustausch mittels Embedding weist viele Anleihen aus dem Objektmodell auf. In der Tat eignet sich nach der Definition aus Kapitel 2 das Objektmodell nicht nur als Realitätsmodell, sondern auch als Informationsmodell. Im einfachsten Fall besteht ein Dokument aus Daten und einem Ordnungsprinzip. Interaktive elektronische Dokumente erfordern eine Erweiterung dieses Verständnisses auf Prozesse, da wirklich multimediale Dokumente in der Tat selbst aktiv werden können. Besonders der Begriff des Ordnungsprinzips bedarf vielleicht noch einer weiteren Unterteilung. Es enthält zum einen die statische Struktur des Dokuments in Form von Gliederungen, Querverweisen, Kapitelgrenzen und Kapitelfolge, aber auch Aussagen zur Form und zum Erscheinungsbild von Textabschnitten.

Textverarbeitung und DTP konzentrieren sich auf das Format als Erscheinungsform des Ordnungsprinzips, Fähigkeiten zu passiven logischen Strukturen im Sinne der Datenorganisation oder gar aktiven Strukturen im Sinne der Prozeßabbildung sind nicht oder nur rudimentär vorhanden.

SGML steht für Standard Generalized Markup Language. SGML entstand mit dem Ziel, Daten und Strukturen von Dokumenten in einer extrem allgemeinen Form darstellen zu können. Dies deckt sowohl die Flexibilität bei der Auswahl der Datentypen im Dokument ab, die alle medialen Formen zulassen soll, wie auch Fragen der nichtlinearen und interaktiven Dokumentbeschreibungen sowie der Einbindung von Anwendungsprogrammen als Teil der Dokumente. Wie bereits bei Datenbanken erwähnt, ist die strikte Strukturvorgabe eine der wesentlichen Voraussetzungen für die Abbildung von realen Vorgängen und Objekten auf die digitale Informationstechnik. SGML soll die Vorteile der auf die Form konzentrierten Dokumentanwendungen mit denen jener Anwendungen verbinden, die sich auf die Struktur von Informationen konzentrieren. Am Ende dieser Entwicklung stehen Dokumente, die als extrem komplex strukturierte Sammlung von Objekten verstanden werden, die im Sinne einer Objektdatenbank verwaltet werden können. Damit ist die Rolle der Datenbank als "Mutter" aller Anwendungen deutlich erkennbar, man spricht vom "Database Publishing". Bereits im zweiten Kapitel hatten wir die Verbindung der horizontalen und vertikalen Profile der Informationstechnik als Merkmal der aktuellen strategischen Herausforderung bezeichnet. Die Verbindung von Datenbank- und Gestaltungsfunktionen im Rahmen einer allgemeinen Dokumentenstruktur spiegelt diesen Aspekt deutlich wieder.

🖫 SGML als universelle Dokumentensprache verbindet Layoutbeschreibung und Ordnungsfunktionen. SGML versteht Dokumente als Sammlung komplexer Objekte, die im Stile einer objektorientierten Datenbank verwaltet werden (Database Publishing).

5

6 Telefon und Datennetze - Grundlagen

6.1 Grundlagen

6.1.1 Das Wegenetz der Kommunikationstechnik

6.1.1.1 Einführung

Die klassische Kommunikationsindustrie befriedigt den Wunsch nach unmittelbarem und direktem Austausch von Informationen über räumliche Distanzen, für die eine unmittelbare Kommunikation über Ohr und Auge nicht mehr möglich ist. Die Geschichte der Kommunikationsindustrie ist daher eng mit der Entwicklung der Telegraphen-, Funk- und Telefondienste und der Verbreitung von Rundfunk- und Fernsehprogrammen verbunden. Die Informationstechnik hingegen beruht auf dem Wunsch nach Aufbewahrung und zielsicherer Wiederauffindung von Informationen. Sie überbrückt nicht räumliche, sondern zeitliche Distanzen. Informations- und Kommunikationstechnik wachsen auf Basis digitaler Technologien zusammen, was zeitgleich sowohl vom Ausgangspunkt der Kommunikationsindustrie, wie auch vom Ausgangspunkt der Computerindustrie zu beobachten ist. Ursprünglich auf Sprachkommunikation ausgelegte Netze der Telefongesellschaften passen sich den Anforderungen eines allgemeinen Datenverkehrs an. Aus der Computertechnik entstandene Digitalnetze werden um Funktionen für Bild- und Sprachkommunikation erweitert.

Auf digitaler Technologie werden Kommunikations- und Datennetze zu einer gemeinsamen technologischen Plattform mit erweitertem Funktionsumfang.

6.1.1.2 Telefon

Das Telefon ist in seiner ursprünglichen Form ausschließlich auf Sprachkommunikation ausgelegt. Abbildung 6.1 schematisiert die Struktur der heute üblichen Telefonnetze. Das Endgerät ist über die "Local Loop" mit der nächstliegenden Vermittlungsstelle im Telefonnetz verbunden. Diese lokale Vermittlungsstelle ist

Teil eines weltumspannenden Systems, das für den Aufbau der Leitungsverbindungen zwischen den Gesprächsteilnehmern sorgt. Das aus Sicht des einzelnen Telefons "hinter" der lokalen Vermittlung stehende Gesamtsystem bezeichnen wir an dieser Stelle pauschal als den "Weitverkehrsbereich". An ein öffentlich zugängliches Telefonnetz oder PSTN (public service telephone network) können nicht nur einzelne Geräte, sondern gemäß Abbildung 6.1 auch lokale Nebenstellenanlagen (PBX private branch exchange) angeschlossen werden, die sich auf dem "Hoheitsgebiet" des Anwenders befinden.

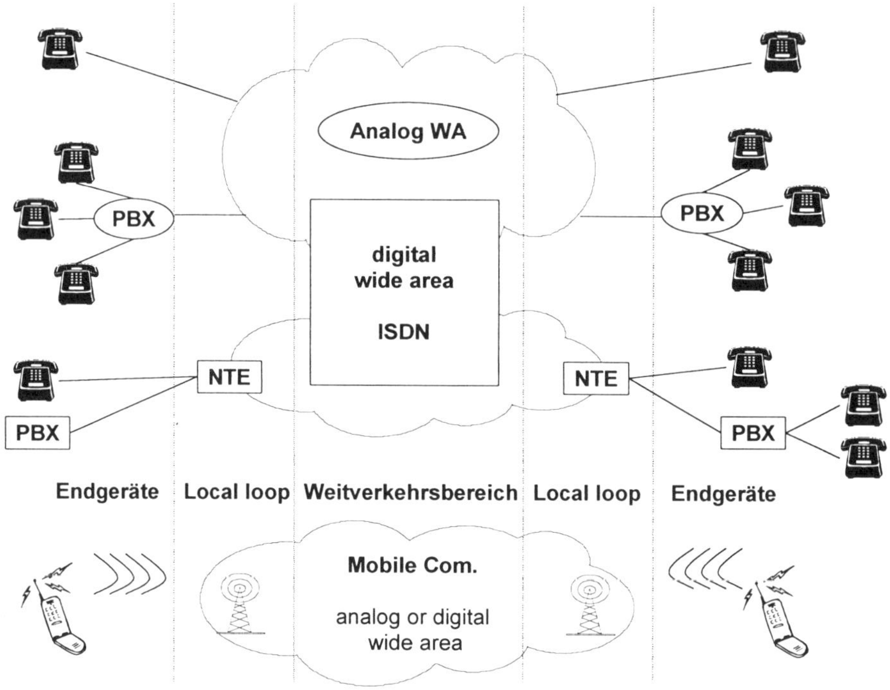

Abbildung 6.1 Struktur der Telefonnetze

Ursprünglich durchgehend analog aufgebaut, werden die Telefonnetze weltweit stufenweise mit dem Ziel verbesserter Sprachübertragung und beschleunigter Vermittlung digitalisiert. Aufgrund der großen Anzahl angeschlossener Teilnehmer beginnt die Umstellung sinnvollerweise bei den Weitverkehrsvermittlungsstellen und deren Verbindungsleitungen. Digitalisierung bis hin zum Endgerät steht in engem Zusammenhang mit dem Begriff der "integrated services digital networks", kurz ISDN, einem integrierten Telekommunikationssystem für ein weites Spektrum von Telefon-, Daten- und Zusatzdiensten, die sich beispielsweise auch für die Verknüpfung von Computern eignen. Abbildung 6.1 zeigt, daß im Weitverkehrsbereich neben der in Deutschland schon flächendeckend vorhandenen digitalen Technik vielerorts im globalen Netz noch analoge Technik zum

Einsatz kommt. ISDN ist eine digitale, weitgehend aber auf die spezifischen Bedürfnisse des Telefons zugeschnittene Technologie. Im Weitverkehrsbereich entstehen zunehmend Systeme, die technologisch auf der gemeinsamen Weiterentwicklung von Telefontechnik und Datenvernetzung basieren. In einem weiteren Entwicklungsschritt zum geplanten Breitband ISDN (B-ISDN) sollen diese transparenten, für jede denkbare Art von Kommunikation und Datenaustausch gleichermaßen geeigneten Netzverbindungen ebenfalls bis zum Endgerät ausgebaut werden. Dies setzt allerdings eine weitreichende Investition voraus, da mit hoher Wahrscheinlichkeit alle Leitungen der Local Loop erneuert werden müßen.

Im Telefonsystem dominiert die Digitaltechnik den Weitverkehrsbereich und erstreckt sich in Form von ISDN bis zum Endgerät. Ein zweiter Schritt zum Breitband ISDN repräsentiert eine endgültige Vereinheitlichung von Telefon- und Datennetz.

6.1.1.3 Mobiltelefon

Das Credo der Erreichbarkeit an jedem Ort zu jeder Zeit wird durch die Technologie der mobilen Kommunikation repräsentiert. Zielsetzung ist, Telefonnetze, unabhängig von einer Kabelverbindung, an jedem Ort des Globus zugänglich zu machen. Das Deckungsgebiet eines Funktelefonnetzes ist in regional begrenzte Zellen unterteilt. Die dort befindlichen Telefone stehen in Verbindung mit dem für die betreffende Zelle zuständigen Sende- und Empfangssystem, das über ein kompliziertes Vermittlungsnetz mit den Sende- und Empfangsantennen aller anderen Zellen, sowie dem Telefonnetz verbunden ist. In Anlehung an die Nomenklatur entspricht also die Funkzelle und der drahtlose Weg vom Sende-/Empfangssystem des Netzes zum Funktelefon der "Local Loop", die Vernetzung der Zellen untereinander bildet den eigentlichen Weitverkehrsbereich (siehe Abbildung 6.1). Moderne Mobilnetze, in Deutschland alle Generationen vom D-Netz aufwärts, sind digital ausgeführt. Neben Sprachdiensten erlauben sie den Anschluß von Datensystemen über geeignete Interfaces, so daß vom Personal Digital Assistant bzw. PC oder Laptop aus Informationen versandt oder empfangen werden können.

Das Mobiltelefonsystem basiert auf der Aufteilung des Deckungsbereiches in Funkzellen und bietet auf der Basis digitaler Übermittlung von Informationen neben Sprachdiensten auch begrenzte Datendienste an

Zukünftige Ausbaustufen der Mobilkommunikation basieren auf der weltweit direkten Kommunikation zwischen dem Mobiltelefon und einem Satellitensystem. Beispielhaft für dieses ehrgeizigen Vorhaben sei das "Iridium" Projekt genannt. Mit Hilfe von 66 Satelliten auf niedrigen Umlaufbahnen soll von jedem beliebigen Punkt der Erde aus direkt jeder andere Punkt des Globus erreichbar werden. Die

Aufhebung des Telefonmonopols wirft die Frage auf, ob Funkzellentechnologie auf die direkte Verbindung bis in den Haushalt erweitert werden kann. Der Wettbewerbsvorteil der ehemaligen Monopolisten in Form ihrer über Jahrzehnte hinweg aufgebauten Leitungsverbindungen bis zum Endkunden kann trotz hoher Investitionen potentieller Konkurrenten nicht beseitigt werden. Große Hoffnung verbinden die neuen Anbieter daher mit der Integration der Technologie drahtloser Telefone im Inneren eines Hauses mit der flächendeckenden Mobilfunktechnologie.

Die Ausbaustufen der Mobilkommunikation zielen auf eine weltweite direkte Verbindung zwischen Handy und Satelliten ab, Mobilfunktechnologie zur Überbrückung der local loop in jeden Haushalt ist in der Diskussion.

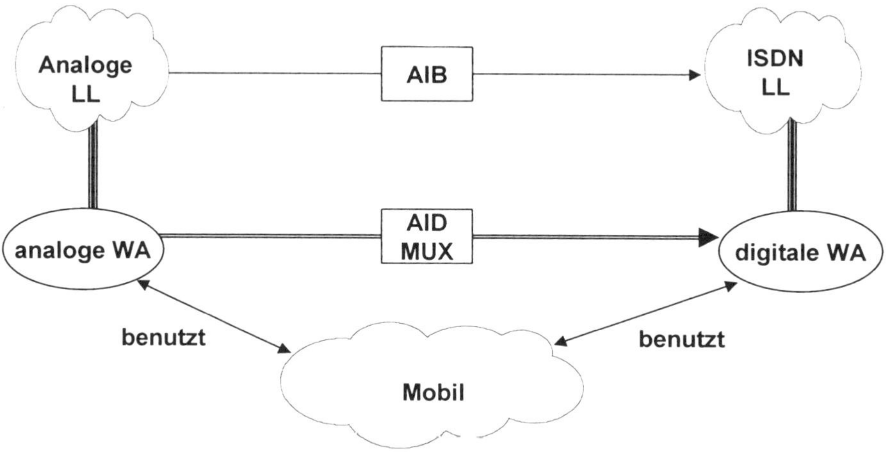

Abbildung 6.2 Schnittstellen im Telefonverkehr

Abbildung 6.2 verweist auf die Verbindungen zwischen den besprochenen Formen der Telefonnetze. Mobilnetz und Festnetze sind miteinander verbunden, da mobile von stationären Telefonen aus erreichbar sein sollen und umgekehrt. Das Mobilnetz benutzt außerdem für die Verbindung der Sendestationen in den einzelnen Funkzellen untereinander normale Telefonnetze, meist in Form von Mietleitungen (Leased Lines). Die Grafik unterscheidet analoge und digitale Local Loops (LL) von den analogen und digitalen Weitverkehrsnetzen. Diese Vereinfachung erlaubt es, die beiden möglichen Schnittstellen zwischen analogen und digitalen Telefonen darzustellen: Analoge Endgeräte, eigentlich für den Anschluß an die analoge LL ausgeführt, können nur über einen Adapter (A/B - Adapter) an digitale Netzwerkabschlüsse (NTE) angebunden werden. Da international noch nicht alle Weitverkehrsverbindungen digital ausgeführt sind, muß auch auf dieser Ebene die Möglichkeit für den Übergang zwischen analogen und digitalen Netzen bestehen. Zu diesem Zweck dienen Wandler, die die analogen Signale in Bitströme konvertieren und in das digitale Datenformat der Leitungen einstellen.

6.1.1.4 Datennetze

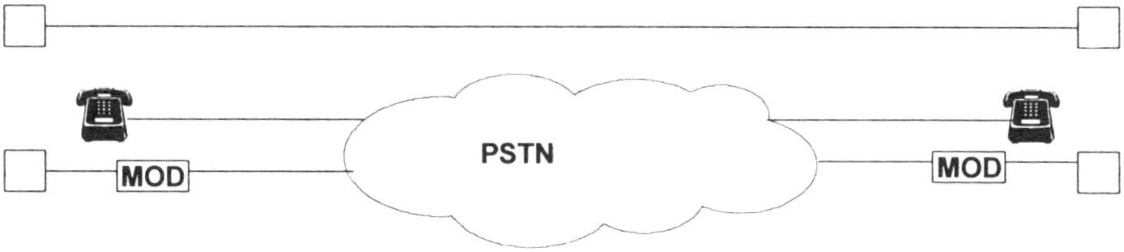

Abbildung 6.3 Daten über Telefon

Die Datenvernetzung dient dem Austausch von Informationen zwischen Computersystemen. Abbildung 6.3 zeigt die einfachste Verbindung in Form einer direkten Leitung zwischen zwei Systemen. Sind die am Datenaustausch beteiligten Rechner außerhalb der Reichweite einer solchen Verbindung, kann die Telefonleitung eines anlaogen PSTN für die Zeitdauer der Übertragung genutzt werden. Da Telefonleitungen aber nur für den Transport analoger Tonsignale mit Frequenzen bis etwa 3000 Hertz geeignet sind, übersetzt ein "Modem" die digitalen Bitströme in eine Folge von "Pfeiftönen" des erlaubten Frequenzbereichs (siehe Abbildung 6.3). Seit der Einführung preisgünstiger PC-Systeme vergrößert sich die Anzahl der in Betriebseinheiten vorhandenen Rechnersysteme und es entsteht der Wunsch nach deren Verknüpfung zum Zweck des Datenaustausches ohne Umweg über Datenträger. Local Area Networks oder LAN´s liefern die Technik für solche Datennetze begrenzter Ausdehnung.

6

Daten können über direkte Verbindungen zweier Computer, über Telefonnetze per Modem oder über lokale Datennetze (LAN´s) ausgetauscht werden,

Der Wunsch großer Unternehmen mit weit verteilten Geschäftsstellen nach einer "eigenen" unternehmensweiten Möglichkeit zur Kommunikation begründet das Angebot der Telekommunikationsfirmen, Leitungen zwischen festen Standorten als "Standleitungen" dauerhaft zu vermieten. Solche "Leased Lines" kann der Kunde neben Sprachdiensten für ein privates Telefonnetz auch zum Zweck der Datenkommunikation nutzen, um verteilte LAN´s zu einem Gesamtsystem zu verbinden (Abbildung 6.4). Standleitungen sind aber unflexibel und teuer, da Gebühren unabhängig davon entstehen, ob die Leitung benutzt wird oder nicht. Verbindungen an andere Orte setzen langfristige Planung und Voranmeldung für den Setup der Mietleitungen voraus, was auch den schnellen Ausgleich kurzfristiger Belastungsspitzen durch zusätzliche Leitungskapazität verhindert. Öffentliche Selbstwähldienste für Datenverkehr, kurz PSDN für "public service data network", verbinden die Flexibilität des Telefonnetzes mit der Optimierung für Datendienste. Nicht nur einzelne Computer, auch komplette LAN´s kommunizieren über Leitungen, die bei Bedarf angefordert und aufgebaut werden ("dial on demand"). In einem letzten Schritt treten die integrierten digitalen Netze auf den Plan. ISDN, bereits beim Telefonnetz erwähnt, zielt erstmals auf die Integration digitaler Sprach- und Datendienste auf einer gemeinsamen Basis. Der Netzabschluß des ISDN beliefert digitale Telefone genauso, wie Computer oder passende PBX.

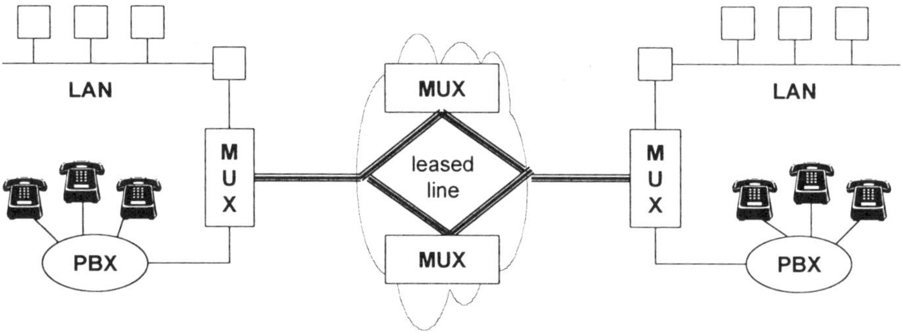

Abbildung 6.4 Unternehmensnetz durch Standleitungen ("Leased Lines")

6

Datenkommunikation im Weitverkehrsbereich ist über statisch gemietete Festleitungen (Leased Lines) oder über Selbstwähldatendienste öffentlicher Datennetze (PSDN) möglich.

Neben der leitungsgebundenen Verbindung von Computern spielt auch die Datenvernetzung über drahtlose Verfahren eine immer wichtigere Rolle. Innerhalb eines Raumes eignet sich die Datenvernetzung über Infrarot. Zwischen Gebäuden und generell über kurze Strecken mit direkter Sichtverbindung bieten Laserstrecken eine interessante Alternative, auch Mobiltelefone stellen ungenutzte Bandbreiten für die Datenübertragung bereit. Darüber hinaus besteht die Möglichkeit, mit Hilfe geeigneter Satelliten auch einen direkten Datenaustausch zwischen Bürokomplexen durchzuführen. Auf der Basis eines neuen Verständnisses der klassischen Verteilungsverfahren Funk oder Satellit entsteht ein weites Anwendungsfeld für die Datenkommunikation. Das "Ausstrahlen" von Datenströmen nach dem Muster von Rundfunk oder Fernsehen, das sogenannte Data Broadcasting ist ein Hoffnungsträger für die Übermittlung großer Datenmengen.

Als interessante Alternative zur leitungsgebundenen Datenkommunikation kann die drahtlose Verteilung von Daten, das "Data Broadcasting" angesehen werden.

6.1.1.5 Schnittstellen zwischen Daten und Telefonnetzen

Die bisher beschriebenen Netze sind auf vielfältige Weise miteinander verbunden. Abbildung 6.5 zeigt mögliche Wege für die Nutzung einer heterogenen Netzumgebung. Angenommen ein Rechner, der nur über Modem und ein PSTN angeschlossen ist, soll mit Rechnern kommunizieren, die sich in einem geschlossenen Leased Line - Netzwerk befinden. Wer sich über einen "Provider" in das Internet einwählt, steht genau vor diesem Problem. Das Internet befindet sich nicht in seiner Nähe, der Provider ist mit dem Internet über eine Standleitung verbunden. Über einen speziellen Rechner des Providers, der mit einer Anzahl von Modemeingängen an einer Telefonleitung verbunden ist, gewährt der Provider den "Zugang" zum "geschlosssenen" Netz. Diese Modems können über das PSTN und das Modem des Nutzersystems angewählt werden. Alternativ erfolgt die Verbindung mit dem Provider digital über ISDN, in jedem Fall aber über das Telefonnetz. Das Telefonnetz stellt also eine virtuelle Datenverbindung zwischen dem Computer des Anbieters und dem Computer des Nutzers her.

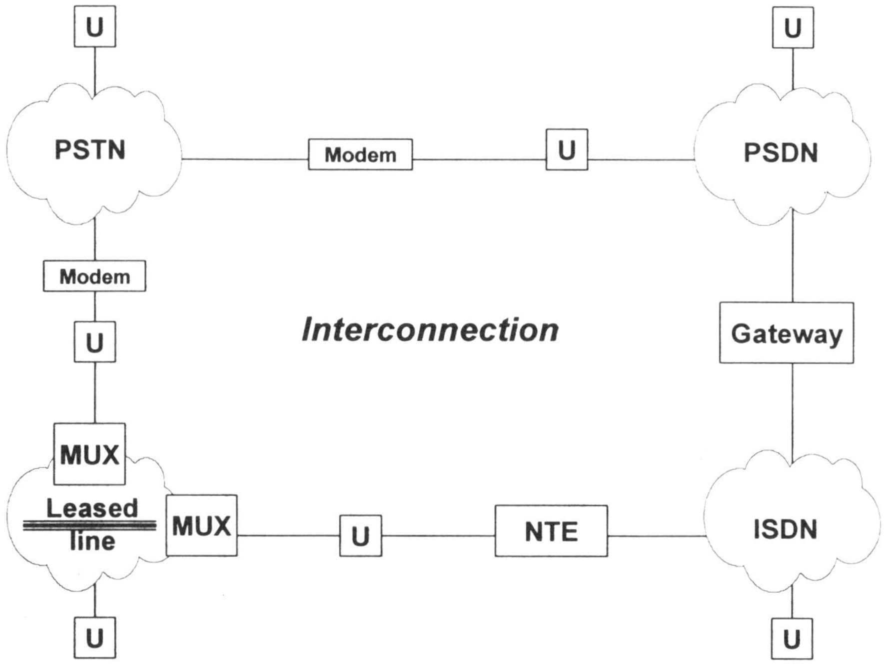

Abbildung 6.5 Schnittstellen der Anwendung (U) zu verschiedenen Netzen

Das Einwählen in den Server eines Internetproviders stellt ein typisches Beispiel für die gemeinsame Nutzung von Telefon und Datennetzen dar.

Auf die in den westlichen Industrienationen weit fortgeschrittene Digitalisierung der Weitverkehrsnetze haben wir bereits hingewiesen. Einheitlich digitale Transportformen bilden auch den Verknüpfungspunkt von PSDN und ISDN. Vom ISDN Netz aus erreicht man Dienste der vor Einführung von ISDN angebotenen PSDN. In vielen Fällen werden Daten- und Sprachnetze im Weitverkehrsbereich über ein und dieselbe digitale Leitung übermittelt.

6.1.1.6 Home entertainment and information

Mit Hilfe der Übertragungs- als Teilbestandteil der Kommunikationstechnik hat die Unterhaltungsindustrie ihre Reichweite über die klassischen Entertainmentcenter, wie Theater, Kino oder Zirkus hinaus bis in das Wohnzimmer jedes einzelnen Fernseh- oder Hörfunkteilnehmers erweitert. Die Teilnahme an dem vom Programmanbieter ausgestrahlten Inhalt ist aufgrund der fehlenden Interaktivität eigentlich kein Kommunikationssystem im urspünglichen Sinne. Die interaktive Anbindung der Haushalte beschränkt sich auf das Telefon. Verteilungswege, deren Betreiber und die Anbieter der darauf transportierten Inhalte verstehen sich aufgrund der Entwicklungsgeschichte von Kino, Funk und Fernsehen als getrennte Fachsparten. Diese Trennung wird, ähnlich der Unterscheidung von Daten und Kommunikationsdiensten, der Konvergenz auf Basis digitaler Technik zum Opfer fallen. Die besonderen medienspezifischen Aspekte dieser Integration werden im Kapitel 11 behandelt.

6

Die bisher getrennten interaktiven und nicht-interaktiven Verbindungen der Unterhaltungs- und Kommunikationsindustrie in die Haushalte stehen am Beginn einer weitreichenden Integration.

6.1.2 Das Schichtenmodell

6.1.2.1 Was ist Kommunikation ?

Als Kommunikation definieren wir den Austausch von Informationen zwischen zwei oder mehreren Kommunikationspartnern. Kommunikation ist an eine Reihe von Voraussetzungen gebunden, deren Untersuchung die Basis für die in den Kapiteln 6 bis 8 besprochenen Daten- und Kommunikationsnetze bildet. Direkte Kommunikation ohne technische Hilfsmittel läßt die Komplexität der für den Austausch von Inhalten nötigen Teilprozesse erahnen. Zwischen zwei Menschen in unmittelbarer Nähe zueinander scheitert die Kommunikation allenfalls an einem der folgenden drei Gründe: Es existiert kein nutzbares Medium, d.h. die beiden Gesprächspartner können sich weder hören noch sehen, es fehlt also an der physikalischen Grundlage für Kommunikation. Ist diese Voraussetzung geschaffen, kommt es womöglich zu organisatorischen Problemen. Einer der beiden Gesprächspartner redet ohne Unterlaß und Pause oder zu schnell, beide reden gleichzeitig und durcheinander. Die Kommunikation besteht also neben den eigentlichen "Nutzdaten" noch aus "Steuerdaten" oder Spielregeln für deren Abwicklung. Sowohl Nutz- als auch Steuerdaten erfordern schließlich einen auf beiden Seiten bekannten Code, beispielsweise eine Sprache.

Kommunikation besteht neben den eigentlichen Inhalten noch aus Spielregeln oder Kontrolldaten. Beide müssen in einem für die Kommunikationspartner verständlichen Code über ein physikalisches Medium transportiert werden.

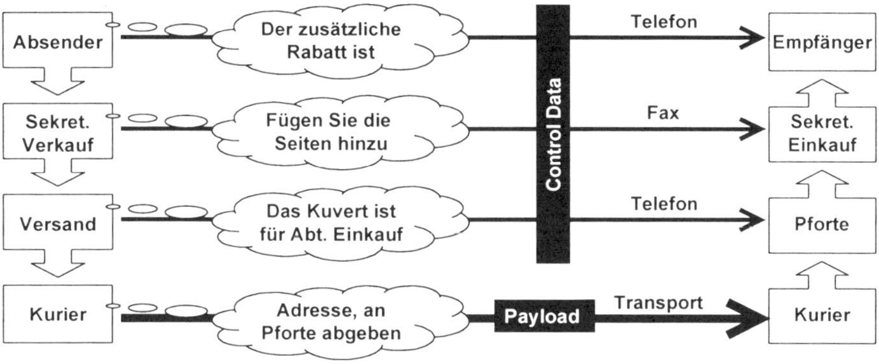

Abbildung 6.6 Schichten der Kommunikation am Beispiel

Das einfache Beispiel aus Abbildung 6.6 zeigt, daß diese Grundkomponenten für Kommunikation auf verschiedenen Ebenen zugleich wirksam sind. Der für den Versand zuständige Gruppenleiter eines Unternehmens übergibt einem Kurierfahrer ein Kuvert mit Papieren. Er vereinbart die Lieferung an die vermerkte Adresse, die Pforte eines ihm nicht näher bekannten Betriebes. Der Fahrer liest (Code) die Adresse, sucht und findet sie auf dem Stadtplan (Organisationsprinzip der Zustellung) und transportiert das Frachtgut an den Bestimmungsort (physikalisches Medium). Da der Empfänger auf dem Kuvert nicht vermerkt ist, informiert der Versandleiter fernmündlich den Pförtner und avisiert die Anlieferung mit der Bitte, den Umschlag an die Abteilung "Einkauf" weiterzuleiten. Weder der Versand, noch die Pforte oder der Kurierfahrer sind über den Inhalt dieses Umschlages, schon gar nicht über den Grund der schriftlichen Kommunikation informiert. Das Sekretariat des Absenders schickt ihrer Kollegin, die für den Abteilungsleiter Einkauf arbeitet, also ein Fax mit genauen Anweisungen, wie die vom Pförtner kommenden Unterlagen bereits vorhandene Schriftstücke eines Angebots ergänzen und an welcher Stelle alte gegen neue Seiten auszutauschen sind. Nach getaner Arbeit plaziert die Assistentin das Paket schließlich komplett auf dem Schreibtisch ihres Chefs. Da jedoch gewisse Preisabsprachen nicht für die Öffentlichkeit bestimmt sind, hat der Absender seinen Kunden bereits in einer getrennten Nachricht über einen zusätzlichen Nachlaß informiert.

Die Übermittlung von Nutz- und Steuerinformationen findet bei realer Kommunikation oft auf mehreren Ebenen zugleich statt.

6.1.2.2 Schichten und Dienste

Die eigentliche "Nutzlast" in Form der Papiere wird also auf unterschiedlichen Ebenen durch Kontrolldaten ergänzt, die in unserem Beispiel alle auf einer vom Transport der Nutzlast getrennten physikalischen Verbindung übermittelt werden. Jede der Ebenen dient dabei als Dienstleister für darüberliegende Ebenen. Der Absender nutzt sein Sekretariat, das auf die Dienste des Versands zurückgreift, der sich wiederum der Hilfe des Kurierdienstes bedient. Jede Ebene kennt nur die für ihre Aufgabe nötigen Parameter und benötigt nur Informationen darüber, wie die Nutzlast an die nächste Ebene zu übergeben und wie die eigene Aufgabe abzuwickeln ist. Um Detailfragen der Realisation der von ihnen genutzten Dienste anderer Ebenen braucht sich keiner zu kümmern. Ob der Versand ein Taxi, den Kurier oder die Post beauftragt oder ob er per Fahrrad die Papiere selbst transportiert, ist für den Absender und sein Sekretariat bedeutungslos.

Das Schichtenmodell bildet Kommunikation als logisch aufeinander aufbauende Schichten ab, die ihren Nachbarschichten gewisse Leistungen oder "Dienste" anbieten.

6

Das Modell getrennter Schichten, deren Dienste ohne Kenntnis um ihre inneren Details genutzt werden können, ist ein zentrales Paradigma der Kommunikationstechnik. Die Anzahl der Schichten hängt von der Komplexität der Aufgabe ab. Den einzelnen Schichten ist die innere Struktur der von ihnen genutzten Verbindung zur Gegenstelle nicht bekannt. So spielt es keine Rolle, ob das als Mittel zum Zweck gewählte Telefon die Verbindung nach USA über Satellit oder Kabel, in analoger oder digitaler Form realisiert. Solange das Verfahren "Telefonieren" davon unberührt bleibt, ist die Struktur des Telefonsystems austauschbar. Das System "Telefon" ist aus der Sicht der Kommunikation eine "transparente" Verbindung in dem Sinne, daß ihre innere Struktur dem Nutzer verborgen bleibt und für ihn ohne Bedeutung ist.

Jede Schicht verbirgt die eigene und die Funktion aller darunter liegenden vor allen darüber liegenden Schichten. Von "oben" gesehen ist jede Schicht daher "transparent", ihre Dienste könnten ohne Einfluß auf die Anwendung in beliebiger Form realisiert werden.

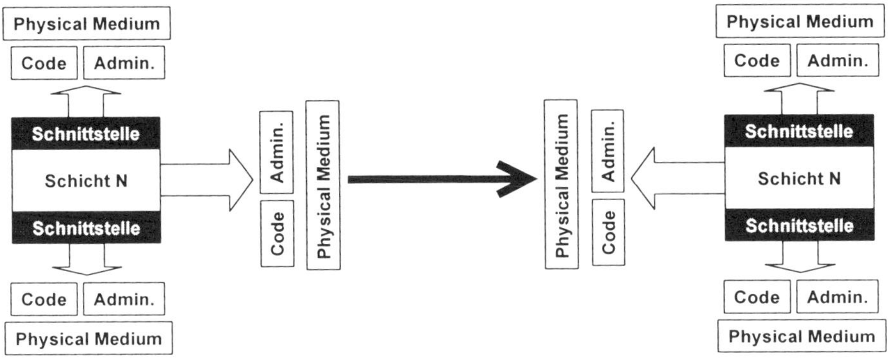

Abbildung 6.7 Schnittstellen einer einzelnen Schicht

6.1.2.3 Komponenten einer Schicht

Jede Schichtebene hat drei Schnittstellen: Zwei zu den benachbarten Schichten und eine zum entsprechenden Gegenstück des anderen Kommunikationspartners. Angelehnt an unser Beispiel übernehmen die einzelnen Schichten dabei Aufgaben des Nutzlasttransportes, für deren Durchführung sie zusätzliche Kontrolldaten erzeugen und an den Empfänger übermitteln. Die Übergabe von Daten über alle drei Schnittstellen erfordert eine physikalische Verbindung, einen Code und die Vereinbarung administrativer Abwicklungsvorschriften. Alle Komponenten einer einzelnen Schicht zeigt die Abbildung 6.7. In unserem Beispiel war tatsächlich jede der logischen Schichten über einen eigenen physikalischen Kommunikationsweg mit der Gegenseite verbunden. Sehr viel effizienter aber ist es, die Steuerdaten aller Schichten auf dem gleichen Weg zu übertragen, wie die Nutzlast selbst. Abbildung 6.8 zeigt dies an einem Beispiel mit drei Schichtebenen. Anstatt nur die Nutzdaten an die darunter liegende Ebene zu übergeben, hängt jede Schicht ihre Steuerdaten an die Nutzlast an und kennzeichnet sie entsprechend. In unserem Beispiel legt der Absender ein verschlossenes Kuvert mit den Rabattsätzen in den Umschlag, die Sekretärin fügt ihre Arbeitsanweisungen hinzu, der Versandleiter schreibt den Abteilungsnamen des Empfängers mit auf den Umschlag. Alle Daten nehmen also jetzt den gleichen Weg, die insgesamt auf diesem Weg transportierte Datenmenge nimmt zu.

6

Anstelle eigener Verbindungen für die Steuerinformationen ist es effizienter, in jeder Schicht die erzeugten Steuerdaten an die Nutzdaten anzuhängen und als neues Nutzlastpaket an die nächste Schicht zu übergeben.

Um die Steuerdaten von den Nutzdaten abzutrennen, verwendet jede Schicht einen speziellen Code, der auch als "Sprache" für die Kommunikation mit der gegenüberliegenden Schicht gleicher Ebene dient. Diese Sprache bezeichnet man als "Protokoll". In der Technik entsteht pro Schicht eine sogenannte Protocol Data

Unit oder PDU als Kombination der "von oben" kommenden Nutzlast mit den angehängten eigenen Steuerdaten in der Sprache des jeweiligen Protokolls. Die PDU wird "nach unten" als Nutzlast an die nächste Schicht übergeben, die ihrerseits wieder eine eigene PDU erzeugt. Der prozentuale Nutzlastanteil nimmt also mit jeder Schicht ab, man spricht von einem "Protokoll - Overhead".

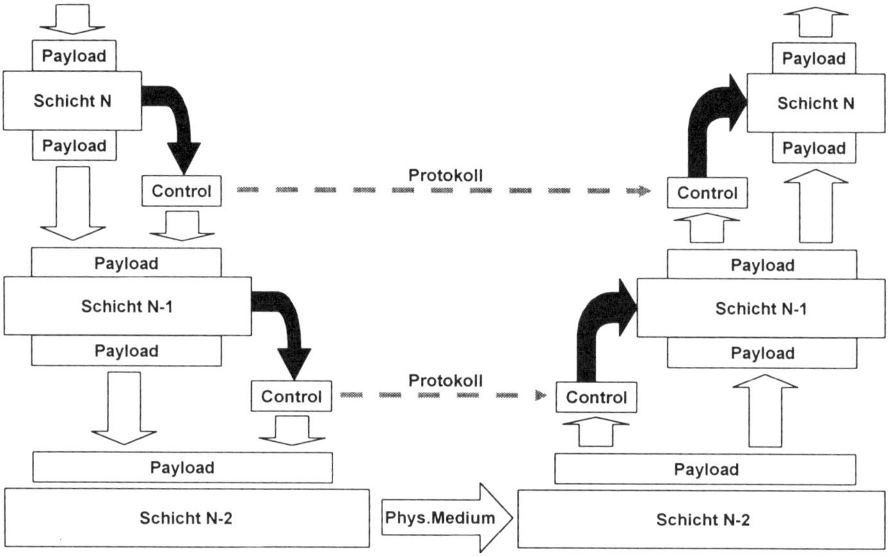

6

Abbildung 6.8 Schichtenmodell mit nur einer physikalischen Leitung

6.1.2.4 Schichten technischer Systeme

Schon der Versuch, Daten zwischen zwei Computern über eine Direktverbindung auszutauschen, offenbart die Vielfalt der möglichen Probleme. Zuerst beginnt die Suche nach einem passenden Kabel, je nachdem, ob der serielle oder parallele Anschluß benutzt wird, ob es sich um eine "Nullmodemverbindung" handelt oder nicht. Ist das Kabel gefunden, paßt oft der Stecker nicht, Buchse und Buchse liegen sich gegenüber, ein Stecker hat 9 Kontakte, die Buchse aber 25. Mit dem passenden Adapter gelingt schließlich der Aufbau einer physikalischen Verbindung. Dennoch scheitert die Datenübermittlung an vielfältigen Details. Erfolgt die Übermittlung mit oder ohne Stopbit, im X-Modem, Kermit oder Z-Modem? Nach langen Versuchen kann die Datei endlich übertragen werden, der Empfänger stellt aber fest, daß die Daten unbrauchbar sind, weil Betriebssystem und CPU der beiden Computer intern die Reihenfolge der Zahlenstellen für binäre Datenworte unterschiedlich behandeln. Eine Konvertierung löst auch dieses Problem, zum Schluß fehlt dann womöglich die passende Anwendung, um das entsprechende Fileformat lesen zu können. Alle diese Probleme treten bei jeder technischen Datenkommunikation auf und verkomplizieren sich mit der Größe eines Kommunikationssystems und der Anzahl seiner Teilnehmer. Viele Systempartner sind an der Realisation beteiligt, Systeme müssen untereinander und zu bereits existierenden Systemen kompatibel gestaltet sein und auch nach vielen Jahren noch eine Anpassung an die aktuelle Technologie ermöglichen.

🖫 In komplexen Kommunikationssystemen leistet das Schichtenmodell die Abgrenzung einzelner Teilaufgaben voneinander und die detaillierte Definition der Schnittstellen zwischen diesen Teilaufgaben.

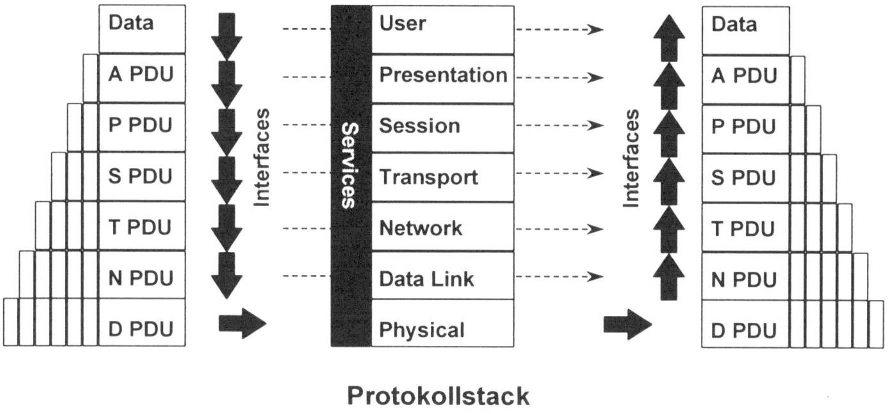

Abbildung 6.9 Das OSI Schichtenmodell

Die unabhängige Entwicklung von Systemen verschiedener Hersteller, die letztlich zu einer funktionsfähigen Gesamtstruktur kombiniert werden können, setzt eine gemeinsame und einheitliche Definition der verwendeten Schichten und der ihnen zugewiesenen Aufgaben voraus. Diese offene Schnittstelle (Open Systems Interconnection oder OSI) wurde von der ISO in Form eines Schichtenmodells mit 7 Ebenen festgelegt, die in Abbildung 6.9 dargestellt sind. Die Gliederung der Kapitel 6 bis 8 orientiert sich mit fließenden Übergängen und Überschneidungen grob an diesen Schichten.

🖫 Der Aufbau der Kapitel 6 bis 8 nutzt als groben Rahmen die Schichten 1 bis 5 des Standardmodells der ISO für Open System Interconnection (OSI), das insgesamt 7 Schichten umfaßt.

Im Kapitel 6 geht es zuerst um die Grundlagen der Kommunikation in Form einer physikalischen Verbindung auf Schicht (Layer) 1, dem physical Layer und die Organisation des darauf abgewickelten Datenverkehrs zwischen zwei Stationen auf Layer 2, dem Data Link Layer. Das Telefon dient als erstes Beispiel für ein Netz mit vielen Teilnehmern, in dem die Vermittlung als Zusatzleistung zur physikalischen Verbindung nötig wird. In Kapitel 7 stehen die aus einem anderen Ansatz heraus entstandenen Datennetze begrenzter Ausdehnung (LAN) im Vordergrund, deren Aufgaben ebenfalls auf Schicht 1 und 2 abgewickelt werden. Am Ende des Kapitels werden jedoch die Probleme sichtbar, die sich beim Zusammenfügen unabhängiger Netze ergeben und zur Definition einer dritten Schicht (Network Layer) führen. Diese dritte und eine unmittelbar damit verbundene vierte Schicht (Transport Layer) stehen im Zentrum der in Kapitel 8 behandelten Weitverkehrsnetze für Daten, die Übergabe der Daten vom Netz an die Anwendungen der Systeme schließt Kapitel 8 ab und bildet den Übergang zu einem Abschnitt über Sockets in Kapitel 9.

6.1.3 Die physikalische Leitung

6.1.3.1 Physikalische Verbindungen - Medien

Nur einige wenige physikalische Parameter können durch Informationen verändert und anschließend so über weite Strecken transportiert werden, daß der Inhalt in Form dieser Veränderungen für einen Empfänger lesbar bleibt. Alle Kommunikationsnetze beruhen entweder auf kabelgebundener elektrischer Übertragung, auf drahtlosen Verfahren, wie Funk oder Satellitentechnik, auf Glasfaser als "optisches Kabel" und auf "drahtlosen" optischen Systeme, wie Laserstrecken oder Infrarot.

Kommunikationstechnik nutzt leitungsgebundene elektrische Übertragung, Lichtimpulse auf Glasfaser oder elektrische Felder zur drahtlosen Übertragung.

6.1.3.2 Leitungsgebundene elektrische Signale

Kommunikation in Form elektrischer Spannungen und Ströme verbindet Sender und Empfänger durch stromleitende Metalle. Der Informationstransport erfolgt durch freie Ladungsträger in diesen Metallen, die sich im Falle eines Gleichstroms kontinuierlich vom Minuspol zum Pluspol bewegen. Der Aufbau eines geschlossenen Stromkreises zwischen diesen Polen erfordert zwei unabhängige Leiter, also ein Leitungspaar. Gleichstrom kann zwar zur Verrichtung von Arbeit (Glühlampe) genutzt werden, überträgt aber keine Information außer der seines puren Vorhandenseins. Information ergibt bei ihrer Abbildung auf elektrische Signale einen zeitveränderlichen Strom oder Wechselstrom. Dabei findet im Mittel keine Nettobewegung von Ladungsträgern von einem Pol der Spannungsversorgung zum anderen statt. Vielmehr bewegen sich die Ladungsträger mit einer gewissen Frequenz im Bereich einer maximalen Amplitude um ihren ursprünglichen Aufenthaltsort hin und her. Die häufige Umkehrung der Bewegungsrichtung im Inneren eines Leiters erfordert aufgrund der Trägheit der Ladungsträger einen gewissen

Energieaufwand. Zudem behindert das vom Strom selbst hervorgerufene Magnetfeld den Richtungswechsel. Von der Quelle auf den Weg gebrachte Informationen können am Kabelende beim Empfänger teilweise reflektiert werden und so die einlaufenden Informationen mit einem Störsignal überlagern. Zusammenfassend kann eine Übertragungsleitung im Sinne der Kommunikationstechnik nicht einfach als ein passives Stück Draht betrachtet werden.

Im Sinne der Kommunikationstechnik sind Kabel komplexe Medien mit stark signalabhängigen Eigenschaften, beispielsweise einem frequenzabhängigen Widerstand (Impedanz).

Die Impedanz eines Kabels ist von Material, Länge und Anordnung der Leiter abhängig. Eine übliche Kabelform ist das "Twisted Pair", ein Leitungspaar aus zwei verdrillten Adern. Die Anzahl der "Windungen" pro Längeneinheit führt zu einer genau bekannten Impedanz. Da die beiden Leitungen ungewollt auch als Antennen für Funksignale aller Art arbeiten, umgibt man das Leitungspaar oft mit einem biegsamen Metallkäfig, einer sogenannten Abschirmung, um die Wirkung elektrischer Felder auf das Kabelpaar einzudämmen.

Twisted pair Kabel liegen in jedem Bürogebäude als Basis für die Telefonverkabelung. Viele Datennetze nuzten daher diese bereits vorhandene Kabeltechnik.

Bei Koaxialkabel sind die beiden Leiter konzentrisch ineinander geschachtelt. Der Metallkern, der eine Hälfte des Leitungspaares bildet, ist also von einer Abschirmung umgeben, die zugleich als zweiter Leiter dient. Twisted Pair kommt sowohl bei Telefon-, wie auch bei Datenverbindungen zum Einsatz. Koaxialkabel sind aus der Videotechnik bekannt, werden jedoch auch bei Netzwerken eingesetzt. "Coax" schafft Datenleistungen bis zu einigen Gigabit pro Sekunde auf Längen bis zu 1 Kilometer. Coax bildet das Rückrat der klassische Überlandleitungen, wo es Zug um Zug durch Glasfaser ersetzt wird. Koaxialkabel kommt mit Impedanzen von 50 Ohm und 75 Ohm zum Einsatz, die beiden Kabeltypen sind nicht austauschbar.

6.1.3.3 Elektrische Felder als Signalmedium

Die Bewegung der Ladungsträger in einem Kabel ist letztlich durch die Kräfte elektromagnetischer Felder bedingt. Diese Felder bleiben im Wesentlichen auf das Innere des Leiters beschränkt, sind aber auch in der unmittelbaren Umgebung der Leitung meßbar. Elektromagnetische Felder breiten sich demnach auch ohne vorhandenes Trägermaterial frei aus, auch im Vakuum. Aufgrund seiner Eigenschaften ist das elektrische Feld ein sogenanntes Broadcastmedium, bei dem von einem zentralen Sender aus eine große Anzahl entfernter Empfänger versorgt werden kann. Für diese Anwendungsfälle ist das Feld als Medium die preisgünstigste Lösung und mit dem geringsten Aufwand verbunden.

🖫 **Das elektrische Feld als Signalmedium ist ein Broadcastmedium. Es versorgt mit verhältnismäßig geringer Anlaufinvestition eine große Zahl von Empfängern.**

Elektrische Felder als Broadcastmedium bieten keine geschützten Datenverbindungen, Sie sind, solange kein erheblicher Zusatzaufwand betrieben wird, leicht abzuhören und stören sich gegenseitig in erheblichem Maße. Um Störungen zu verhindern, werden Verwaltung und Zuweisung der Frequenzen innerhalb eines Sendegebiets durch eine zentrale Behörde verwaltet. Jeder Sender bekommt eine für seinen Dienst freigegebene Frequenz zugewiesen. Da aber, im Gegensatz zum Kabel, drahtlose Systeme unabhängig vom Medium sind, kann nach vollständiger Vergabe aller verfügbaren Frequenzen einer Region nicht durch Hinzufügen eines neuen Mediums neue Kapazität geschaffen werden.

🖫 **Aufgrund des begrenzten nutzbaren Spektrums elektrischer Felder steht nur eine begrenzte drahtlose Übertragungskapazität pro Raumeinheit zur Verfügung.**

Die Abbildung 6.10 zeigt, wie die verschiedenen Frequenzbereiche für Wechselströme im Kabel oder für die drahtlose Übertragung genutzt werden. In gewissen Frequenzbereichen ist sowohl kabelgebundene, wie drahtlose Übertragung möglich. Speist man mit dem Signal der betreffenden Frequenz ein geeignetes Kabel, breitet sich das Signal gebunden aus, speist man eine Antenne, entsteht ein nutzbares elektromagnetisches Übertragungsfeld. Im Frequenzbereich bis zu einigen Megahertz betreibt man leitungsgebundene Übertragung mittels Twisted Pair, durch Coax erweitert sich die kabelgebundene Übertragung bis hin zu einigen hundert Megahertz. Ausstrahlung über Antenne beginnt im Langwellenbereich (Low Frequency oder LF) bei etwa 30 Kilohertz und endet im TV Bereich bei einigen hundert Megahertz (UHF oder Ultrahigh Frequency). Bis zu diesen Frequenzen spricht man von terrestrischer oder erdgebundener Funkübertragung, bei der die Wellen der Erdkrümmung folgen. Im Kurzwellenbereich werden die Felder bei geeigneten atmosphärischen Bedingungen an der Ionosphäre reflektiert und wandern so durch wechselweise Reflexion an Erdoberfläche und Ionosphäre günstigenfalls um den halben Globus.

🖫 **Der klassische terrestrische Übertragungsbereich umfaßt die Bänder LF bis UHF zwischen 30 kHz und etwa 100 MHz.**

Allgemein kann man festhalten, daß mit weiter wachsender Frequenz die Eigenschaften der Felder immer mehr denen eines Lichtstrahls gleichen. Hochfrequente Signale können also stark gerichtet ausgestrahlt werden, was bei niedrigen Frequenzen nicht möglich ist. Diese Eigenschaften nutzt die Satellitentechnik, um gezielte Bereiche des Globus "auszuleuchten". Sie operiert im Bereich zwischen UHF und 30 Gigahertz. Auch im Bereich der terrestrischen Systeme werden diese Frequenzen durch Microwave zur Datenübermittlung genutzt. So wurde das

Weitverkehrsnetz des amerikanischen Telefonunternehmens MCI auf Microwavetechnik aufgebaut. Allerdings dringen extrem hohe Frequenzen nicht durch die Wände eines Gebäudes. Bei Microwave oder Satelliten kann es vorkommen, daß selbst starker Regen oder Nebel die Übertragung verschlechtert. Dies kann bei manchen Satellitenempfängern bereits beobachtet werden.

Die Frequenzbereiche oberhalb von UHF werden von Satelliten und terrestrischen Microwavesystemen genutzt. Die Eigenschaften hochfrequenter Felder ähneln stark jenen des Lichts.

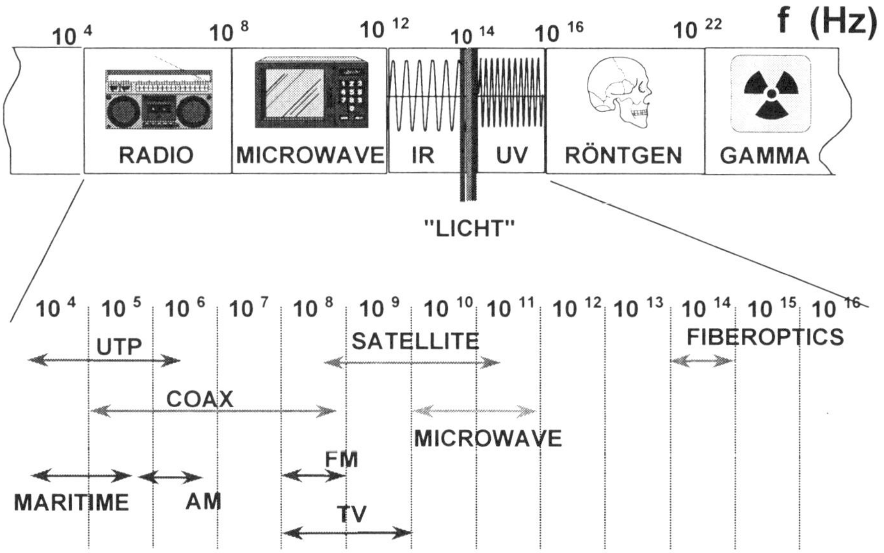

Abbildung 6.10 Frequenzen elektromagnetischer Felder und Signale

6.1.3.4 Glasfaser / Fiberoptic

Die Datenübertragung mit Licht im Inneren eines Lichtleiters stellt einen Sonderfall des allgemeineren Prinzips elektromagnetischer Felder dar. Schließlich ist Licht nichts anderes als ein elektromagnetisches Feld extrem hoher Frequenz. Lichtgestützte Übertragung engt also ein für große Datenmengen geeignetes elektromagnetische Feld auf einen vorgegebenen physikalischen Weg entlang des Lichtleiters ein. Damit entfallen die bei der Übertragung mit Hilfe von Feldern oder Strömen auftretenden Probleme hinsichtlich Ausstrahlung und Empfang von Störfeldern.

Der Lichtleiter hält das elektromagnetische Feld "Licht" in seinem Inneren, erzeugt und empfängt daher keine Störfelder und ist extrem schwer abzuhören.

Das Grundprinzip des Lichtleiters basiert auf Totalreflexion. Betrachtet man als Taucher unter Wasser die Wasseroberfläche in immer flacherem Winkel, erscheint ab einem gewissen Betrachtungswinkel die Wasseroberfläche wie ein Spiegel. Alles einfallende Licht wird an der Grenzfläche zwischen optisch "dichterem" Wasser und optisch "dünner" Luft reflektiert. Ein Lichtleiter ist ein Koaxialkabel aus zwei optisch unterschiedlich "dichten" Glasarten, dem Kern (Core) und der Hülle (Cladding), an deren Grenzfläche in den Kern gespeiste Lichtstrahlen wie in einem Tunnel zurückreflektiert und so im Kabelinneren gehalten werden.

Durch den Effekt der Totalreflexion an der Grenzfläche zwischen verschiedenen Glassorten wird ein Lichtstrahl im Inneren der Glasfaser vorwärtsgeleitet.

Abhängig vom „ Einschußwinkel" eines Lichtstrahls in den Lichtleiter wird dieser auf dem Weg von der Quelle zum Empfänger unterschiedlich oft hin- und herreflektiert, legt also einen unterschiedlich langen Weg zurück. Scharf abgegrenzte Lichtimpulse "weichen" also entlang des Weges auf. Eine Glasfaser, bei der unterschiedliche Einschußwinkel zugelassen sind, nennt man Multi-Mode- Glasfaser. Laufzeitunterschiede beseitigt die Gradienten- oder die Mono-Mode Faser. Bei der Gradientenfaser findet der Übergang vom optisch dichteren zum optisch dünneren Medium nicht abrupt, sondern graduell statt. Der Lichtstrahl wird also gleichsam nicht reflektiert, sondern durch die sich graduell verändernden Brechungsindizes weich umgebogen. Mono-Mode - Fasern haben einen so schmalen Kern, daß nur noch ein Einfallswinkel für den Lichtstrahl möglich ist. Die Datenübertragungsrate moderner Glasfaserverbindungen ist nicht etwa durch die optischen Eigenschaften der Glasfaser selbst, sondern eher durch die begrenzten Möglichkeiten der die Glasfaser speisenden Elektronik gegeben. Datenmengen von mehreren Gigabit pro Sekunde sind über Glasfaserleitungen problemlos realisierbar, vorausgesetzt die einspeisende Elektronik, sowie die zum Empfang der glasfasergeleiteten Lichtsignale notwendigen Sensoren können diese Frequenzen auch verarbeiten.

Die Datenübertragungsrate von Glasfaser ist nicht durch die Grenzen der Glasfaser, sondern durch die Grenzen der Sende- und Empfangselektronik eingeschränkt.

6.2 Von Leitungen zu Netzen

6.2.1 Multiplexing

6.2.1.1 Mehrfachnutzung von Leitungen, "virtuelle" Leitung

Der Aufbau und Betrieb von Leitungsverbindungen bedingt umfangreiche finanzielle Mittel und einen erheblichen technischen und administrativen Aufwand. Daher sollten einmal verlegte Leitungen möglichst mehrfach benutzt werden können. Es geht dabei um die Aufteilung eines realen physikalischen Kabels in eine Reihe logischer Verbindungen für ein weites Spektrum an Diensten. Diesem Wunsch kommt die einheitliche Codierung aller Daten in Form von Bits entgegen. Das Schichtenmodell hilft, die Organisation der logischen Verbindungen aus der Sicht der Benutzer von deren Zusammenfassung auf einer gemeinsamen physikalischen Leitung zu trennen. Als Ergebnis finden sich viele Verbindungsstrecken, die PSTN, PSDN, ISDN, Leased Lines und womöglich sogar Rundfunkinhalte zeitgleich transportieren.

🖫 Es ist ein Diktat der Wirtschaftlichkeit, eine vorhandene physikalische Leitung für eine möglichst große Anzahl unterschiedlicher logischer Verbindungen zu nutzen.

Sockel eines jeden Schichtenmodells für die Kommunikation ist immer die physikalische Leitung. Es gehört zu den Diensten der höheren Schichten, die Verteilung der physikalischen Transportkapazität auf logische Verbindungen, das sogenannte Multiplexing, zu organisieren. Eine aus Sicht zweier Kommunikationspartner private Verbindung kann auf Zuweisung von Teilkapazitäten einer physikalischen Leitung basieren, die zugleich auch von einer Reihe anderer Systeme benutzt wird. Selbst auf einer tatsächlich nur an zwei Geräte angeschlossenen Kabelverbindung teilen sich unter Umständen die logischen Verbindungen mehrerer zeitgleich kommunizierender Prozesse die Leitung. Dieser Fall tritt schon dann ein, wenn die beiden Geräte bei der Kommunikation wechselweise als Sender und damit als "Leitungsnutzer" agieren.

🖫 Die Organisation "virtueller" Leitungen auf einem gemeinsamen physikalischen Medium ist eine der Aufgaben für Dienste höherer Schichten.

6.2.1.2 Der "unwahre" Leitungsmultiplex

Das Telefonsystem verlegt nicht von jedem potentiellen Kunden in München zu jedem potentiellen Kunden in Hamburg ein eigenes Kabel. Statt dessen wird im

Rahmen des Wählvorganges aus einem Vorrat von Leitungen eine freie ausgesucht und an den Kommunikationsprozeß vergeben. Das Telefonkabel der Gründertage ist überall, außer auf den letzten Metern zum Endgerät, ein sogenanntes Multicore, ein Kabelstrang, der viele einzelne Leitungen in sich trägt. Aus Sicht der Kommunikationsverbindung ist ein solches Multicore ein gemeinsam genutzes Verbindungsmedium. Im Sinne der hier diskutierten Technik ist jedoch die Verwendung paralleler Leitungen kein Multiplex im eigentlichen Sinne.

Die Verwendung gemeinsam verlegter paralleler Kabel für parallele Kommunikation vieler Teilnehmer ist kein Multiplex im eigentlichen Sinne.

6.2.1.3 Zeitmultiplex

Zeitmultiplextechnik unterteilt den Übertragungskanal in Zeitfenster, von denen eine festgelegte Anzahl für die zur Übertragung anstehenden Informationen einer Kommunikationsverbindung dienen. Zehn Kommunikationsverbindungen mit einer Datenrate von jeweils 10 MBit/sec erfordern eine Gesamtkapazität von 100 MBit/sec. Im Fall des Zeitmultiplex wird die gemeinsame Leitung in zehn Zeitfenster pro Sekunde unterteilt, die jeweils innerhalb einer Zehntel Sekunde 10 MBit Kapazität zur Verfügung stellen. Jede der zehn Verbindungen packt also 10 Mbit an Daten in jedes zehnte Zeitfenster. Die Gesamtkapazität ergibt damit wieder die insgesamt nötigen 100MBit/ sec. Die Nutzung eines solchen TDM (Time Division Multiplex) setzt eine Stückelung der Daten voraus und erfordert einen Pufferspeicher mit dessen Hilfe die Pausen zwischen zugewiesenen Zeitfenstern überbrückt werden können. Daher ist TDM besonders für digitale Daten gut geeignet, die ohnehin in Form von Worten oder Segmenten strukturiert sind. Die Abbildung 6.11 zeigt, wie die Daten über eine Strecke im Zeitmultplex übertragen werden.

6

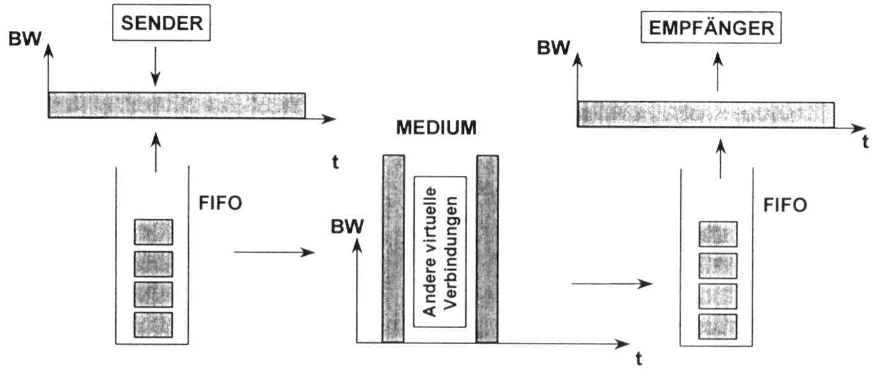

Abbildung 6.11 Verfahren des Zeitmultiplex

Im Zeitmultiplexverfahren erfolgt die Datenübertragung in Form zeitlich abgegrenzter Pakete, die in regelmäßigem Abstand übermittelt werden. Zeitmultiplex erfordert einen Pufferspeicher auf Sender- und Empfängerseite.

6.2.1.4 Broadbandübertragung und Frequenzmultiplex

Jedes Medium verfügt über einen sinnvoll nutzbaren Bereich an Frequenzen. Nimmt das pro Kommunikationsverbindung nötige physikalische Signal den gesamten Frequenzbereich dieses Mediums ein, so spricht man von einer Basebandübertragung. Es besteht aber auch die Möglichkeit, die auf dem Übertragungsmedium verfügbare Bandbreite in einzelne Frequenzbereiche zu untergliedern und sie verschiedenen Kommunikationsverbindungen zur Verfügung zu stellen. In diesem Fall spricht man von Breitbandübertragung oder Frequenzmultiplex. Abbildung 6.12 stellt Zeit- und Frequenzmultiplex gegenüber.

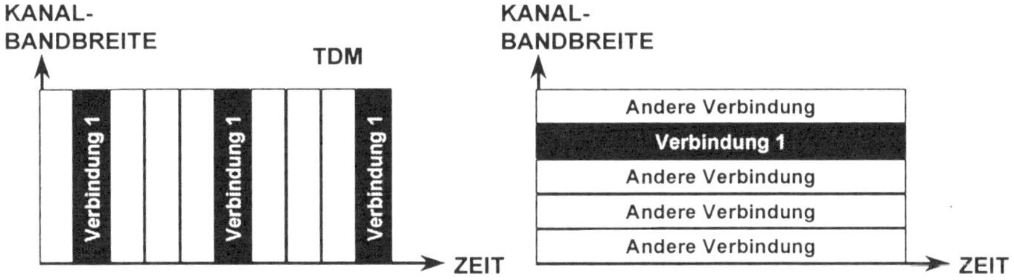

Abbildung 6.12 Zeit- Frequenzmultiplex im Vergleich

Frequenzmultiplex nutzt Teilbereiche der verfügbaren Gesamtbandbreite für verschiedene Kommunikationsverbindungen, die zeitgleich ablaufen.

6.2.2 Punkt-zu-Punkt Verbindungen und Netze

6.2.2.1 Organisation logischer Verbindungen

Eine funktionsfähige Verbindung zweier Systeme setzt auch auf der Ebene der Leitungen gewisse Vereinbarungen im Sinne eines Protokolls zwischen diesen Systemen voraus. Zumindest sollte die Frage der Leitungsart, wie Kabel, Glasfaser oder Funk geregelt sein, ebenso die Anzahl der Leitungsdrähte in diesem Kabel, die Signalform, ob analog oder digital, die für die Übermittlung der Signale benutzten Spannungswerte und Frequenzen, sowie die Form der Stecker. Bereits in Abschnitt 6.1.2. wurde deutlich, daß die Kommunikation selbst über eine vorhandende Leitung an einer Reihe organisatorischer Probleme scheitern kann. Im einfachen Fall zweier direkt verbundener Systeme sind dies im wesentlichen Fragen der wechselseitigen Nutzung des Übertragungsweges und der Synchronisation. In einem Netz aus vielen Teilnehmern nutzt die grundsätzlich vorhandene Leitungsstruktur wenig, wenn der Adressat für die Kommunikation nicht ausfindig gemacht werden kann. Auch im Falle der dann nötigen Vermittlungsstrukturen erfolgt jede Kommunikation aber immer über eine einzelne oder eine Kette aneinander anschließender Punkt-zu-Punkt - Verbindungen.

Aus Sicht zweier Systeme erfolgt Kommunikation in allen Netzen immer als einzelne oder als Kette von Punkt-zu-Punkt Verbindungen.

6.2.2.2 *Duplex-, Halbduplex-, Simplexverbindung*

Der Begriff "Duplex" oder "Simplex" trennt bidirektionale von unidirektionalen Kommunikationsverbindungen. Eine Simplexverbindung erlaubt ausschließlich, Inhalte von einer festgelegten Quelle aus in Richtung auf den Empfänger zu transportieren. Der Empfänger hat keine Möglichkeit, Daten zurück an die Quelle zu senden. Funktion und Rolle von Quelle und Empfänger sind permanent und eindeutig definiert. Die Struktur des Rundfunks liefert ein gutes Beispiel für Simplexbetrieb.

Eine Simplexverbindung erlaubt die Datenübertragung ausschließlich von der Quelle zum Empfänger (unidirektionale Datenübertragung).

In Falle einer Halbduplexverbindung nutzen beide Seiten die Verbindungsleitung abwechselnd in unterschiedlicher Richtung. Halbduplex bietet ein geregeltes Zwiegespräch mit wechselnden Rollen der Systeme als Quelle und Empfänger. Beispiel ist der Sprechfunkverkehr, der jeweils nur einem der beiden Kommunikationsparteien Gelegenheit zur Datenübermittlung läßt.

Eine Halbduplexverbindung nutzt ein und denselben Kanal wechselweise für die Übertragung in einer der beiden Richtungen mit jeweils vertauschten Rollen für Quelle und Empfänger.

Eine Duplexverbindung erlaubt jederzeit und zeitgleich die Kommunikation in beiden Richtungen. Jeder der an die Kommunikationsverbindung angeschlossenen Teilnehmer kann gleichzeitig die Rolle von Quelle und Empfänger übernehmen. Der Aufbau einer Duplexverbindung setzt daher voraus, daß zwischen den beiden Kommunikationsteilnehmern mindestens zwei voll nutzbare Kanäle zur Verfügung stehen. Beispiel hierfür ist das Telefon.

Die Duplexverbindung erlaubt die Kommunikation zwischen zwei angeschlossenen Teilnehmern in beliebiger Rolle als Quelle und Empfänger zu jedem beliebigen Zeitpunkt.

6.2.2.3 Synchronisation

Daten gehen verloren, wenn sie vom Sender schneller auf das Transportmedium gebracht werden, als sie der Empfänger aufgrund seiner internen Leistungsfähigkeit von dort entnehmen kann. Diese Situation ist vergleichbar mit einem Fließband, das pro Sekunde auf der einen Seite mit 100 Bit beschickt wird, von dem an der anderen aber nur 97 Bit entnommen werden. Neben dieser Abstimmung der Arbeitsgeschwindigkeit ist die Taktsynchronisation für jedes einzelne Datenpaket eines der großen Basisprobleme der Datenkommunikation. Sie ist vergleichbar mit dem Versuch, mit verbundenen Augen und verstopften Ohren Tennis zu spielen. Selbst wenn der Tennislehrer die Bälle immer genau auf einen Punkt spielt, so daß nur die korrekte Bewegung erforderlich ist, trifft nur, wer die Bewegung zum richtigen Zeitpunkt ausführt. Nur eine Elektronik, die zum richtigen Zeitpunkt auf die Leitung "greift", erhält das korrekte Datenpaket.

Synchronisation erfordert die Abstimmung der gesamten pro Zeiteinheit versandten Datenmenge an die Leistungsfähigkeit des Empfängers und die Abstimmung der Arbeitstakte für jedes einzelne Datensegment.

6

Synchronisation kann auch unterschiedliche Weise aufgebaut werden, beispielsweise über getrennte Signale mit Taktinformationen. Wer beim Tennis wenigstens hören kann, erhält über einen getrennten "Kanal" die nötigen Synchronisationsdaten in Form der Geräusche beim Schlagen und Aufspringen des Balles. In der Technik bedeutet dies, zur Nutzlast zusätzliche Informationen zum Zweck der Taktfestlegung zu übermitteln. Dies kann, wie beim Schichtenmodell gezeigt, über eine getrennte Leitung (separate sync) oder durch speziell gekennzeichnete Zusatzdaten einer Leitung zusammen mit den Nutzdaten erfolgen (embedded sync).

Synchrone Datenübermittlung erfordert Taktkommunikation zwischen Sender und Empfänger über getrennte Leitungen oder spezielle Datenpakete als "Anhängsel" der Nutzlast.

Wer nicht für jeden Takt neue Taktdaten erzeugen möchte, kann auf die Gangstabilität zweier Uhren bei Sender und Empfänger bauen. Der Tennislehrer schlägt die Bälle im Takt einer für ihn sichtbaren Uhr. Sein Gegenüber erhält über Kopfhörer den gleichen Takt einer eigenen Uhr eingespielt. Selbst wenn beide Uhren zu Beginn so abgestimmt wurden, daß die Flugzeit des Balles für den Zeitpunkt der Schlägerbewegung berücksichtigt ist, laufen beide Uhren unweigerlich auseinander, wenn sie nicht regelmäßig abgestimmt werden können. Zu diesem Zweck sendet der Empfänger ab und zu den Zeigerstand seiner Uhr an den Empfänger, der den Gangunterschied dann ausgleichen kann. Bis zur nächsten Korrektur läuft die Empfängeruhr wieder frei. Der Abstand der Syncdaten hängt natürlich von der Stabilität der Uhren ab.

Unabhängige Uhren bei Sender und Empfänger können entlang der Zeitachse kein einmal festgelegtes Verhältnis ihrer Arbeitstakte halten. Sie können durch regelmäßige Korrekturinformationen aber aufeinander abgestimmt werden.

Die bislang beschriebenen Lösungen zielen auf eine synchrone Datenübertragung. Stehen Daten aber nur in unregelmäßigen Intervallen für den Versand bereit, so muß aus Gründen der Taktsynchronisation zwischen Sender und Empfänger dennoch permanent Taktinformation verschickt werden. Ein Empfänger würde unvorbereitet überrascht werden, wenn nach einer längeren Pause mit abgeschaltetem Taktmuster der erste Tennisball zeitgleich mit der ersten Taktinformation eintrifft. Unregelmäßig versandte oder "asynchrone" Daten müssen für jeden Übertragungsvorgang getrennt synchronisiert werden, indem der Nutzlast solange reine Taktinformationen vorausgeschickt werden, bis die Systeme wieder sicher synchron arbeiten.

Die Übermittlung von Daten in unregelmäßiger Folge nennt man asynchrone Kommunikation. Der Empfänger wird dabei für jeden einzelnen Vorgang getrennt synchronisiert.

6.2.2.4 Dienste eines Netzes

Im Gegensatz zu statischen Punkt-zu-Punkt Verbindungen schafft ein Kommunikations- oder Datennetz die Möglichkeit, Verbindungen mit wechselnden Partnern aus einer Auswahl potentieller Kommunikationsteilnehmer nach Bedarf anzufordern und wieder aufzugeben. Je nach Anforderungsprofil und den Möglichkeiten eines Netzes können Verbindungen zur Kommunikation zwischen zwei Partnern, zur Konferenzkommunikation zwischen mehreren Partnern, oder zur Verteilung von Informationen aus einer Quelle an eine ausgewählte Gruppe der (Multicast) oder an die Gesamtheit aller Empfänger (Broadcast) genutzt werden.

Die Struktur der Verbindungen ist in einem Netzwerk dynamisch, die Kommunikationspartner eines Systems wechseln im Verlauf der Zeit.

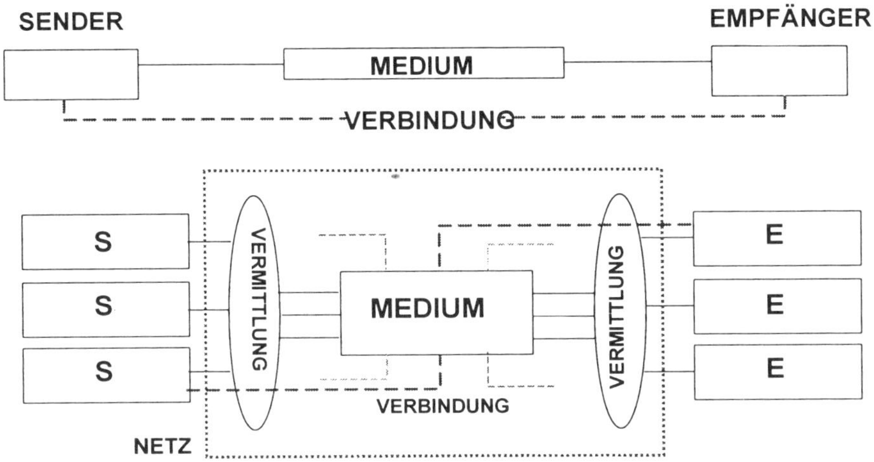

Abbildung 6.13 Punkt-zu-Punkt Verbindung und Netz

Das Gegenstück eines jeden Kommunikationspartners ist im Netz nicht mehr länger statisch und allein durch eine feste Leitung oder einen fest im Multiplex zugewiesenen Kanal vorgegeben. Die versandten Daten sind, je nach Verbindung, für wechselnde Empfänger bestimmt, die korrekte Übermittlung der Daten setzt also dessen eindeutige Identifikation im Netz voraus. Diese Adressierung spielt bei zwei über einen statischen Leitungskanal verbundenen Systemen keine Rolle, da für alle Daten nur ein Weg und ein Empfänger in Frage kommt. Abbildung 6.13 zeigt die beiden grundlegenden Dienste eines Netzes: Ermittlung des gewünschten Kommunikationspartners auf der Basis eines unzweideutigen Adreßformates und Transport der Daten auf einem der im Netz möglichen Wege dorthin.

6

Die Basisdienste eines Netzes sind Auswahlmöglichkeit des gewünschten Kommunikationspartners (Adressierung) und die Übermittlung von Daten an diesen Adressaten.

6.3 Das Telefonnetz

6.3.1 Grundlagen

6.3.1.1 Kurze Geschichte des Telefons

Am 26.10.1861 präsentierte der deutsche Volksschullehrer Johann Philipp Reiss aus Hessen sein Magnettelefon vor der Deutschen Physikalischen Gesellschaft in Frankfurt am Main. 1876 melden unabhängig voneinander die beiden US-Amerikaner Elisha Grey aus Chicago und der Physiologe und Taubstummenlehrer Alexander Graham Bell Patente auf das Telefon an. 1887 wird die erste deutsche Telefonfernleitung zwischen Berlin und Hamburg in Betrieb genommen. Die Patente zum Telefon 1876 (Bell und andere) und zur drahtlosen Übertragung 1897 (Marconi) basieren auf der Umwandlung von Informationen in elektrische Signale, die anschließend drahtgebunden (Telefon) oder drahtlos (Funk) zum Empfänger transportiert werden. Basis der Sprachübertragung ist die Schallwandlung in eine elektrische Spannung über ein Mikrofon. Das Signal wird an den Empfänger übertragen, wo im umgekehrten Prozeß eine Membran in Schwingungen versetzt und so ein Schallfeld am Hörer des Telefons zurückgewonnen wird.

Die Funktionsweise des “Telefonapparates” oder “Endgeräts” beruht auf Schallwandlung nach dem Prinzip von Lautsprecher und Mikrofon im Telefonhörer.

Das Telefon bietet ein Vollduplexverfahren für die Kommunikation. Die Unterhaltung findet in beiden Richtungen zeitgleich statt. Da aber nur eine Leitungsverbindung zur Verfügung steht, befinden sich zu jedem Zeitpunkt sowohl die Signale des Senders, wie auch die des Empfängers auf dem Kabel. Wie leicht zu überprüfen ist, hört man im Telefonhörer nicht nur den Gesprächspartner, sondern auch sich selbst. Während es für den Menschen kein Problem darstellt, die von ihm gesprochenen Worte als Signale von denen seines Gegenüber zu trennen, müssen im Fall technischer Kommunikationssysteme Vorkehrungen für die Trennung ausgehender und ankommender Signale getroffen werden. Dieses Grundprinzip ist bis heute erhalten geblieben, die wesentlichen Neuentwicklungen der Telefontechnik betrafen den Bereich der Vermittlungssysteme und der Leitungstechnik. Ursprünglich basierte das Telefon auf getrennten Kabelwegen, für 500 potentiell mögliche Telefonate entlang einer Strecke waren armdick verflochtene Stränge mit 500 einzelnen Kupferkabeln erforderlich. Funkstrecken waren für das Telefon ungeeignet, da keine adäquate Vermittlungstechnik zur Verfügung stand und Funkverbindungen als qualitativ minderwertige Halbduplexsysteme ausgelegt waren.

6.3.1.2 *Die Topologie des Telefons*

Ausgangspunkt eines Telefonnetzes sind Vermittlungsknoten, an denen die umliegenden Teilnehmer zentral angeschlossen sind. Eine solche charakteristische Struktur in der Anordnung von Leitungen und Geräten bezeichnet man als Topologie, das Telefon basiert also auf der Topologie eines Sterns mit Vermittlungsstellen im Zentrum. Wachsende Teilnehmerzahlen in regionalen, überregionalen oder gar weltumspannenden Netzen könnten nicht über ein einziges Vermittlungszentrum koordiniert werden. Das Telefonsystem nimmt ausgehend vom Stern daher eine hierarchische Struktur an, die Leitungen eines übergeordneten Sterns führen nicht mehr direkt zu den Teilnehmern, sondern zu einer Reihe untergeordneter Sterne, deren Anschlüsse selbst wieder nur Sterne bedienen können. Nur Sterne auf unterster Ebene sind mit den Endgeräten der Teilnehmer verbunden. Es entsteht ein Baum mit einer zentralen Wurzel und Ästen, die sich über Sterne untergeordneter Ebenen bis zu den einzelnen Endgeräten verzweigen.

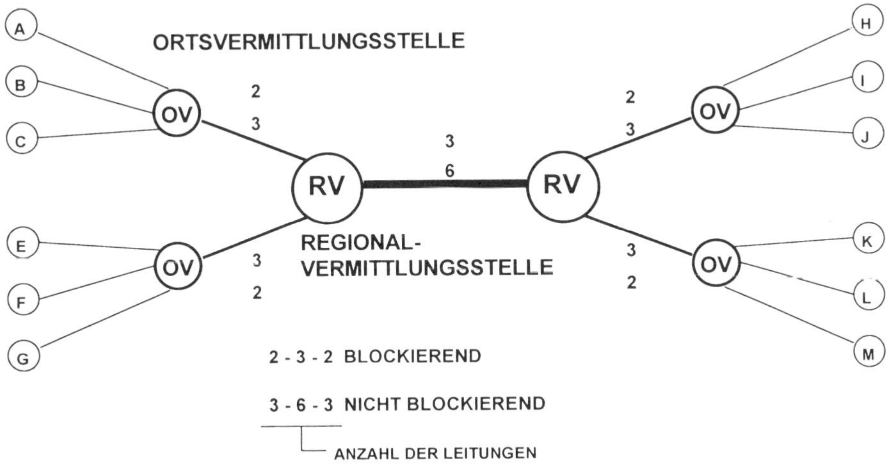

Abbildung 6.14 Baumtopologie des Telefonnetzes

Abbildung 6.14 zeigt: Fernsprechteilnehmer, die am selben Vermittlungsamt angeschlossen sind, werden untereinander über diesen lokalen Knotenpunkt verbunden. Verbindungswünsche mit Anschlüssen außerhalb des lokalen Teilnehmerkreises leitet die lokale Vermittlungsstelle zum nächsten übergeordneten Vermittlungsamt weiter. Befindet sich das gewünschte Vermittlungsziel in einem der Unterknoten dieses Sternpunkts, leitet er den Verbindungswunsch zuerst dorthin weiter, wo schließlich die Verbindung zum endgültigen Ziel hergestellt wird. Andernfalls wandert die Anfrage auf der hierarchischen Leiter solange nach oben, bis ein Knoten erreicht ist, der das gewünschte Ziel als Teil seiner Unterstruktur erkennt.

Das Telefonnetz ist hierarchisch als Baum mit Subnetzen und Vermittlungsknoten zwischen diesen Subnetzen organisiert.

Diese Struktur spiegelt auch die Telefonnummer wieder. Die Anzahl der Ziffern einer Zielnummer korrespondiert mit der Anzahl der Ebenen, die der Vermittlungswunsch nach oben durchlaufen muß. Vermittlung auf lokaler Ebene benötigt keine Vorwahl, auf nationaler Ebene keinen Ländercode. Für jeden Vermittlungsknoten reicht die Kenntnis derjenigen Adressen oder Nummern aus, die für seine Teilaufgabe im Netz wichtig sind. Die lokale Vermittlung kennt alle direkt angeschlossenen Haushalte mit ihrer vollen Nummer ohne Vorwahl. Beginnt eine gewählte Nummer mit “0”, so wird die Gesprächsanforderungen gleich an die nächsthöhere Ebene weitergeleitet, da es sich um ein Ferngespräch handelt. Auf dieser Ebene wird dann entschieden, wie aufgrund der nächsten Ziffer zu verfahren ist: Eine weitere “0” führt auf die internationale Vermittlungsebene, alle anderen Zahlen werden an die regionalen Vermittlungen der Gegenseite weitergeleitet, “8” an der zweiten Stelle nach Bayern, erst dort führt die nächste “9” auf die Vermittlung in München, die dann denn Rest der Nummer direkt oder wieder hierarchisch auswertet.

Die Folge der Ziffern einer Telefonnummer korrespondiert mit der Anzahl der für die Vermittlung nötigen Hierarchieebenen der Baumtopologie. Jede Vermittlungsstelle kennt nur die Rufnummern aller direkt mit ihr verbundenen Teilnehmer.

Zwei Knotenpunkte des Baumes sind gemäß Abbildung 6.14 immer nur über einen Verbindungsknoten höherer Hierarchie verbunden. Läßt man auch die direkte Verbindung von Knoten, in Abbildung 6.14 also eine Leitung zwischen OV´s ohne Umweg über die RV zu, entsteht ein vermaschtes Vermittlungsnetz. Die typische Topologie des Telefonnetzes ist ein Baum mit zusätzlichen Verbindungsleitungen auf gleicher Hierarchieebene für besonders belastete Strecken. Es ist ein wesentliches Kennzeichen der Telefontechnik, daß ihre Grundstrukturen global einheitlich ausgeführt sind. Darin unterscheidet sich das Telefon deutlich von den Datennetzen.

Die weltweit einheitliche Struktur im Telefonnetz steht einer heterogenen Struktur in Datennetzen gegenüber

6.3.1.3 “Telefon” als Diensteprofil

Das Telefonsystem ist auf die Forderung der Sprachkommunikation optimiert. Für ein Gespräch ist der Zeitverlust des Verbindungsaufbaus unbedeutend, solange die dafür nötige Zeitspanne deutlich kürzer ist als die darauf folgende Unterhaltung. Während diese Forderung für ein mehrminütiges Gespräch vom Telefon gut erfüllt wird, sind die Verzögerungen für die Ermittlung des Empfängers bei Telefonvermittlung aus Sicht der kurzen Datenpakete klassischer Datentechnik inakzeptabel.

Das Telefon bedient Verbindungen verhältnismäßig langer Dauer, die nur relativ selten die Adressaten wechseln.

Die Gehörwahrnehmung reagiert sehr empfindlich auf zeitliche Lücken in der Übertragung, jedoch mit erstaunlicher Toleranz auf verzerrte oder gar verstümmelte Worte, deren Sinn selbst bei katastrophal schlechten Übertragungsbedingungen meist noch einwandfrei verstanden werden kann. Wichtiger für das Telefon ist eine private und von anderen Teilnehmern ungestörte Unterhaltung. Deshalb ist das Telefonnetz darauf ausgelegt, garantierte und ungestörte Leitungen exklusiv für das laufende Gespräch herzustellen. Die Leitungsqualität ist dabei unerheblich, Fehler sind in weiten Grenzen zulässig.

Der Telefondienst erstellt bei der Vermittlung Leitungskanäle ungesicherter Qualität (unreliable service), die aber für die gesamte Dauer eines Gesprächs garantiert exklusiv zur Verfügung stehen.

Im Telefonnetz führt jeder Gesprächsteilnehmer vor Aufnahme der Datenübertragung (Daten wird hier auch im Sinne von z.B. Sprach- oder Bilddaten verstanden) eine Verhandlung mit dem Netz über den Aufbau der gewünschten Verbindung. Bevor ein gewünschtes Gespräch überhaupt zustande kommen kann, prüft das Telefonnetz alle Leitungsabschnitte auf dem Weg zum gewünschten Empfänger hinsichtlich freier Ressourcen. Noch im Zuge der Vermittlung führen mangelnde Ressourcen zum Abbruch des Verbindungsaufbaus, es ertönt das Besetztzeichen. Der Initiator eines Gespräches verhandelt also mit allen Vermittlungsstellen auf dem Weg zum Empfänger und mit dem Empfängersystem selbst über die Verfügbarkeit der Leitung. Diese Art der Ressourcenverwaltung garantiert, daß nach erfolgreichem Aufbau einer Verbindung das Telefonat niemals durch einen Konflikt der gerade benutzten Ressourcen mit neuen Gesprächswünschen gestört oder gar unterbrochen werden kann. Nach Beendigung eines Gesprächs wiederum werden alle entlang des benutzten Weges betroffenen Ressourcenverwaltungen darüber informiert, daß die zwischenzeitlich gebundenen Reserven nun für neue Gespräche zur Verfügung stehen.

Das Telefon ist ein verbindungsorientiertes System: Ein Verbindungsaufbau prüft vor dem Gespräch die Verfügbarkeit der nötigen Leitungen, der Verbindungsabbau steuert ihre Freigabe nach Gesprächsende.

6.3.1.4 Schichtenmodell und Telefon

Da die Verwaltung der Ressourcen in einem hierarchischen System mehrere Vermittlungsknoten betrifft und deshalb nicht zentral abgewickelt werden kann, müssen alle betroffenen Subnetze bzw. Sternpunkte beim Verbindungsaufbau informiert bzw. abgefragt werden. Dieser Prozeß erfordert zusätzlich zum eigentlichen Datenverkehr den Austausch von Zusatzinformationen (Steuerdaten) zwischen den Vermittlungsknoten. Im Telefonnetz bezeichnet man diese Steuerdaten auch als "Signalling". Im Schichtenmodell fällt diese Aufgabe der oberhalb des physical Layer liegenden Schicht zu. Diese zweite Schicht dient beim Telefon für Verbindungsauf- und Verbindungsabbau, also das Klingeln als Anrufmeldung, das Abheben und Auflegen des Hörers sowie die Übermittlung der gewählten Rufnummer an die und innerhalb der Vermittlungsknoten.

Die Schichtebene oberhalb des physical Layer enthält beim Telefon alle Funktionen des Leitungsauf- und Abbaus sowie der Rufnummernübermittlung.

Diese Einteilung in Schichten ist selbstverständlich willkürlich, nicht zuletzt, weil zum Zeitpunkt der Erfindung des Telefons von einem Schichtenmodell noch keine Rede war. Zudem treten die mit der Übermittlung der Nutzlast (Sprache) befassten Funktionen der zweiten Schicht und jene der Verbindungsorganisation beim analogen Telefon nie zeitgleich, sondern immer versetzt auf. Erst nutzt die Wählscheibe die Leitung zur Übermittlung der Impulse für die Telefonnummer des Adressaten, dann kommt Frei- oder Besetztzeichen als Steuercode, dann erst womöglich beginnt das Gespräch. Die Sprachübermittlung nutzt während des Telefonats keine der Steuerfunktionen. In diesem Sinn stehen Vermittlung und Sprachübermittlung nicht im Verhältnis aufeinander aufbauender Schichten. In der aktuellen Nomenkaltur werden die Vermittlungs- und Sprachfunktionen somit als separate Teilsegmente einer Schicht angesehen, man spricht von "Plane" anstelle von "Layer".

6.3.2 Leitungen und Vermittlung

6.3.2.1 Analoger Frequenz- und digitaler Zeitmultiplex

Im Fernverkehrsbereich wurde relativ früh im Frequenzmultiplexverfahren auf Koaxialverbindungen hoher Bandbreite zurückgegriffen. Jeder Fernsprechkanal beansprucht eine Bandbreite von 4 kHz, 3 kHz für die Sprache sowie links und rechts je 500 Hz Sicherheitsband zur Trennung benachbarter Kanäle. 12 dieser Voice Channels passen im Multiplex als sogenannte Gruppe in den Bereich zwischen 60 und 108 kHz. Verschiedene Telefonbetreiber, insbesondere in den Vereinigten Staaten, bieten noch heute die auf einer kompletten Gruppe basierenden Kapazitäten als Leased Line an, die im digitalen Betrieb Datenübertragungsraten von 48 oder 56 kbit/s bietet. Diese Struktur war auch die Basis für den Vorläufer des Internets, das ARPANET. Nach den Empfehlungen der CCITT (heute ITU) können fünf solcher Gruppen und damit 60 Kanäle in einer Supergruppe und wiederum fünf bzw. zehn dieser Supergruppen in einer Mastergruppe per Multiplex zusammengefasst werden, die dann gesamt 300 bzw. 600 Voice Channels auf einem Kabel transportiert.

Im Weitverkehrbereich wurden Koaxialkabel im Frequenzmultiplex für bis zu 600 Sprachverbindungen benutzt.

Alle modernen Telefonsysteme basieren im Weitverkehrsbereich auf digitaler Zeitmultiplextechnik. Die digitale Signalübertragung kann auch in der Local Loop bis zum Kunden in Form von ISDN fortgeführt werden. Grundbasis für alle Zeitmultiplexsysteme der Telekommunikation ist ein durch Analog / Digitalwandlung (A/D- Wandlung) aus dem Sprachsignal gewonnener Datenstrom. Die erwünschte Sprachbandbreite von 4 kHz (analog 3 kHz) setzt 8000 digitale Datenworte pro Sekunde oder eine Abtastrate von 8000 Hz voraus. Jedes der Datenworte hat, je nach System, eine Wortbreite von 7 oder 8 Bit. Daraus errechnet sich eine Datenrate von 56 oder 64 kbit pro Sekunde. Der Takt der 8000 Datenworte liefert das in der internationalen Telekommunikation feste Raster von 125 µsec.

Das Grundzeitraster für Telefongespräche über Zeitmultiplexleitungen (TDM für Time Division Multiplex) ist 125µsec lang. Dies entspricht 8000 Samples pro Sekunde oder 4000 Hz analoger Bandbreite. Je nach Wortbreite von 7 oder 8 Bit entstehen 56 bzw. 64 kbit/ sec Datenrate pro Sprachkanal.

6

6.3.2.2 PDH - plesiochrone digitale Hierarchie

Die 64 bzw. 56 kbit/sec umfassenden Datenströme für eine Sprachverbindung faßt man per Zeitmultiplex im Weitverkehrsbereich zu immer höheren Hierarchieebene zusammen. In den Vereinigten Staaten und Japan ist das sogenannte DS1 Format die unterste Hierachiestufe mit 24 digitalen Sprachkanäle auf einer Leitung. Zu den 56 kbit/sec Signalinformation bei 7 Bit Wortlänge pro Abtastwert addieren sich pro Kanal 8 kbit/sec für Zusatzdaten zur Netzverwaltung und Netzsteuerung indem jedes der Datenworte um ein weiteres Bit verlängert wird. In jedes der 125µsec langen Frames des DS1 Multiplex entfallen damit 24 (Kanäle) mal 8 bit, also insgesamt 192 bit. Mit Synchronisationsbits für systeminterne Zwecke des DS1 ergibt sich eine Gesamtdatenrate von 1,544 MBit/ sec. Das DS1 System kann ausschließlich für Datenzwecke als Gesamtkanal an Firmen vermietet werden. Dabei werden von den 24 Kanälen nur 23 für die Datenübertragung benutzt, die Datenmenge des 24ten dient zusätzlicher Datensicherheit und Synchronisation. Damit ergibt sich eine nutzbare Datenrate von 1,3 MBit/sec.

Der amerikanische TDM Standard DS1 liefert in einer Datenmenge von 1,544 MBit/sec Platz für 24 voice Kanäle à 56 kbit/sec oder einen geschlossenen Datenkanal von 1,3 Mbit/sec.

Der in den USA und Japan eingesetzte Multiplex nach DS1 entspricht nicht der eigentlichen standardisierten Empfehlung, die T1 heißt und von 8 Bit pro Datenwort ausgeht. Nur das Zusatzbit in jedem der 125µsec langen Rahmen dient dabei Verwaltungszwecken. Außerhalb der Vereinigten Staaten und Japan setzt man als Basismultiplex auf den Standard E1 mit einer Gesamtdatenrate von 2,048 MBit/sec. Er besteht aus 32 Sprachkanälen mit jeweils 8 Bit Wortbreite, von denen 30 tatsächlich für Daten oder Sprachübertragung, die restlichen zwei für Verwaltungs- und Zusatzinformationen genutzt werden. Eine solche 2 MBit Leitung kann auch direkt als Firmenanschluß gelegt werden. Die Aufteilung der Gesamtdatenrate auf Sprachkanäle mit 64 kbit oder Datenkanäle variabler Bandbreite in Schritten von 64 kbit bleibt dabei dem Nutzer überlassen.

Außerhalb von Japan und den USA ist der E1 Multiplex mit einer Gesamtdatenrate von 2,048 MBit und 32 Kanälen à 64 kbit/sec (30 Nutz + 2 Steuerkanäle) weit verbreitet.

DS1, T1 und E1 Ströme können erneut zu Multiplexblöcken höherer Ordnung zusammengefaßt werden. Die Abkürzungen DSn und Tn sind für die entstehenden Datenraten gleichwertig, da sie sich nur in der inneren Struktur unterscheiden. Der Zeitmultiplex von 4 T1 Strömen ergibt einen T2 Strom mit 6,3 MBit, aus 6 T2 Strömen entsteht durch Zeitmultiplex ein T3 Strom mit 44,7 MBit/sec, 7 T3 Ströme ergeben einen T4 Strom mit einer Kapazität von 274 MBit/sec. Im Gegensatz dazu faßt die in Europa verwendete CCITT Empfehlung jeweils 4 Ströme in einen Gesamtstrom der nächsten Hierarchieordnung zusammen. Daraus ergibt sich eine Hierarchie von 2, 9, 34, 139 und 565 MBit/sec.

Die im T1 System beziehungsweise der CCITT Empfehlung für E1 definierten Datenströme können auf höherer Ebene durch Multiplex zu Datenströmen mit einer Kapazität bis hin zu 274 (T4/DS4) bzw. 565 MBit (E5) zusammengefaßt werden.

Die Multiplexstufen der T und E - Systeme ergeben eine plesiochrone digitale Hierarchie. Plesiochron steht dabei für die Tatsache, daß jedes Teilsystem, das einen dem Multiplex beigefügten Teildatenstrom erzeugt, mit einer eigenen und zu anderen Teilsystemen nicht synchroniserten Taktvorgabe im Sinn einer freilaufenden Uhr arbeitet.

Die Rastertakte der 125µsec aller Teildatenströme werden durch unabhängige Uhren erzeugt. Man spricht von einer plesiochronen digitalen Hierarchie oder PDH.

6.3.2.3 SDH - synchrone digitale Hierarchie

Da keine zwei unabhängigen Uhren jemals vollkommen synchron laufen, ergeben sich bei der Zusammenfassung unabhängiger Ströme einer Hierarchiestufe (N) auf die nächsthöhere (N+1) zwei Probleme: Die Zeitdauer der Raster der ankommenden "N" - Datenworte unterscheiden sich voneinander und von jener der Stufe N+1. Zudem fällt der Beginn eines Datenwortes niemals zuverlässig mit dem Beginn des dafür in der Stufe N+1 vorgesehenen Rasterelements zusammen. Wer also einen geschlossenen Multiplex der Stufe E5 oder T4 von außen betrachtet, hat keinerlei direkten Aufschluß darüber, an welcher Stelle innerhalb des Datenstromes sich die Datenworte der auf unterster Stufe eingestellten Gespräche befinden. Soll also aus einem E5 ein E1 entnommen werden, zerlegt man der Reihe nach E5 in E4 Ströme, diese in E3, diese in E2 und diese schließlich in E1 bevor der gewünschte E1 ausgekoppelt vorliegt. Besonders der Betrieb von Leased Lines leidet unter dieser Notwendigkeit. Sie verhindert das direkte Einspeisen des E1 Stromes eines Unternehmens in eine Weitverkehrsleitung höherer Hierarchie und dessen direkte Entnahme. Jeder Zugangspunkt für eine solche Standleitung braucht die volle technische Funktionalität eines TDM Vermittlungssystems.

Die unsynchronen Strukturen des PDH verhindern das einfache Auslesen von Teildatenströmen direkt aus einer hohen Hierarchiestufe der Multiplexebenen.

6

Basis für die Standards des synchronen Multiplex ist das in USA entwickelte SONET (synchrones optical network). SDH ist ein sychrones System, das von einer hochpräzisen zentralen Masteruhr gesteuert wird. Frames oder Rahmen in SDH, die im Abstand von 125 µsec verschickt werden, umfassen jeweils 810 Byte an Informationen. Das System verschickt diese Frames unabhängig davon, ob die im inneren befindlichen Bitzellen tatsächlich mit Nutzinhalt gefüllt sind oder nicht. Den grundlegenden TDM Multiplex der SDH mit einer Datenrate von 6,48 MByte oder 51,84 MBit/sec nennt man STS1, er liefert etwa 50 MBit für Nutzinformationen. Sämtliche Zusammenfassungen zu TDM Strömen höherer Bandbreite basieren auf ganzzahligen Vielfachen des STS1 Stroms. Durch geeignete Schnittstellenverfahren, die ebenfalls mit SONET definiert sind, ist es möglich, Ströme des PDH in einen STS Strom einzufügen.

Sonet/ SDH ist eine einheitliche länderübergreifende Struktur für ein digitales TDM System auf synchroner Basis. Die Datenströme der PDH können alle in Ströme der SDH - Hierarchie eingefügt werden.

Steht STS für die Übertragung auf elektrischem Wegen, so steht OC für die Übertragung der PDH auf optischen Wegen. Die Zahl hinter der Codierung verrät die Datenrate der jeweiligen Hierarchiestufe als Vielfaches des grundlegenden STS1 Stroms. STS 12 bedeutet demnach elektrische TDM Übertragung mit der 12 -

fachen Kapazität des STS1 Stroms, das entspricht 622,08 MBit/sec. Wird dieser STS12 Strom nicht als ein Multiplex von 12 STS1 Strömen betrieben, sondern als kompletter Kanal mit 622 MBit, so wird zur Unterscheidung noch ein C an das Kürzel angefügt, es ergibt sich STS12c. Die Abbildung 6.15 gibt Aufschluß über die Datenraten gemäß den Bezeichnungen in SONET und SDH. Sie bilden im übrigen die Basis für die laufenden Entwicklungen des Breitband ISDN und von ATM.

Sonet	Sonet	SDH	MB/s	MB/s
Electric	Fiber	Fiber	Gross	User
STS 1	OC 1		51,84	49,53
STS 3	OC 3	STM 1	155,52	148,60
STS 9	OC 9	STM 3	466,56	445,82
STS 12	OC 12	STM 4	622,08	594,43
STS 18	OC 18	STM 6	933,12	891,64
STS 24	OC 24	STM 8	1244,16	1188,86
STS 36	OC 36	STM 12	1866,24	1783,29
STS 48	OC 48	STM 16	2405,37	2377,72

Abbildung 6.15 Datenraten der synchronen digitalen Hierarchie

6.3.2.4 Mechanische und elektronische Leitungsvermittlung

Die Anordnung der Vermittlungsknoten ergibt sich aus der Topologie des Telefonsystems. Als Beispiel sei das AT&T Telefonnetz betrachtet. Es besteht aus zehn sogenannten Regionalvermittlungsstellen, die in einer vermaschten Topologie alle untereinander verbunden sind. Jeder dieser Regionalvermittlungsstellen ist eine Reihe sektionaler Vermittlungsstellen zugeordnet, von denen es in den Vereinigten Staaten insgesamt 67 gibt. Einiger dieser sektionalen Offices sind, ebenso wie Vermittlungsstellen der darunterliegenden Hierarchie, auf besonders oft frequentierten Strecken direkt miteinander verbunden, um die darüberliegenden Vermittlungsstellen zu entlasten. An die Sektionalvermittlungsstellen sind auf nächster Ebene 230 sogenannte Primary Offices angebunden, eine Hierarchieebene darunter liegen 1300 Toll Offices, die über 19000 End Offices oder Endvermittlungsstellen 200 Mio. Telefone in den Vereinigten Staaten bedienen können. Durch diese hierarchische Anordnung ist die Anzahl der in jeder Vermittlungsstelle erforderlichen Verknüpfungspunkte deutlich reduziert.

🖫 Über insgesamt etwa 20.000 Vermittlungstellen werden in den USA über 200 Millionen Telefone miteinander verbunden.

Die ursprüngliche Telefonvermittlung fand durch das mechanische Stecken einer Verbindung durch das Fräulein vom Amt statt. Die Revolution der automatischen Wählvermittlung basierte auf der Erfindung der Wählscheibe: Die eingehende Telefonleitung wird über eine elektromotorisch drehbare Kontaktscheibe mit einem der um die Scheibe herum angeordneten Anschlußkontakte einer ausgehenden Telefonleitungen verbunden. Wie weit sich die Scheibe dreht, welche Ausgangsleitung also verbunden wird, bestimmt die Anzahl von Impulsen über die Wählscheibe des Anrufertelefons. Beim Verfahren der Impulswahl sind beim Wählen einer "8" die acht über die Leitung an das Vermittlungssystem weitergegebenen Zählimpulse deutlich zu hören. Der Ausgangskontakt bei "8" der ersten Wählscheibe führt auf den Eingang einer zweiten Wählscheibe für die Auswertung der zweiten Ziffer usw. Das Telefonnummersystem und die klassische Wählscheibe reflektieren das hierarchische Durchlaufen der Vermittlungsstellen durch serielles Abarbeiten von Wählkontakten auf Verbindungsscheiben in den entsprechenden Vermittlungsstellen der hierarchischen Telefonstruktur.

🖫 Die mechanische Vermittlung erstellt entlang der nötigen Strekke durch elektrische Kontakte für jedes Gespräch eine eigene Kabelverbindung. Dieses Vermittlungsverfahren heißt Leitungsvermittlung oder "Circuit Switch".

6

Elektronische Schaltkreise umgehen die extrem langen Wartezeiten der elektromechanischen Vermittlung. Elektronische Vermittlungsstellen haben die Form quadratischer Matrizen, in deren Inneren jede Eingangsleitung mit jeder Ausgangsleitung über einen Transistor - Schaltkontakt verbunden werden kann. Die physikalische Ausdehnung elektronischer Halbleiterbausteine begrenzt jedoch die Anzahl der möglichen Kreuzungspunkte pro Element. Selbst bei extrem hoher Integration, sogenannter VLSI Technik, könnten höchstens 1000 Leitungen oder knapp eine halbe Million Kreuzungspunkte realisiert werden, die dafür erforderlichen 1000 Anschlüsse an den Baustein sind aber aus rein mechanischen Gründen kaum sinnvoll auszuführen. Aus diesem Grund wird auch innerhalb der elektronischen Vermittlung ein hierarchisches System von gekoppelten Matrizen verwendet. So könnte beispielsweise ein Vermittlungssystem aus einer Eingangs- und einer Ausgangsmatrix bestehen, zwischen denen wiederum durch eine Vermittlungsmatrix vermittelt wird. Die genaue Anordnung der Anzahl von Ein- und Ausgangsleitungen pro Matrix ist ein bestimmender Faktor dafür, wie viele Gespräche maximal pro Vermittlungseinheit abgewickelt werden können.

🖫 Die elektromechanische Vermittlung ist der schnellen Vermittlung über elektronisch geschaltete Kreuzungspunkte gewichen. Die

Anzahl der Ein- und Ausgangsleitungen erfordert auch innerhalb der Vermittlungsstellen selbst eine hierarchische Struktur.

6.3.2.5 Vermittlung im TDM System

Das Telefonsystem ist ein verbindungsorientiertes System, das durch geeignete Vermittlungstechnik für Dauer eines Gesprächs eine private Verbindungsleitung herstellt. Dieser Ansatz ist in der Leitungsvermittlung widergespiegelt: Es wird über elektronische oder elektromechanische Verbindungspunkte tatsächlich eine reale Kabelverbindung zwischen Sender und Empfänger hergestellt und nach Beendigung des Gespräches wieder abgebaut. Die Transport- und Verbindungstechnik auf Zeitmultiplexleitungen in PDH oder SDH zeigt, daß über eine Leitung mehrere Gespräche unter identischen Garantiebedingungen für eine reservierte Bandbreite ablaufen können, wie dies beim Aufbau einer elektrischen Leitung der Fall ist. Für den Gesprächsaufbau wird statt einer durchgeschalteten Kabelverbindung eine auf der Leitung zur Verfügung stehende feste Zeitzelle in regelmäßigen Abständen diesem Gespräch zugewiesen. Diese Zeitzelle steht nur für dieses Gespräch zur Verfügung und kann von keinem anderen Benutzer in Anspruch genommen werden.

6

Die exklusive Reservierung von Zeitschlitzen fest vorgegebener Länge in regelmäßiger Folge entspricht ebenfalls einer Verbindung garantierter Übertragungsbandbreite nach dem Muster des Circuit Switch (Leitungsvermittlung).

Abbildung 6.16 stellt die beiden Vermittlungstechniken gegenüber. Die Vermittlung im TDM System setzt, ebenso wie der Sende- und Empfangsvorgang, einen Pufferspeicher voraus. Vermittlung zwischen TDM Ein- und Ausgängen bedeutet, eine auf einem fest vorgegebenen regelmäßig wiederkehrenden Zeitschlitz ankommende Information auf einem anderen Zeitschlitz weiterzusenden. Aus diesem Grund muß innerhalb eines jeden 125µsec langen Rahmens die komplette eingehende Information gepuffert werden. Im nächsten Rahmen am Ausgang werden die von den eingehenden Leitungen einsortierten und im Speicher vorhandenen Zellen auf die entsprechenden Zeitschlitze der Ausgangsleitung abgegeben. Von der grundsätzlichen Systematik entspricht die über Speicher und Umsortierung in Zeitschlitze erfolgte Vermittlung genau dem Prinzip der Leitungsvermittlung in der Analogtechnik.

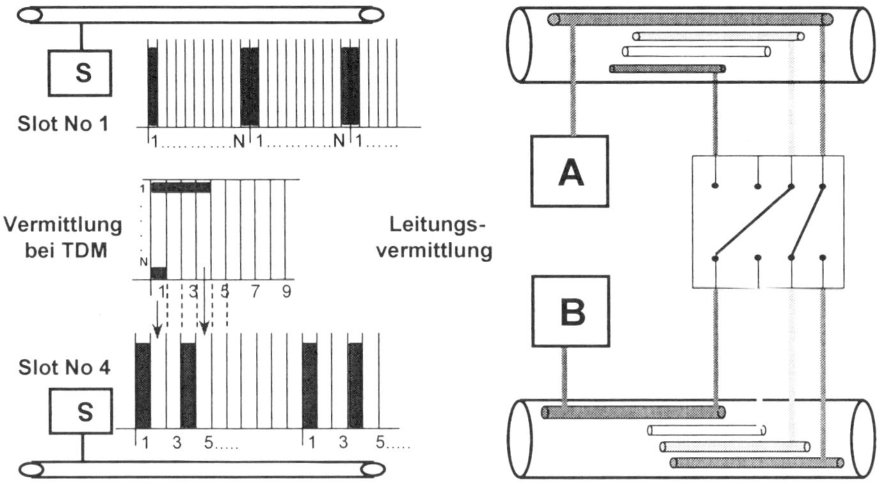

Abbildung 6.16 Leitungsvermittlung und Zeitschlitzvermittlung

Die Vermittlung in TDM Technik setzt den Austausch von Informationen zwischen unterschiedlichen Zeitzellen der TDM Struktur voraus. Dies erfordert im Vermittlungsknoten ein Speichersystem.

6.3.3 Analoger Anschluß und ISDN

6.3.3.1 Der analoge Hausanschluß

Das analoge Telefonsystem basiert bis zum Endgerät auf der Basis eines einzelnen Twisted Pair Kabels. Alle Informationen, von der Signalisierung des Klingelns bis zum Gespräch werden auf diesen Leitungen übertragen. Das Endgerät ist vollkommen passiv und funktioniert deshalb auch ohne Anschluß an die Stromversorgung. Daß der Klingelstrom mit 65 Volt und 25 Hz Frequenz tatsächlich von der Vermittlungsstelle kommt kann derjenige erfahren, der die Enden des Telefonkabels in den Fingern hält, wenn gerade ein Anruf eingeht. Die Leitung kommt in der Wohnung in Form einer TAE Steckdose an. Sie hat in der Standardausführung 3 Steckplätze mit den Bezeichnungen N, F und nochmals N. Die N-Anschlüsse dienen zum Anschluß von "Nebeneinrichtungen", also Zusatzgeräten aller Art, an F hängt der eigentliche "Fernsprecher".

Alle Signale des Telefonsystems führen bei analogen Endgeräten direkt über ein einzelnes Twisted Pair Kabel. Die Anschlußdose TAE dient zum Einstecken von Nebengeräten (N) und Telefonen (F), wobei das Signal N-Anschlüsse zuerst durchläuft.

Sind die N-Anschlüsse frei, landet das Signal direkt beim Telefon in F. Steckt aber in N ein Fax, ein Anrufbeantworter oder ein Modem, gelangt das Signal nur dann zu F, wenn es vorher die beiden N durchlaufen hat. Aus diesem Grund hat das Verbindungskabel eigentlich vier Leitungen, zwei von TAE zum Endgerät und zwei zurück. Die beiden Adern des Hinwegs liegen auf dem TAE Stecker auf den Anschlüssen der Nummer 1 und 2, die des Rückwegs auf Nummer 5 und 6 der insgesamt 6 Kontakte. Nimmt also der Anrufbeantworter das Gespräch entgegen, ist das Telefon "lahmgelegt", außer im Falle einer Durchschaltung der ankommenden Leitung im Inneren des Anrufbeantorters zurück auf die TAE, von wo aus sie dann auf F gelangt. Gute Faxgeräte erkennen bereits beim Anruf, ob es sich um ein Fax oder ein Telefonat handelt, zu diesem Zweck sendet der Anrufer eine besondere Kennung mit.

6.3.3.2 Digitale Daten, analoge Leitung: Modem

Das Telefon ist ein klassisches Sprachübertragungssystem mit einer Bandbreite von 3 kHz. Bei der Verbindung von Computern per Telefon handelt es sich um digitale Daten auf einem analogen Vermittlungs- und Verbindungssystem. Zu diesem Zweck werden die digitalen Informationen in geeignete Pfeiftöne innerhalb des Spektrums von 0 bis 3 kHz umgesetzt. Bei ausreichender Datensicherheit können auf diese Weise über eine analoge Telefonleitung nicht mehr als 2400 Ein- / Aus- Folgen ("2400 baud") übertragen werden. Moderne Modems erreichen auf einer Leitung mit 2400 baud etwa 9,6 kbit Nutzdaten. Dieser Standard ist als ITU V.32 bekannt. Der V.32bis Standard erlaubt 14,4 kbit/sec, indem sechs Bits pro Ein- / Ausfolge bei 2400 baud übertragen werden. Dieses Übertragungssystem wird beispielsweise bei Faxvermittlung benutzt. Eine Erweiterung und Verbesserung des V.32 Standards läuft unter der Bezeichnung V.34 und erlaubt die Übertragung von Datenraten bis zu 28,8 kbit/sec. Zum Zeitpunkt der Drucklegung kommen Geräte mit 56 kbit/sec auf dem Markt.

Mit Hilfe des Modems kann durch die Umsetzung digitaler Informationen in analoge Signaltöne innerhalb des Telefonspektrums eine Datenübermittlung mit bis zu 56 kbit/sec realisiert werden.

6.3.3.3 Das ISDN System

Auf der Basis einer Empfehlung der ITU aus dem Jahre 1984 wurde ein international einheitliches digitales Telefonsystem unter dem Namen Integrated Services Digital Network (ISDN) beschlossen. Es basiert auf dem Konzept der Bitpipe, einem allgemeinen Bitstrom, innerhalb dessen es keine Rolle mehr spielt, ob er Sprachsignalen, einem digitalen Terminal oder einer Faxmaschine entstammt. Problem für die Einführung des ISDN ist nicht die bereits vorhandene digitale Weitverkehrsvermittlung, sondern die Umstrukturierung der Local Loop, also der Verbindung der einzelnen Haushalte mit ihrer nächstgelegenen Vermittlungsstelle.

Diese Leitungen konnten nicht einfach durch ein komplett neue Technologie ersetzt werden.

🖫 Die Anbindung von ISDN als digitale Bitpipe an die einzelnen Haushalte mußte über die vorhandenen Leitungen der analogen Local Loop erfolgen.

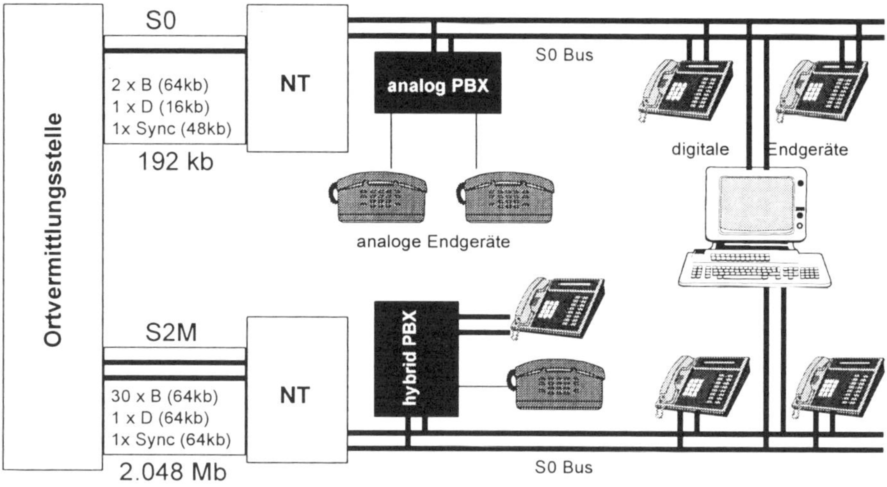

Abbildung 6.17 ISDN - Konfigurationen

Zu diesem Zweck wird zwischen der nächstgelegenen ISDN Vermittlungsstelle und dem angeschlossenen Haushalt die dort vorhandene Twisted Pair Leitung mit Hilfe eines speziellen Modulationsverfahrens für digitale Informationen betrieben. Diese Art der Signalisierung erfordert selbstverständlich eine entsprechende Elektronik auf beiden Seiten des betriebenen Kabelstückes. Während diese Elektronik in der Vermittlungsstelle für den Benutzer verborgen bleibt, ist sie in Form des sogenannten Network Terminators oder NT in der Wohnung deutlich sichtbar. Die Schnittstelle des NT für alle daran angeschlossenen Geräte heißt S0 und wird auf einem Kabel mit 4 Leitungen verteilt. Ein ISDN Anschluß erlaubt den Betrieb einer internen analogen oder digitalen Nebenstellenanlage sowie den direkten Anschluß von Computern und digitalen Telefonen bzw. Faxgeräten. So können an den sogenannten S0 Bus als Ausgangsschnittstelle des NT an ein Kabel im Sinne des Busverfahrens bis zu 8 Endgeräte auf einer Länge von maximal 100 Metern angeschlossen werden.

🖫 Die am Ausgang des ISDN Anschlusses verfügbare Busverbindung kann auf bis zu hundert Meter Länge mit maximal acht digitalen Endgeräten verbunden werden.

Das ISDN System enthält unterschiedliche Kanaltypen für die Daten- oder Sprachübertragung. Der Basisanschluß oder BRI (Basic Rate Interface) umfaßt zwei sogenannte B-Kanäle für je 64 kbit, sowie einen D-Kanal für 16 kbit/sec. So werden für den Haushaltsanschluß zwei B Kanäle zu je 64 kbit für zwei unabhängige Telefonverbindungen und der D-Kanal für die im Zusammenhang mit ISDN notwendigen und möglichen Verwaltungszwecke benutzt. Verwaltungsdaten belasten also die 64 kbit des B-Kanals nicht, er steht dem Benutzer voll zur Verfügung.

Der klassische S0 Anschluß für ISDN umfaßt zwei sogenannte B-Kanäle à 64 kbit Vollduplex und einen D-Kanal à 16 kbit.

Für den ISDN Anschluß zu Hause gilt als wichtigste Grundregel: Die alten analogen Geräte sind mit einem ISDN System nicht ohne Zusatzgeräte kompatibel. Eine Lösung bietet ein Adapter, der den Anschluß eines analogen Telefons an einen ISDN NT erlaubt, allerdings auch keine ISDN Funktionen realisieren kann. Der Anschluß arbeitet also nun wie ein analoger Doppelanschluß. Werden mehrere Sprechstellen gewünscht, ist die Anschaffung einer lokalen ISDN Nebenstellenanlage für analoge Telefone zu erwägen. Sie erlaubt lokale Anrufe innerhalb des Systems sowie das Verbinden von Gesprächen. Die Verkabelung zwischen einer derartigen Nebenstellenanlage und den Endgeräten erfolgt nach dem alten analogen Schema !

6

6.3.3.4 Breitbandanschlüsse im ISDN

Zusätzlich werden, je nach Standort, Interfaces mit höheren Bitraten angeboten, z.B. H0 mit 384 kbit/sec, H11 mit 1536 kbit/sec und H12 mit 1920 kbit/sec. In den Vereinigten Staaten und Japan besteht H12 unter dem Namen PRI (Primary Rate Interface) aus 23 B Kanälen und einem D Kanal, in der Bundesrepublik Deutschland, unter dem Kürzel S2M aus 30 B Kanälen und einem D Kanal. Diese Auswahl reflektiert den Wunsch, die angebotene Datenrate über die vorhandenen T1 oder E1 TDM Leitungen zu führen. Die S2M Leitung erfordert das Vorhandensein zweier Twisted Pair Leitungen zwischen der Ortsvermittlung und dem Teilnehmer.

Für Geschäftskunden wird im ISDN der S2M Anschluß mit 30 B und einem D Kanal zu je 64 kbit, sowie einem Kontrollkanal mit weiteren 64 kbit angeboten. Er erfordert zwei Twisted Pair Kabel bis zur Ortsvermittlung.

Während zum Zeitpunkt der Spezifikation die Bereitstellung von 64 kbit als Datenleitung für Geschäftskunden eine interessante Perspektive darstellte, ist diese Datenmenge heute vor dem Hintergrund explodierender Vernetzungswünsche kein tatsächlich überzeugendes Angebot mehr. Aus diesem Grund wurde von der ITU eine Weiterentwicklung des Gedankens von ISDN im Hinblick auf Breitbandanwendungen initiiert, die eine volle Integration von Daten und Sprachdiensten erlauben soll. Dieses System ist unter dem Namen B-ISDN oder Breitband ISDN bekannt. Für die Telefongesellschaften stellt es eine wirklich revolutionäre Umstellung ihrer inneren Struktur dar. Die grundlegende Technologie für Breitband ISDN ist der asynchrone Transfermodus oder ATM, der im Abschnitt 8.2.3. noch eingehend besprochen werden wird. Er stellt das erste System der Telefonnetzbetreiber dar, das asynchrone Paketvermittlung als Basis verwendet. Dies wird hohe Umstellungsinvestitionen in den Telefonnetzen nach sich ziehen. Daher bleibt abzuwarten, ob das System überhaupt im geplanten Rahmen realisiert werden kann.

Für moderne interaktive Dienste bietet der ISDN Anschluß schon mittelfristig keinen ausreichenden Datendurchsatz. Die Planungen für breitbandige Telefonnetze der Zukunft heißen Breitband ISDN (B-ISDN).

6.3.3.5 OSI - Schichtenmodell und ISDN

ISDN ist ein digitales Netz mit verschiedenen Diensten, unter anderem dem leitungsvermittelter Verbindungen für Sprachkommunikation und Datentransport. Das Ergebnis eines Vermittlungsvorgangs ist dabei eine private Leitung auf B-Kanälen, die als synchrone Bitpipe mit einer festen Taktrate von 8000 Datenworten pro Sekunde betrieben wird. Aus diesem Grund gibt es beim einfachen B-Kanal des ISDN ebensowenig feste Protokollschichten für die Endgeräte, wie im Falle des analogen Telefons. Wird eine derartige Leitung an den Endgeräten für Datendienste genutzt, so betrachten diese die Bitpipe als ihren physical Layer auf den sie ihre eigenen Schichten aufsetzen können. Im Gegensatz zum analogen Telefon gibt es eine Reihe von ISDN - Diensten, die während des Gesprächs oder der Verbindung eine Übermittlung von Steuerdaten benötigen. Deshalb gibt es, unabhängig von den B-Kanälen, einen getrennten Signalisierungskanal, den D-Kanal, zur Übermittlung von Verwaltungsdaten. Diese Verwaltungsdaten liefern aber keine Basis für die Nutzlastübermittlung selbst und werden daher ebenfalls nach dem Modell einer getrennten Plane auf der gleichen Schicht (Layer) behandelt. Der D-Kanal hat einen drei Schichten umfassenden Protokollstapel. ISDN zielt außerdem auf eine breite Palette anderer Dienste für die Datenvernetzung im Sinne eines PSDN. Fragen der Datenvernetzung via ISDN werden, wie auch der Protokollstack des D-Kanals, im Abschnitt 8.1.1. über Weitverkehrsnetze genauer besprochen.

6.3.4 Cellular Phones und mobile Kommunikation

6.3.4.1 Space Division und Contention

Das wesentliche Grundproblem der mobilen Telefone ist der strukturelle Widerspruch zwischen dem Wunsch nach privaten Gesprächen und einem Broadcastkanal, der für die Duplexkommunikation aller Teilnehmer im System genutzt werden muß. Zudem leidet die Mobilkommunikation darunter, daß die physikalischen Bedingungen des genutzten Kanals sich im Verlaufe eines Gespräches stark verändern können. Die Aufgaben eines solchen Systems umfassen also die Verteilung der vorhandenen Ressourcen an Bandbreite auf die Gesprächswünsche derart, daß aus der Sicht des Nutzers aus dem Broadcastmedium eine Point-to-Point Verbindung wird. Zu diesem Zweck wird, ähnlich der Funksprechtechnik, jedem Gespräch ein getrennter Frequenzbereich zugewiesen, der im Gegensatz zum Funkverkehr allerdings als Vollduplex ausgelegt ist und von einer Zentrale aus verwaltet wird. Bewirbt sich ein Telefon um ein Gespräch, so wird dieser Wunsch an die Vermittlungsstelle übermittelt, die daraufhin den gewünschten Gesprächspartner anspricht und dem Gespräch einen der verfügbaren Duplexkanäle zuweist. Diese zentrale Verwaltungsstruktur verbindet die Funkgespräche auch mit dem Festnetz, wenn eine dort plazierte Teilnehmernummer gewählt worden ist. Private Gespräche schützt nur ein analog schwer zu realisierendes Verschlüsselungsverfahren gegen unerwünschtes Mithören.

6

Mobiltelefone sind Funksprechverkehr auf getrennten Vollduplexkanälen. Anders als bei Sprechfunk sind freie Kanäle nur über das Verwaltungssystem zugänglich, das auch die Verbindung zum Festnetz herstellt.

Die Ressource "Bandbreite" für die Anzahl der gewünschten Gespräche ist durch die für ein Mobiltelefonsystem im gesamten Frequenzspektrum reservierte Bandbreite begrenzt. Damit stehen nur eine begrenzte Anzahl von Kanälen für eine zeitgleiche Kommunikation zur Verfügung. Aufgrund geographischer Gegebenheiten gibt es keine flächendeckende Versorgung von einem zentralen Sende / Empfangssystem. Beide Schwierigkeiten löst der Ansatz zellulärer Telefonsysteme: Das Betriebsgebiet für ein System wird in räumlich beschränkte Zellen unterteilt, innerhalb derer jeweils ein Sende/Empfangssystem für die in dieser Funkzelle befindlichen Telefone betrieben wird. Die für den Betrieb des Systems erforderlichen Frequenzen werden so auf die Zellen verteilt, daß identische Bereiche niemals in benachbarten, durchaus aber in ausreichend weit voneinander entfernten Zellen zeitgleich benutzt werden können.

Mittels der Unterteilung des Betriebsgebietes in Zellen kann die Zahl der verfügbaren Kanäle erhöht werden.

Die Infrastruktur eines solchen Cellular System benötigt eine weitverzweigte Anzahl von Sende/Empfangsstationen für die Verbindung zu den Mobiltelefonen und eine umfangreiche Verwaltung der sich im Netz bewegenden Rufadressen. Vor der Aufnahme eines Gespräches muß dem System bekannt sein, in welcher der Zellen sich das gewünschte Mobiltelefon befindet. Zu diesem Zweck kommunizieren alle eingeschalteten Telefone zum Zeitpunkt ihrer Inbetriebnahme und in regelmäßigen Abständen mit dem für ihren Bereich zuständigen Sende/Empfangssystem, um diesem ihre "Anwesenheit" in der Zelle mitzuteilen. Alle in der jeweiligen Zelle befindlichen Rufnummern werden an eine zentrale Verwaltungsinstanz gemeldet. Ankommende Anrufe aus einer anderen Zelle oder Einwahlverbindungen aus dem Festnetz werden aufgrund dieser Liste an die Zelle des aktuellen Aufenthaltsortes für den Gesprächspartner vermittelt. Zudem muß das System den Fall bewegter Mobiltelefone abwickeln, die sich während des Gespräches von einer Zelle zur nächsten bewegen (Roaming).

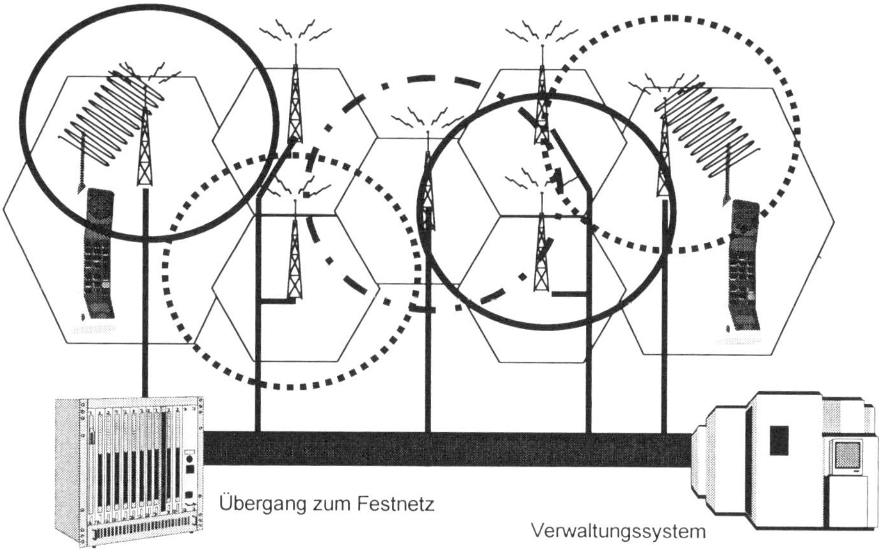

Abbildung 6.18 Struktur des Mobilfunknetzes

Die Zellenstruktur erfordert die permanente Verfolgung der Aufenthaltsorte der Teilnehmer und die Übergabe von Gesprächen zwischen Zellen (Roaming).

6.3.4.2 Das europäische GSM

GSM, ursprünglich für "Groupe Special Mobile" wurde umgetauft in "Global System for Mobile Communication". Im August 1994 waren 32 Betreiber und

Diensteanbieter in 22 verschiedenen Ländern am Betrieb von GSM Netzen beteiligt. In den 12 Mitgliedsstaaten der CEC in Europa werden identische Frequenzbereiche benutzt, die Telefone sind untereinander kompatibel. Die Frequenzen liegen bei 935 bis 960 MHz für die Übertragung zu den Mobiltelefonen und bei 890 bis 915 MHz für den Weg zur Basisstation. In jedem dieser Bereiche werden jeweils 200 kHz weite Bänder als ein Kommunikationskanal genutzt, den sich durch TDM 8 Teilnehmer teilen. Jedem Gespräch ist also eindeutig ein Frequenzkanal und einer der darin vorhandenen Zeitslots zugewiesen. Die Breite von 200 kHz ergibt damit in den beiden Bändern jeweils genug Platz für 124 Vollduplexkanäle mit je 8 Gesprächen in TDM, also insgesamt 992 Gespräche. Durch die Zellenteilung und die in den benachbarten Zellen gesperrten Kanäle sind aber in einer Zelle im Regelfall nur etwa 200 Kanäle verfügbar.

GSM wird in 22 Ländern gesamt, in 12 Ländern Europas sogar auf identischen Frequenzbereichen zwischen 890 und 960 MHz betrieben. Pro Funkzelle gibt es Platz für etwa 200 Gespräche.

Innerhalb eines einzelnen Zeitschlitzes werden 148 Bit übertragen, von denen alleine 27 Bits als sogenannte Trainingsbits Verwendung finden,. Sie dienen zur Behebung eines der technischen Grundprobleme von GSM. Die Datenrate auf jedem der Kanäle ist so hoch, daß die Zeitunterschiede für Signale, die von einem nahen und einem weit entfernten Telefon bei der Basisstation eintreffen, die Dauer der zugewiesenen Zeitslots überschreiten könnten. Dadurch würde ein Teilnehmer sozusagen auf dem Kanal eines anderen Teilnehmers seine Daten absetzen, es käme zu einer Störung der Gespräche. Um dies zu verhindern, wird durch die Trainingsbits regelmäßig die Synchronisation der Stationen auf die exakte Zeitstruktur abgestimmt.

6.3.4.3 CT 1,2,3, DECT, DCS 1800

Die Erreichbarkeit über eine einzige Telefonnummer ergibt automatisch den Wunsch nach einem integrierten Telefonsystem, das dem Benutzer über ein immer bei sich geführtes Endgerät an jedem Ort Zugang zum Telefonnetz garantiert. Auf der Basis dieser Überlegungen entstanden Konzepte für eine Integration von Mobiltelefontechnik mit der Technik der Schnurlostelefone, wie man sie heute in vielen Haushalten finden kann.

Es gibt Bestrebungen, in der nächsten Generation die Technik schnurloser Telefone mit Cellular - Systemen zu verbinden.

Die analogen schnurlosen Telefone sind mit den modernen Strukturen der Cellular Systems nicht zu vereinbaren. Als Fortentwicklung dieser ersten Generation von Cordless Phones, die auch als CT1 bezeichnet wird, entstand aufgrund einer forschen Initiative der britischen Regierung das CT 2 System. Es konnte dem Nutzer in der Nähe fest vorgegebener Punkte als Ersatz für die Telefonzelle dienen aber nur in einer Richtung nämlich als Anrufer, nicht als Angerufener genutzt werden. Die Versuche, das System kommerziell zu nutzen, wurden eingestellt, da nicht ausreichend viele Kunden gewonnen werden konnten. Die bei CT 2 gemachten Fehler wurden bei der Fortentwicklung nach CT 2plus und CT 3 behoben, allerdings sind all diese Systeme nur als Vorstufe zu DECT zu verstehen. DECT steht für "digital european cordless technology" und wurde von den 18 Mitgliedstaaten der CEPT spezifiziert. Es besetzt den Frequenzbereich zwischen 1880 und 1900 MHz in ganz Europa. DECT ist als Standard für den Betrieb in lokal begrenzten Bereichen vorgesehen, während der DCS1800 Standard für Betrieb in großen flächendeckenden Netzen gedacht ist. Die verwendete Technik basiert für DECT und das zwischen 1710 MHz und 1880 MHz arbeitende DCS1800 auf GSM. Das E - Netz ist ein Beispiel für DCS 1800 Systeme.

7 Networking in Local Area Networks (LAN´s)

7.1 Local Area Networks - Grundlagen

7.1.1 Architekturen von LAN´s

7.1.1.1 „NO - Network“ und Peer - to - Peer

Personal Computer als Arbeitswerkzeug einer Organisation erfordern einen Mechanismus zum Datenaustausch und zur effizienten Nutzung der für diese Systeme angeschafften Peripherie (Abbildung 7.1). Ohne Kommunikationsweg braucht jeder einzelne Computer ein eigenes Druckersystem, für die externe Kommunikation ein Modem. Der Datenaustausch erfolgt ohne Leitungsverbindungen über den Tausch von Datenträgern. Zu diesem Zweck verfügen die Systeme über wechselbare Speichermedien, im einfachsten Fall Floppydisks.

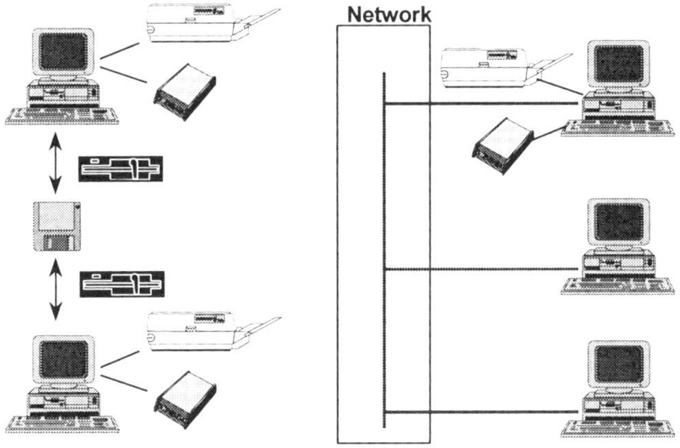

Abbildung 7.1 Unvernetzte PC´s und Peer-to-Peer

Neben der Problematik unterschiedlicher Formate dieser Disketten ist deren begrenzte Speichermenge für den Datenaustausch problematisch. Die verteilte Bearbeitung umfangreicher Dokumente durch mehrere Mitarbeiter wird zu einem zeitraubenden Problem, wenn die nötigen Speichermengen die Kapazität der verfügbaren Datenträger übertreffen.

🖫 Der PC als Inselsystem erfordert unrentable Mehrfachinvestitionen hinsichtlich der Peripherie. Datenaustausch über Datenträger ermöglicht keinen parallelen Zugriff und bedingt zwangsläufig Inkonsistenzen zwischen verteilten Daten.

Dennoch ist eine Netzwerklösung einem vergleichbaren Datenaustausch auf Datenträgerbasis nicht immer vorzuziehen. Die in einen Karton aus Datenbändern gepackte Datenmenge und die resultierende Datenübertragungsrate, wenn ein solcher Karton innerhalb von 24 Stunden jeden Ort in Deutschland erreicht, ist hinsichtlich des Preis-/ Leistungsverhältnisses jeder Netzverbindung überlegen, insbesondere dann, wenn es sich nicht um interaktive Datensätze handelt. Im Gegensatz zu der im nächsten Abschnitt besprochenen Client-Server Architektur bezieht das Peer-to-Peer System seinen Namen aus dem Umstand, daß alle am Netz angeschlossenen Systeme funktional gleichrangig und etwa gleich leistungsfähig sind. Geeignete Kommunikationseinrichtungen in Hard- und Software, also Kommunikationsanschlüsse auf den Motherboards oder Einsteckkarten für das Bussystem sowie die zugehörigen Kommunikationsprozesse und Treiber stellen die Basis für ein solches Netzwerk dar. Die Kommunikationssoftware versorgt das Betriebssystem der Rechner mit der Möglichkeit, auf vordefinierte Bereiche im Massenspeicher anderer Rechner über das Netz zuzugreifen und auf diese Art Daten auszutauschen. Zudem stehen die an einem der angeschlossenen Rechner vorhandenen Peripheriegeräte allen anderern Rechnern zur Verfügung. Abbildung 7.1 vergleicht individuelle PC-Systeme mit Peer-to-Peer Netzen.

🖫 Eine Peer-to-Peer Architektur verbindet gleichrangige und gleichwertige Computersysteme untereinander zum Zweck der gemeinsamen Nutzung vordefinierter Speicherbereiche und Peripheriegeräte.

7.1.1.2 Mainframe oder Mini als "Host"

Den Peer-to-Peer Lösungen geht im geschichtlichen Ablauf der Computertechnik der zentrale Host (Gastgeber) voraus. Vor der Einführung preisgünstiger Mikroprozessoren war Rechenleistung extrem teuer, die Geräte wenig zuverlässig und zudem nur von hochspezialisiert ausgebildeten Fachkräften wartbar. Die Struktur dieser Hochtechnologiesysteme war daher vom ersten Moment an zentralisiert ausgelegt. Wie in Kapitel 3 besprochen, werden mehrfach parallele I/O Schnittstellen eines Zentralrechners dezentral als "Terminals" an den Arbeitsplätzen der Benutzer installiert. Im Gegensatz zum eigenständigen PC verfügt das Terminal über keinerlei Intelligenz. Es handelt sich lediglich um eine Tastatur, eine Maus, einen Bildschirm und einige Elekronikbausteine, die für die Kommunikation mit dem Hostrechner erforderlich sind.

Die an den Host angebundenen Terminals sind unintelligente Ein- Ausgabesysteme, die selbst keinerlei Rechenleistung beinhalten.

Im Zentrum der Dateverarbeitung stand als Host zu Beginn immer ein Großrechner oder "Mainframe", später wurden kompaktere Systeme als "Minis" für den dezentralen Betrieb in kleineren und unabhängigen Organisationseinheiten angeboten. Die Anforderungen und Anfragen aller angeschlossenen Terminals werden im zentralen "Host" verarbeitet. Dies geschieht im Regelfall mit Hilfe eines sogenannten Time-Slot-Verfahrens durch Aufteilung der insgesamt verfügbaren Prozeßrechenzeit auf die angeschlossenen Terminals. Eine systemeigene Uhr unterteilt im übertragenen Sinne eine Minute Rechenzeit in eine Anzahl von Slots, die dann auf die von den unterschiedlichen Terminals ausgelösten Prozesse verteilt werden. Innerhalb eines Timeslots lädt der Host den nächsten wartenden Prozeß, startet dessen Verarbeitung und führt sie fort, bis die diesem Prozeß zugewiesene Slotzeit abgelaufen ist. Der augenblickliche Zwischenzustand des Rechenprozesses wird festgehalten und abgespeichert, der nächste wartende Prozeß geladen und so fort.

Hostrechner verteilen die zentrale Rechenleistung im Timeslotverfahren auf angeschlossene Terminals und deren Rechenprozesse.

7

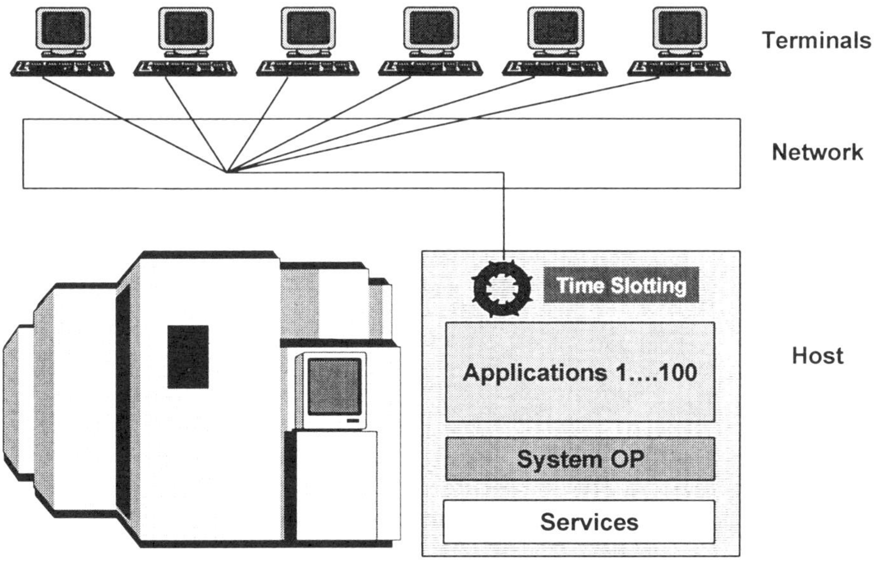

Abbildung 7.2 Host als zentraler Rechner mit Terminals

Abbildung 7.2 zeigt, daß alle Anwendungsprogramme auf dem zentralen Rechner abgewickelt werden, auch Wartungsaufgaben und Dienste für die Datenverwaltung sind zentralisiert. Diese Zentralisation hat im Gegensatz zu unabhängigen PC Systemen und Peer-to-Peer Netzen den Vorteil, alle Daten konsistent an einem zentralen Rechnersystem vorzuhalten und Wartungs- bzw. Systemadministrationsarbeiten an einer einzigen Stelle zu konzentrieren. Dem gegenüber steht jedoch die schlechte Verfügbarkeit des Systems im Falle eines Schadens am Zentralrechner. Die Summe der Rechenleistungen aller PCs in einer Organisation übersteigt zudem auf der Basis schneller Prozessoren die Rechenleistung eines Hostsystems. Der Umbruch hin zur modernen Datenverarbeitungstechnik ist von einem Wettbewerb zwischen klassischer Host - Architektur und modernen Client-Server Systemen gekennzeichnet.

7.1.1.3 Client-Server Architektur

Client-Server stellt die heute gängigste Architektur von Computernetzen dar. Während Peer-to-Peer auf die Verbindung gleichrangiger Computer und der Hostansatz auf die Zentralisierung der kompletten Rechenleistung ausgelegt ist, stellt die Client-Server - Architektur einen Mittelweg zwischen diesen Extremen dar. Sie beseitigt die Schwäche fehlender Prozeßrechenleistung der am Host angeschlossenen Terminals und jene der bei gemeinsam genutzten Speichervolumina in verteilten Rechnern auftretenden Inkonsistenzen des Peer-to-Peer.

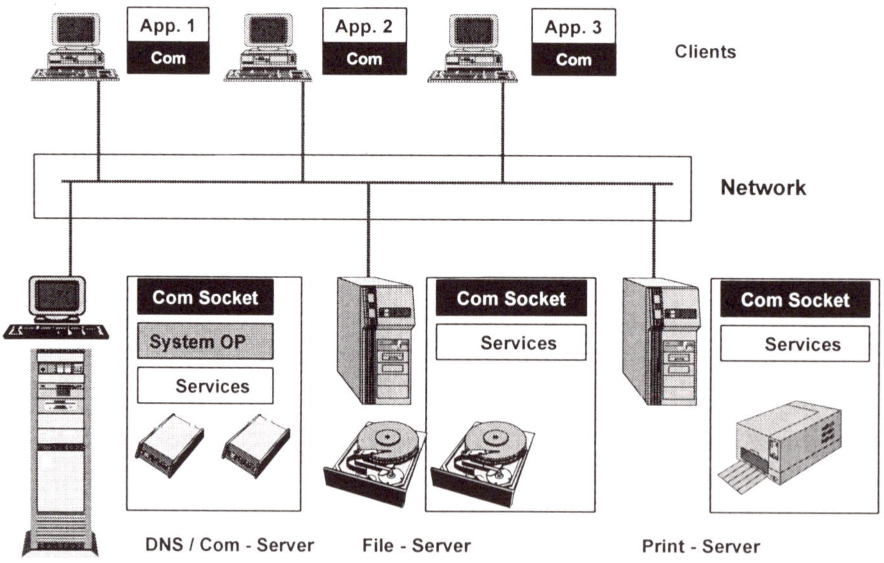

Abbildung 7.3 Client-Server Architektur

Die Client-Server Architektur verbindet Stärken der Host Architektur mit den Stärken eines Peer-to-Peer Systems gleichwertiger PC Systeme.

Die Client-Server betreibt hochspezialisierte Rechner im Netzwerk als Diensteanbieter (Server) für die als "Kunden" am Netz angeschlossenen Standardarbeitsplätze (Clients). Besonders aufwendige oder von allen gemeinsam benötigte Prozesse, die entweder hohe Investitionen, hohe Leistungen oder spezialisierte Gerätschaften benötigen, sind auf einigen wenigen speziell ausgerüsteten Rechnern konzentriert. Typische Fälle für Serverprozesse sind: Printserver (zentraler Druck), Fileserver (Speicher und Archiv), Comserver (Kommunikationsprozesse von und nach außen, sowie Schutzfunktionen „firewall"), Prozeßrechenserver (Hochleistungsrechenprozesse, z.B. Rendering). Die Fähigkeiten der Server müssen auf den Clients nicht vorhanden sein. Clients im Netz arbeiten aufgrund ihrer eigenen Intelligenz eigenständig, bei Bedarf rufen sie den entsprechenden Dienst eines Servers auf, der danach die Abwicklung der ihm zugeteilten Aufgabe übernimmt. Abbildung 7.3 zeigt, daß jeder der Clients seine eigenen Anwendungen (APP) lokal abwickelt und zusätzlich über ein Zugriffsprogramm auf die Funktionen des Netzwerks verfügt (COM). Auf den Serversystemen laufen die Gegenstücke der Kommunikationssoftware und die Prozesse der vom Server angebotenen Dienste. Die meisten Server benötigen keine eigenen Bildschirme oder Tastaturen, da sie nicht im eigentlichen Sinne "bedient", sondern über das Netz angesprochen werden. Einer der Server ist meist als Zentralserver für Verwaltungsdienste, beispielsweise Nutzerverwaltung, Paßwörter und Wartung ausgezeichnet.

Client-Server Architektur weist spezielle Prozesse speziell ausgerüsteten Rechnern (Server) zu, die diese den angeschlossenen eigenständigen Arbeitsplatzrechnern (Client) über das Netz zur Verfügung stellen.

7.1.1.4 Verteilte Systeme / Cluster

Die Architektur verteilter Systeme und sogenannter Cluster stellen einen aktuellen Entwicklungstrend der Computertechnik dar. Sie sind ein Resultat der extrem schnell wachsenden Rechenleistung einzelner Arbeitsplätze und dem Wunsch nach möglichst effizienter Nutzung der vorhandenen Ressourcen. Bei Client-Server sind nur die von den Servern angebotenen Prozesse und deren Rechenleistungen für die Nutzung durch angeschlossene Clients und deren Prozesse zugänglich. Die in den lokalen Arbeitsplätzen vorhandene Rechenleistung, die von den auf diesem Rechner ablaufenden Anwendungen nicht genutzt wird, kann nicht auf andere Anwendungen im Netz verteilt werden. Die Struktur verteilter Systeme macht es vom Grundsatz möglich, die Prozessoren und Massenspeicher aller angeschlossenen Systeme mit Hilfe einer speziellen Softwarearchitektur für alle im System laufenden Prozesse zugänglich zu machen.

🖫 Verteilte Systeme machen die insgesamt vorhandene Prozeßrechen- oder Speicherleistung in Form eines Pools allen im System ablaufenden Applikationen verfügbar.

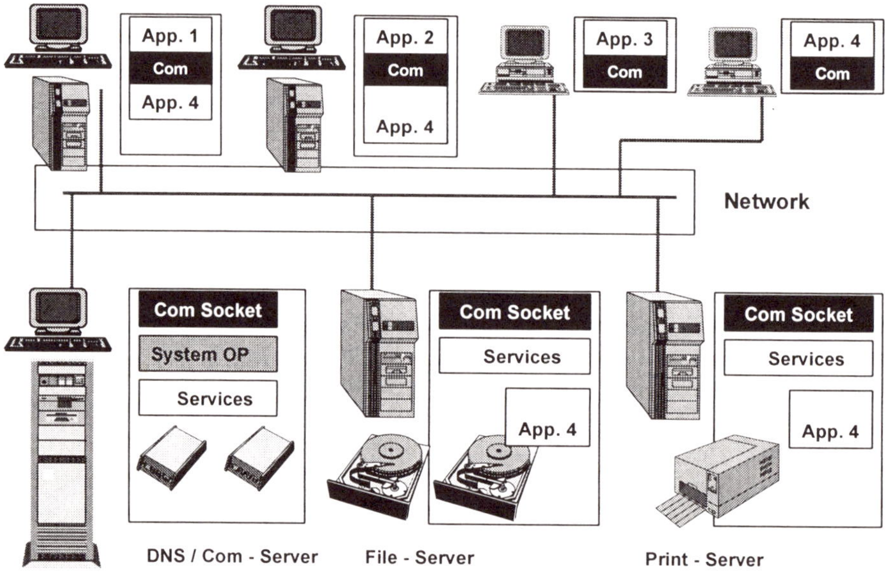

Abbildung 7.4 Die Idee verteilter Systeme

Die Abbildung 7.4 verdeutlicht schematisch, daß Prozesse des PC Nummer 4 auch auf die ungenutzten Ressourcen zweier Server und jene der beiden Workstations zurückgreifen. Selbstverständlich gibt es Dienste, die nicht in Form eines Pools verwaltet werden können oder aber tatsächlich den Einsatz eines spezialisierten Systems erforderlich machen. Eine realistische Architektur wird daher in einem verteilten System eine Kombination von Arbeitsplätzen, Workstations mit und ohne Poolbildung, sowie normalen Prozeßrechen- und Fileservern aufweisen. Damit bietet die verteilte Architektur die ultimative Flexibilität hinsichtlich des Einsatzes von Rechnern gemäß ihrem optimalen Nutzungsgrad. In einem verteilten System finden auch Speichervorgänge dezentral auf unterschiedlichen Maschinen statt, um Netzsegmente und einzelne Speichermedien möglichst optimal und gleichmäßig auszulasten und so schnelle Speicher- und Zugriffszeiten zu erzielen.

🖫 Verteilte Systeme erlauben eine flexible Vernetzung von PC - Clients, Hochleistungsworkstations und Serversystemen zu einem modularen und leicht skalierbaren System gemäß optimaler Lastverteilung.

7.1.2 Dienste und Datenverkehr in einem LAN

7.1.2.1 Informations- und Kommunikationstechnik im Vergleich

Das Anforderungsprofil für Computernetze unterscheidet sich nachhaltig von den Zielsetzungen der klassischen Kommunikationstechnik. Während in der Kommunikationstechnik kontinuierlicher Signaltransport zwischen Kommunikationspartnern erforderlich ist, steht bei der Datenvernetzung der Austausch kleiner Datenpakete eines Terminals mit dem Host, später zunehmend die wenig zeitkritische Übermittlung digitaler Dokumente in Form von Files im Vordergrund. Eine Verzögerung oder Pause von wenigen Zehntel Sekunden macht sich beim Telefonieren bereits störend bemerkbar, spielt aber keine Rolle, wenn ein elektronisches Dokument auf einem für alle zugänglichen Speicherplatz im Server abgelegt wird. Den Datenverkehr mit seinen kurzzeitigen Lastspitzen für die Übertragung elektronischer Dokumente nennt man „bursty traffic", die Übermittlung kontinuierlicher Datenströme für digitale Sprache oder Bewegtbilder trägt die Bezeichnung "streaming media".

🖫 Datenverkehr zwischen Computern heißt seiner impulshaften Lastspitzen wegen "Bursty Traffic", Video- und Tondaten bezeichnet man hingegen aufgrund ihres kontinuierlichen Datenstroms als "Streaming Media"

Der Datenverkehr zwischen vernetzten Computern unterscheidet sich erheblich von Ton- oder Videosignalen. Letztere benötigen kontinuierlich gleichbleibende Bandbreite und eine konstante Laufzeit der Daten von Sender zu Empfänger für die komplette Dauer der Verbindung. Die Dateninhalte selbst unterliegen dabei keinem besonders aufwendigen Schutzmechanismus gegenüber Datenfehlern, da sich Datenfehler bei der Bild- und Tonwahrnehmung weniger stark auswirken als Datenpausen. Selbst ein einzelnes fehlerhaftes Bit eines langen Programmfiles führt zu unvorhersehbaren Systemfehlern, wenn das Programm zur Ausführung kommt. Für die Übermittlung eines solchen Files ist es aber unbedeutend, ob der Transfer der Daten kontinuierlich abläuft oder stoßweise oder ob unterschiedlich lange Pausen eintreten.

🖫 Dienste des Datennetzes müssen bei Bedarf die vollkommen unverfälschte Datenübermittlung garantieren können, Faktoren, wie stetiger Transport und gleichbleibende Übertragungszeiten sind für den Datenverkehr hingegen weniger wichtig.

Die beiden unterschiedlichen Anforderungsprofile der Kommunikations- und Datentechnik haben eine getrennte geschichtliche Entwicklung der für die Kommunikation und den Datenverkehr genutzten Netzsysteme zur Folge. Erst in jüngster Zeit ist eine zunehmende Integration der beiden Technologien zu beobachten,

7

um Mediendaten, wie Laufbild oder Ton, auch über lokale Computernetze transportieren oder zum Zweck der Vernetzung weit auseinander liegender Computersysteme Strukturen der Telekommunikation nutzen zu können.

🖫 **Im Rahmen konvergierender Technologien entstehen in der nächsten Entwicklungsgeneration vollständig integrierte Telekommunikations- und Datennetze.**

7.1.2.2 Topologie von LAN´s

Während eine hierarchische Vermittlungsstruktur für Versorgung von Millionen Teilnehmern in einem weltumspannenden Telefonnetz unumgänglich ist, stellt sie für die Versorgung weniger Teilnehmer eines räumlich begrenzten Netzes einen unnötigen Verwaltungsaufwand dar. Die für den Leitungsaufbau durch ein zentrales Vermittlungssystem erforderliche Zeitdauer übertrifft bei "Bursty Traffic" in einem LAN die Dauer der daran anschließenden Datenübertragung um ein Vielfaches. Die feste Zuweisung von Leitungen oder Zeitschlitzen, allgemein also die Verteilung der Bandbreite durch zentrale Verwaltungseinheiten, ist für den Datenverkehr zu langsam und zu unflexibel.

🖫 **Die unflexible Bandbreitenzuweisung sowie die Zeitdauer des Verbindungsaufbaus im Vergleich zur Kommunikationsdauer machen zentralisierte Vermittlungseinrichtungen für Datennetze ungeeignet.**

7

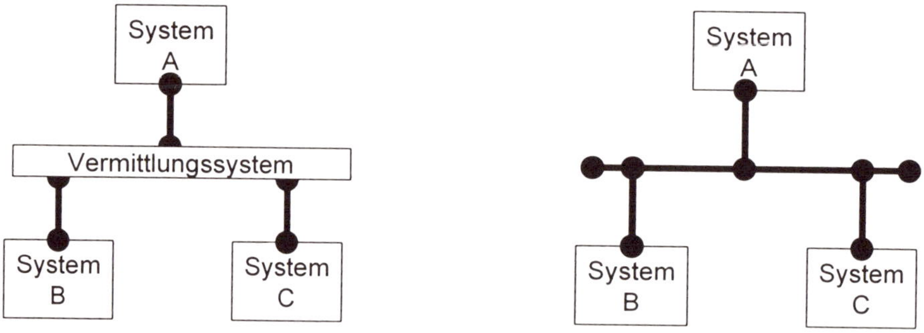

Abbildung 7.5 Netze mit und ohne Vermittlung

Datennetze setzen auf ein gemeinsam genutztes Medium ohne zentrales Ressourcenmanagement. Auf dieser Leitung kursieren, für alle Systeme zugänglich, die Datenpakete aller aktuell laufenden Verbindungen. Der Empfänger entnimmt daraus nur diejenigen, die mit seiner Adresse gekennzeichnet sind. Im Gegensatz dazu bauen Telefonnetze während des Vermittlungsvorgangs mit Circuit Switch für jedes Gespräch eine eigene Leitung auf. Die Daten selbst benötigen keine Adresse mehr, sie bewegen sich entlang einer geschlossenen Pipeline, die nur einen möglichen Weg offenläßt. In LAN´s hingegen, die als gemeinsame Pipeline mit unterschiedlichen Ausgängen für viele zeitgleiche Verbindungen verstanden werden können, erfordert die korrekte Zuweisung der Daten an ihre Empfänger einen "Adreßaufkleber" für jedes Datenpaket. Abbildung 7.5 stellt die beiden Verfahren gegenüber.

LAN´s setzen auf gemeinsam genutzte Leitungen ohne zentrale Verwaltungsinstanz und Vermittlung. Dies erfordert ein eindeutiges Adreßformat und faire Nutzungsregeln (MAC).

Die physikalische Anordnung und Struktur der Komponenten in einem Netz, die sogenannte Topologie, steht in engem Zusammenhang mit dem ausgewählten Vermittlungsverfahren. Abbildung 7.6 stellt die wesentlichen Topologietypen gegenüber. Für Systeme mit zentralen Vermittlungseinrichtungen ergibt sich zwingend die Topologie eines Sterns. Gemeinsam genutzte Leitungen ohne Vermittlungstechnik führen zur Topologie des Bus. Der Ring stellt einen geschlossenen Bus dar, bei dem zwischen benachbarten Stationen nur von diesen allein genutzte Leitungen bestehen. Eine Verbindung zwischen nicht benachbarten Stationen durchläuft aber grundsätzlich alle dazwischen liegenden Stationen, auch wenn die Daten für diese gar nicht bestimmt sind. Damit ist auch der Ring ein gemeinsam genutztes Medium ohne getrennte Vermittlung, die Verbindungen entstehen durch die Entnahme der korrekten Pakete aus dem "öffentlichen" Datenstrom aufgrund ihrer Adresse. Der Baum entsteht durch Weiterentwicklung des Sterns in einer hierarchischen Anordnung, d.h. an einen Stern können wiederum andere Sterne angeschlossen sein.

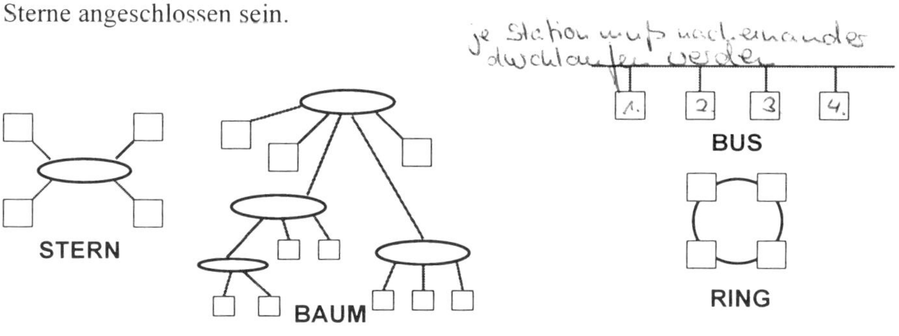

Abbildung 7.6 Beispiele für Topologien

7.1.2.3 Round Robin und Open Contention

Die faire Organisation des Wettbewerbs um die Übertragungsbandbreite auf einem gemeinsamen Medium, um das sich ohne zentrale Verwaltung eine Reihe angeschlossener Stationen bewerben, bezeichnet man als Medium Access Controll oder MAC. Wir unterscheiden dabei Verfahren der sogenannten "Open Contention" von jenen nach "Round Robin". Open Contention bedeutet ungeregelten Zugang und ein festes Verfahren um die dabei unvermeidbaren Kollisionen zwischen gleichzeitigen Zugriffen ohne Datenverlust zu regeln. Round Robin gewährleistet eine vorher festgelegte Reihenfolge, in der hintereinander jeder Übertragungspartner Gelegenheit erhält, seine Daten auf dem gemeinsamen Medium abzusetzen. Round Robin Verfahren werden mit Hilfe des Token Passing realisiert Eine elektronische „Münze“ wandert von einer Station nach Abschluß ihrer Datenübertragung an die Nächste weiter. Jeweils nur die Station im Besitz des Tokens ist berechtigt, das Netz zu nutzen. Abbildung 7.7 verdeutlicht, daß bei Open Contention zu jedem Zeitpunkt entlang des Zeitpfeils jede beliebige Station den Zugriff auf das Netz versuchen kann, während bei Round Robin eine feste Reihenfolge zyklisch wiederkehrend durchlaufen wird und zu jedem Zeitpunkt nur ein Rechner sendeberechtigt ist.

MAC oder Medium Access Control regelt dezentral den fairen Zugang aller Teilnehmer zu einem gemeinsam genutzten Medium ohne übergeordnete Verwaltungsinstanz.

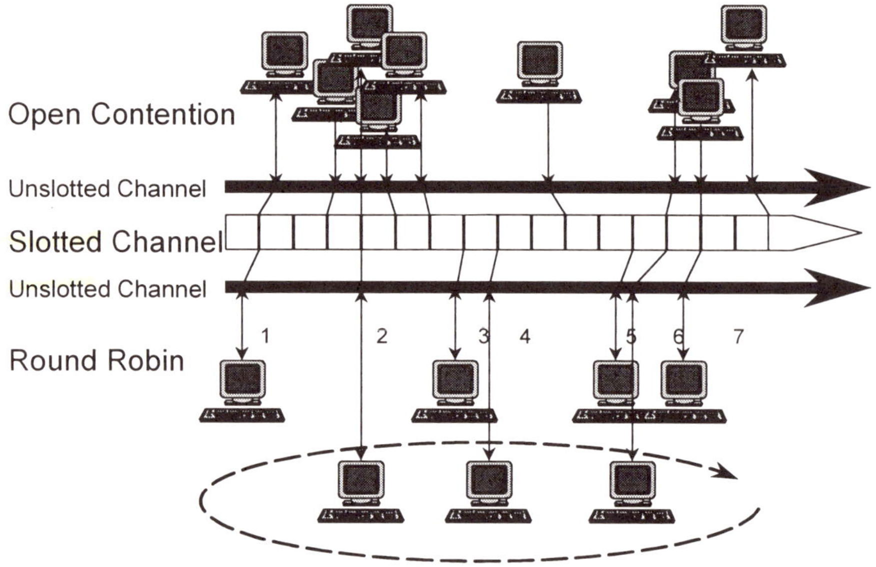

Abbildung 7.7 Dezentrale Verwaltung einer gemeinsamen Leitung

Kann der Zugang zu gemeinsam genutzten Medien frei von jeglicher Taktvorgabe zu beliebigen Zeitpunkten beginnen oder enden, spricht man von einem unslotted Channel, einem Kanal ohne Unterteilung. Die Datenübertragung auf einem solchen Kanal erfolgt zwangsläufig asynchron, die Synchronisation zwischen Sender und Empfänger muß durch geeignete Strukturierung der Datenworte selbst erreicht werden. Solche Architekturen sind einfach aufzubauen, führen jedoch im Fall von Open Contention zwangsläufig zu einer extrem großen Zahl von Kollisionen. Besonders bei Open Contention lassen sich deutliche Effizienzverbesserungen durch die Einführung einer fest vorgegebenen Zeitstruktur erreichen. Innerhalb eines solchen Rasters kann ein einmal erfolgreich in den Besitz gelangter Übertragungspartner diesen Kanal tatsächlich bis zum Ende der Blocklänge ungestört nutzen, da sich erst dort wieder andere um den Kanal bewerben dürfen. Die Datenübertragung in einem solchen System erfolgt synchron, da alle angeschlossenen Systeme auf einen gemeinsamen Mastertakt als Slave folgen.

Ein gemeinsames Medium ohne Taktraster heißt "unslotted Channel", Zugangsbewerbungen sind jederzeit möglich, das System ist asynchron, die Wahrscheinlichkeit von Kollisionen ist hoch im Vergleich zum getakteten "slotted Channel" mit synchroner Datenübertragung.

7.1.2.4 Dienste im LAN - der Data Link Layer

Die von einem LAN der Anwendung auf höheren Ebenen im Schichtenmodell angebotenen Dienste sind in einer Schicht direkt oberhalb des Physical Layer, im sogenannten Data Link Layer angesiedelt. Der Data Link Layer bietet Dienste für den reinen Transport von Datenpaketen an einen spezifizierten Adressaten, Dienste für die Sicherstellung der korrekten Übermittlung von Daten und Dienste für die Synchronisation der Arbeitsgeschwindigkeit von Sender und Empfänger. Um diese Dienste sauber abzuwickeln, kontrolliert er auch die Verteilung der Nutzungsrechte zwischen den Stationen am Netz und liefert ein eindeutiges Adreßschema für alle Stationen.

Die Dienste des Netzes sind in einem LAN im Data Link Layer oder DLL des Schichtenmodells direkt oberhalb der physikalischen Basis zusammengefaßt.

Selbst ein noch so ausgefeiltes Datenübertragungssystem ist gegen den Verlust oder die Störung einzelner Ausschnitte des Datenstroms nicht gefeit. Aus diesem Grund muß eine garantiert einwandfreie Übertragung als Dienst des DLL einen Mechanismus zur Fehlerkorrektur enthalten. Solche Korrekturmechanismen berechnen vor dem Versand aus dem zur Übertragung anstehenden Datenstrom Kontrollworte. Eine Vergleichsrechnung auf der Empfängerseite offenbart eventuelle Fehler im Datenwort und kann zumindest geringfügige Störungen sogar nach dem Empfang korrigieren. Schlimmstenfalls fordert der Empfänger den betroffenen Datenausschnitt zur erneuten Übertragung durch den Sender an. Zusätzlich eingefügte Daten zur Fehlerkorrektur, sowie eine permanent erfolgte Rückmeldung zwischen Sender und Empfänger über die Qualität der empfangenen Daten stellen einen deutlichen Protokolloverhead für die Übertragungsstrecke dar und beeinflussen die Kapazität des Netzes negativ. Aus diesem Grund ist je nach Anwendung zu prüfen, ob ein verläßlicher Dienst überhaupt benötigt wird.

Fehlerfreie Übermittlung (Reliable Service) setzt voraus, daß Fehler beim Empfänger entdeckt und fehlerhafte Daten erneut vom Sender angefordert werden, was erheblichen Overhead verursacht. Der DLL bietet deshalb auch unzuverlässige (best-try) Dienste an.

Dienste unterschiedlicher Qualität auf einem Netzwerklayer machen Verhandlungen über die Qualität des zwischen den Kommunikationspartnern gewünschten Dienstes nötig. So beruht ein zuverlässiger Dienst auf der Fähigkeit des Empfängers, das Fehlen eigentlich versandter Datenpakete mittels geeigneter Mechanismen zu entdecken. Ist der Empfänger aber vor dem Absenden der ersten Datenpakete nicht über die Absicht des Datenversands informiert worden, bleibt der Verlust der Datenpakete unbemerkt. Aus diesem Grund verständigen sich die beiden Kommunikationspartner zuerst über das ausgewählte Übertragungsverfahren. Datenkommunikation, die vor der Datenübermittlung den Aufbau einer logischen Verbindung durch Verhandlungen zwischen den beteiligten Systemkomponenten erfordert, nennen wir "verbindungsorientiert" oder "connection-oriented" (abgekürzt CONS für con. or. Network Services). Sie stehen im Gegensatz zu "verbindungslosen" Verfahren, die Daten ohne vorbereitende Vereinbarungen jederzeit auf den Weg bringen können. Letztere sind grundsätzlich "Best-Try" und geben keinerlei Garantie, daß die Daten den Empfänger unversehrt erreichen. Die Protokolle oberhalb der physikalischen Ebene stellen daher für verbindungsorientierte Dienste auch Funktionen zum Zweck des Verbindungsauf- und Abbaus zur Verfügung.

7

Dienste, die vor der Datenübermittlung eine "Anmeldung" der gewünschten Verbindung beim Netz erfordern, nennen wir "verbindungsorientiert" oder "connection oriented Network Services", kurz CONS.

7.1.2.5 Flow Control

Wie beschrieben können Daten auf physikalischer Ebene synchron oder asynchron übertragen werden. Während bei synchroner Übermittlung Überlasten beim Empfänger durch zu schnelle Einspeisung auf der Senderseite ausgeschlossen sind, kann es im Falle der asynchronen Verbindungen zu einer für den Empfänger zu kurzen Folge eintreffender Datenworte kommen. Da der Sender nicht darauf zählen kann, daß der Empfänger immer die von ihm eingeschlagene Geschwindigkeit halten kann, muß auch der Empfänger rückwärts über Einflußmöglichkeiten auf die Geschwindigkeit des Senders verfügen. Die Abstimmung der Wortrate zwischen Sender und Empfänger nennen wir Flow Control. Flow Control synchronisiert Prozesse auch auf höheren als der rein physikalischen Ebene.

Die Möglichkeit des Empfängers, "gegen" die Übertragungsrichtung auf die Geschwindigkeit des Paketversands beim Sender

Einfluß zu nehmen und damit Prozesse auch oberhalb der physikalischen Ebenen zu synchronisieren, heißt Flow Control.

Die Basis für Flow Control ist ein send-receive-acknowledge Mechanismus, bei dem der Empfänger den einwandfreien Empfang von Daten in Form eines an den Sender zurückgesandten Zeichens bestätigt, in seiner einfachsten Form als "stop and wait" - Protokoll: Der Sender fällt nach Versand jedes Datenabschnittes solange in einen Ruhezustand, bis die Empfangsbestätigung des zuletzt versandten Datenpaketes eintrifft. Fehlt die Bestätigung, sind die Daten oder aber die Rückbestätigung selbst entweder fehlerhaft angekommen oder auf dem Weg verloren gegangen. Der Sender wartet daher für eine festgelegte Zeitdauer (time out) auf die Bestätigung, bevor er das zuletzt versandte Datenpaket erneut verschickt und wieder auf eine Bestätigung wartet. Das "stop and wait" - Protokoll garantiert außerdem, daß die Datenpakete in der richtigen Reihenfolge beim Empfänger ankommen und daß jener nicht zu schnell mit Daten überströmt wird.

Die Flow Control zwischen Sender und Empfänger basiert auf der an den Sender rückübermittelten Bestätigung des korrekten Datenempfangs (Acknowledge). Das "stop and wait" - Verfahren wartet vor Versand eines jeden Pakts auf die Bestätigung der korrekten Übertragung des vorhergehenden.

Im Falle des "Sliding Window" - Protokolls können sich gleichzeitig mehrere noch unbestätigte Pakete auf dem Weg zwischen Sender und Empfänger befinden. Alle Datenpakete werden vom Sender numeriert. Der Sender unterhält eine Liste oder ein „Fenster" bereits versandter, aber noch nicht bestätigter Daten. Diese Liste an "offenen" Daten darf eine feste Größe nicht überschreiten. Umgekehrt hält der Empfänger ein Fenster von Paketnummern im Speicher, deren Entgegennahme ihm auch dann erlaubt ist, wenn zwischenzeitlich fehlerhafte Daten eingetroffen sind. Auf Senderseite muß mit dem Versand eines neuen Datenpaketes nicht gewartet werden, bis der Empfang des vorhergehenden quittiert worden ist. Das Fenster auf Empfängerseite garantiert, daß nicht Daten vom Empfang ausgeschlossen werden, nur weil sie außerhalb der ursprünglichen Versandreihenfolge oder im Anschluß an ein fehlerhaftes Paket eintreffen. Die Synchronisation zwischen Sender und Empfänger beruht darauf, daß das Sendefenster nur so schnell gefüllt werden kann, wie Daten durch eintreffende Quittungen aus ihm entfernt werden.

Das Sliding Window Protokoll hält auf Sender- und Empfängerseite ein Fenster für bereits versandte und noch unbestätigte bzw. zum Empfang vorgesehene Daten bereit.

7.1.3 IEEE 802.3 bis 802.5 - die Basisfamilie

7.1.3.1 Die Idee von 802.X

Der IEEE Standard 802.X (ISO 8802.X) faßt vertikal den Physical Layer und den Data Link Layer als logische Einheit für die lokale Netzfunktionalität zusammen. Er erlaubt unterschiedliche physikalische Netze unterhalb einer einheitlichen Schnittstelle des Data Link Layer nach oben, aus Sicht der dritten Schichtebene, des Network Layer, sehen also alle 802.X Netze gleich aus. Damit können höhere Protokolle unabhängig von der innerhalb eines Segmentes realisierten physikalischen Vernetzung eingesetzt werden. Die Medium Access Control der unterschiedlichen 802.X Netze ist eng mit der physikalischen Architektur dieser Netze verbunden, liegt aber der Logik des Schichtenmodells nach in Layer 2, dem Data Link Layer. Die Schnittstelle zwischen den einheitlichen Diensten nach oben und den unterschiedlichen Netztypen liegt bei 802.X daher in der Mitte von Schicht 2, weshalb man auch gerne vom MAC- und Logical Link Control (LLC) - Sublayer innerhalb des Data Link Layer spricht.

🖫 Netze nach 802.X unterscheiden sich in der physikalischen Realisierung und der Medium Access Control des Data Link Layer (Layer 2), sind aber aus Sicht des Network Layer (Layer 3) identisch.

7

Die Adresse der Teilnehmer folgt bei 802 einem einheitlichen Format, das maximal 48 Bit für die Angabe einer Zieladresse zur Verfügung stellt. Neben der gezielten Adressierung eines einzelnen Empfängers ist es möglich, Empfänger gruppenweise (sogenanntes Multicast) oder alle Empfänger im Netz (Broadcast) zugleich anzusprechen. Desweiteren unterscheidet man zwischen lokalen und globalen Adressen, von denen erstere außerhalb eines geschlossenen Netzes keine Bedeutung haben. Sie werden lokal durch den Netzwerkadministrator vergeben. Globale Adressen sind durch die Standardisierung der IEEE festgelegt, es lassen sich weltweit mehr als 10^{13} Adressen realisieren, so daß jeder weltweit gelieferte Netzwerkadapter nach IEEE 802 eine einmalige, bei der Herstellung der Hardware aufgeprägte globale Adresse besitzt.

🖫 Die global einheitlich geregelte Adresse im IEEE 802 ist für jeden Netzwerkadapter, der weltweit im Einsatz ist, eindeutig festgelegt.

Während die Adresse für alle Netze innerhalb der Familie 802.X gleich geregelt ist, unterscheiden sich die Einzelheiten der Datenströme aufgrund der verschiedenen Topologien deutlich voneinander. Nach oben hin aber präsentiert sich der LLC Sublayer einheitlich und bietet neben einem LLC1 Dienst für unzuverlässige Datenübermittlung oder "Best-Try" auch einen verbindungsorientierten Dienst

LLC2 mit sicherer Übermittlung an. Die meisten LAN Systeme greifen aber auf LLC1 zurück, da die höheren Protokollebenen der auf dem DLL aufbauenden Anwendungen selbst die Daten auf Fehler untersuchen und im Schadensfall durch einen Aufruf an den DLL nochmals vom Sender anfordern.

Der Data Link Layer in 802.X bietet einen zuverlässigen und einen "Best-Try Dienst (LLC1, LLC2) an. Meist wird der unzuverlässige LLC1 gewählt, da höhere Ebenen des Schichtenmodells der Anwendung meist selbst die Datenprüfung vornehmen.

7.1.3.2 Ethernet 802.3

Ethernet bezieht seinen Namen aus einem drahtlosen (Äther) Netz von Rechnern auf Hawaii. Ein von Xerox um 1976 auf dieser Basis entwickeltes kabelgestütztes System mit open contention erwies sich als so erfolgreich, daß es von Xerox zusammen mit DEC und INTEL als Vorschlag eines Netzwerkstandards mit 10 Megabit/sec eingereicht und von der IEEE übernommen wurde. Ethernet hat eine Bustopologie und nutzt einen durchdachten Mechanismus für die Zugangsregelung zum gemeinsamen Medium. Bei Open Contention kann jede Sendestation zu beliebigen Zeitpunkten einen Zugriff auf das Medium versuchen. Durch Abhören des Mediums werden die beim Sendeversuch verschickten mit den tatsächlich auf dem Medium laufenden Daten verglichen. Unterscheiden sind versandte und mitgehörte Daten, so schließt der Sender auf eine Kollision und wiederholt den Übertragungsversuch. Ethernet verringert die Anzahl der Kollisionen, indem jede Station vor dem Absetzen eines Datenpakets prüft, ob sich nicht bereits Daten auf dem gemeinsamen Medium befinden (Carrier Sensing). Kollisionen treten nur noch auf, wenn zwei Stationen zum gleichen Zeitpunkt ein freies Medium festgestellt haben und zugleich ihre Daten abzusenden versuchen. Tritt eine Kollision auf, so warten beide Stationen eine Zeitspanne zufälliger Länge ab, bevor sie die Datenübertragung erneut versuchen. Diesen Zugangsalgorithmus bezeichnet man als „Carrier Sense Multiple Access / Collision Detection“ oder CSMA/CD. Wie bei allen Open Contention Modellen, nimmt der insgesamt mögliche Datendurchsatz mit der Anzahl der gleichzeitig sendebereiten Stationen ab, da bei umfangreichem Datenverkehr ein großer Anteil der Bandbreite für kollidierte und damit vergeblich versandte Pakete verloren geht.

Carrier Sense Multiple Access / Collision Detection

Das MAC Verfahren im Ethernet heißt CSMA / CD und versucht Kollisionen zu vermeiden, indem vor Versand eines Datenpakets eine eventuelle Belegung das gemeinsamen Übertragungsmediums geprüft wird.

Ethernet oder 802.3 ist ein sogenanntes Basebandverfahren, d.h. die komplette Bandbreite aller Frequenzen auf dem Übertragungsmedium (in diesem Falle Kabel) wird von der jeweils im Sendebetrieb befindlichen Station ausgefüllt. Die

Übertragung der Pakete erfolgt asynchron, aus diesem Grunde wird jedem Datenpaket eine 10 MHz Rechteckschwingung vorangestellt, mit deren Hilfe sich der Empfänger für das nächste Datenpaket synchronisieren kann. Wegen des Collision Detection Mechanismus ist es erforderlich, eine gewisse minimale Länge für Datenpakete einzuhalten, die mit der Größe der physikalischen Ausdehnung des Netzes wächst.

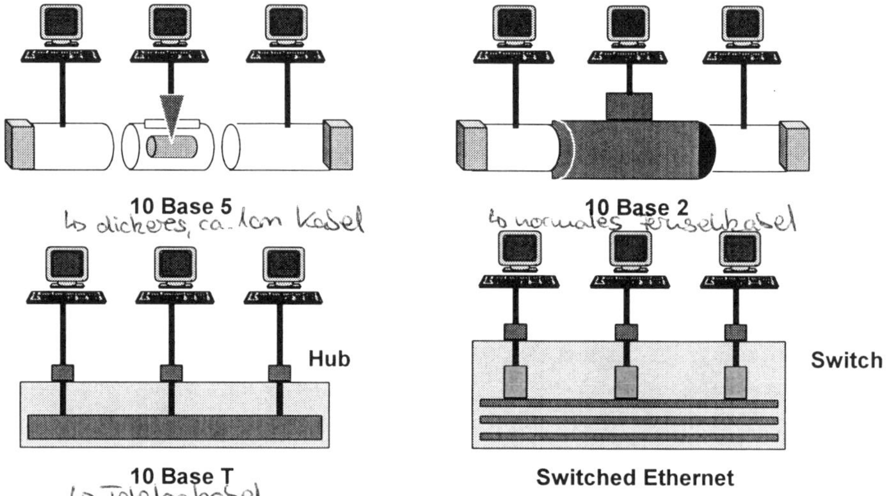

Abbildung 7.8 Verkabelungsverfahren für Ethernet

7

Die ursprüngliche Kabelform für Ethernet ist das „Thick Ethernet", ein dickes, wenig biegsames und umständlich zu verlegendes Kabel, an das die Stationen mit Hilfe einer mechanischen Vampirklemme angeschlossen werden. Man schraubt an solchen Klemmen vorsichtig einen Metallsporn in das dicke Coaxialkabel, der durch die Isolierung und die Abschirmung hindurch den Kontakt mit dem innen liegenden Leiter herstellt. Stationen lassen sich so ohne großen Umstand während des Betriebes hinzufügen, sind allerdings nachher schlecht an andere Stelle zu verschieben. Die maximale Ausdehnung bis 500 Meter und die Übertragungsbandbreite von 10 Mbit/sec findet sich in der Bezeichnung 10 Base 5. 802.3 erlaubt die Verkabelung mit dünnerem Coaxialkabel bei einer Ausdehnung bis zu maximal 200 Metern unter der Bezeichnung 10 Base 2. Die Verkabelung erfolgt dabei entweder über spezielle Anschlußdosen oder über T-Stücke, die mit in den Kabelbus eingesetzt werden. Das Entfernen eines einzelnen T-Stücks führt aber zum Zusammenbruch des kompletten Netzwerks. Bei 10 Base 5 wie bei 10 Base 2 ist in jedem Fall auf einen entsprechenden Abschlußwiderstand an den Enden der Kabel zu achten, um Reflektionen von Datenpaketen auszuschließen.

10 Base 2 und 10 Base 5 für Ethernet sind Coaxialkabel unterschiedlicher Dicke mit einer Ausdehnung von maximal 200 bzw. 500 Metern.

In allen Bürogebäuden befinden sich auf Vorrat verlegte Twisted Pair Kabel. Sie liefern eine sofort vorhandene Basis für die heute übliche Verkabelung von Ethernet. Diese Kabel laufen meistens sternförmig in einem Etagenverteiler für das Telefonsystem zusammen. Die sternförmige Anschlußform hat den Vorteil, Stationen ohne Unterbrechung des Betriebs hinzufügen oder entfernen zu können und bei Ausfall einer Kabelverbindung oder eines Steckers nicht den Zusammenbruch des kompletten Netzwerks zu riskieren. Auch wenn die Verkabelung selbst sternförmig erfolgt, bleibt das System auch bei Twisted Pair, dem sogenannten 10 Base T, eine Bustopologie. Zu diesem Zweck werden alle Kabel in einem zentralen Anschlußkasten, dem sogenannten Hub, auf einem gemeinsamen Verbindungsstück zusammengeführt. 10 Base T belegt zwei Kabelpaare eines UTP 3 Kabels, von denen je eines für den Hin- das andere für den Rückweg genutzt wird. Die Verkabelungsverfahren für Ethernet zeigt die Abbildung 7.8.

Das oft vorhandene Twisted Pair der Telefonsysteme wird bei 10 Base T für die sternförmige Anschlußform des Ethernet an einen gemeinsamen Busverbinder, den sogenannten Hub, eingesetzt.

7.1.3.3 Das Token Bus System 802.4

Der als 802.4 standardisierte Token Bus unterscheidet sich hinsichtlich des physikalischen Aufbaus und der Medium Access Controll vollkommen von Ethernet. Für Aufgaben, bei denen Reaktionszeit eine wichtige Rolle spielt, so zum Beispiel die Steuerung von Industrierobotern, scheidet Ethernet aufgrund seiner fehlenden Priorisierung und des bei hoher Last chaotischen Datenverkehrs aus. Token Bus nutzt die Bustopologie, alle angeschlossenen Stationen erhalten mit Hilfe eines Round Robin Verfahrens Zugriff auf das Medium. Im Gegensatz zu Ethernet, das einfach in Betrieb genommen werden kann, muß Token Bus über einen Initialisierungsmechanismus verfügen, um den ersten Token zu generieren, der dann an die in einer festen Liste verwalteten Stationen in der Reihenfolge ihres Eintrags vergeben wird. Die physikalische Reihenfolge der Stationen auf dem Kabel spielt dabei keine Rolle. Der Token wird von Station zu Station weitergereicht, neu hinzugefügte Stationen müssen sich vor der ersten Datenkommunikation erst in die Tokenliste eintragen.

Das Round Robin Verfahren von 802.4 oder Token Bus setzt einen Initialisierungsmechanismus voraus, neu hinzugefügte oder entfernte Stationen müssen dem Tokenverfahren hinzugefügt bzw. entnommen werden.

Nur die Station im Besitz des Token darf das gemeinsame Medium nutzen. Besteht bei der betreffenden Station kein Bedarf, gibt sie den Token ohne Datenübertragung an die nächste Station in der Tokenliste weiter. Ansonsten darf der Halter des Tokens für eine gewisse festgelegte Zeit Daten in den Bus einspeisen.

Danach muß die Übertragung abgebrochen und der nächste Token abgewartet werden. Token Bus verfügt über ein Priorisierungssystem, mit dessen Hilfe Daten unterschiedlicher Wichtigkeit bevorzugt behandelt werden können. Zu diesem Zweck wird der an jeder Station zur Übertragung anstehende Datenverkehr intern in eine von vier Prioritätsklassen eingeteilt, die als 0,2,4,6 bezeichnet werden. Hat die Station den Token erhalten, übermittelt sie zuerst die unter Priorität sechs anstehenden Daten. Dabei wird die Übertragungsdauer durch einen speziellen Timer begrenzt, der über die Umlaufzeit des Tokens auf die Gesamtlast des Netzes schließt. Steht im Anschluß an die Daten der Priorität 6 innerhalb der insgesamt zugewiesenen Tokenzeit noch Raum zur Verfügung, kommen Daten der Priorität 4 an die Reihe und so fort. Auf diese Art und Weise ist garantiert, daß Daten auf der Prioritätsebene sechs in jedem Falle mit der durch die Mindestdauer der Tokenzuweisung festgelegten Bandbreite übertragen werden können.

Daten auf der höchsten Priorisierungsstufe des Token Bus werden in jedem Fall mit einer gewissen Mindestbandbreite übertragen. Diese Garantie ist mit Ethernet nicht möglich.

Token Bus ist ein Broadbandverfahren auf 75 Ohm Basis, was die Verwendung von Standardkomponenten aus der Fernsehtechnik erlaubt. Für den Datenverkehr werden, je nach dessen Richtung entlang des Kabels, zwei verschiedene Frequenzen benutzt. Alternativ kann man für den Datenverkehr auch zwei getrennte Kabel verwenden. Insgesamt ist der physikalische Aufbau sehr viel komplexer ausgeführt als und vollkommen inkompatibel mit Ethernet. Nicht zuletzt deshalb hat der Token Bus außerhalb der Industriesteuerung wenig Bedeutung erlangt.

Der komplexe physikalische Aufbau des Token Bus Übertragungssystems hat zu einer geringen Popularität außerhalb der Industriesteuerung geführt.

7.1.3.4 Token Ring 802.5

Der im Token Bus System nur logisch vorhandene Ring einer Reihenfolge von Stationen ist beim Token Ring auch physikalisch realisiert. In Wirklichkeit besteht die Ringtopologie aus einer Reihe von untereinander über Punkt-zu-Punkt Verbindungen verknüpften Anschlußeinheiten. Dies ist auf physikalischer Ebene einfacher zu realisieren als der problembehaftete Bus. Als Verbindungsmedium kommt fast jede verfügbare Technik vom Koaxialkabel bis zum Lichtwellenleiter in Frage. Token Ring nach 802.5 basiert auf einer Basebandübertragung mit Koaxialkabel. Wie bei Token Bus erfordert das Hinzufügen oder Entfernen von Stationen einen umfangreichen Initialisierungsmechanismus. Zudem kann der Ausfall einer einzigen Kabelverbindung oder eines einzigen Anschlußsystems zum Zusammenbruch des komplettem Rings führen. Aus Gründen der zentralen Wartung des Ringes hat sich als Topologie der sogenannte sternförmige Ring bewährt.

⊖ sehr fehleranfällig: fällt ein Listen aus, ist gesamt Strom unterbrochen

Im Gegensatz zur ringförmigen Kabelführung durch die verteilten Standorte der Rechner werden dabei die Anschlußwege zu allen Systemen an einem zentralen Punkt zusammmengefaßt. Intelligente Anschlußsysteme sorgen dafür, daß im Falle eines Stromausfalls die Ringverbindung nicht gestört und durch einen elektromagnetischen Schalter überbrückt wird.

Der Token Ring ist eine ringförmige Anordnung von Anschlußsystemen, die untereinander mit Punkt zu Punkt Verbindungen verknüpft sind. Schäden auf dieser Ringstruktur bringen das Netzsystem sofort zum Erliegen.

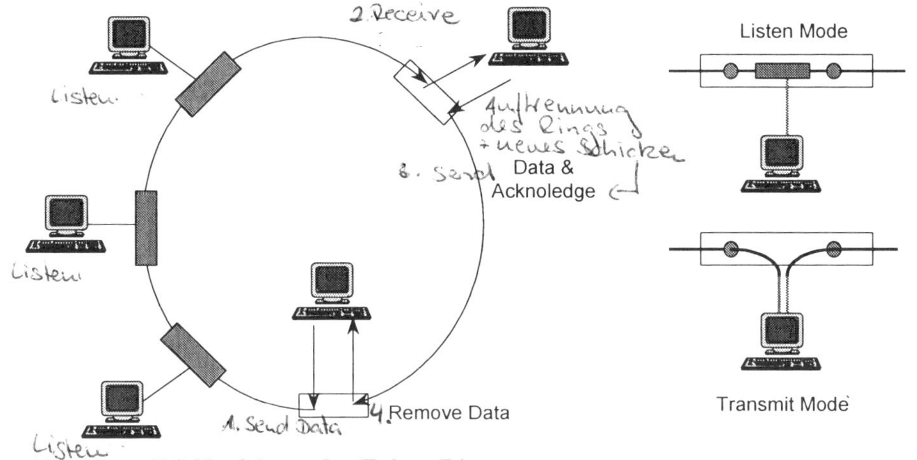

Abbildung 7.9 Verfahren des Token Ring

Der im Ring umlaufende Token wird von Anschlußbox zu Anschlußbox weitergereicht, bis er von einer Station in Anspruch genommen wird. Die Anschlußboxen befinden sich dabei im sogenannten „Listen Mode" bei dem nur das Passieren des Tokens überprüft wird. Sobald eine Station in den Sendebetrieb übergeht, trennt sie in der Anschlußbox die physikalische Verbindung des Rings auf, leitet die Daten durch die eigene Station hindurch und ist so in der Lage, den immer in der gleichen Richtung betriebenen Ring auf dem abgehenden Segment mit Daten zu beschicken und auf dem ankommenden Segment Daten zu empfangen. Die empfangende Station, die im Listen Mode feststellt, daß ein für sie bestimmtes Datenpaket auf dem Ring vorhanden ist, kann die Daten auf dem ankommenden Segment ins System einbinden, und sie, mit einem "acknowledge" (Bestätigung des Empfangs) auf dem abgehenden Segment zurück zum Sender schicken. Das Datenpaket wird nach vollständiger und bestätigter Rückankunft beim Sender von diesem aus dem Ring entfernt. Nach Abschluß der Übertragung wird ein neuer Token generiert und die Verbindung des Rings geschlossen.

Zur Übertragung zwischen Stationen wird der Ring an den beiden betroffenen Anschlußboxen unterbrochen, zu jedem Zeitpunkt befindet sich nur ein Datenpaket in der Ringstruktur, das vom Empfänger bestätigt und nach Rückkehr zum Sender von diesem aus dem Ringverkehr entfernt wird.

Der 3 Byte lange Token rotiert solange, bis eine Station ihn in Anspruch nimmt. Dazu wird der Ring aufgebrochen und für die Dauer der "Token Holding Time", die im Regelfall 10 Millisekunden beträgt, für die Übertragung der Daten benutzt. Auch Token Ring verfügt über einen Prioritätsmechanismus, wozu der Token und die zur Übertragung anstehenden Daten eine von acht Priorisierungsstufen einnehmen können. Eine Station, die den Token erhält, darf die Übertragungszeit nur dann benutzen, wenn ihr zur Übertragung anstehender Datenverkehr eine höhere Priorität aufweist als die des Tokens. Umgekehrt kann eine Station versuchen, den nächsten erzeugten Token für sich zu reservieren. Zu diesem Zweck trägt die Station in ein spezielles Byte des Tokens die gewünschte Prioritätsstufe ein, allerdings nur, falls diese höher ist als die der womöglich von einer anderen Station eingetragenen Reservierung. Der nächste Token wird mit der im Reservierungsbyte angegebenen Priorität erzeugt. Dieser Mechanismus führt zu einer permanenten Steigerung der Priorität des Tokens und des Datenverkehrs. Ein komplexes Verfahren sorgt dafür, daß die Priorität des Tokens wieder auf den niedrigsten Wert zurückgesetzt werden kann.

Das Token Ring System verfügt über eine komplexe Priorisierung über eine vorab abgegebene Reservierung für Bandbreite iim nächsten.

Das Token Ring System wurde zeitweise insbesondere von IBM stark favorisiert, wobei gegenüber der ursprünglich standardisierten Bandbreite von vier Mbit/sec eine Datenübertragungsrate von 16 Mbit/sec eingesetzt wurde. Insbesondere bei einer hohen Belastung des Netzes mit Datenverkehr ist die Effizienz der ausgenutzten Bandbreite bei Token Bus und Token Ring gegenüber Ethernet deutlich besser. Mit ansteigender Belastung kann die ausgenutzte Datenbandbreite insgesamt nahezu 100 % erreichen.

7.2 Highspeed LAN´s und strukturierte LAN´S

7.2.1 Backbones und moderne LAN´s

7.2.1.1 Switched Ethernet

Der Hub in einem Ethernet nach 10 Base T verfügt über keinerlei Intelligenz. Alle von einer Leitung ankommenden Signale werden auf allen anderen Leitungen wieder ausgegeben, es entsteht ein logischer Bus, in dem alle angeschlossenen

„Switched" ermöglicht Struktur des Bus aufzuheben; soll von A nach C gesendet werden, wird so umgeschaltet, dass B nicht „angemailt" werden muss

Stationen gleichzeitig um Bandbreite ringen. Die Hubs an den zentralen Knotenpunkten der Baumtopologie werden bei intensivem Datenaustausch zwischen einer wachsenden Zahl von Netzteilnehmern durch häufige Kollisionen blockiert, es entsteht eine ineffiziente Netzauslastung. Gestaltet man die Hubs nicht länger als pasiven Bus, sondern als aktives Vermittlungssystem für die ankommenden Leitungen, verbessert sich die Datenverteilung. Derartig modifizierte Hubs verfügen über einen Zwischenpuffer an jedem Eingang der sternförmig ankommenden Kabel sowie eine Liste der Adressen der an den jeweiligen Kabeln angeschlossenen Stationen. Anstatt jedes Datenpaket einfach passiv auf alle Ausgängen zu kopieren, überträgt der modifizierte Hub Pakete nur noch an die Leitung, die zur Zieladresse des Paketes führt. Dies entlastet Netzsegmente von Datenlasten, die gar nicht für sie bestimmt sind. Ist der Hub intern mit mehr als einer Verbindungsleitung zwischen den Anschlüssen ausgestattet, so sind mehrere zeitgleiche und garantiert kollisionsfreie Paketvermittlungen möglich, solange keines der Datenziele in mehr als einer Verbindung auftaucht. Da sich der MAC Mechanismus in diesem Fall nicht mehr als Open Contention bezeichnen läßt und der Hub nun eine Vermittlungsfunktion erfüllt, spricht man von "Switched Ethernet", das entsprechende Zentralsystem bezeichnet man als Switching Hub oder Switch.

Switched Ethernet verfügt über intelligente Hubs, sogenannte Switches, die den Datenverkehr ohne Open Contention zwischen den sternförmig ankommenden Leitungen vermitteln können.

In einer Topologie für Ethernet lassen sich Switches und Hubs beliebig kombinieren. So können beispielsweise mehrere Stationen lokal in einem Hub zusammengefaßt werden, während die Hubs untereinander über einen Switch kommunizieren. Dies ergibt dann eine baumförmige Struktur, von denen innerhalb jedes Segmentes über die Hubs Open Contention verwendet wird, die zentrale Verbindung zwischen den Hubs jedoch über den Switch erfolgt.

7.2.1.2 Fast Ethernet

10x so schnell wie Switched Ethernet

Die wachsenden Anforderungen des Datenverkehrs in großen Netzen sind selbst mit Switched Ethernet nicht zu bewältigen, solange die Datenübertragungsrate auf den Leitungen zu den Switches auf 10 Mbit/sec begrenzt ist. Neben der Entwicklung vollkommen neuer Netze für die Übertragung hoher Datenmengen besteht der Wunsch, vorhandene Ethernetsysteme ohne Austausch der Kabelbasis zu beschleunigen. Die angestrebte Vergrößerung der Datenrate auf 100 MBit/sec steht in engem Zusammenhang mit der Qualität der Verkabelung. Die in den meisten Bürogebäuden vorhandene Telefonverkabelung des Typs UTP 3 kann die erforderliche Grenzfrequenz für 100 MBit Übertragungsrate über ausreichende Kabellängen im Gegensatz zum modernen Kabel vom Typ UTP 5 nicht garantieren. UTP 5 wiederum ist in vielen Gebäuden noch nicht vorhanden. Um sowohl die Kompatibilität mit existierender wie auch mit neuer Verkabelung zu ermöglichen, wurden verschiedene Kabelstandards aufgenommen.

Fast Ethernet basiert auf der Grundstruktur von 802.3 und erlaubt den Einsatz mit entsprechender Hardware aufgerüsteter Stationen über klassische Ethernetkabel mit bis zu 100 MBit/sec.

Im einfachsten Fall kommt klassische Verkabelung in der Qualitätsstufe UTP 3 zum Einsatz. Da diese Kabel die erforderliche Übertragungsbandbreite nicht garantieren, müssen vier Twisted Pair Kabelpaare im Verkehr für eine Station eingesetzt werden. Zwei dieser Kabelpaare sind fest für die Hin- und Rückrichtung zum Anschlußkasten vorgesehen, die beiden weiteren werden entweder in der Hin- oder Rückrichtung umgeschaltet, so daß beim Sende- oder Empfangsverkehr jeweils in einer Richtung volle 100 MBit erreicht werden können. Im Gegensatz dazu kann bei einer Verkabelung mit Qualitätsstufe UTP5 mit nur zwei Kabelpaaren gearbeitet werden, von denen jeweils eines in einer Richtung betrieben wird, wodurch ein Vollduplex 100 MBit System entsteht. Dieses Verfahren bezeichnet man als 100 Base TX. Anstelle von UTP 5 ist auch der Einsatz von Multimode - Glasfaser möglich, was unter 100 Base FX geführt wird.

100 Base T4 verwendet 4 Kabelpaare des klassischen Kabels für 10 Base T vom Typ UTP 3. 100 Base TX arbeitet mit 2 Paaren eines UTP 5 Kabels, 100 Base FX schließlich auf Glasfaser.

7.2.1.3 802.12 oder 100 (Base) VG AnyLan

7

Switched Ethernet erfordert keine Änderungen der Endgeräte, Hubs werden, wo nötig, durch Switches ersetzt. Fast Ethernet benutzt andere Kabel und einen anderen Physical Layer, behält jedoch den MAC Mechanismus nach CSMA/CD bei. Der IEEE Standard 802.12 verwirft auch den MAC Sublayer von 802.3, bleibt aber über den einheitlichen LLC - Layer der Schicht 2 nach oben hin kompatibel. Die für 802.12 nötigen Kabel sind 4-paarige UTP 3, auch als "Voice Grade" oder VG bezeichnet, allerdings sind auch UTP 4 und UTP 5, sowie 2-paarige STP oder Glasfaser spezifiziert. Der Name 100 VG AnyLan drückt die Datenrate von 100 Mbit/sec, den minimal nötigen Kabeltyp und die Offenheit zu allen anderen Netzwerken der 802 - Familie aus.

802.12 setzt auf ein verändertes MAC - Verfahren, ist gegenüber Layer 3 des Schichtenmodells aber konform zu 802.X und liefert 100 Mbit/sec auf Voice Grade (VG) Kabel (UTP 3).

Die MAC zwischen Stationen erfolgt durch eine zentrale Steuerung im Zentrum einer Sterntopologie. Dieses Zentrum nennt man Repeater, was allerdings, wie noch offensichtlich werden wird, zu einer Verwechslung mit Systemkomponenten anderer Aufgabenstellung führen kann. An dieser Stelle verwenden wir deshalb den Begriff "Arbiter". Stationen am Arbiter melden alle Datenübertragungen per "request-signal" an und erhalten das Senderecht nach einem internen Round-

Robin Verfahren vom Arbiter zugesprochen. Nur jeweils eine Station kann das Netz benutzen. Die Übertragungsanmeldung erlaubt zwei Prioritätsstufen, die high priority Übermittlungen bedient der Arbiter zuerst. Arbiter lassen sich baumförmig kaskadieren, die Verteilung der Nutzungsrechte erfolgt dann gemäß der baumförmigen Hierarchie. Damit ist das Netz hinsichtlich der Nutzungsrechte flach, alle Ports sind gleichberechtigt.

7.2.1.4 FDDI (Fiberoptic Distributed Data Interface)

Die wachsenden Anforderungen an den Datenverkehr machen eine Erweiterung der Übertragungsbandbreite gegenüber den klassischen 802.X Netzen erforderlich. FDDI ist ein vollkommen neu entwickeltes Hochleistungsnetzwerk, das sich an die Struktur des Token Ring anlehnt. Auf der physikalischen Ebene werden Multimode Glasfasern verwendet, die insgesamt mögliche Ausdehnung für FDDI Netze kann bis zu 500 angeschlossene Stationen und etwa 100 km Glasfaserkabel betragen. Der FDDI Ring besteht aus zwei parallel laufenden und in unterschiedlicher Richtung betriebenen Teilringen. Diese zweifache Ringstruktur führt zu einer hohen Ausfallsicherheit des Systems. Wird der Doppelring an einer beliebigen Stelle zwischen zwei Anschlußsystemen unterbrochen, so sind diese Anschlußsysteme in der Lage, die beiden Ringe kurzzuschließen und somit auch bei Unterbrechung im Ringsegment einen geschlossenen Datenverkehr zwischen allen Stationen zu ermöglichen.

FDDI basiert auf einem Doppelringmechanismus, der eine extrem hohe Ausfallsicherheit garantiert.

7

Je nach Wichtigkeit des von einer Station abgesetzten Datenverkehrs kann eine Station des FDDI wahlweise an beide oder nur einen der Glasfaserringe angeschlossen werden, man spricht von Dual Attachement und Single Attachement Stations (siehe Abbildung 7.10). SAS benötigt 2 Kabelanschlüsse für die Einbindung in den Ring, DAS entsprechend 4 für zwei Ringe. In der realen Anwendung erfolgt die Verkabelung meist über sogenannte Konzentratoren, also logisch als Ring aber physikalisch als Stern mit dem Konzentrator im Mittelpunkt. Ein Dual Attachement Concentrator bindet Stationen in einer sternförmigen Anordnung an beide Glasfaserringe, der Single Attachement Concentrator liefert den sternförmigen Anschluß mehrerer Rechner an eine der beiden Fasern. Dies macht FDDI zu einem hinsichtlich der Topologie äußerst flexiblen Netz.

Die Topologie von FDDI ist äußerst flexibel und erlaubt die Anbindung einzelner oder sternförmig zusammengefaßter Stationen an einen oder beide Glasfaserringe.

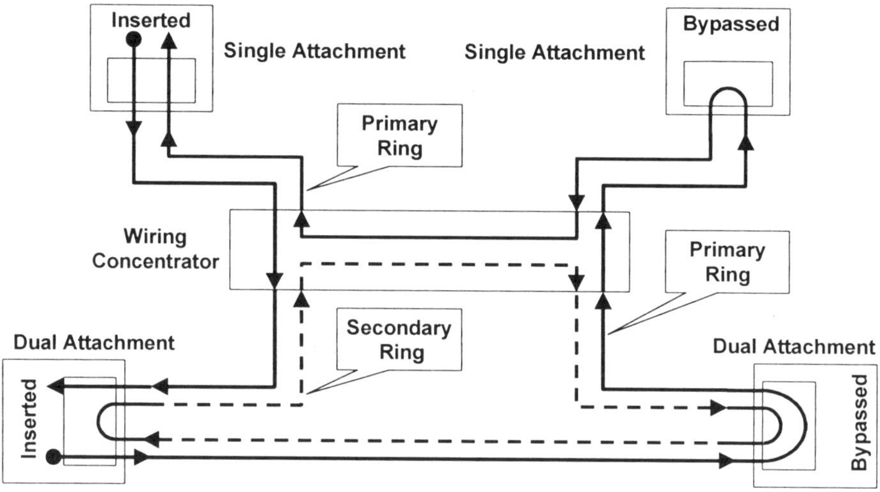

Abbildung 7.10 SAS und DAS an den Ringes eines FDDI - Netzes

Wie bereits erwähnt zeigt FDDI einige Ähnlichkeiten zu Token Ring bzw. Token Bus. Aufgrund der möglichen physikalischen Ausdehnung und der großen Zahl zugelassener Workstations darf sich im Gegensatz zu Token Ring zu jedem Zeitpunkt mehr als nur ein Datenpaket im Ring befinden. Das heißt, daß der Sender nicht abwartet, bis das von ihm abgeschickte Paket über den Ring quittiert komplett bei ihm angekommen ist und entfernt werden kann Nach Abschluß der Datenübertragung wird sofort ein neuer Token für die nächste Station erzeugt. Hat auch die nächste Station im Ring Daten zu übermitteln, so werden diese unmittelbar an das vorhandene Paket angehängt und schließlich als Abschluß wieder der neue Token angehängt. Ein derartiger "Zug" von Datenpaketen könnte theoretisch so viele Pakete umfassen, wie Stationen im Ring angeschlossen sind.

Im Gegensatz zum Token Ring können sich bei FDDI zu einem beliebigen Zeitpunkt mehrere Datenpakete im Ring befinden.

Auch FDDI verfügt über einen Prioritätsmechanismus der an Token Bus angelehnt ist. Je nach Größe des Netzes, Zahl der Teilnehmer und zugelassener Haltezeit für den Token in jeder Station ergibt sich eine erwartete Umlaufzeit für den Token durch den kompletten Ring. Jede Station startet bei der Freigabe des Tokens an die nächste Station im Ring eine interne Stoppuhr (Timer) und mißt die Zeit bis zum Wiedereintreffen des Tokens nach einem kompletten Umlauf. Befindet sich der ankommende Token vor (early Token) der erwarteten Ankunftszeit, kann die Station darauf schließen, daß die Bandbreite des Ringes nicht voll ausgelastet ist. Daraufhin könnte sie durch eine längere Sendezeit einen größeren Teil der Bandbreite beanspruchen. Ein verspäteter Token (late Token) hingegen heißt, daß die Stationen auf einen Teil ihrer normalen Übertragungsdauer verzichten müssen, um das Netz insgesamt nicht zu überlasten.

🖫 Die für eine einzelne Station insgesamt verfügbare Übertragungszeit wird bei FDDI lokal aufgrund einer Schätzung der durchschnittlichen Umlaufzeit des Token ermittelt.

FDDI unterstützt einen Reservierungsmechanismus für synchrone Daten, für die eine mittlere Datentransfermenge pro Zeiteinheit nicht unter- und ein maximaler Abstand zwischen Paketübertragungen nicht überschritten werden darf. Über eine ausgezeichnete Verwaltungsstation im Netz, die Network Management Station (NMS) kann von den Teilnehmern synchrone Bandbreite beantragt werden. Die NMS stellt durch eine geeignete Anpassung der vorgegebenen erwarteten Umlaufzeit des Tokens, die von jeder Station als Berechnungsgrundlage für den spätesten Zeitpunkt der Tokenübergabe dient, sicher, daß der Token in gewissen Mindestabständen jede Station passiert. Innerhalb der Tokenzeit übermittelt die betreffende Station zuerst die synchronen, anschließend die normalen Daten. Es muß allerdings darauf verwiesen werden, daß dieser Begriff von Synchronizität etwas weit gefaßt ist. Viele Datentypen, wie Ton oder Video brauchen mehr als nur eine garantierte Maximalverzögerung, sie fordern eine konstante Taktrate mit geringer Variationsbreite. Derartige isochrone Profile sind mit FDDI nicht möglich, da die Abstände für die Übertragung zwischen einem minimalen Wert bei kleiner Last und dem maximalen Grenzwert der Garantie stark schwanken können.

7.2.2 Lokale Verbindung zwischen LAN's

7.2.2.1 Verkabelung: Repeater, Hubs und Patchpanels

7

Selten befinden sich alle Systeme eines LAN in unmittelbarer räumlicher Nachbarschaft. Abteilungen sind auf Etagen oder Gebäudeteile, sogar über mehrere Gebäude hinweg verteilt. Das Hinzufügen oder Einfügen immer neuer Kabelabschnitte in ein existierendes Netz führt bald zu einer reichlich unübersichtlichen Kabelstruktur, Fehler sind nur schwer zu lokalisieren. Allein diese eher mechanischen Gründe führen bereits zum Konzept einer "strukturierten" Verkabelung. Abbildung 7.11 zeigt, wie die Kabel von allen Systemen an zentralen Knotenpunkten organisiert werden. Auch die Kabel eines logischen Ringes, wie Token Ring oder FDDI, lassen sich sternförmig führen. Es hat sich als günstig erwiesen, im Sinne einer leichten Rekonfiguration des Netzes die Verbindungen nicht direkt auf den Knotenkomponenten aufzulegen, sondern über Steckfelder oder Patchpanels zu führen. Liegen alle Geräte sternförmig auf diesen Panels auf, kann die Struktur der Verbindungen zwischen ihnen an einer zentralen Stelle gestaltet werden.

🖫 Die Anschlußkabel aller Stationen werden aus Gründen der Systemwartung zentral zusammengefaßt. Dort wird die logische

Konfiguration über kurze Kabelstücke zwischen den Verbindungskontakten der Kabelwege erstellt ("Steckfeld" oder Patchpanel).

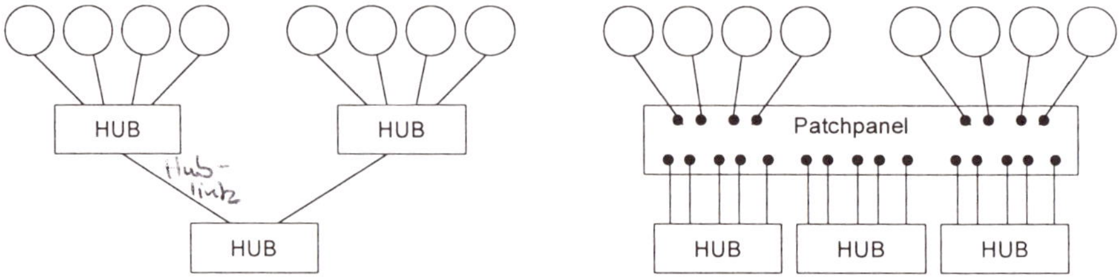

Abbildung 7.11 logische Struktur und Kabelführung

Die rein physikalische Ausdehnung eines LAN begrenzt die Anzahl der in einem Kabelsegment des Netzes möglichen Teilnehmer. Teilnehmer, die weiter voneinander entfernt sind, als dies aufgrund der Spezifikation des Physical Layer eines LAN möglich ist, lassen sich nur über Signalverstärker zusammenfassen. Derartige Komponenten der Verkabelung, die Signale zwischen weit auseinander liegenden Teilen eines Netzes austauschen, nennt man Repeater. Repeater verfügen über keinerlei Intelligenz und arbeiten ausschließlich auf Layer 1, dem Physical Layer (siehe Abbildung 7.12) . Hubs sind ein Sonderfall eines Repeaters, weil sie die eingehenden Signale mehrerer Segmente jeweils auf allen anderen Segmenten wieder ausgeben, also wiederholen (Repeat).

🖫 Repeater dienen zur Signalverstärkung über lange Teilstrecken eines Netzes. Sie arbeiten nur auf Layer 1 des Schichtenmodells. Hubs sind ein Sonderfall des Repeaters.

7

7.2.2.2 Verbindung von LAN´s über Bridges

CSMA/CD bei Ethernet oder 802.3 erfordert, daß eine Station vor dem eigenen Zugriff die mögliche Belegung des Netzes durch Zugriffe an irgendeinem anderen Anschlußort des Netzes feststellen kann (CD oder Collision Detection). Die durch die Länge der Sendeperiode einer Station bestimmte Länge der Datenpakete muß also ausreichend lang sein, um sich über das gesamte Netz ausbreiten zu können und so jedem Teilnehmer die Belegung zu signalisieren. Mit wachsender Netzgröße wächst also die Mindestgröße der Datenblöcke auf dem Netz, ab einem gewissen Punkt übersteigt sie die Größe der im Regelfall zu übertragenden Nutzdaten. Zur Gewährleistung der Minimalgröße werden die Nutzdaten dann mit Leerdaten künstlich verlängert. Der daraus entstehende Effizienzverlust des Netzes limitiert die über Repeater sinnvoll realisierbare Netzgröße. Zudem wächst die Kollisionswahrscheinlichkeit mit der Zahl der Anschlüsse, die insgesamt nutzbare Datenmenge auf dem Netz sinkt ab. Im Falle des Token-Verfahrens verringert sich zwar mit wachsender Anzahl der Stationen nicht die insgesamt nutzbare Datenrate auf dem Netz, die pro Station verfügbare Datenrate nimmt aber ab, da eine gleichbleibende Datenmenge auf eine größere Zahl von Stationen verteilt werden muß.

Die Größe eines LAN ist durch die Mechanismen der MAC physikalisch, durch die pro Teilnehmer in großen Netzen noch verfügbare Datenmenge logisch begrenzt.

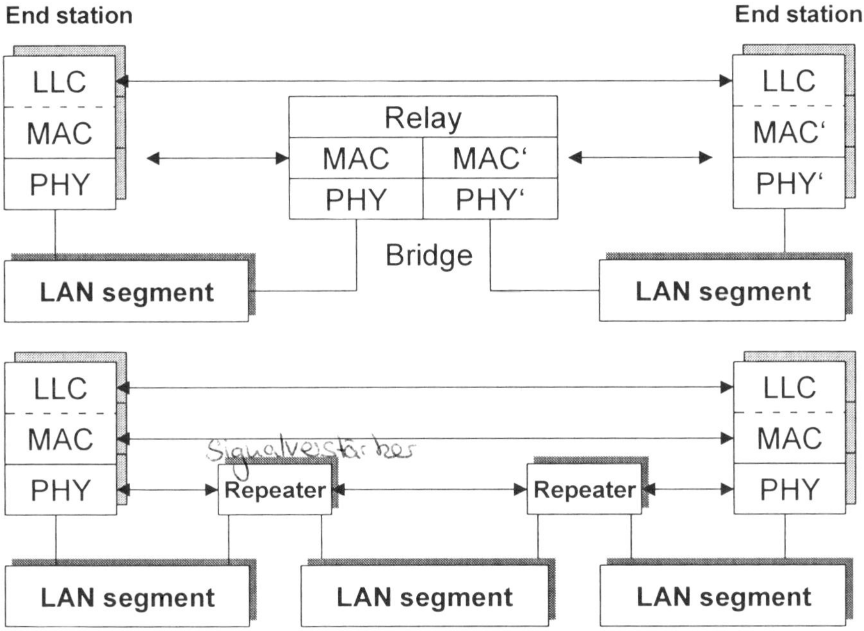

Abbildung 7.12 LAN-Kopplung über Repeater oder Bridge

Aus der Sicht eines jeden Anwenders sieht ein über Repeater vergrößertes Netz wie ein geschlossenes Segment aus, das gesamte Netz läuft auf der Basis eines einheitlichen Physical Layer. Alleine durch den Einsatz von Repeatern sind deshalb heterogene LAN´s mit verschiedenen Verfahren für den Layer 1 nicht miteinander zu verkoppeln. In der Realität wachsen LAN´s unabhängig voneinander in verschiedenen Bereichen eines Unternehmens. Der Bedarf einer netzübergreifenden Verbindung taucht erst später auf und muß bereits installierte Systeme integrieren. Aus der Sicht von 802.X heißt dies, die im MAC - Sublayer des DLL verschiedenen Formate der Netze miteinander zu verbinden. Die Aufgabe findet also zwangsläufig auf der zweiten Schichtebene statt, ein dafür geeignetes System nennt man eine Bridge. Bridges nehmen die Datenrahmen oder Frames aus einem Netz auf, strukturieren sie entsprechend um und geben sie an ein anderes Netz weiter.

🖫 Die Verbindung zwischen Netzen mit verschiedenen Verfahren im Physical Layer erfolgt über eine "Bridge" auf Ebene des Layer 2, des Data Link Layer.

Abbildung 7.12 zeigt die Struktur einer Bridge im Schichtenmodell. Sie ist aus Sicht der mit ihr verbundenen Netze ein ganz normaler Teilnehmer am Netzverkehr. Jede der beiden "Hälften" der Bridge wird mit der jeweils nötigen MAC und DLL "ihres" Netzsegmentes betrieben und hat in jedem Segment eine eigene Adresse. Die von einer Seite ankommenden Daten werden aus dem Layer 1 entnommen, auf den Layer 1 der anderen Seite umgesetzt und mit dem dortigen MAC schließlich in das andere Segment verschickt. Diese Funktion alleine segmentiert allerdings die Last eines Netzes nicht, alle auf einer Seite ankommenden Pakete werden auf die andere Seite weitergegeben. Bridges dienen aber auch zur Lastverteilung in Netzen. Zu diesem Zweck erfolgt die Weiterleitung der Pakete über eine Bridge selektiv. Nur jene aus dem Segment A ankommenden Datenpakete, die tatsächlich für einen Empfänger in Segment B bestimmt sind, werden auch dorthin weitergeleitet. Dies setzt eine Auswertung der Zieladressen der ankommenden Pakete und die Kenntnis der Zugehörigkeit angeschlossener Stationen zu den über die Bridge verbundenen Segmenten voraus. Innerhalb der Netzfamilie von 802.X ist dies aufgrund eines einheitlichen Adreßformates recht einfach, auch bei verschiedenen Netztypen kann es aufgrund der global einmaligen Adressen der Anschlüsse keine Zweideutigkeiten geben.

🖫 Bridges leiten Datenpakte zwischen Segmenten selektiv weiter. Dies erfordert die Zuordnung der Adressen aller Stationen in den über die Bridge verbundenen Segmenten des Netzes an die Leitung in das betreffende Segment.

7

7.2.2.3 Routing - Informationen und Spanning Tree

Jede Bridge baut für selektive Weiterleitung eine Routingtabelle auf, die für jede bekannte MAC Adresse den Anschluß der Bridge enthält, auf dem dieser erreichbar ist. Die Abbildung 7.13 zeigt die Routingtabelle für zwei Bridges, über die drei Netzsegmente verbunden sind. Routinginformationen erhält die Bridge im einfachsten Fall statisch durch Konfiguration bei der Inbetriebnahme. Nachteil dieser Methode ist, daß Veränderungen oder Fehler im Netz manuelle Eingriffe an allen Bridges im System erfordern, selbst wenn nur ein neuer Anschluß hinzugefügt werden soll. Die meisten Bridges sind in der Lage, ihre Routingtabelle daher selbst aufzubauen. Da jedes Datenpaket die Adresse des Empfängers und jene des Absenders enthält, ist der Anschluß (Port), über den die von einem Absender verschickten Pakete bei der Bridge ankommen zugleich derjenige, über den an ihn adressierte Pakete ans Ziel gebracht werden können. Die Bridge wertet also die Absenderadresse jedes ankommenden Pakets aus und trägt sie zusammen mit dem zugehörigen Port in ihre Routingtabelle ein, sofern ein identischer Eintrag nicht schon vorliegt. Kommt ein Frame an die Bridge, dessen Zieladresse nicht schon in der Tabelle steht, werden die Daten einfach an alle Ports ausgegeben mit Ausnahme dessen, über den sie angekommen sind.

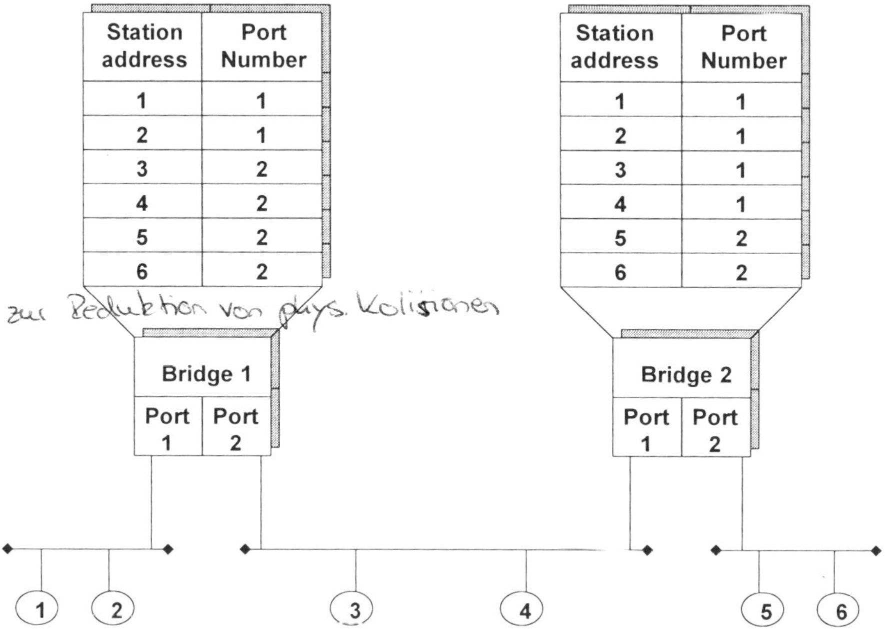

Abbildung 7.13 Routing-Tabelle für Bridges

Bridges "erlernen" durch die Absenderadressen der auf einem Anschluß ankommenden Pakete, über welche Leitung der Absender als Empfänger der für ihn bestimmten Pakete erreichbar ist.

Die Bridges lernen also im Lauf der Zeit ihre Umgebung immer besser kennen, man spricht von "bridge learning". Die Einträge der Routingtabelle werden laufend aktualisiert, Einträge, zu denen über lange Zeiten keine Vermittlung erfolgt, entfernt die Bridge aus der Liste (Aging). Wie mit einfachen Überlegungen nachzuvollziehen ist, funktioniert dieses Verfahren auch bei mehreren über Bridges verkoppelten Segmenten, solange jede Station von jeder anderen nur über einen einzigen Weg zu erreichen ist. Diese Voraussetzung ist bei einer Baumtopologie erfüllt, im Falle des "mashed tree" aber verletzt. Abbildung 7.14 erläutert das dabei auftretende Problem: Bridge 1 und Bridge 2 verbinden beide die Segmente A und B über die Ports 1A, 1B, 2A und 2B. Ein aus Segment A ankommendes Paket mit dem für Bridge 1 bislang unbekanntem Absender (Station 10) und einer bekannten Zieladresse in Segment B führt zur Weiterleitung auf Port 1B. Zusätzlich wird vermerkt, daß Station 10 als Teil von Segment A über Port 1A zu erreichen ist. Bridge 2 erhält das von Bridge 1 auf das Segment B übermittelte Paket über das Segment B und den Port 2B. Das Paket trägt die Absenderadresse "Station 10", Bridge B vermerkt daher, daß Station 10 über Port 2B in Segment B erreichbar ist, was nicht der Realität entspricht. Viel schlimmer: Ist bei Bridge 2 die Zieladresse nicht bekannt, leitet sie das Paket vorsichtshalber an alle Segmente, auch an Segment A weiter. Von dort erhält es die Bridge 1 über Port 1A und das Spiel beginnt von neuem, das Paket zirkuliert.

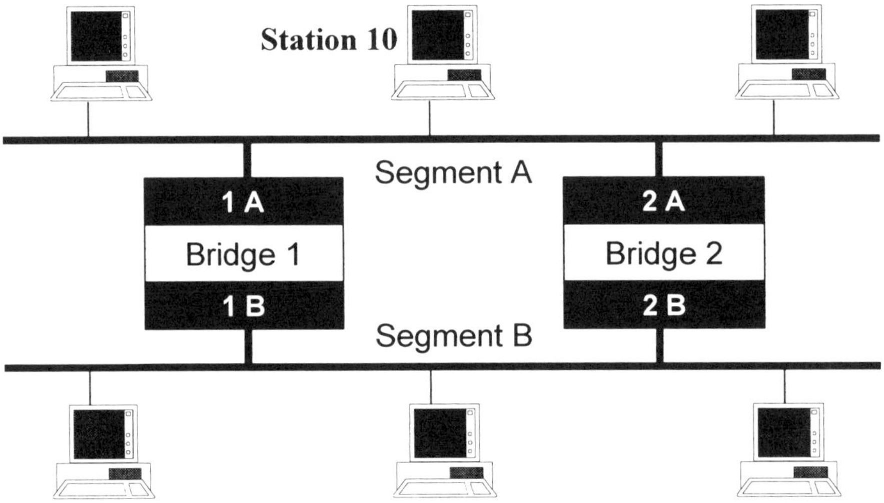

Abbildung 7.14 Zum Problem rekursiver Routinginformationen

In Topologien mit mehrfachen möglichen Verbindungen zwischen verschiedenen Segmenten erzeugen die Bridges daher einen logischen Baum, den sogenannten "spanning tree". Jede der Bridges erhält zu diesem Zweck eine eindeutige Kennzeichnung und eine Priorität bei der Installation zugewiesen. Nach dem Einschalten beginnen die Bridges eigenständig mit dem Austausch von Verwaltungsinformationen über spezielle Datenpakete, sogenannte BPDU's (Bridge Protocol Data Units). Zuerst wird die Bridge bestimmt, die aus jenen mit der höchsten Priorität die niedrigste Kennziffer trägt und zur "Root Bridge", zur Wurzel des logischen Baums bestimmt. Die Root Bridge sendet danach Datenpakete an alle Bridges, die von diesen auf allen Ports wieder ausgegeben werden. Jede Bridge kann durch den Empfang dieser Pakete bestimmen, über welchen ihrer Ports die von der Root Bridge versandten Daten zuerst eintreffen. Dieser charakterisiert den schnellsten Weg zur Root aus Sicht der Bridge und wird daher zum Root Port. Sind mehr als eine Bridge mit einem Netzsegment verbunden, so gibt es für Daten dieses Segments also mehrere alternative Root Ports für den besten Weg zur Wurzel. Aus diesen wird nun wiederum durch Vergleich der Beste zum "designated port" für dieses Segment ernannt. Alle Datenwege von der Wurzel in das oder an die Wurzel aus dem Segment führen immer über diesen Port, alle andere Root Ports werden durch spezielle Kommandos in den inaktiven Zustand versetzt. Der Zustand des Baumes wird über BPDU´s kontinuierlich überwacht und bei Bedarf neu aufgebaut, wenn beispielsweise Stationen oder Bridges entfernt oder hinzugefügt werden oder aber Fehler auftreten. In diesen Fällen erweist sich die Existenz von "stillgelegten" Bridges zwischen Segmenten als sinnvoll, weil sie im Fehlerfall zwei ansonsten getrennte Segmente verbinden können. Switches sind eigentlich eine Bridge mit vielen Ports. Sie verbinden Segmente gleichen Netzwerktyps aber durch selektive Vermittlung auf der physikalischen Ebene, also dem untersten Layer. Zudem verfügen sie oft über die Fähigkeit, Routingvorgänge zwischen mehreren ihren Ports zeitgleich abwickeln zu können.

In vermaschten Netzen erstellen die Bridges durch den Austausch eigener Verwaltungsdaten (BPDU´s) einen logischen Baum, der keine Querverbindungen enthält (Spanning Tree). Nur so kann die Funktionsfähigkeit der Vermittlungstabellen erhalten werden.

7.2.2.4 Lastverteilung in Netzen

BPDU´s eignen sich auch für die Fernsteuerung von Bridges über das Netz zu Verwaltungszwecken. In manchen Fällen erscheint es günstiger, den Spanning Tree manuell zu optimieren. In jedem Fall aber ist der Spanning Tree, trotz seiner regelmäßigen Prüfung, ein verhältnismäßig statisches Verfahren. Die Adressierung über einen logischen Baum erfolgt auf Kosten der Effizienz, weil Querverbindungen zwischen den Netzen gar nicht genutzt werden können, nur ein möglicher Weg zwischen den Kommunikationspartnern besteht. Die beim Aufbau des Baumes getroffenen Aussagen über die kürzesten Wege sind oft wertlos, wenn sich der Datenverkehr in den einzelnen Segmenten stark erhöht und bisher schnelle Wege nun überlastet und langsam ausfallen. Insgesamt stellt es eines der wesentlichen Probleme für die Verwaltung eines Netzes dar, die wechselnden Lasten des gesamten Datenverkehrs dynamisch und gut auf alle Segmente zu verteilen. Die oben genannte Art der Verkabelung kommt diesem Anliegen entgegen. Erweisen sich einige Segmente als zu stark belastet, kann durch einfaches Umstecken einiger Stationen über das Patchpanel auf ein anderes Segment die Lastverteilung optimiert werden. Dabei ist jedoch immer zu berücksichtigen, daß sich bei der Zusammenfassung von Netzsegmenten der Datenverkehr dieser Segmente aufaddiert. Dies kann dazu führen, daß solche Segmente, die beispielsweise über ein Gelände hinweg in mehreren Gebäuden aufliegen, durch Überlastung langsam und unbrauchbar werden. Deshalb hat es sich eingebürgert, die strukturierte Verkabelung gemäß der Netzlasten hierarchisch aufzubauen. Die lokalen Subnetzsegmente der untersten Ebene werden auf höherer Ebene über leistungsfähigere Netze miteinander verbunden, die demnach das Rückgrat der Datenvernetzung oder die sogenannte Backbone bilden. Abbildung 7.15 zeigt mögliche Anordnungen einer Backbone - Struktur. Die im vorhergehenden Abschnitt erwähnten Netze eignen sich aufgrund ihrer Datenkapazität teilweise gut als Backbone.

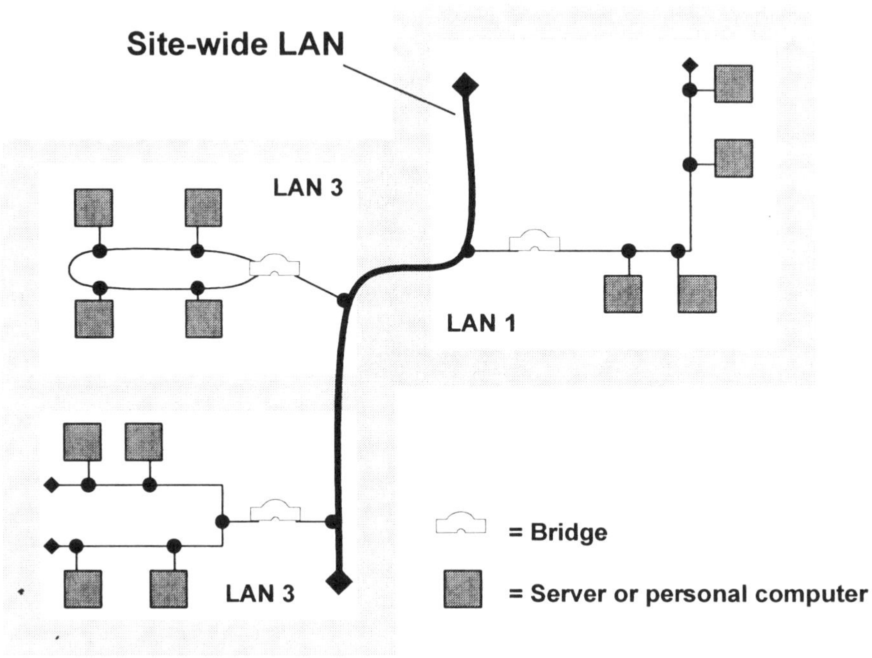

Abbildung 7.15 Backbone für eine hierarchische Netzstruktur

7

Die Lasten werden in strukturierten Netzen durch die Verbindung von Teilnetzen untereinander über leistungsfähige "Backbones" bewältigt.

7.2.3 Die Vielfalt der Begriffe rund um LAN´s und WAN´s

7.2.3.1 Vermittlungsverfahren im Vergleich

Für die korrekte Lieferung von Daten an bekannte Adressaten im Netz repräsentieren Telefon und LAN zwei mit der Architektur eines Netzes eng verbundene Alternativen: Bei Telefon sind die Adressaten eines Netzes durch eigene, nur von ihnen benutzte Leitungen an eine Vermittlungsstruktur angeschlossen. Die Vermittlung erfolgt durch Circuit Switch, also das Zusammenstellen eines Leitungskanals, der solange exklusiv den Partnern zur Verfügung steht, bis diese die gesamte Datenübertragung abgeschlossen haben und die Leitung wieder abgeben wollen. Die Daten des Senders kommen bei dieser Art der Vermittlung grundsätzlich nur bei dem Empfänger an, für den sie auch bestimmt sind. Multicasting oder Broadcasting sind nur schwer zu realisieren und erfordern getrennte Intelligenz in den Vermittlungssystemen.

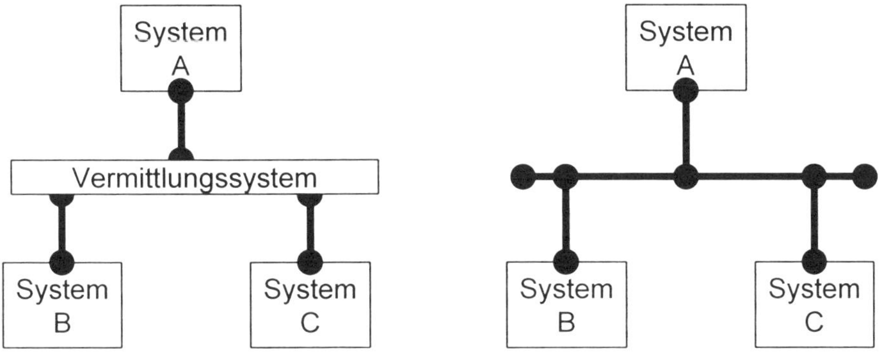

Abbildung 7.16 Circuit Switch und selektionsbasierte Vermittlung

Telefon stellt zwischen Adressaten eine für die Dauer der Datenübertragung feste private Leitung her (Circuit Switch). Daten können sich nur auf dieser Leitung bewegen und benötigen keine "Adreßaufkleber".

Sind die Adressaten nicht durch eine private Anschlußleitung erreichbar, sondern über einen gemeinsamen Leitungskanal, wie im Falle von LAN´s, wird kein getrenntes Vermittlungssystem benötigt. Die Daten aller sendenden Systeme werden von allen anderen Systemen empfangen und abgehört. Da sich alle Systeme den Kanal teilen müssen, ist die Zeitdauer der Dateneinspeisung für jede Station auf Datenpakete maximaler Länge begrenzt. Jedes Paket trägt zur Kennzeichnung die Adresse des Senders und des beabsichtigen Empfängers. Empfänger entnehmen nur solche Pakete, die mit ihrer Adresse versehen sind, die Verteilung von Daten eines Senders an mehrere Empfänger stellt kein Problem dar. In Zusammenhang mit derartigen Netze erscheint der Begriff "Broadcast Network" oder "Unswitched Network" angebracht, zu deutsch am Besten mit "selektionsbasierte Verbindungen / Netze" übersetzt. Die beiden Verfahren sind in Abbildung 7.16 nochmals gegenübergestellt.

LAN´s stellen alle Datenpakete allen angeschlossenen Empfängern über eine gemeinsame Leitung zur Verfügung. Die Auswahl der Pakete erfolgt beim Empfänger durch "Adreßaufkleber" für jedes Datenpaket (Unswitched Network).

Circuit Switch erstellt eine Leitungskette, die solange bestehen bleibt, bis die beiden Kommunikationspartner die Leitung wieder freigeben, ihr "Gespräch" oder der nötige Datenaustausch abgeschlossen ist. Während zwischenzeitlicher

7

Pausen der Datenübermittlung steht die ungenutzte Leitung anderen Teilehmern nicht zur Verfügung, was zu einer uneffizienten Auslastung des Netzes führt. Die Leitungskette liefert eine Verbindung, auf der alle an einem Ende eingespeisten Daten automatisch am anderen Ende ankommen, die Daten selbst tragen daher keine Adresse. Anstelle einer vorab über die komplette Strecke der Daten hinweg aufgebauten Leitungskette können Daten auch nach Bedarf an den einzelnen Vermittlungsknoten auf den jeweils idealen Weg zur nächsten Vermittlung oder zum Endgerät gebracht werden. In diesem Fall sind die für den Datenaustausch zwischen zwei Partnern genutzten Leitungen des Netzes auch für andere Teilnehmer verfügbar, die Bandbreite wird besser genutzt, in Sendepausen liegen keine Leitungen brach. Da die Datenübertragung hier in vermittelten Paketen erfolgt, spricht man von "paketvermittelt" oder "packet switch". Entgegen dem weitläufigen Sprachgebrauch unterscheidet sich dies stark von Netzen, in denen gar keine aktive Vermittlung erfolgt und alle Daten unabhängig von deren Bestimmungsort an alle Empfänger zugleich verschickt werden. Hier ist der Begriff "packet switch" meines Erachtens ungünstig plaziert.

Anstelle einer vorab aufgebauten privaten Leitungskette können Datenpakete an den einzelnen Vermittlungsknoten unabhängig auf den jeweils idealen Weg zur nächsten Vermittlung oder zum Endgerät gebracht werden. Dies bezeichnet man als "Packet Switch".

7.2.3.2 Abgrenzung von TDM und Packet Switch

7

Ein Slotted Channel beim Aufbau eines paketorientierten Systems stellt bereits einen weichen Übergang zu Time-Division-Multiplex dar. Wie in einem TDM System ist auch beim Slotted Channel die Bandbreite in feste Zeitschlitze unterteilt. Während bei TDM im Sinne eines Circuit Switch jeder Zeitschlitz gleich lang und fest einer Kommunikationsverbindung zugewiesen wird, ist diese Verteilung im Slotted Channel frei und dynamisch. Abbildung 7.17 stellt die Nutzung eines Mediums durch TDM und Packet Switch gegenüber. Die Vermittlung von Source A an Target A nutzt die Zuweisung eines festen Zeitschlitzes innerhalb der regelmäßig wiederkehrenden Rahmen. Nach Aufbau der Verbindung braucht jede der auf dem Weg im Netz betroffenen Vermittlungsstellen oder aber das betroffenen Endgerät nur mehr die immer gleich bleibende Position innerhalb eines jeden der synchron ankommenden Rahmen auszuwerten, die Informationen stehen im mer an der gleichen Stelle. Die Nummer des richtigen Zeitschlitzes wird den Geräten entlang der Wegstrecke der Verbindung im Verlaufe des Verbindungsaufbaus mitgeteilt.

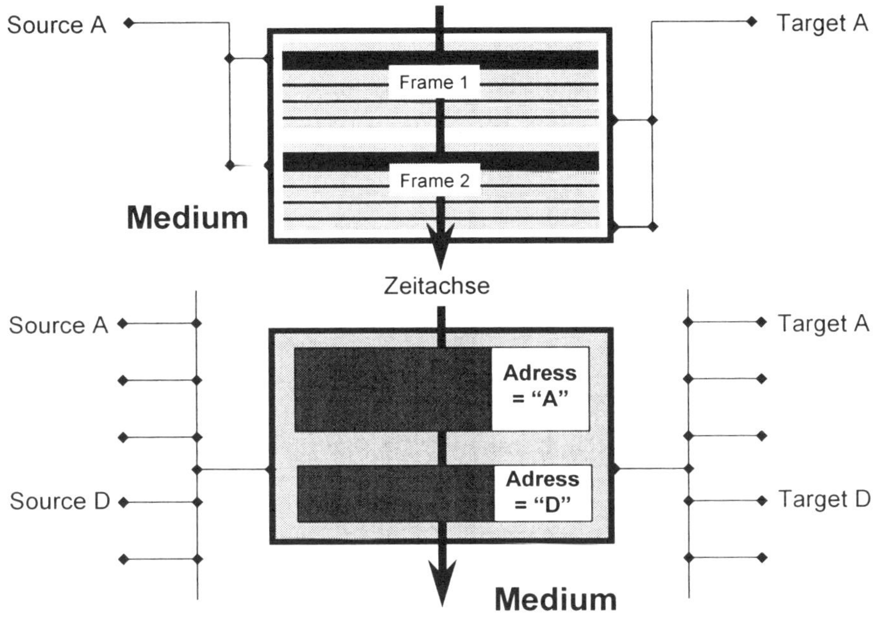

Abbildung 7.17 TDM Circuit Switch (oben) und Packet Switch

Packet Switch nutzt keine vordefinierten Strukturen hinsichtlich der zeitlichen Nutzungsaufteilung des Mediums. Pakete können in unregelmäßiger Folge und unregelmäßiger Größe versandt werden. Der Übergang zwischen den beiden Vermittlungsformen ist in der Technik der Datennetze fließend. Es existieren Netzwerke, in denen physikalische Verbindungen zwischen Leitungen für einzelne Datenpakete in Abhängigkeit von deren Adresse geschaltet werden. Umgekehrt lassen andere Systeme nur feste Rasterpunkte für Beginn und Ende eines Datenpakets zu, dessen Länge also ein Vielfaches der Rastergröße sein muß. Beim sogenannten Cell Switching wird zusätzlich die Länge des Datenpaketes festgelegt.

7

7.2.3.3 Netzdienste auf dem Data Link und / oder dem Network Layer

Die Dienste eines Netzes zielen auf eine transparente Verbindung, die einer Anwendung auf zwei Endgeräten wie eine Punkt-zu-Punkt Verbindung ohne Kenntnisse über die Eigenheiten der Vermittlung, Adressierung oder den physikalischen Betrieb des benutzten Netzes zur Verfügung steht. Diese Isolation kann durch zwei Schichten erreicht werden. Auf die physikalische Ebene oder den Physical Layer setzt der sogenannte Data Link Layer (DLL) auf, der Aufgabenstellungen, wie Flow Control, Identifikation des Empfängers, Vermittlung und MAC abwikkelt. Diese Aussage trifft auch auf Fälle zu, in denen die kommunizierenden Endgeräte sich in getrennten Teilnetzen befinden oder sogar nur über eine Kette von Subnetzen verbunden sind, die untereinander mit Hilfe von Bridges kommunizieren. In einem solchen Fall spricht man von einer sogenannten Ende-zu-Ende Verbindung zwischen den beiden Kommunikationspartnern, die über eine Kette von Punkt-zu-Punkt Verbindungen abgewickelt wird.

🖫 Zwei Systeme in getrennten Netzen können miteinander ("Ende-zu-Ende") über eine Kette von Punkt-zu-Punkt Verbindungen in dazwischen liegenden anderen Netzen kommunizieren.

Voraussetzung für Ende-zu-Ende Kommunikation über eine Kette von Netzen ist allerdings, daß alle Teilnetze ein einheitliches und daher unzweideutiges Adreßformat auf der Ebene des DLL benutzen, wie im Falle der 802.X Netze. Die Vermittlung von Netzen auf der Ebene des DLL unterliegt jedoch einigen Einschränkungen. Jede Bridge hält eine Routingtabelle vor, die für jeden Adressaten in allen Teilnetzen den für die Weiterleitung korrekten Port enthält. In international verbundenen Netzstrukturen mit Millionen potentieller Adressaten wird ein derartiger Routingtable untragbar groß. Günstig wäre in derart großen Netzen ein hierarchisches Adreßformat nach dem Vorbild des Telefons, das jede Vermittlungsstelle nur mit Kenntnissen jenes Teils der Adresse belastet, der für ihre Aufgabe erforderlich ist. Zudem besteht bei der Verbindung von Teilnetzen, die kein einheitliches Adreßformat verwenden die Möglichkeit, daß mehrere Stationen eine identische Adresse tragen könnten. Da also die lokale und unabhängig von anderen Netzen in jedem Teilnetz verwandte Adresse nach der Verbindung der Netze die Adressaten nicht mehr eindeutig kennzeichnet, muß sie zumindest um eine Angabe des entsprechenden Subnetzes ergänzt werden. Das neue, übergreifende Adreßformat besteht also aus Subnetznummer und lokaler Adresse innerhalb des Subnetzes. Mit diesem Format aber kann der in den Subnetzen ursprünglich definierte Layer 2 nicht umgehen. Beide Forderungen führen, wenn nicht die Anwendungsschichten mit Adreßproblemen belastet werden sollen, zu einer dritten Ebene der Netzwerkfunktionalität, dem Network Layer mit einem netzübergreifend einheitlichen Adreßformat und Harmonisierungsfunktionen an der Schnittstelle unterschiedlicher Netze. Auch im Bereich lokaler Netze werden fast immer drei Schichten für die Netzwerkfunktionalität genutzt. Die meisten Anwendungen und Komponenten in Rechnernetzen sind für den möglichen Betrieb in großen Netzen mit drei Schichten ausgelegt, es werden keine getrennt für den lokalen Bereich mit zwei Schichten optimierten Versionen angeboten. Außerdem versorgt der Network Layer auch die lokalen Netze mit nicht zu unterschätzenden Vorteilen. Die Adressen des Layer 2 sind mit der Hardware der Systeme untrennbar verbunden. Es gibt keinerlei logische Adressen, zieht ein Rechner um, nimmt er die Adresse mit. Wird eine Netzwerkkarte getauscht, verändert sich auch die Adresse des an diesem System arbeitenden Anwenders. Neben einer logischen Adresse ermöglichen drei Netzwerkschichten auch den Einsatz von intelligenteren Vermittlungssystemen, sogenannten Routern, deren Funkton in Zusammenhang mit WAN´s in Kapitel 8 besprochen wird.

🖫 Weiträumige Netze können mit Bridges (Layer 2) nur über homogene Teilnetzen hinweg aufgebaut werden. Die globale Verbin-

7

dung heterogener Netze erfordert einen neuen Adreßraum und intelligente Routingverfahren zwischen den Teilnetzen. Dies ist die Aufgabe des Network Layer als dritter Schicht.

7.2.3.4 Protokollstapel auf Basis des OSI Modells

Damit die Vereinbarung von Diensten und Protokollen nicht für jede mögliche Anordnung von Systemen unterschiedlicher Hersteller neu und individuell definiert werden muß, haben die internationalen Standardisierungsgremien im Laufe der Jahre ein weites Spektrum an Protokollen auf allen Ebenen des Schichtenmodells entwickelt. Derart normierte einzelne Schichtebenen lassen sich vom Grundsatz her weitgehend beliebig zu Protokollstapeln kombinieren. Dies setzt aber zumindest eine einheitliche Regelung voraus, wieviele Ebenen ein Protokollstapel haben soll und mit welchen Aufgaben diese betraut sind. Physical Layer, Data Link Layer und Network Layer bilden den Sockel der netzwerkabhängigen Schichten im insgesamt sieben Schichten umfassenden OSI Modell, das oberhalb des Network Layer den Transport, Session, Presentation und Application Layer enthält, deren Funktionen im Kapitel 8 und 9 in unterschiedlicher Detailtiefe angesprochen werden. Das OSI Modell regelt zwar die Aufteilung der funktionalen Aufgaben innerhalb eines Netzes auf insgesamt 7 Schichten, die Realisation dieser Schichten selbst bleibt aber offen und Gegenstand getrennter Standardisierungsbemühungen. Unterschiedliche Anwendungsprofile erhalten vertikal über alle Schichten reichende Protokollstapel. Innerhalb eines solchen Stapels erfolgt dann oft eine Zusammenfassung von Schichten und deren gemeinsame Festlegung. Beispiele für die horizonzale Trennung liefern die zum ISDN gehörige Serie "I" für die Schichten 1 bis 3 nach I430/440/450, die Serie "X" für PSDN Netze, die alle 7 Layer umfaßt, sowie die Serien "V" und "T" für PSTN. Vertikale Trennung zeigt sich bei IEEE 802.X für die gemeinsame Definition der beiden untersten Schichten, sowie den Protokollpaaren SPX/IPX und TCP/IP für die Schichten 3 und 4.

7

7.2.3.5 Die Dienstematrix

Im Rahmen des bisherigen Textes sind eine Reihe von Begriffen für Dienste und Verfahren in Netzen gefallen, deren Zusammenhang aufgrund ihrer teils unterschiedlichen Interpretation in Literatur und Sprachumgang einer zusätzlichen Klärung bedarf. Aus diesem Grund sind sie in Abbildung 7.18 gegenübergestellt. Es handelt sich um die Begriffe der Vermittlungsverfahren, wie "Circuit Switch", "Packet Switch" und "unswitched", Beschreibungen der Struktur des Datenaustausches nach "verbindungsorientiert" (CONS) oder "verbindungslos" (CLNS), sowie der Sicherheit der Daten gegenüber Fehlern, also "zuverlässig" oder "best-try".

Abschließend wird der Zusammenhang der Begriffe "Circuit / Packet Switch / Unswitched", "verbindungslos / verbindungsorientiert" und "zuverlässig / best-try" in einer Matrix geklärt.

	Zuverlässig	Best-try	
Packet Switch	Vom Netz oder über höhere Schichten	Sinnvoll für Mediendaten	Von allen Data Networks angeboten
Circuit Switch	Über höhere Schichten möglich	Regelfall für das Telefonnetz	
Unswitched	Durch Protokolle der Schicht 4 (z.B.TCP)		Von allen Data Networks angeboten
	Verb.orientiert CONS		CLNS

Abbildung 7.18 Dienstetypen in Daten- und Kommunikationsnetzen

Die Datennetze aus Kapitel 7, die ohne Vermittlung arbeiten, liefern grundsätzlich "Best-Try" - Dienste. Zuverlässige Kommunikation erfordert immer eine Verbindung, erst "Erwartung" für Pakete beim Empfänger macht diesem das Fehlen von Paketen bewußt. Zuverlässige Dienste werden in "Unswitched Networks" durch die Funktionen höherer Schichten realisiert, im Internet zum Beispiel durch TCP in der Schicht 4, dem Transport Layer (siehe Abschnitt 8.3.2.).

Packet Switch und Unswitched Networks bieten immer verbindungslose "Best-try" - Dienste an. Zuverlässige Dienste realisiert man über höhere Protokollebenen.

Circuit Switch bildet einen Sonderfall dadurch, daß er den Partnern eine eigene private Leitung garantiert. Was diese mit der Leitung anfangen wollen, bleibt frei, die Stationen können jeden von ihnen gewünschten Stapel an Protokollen verwenden. Die Leitungen sind synchron und unzuverlässig, zuverlässige Dienste können aber ebenfalls in höheren Schichten realisiert werden. Netze im Packet Switch bieten immer zumindest den verbindungslosen "best-try" - Dienst an, zuverlässige Dienste stehen auch hier über die Protokolle höherer Schichten zur Verfügung. Verbindungsorientierte "best-try" - Dienste eignen sich für Fälle, in denen der Zeitabstand der Pakete wichtiger ist als deren unversehrtes Ankommen. Dies kann bei manchen Anwendungen mit Mediendaten sinnvoll sein.

Circuit Switch ist immer verbindungsorientiert, im Grundsatz aber unzuverlässig. Die Leitung kann aber über geeignete Protokolle für zuverlässige Dienste genutzt werden.

8 Wide-Area Internetworking / Protokolle / ATM

8.1 Weitverkehrsnetze und Internetworking

8.1.1 Weitverkehrsnetze, Wide Area Networks WAN

8.1.1.1 Typische Weitverkehrsdienste

Der Bedarf an Weitverkehrsnetzen besteht in Organisationen mit räumlich weit verteilten Einrichtungen. Die Entwicklung von WAN´s nahm daher ihren Anfang in der Rüstungstechnik, in der Vernetzung von Forschungseinrichtungen und für die Datenintegration nationaler und internationaler Unternehmen. Typisch für die erste Generation von Weitverkehrsnetzen war die Nutzung angemieteter Standleitungen der Telefongesellschaften, die über keinerlei eigene Datenfunktionalität oder Vermittlungsintelligenz verfügen. Das Routing der Daten zwischen diesen Leitungen und von den Endgeräten auf diese Leitungen wurde durch Routingsysteme unter der Hoheit des Leitungsmieters betrieben. Eine derartige Struktur aus Leased Lines, also Standleitungen, zeigt Abbildung 8.1.

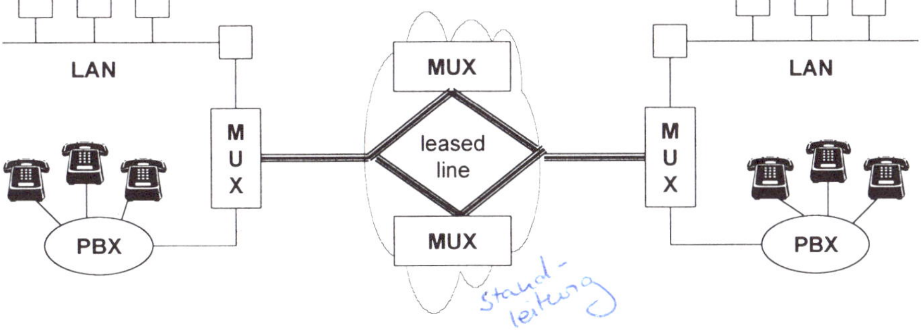

Abbildung 8.1 Unternehmensnetze mit Leased Lines

Die Miete der Leitung ist unabhängig von der pro Zeiteinheit als Last transportierten Datenmenge, auch eine nicht genutzte Standleitung kostet Geld. Zudem waren die Kapazitäten dieser eigentlich für Sprache gedachten Leitungen im Datenbetrieb mit etwa 56 kbit/sec gering. Mit der Einführung digitaler TDM-Leitungen bis zum Kunden auf der Basis von T1 und E1 der PDH - Struktur hat sich dies deutlich gebessert, die Datenraten erreichen hier 1,544 bzw. 2,048 Mbit/sec. Die ständig steigende Nachfrage nach bedarfsgesteuerten Leitungen für den Daten im Weitverkehrsbereich veranlaßte die Telefonbetreiber schließlich, Datenwählnetze (Public Service Data Networks oder PSDN) zu schaffen. Die Vermittlungsverfahren unterscheiden dabei Circuit Switched Public Data Networks (CSPDN) von den Packet Switched Data Networks (PSPDN). Solche Datennetze basieren auf den bereits vorhandenen Infrastrukturen von PDH, SDH und ISDN und sollen zugleich für das volle Spektrum der verschiedenen Datendienste und Endgeräte offen sein. Auf der Basis solcher Wählnetze können Unternehmen auch ein privates Netz fest anmieten, das zwar technisch auf dem auch von anderen Teilnehmern des PSDN genutzten Leitungen läuft, organisatorisch und hinsichtlich der Datensicherheit aber wie ein Netz aus eigenen Leased Lines aussieht ("Virtual Private Network" VPN). Dabei fällt im Gegensatz zu einem Unternehmensnetz auf Leased Lines der gesamte Netzbetrieb unter die Hoheit der Telefongesellschaft.

Die geschlossenen Weitverkehrsnetze auf Basis fest angemieteter Standleitungen des Telefonnetzes weichen öffentlichen Datennetzen (PSDN) mit dynamischen (Wählbetrieb) oder statischen ("Virtual Private Network") Verbindungen.

8.1.1.2 X.25 - Dienste

Am Ausgangspunkt für Datennetze nach X.25 und die auf diesem Standard angebotenen PSDN-Dienste stand eine extrem heterogene Struktur aus hunderten nationaler und regionaler Teilnetze, die alle eigene Übertragungs- und Vermittlungsverfahren, sowie getrennte Adreßmuster im Einsatz hatten. X.25 regelt demnach auch nicht den Betrieb dieser einzelnen Teilsegmente, sondern gibt dem angeschlossenen Endgerät eine Schnittstelle mit klarer Vorgabe auf den drei netzwerkabhängigen Schichten, über die die Dienste des X.25 erreichbar sind. Das Netz trägt intern für nötige Anpassungen an den Schnittstellen der Teilsegmente des Übertragungsweges Sorge, am anderen Ende "sieht" der Empfänger spiegelbildlich wieder die Schichten des X.25. Die physikalische Schicht stammt aus dem Standard X.21, das Protokoll des Layer 2 hört auf den Namen LAPB, auf Layer 3 schließlich sitzt X.25 PLP (Packet Layer Protocol). X.25 ist ein verbindungsorientiertes Netzwerk im Packet Switch, das einen zuverlässigen Dienst anbietet. Pakete unterschiedlicher logischer Verbindungen, die durch eine beim Verbindungsaufbau erzeugte Kennung (Virtual Channel Identifier VCI) gekennzeichnet sind, werden unter X.25 im Multiplex auf gemeinsamen Leitungen zwischen den Vermittlungsknoten transportiert. Dieser Multiplex ist kein TDM, er besteht aus asynchron versandten Paketen. Die Datensicherheit wird bereits auf

Ebene 2 durch LAPB auf hohem Niveau gewährleistet, der PLP Layer fügt eine weitere Datenkorrektur hinzu und erledigt über ein Sliding Window die Flow Control zwischen den Systemen. Insgesamt wird bei X.25 ein extrem hoher Aufwand für die Fehlerkorrektur betrieben, da das System zum Zeitpunkt seiner Einführung meist auf wenig zuverlässigen Leitungen betrieben wurde. Die Datenrate für X.25 liegt daher bei ursprünglich nur 64 kbit/sec. Aufgrund verbesserter Leitungstechnologien liefern verschiedene Anbieter aber schon X.25 Dienste mit bis zu 2 Mbit/sec.

Netze nach X.25 definieren den einheitlichen Zugang zu einem weltumspannenden Datennetz mit zuverlässigen, verbindungsorientierten Diensten (CONS), wobei die drei untersten Schichten des Protokollstapels vorgegeben sind. Die Datenrate hat sich von ursprünglich 64 kbit auf maximal 2Mbit pro Sekunde gesteigert.

Der Verbindungsaufbau bei X.25 verläuft recht umfangreich und komplex, daher auch zeitaufwendig. Spezielle Datenkommandos der dritten Schicht steuern den Vermittlungsaufbau, die Übergabe des VCI und die Bestätigung der Leitung. Da für den Fall sehr kurzer Nachrichten die Vermittlungsprozedur zu umständlich ist, gibt es den "Fast Select" - Modus, bei dem eine bis zu 128 Byte große Nachricht direkt an den zum Verbindungsaufbau gedachten Befehl "Connect" angehängt wird. Als Antwort schickt der Empfänger sofort einen gegenteiligen "Disconnect" Befehl, der ebenfalls bis zu 128 Byte als "Anhänger" enthalten kann. Fast Select erlaubt demnach einen verbindungslosen Dienst, allerdings werden auf der Schicht 2 und 3 alle Korrekturmechanismen durchlaufen.

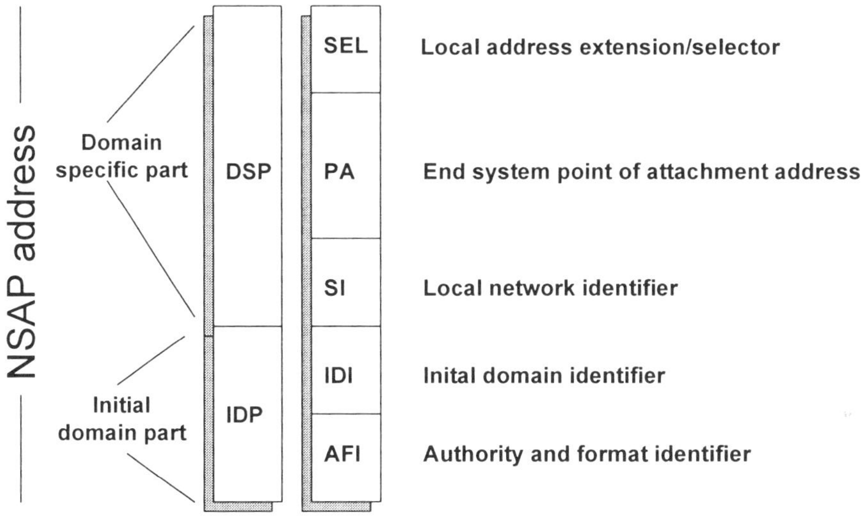

Abbildung 8.2 Struktur der NSAP Adressen nach X.121

8

Das X.25 Netz verwendet die von allen internationalen Netzen benutzte Adressierung im Format gemäß X.121. Die Adresse heißt Network Service Adress Point oder NSAP. Sie besteht aus 2 Blöcken mit einer maximalen Länge von insgesamt 20 Byte, wie Abbildung 8.2 zeigt: An erster Stelle steht die AFI, die Authority and Format ID. Sie enthält einen Hinweis auf jene der internationalen Organisationen für Telekommunikation, die alle folgenden Adreßteile hinsichtlich des Formates und der Vergabe der Zieladressen regelt. Der IDI oder Initial Domain ID kennzeichnet das übergeordnete Netz, das verwendet wird. Zusammen ergeben AFI und IDI den Initial Domain Part. Der restliche Teil oder Domain Specific Part, kurz DSP, enthält hierarchisch die Adresse des Endgerätes in dem durch den DSP spezifizierten Netz. Der DSP besteht aus einem Subnet ID oder SI, der das entsprechende Unternetz eines globalen Netzes repräsentiert, sowie der Adresse des Endgerätes in diesem Unternetz, dem sogenannten Point of Attachment oder PA. Der Rest ist der "Selector", der ohne Bedeutung für die Vermittlung im Netz ist und, je nach Netz, lokal zugewiesene Funktionen haben kann. Bei ISDN spezifiziert er eines der 8 am S-Bus möglichen Endgeräte. Es sei nochmals darauf hingewiesen, daß X.121 auch die Telefonnummern der PSTN beschreibt.

Netzverbindungen in X.25 werden über das Adressensystem nach X.121 aufgebaut, in dem auch das System der internationalen Telefonnummern als Teil enthalten ist.

8.1.1.3 X.25 in LAN´s, Kopplung von X.25 Netzen über X.75

Auch in einem LAN kann die dritte Schicht mit X.25 PLP betrieben werden. Dies erweist sich als hilfreich, wenn verschiedene LAN´s über ein X.25 Wide Area Network (WAN) miteinander verbunden sind. Es ergibt sich dann eine einheitliche Adresse über die Grenzen eines lokalen Netzes hinaus. Da aufgrund des Kollisionsmechanismus bei 802.3 Zweideutigkeiten bei der Beanspruchung von Kanal ID´s (VCI´s) entstehen könnten, werden den Stationen im LAN bei der Inbetriebnahme eine Reihe von eindeutigen und nur einmal vergebenen VCI´s zugewiesen, über die von ihnen sofort X.25 Verbindungen initiiert werden können. Der Betrieb von X.25 PLP in LAN´s wurde unter ISO 8881 oder IEEE 881 definiert. In der Realität erweist sich aber X.25 in LAN´s oft als zu schwerfällig und wird durch andere Protokolle ersetzt.

Das X.25 PLP kann auch als Layer 3 in LAN´s eingesetzt werden. Vorteile ergeben sich daraus aber nur LAN´s, die über X.25 Wide Area Networks (WAN´s) verknüpft sind.

Für die Verkopplung von mehreren Netzen nach X.25 miteinander setzt man STE Systeme (Signal Terminal Exchange) ein, die an den Netzen angeschlossen werden und untereinander über eine oder mehrere parallele Punkt-zu-Punkt Verbindungen kommunizieren. Da auf einer solchen Verbindung keinerlei Aufgaben für das Routing anfallen, kann das Protokoll für die Verknüpfung der STE´s sehr viel einfacher ausfallen als X.25, muß aber für die Nutzung paralleler Leitungen optimiert werden. Dieser Ableger des X.25 Protokolls heißt X.75 und kommt auch bei Punkt-zu-Punkt Verbindungen zwischen LAN´s über ISDN zum Einsatz. Über PLP in LAN´s und X.75 kann man also ein unbegrenzt großes Netz aus LAN´s und WAN´s mit einer einheitlichen Struktur aufbauen. In diesem Sinne ist X.25 das erste "Internet".

8.1.1.4 ISDN Datendienste

Die Grundlagen von ISDN sind in Kapitel 6 schon erwähnt worden. Über die reine Verbindung von Telefongeräten über einen Circuit Switch in TDM hinaus bietet ISDN als Integrated Service auch drei verschiedene Datendienste an. Der transparente synchrone B-Kanal kann von den Endgeräten wie ein eigenes Kabel im Sinne eines CSDN (Circuit Switch Data Network) benutzt werden. Zusätzlich gibt es einen verbindungsorientierten Packet Switch, der als zuverlässiger Dienst auf den Namen Frame Switch und als Best-Try auf den Namen Frame Relay hört.

Neben der Nutzung des B-Kanals als synchrones Punkt-zu-Punkt Kabel bietet ISDN verbindungsorientierte Datendienste, wahlweise zuverlässig (Frame Switch) oder als Best-try (Frame Relay).

Um Verwirrungen vorzubeugen, muß immer die strikte Trennung der Nutzdatenebene (User Plane) und der Verwaltungsaufgaben (Control Plane) im ISDN berücksichtigt werden. Die Verwaltungsdaten nutzen auf der untersten Ebene einen von den Nutzdaten getrennten Kanal im Multiplex, den D-Kanal. Während im X.25 Verwaltungsdaten als spezielle Datenpakete des X.25 PLP definiert sind und im Wechsel mit Daten übermittelt werden müssen, sind die Verwaltungskanäle des ISDN jederzeit parallel zum Datentransport aktiv und verfügen über einen eigenen Protokollstandard aus den drei Schichten ISO I430/1 für physical, I440/1 für Data Link und I450/1 für den Network Layer. B-Kanäle im ISDN sind immer synchron und für einen effizienten Packet Switch wenig geeignet. Ein Circuit Switched B-Kanal ergibt aber einen idealen Zubringer zu einem Übergangspunkt zwischen ISDN und einem "echten" Paketnetzwerk, beispielsweise einem X.25 PSDN. Dabei kommt auf Ebene 3 am Anschlußgerät zum ISDN das X.25 PLP zum Einsatz. Der D-Kanal für Signalisierung wird im Packet Switch betrieben, freie Bandbreite im D-Kanal kann auch von Daten des Benutzers in Anspruch genommen werden, allerdings mit begrenzter Datenrate. In den USA hat sich die Nutzung des D-Kanals bei manchen Anbietern als "Always On" - Angebot für eine preisgünstige und dauerhafte Verbindung zum Internet etabliert, die bei Bedarf kurzfristig durch Zuschalten von B-Kanälen in der Bandbreite erweitert werden kann. Auch die Telekom bietet einen Dienst im D-Kanal als preisgünstige Alternative zu X.25 an.

🖫 ISDN nutzt getrennte Kanäle für die synchrone Payload (B-Kanal) und die Steuerdaten des Netzes (D-Kanal). Freie Bandbreite im D-Kanal steht für Packet Switch Dienste zur Verfügung.

Noch interessanter sind die Dienste für Frames. Frames bezeichnen, im Gegensatz zu Packets, nicht die Pakete auf Layer 3, sondern die Datenrahmen auf Layer 2. Diese können bei ISDN in ganzzahligen Vielfachen von 1 Byte in die Zeitschlitze des synchronen TDM eingestellt werden. Anders als bei der Nutzung des TDM im B-Kanal bei Circuit Switch sind Zeitschlitze für Frame Services nicht in fester Folge an gewisse Verbindungen vergeben, sondern werden den Frames bei Bedarf zugewiesen. Ein Frame kann sich also über eine variable Anzahl von Bytes erstrecken und muß sich nicht regelmäßig wiederholen. Frame Switch erfordert an jeder Vermittlungsstelle eine Prüfung der Daten und führt Flow Control durch, Frame Relay unterstützt diese Funktionen nicht. Beide Verfahren des ISDN sind aber verbindungsorientiert, da vor der Datenübermittlung eine virtuelle Verbindung erstellt werden muß, in deren Rahmen auch die Vergabe der VCI, also der Identifikationsnummer für alle Frames einer Verbindung erfolgt. Frame Switch und Frame Relay über ISDN setzt besondere Funktionen der Vermittlungsstellen voraus, die nicht von jedem Anbieter eines ISDN - Netzes unterstützt werden. Insbesondere Frame Relay hat sich aber, ausgehend von ISDN, zu einem sehr populären Dienst für die Kommunikation zwischen LAN`s entwickelt, der unabhängig von ISDN auch über andere Netze angeboten werden kann. Auch X.25 Netze können, entsprechend gute digitale Leitungen vorausgesetzt, auf Frame Relay umgerüstet werden. Frame Relay wird wegen seiner Bedeutung im nächsten Abschnitt getrennt beschrieben.

🖫 Die Datendienste des ISDN nutzen keinen TDM im Sinne des B-Kanals, sondern "Frames" variabler Länge. Frame Switch und Frame Relay werden nicht von allen ISDN - Netzen angeboten, Frame Relay hat sich zu einem von ISDN unabhängigen eigenen Dienst entwickelt.

8

8.1.1.5 Frame Relay

Frame Relay wird auch als abgespeckte Version von X.25 bezeichnet. X.25 mit seinem extrem großen Aufwand für die Fehlerkorrektur auf den Ebenen 2 und 3 war auf die unsicheren Leitungen der ersten Generation von Datennetzen abgestimmt. Die qualitativ hochwertigen digitalen Infrastrukturen der PDH und SDH liefern die Daten auch ohne Fehlerkorrektur mit hoher Wahrscheinlichkeit einwandfrei ab. Außerdem beinhalten nahezu alle Anwendungen der höheren Schichten aus Gründen der Sicherheit eigene Verfahren für die sichere Übertragung und die Behandlung von Fehlern. Aus diesem Grund verzichtet Frame Relay weitgehend auf Fehlerkorrektur und Flow Control.

Der Dienst des Frame Relay ist verbindungsorientiert und wird aufgrund der guten Qualität moderner Leitungen ohne Fehlerkorrektur und ohne Flow Control zwischen Übergabepunkten betrieben.

Die Vermittlung findet ausschließlich auf der Ebene 2, dem DLL statt, was die Arbeit der Knotenstellen deutlich beschleunigt. Bei X.25 müssen die im Multiplex auf Ebene 3 des Senders verpackten Pakete zuerst komplett empfangen und analysiert werden. Anschließend erfolgt die Vermittlung durch Veränderungen am Multiplex der Ebene 3, schließlich die Weiterleitung des neuen Multiplex über Ebene 2. Diesen Vorgang nennt man auch Store-and-Forward. Frame Relay wartet nicht das Ende eines Frames ab, sondern reiht das ankommende Frame auf Ebene der Vermittlungshardware sofort in die Warteschlange des entsprechenden Ports für den Transport zum nächsten Knoten ein. Bei X.25 müssen Router aufgrund des Store-and-Forward alle Pakete in einem Zwischenspeicher ablegen. Um die Größe dieses Speichers zu begrenzen, wird meist mit relativ kleinen Paketen gearbeitet. Dieses Problem entfällt bei Frame Relay, Pakete bis zu einer Größe von 4 Kbyte sind möglich, die typische Größe liegt bei etwa 1,6 KByte. Dies wiederum reduziert die pro Datenmenge nötige Anzahl von Headern und damit den Protokolloverhead. Die mit Frame Relay heute übliche Datenrate beträgt maximal 2 Mbit/sec.

Frame Relay vermittelt in Layer 2 ohne komplexe Auswertungen des Inhaltes der Frames. Es sind Rahmen bis zu 4 KByte (typisch 1,6 KByte) möglich, was den Protokolloverhead reduziert.

Die Frames verfügen über eine einfache Prüfsumme. Stellt ein Knoten bei Eingang des Frames fest, daß dieses beschädigt ist, wird das Frame ohne weiteren Aufwand einfach entfernt. Rahmenverluste entstehen auch durch überlastete Knoten, die den anfallenden Verkehr nicht mehr bewältigen können. Dieser Fall tritt an Vermittlungsstellen auf, deren Eingangsports bei viele Frames zu einem einzigen Ausgangsport liefern, dessen Warteschlange dadurch überfüllt wird. Um Verstopfung zu vermeiden, erfolgt bei Frame Relay (kurz FR) im Zusammenhang mit dem Verbindungsaufbau eine Festlegung der vom Benutzer benötigten mittleren Bitrate, der sogenannten CIR oder Commited Information Rate. Dies ist die mindeste dem Teilnehmer für seine Übermittlung garantierte Datenrate. Im Regelfall ist es aber möglich, diese Rate bei Bursty Traffic weit zu überschreiten. Welche Größe solche Bursts oberhalb der CIR maximal haben dürfen, wenn genug Bandbreite vorhanden ist, regelt der Parameter der "commited Burst Size". Überschreitet ein Sender langfristig diese Rate, so werden seine Frames mittels einer Markierung zur Ausmusterung freigegeben. Solche Frames werden an überlasteten Knoten des Netzes zuerst verworfen. Registriert ein Knoten drohende Überlast, so meldet er dies mit Hilfe eines speziellen Signalbits nach vorne und hinten an Sender und Empfänger weiter, die ihre Übertragungsrate dann reduzieren.

Ignoriert eine Verbindung diesen Hinweis, so werden deren Pakete gleich am ersten Vermittlungsknoten des Netzes ausgesondert.

Frame Relay garantiert eine minimal Datenrate, die CIR (Commited Information Rate), die in Spitzen kurzzeitig weit überschritten werden darf. Im Überlastfall fordert das Netz die Sender zur Mäßigung auf, im Extremfall werden Pakete verworfen.

FR wird im Regelfall als permanent geschaltete Verbindung betrieben. Solange kein technischer Fehler auftritt, bleibt die bei der Anmietung erstellte Verbindung zweier Anschlußpunkte des FR statisch erhalten. Neben derartigen, als "Permanent Virtual Circuit" (PVC) bezeichneten Verbindungen bieten Netze mit FR verstärkt die Alternative, Verbindungen kurzfristig im Wählverkehr zur Erweiterung der Bandbreite anzufordern ("Switched Virtual Circuit" oder SVC). PVC eignen sich für PVN und stellen eine ideale Migration von Leased Lines dar. Vorteilhaft wirkt sich dabei aus, daß im Gegensatz zu Leased Lines keinerlei Routingfunktion am Ort der Kundennetze zwischen den "dummen" Standleitungen erforderlich ist. Der Leitungsaufbau bei SVC´s folgt dem Schema, das auch bei ISDN und ATM zum Einsatz kommt und basiert auf dem Adreßschema nach X.121. Eine weitere Funktion des FR unterstützt die Einrichtung von Multicast VC´s, die mehrere Empfänger mit den Frames eines Senders versorgen.

Neben den weitgehend statischen Mietverbindungen der Permanent Virtual Circuits (PVC) gewinnen auch Wähldienste (Switched VC´s) im Frame Relay an Popularität.

8.1.2 Internetworking und Protokolle

8

8.1.2.1 Aufgaben des Internetworking

Auf die vielfältigen Verschiedenheiten der Datennetze und der von ihnen angebotenen Dienste hat bereits der Abschnitt 7.2.3. hingewiesen. Die heterogene Struktur der Adressen war einer der Gründe für die Einführung eines dritten Layers, des Network Layers. Dort erfolgt ein übergreifendes Routing, das die Aspekte der einzelnen lokalen und überregionalen Netze vor der Anwendung verbirgt. Der Network Layer erstellt eine Ende-zu-Ende Verbindung über viele Netze hinweg und isoliert deren Struktur von den Fragen der Punkt-zu-Punkt Verbindungen in den einzelnen Teilnetzen. Dies stellt aber nur einen der Aspekte des Internetworking dar. Im schlimmsten Fall basieren die Netze, die es zu verbinden gilt, auf verschiedenen Protokollstapeln für alle 7 Schichten. Die an der Schnittstelle zwischen solch verschiedenartigen Netzen eingebauten Verbindungssysteme oder Intermediate Systems (IS) lösen die Protokolle eines Netzes in diesem Fall bis hinauf zur Anwendungsebene auf und geben sie anschließend auf dem Stapel der Protokolle des anderen Netzes Schritt für Schritt nach unten bis zur physikalischen Ebene weiter. Je nachdem, bis hinauf zu welcher Ebene ein IS arbeitet, unterscheidet man Bridges (Layer 2 oder Data Link Layer), Router (Layer 3 oder Network Layer) und Gateways (Layer 4 und darüber).

Die Verbindung zwischen Netzen kann auf unterschiedlicher Höhe im Protokollstapel erfolgen. Bridges arbeiten auf dem Data Link Layer, Router auf dem Network Layer, Gateways auf allen höheren Ebenen.

Auf Basis der WAN Technologien entstanden im Verlauf der Zeit eine große Zahl eigenständiger logischer Netze, die von unterschiedlichen Organisationen betrieben wurden. Dies umfaßt Netze der nationalen Regierungen, Forschungsnetze, Netze des Verteidigungssektors, Netze großer Unternehmen und öffentliche Netze für Privatkunden. Der Begriff "logisches Netz" erweist sich für das Problemverständnis deshalb als wichtig, weil diese Netze teils auf identischen physikalischen Leitungen laufen. Eine Einheit, wie das deutsche Forschungsnetz (DFN), besteht nicht aus eigens zu diesem Zweck verlegten Kabeln, sondern aus virtuellen Leitungen, die als Bandbreite z.B. in Netzen der Telekom angemietet und von dieser auch betrieben werden. Global gesehen gibt es eine Sammlung von logischen Netzen, die alle sämtliche Hierarchieebenen von internationaler Übermittlung bis zu einzelnen Arbeitsplätzen in einem LAN abdecken. Diese Netze werden parallel und unabhängig voneinander betrieben und deshalb als "autonomes System" bezeichnet. Datenvermittlung, Protokolle, Hardware und Organisation sind in jedem dieser autonomen Systeme eigenständig. Die Integration solcher Netze nennt man Internetworking. Internetworking ist damit ein Begriff, der vom öffentlich zugänglichen weltweiten Internet - Dienst zu trennen ist. "Das Internet" ist eine durch Internetworking entstandene logische und weltweit einheitliche Netzstruktur.

Internetworking verbindet offen und systemunabhängig autonom entstandene und betriebene Netze, die selbst wieder ein geschlossenes Internetwork aus vielen WAN´s und LAN´s sein können.

Neben der Anpassung und Umrechnung von Adressen erstreckt sich die Aufgabe des Internetworking auf eine Reihe von Harmonisierungsfunktionen zwischen heterogenen Netzen. Ein zuverlässiger Dienst, der einem System in seinem lokalen Netz zur Verfügung steht, kann im Falle einer Internetverbindung womöglich nicht von allen entlang der Strecke beauftragten Teilnetzen garantiert werden. Die in den Netzen möglichen Paketgrößen sind stark unterschiedlich, ein Internetworking erfordert deren Anpassung an den Schnittstellen der einzelnen Netze. Letztlich sind auch die Fragen eines netzübergreifenden Verzeichnis-, Routing- und Lastverteilungsverfahrens zu klären. Diese Dienste dienen unter Anderem der Lösung folgender Probleme: Eine Station sucht die logische Layer 3 - Adresse eines ihr unbekannten Empfängers, eine Vermittlungsstation sucht die zu einer logischen Adresse auf Layer 3 gehörige physikalische Adresse des Layer 2 im betroffenen lokalen Subnetz. Vermittlungsknoten suchen nach dem idealen Weg für ein Datenpaket und sollen zudem auch den Netzverkehr optimal auf alle verfügbaren Wege verteilen, weshalb die Vermittlungsstellen selbst Zusatzinformationen austauschen müssen, um Informationen über Netzlasten zu erhalten.

Neben Funktionen des Datenverkehrs selbst umfaßt die Aufgabe des Internetworking auch die Optimierung der Lastverteilung und die Bereitstellung von Verzeichnisdiensten.

8.1.2.2 Internetprotokoll IP und ISO IP

Als einheitliche Basis für den Betrieb von Internets gilt der ISO - IP Standard. Er beschreibt den Layer 3 eines Internet für ein verbindungsloses Verfahren und unterscheidet innerhalb dieser Ebene drei Sublayer: Der unterste, Sublayer 3a, ist das Subnetwork - dependent Acess Protocol (SNDAP), das für Zugriffe auf die Dienste des Layer 2 an der Schnittstelle zu einem Subnetzwerk des Internet zuständig ist. Der oberste Sublayer bildet den eigentlichen Kern der netzwerkübergreifenden Idee des Layer 3 und heißt daher SNICP (Subnetwork - independent convergence Protocol). Das SNICP ist für alle Netze identisch, die Anpassung zwischen dem vom jeweiligen Netzwerktyp abhängigen SNDAP und dem SNICP erfolgt im mittleren Sublayer der Schicht 3, dem Subnetwork - dependent Convergence Protocol (SNDCP). Mit Hilfe von ISO-IP (oder anderen Protokollen des Layer 3) kann ein unzweideutiges Adreßformat über ein Internet aus autonomen Netzen gelegt werden, das von deren eigener logischer und physikalischer Struktur unabhängig ist. Aus Sicht der Anwendungen oberhalb des Network Layer sind die Stationen aller autonomen Systeme Teilnehmer eines gemeinsamen Netzes. Der SNICP des ISO Standards beruht auf dem de-facto Standard IP, der zusammen mit TCP im Rahmen der Forschungsarbeiten zur Paketvermittlung in USA entstanden war. Das gesamte Protokoll wird als TCP/IP bezeichnet, IP oder Internet Protocol steht für die Funktionen des Layer 3, TCP oder Transport Control Protocol für jene des Layer 4. Das ISO Protokoll ist von der Grundidee identisch, unterscheidet sich aber in Einzelheiten deutlich von IP. ISO-IP oder auch ISO CLNP steht für Schicht 3, die Dienste der Schicht 4 sind in einer Familie von TP - Protokollen organisiert, die verschiedene Dienste anbieten und mit TP0 bis TP4 bezeichnet werden.

Internetworking nach ISO ist verbindungslos (CLNS), der einheitliche Teil des Network Layer Protokolls heißt IP oder ISO-IP.

Alle Daten der höheren Schichten werden als IP Pakete übertragen. Die Größe der Pakete sind dabei so bestimmt, daß entlang der Strecke die Erfordernisse aller lokalen Netze erfüllt werden können. IP - Pakete enthalten die Adressen von Sender und Empfänger, zudem eine Reihe von weiteren Verwaltungsinformationen. Der Nutzdatenteil oder Payload eines IP Paketes kann bis zu 65 kByte lang sein. ISO-IP basiert auf dem Adreßformat von X.121, wie es bei X.25 beschrieben wurde. IP verwendet ein hierarchisches Adreßmuster nach Abbildung 8.3. Die Länge der IP Adressen beträgt 32 Bit, die in einen Teil zur Identifikation des Netzes und in einen Teil zur Identifikation des in diesem Netz adressierten Rechners oder Host getrennt werden.

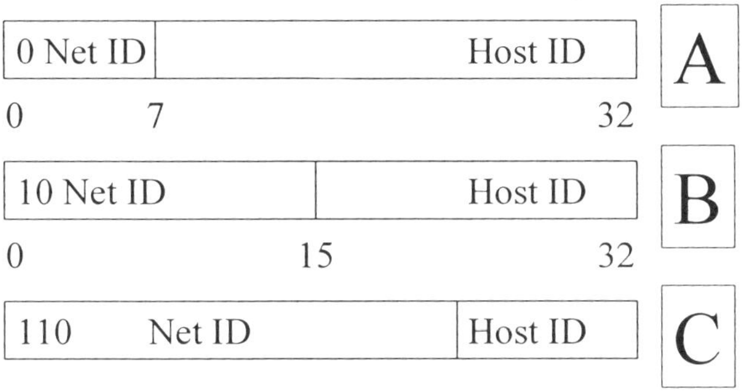

Abbildung 8.3 Adressen im Internet nach IP

IP hat also eine zweistufige Hierarchie für die Organisation der logischen Adressen für alle Teilnehmer eines Internets. Um die aus Sicht des Internets einheitlichen Anschlüsse übersichtlich in Hierarchiestufen einzuordnen, unterscheidet man drei Klassen von Adressen, je nach der Anzahl der in einem logischen Subnetz möglichen Rechner: Class A - Adressen bezeichnen die größten 127 logischen Netze mit bis zu 16,7 Millionen Endgeräten pro Netz. Jedes der 16000 Class B - Netze kann 65000 Hosts haben, Class C - Netze haben nur 256 Hosts, dafür kann es aber bis zu 2 Millionen solcher Netze geben.

ISO-IP Adressen basieren auf dem Format X.121 (siehe auch X.25). IP nutzt ein eigenes zweistufig hierarchisches Adreßformat, das eine Organisation in logische Subnetze dreier Größenklassen zuläßt.

Da auch die lokalen Netze eine Option auf eine innere Hierarchie haben sollen, kann der HOST - ID Teil des Formates noch nach eigenem Ermessen in eine lokale Subnetz ID und eine ID für jeden Host in diesem Netz geteilt werden. Die Aufteilung der Länge für die beiden Teilstücke ist frei und wird an der Schnittstelle vom lokalen Netz zum Internet über eine Adreßmaske korrekt festgelegt. Die Abbildung 8.4 zeigt, wie man sich die Aufteilung im Falle einer IP Adresse in einem Netz der Klasse B vorstellen kann. Zusätzlich zu A, B und C gibt es noch die Klasse D, die mit der Bitfolge 1110 beginnt und Multicast unterstützt. Die Gruppe von Stationen, auf die Daten mit dieser ID verteilt werden sollen, wird mit dem restlichen Teil des 32 Bit langen Adreßwortes angegeben. IP Adressen werden meist in "Dotted Dccimal" geschrieben, die 4 dezimale Werte für jeweils 8 Bit der Adresse durch Punkt getrennt darstellt. Eine solche Adresse liest sich "127.3.2.3" für eine B-Class Adresse mit der Netz-ID 127.3 und der Host-ID 2.3. Damit ist die Darstellung der Adressen leichter lesbar und übersichtlicher als in Form einer Bitfolge.

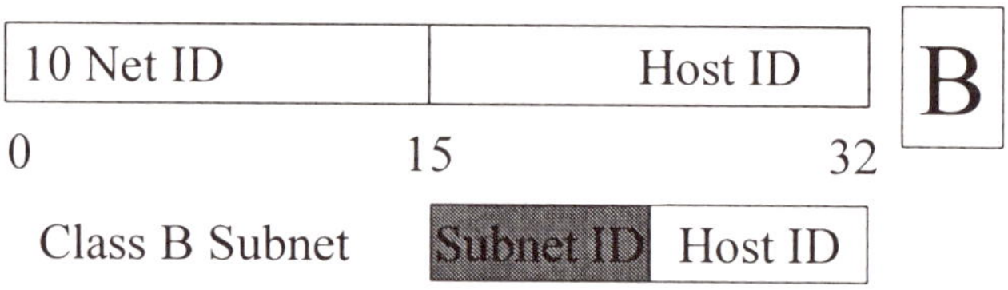

Abbildung 8.4 Subnet - Mask für B-Klasse Adressen

IP Adressen werden als Dotted Decimal geschrieben, die Bitfolgen also byteweise als dezimale Zahl zwischen 0 und 127 interpretiert. Beispiel: 123.3.2.3

Die Trennung der logischen Struktur des Internets von den Strukturen der autonomen Systeme hat eine Reihe von Vorteilen. Sie erlaubt es beispielsweise, ein Unternehmensnetz, das weltweit durch die Nutzung von virtuellen Leitungen in verschiedenen autonomen Systemen entsteht, mit einer einheitlichen Netz - ID auszurüsten. Auch wenn das Netz des Unternehmens in USA als Subnetz einer ganz anderen Organisation betrieben wird als der Teil in Deutschland oder Japan, haben doch alle Stationen die logische Netzadresse in IP.

Die Organisation des IP legt über die von den autonomen Systemen genutzte physikalische Struktur eine unabhängige Organisation für logische Netze.

8.1.2.3 Lastverteilung und Routing im Internet

Ein Internet besteht aus einer Menge von großen Einzelnetzen, die über eine gemeinsame Struktur verbunden sind und als autonome Systeme bezeichnet werden. Die wichtigste Rolle bei der Verbindung dieser Netze spielen die Router, die an den Schnittstellen zwischen den Netzen für die Weiterleitung der Pakete zuständig sind. Zu diesem Zweck unterhält jeder Router, der zwei oder mehr Subnetze miteinander verknüpft, eine Vermittlungstabelle. Sie verzeichnet im Idealfall für jede der möglichen Empfängeradressen den zur optimalen Weiterleitung nötigen Port, also den Ausgang in das nächste Subnetz und die in diesem Subnetz benötigte Adresse für den nächsten Empfänger auf dem Weg des Pakets. Dieser Empfänger kann wieder ein Router sein, oder auf der untersten Ebene der Vermittlung auch der Empfänger selbst. Da das IP Format eine hierarchische Adresse mit zwei Ebenen ist, braucht jeder Router für Hosts, die sich nicht in einem direkt mit ihm verbundenen Netz befinden, nur die Netz - ID auszuwerten und die zugehörige physikalische Weiterleitung durchzuführen. Anders ausgedrückt: Der Router sorgt durch eine korrekte Auswahl der lokalen Punkt-zu-Punkt Verbindungen für eine Optimierung der Ende-zu-Ende Verbindung.

Router bilden das Rückgrat eines Internets. Sie halten Tabellen vor, die für jede IP Adresse das beste von ihnen aus erreichbare Teilstück auf dem weiteren Weg eines Paketes enthalten

Eine der Aufgaben des Internetworking ist also die Erstellung und Anpassung der Tabellen in den Routern. Veränderungen im Netz sollen automatisch registriert, die Lasten möglichst ideal verteilt werden. Deshalb kommunizieren die Router untereinander und tauschen Informationen über die Lastsituation und den Inhalt ihrer Routingtabellen aus. Die Pflege der Routingtabellen besteht zu einem großen Teil aus der Abbildung der globalen IP Adressen auf die lokalen Adressen des Teilnetzes für das nächste Teilstück des Weges. Das lokale Adreßformat ist nicht von der logischen Organisation des Internet, sondern von der logischen und physikalischen Organisation des betreffenden Teilstücks in einem autonomen Systems bestimmt. Deshalb unterscheidet man drei Arten für den Austausch von Adressen und anderen Routing - Informationen innerhalb der IP - Definition.

Neben der Vermittlung der Daten tauschen die Router untereinander Daten zur Aktualisierung ihrer Routingtabellen und zur Steuerung der Netzlast aus.

Das ARP (Adress Resolution Protocol) als integraler Bestandteil von IP hält in jedem angeschlossenen Rechner eine Liste der logischen und zugehörigen lokalen physikalischen Adressen der ihm bekannten Gegenstellen im Speicher. Ist zwar die logische IP Adresse, nicht aber die physikalische Adresse eines Empfängers im lokalen Subnetz bekannt, verschickt ARP die IP Adresse des unbekannten Empfängers an alle Stationen im Netz mit der Bitte, die zur IP Adresse gehörige Station möge durch Rücksendung des Pakets doch ihre darin enthaltene physikalische Adresse mitteilen. Ist die Adresse nicht im lokalen Netz, aber als Ziel einem der am Subnetz angeschlossenen Router bekannt, wird die Anfrage mit der physikalischen Adresse des Routers beantwortet und alle Pakete für diesen entfernten Partner zukünftig an den Router geschickt, der dann die Weiterleitung übernimmt. Ist auch dem Router das Ziel nicht bekannt, so leitet dieser die Anfrage an alle anderen Netze im gleichen autonomen System weiter. Zu diesem Zweck benutzt er das IGP oder Internal Gateway Protocol. Findet sich auch innerhalb des autonomen Systems per IGP keine zur IP Adresse gehörige Station, so setzt sich das Spiel auf der höchsten Ebene fort, wo alle autonomen Systeme miteinander verbunden sind. Zu diesem Zweck verwenden sie das EGP oder Exterior Gateway Protocol.

Die Protokolle ARP, IGP und EGP dienen zur Kommunikation zwischen Routern und liefern lokal, im eigenen autonomen System oder über autonome Systeme hinweg die zu einer logischen IP gehörige physikalische Adresse oder den nächsten Vermittler auf dem Weg dorthin.

IGP und EGP liefern auch ein Verfahren für die dynamische Verwaltung von Routingtabellen. Im Grundsatz verläuft die Bestimmung des besten Routingweges wie folgt: Beim Einschalten schickt jeder Router ein "Hello" - Paket an alle seine Nachbarn, deren physikalische Adressen er im Rahmen der Installation erhalten hat. Daraufhin antworten alle Router im gleichen Subnetz und der neue Router bestimmt die "Kosten" für den Weg zu jedem seiner Nachbarn aufgrund der Laufzeit für den Datenaustausch oder anderer Parameter. Es entsteht eine Tabelle, die für alle Nachbarn einen Vergleich der "Kosten" ermöglicht, unter denen jeder aus Sicht dieses Routers zu erreichen ist. Diese Informationen tauschen alle Router regelmäßig untereinander aus. Jeder neue Router erhält von seinen Nachbarn Informationen über die Leitungskosten zu weiter entfernt liegenden Routern und kann im Laufe der Zeit immer bessere Aussagen über den optimalen Weg zu allen Subnetzen treffen.

8.1.2.4 CIDR und IPv6 - die Zukunft im Internet

Die Popularisierung des öffentlichen Internet bringt den in die Jahre gekommenen Network Layer des Internet an seine Grenzen. Insbesondere der Mangel an verfügbaren Adressen, die umständliche und zeitraubende Verarbeitung der umfangreichen Header der IP Pakete und die fehlende Möglichkeit, verschiedene Dienste zu spezifizieren, verlangt nach verbesserten, aber mit dem existierenden Netz kompatiblen Verfahren. Langfristig soll das Internet mit einer neuen Version von IP, der IP Version 6 (IPv6), betrieben werden. Das besonders akute Problem der Adreßvergabe duldet jedoch keinen Aufschub bis zur vollständigen Umstellung auf IPv6. Wäre die gesamte mögliche Anzahl an Class-C Adressen tatsächlich vergeben, bräuchte jeder Router über 2 Millionen Adreßeinträge im Routing Table. Dies erhöht die Verarbeitungszeit pro Router und verschlechtert den Datendurchsatz.

Das schnelle Wachstum des öffentlichen Internet und die Anforderungsprofile multimedialer Daten erfordert eine Überarbeitung des Network Layer und eine kurzfristige Lösung für den Mangel an IP - Adressen und die zunehmende Größe der Routing-Tabellen.

Der Engpaß der IP - Adressen beruht auf der unglücklichen Wahl der Größe für die drei Netzwerkklassen. Viele Unternehmen, die heute weit unter 100 Systeme am Internet betreiben, fühlen sich durch die Eingrenzung auf 256 mögliche Adressen eines Netzwerkes der Klasse C langfristig in ihren Möglichkeiten eingeengt und beantragen deshalb Klasse B. Die darin mögliche Zahl von maximal 65.000 Rechnern ist aber für die meisten Unternehmen wiederum zu groß. Da es nur 16.000 Netze der Klasse B gibt, besteht eine Knappheit für Adressen der B-Klasse, während insgesamt 2 Millionen Klasse C Adressen möglich wären. Alle Netze der Klasse C zusammen können zwar etwa 500 Millionen Rechner, jedes einzelne aber nur 254 Rechner tragen. Daher hat man sich auf ein sogenanntes Classless Inter Domain Routing oder CIDR geeinigt, das dem Benutzer einen Block aus Adressen der Klasse C anstelle einer einzigen Adresse der Klasse B zuweist. Benötigt ein Anschluß also 4000 Adressen, so erhält er 16 Adressen der Klasse C. Zusätzlich teilt CIDR die Adressen der Klasse C oberhalb 194.0.0.0 nach Ländern auf, so daß sich eine geographische Hierarchie und damit eine Verkleinerung der Routing Tabellen ergibt. Alle Pakete, die mit 194.x.x.x oder 195.x.x.x beginnen, gehen nach Europa, Pakete der Adressen 198.x.x.x bis 199.x.x.x. nach Nordamerika.

Die Knappheit an Adreßklassen geeigneter Größe im Bereich der Klasse B wird durch die Zuweisung von Blöcken aus Adressen der Klasse C umgangen. Zusätzlich definiert dieses Classless Inter Domain Routing (CIDR) eine geographische Hierarchie für Adressen der Klasse C.

IPv6 unterscheidet sich von IPv4, der heute betriebenen Variante des IP, in folgender Weise: 16 Byte lange Adressen sorgen für einen unbegrenzten Adreßraum. Bisher grundsätzlich in jedem Header vorhandene Daten sind nun nicht mehr zwingend vorgeschrieben, der Header enthält nur die Quell- und Zieladresse und einige Zusatzinformationen, gesamt noch 7 Felder statt der 13 in IPv4. Weitere Daten können in optionalen zusätzlichen Headern angehängt werden. Zudem bietet IPv6 Funktionen für die Autorisierung von Zugriffen auf geschützte Quellen und zum Schutz der übermittelten Daten.

8

IPv6 als modernisiertes IP unterstützt 16 Byte lange Adressen, einen verkürzten Header für beschleunigtes Routing, Sicherheitsfunktionen für Datenschutz und Autorisierung, die Diensteauswahl auf dem Network Layer und Priorität für Multimedia Ströme.

IPv6 unterteilt den Adreßraum nach verschiedenen Mustern, die alle parallel zueinander existieren können. Adressen mit Nullen in den ersten acht Bit, also 1/256tel der gesamt möglichen Adressen, dienen dem Transport der klassischen IPv4 Adressen und dem Transport von IPv6 Adressen über IPv4 Leitungen. Ein doppelt so großes Kontingent wurde für OSI Adressen, ein anderes für Adressen von Novell Netware - Produkten fest vorgesehen. Zudem existiert ein Teil des Adreßraumes in Form einer geographischen Hierarchie ähnlich dem Telefonnetz. Ein getrennter Bereich ist Netzbetreibern zugeteilt, die Internetdienste anbieten und die ihr eigenes Segment an Adressen verwalten können. Ein weiterer Vorteil von IPv6 ist die Verbesserung des Multicasting im Internet. Anstelle des Versands identischer Pakete an jeden der Adressaten einer Empfängergruppe ist die Einrichtung eines Netzes (M-Bone) aus Multicastservern (sogenannte M-Router) vorgesehen. Multicastpakete werden mit einer Adreßliste als Einzelstücke an den nächstliegenden M-Router versandt, der die Pakete für Empfänger seines Verantwortungsbereiches kopiert und verschickt.

8.1.3 Beispiele für das Internetworking

8.1.3.1 Remote Bridges über WAN

Im Folgenden zeigen einige Beispiel, wie sich die Protokolle und Netze bei unterschiedlichen Anwendungsfällen von Internetworking zu einem System ergänzen. Im ersten Fall betrachten wir die Verbindung zweier identischer LAN's nach 802.X über ein dazwischen liegendes ISDN - Netz. Abbildung 8.5 zeigt die an den LAN's angeschlossenen Endgeräte, die Verbindungssysteme (IS) zwischen den LAN's und dem WAN und die Protokollstapel für die ersten vier Ebenen in den Endgeräten und den IS. Da es in diesem Beispiel keinerlei Routing im WAN gibt, das von den LAN's benutzt werden müßte, ist die Aufgabe einfach zu lösen. Es gibt nur ein Ziel im WAN und dieses Ziel ist immer identisch. Deshalb benötigt man keine Schicht drei, auch wenn eine solche unabhängig von der WAN - Verbindung in den LAN's aus anderen Gründen benutzt werden sollte. Die Verbindung entspricht der Aufgabe einer verteilten Bridge, deren beide Hälften sich an den beiden Seiten der festen WAN - Verbindung befinden. Diese Art von Geräten nennt man Remote Bridges.

8

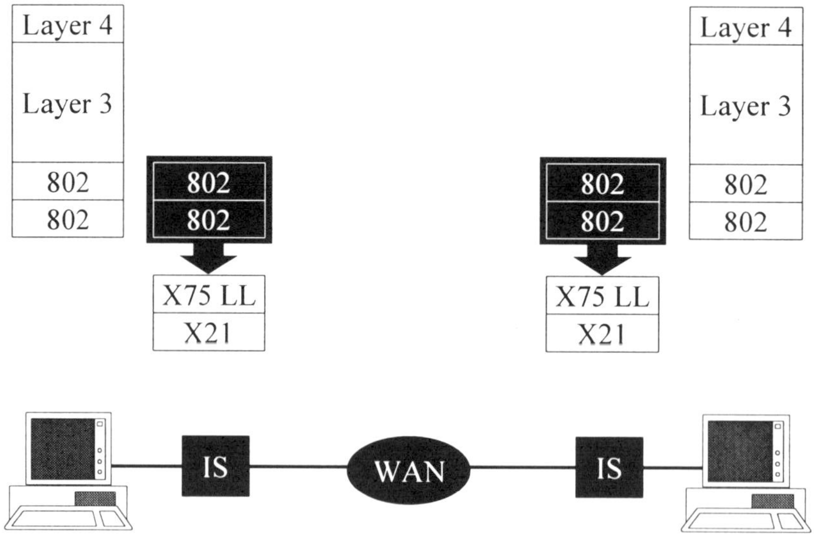

Abbildung 8.5 Tunneling zwischen LAN's über Remote Bridge

🖫 **Die feste Verbindung zweier LAN´s über ein WAN ohne Inanspruchnahme von Vermittlungsfunktionen kann auf Layer 2 durch eine "geteilte" Bridge mit Hälften auf beiden Seiten der WAN - Leitung gelöst werden. Diese Bridges heißen "Remote Bridges".**

Die Arbeit der Remote Bridge findet auf Layer 2 statt. Anstatt die Protokolle des LAN überhaupt auszuwerten, verpackt die Remote Bridge unseres Beispiels jedes Paket des LAN als geschlossenen Dateninhalt in das Innere eines Datenpaketes nach X.75, dem Protokoll für Punkt-zu-Punkt Verbindungen über ISDN. Die feste Zieladresse im ISDN wurde bei der Remote Bridge zum Zeitpunkt der Installation eingestellt. Die Anwahl des Gegenstücks erfolgt entweder bei Bedarf (Dial on Demand) oder aber nur einmal pro Tag, je nach Aufwand des Datenverkehrs und den vertretbaren Kosten. Man nennt diesen Fall der Netzverbindung auch "Tunneling", weil die Daten auf einem festen Weg durch das WAN wie durch einen Tunnel ohne Kontakt zu den anderen Komponenten des WAN´s geführt werden.

8.1.3.2 LAN / LAN Vernetzung über WAN

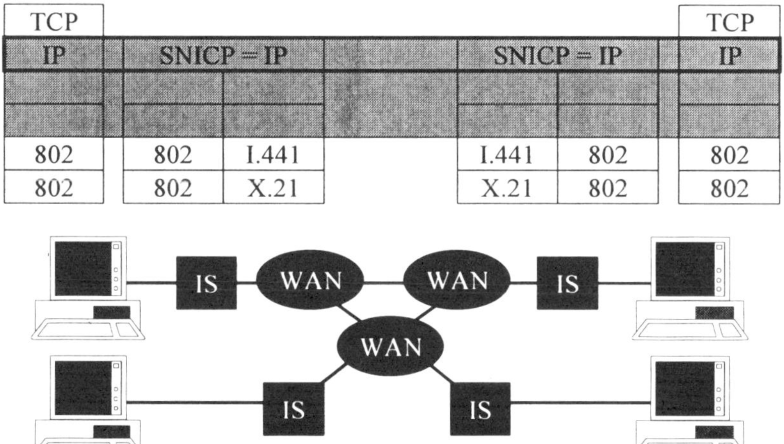

Abbildung 8.6 Internetworking über Frame Relay

Abbildung 8.6 zeigt ein Beispiel für Internetworking mit IP. Das WAN ist jetzt ein Netz aus Netzen, die intern und untereinander selbst Routing verwenden. Der Ansatz des Tunneling ist nicht möglich, da die Vermittlungsfunktionen auf der WAN - Ebene benötigt werden, um wechselnde Adressaten für die Pakete zu erreichen. Wir nehmen an, daß die WAN´s keinen eigenen Layer 3 verwenden, sondern deren interne Arbeit mittels eines geschlossenen Systems auf der Basis von Frame Relay bis einschließlich Layer 2 erfolgt. Das ist das Musterkonzept für die Begründung von IP. Wir setzen den Layer 3 auf die unteren Layer auf, die in den LAN´s aus 802.X stammen und für das Frame Relay durch dessen physikalische Schicht (X.21) und das I.441 auf Layer 2 gegeben sind. Es existiert also über den ganzen Weg hinweg ein einheitlicher Layer 3.

8.1.3.3 WAN / WAN Vernetzung - das Internet

Abbildung 8.7 weist auf den Fall eines heterogenen Layer 3 hin, der bei der Vernetzung von WAN´s auftreten kann. Als Beispiel verwenden wir ein WAN mit X.25. X.25 benutzt einen eigenen Network Layer, der für die Adressierung innerhalb X.25 nach dem Adreßformat X.121 sorgt. Betreibt man eine Verbindung zwischen LAN´s mit IP, steht man vor zwei Problemen: Erstens streiten sich an den Schnittstellen der IS nun zwei Protokolle um den Anspruch, die Schicht drei zu repräsentieren. Zweitens ist in den verbindenden WAN´s das Adreßformat weder des Senders noch des Empfängers bekannt. Zur Lösung des ersten Problems dient die Dreiteilung des Layers 3 nach ISO. Auf Layer 3 ist im X.25 das Protokoll X.25 PLP fest vorgegeben. Übergreifend zwischen den beiden LAN´s wird aber IP verwendet, so daß an den IS eine Umsetzung von IP auf PLP und umgekehrt erfolgen muß. Dazu dient der Sublayer des SNDCP. Probleme der Adreßauswertung werden per EGP und IGP gelöst. Als Ergebnis einer Anfrage und als Inhalt der Routingtabellen an den Übergangspunkten stehen dann nicht mehr die physikalischen Adressen, sondern die logischen PLP Adressen des X.25. Die Pakete werden als X.25 Pakete mitsamt der IP Adresse verpackt und solange auf der Basis des X.25 transportiert, bis wieder ein Übergang zu IP nötig ist.

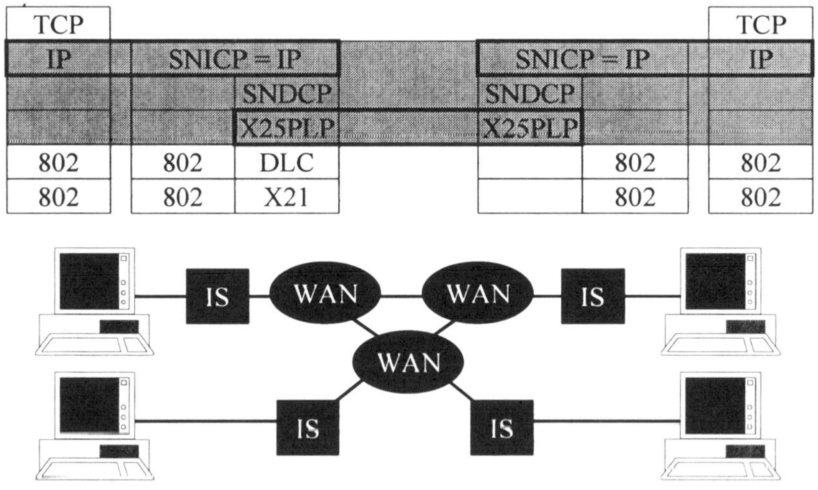

Abbildung 8.7 Internetworking mit heterogenem Network Layer

Internetworking zwischen Netzen mit verschiedenem Network Layer basiert auf der Funktionsteilung des Network Layer in drei

Sublayer. Weiterhin ist eine Umsetzung der Adressen für die korrekte Vermittlung der Pakete nötig.

8.2 Zukunftsperspektiven von Internetworking

8.2.1 Neue Diensteprofile

8.2.1.1 Netzwerke für "streaming media" und "Bursty Traffic"

Die bisher besprochenen Netze lassen sich in zwei grobe Kategorien einteilen: Netze auf der Basis von Circuit Switch mit einer unabhängig von deren Nutzung für die Dauer einer Verbindung kontinuierlich garantierten Bandbreite. Das Telefonnetz, also alle PSTN, repräsentieren diesen Ansatz. Ihre Leitungen sind natürlich nicht nur für Sprachsignale, sondern auch für alle anderen Signale geeignet, die einen kontinuierlich gleichbleibenden Strom an Daten erzeugen, beispielsweise Video oder Ton. Derartige Daten bezeichnet man auch als "streaming media". Circuit Switch kann man auch für unregelmäßige Datenlasten nutzen, dabei wird die Bandbreite der Leitungen aber schlecht genutzt. Die zweite Klasse von Netzen arbeiten nach Packet Switch und transportiert einzelne Datenpakete in unregelmäßiger Folge zwischen Sender und Empfänger. Sie ist für Anwendungen mit wechselnder Datenlast oder "Bursty Traffic" geeignet, da sie die Bandbreite dynamisch jenen Verbindungen zuteilen kann, die sie gerade benötigen. Dadurch ergeben sind aber potentielle Konflikte zwischen den Verbindungen, die bei Circuit Switch ausgeschlossen sind. Konflikte bedeuten, daß Pakete nicht immer unversehrt, nicht immer in gleichbleibenden Abständen, nicht einmal in der richtigen Reihenfolge beim Empfänger ankommen. Damit sind sie für streaming media ungeeignet.

Netze mit Circuit Switch nutzen Bandbreite bei wechselnden Datenlasten nur schlecht aus, Netze mit Packet Switch können die für Mediendaten wichtigen Signalparameter nicht garantieren.

Konvergenz erfaßt auch die Geräte für Produktion und Konsum von medialen Inhalten. Im Bereich der Produktion von Bild und Ton kommen bereits in umfangreichem Maß digitale Rechnersysteme zum Einsatz. Für die nächste Generation der Endgeräte ist ebenfalls eine zunehmende Integration von Personal Computer und Unterhaltungselektronik abzusehen. Diese Entwicklung treibt den Wunsch nach integrierten Transportwegen für alle Datenformen voran und macht dabei auch vor Datennetzen nicht halt. Deshalb sollen zum Schluß dieses Kapitels die aktuellen Trends in Zusammenhang mit medientauglichen Datennetzen untersucht werden.

8.2.1.2 Echtzeitübermittlung und Filetransfer

Für die Übertragung einer insgesamt beim Empfänger erwarteten Datenmenge stehen zwei Verfahren zur Verfügung, die sich hinsichtlich der Nutzbarkeit auf der Empfängerseite unterscheiden. Stehen die Daten bereits während des Übertragungsvorgangs beim Empfänger nutzbar zur Verfügung, spricht man von Echtzeitübertragung. Werden die Daten zuerst als geschlossenes Datenfile über das Netz auf das Speichermedium des Empfängers übertragen und stehen erst nach Abschluß des Übertragungsvorgangs dort zur Nutzung bereit, spricht man von Off-Line Übertragung oder Filetransfer. Abbildung 8.8 stellt die beiden Verfahren gegenüber.

Echtzeitübertragung stellt den bereits übermittelten Teil der Daten schon während des Übermittlungsvorgangs beim Empfänger zur Verfügung, Filetransfer ermöglicht die Nutzung erst nach vollständiger Übertragung auf den Empfänger.

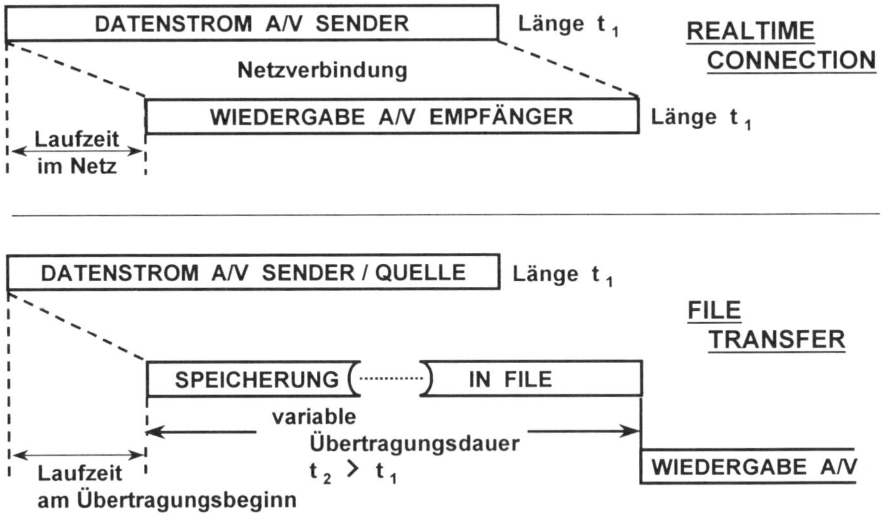

Abbildung 8.8 Echtzeitübertragung (oben) und Filetransfer

Die Frage, ob Filetransfer oder Echtzeitverbindungen genutzt werden sollen, ist davon abhängig, ob es sich bei den Daten um interaktive Daten und Streaming Media oder um Text- und symbolbasierte Anwendungen handelt. Bei der Übertragung eines Textes, der "irgendwann" beim Empfänger genutzt wird, bietet sich Filetransfer an. Es spielt die Geschwindigkeit der Übermittlung keine Rolle, solange die Wartezeiten insgesamt nicht zu groß und alle Textinhalte vollständig übertragen werden. Interaktive Kommunikation erfordert hingegen kurze Wartezeiten, die Daten werden dabei immer nur in der Sendereihenfolge beim Empfänger benutzt. Interaktion bedeutet schließlich die Reaktion auf ein vorher vom Netz empfangenes Ereignis. Gleiches gilt für Streaming Media, Sprache oder Videosequenzen werden nicht von hinten nach vorne, sondern ebenfalls in der Reihenfolge ihres Versands ausgewertet. Für beide Fälle bietet sich die Echtzeitübermittlung an.

8.2.1.3 Audio und Video: Isochrone Daten im Netz

Audio- und Video bestehen aus einer Folge von Datenblöcken fester Größe, die in einem exakt festgelegten Taktraster erzeugt werden. Im Falle von Audio sind dies die sogenannten Samples, die den Lautstärkewert des Schallsignals in Abständen der sogenannten Abtastrate enthalten. Video besteht aus Einzelbildern mit einer festen Zahl von Bildpunkten oder Pixel in horizontaler und vertikaler Richtung, sogenannten Frames. Pro Sekunde werden exakt 25 Frames erstellt, die die Datenworte für Helligkeits- und Farbinformationen aller Pixel enthalten. Die pro Zeiteinheit im Mittel erforderliche Datenrate ergibt sich als konstanter Wert durch die Zahl der Datenblöcke und deren Größe. Für eine Übermittlung solcher Daten ist es nicht nur wichtig, die im Durchschnitt erforderliche Datenmenge zu transportieren, sondern die Datenblöcke in genau festgelegten Abständen abzuliefern. Man spricht von einer isochronen Übertragung.

Für die Übertragung echtzeitkritischer Daten wie Audio und Video ist nicht nur eine garantierte mittlere Bandbreite, sondern auch ein exakter Abstand zwischen den Datenworten erforderlich. Man spricht von isochroner Übertragung.

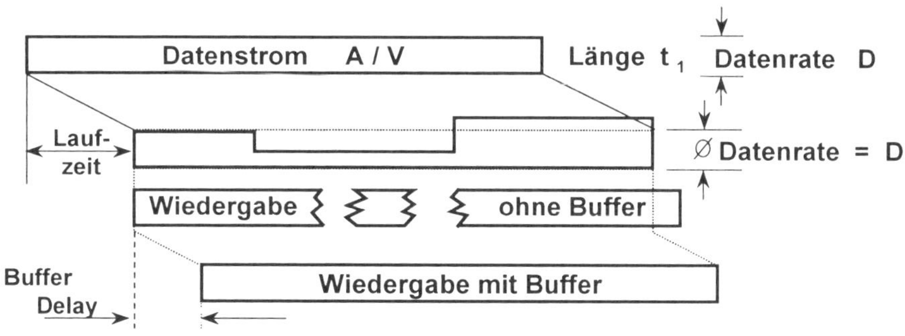

Abbildung 8.9 Ausgleich von Netzschwankungen über Puffer

Im Falle einer absolut synchronen Datenübertragung erübrigt sich das Problem der Taktraster. Wenn die Leitung über ausreichende Bandbreite verfügt, kommen die Daten auch im Takt der Einspeisung beim Empfänger an. Da eine derart exakte Synchronisation auf unendlich kleine Zeiteinheiten herab technisch nicht realisiert werden kann, müssen Schwankungen der Übertragungsmenge mit Pufferspeicher bei Sender und Empfänger ausgeglichen werden. Die Größe dieses Pufferspeichers hängt von der maximalen Schwankung der Übertragungsbandbreite aufgrund der Netzstruktur ab. Abbildung 8.9 zeigt, wie die mittlere Datenrate zwar ausreicht, aufgrund einer Schwankung zwischenzeitlich aber so wenig Daten übermittelt werden, daß der Strom der A/V - Inhalte abreißt.

Variationen in der Netzbandbreite bei der Übermittlung können über einen Pufferspeicher um den Preis einer Verzögerung des Wiedergabestarts abgefangen werden.

Die längste mögliche Verzögerung eintreffender Datenpakete gegenüber dem Rastertakt muß also durch Wiedergabe von bereits vorgepufferten Daten überbrückt werden. Dies erfordert, zu Beginn der Übertragung vor der Wiedergabe der ankommenden Daten, den Pufferspeicher zur Hälfte zu füllen. Dies ist mit einer Verzögerung verbunden. Anschließend versucht die Flow Control als Synchronisation zum Sender den Pufferspeicher immer um diesen Mittelwert herum gefüllt zu halten. Muß wegen extremer Schwankungen im Netz der beim Empfänger vorgehaltene Pufferspeicher so groß sein, wie die komplette zur Übertragung vorgesehene Dateigröße, so wird aus der gepufferter Echtzeitübertragung ein Filetransfer.

8.2.1.4 Netze und isochrone Daten

Die Fähigkeit eines Kommunikationsnetzes zur Übertragung isochroner Daten hängt von der mittleren Übertragungsbandbreite für einen Kanal und deren Konstanz über die Zeit ab. Ist die vom Netz realisierbare Übertragungsbandbreite im Mittel kleiner als die für die kontinuierlichen Audio- oder Videodaten erforderliche Informationsmenge pro Zeiteinheit, so scheidet die Möglichkeit einer Echtzeitübertragung aus. In diesem Fall muß das File als geschlossene Dateneinheit über das Netz zum Empfänger transportiert und dort abgespeichert werden.

Unterschreitet die Bandbreite des Netzes im Mittel jene der isochronen Daten, so können diese nur im Filetransfer übermittelt werden.

Ist die Netzbandbreite im langfristigen Mittel für die isochronen Daten ausreichend, bestehen jedoch große kurzfristige Schwankungen dieser Bandbreite um ihren Mittelwert, kann durch zu großen Abstand zwischen eintreffenden Datenpaketen der Puffer des Empfängers leer laufen, es entsteht ein Aussetzen in der Audio- und Videowiedergabe. Isochrone Übertragung braucht nicht nur eine garantierte mittlere Übertragungsbandbreite, sondern auch eine garantierte maximale Abweichung vom mittleren Paketabstand.

Für isochrone Übertragung muß ein Netz die mittlerer Bandbreite und enge Grenzen für deren maximale Abweichung während der Verbindung garantieren können.

Die für isochrone Datenübertragung aufgestellten Forderungen sind mit Circuit Switch sehr viel leichter zu realisieren als mit Packet Switch. Während bei Circuit Switch für die Verbindung zweier Punkte im Netz eine ausschließlich für diese Kommunikationsverbindung reservierte Leitung benutzt wird, besteht im Packet Switch die Gefahr, daß andere Teilnehmer das gemeinsam genutzte Medium irgendwo unterwegs so stark belasten, daß die Voraussetzungen für isochrone Datenübertragung nicht mehr gewährleistet werden können.

Circuit Switch bieten sich eher für die isochrone Datenübertragung an als Packet Switch.

8.2.2 Netzarchitekturen für isochrone Daten

8.2.2.1 Bandbreite, Prioritäten, Reservierung

Für den Umgang mit Bandbreite in einem LAN oder WAN hatten wir bisher eine Reihe von verschiedenen Ansätzen kennengelernt. LAN's erlauben entweder grundsätzlich kein Lastmanagement (Ethernet) oder einen mehr oder weniger komplexen Reservierungsmechanismus (Token Ring, Token Bus und FDDI). Die Philosophie der LAN's geht von einer Vermittlung ohne übergeordnete Verwaltungseinheit aus. Damit bleibt die Organisation der Last den Stationen in verteilter Manier selbst überlassen, basiert also auf einem Konzept von Fairneß. Das Grundverfahren der fairen Gleichverteilung realisiert man bei Token durch die lokale Auswertung der realen Umlaufzeit des Tokens seit dem letzten Kontakt und dessen Vergleich mit der erwarteten Umlaufzeit. Die Regulierung der Bandbreite erfolgt also durch den Versuch, "Fehler" oder "Fouls" im Nutzungsverhalten durch anschließende Korrekturen abzufedern. Deshalb kann keine Station genau vorhersagen, welcher Teil der Bandbreite ihr tatsächlich für die Übermittlung zur Verfügung stehen wird. 8

Die verteilte Korrektur der Bandbreite aufgrund der erwarteten Umlaufzeiten des Token bei Token Bus/Ring oder FDDI erlaubt keine Garantie hinsichtlich der einer Station zustehenden Bandbreite.

Reservierungsmechanismen erlauben, im Voraus für den nächsten Umlauf des Tokens, die Zustimmung der anderen vorausgesetzt, einen festen und garantierten Bandbreitenteil anzumelden und vom Netz zu erhalten. Diese Reservierung bleibt aber nur für die Dauer eines Umlaufes in Kraft und erfordert hohen Verwaltungsaufwand. Bei FDDI gibt es daher den optionalen Modus, einen Teil der gesamten Netzleistung dauerhaft für beantragte Garantielasten der einzelnen Stationen abzuzweigen. Da dieses Verfahren zwar die minimale Bandbreite garantiert, je nach realer Netzbelastung der Token aber in ganz unterschiedlichen Abständen die Stationen erreicht, ist eine isochrone Übermittlung nicht möglich.

Die lokalen, auf einen Umlauf begrenzten Reservierungen bei Token Ring/Bus und die über eine optionale Zentrale mögliche Zuweisung langfristig garantierter mittlerer Bandbreite sind aufgrund variabler Umlaufzeiten nicht isochron.

8.2.2.2 IIIE 802.6 DQDB

Eine tatsächlich isochrone Struktur setzt also offensichtlich ein festes Zeitraster im Sinne eines TDM voraus. Die beiden folgenden Beispiele beschreiben Netze, die sowohl für unsynchronen Packet Switch als auch für isochrone Daten geeignet sind. Während die bisherigen Netze als LAN oder WAN ausgelegt waren, hat der IIIE Standard 802.6 Regionalnetze oder Metropolitan Area Networks (MAN) zum Ziel. Im Gegensatz zum Token funktioniert die Bandbreitenverwaltung hier im Sinne eines first-in / first-out Prinzips (FIFO). Beim Token System sind sendebereite Stationen gezwungen, mit der Übertragung zu warten, bis alle in der Reihenfolge vorher stehenden Stationen ihre Wünsche abgearbeitet haben. Die feste Reihenfolge bedingt, daß Stationen unabhängig vom Zeitpunkt ihres Übertragungswunsches behandelt werden. Dies wird im 802.6 vermieden. Die Verkabelung besteht aus zwei unabhängigen Leitungen, von denen eine Upstream und eine Downstream, also jeweils nur in festgelegter Richtung betrieben wird. Alle Anschlußknoten sind mit beiden Kabelwegen verbunden und nutzen diese beim Datenversand abhängig davon, in welcher Richtung sich der Empfänger von ihnen aus befindet. Die Anschlußknoten bilden den Übergang zu den über DQDB verbundenen LAN´s, es gibt keine Endgeräte direkt am DQDB. Jedes der beiden Kabel generiert am Kopfende mittels einer Masterstation im festen Rhythmus 53 Byte lange Zellen, die synchron über das Kabel bis zum Ende wandern, wo sie in einem Abschlußwiderstand aufgrund von Absorption das Kabel verlassen.

Das IEEE 802.6 oder DQDB basiert auf einem Dual Bus, bei dem zwei Kabel in je einer Richtung betrieben werden. Jede Station ist an beide Kabelwegen angeschlossen. Auf beiden Kabelwegen werden synchrone 53 Byte lange Frames am Kopfende erzeugt.

Der Verteilungsmechanismus für die Übertragungsbandbreite basiert auf FIFO. Das setzt voraus, daß die nahe der Erzeugung der Zellen am Kopfende der beiden Leitungen liegenden Stationen keine Zellen aufbrauchen, die unter Umständen von weiter stromabwärts liegenden Systemen für die Datenübertragung benötigt werden. Abbildung 8.10 zeigt das Verfahren: Jede Station, die Daten übertragen will, setzt auf der zur geplanten Datenübertragung entgegengesetzt laufenden Leitung Steuerdaten ("Request") ab ("need packets" in der Abbildung). Jede stromaufwärts liegende Station ist daher darüber informiert, wie viele stromabwärts anfallende Übertragungswünsche vorhanden sind ("Packets Reserved"), und wird entsprechend viele Zellen unbenutzt passieren lassen. Dies entspricht der Logik eines Queues, also einer Warteschlange, von zur Übertragung anstehenden Daten auf den unterschiedlichen Stationen. Die zweifache Busstruktur und der Queue haben zur Benennung DQDB für Dual Queue Distributed Bus geführt.

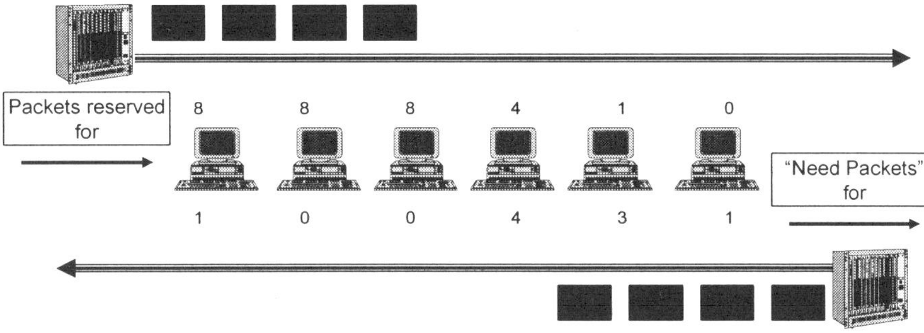

Abbildung 8.10 Zur Illustration des FIFO im 802.6 DQDB

Die Lastverteilung im DQDB erfolgt über FIFO, wobei die Stationen nach Anmeldezeitpunkt hintereinander auf einer Warteliste für die Verteilung der Bandbreite angeordnet werden.

DQDB erlaubt Dienste für isochronen Datenverkehr, verbindungsorientierte und verbindungslose Kommunikation. Auf Antrag kennzeichnet das Headend schon bei der Erzeugung Taktslots in festen Abständen für die Nutzung durch echtzeitübermittelte Daten. Diese Slots dürfen von keiner anderen Station benutzt werden. Diese Funktion dient der Übermittlung von digitalen Telefongesprächen zwischen Telefonanlagen verschiedener Standorte eines Unternehmens parallel zur Vernetzung der LAN´s über DQDB. Isochrone Daten nutzen 48 der 53 Bytes pro Zelle für die Nutzlast ("Payload"). Der 5 Byte lange Header enthält, wie auch beim verbindungsorientierten Dienst, die ID der Verbindung (VCI oder Virtual Channel Identifier). Der verbindungslose Highspeed - Dienst zweigt 4 Byte der Nutzlast für Zwecke der Verwaltung von LAN - Frames ab, die über das DQBD verschickt werden. Da im Gegensatz zu Frame Relay die Länge der Zellen nicht variabel ist, müssen Frames aus dem DLL eines LAN auf mehrere Zellen verteilt werden. Zu diesem Zweck enthalten 2 Bytes unmittelbar zu Beginn der 48 Bytes eine Sequenznummer, ein Trailer am Ende jeder Zelle enthält Angaben über den tatsächlich genutzten Teil der 44 verbliebenen Bytes, da die Länge der Frames meist nicht ganzzahlig auf Zellenlänge umgerechnet werden kann. Diesen verbindungslosen Dienst nennt man international SMDS oder Switched Multimegabit Data Service, in Europa heißt er Conncetionless Broadband Data Service. Die Protokolle für SDMS werden als SMDS Interface Protocol, kurz SIP1 für den Physical Layer und SIP2 und SIP3 für die Unterebenen MAC und LLC des Data Link Layer bezeichnet. DQDB liefert keine Festlegung auf einen Übertragungsweg. Vielmehr existieren eine Reihe von Konvergenzverfahren, die DQDB Frames auf einer breiten Palette von Leitungswegen ermöglichen. Zu diesen Wegen gehören auch die Mitglieder der PDH und SDH.

Neben dem verbindungslosen Switched Multimegabit Data Service (SMDS) bietet DQDB auch verbindungsorientierte und isochrone Dienste an. Damit sind Telefonverbindungen parallel zur LAN - LAN Kopplung möglich.

8.2.2.3 FDDI 2

Im Gegensatz zum klassischen Token erlaubt FDDI synchronen Datenverkehr. Auch der Mischbetrieb zwischen Token und festem TDM ist möglich. Allerdings sind diese Verfahren für isochronen Verkehr nicht geeignet, da sie kein festes Taktraster für die Daten enthalten. Dieser Mangel soll mit FDDI 2 behoben werden, verlangt aber eine Umrüstung der Netzwerkadapter aller Rechner im FDDI. Bei FDDI 2 werden von einer speziellen Station Frames fest vorgegebener Länge im Abstand von 125 µsec erzeugt, was einer Häufigkeit von 8000 Frames pro Sekunde entspricht. In jedem dieser Frames sind bis zu 96 Bytes als Channelslots von je 8 Bit Größe vorhanden. Die synchrone Erzeugung dieser Frames erlaubt es also, 96 Kanäle zu je 8 Bit mit einer Abtastrate von 8 kHz zu übertragen, was 96 Telefonkanälen mit 64 kbit/s entspricht. Diese synchrone Datenrate ergibt pro Frame eine Gesamtdatenmenge von 6,144 Mbit/s. Dies entspricht 4 T1 Kanälen von je 1,54 Mbit/sec oder 3 E1 Kanälen mit je 2,048 Mbit/sec. Daten aus dem PDH können so unproblematisch in ein FDDI 2 System eingespeist werden und umgekehrt. FDDI 2 sieht vor, bis zu maximal 16 solcher Frames innerhalb einer Periode von 125 µsec zu erzeugen. Damit kann FDDI 2 insgesamt 1536 PCM Kanäle mit einer Gesamtdatenrate von 98,3 Mbit/sec übertragen.

FDDI 2 erzeugt synchrone Datenframes mit je 8000 Zeitslots pro Sekunde, die jeweils 96 Byte für bis zu 96 PCM Kanäle à 8 Bit enthalten. Diese Struktur hat eine Datenrate von 6,144 Mbit/s. Insgesamt können bis zu maximal 16 solcher Frames erzeugt werden.

Im Mischbetrieb vergibt FDDI 2 die Bandbreite zwischen dem Anteil synchron erzeugter Datenframes und der maximalen Auslastung über das klassische Round Robin Verfahren an die Stationen. Die Zuweisung der synchronen Kanäle erfolgt dabei im Sinne von Circuit Switch. Hat eine Station einen der Timeslots und Übertragungskanäle für sich in Anspruch genommen, so bleibt dieser der Station erhalten, bis er explizit wieder für andere Stationen freigegeben wird. FDDI 2 bietet mit synchronem Datenverkehr eine transparente Übergangslösung zwischen klassischen Datennetzen und dem TDM für Circuit Switch, hat aber aufgrund der umfangreichen Anforderungen an Verkabelung und Netzadapter bisher keine große Popularität erreicht.

8.2.3 ATM

8.2.3.1 ATM - ein Netz aus Switches

Im Gegensatz zu den MAN Technologien FDDI 2 und DQDB geht es bei ATM um die Gestaltung einer neuen Generation von Weitverkehrsnetzen, einer Hochgeschwindigkeitslösung für LAN´s und MAN´s und einer Integration von Telekommunikationsnetzen mit Datendiensten aller Art. Dieses Ziel soll zugleich eine ideale Auslastung der Infrastruktur ermöglichen und extrem große Bandbreiten in Netzen jeder sinnvollen Größe liefern. Der Ausgangspunkt für die Entwicklung von ATM muß aber die vorhandene Infrastruktur sein, da nicht aufgrund einer neuen Spezifikation weltweit flächendeckend neue Kabelwege verlegt werden können. Eine ehrgeizige Aufgabe also, deren potentielle Realisierung in vollem Maße durchaus nicht unumstritten ist. ATM steht aber unabhängig von den noch recht vielen ungelösten Problemen als Muster für Konvergenz.

ATM ist ein breitbandiges digitales Netz, das Telekommunikation und Datenkommunikation, LAN und WAN miteinander vereint. ATM stellt auch den Kern der zweiten Generation von ISDN, dem sogenannten Breitband - ISDN oder B-ISDN.

Wie sich aus der Besprechung des Internetworking und der PSDN - Netzwerke ableiten läßt, sind Probleme und Leistungsfähigkeit eines weiträumigen Netzes hauptsächlich von der Arbeit der Vermittlungseinrichtungen bestimmt. Lastkontrolle, Optimierung der Verbindungsroute, Fehlerbehandlung, Adresse und Harmonisierung zwischen heterogenen Netzen liegen in den Händen der Intermediate Systems, also der Router. Betrachten wir ein Internetwork, so ist dies aus der Sicht der Anwendungen auf den lokalen Maschinen nicht durch die Leitungen charakterisiert, sondern durch ein Netz aus Vermittlungsknoten, die die Sprache der Anwendung verstehen können und zusammen für intelligente Datenkommunikation sorgen. Diese Betrachtungsweise hat ATM zum Konzept erkoren. ATM besteht aus Routern (hier als Switches bezeichnet), die untereinander zu einer vermaschten Topologie verbunden sind.

ATM basiert nicht auf speziellen Leitungen, die statt dessen aus den vorhandenen Infrastrukturen der PDH/SDH bezogen werden, sondern auf der Intelligenz der untereinander vermascht verbundenen Switches.

8.2.3.2 Die Idee des Cell Switching

Bei Packet Switch kann es aus vielen Gründen zu Verzögerungen oder Paketverlusten kommen. Auch die von einem DLL oder einem Network Layer angebotenen zuverlässigen Dienste beheben nur die im Layer 1 unvermeidbaren Fehler. Treten auf der untersten Ebene zu viele Fehler auf, wird die Anwendung diese nicht direkt bemerken, da von den höheren Protokollschichten niemals fehlerbehaftete Daten nach oben geliefert werden. Jeder Fehler erzeugt in diesen Protokollschichten aber eine Rückfrage zum Sender und verringert dadurch die Transfergeschwindig. Abbildung 8.11 zeigt, wie die Vermittlung von Paketen bei einer Verbindung über drei Router hinweg abläuft. Jeder Router empfängt das Paket, prüft es nach vollständigem Empfang auf seine Richtigkeit, verwirft es im Falle von Fehlern, wertet die Adresse aus, sucht in seinem Routingtable, reformatiert die Paketgröße für das Netzsegment des ermittelten Ports und führt danach die Daten der Warteschlange dieses Ports zur Weiterleitung zu. In jedem Router entsteht also eine Verzögerung durch die für Einlesen, Auswerten und Senden des Pakets nötigen Zeiten. Ist die Warteschlange am Ausgang lang, weil vor einem Paket ein extrem großes oder extrem viele andere Pakete warten, dann verzögert sich die Weiterleitung erheblich und um einen unvorhersehbaren Betrag. Ist die Warteschlange überfüllt, verliert der Router das Paket, weil er keinen internen Speicherplatz mehr finden kann. All diese Probleme treten bei TDM bekanntlich nicht auf, jede Verbindung besteht aus Zellen fester Größe, die sich in regelmäßigem Abstand wiederholen. die Zuweisung dieser Zellen erfolgt beim Verbindungsaufbau und bleibt statisch.

Die uneinheitliche Größe der an den Routern ankommenden Datenpakete bedingt unvorhersehbare Verzögerungen des Datentransportes. Diese Probleme kennt ein synchrones System fester Zeitschlitze (TDM) nicht.

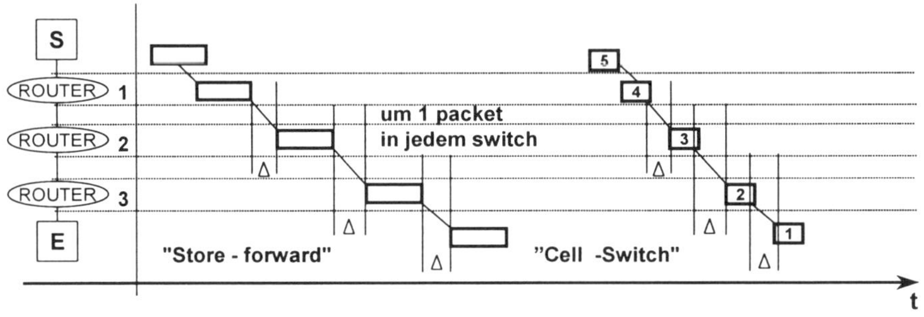

Abbildung 8.11 Store / Forward und Cell Switch im Vergleich

ATM sucht einen Mittelweg zwischen diesen beiden Ansätzen. Vermittlung und Transport bei ATM basieren auf einem einheitlich langen Paket, einer Zelle. Diese Zelle ist immer 53 Byte lang und enthält 5 Byte Verwaltungsinformationen als Header am Zellenbeginn und 48 Byte Nutzlast oder Payload. Diese Dimensionen sind klein im Vergleich zu anderen Paketgrößen (z.B. IP mit bis zu 65 kByte). Die feste Größe hat ein Reihe von Vorteilen für die Nutzung der Leitungen und die

Vermittlung und führt zu besser vorhersagbarem Verhalten für die auftretenden Verzögerungen im Netz (siehe Abbildung 8.11). Die Zellen werden synchron von ATM erzeugt, müssen aber nicht taktsynchron gespeist werden. Die zum Transport anstehenden Daten werden einfach auf das Zellenformat heruntergebrochen und im beliebigen Verhältnis des Sendetaktes zum Abstand der ATM Zellen in diese eingespeist. Diese Art des Multiplex nennt man "statistischen Multiplex", die Freiheit der Taktverhältnisse zwischen Nutzersystem und ATM trägt zum Namen "Asynchroneous Transfer Mode" bei.

ATM speist die Nutzlasten asynchron in regelmäßig erzeugte Zellen einer konstanten Größe von 53 Byte ein, von denen 5 für Verwaltungszwecke und 48 als Payload benutzt werden.

8.2.3.3 Virtual Channel und Virtual Path

ATM ist grundsätzlich verbindungsorientiert. Verbindungen zwischen zwei Anschlüssen sind entweder als Virtual Channel (VC) oder als Virtual Path (VP) verfügbar. Ein VP enthält viele VC´s und kann als geschlossener Block vermittelt werden. Dabei kümmert sich die Vermittlungsstelle nicht um die einzelnen im VP enthaltenen VC´s, ein Kommando genügt für das Routing einer Vielzahl von Kanälen. Diese Methode bringt die Leistungsfähigkeit einer Hierarchie zum Tragen, wie wir sie bereits bei den Adressen kennengelernt hatten. VP - Verbindungen zwischen Subnetzen oder Anschlußpunkten in einem ATM Netz können ohne Kenntnis und ohne Auswertung der Adreßfelder der enthaltenen VC´s über alle Switches hinweg zum Ziel transportiert und dort zerlegt werden (VP-Switching). Allerdings sind bestimmte Switches auch in der Lage, VP Inhalte aufzubrechen und die einzelnen VC´s getrennt oder VC´s von einem VP auf einen anderen zu vermitteln (VC-Switching). VC´s sind ursprünglich Simplexverbindungen, es besteht aber die Möglichkeit, ein zusammengehöriges Duplexpaar an VC´s zu erzeugen, in dem beide Mitglieder eine identische Verbindungsnummer tragen.

8

ATM ist verbindungsorientiert und vermittelt einzelne Verbindungen (Virtual Circuit VC) oder einen ganzen Block an VC´s, den Virtual Path (VP).

ATM berücksichtigt die hohe Qualität der heute üblichen Verbindungsleitungen und liefert keine Rückmeldungen, Fehlerkorrektur wird den höheren Layern überlassen. Alle Zellen eines VC, die ohne Fehler die Verbindung durchlaufen haben, gelangen garantiert in der richtigen Reihenfolge zum Empfänger. Der 5 Byte große Header der ATM Zellen liegt für den Transportweg vom Kunden zum Netzbetreiber (User-Network Interface oder UNI) in anderer Form vor als für die Verbindung zweier ATM Switches (Network-Network Interface oder NNI). Am UNI stehen 8 Bit für die Numerierung von VP´s und 16 Bit für jene der VC´s bereit, es ergeben sich also maximal 256 VP´s mit jeweils 65.000 VC´s. Am NNI stehen hingegen 16 Bit für VP´s zur Verfügung. In der Praxis haben die am UNI anstelle der 8 fehlenden Bits eingesetzten Informationen wenig Bedeutung und werden von den meisten Systemen ignoriert.

ATM liefert Pakete unzuverlässig aber garantiert in der richtigen Reihenfolge an den Empfänger.

8.2.3.4 Verbindungsaufbau und Dienstekategorien bei ATM

Verbindungen im ATM können angelehnt an die Idee der Leased Lines langfristig vom Netzwerkmanager eingerichtet werden (Permanent Virtual Circuit oder PVC). Zusätzlich gibt es die Möglichkeit, Leitungen bei Bedarf als vermittelte Leitungen oder SVC (Switched Virtual Circuit) anzufordern. Jedes ATM-Netz hat eine Verwaltungsinstanz, den SCP (Signalling Control Point), der für den Verbindungsaufbau und die Resourcenverwaltung zuständig ist. Dieser SCP ist als Adressat im ATM über einen eigenen VC von allen Stationen aus erreichbar. Ein wesentliches Ziel bei ATM ist die gute Ausnutzung der Bandbreite auf den Leitungen. Um einen guten Überblick über die zu erwartenden Lasten im Netz zu bekommen, handelt das Netz mit jedem Teilnehmer bei Verbindungsaufbau einen Vertrag über die Qualität des Dienstes aus. Dieser Traffic Contract beinhaltet die vom Anwender beantragte mittlere Bandbreite, deren zugelassene Variationsbreite, den maximalen und minimalen Abstand zwischen Zellen und weitere Parameter. Ob eine angefragte Verbindung in der gewünschten Qualität zugelassen werden kann, hängt von der Einschätzung der augenblicklichen Lastreserven des Netzes ab. Da diese Einschätzung falsch sein kann, sind auch bei ATM Verstopfungen und damit verbundene Zellverluste nicht ausgeschlossen.

8

ATM überläßt den Verbindungsaufbau speziellen Computern im Netz, den SCP´s (Signalling Control Point). Sie schätzen die Netzlast handeln mit den Stationen einen Satz an Parametern für die beantragte und erstellte Verbindung aus.

ATM konzentriert sich auf 5 Dienstklassen, die sich nach gewünschter Bitrate und deren Konstanz unterscheiden lassen. Neben Daten mit konstanter Bitrate (CBR für constant Bit Rate), also isochronem Datenverkehr, verfügt ATM über Dienste für echtzeitkritische Daten mit veränderlicher Bitrate (variable Bit Rate oder RT-VBR) und für nicht zeitkritische variable Datenrate (NRT-VBR). CBR und RT-VBR erfordern eine exakte Taktvorgabe, die Transportzeiten der Datenpakete sind genau einzuhalten, auch wenn bei VBR die Datenrate selbst schwankt. NRT-VBR erlaubt Schwankungen im Zeitverhalten, während available Bit Rate (ABR) für Datenverkehr im Sinne von Bursty Traffic gedacht ist. Unspecified Bit Rate (UBR) bietet den Zugriff auf Datenkapazität, die gerade nicht von anderen genutzt wird, gibt also keinerlei Garantien über das Zeitverhalten ab. Die Servicequalitäten des Netzes werden beim Verbindungsaufbau vereinbart und vom Preis her unterschieden. Für die Lastkontrolle im Netz ergeben sich daraus eine Reihe von Konsequenzen. Treten lokale Verstopfungen im Netz auf, läßt der betroffene ATM Switch Zellen verfallen. Für eine CBR Verbindung oder einen RT-VBR kann dies unter Umständen weniger schlimm sein, als die verzögerte Ankunft eines Pakets. Welche Zellen überhaupt ausgesondert werden dürfen und wie die Sender bei den verschiedenen Services zur Reduktion ihres Datenverkehrs veranlaßt werden können, ist eine komplexe Frage, die den Rahmen dieses Textes übersteigt.

ATM bietet Dienste mit konstanter Datenrate (CBR), variabler Datenrate mit und ohne Taktraster (RT-VBR und NRT-VBR), sowie für "Bursty Traffic" (UBR) und für die Nutzung "übrig gebliebener" Bandbreite (ABR) an.

8.2.3.5 Schichtenmodell und Leitungen des ATM

Alle Daten, dic auf ATM transportiert werden, sind in Form von Zellen organisiert, die eine identische Länge von 53 Byte haben. ATM soll nach unten hin auf die vorhandenen Leitungen aufbauen können und nach oben für die vorhandenen Dienste, wie wir sie aus Netzen der Telekommunikation und des Datenverkehrs kennen, transparent sein. Alle Spezifikationen für und um ATM beschäftigen sich also mit der Frage der Anpassung der vorhandenen Verfahren und Leitungen an die Grundidee des ATM. Dazu gehört die Anpassung der vorhandenen höheren Schichtebenen an die Zellengröße, Vermittlungsart und Adressierung im ATM und die Anpassung der einheitlichen ATM Zellen an die verschiedenen Übertragungsleitungen. Das Schichtenmodell des ATM steht also zwischen den physikalischen Schichten und den Anwendungsschichten und umfaßt 3 Layer, von unten nach oben den Physical Layer, den ATM Layer und den ATM Adaption Layer (AAL). ATM unterscheidet zudem User Plane und Control Plane für Nutzdaten und Verwaltungskommunikation, sowie eine getrennte Plane für das Netzwerkmanagement. Das Referenzmodell des B-ISDN umfaßt im Übrigen auch die höheren Schichten. Der ATM Layer 1 enthält die Anpassung an die Leitungen zwischen den Switches. Es existieren eine ganze Reihe von solchen Anpassungen, unter anderem für ATM über DS1 und DS3, sowie über E1, E3 und E4, also mit bis zu 140 Mbit pro Sekunde im PDH. Auch über SDH gibt es ATM, ebenso für die direkte Übermittlung per Glasfaser und STP oder UTP5. Letzeres zielt auf den Bereich der LAN´s, es wurden Datenraten von 155 Mbit/sec für STP und UTP5, sowie von 622 Mbit/sec für Faser definiert. Zusätzlich gibt es Systeme mit 51,84 Mbit für UTP3, die auch mit der halben oder einem Viertel der Datenrate betrieben werden können.

Der eigentliche ATM Layer wird nach oben gegen Anwendungen durch einen ATM Adaption Layer (AAL) und nach unten durch einen Physical Layer gegenüber verschiedenen vorhandenen Netzen isoliert. ATM läuft u.A. über PDH/SDH und STP/UTP.

8.3 Transport Layer - Schnittstelle zur Anwendung

8.3.1 Aufgaben im Transport Layer

8.3.1.1 Quality of Service, Flow Control

In einem Internet nach OSI liefert die Schicht drei in jedem Falle einen verbindungslosen Best-Try Dienst. Jeder Router entscheidet für sich, auf welchem Weg er ein Paket weiterleiten wird, die Datenpakete suchen sich unabhängig voneinander den Weg durch das Netz. Pakete gehen aufgrund von Überlasten bei einzelnen Routern oder wegen Leitungsproblemen verloren, Pakete wechseln unterwegs die Reihenfolge, weil zuerst versandte Pakete auf womöglich längeren Wegen als ihre Nachfolger und somit später als diese ans Ziel kommen. Protokolle des Transport Layer kommunizieren nach unten mit dem Best-Try Dienst des Network Layer und nutzen Datenpakete dieser Ebene für den Aufbau eines Spektrums an Diensten unterschiedlicher Qualität (Quality of Service, kurz QoS). Der Transport Layer bietet den höheren Schichten also eine Bitpipe, eine transparente Verbindung in gewünschter Qualität, die ohne jegliche Kenntnis und unabhängig von den Eigenheiten des Netzes genutzt werden kann. Der Übergang von Network zu Transport Layer stellt daher bei Netzen auch den Übergang zwischen den Verantwortungsbereichen eines externen Netzwerkbetreibers und jenen des Netzwerkbenutzers dar.

8

Der Transport Layer bildet die Schnittstelle zwischen Anwendung und Netz, und bietet unabhängig von den Eigenschaften des Netzes eine “Bitpipe” mit Auswahl an Transportdiensten unterschiedlicher Qualität.

Neben den vom Transport Layer realisierten verbindungsorientierten und zuverlässigen Diensten werden auch die “Best-Try” Dienste des Network Layer als verbindungslose Dienste nach oben durchgereicht. Im Network Layer findet keine Flow Control für die Ende-zu-Ende Verbindung statt, was die Möglichkeiten für die Lastverteilung im Netz stark einschränkt. Lokale Überlastung (Congestion) kann nur durch Umleiten oder Verwerfen bereits versandter Pakete beseitigt werden und nicht durch direkten Einfluß auf den Sender. Die Aufgabe der Synchronisation von Ende zu Ende und die Aufgabe der Congestion Control übernimmt ebenfalls der Transport Layer.

Der Transport Layer ist für die Synchronisation der Ende-zu-Ende Verbindung und für Congestion Control (Überlastkontrolle) verantwortlich.

8.3.1.2 Adressen im Transport Layer

Über den Transport Layer kommunizieren Prozesse miteinander. Ein mit dem Netzwerk verbundener Rechner kann mehr als nur einen Kommunikationsprozeß betreiben. Es ist also erforderlich, neben der Adresse des Rechners im Netz (Network Service Access Point oder NSAP) auch eine Kennung für alle auf diesem Rechner laufenden Prozesse zu vergeben (Transport Service Access Point TSAP). Jeder Prozeß auf einem Rechner, der Kommunikation sucht oder auf Kommunikation wartet, erhält eine TSAP - Nummer zugewiesen. Der Transport Layer nutzt diese Nummer, um die vom Network Layer ankommenden Pakete auf die Prozesse im System zu verteilen. Für den Umgang mit den Adressen ergeben sich daher auf Ebene 4 ähnliche Probleme wie im Falle des Network Layer. Woher soll eine Anwendung auf Rechner A wissen, welcher TSAP der von ihr gesuchten Anwendung auf Rechner B zugewiesen wurde? Eine Lösung liegt in der Einführung eines Name Server, also eines Auskunftsdienstes im Netz, an den TSAP Nummern gemeldet und vom dem sie zentral erfragt werden können. Da sich die angebotenen Dienste in einem Netz meist gut nach vorgegebenen Kategorien klassifizieren lassen, kann man sich auch auf fest vereinbarte TSAP einigen, die für einen gewissen Dienstetypus in allen Rechnern identisch sind, weshalb man sie als "well known Ports" bezeichnet.

Jeder an Kommunikation beteiligte oder interessierte Prozeß auf einem Rechner im Netz wird über dessen Netzadresse (NSAP) und eine lokale Prozeßnummer (TSAP) identifiziert.

8.3.1.3 Transport Layer und höhere Schichten

TCP/IP unterscheidet sich oberhalb des Transport Layer vom OSI Modell, weil es vor dessen Festlegung entwickelt wurde. OSI-konforme Protokollstapel verbinden die Anwendung über drei zwischengelagerte Schichten mit dem Transport Layer, die von unten als Session, Presentation und Application Layer bezeichnet werden. Sie dienen dem theoretischen Modell zufolge der Anpassung der unterschiedlichen Datenrepräsentation auf verschiedenen Rechnersystemen, wie sie durch unterschiedliche Zeichensätze oder unterschiedliche Reihenfolge von Bytes in einem Datenwort entstehen können, sowie der Synchronisation kritischer Prozesse und der Isolation verschiedenartiger Rechnerarchitekturen gegenüber Kommunikationsvorgängen. Die drei Schichten haben sich in der Praxis jedoch als wenig hilfreich erwiesen, so daß sich der bei TCP/IP aus pragmatischen Gründen verwandte Ansatz großräumig durchgesetzt hat, der nur das Application Protocol zwischen Anwendung und Transport Layer kennt

🖫 Im Widerspruch zur OSI Definition existiert im Falle des TCP/IP Stacks und der meisten realen Anwendungen nur eine Schicht (Application Layer) oberhalb des Transport Layer.

Allerdings existieren durchaus Funktionen oberhalb des Layer 4, die sich für eine Vereinheitlichung anbieten würden. Es ist denkbar, mehrere Verbindungen des Transport Layer als unabhängige Wege für die Datenkommunikation einer Anwendung zu betreiben. Dieses "inverse Multiplexing" könnte ebenso über einen Session Layer abgewickelt werden, wie ein einheitliches Verfahren für die Verbindung von TSAP Adressen des Layer 4 mit Prozessen. Auch die Layer des ATM lassen sich nur schwer ins OSI Modell einordnen. Während manche den ATM Layer als Network Layer verstehen, halten ihn andere für einen DLL. Die AAL Protokolle hingegen sind der Sache nach eigentlich Transportprotokolle des Layer 4. Allerdings werden oft andere Protokolle oberhalb des AAL betrieben, die ähnliche Charakteristika, teilweise sogar jene eines Network Layer aufweisen.

🖫 Auch die Schichten 2 und 3 des ATM können nicht eindeutig im Sinne des OSI Modells als DLL, Network oder Transport Layer bezeichnet werden.

8.3.2 Protokolle des Transport Layer

8.3.2.1 TCP und UDP (Transport Control / User Datagram Protocol)

8

TCP ist als Transportdienst stark von den Gedanken in UNIX geprägt, zu dessen integralen Bestandteilen TCP zählt. TCP liefert unter UNIX einen Datenstrom ohne innere Struktur vom Sender zuverlässig beim Empfänger ab. TCP liefert Bytes und kümmert sich nicht um deren inneren Zusammenhang. Das hat zur Folge, daß Daten, die als Blöcke verschickt werden, nicht unbedingt wieder als Blöcke gleicher Größe und gleicher Abgrenzung beim Empfänger ankommen müssen. TSAP's werden bei TCP "Ports" genannt. Ports werden in Form eines 16 Bit langen Datenwortes adressiert. Die Ports unterhalb der Adresse 256 gelten als "Well Known Ports" und sind für feste Dienstetypen reserviert. File Transfer mit FTP hört immer auf Port 21, Zugriff auf einen Rechner über einen Terminaldienst findet auf Port 23 statt.

🖫 TCP erzeugt einen Byte - Strom ohne innere Struktur zwischen Sender und Empfänger, TSAP's werden als "Ports" bezeichnet. Der verbindungslose Best-Try Dienst des TCP heißt UDP (User Datagram Protocol).

Alle abgehenden und ankommenden Pakete laufen über ein Sliding Window für die Flußkontrolle und zur Beschleunigung des Datenaustausches für den Fall, daß die Pakete nicht in ihrer ursprünglichen Reihenfolge ankommen sollten. Saubere Daten werden von TCP durch IP Pakete mit Bestätigungsmeldungen an den Sender quittiert. Neben den Portadressen von Quelle und Ziel enthält der TCP - Header daher eine Sequenz- und eine Bestätigungsnummer, sowie eine Fenstergröße für Flow Control. Da nicht immer ein zuverlässiger Dienst gewünscht wird, gibt es einen auf Schicht 4 operierenden verbindungslosen Dienst, der auf den Namen UPD hört. Er verschickt die Daten als Datagramme ohne irgendwelche Sicherheiten und erzeugt im wesentlichen ein um die Header des TCP ergänztes einzelnes IP Paket.

8.3.2.2 Congestion Control bei TCP

Permanent wechselnde Weichenstellungen im Netz durch zu schnelle Anpassung der Routingtabellen an kurzzeitige Lastveränderungen führen zu chaotischem Verhalten bei der Datenvermittlung. Die Intervalle für den Austausch von Informationen zwischen Routern sind aus diesem Grund ausreichend lang gewählt, die Routingtabellen enthalten also ein statistisches Mittel der Lastsituation auf den Leitungen des Netzes. Es vergeht eine geraume Zeit, bis die Information über eine Überlast in der Nähe des Empfängers einen am anderen Ende des Netzes angeschlossenen Sender erreicht und ihn zur Reduzierung der eingespielten Datenmenge aufruft. Viel effizienter ist es daher, den Transport Layer direkt zu benutzen um einen Sender unmittelbar zur Einschränkung seiner Sendeleistung zu veranlassen.

Routing Tabellen des Network Layer reagieren nur langsam auf Überlasten, Funktionen im Transport Layer steuern direkt die eingespeiste Datenmenge.

TCP bietet einen solchen Mechanismus an. Zusätzlich zu der zwischen Sender und Empfänger vereinbarten Fenstergröße für Sliding Window führt TCP ein getrenntes Congestion Window. Seine Größe wird auf einen festen Startwert initialisiert und steuert die Anzahl der verschickten Bytes pro Zeiteinheit. Werden alle beim letzten Versuch verschickten Bytes einwandfrei vom Empfänger quittiert, verdoppelt sich die Größe des Congestion Window und damit auch die Datenmenge des nächsten Sendevorgangs. Die Datenmenge wächst also exponentiell an, bis der sogenannte Schwellwert (Threshold) erreicht ist. Nach Passieren dieser Schwelle, die zu Beginn bei 64 KByte liegt, wächst die Datenmenge nur noch linear. Die maximale Größe des Empfängerfensters begrenzt in jedem Fall die maximal mögliche Größe der Datenmenge pro Sendevorgang. Im Falle eines Fehlers wird der Threshold auf den halben Wert der letzten einwandfrei übermittelten Datenmenge gestellt, die Größe des Congestion Window startet wieder beim kleinsten Ausgangswert.

8.3.2.3 ISO-TP

ISO TP besteht aus einer Familie unterschiedlich komplexer Transportprotokolle. Dabei wird berücksichtigt, daß je nach Netz mehr oder weniger gute Verfahren zur Fehlerkorrektur auf den Schichten 1 bis 3 vorhanden sein können. ISO TP unterstützt auf Layer 3 nicht nur den Best-Try Service ISO IP, sondern auch andere Anwendungen, zum Beispiel auf der Basis von X.25 PLP. ISO TP bietet drei verschiedene Stufen zur Fehlererkennung und Fehlerhandhabung, die als Typ A bis Typ C mit steigender Sicherheit bezeichnet werden Ein weiterer Unterschied des ISO Transport Layers zu TCP liegt in der Struktur der höheren Schichten begründet. Durch den Session und Presentation Layer verkompliziert sich das Adreßformat, da neben den TSAP´s nun auch Adressen der Layer 5 und 6 (SSAP und PSAP) unterschieden werden müssen. Jede ISO TP Verbindung muß also theoretisch mehrere SSAP´s der auf dem Session Layer arbeitenden Prozesse in einen Datenstrom multiplexen können. Insgesamt existieren 5 verschiedene Typen von ISO Transportprotokollen mit der Bezeichnung TP0 bis TP4. TP0 und TP2 nutzen die Klasse A ohne Fehlerkorrektur und sind gut für X.25 geeignet. TP2 läßt dabei das Multiplexing mehrerer Dateneinheiten über eine seiner logischen Verbindungen zu, TP0 nicht. TP1 und TP3 unterscheiden sich voneinander wie TP0 und TP2, setzen aber das Verfahren der Klasse B ein. TP4 schließlich nutzt das umfangreichste Verfahren der Klasse C für die Fehlerkorrekturen.

ISO TP bietet mit TP0 bis TP4 fünf verschiedene Protokolle im Transport Layer an, die sich hinsichtlich Fehlerbehandlung und logischem Multiplex unterscheiden.

8.3.2.4 AAL bei ATM

Der ATM Layer ist der eigentliche Kern der ATM Idee und enthält die Zellendefinition, das Adreßformat und alle anderen ATM Spezifika. Spannender als physical Layer und ATM Layer ist die Frage nach der Anpassung der ATM Dienste an die Vielfalt der benötigten Anforderungsprofile der Telekommunikation und der Datenkommunikation. Zu diesem Zweck bietet der AAL eine Matrix aus 4 Klassen und 5 Typen an. Klasse D entspricht dem verbindungslosen oder Best-Try LAN oder der verbindunglosen Kommunikation zwischen LAN´s per SMDS. Die Frage wie ein solcher CLNS über einen CONS realisiert werden soll, erhitzt die Gemüter, weil es dabei auch um die Frage der Integration von IP und ATM geht. Bei je einer VC Verbindung von jedem Rechner zu jedem anderen Rechnern in einem an sich verbindungslosen Netz fiele beim Einsatz von ATM eine Menge reservierter und nur selten genutzter Bandbreite an. Daher hat man für ATM in verbindungslosen Systemen das Konzept des "Connectionless Server" oder "LAN Emulation Server" erdacht. Es handelt sich um einen Rechner, der verbindungslose Vermittlungsdienste anbietet und mit allen Rechnern sternförmig über VC´s verbunden ist.

ATM hat als verbindungsorientierter Netzdienst Probleme bei der Abbildung verbindungsloser Datennetze. Zu diesem Zweck setzt man für solche Fälle auf einen "LAN Emulation Server"

Klasse C gehört zu den typischen Paketdiensten und bedarf ebenso keiner weiteren Erläuterung, wie Klasse A für isochrone Daten. Zum Abschluß sei noch kurz auf Klasse B hingewiesen, die für regelmäßig ankommende Daten mit einer variablen Datenmenge gedacht ist. Diese Dienste sind für die Übermittlung von datenreduzierten Signalen wichtig. In der Videotechnik verringert man die Datenmenge dadurch, daß nicht mehr ganze Bilder, sondern nur jeweils der Unterschied zum vorhergehenden Bild übermittelt wird, also jene Bildinhalte, die sich seit dem letzten Frame verändert haben (siehe Abschnitt 10.2.2.3.). Diese Differenzframes entstehen mit der exakten Rate von 25 Frames/sec, haben aber, je nach Änderung des Inhaltes zwischen den Bildern unterschiedlich große Inhalte.

Der Dienstetyp B des AAL zielt auf Anwendungen variabler Datenrate bei konstantem Datenintervall, wie sie insbesondere bei datenreduzierten Videosignalen auftreten können.

Bei Klasse A handelt es sich um einen CBR Dienst, das zugehörige Protokoll des Layer 4 nennt man AAL 1. AAL 1 bietet keine Flow Control, da dies zu unerwünschten Verzögerungen führen würde und verzichtet auf Fehlerbehandlung. Der Datenstrom wird transparent ohne innere Grenzen synchron durchgereicht. Klasse B auf Layer 4 korrespondiert zu den RT-VBR Diensten im ATM Layer, sein Transport Protokoll ist in AAL 2 festgelegt. AAL 2 erhält die Grenzen zwischen Datenworten, was für die Kennung unterschiedlich umfangreicher Frames wichtig ist. Allerdings ist AAL2 nie vollständig zu Ende spezifiziert worden und in seiner ursprünglichen Form nutzlos. Klasse C und Klasse D sind schwer auf Dienste des ATM Layer abzubilden, da sie sowohl als ABR, wie auch als UBR, ja sogar als NRT-VBR betrieben werden könnten. Die Protokolle des AAL für Klasse C und D hören auf den Namen AAL3/4 und AAL 5. AAL 3 und 4 waren ursprünglich getrennt für Dienste mit variabler Bitrate vorgesehen und wurden später als gemeinsames Protokoll verabschiedet. AAL3/4 kann mehrere Datenströme über einen VC Multiplexen, einer der Gründe, weshalb aufgrund zusätzlicher Verwaltungsdaten im Paket nur 44 Byte für die Nutzdaten frei bleiben. AAL 5 basiert auf einer recht späten Eingabe der Computerindustrie, die sich mit den von Telekommunikationsfirmen getragenen Protokollen nicht anfreunden wollten. Der Overhead bei AAL 5 ist gegenüber AAL3/4 reduziert, was die Effizienz verbessert, sowohl verbindungsorientierte wie verbindungslose Dienste stehen zur Verfügung.

Der zum Dienstetyp B gehörige AAL2 hat einige Schwächen, der von der Computerindustrie eingebrachte AAL 5 eignet sich besonders gut für "Bursty Traffic"

8

8.3.3 Zusammenfassung Frame Relay, Cell Relay, ATM und IP

8.3.3.1 Gegenüberstellung der Netze

Abbildung 8.12 zeigt eine Gliederung der bisher besprochenen Netze. Wir haben die Vermittlungstypen auf gemeinsamen Medien (unswitched), der Paketvermittlung (Packet Switch) und der Leitungsvermittlung (Circuit Switch) unterschieden. Im Falle des Packet Switch läßt sich der Ansatz des X.25 vom Verfahren der schlanken Protokolle und schnellen Vermittlung trennen, die wir "Fast Relay" nennen wollen. Deren Vertreter, namentlich ATM und Frame Relay, unterscheiden sich durch die variable und feste Länge der PDU´s (Protocol Data Units). Für FR gibt es einen klaren Migrationspfad auf ATM, eine der Stärken dieses Verfahrens. Neben ATM setzt auch 802.6 auf 53 Byte lange Zellen, die im Gegensatz zu ATM aber nicht per Switch vermittelt, sondern im Sinne eines Bus von den Anschlußknoten per Adresse ausgewertet werden. Die Zellformate sind (weitgehend) austauschbar. Die Busarchitektur des 802.6 bietet einen großen Kostenvorteil gegenüber ATM, ist aufgrund der Ausbreitungsgeschwindigkeit aber auf Netze mittlerer Größe beschränkt (MAN´s). FDDI ist eine typische Backbone für ausgedehnte LAN´s an der Grenze zum MAN. FDDI 2 benutzt für den isochronen Teil der Bandbreite TDM. SDH als Weitverkehrsverfahren basiert ebenfalls auf TDM und liefert eine mögliche Basis für den Transport von Zellen nach 802.6 und ATM.

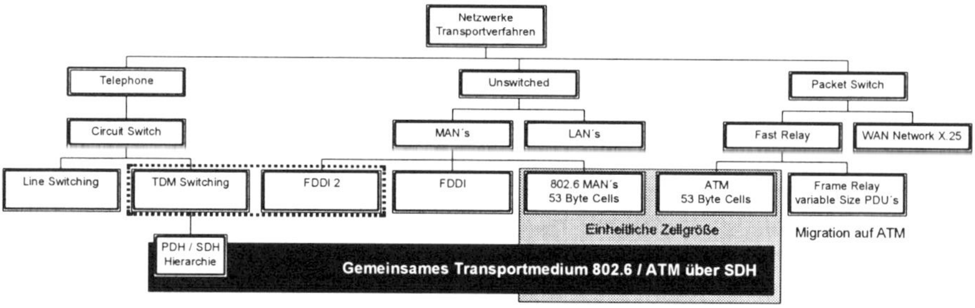

Abbildung 8.12 Vergleich moderner Datennetze

8.3.3.2 Bemerkungen zu Trends im Umfeld von IPv6 und ATM

Zum Schluß dieses Kapitels noch einige ergänzende Bemerkungen zur gegenwärtigen Entwicklung der Netzwerktechnik. Der generellen Forderung nach mehr Bandbreite stehen eine Reihe unterschiedlicher und teils widersprüchlicher Philosophien gegenüber. Dies betrifft zum einen die Frage, ob breitbandige Netze im Sinne eines zentralen WAN´s genutzt werden sollen, auf das der Kunde über eine lokale langsamere Leitung als "Rampe" auffährt, oder ob Netze mit Bandbreiten größer als 100 Mbit/sec bis in jeden Haushalt oder jedes Büro führen sollen. An diese Frage eng gebunden stehen sich zwei unterschiedliche Ansätze für den Network Layer gegenüber. IP ist der heutige gemeinsame Nenner für die Vermittlung zwischen Rechnern in einem Internet. ATM versucht parallel dazu einen Ersatz für eben jene universelle Vermittlung anzubieten. Beide Interessengruppen, die Computerindustrie mit IPv6 und die Netzbetreiber der Telekommunikation mit ATM können sich keiner großen Kommunikationsbereitschaft untereinander rühmen. Aus der Sicht von IP als universellem Netzwerklayer stellt ATM nichts anderes dar, als ein neues Hochgeschwindigkeitsnetz der Layer 1 und 2, über das auf AAL 5 die IP Pakete versandt werden können. Die Vermittlungsarbeit für die Pakete selbst passiert dabei nicht auf der ATM Ebene, sondern durch IP Router die durch PVC oder SVC Verbindungen über ATM miteinander vernetzt sind. Dies erklärt auch den Gedankenansatz, den ATM Layer auf Ebene 2 des OSI Modells anzusiedeln. Umgekehrt hat IPv6 nicht das Potential einer flächendekkenden Diensteversorgung für Telefon oder isochrone Daten, wie dies von ATM beabsichtigt wird. In anderen Worten: IPv6 steht dem Gedanken näher, kein flächendeckendes Netz mit Wählverbindungen für Gigabitlasten bis zum Endkunden auszubauen. Genau dieses Ziel verfolgt aber das B-ISDN, das auf ATM aufbaut.

IPv6 und ATM liefern teils konkurrierende Lösungsansätze für die Weiterentwicklung der Netzwerktechnik. Damit verbunden ist die Interpretation von ATM als Wide Area Backbone oder als Multimegabit - Wählnetz bis zum Endkunden im Sinne des B-ISDN.

Nach Meinung vieler Experten krankt ATM in seiner heutigen Form an nicht weit genug entwickelten und teils undurchdachten Standards. Einige AAL - Typen weisen schwere Mängel auf, Fragen nach der Überwachung der Netzlast und insbesondere nach der Tarifstruktur des ATM sind weitgehend ungeklärt. Gerade die als Grundprinzip gewählte Philosophie des Cell Relay wird dem ATM als weitere Schwäche angelastet, da die Größe der Header keine Sequenznummern erlaubt und daher die Verteilung der zu einer Verbindung gehörenden Zellen auf mehrere Wege bei ATM nicht unterstützt werden kann. Zudem erhöht sich der Verwaltungsaufwand für die Paketzusammenstellung und Paketauswertung aufgrund der kleinen Zellen für Sender und Empfänger erheblich. Dennoch darf nicht übersehen werden, daß die Tatsache eines überhaupt vorhandenen Standards die Chancen für ATM beträchtlich erhöhen dürfte, auch wenn noch einige erhebliche Verbesserungen nötig sind. Diese Modifikationen sollten insbesondere im Dialog zwischen Verfechtern von IPv6 und ATM vorgenommen werden.

Auch wenn ATM in Form seiner aktuellen Standards Schwächen aufweist, muß er doch als wesentlicher Ausgangspunkt für zukünftige Entwicklungen gelten.

Es ist in Zusammenhang mit der Diskussion um die Bandbreiten im Netz wichtig, die Rolle von Rechenleistung und Software im Gesamtbild des Leistungsprofils zu betrachten. Im Gegensatz zu einer weit verbreiteten Meinung liegen die Grenzen der Übertragungsleistung vieler Systeme weniger im Netz selbst begründet, als vielmehr in Protokollen und Betriebssystemen. Darüber hinaus ergibt sich in extrem schnellen Netzen die Frage, wie die ankommende Datenmenge überhaupt verarbeitet werden kann. Tanenbaum stellt in "Computer Networks" (siehe Literaturverzeichnis) die Prozessorleistung der Datenrate der Netze gegenüber. So ergibt sich für einen Rechner, der 1970 mit 1 MIPS Rechenleistung am ARPANET (56 kBit/sec) hing, eine Anzahl von etwa 18000 Prozessorzyklen pro ankommendem Paket. Ein moderner Computer mit 100 MIPS Leistung, der von einem 1 Gigabit Netz bedient wird, verfügt nur noch über 1500 Zyklen pro ankommendem Paket. Oberhalb einer Transferrate von 1 Gigabit im Netz ergibt sich zudem eine zwangsläufige Barriere in Form der Lichtgeschwindigkeit, da die Ausbreitungszeiten der Daten im Netz größer werden als die Zeitdauer, die für das Einspeisen einer gewissen Menge an Daten nötig ist.

In vielen Netzen ist die Leistung durch Protokolle und CPU begrenzt und nicht durch Bandbreite im Netz. Oberhalb von 1 Gigabit limitiert im Weitverkehrsbereich die Lichtgeschwindigkeit das weitere sinnvolle Bandbreitenwachstum.

9 Daten und Anwendungen 2 - verteilte Systeme

9.1 Grundlagen

9.1.1 Strategische Bedeutung verteilter Informationssysteme

9.1.1.1 Information als Wert- und Kostenfaktor

Der Wert einer Information hängt fast ausschließlich von ihrer Verfügbarkeit ab. Nicht das prinzipielle Vorhandensein einer Information stützt den Unternehmensprozeß als Entscheidungsgrundlage, als Teil der innerbetrieblichen Kommunikation, als Marktinstrument oder als Produkt, sondern ausschließlich die Fähigkeit zum schnellen und zielgerichteten Zugriff auf die benötigten Informationen zum richtigen Zeitpunkt. In einer informationsbestimmten Gesellschaft bleiben die Basisfaktoren des Wirtschaftsprozesses nicht länger auf Begriffe wie Boden, Kapital und Arbeit beschränkt. Diese Eckpfeiler des klassischen Kapitalismus werden zusehends ergänzt bzw. ersetzt durch die Begriffe Daten, Wissen und Informationsprozeß. Daten bilden den Boden für ein informationszentriertes Unternehmen, Wissen dessen Kapital, Informationsprozesse stehen für die Verarbeitung der Daten, für die Erzeugung und Verwaltung von Wissen. Der Grundsatz wirtschaftlichen Handelns bleibt dabei unverändert erhalten: Es gilt die Arbeitsprozesse permanent zu effektivieren, mit minimalem Aufwand also maximalen Ertrag zu erzielen, Kapital verfügbar zu machen, den Zugang zu Boden und Arbeit zu erhalten. Übertragen auf die Basiskomponenten Daten, Wissen und Informationsprozeß führt diese Zielsetzung zu einem Bedarf an schneller, freier und gut organisierter Datenkommunikation.

Digitale Netze und verteilte digitale Systeme sind keine von außen auf Unternehmen einwirkenden Strukturveränderungen, sie sind die moderne Antwort auf das Effektivierungsstreben der Unternehmen selbst.

Der gewohnte Umgang mit realen, anfaßbaren Entities im Sinne von Boden, Kapital und Arbeit erschwert vielerorts den Umgang mit den eher virtuellen Wertschöpfungskomponenten, die für informationsbasiertes Wirtschaften kennzeichnend sind. Es ist aber gerade die Virtualität digitaler Daten, die sie im Sinne einer permanenten Prozeßeffektivierung schneller verfügbar und schneller manipulierbar macht. Unabhängig vom Enstehungsort sind Informationen in einem globalen Netz nahezu verzögerungsfrei für jedermann erreichbar. Eine derartige Ansammlung von lokal erzeugten und global verfügbaren Daten und Informationen ergibt zwangsläufig ein heterogenes System mit dem Abnehmer im Zentrum eines weltweiten Netzes aus verteilten Quellen. Je größer also der lokal verfügbare Ausschnitt der weltweit insgesamt verfügbaren Informationen wird, desto größer wird auch der im Informationssystem selbst abgebildete Ausschnitt der zwangsläufig heterogenen Realität. Da es keinen Grund der zur Annahme gibt, daß sich die Datenwelt im Gegensatz zur politischen und realen Welt zentralisiert organisieren läßt, ist von einer zwangsläufig dezentralen und heterogenen Informationstechnik auszugehen. Die damit verbundenen Chancen und Probleme sind ein Ergebnis konsequenter Anwendung der in Kapitel 7 und 8 besprochenen Netzwerktechnologien. Datenverarbeitungssysteme und Anwendungen, die in verteilten Strukturen auf die Fähigkeiten dieser Netze setzen, bilden das Rückgrat der modernen Informationstechnik und bestimmen wesentlich den Kern zukünftiger Managementtheorien und Organisationsmodelle.

Virtualität und Heterogenität von Informationen in unternehmensweiten und globalen Netzen sind die wesentlichen Vorteile verteilter Informationssysteme, erfordern aber auch ein Umdenken bei der Gestaltung der Informationsprozesse.

9.1.1.2 Die Entwicklungsspirale verteilter Informationssysteme

Die Weiterentwicklung von Informationssystemen in ihrer Gesamtheit erfolgt in starker wechselseitiger Abhängigkeit der Informationstechnologie und der auf ihr basierenden Anwendungen. Ausgehend von der Zielsetzung reiner Datenverarbeitung hat sich durch verbesserte Speichertechnologie und die Erweiterung lokaler Systeme mit Hilfe von Datennetzen der Blickwinkel des Anwendungsprofils zu Fragestellungen der Datenverwaltung und des Datenzugangs verschoben. Diese Erweiterung des Problembewußtseins auf der Seite der Anwender generiert wiederum ein verändertes Bedarfsprofil, ein wesentlicher Motor für den nächsten technologischen Evolutionsschritt. Erhöhte Rechenleistung, beschleunigter Datendurchsatz und vergrößerte Speicher führen zusammen mit weiterentwickelter Software in Form verbesserter Entwicklungs- und Verwaltungswerkzeuge zu neuen potentiellen Anwendungsfeldern und Problemen. Diese Chancen und Risiken lassen die grundlegenden Felder der Datenverwaltung, Datenverarbeitung und des Datenzugangs auf einer höheren Komplexitäts- und Entwicklungsstufe in völlig neuem Licht erscheinen. Die Abbildung 9.1 verdeutlicht den spiralförmigen

Entwicklungszusammenhang zwischen grundlegenden technologischen Fortschritten der Informationstechnik und den Basisproblemen ihrer Anwendung.

Durch die wechselseitige Abhängigkeit der Weiterentwicklung von Anwendung und Technologie des Informationsprozesses wiederholen sich bekannte Fragestellungen entlang der Zeitachse mit permanent wachsender Komplexität.

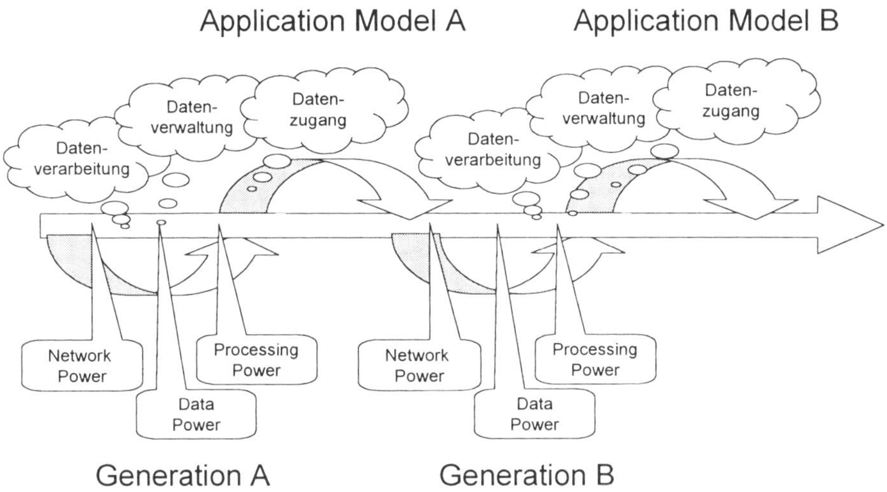

Abbildung 9.1 Entwicklung von Informationstechnik und Anwendung

Die geschichtliche Entwicklung der Informationstechnik aus Sicht des Unternehmensprozesses kann in drei grobe Phasen unterteilt werden, die sich voneinander durch jeweils unterschiedliche Paradigmen für die Erwartungshaltung an ein Informationssystem unterscheiden. Die erste Stufe der Entwicklung kann als Paradigma der reinen Datenverarbeitung bezeichnet werden. Wesentliches Ziel war die Effektivierung von Prozeßabläufen im Unternehmen mit Hilfe einer Abbildung der Unternehmensrealität auf ein elektronisches Datenverarbeitungssystem. Typische Beispiele sind Warenwirtschaft, Auftragsabwicklung, Rechnungsstellung, Buchhaltung, oder Personalwirtschaft. Ist schließlich genügend Datenmaterial aus der Unternehmensrealität digital gespiegelt, erwächst daraus die Chance, durch geeignete Auswertungen und Verknüpfungen operationelle Aufgaben des Managements teilautomatisiert oder zumindest unter Zuhilfenahme der elektronischen Datenverarbeitung ablaufen zu lassen. Das Paradigma dieser zweiten Phase verschiebt sich also von der elektronischen Datenverarbeitung zum Managementinformationssystem. Die erforderliche technische Infrastruktur orientiert sich weniger am Ziel der kosteneffektiven Handhabung großer Datenvolumina, wie dies bei der EDV der Fall ist. Sie zielt vielmehr auf leichten, verständlichen und logisch nachvollziehbaren Zugang zu vielfältigen und teilweise heterogenen Datenquellen innerhalb des Unternehmens, sowie auf deren übersichtliche und präsentationsfä-

9

hige Darstellung. Der Übergang zu heterogenen und weitflächig verteilten Informationssystemen hat zwangsläufig auch eine Veränderung des damit verbundenen Anforderungsprofils an Anwendung und Informationstechnik zur Folge. Dieses neue Paradigma, an dessen Schwelle wir uns gegenwärtig befinden, kann mit dem Begriff „Paradigma der strategischen Vernetzung“ umschrieben werden. Der Blickwinkel der Datenverfügbarkeit erweitert sich dabei vom internen auf externe Systeme. Die Fähigkeit, projektbezogen schnell Kunden und Lieferanten als transparenten Bestandteil in eigene Informationssysteme zu integrieren oder bei Bedarf schnell und einfach aus jenen zu entfernen, ist die wesentliche Voraussetzung für die viel beschworenen virtuellen Unternehmensformen der Zukunft.

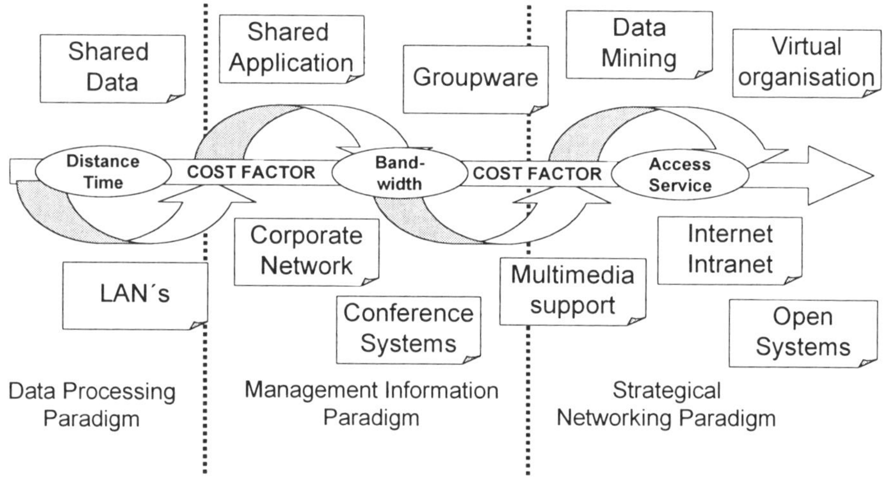

Abbildung 9.2 Paradigmen für den Einsatz von Informationstechnik

Die Entwicklung der Informationstechnik von der elektronischen Datenverarbeitung (EDP) zu Management - Informationssystemen (MIS) und weiter zu strategischen Netzen verschiebt die bestimmenden Kostenfaktoren von “Distanz” und “Zeit” zu “Leistungsprofil” und “Verfügbarkeit”.

Die Abbildung 9.2 stellt einen Zusammenhang zwischen der Entwicklung über diese drei Phasen, einigen Schlüsseltechnologien und den damit verbundenen Anwendungen her. Sie weist darüber hinaus auf die Veränderung der strategischen Kostenfaktoren für den Umgang mit Information hin. Waren in der Phase der elektronischen Datenverarbeitung die physikalische Distanz zwischen unterschiedlichen Komponenten des Unternehmensprozesses und der für den Informationsaustausch nötige Zeitaufwand von ausschlaggebender Bedeutung, kann in einer Phase vernetzter Systeme gegenwärtig die verfügbare Bandbreite als zentraler strategischer Kostenfaktor betrachtet werden. Sie limitiert letztlich die

Möglichkeiten für einen offenen, transparenten und schnellen Datenaustausch. Die explosionsartige Entwicklung der digitalen Netzwerktechnik und die damit verbundene Steigerung der verfügbaren Bandbreite bei gleichbleibenden Kosten dürfte dazu führen, daß in der Phase strategischer Netzwerke der Zugang zu Daten und das benötigte Diensteprofil als bestimmende Kostenfaktoren gelten werden.

9.1.1.3 Was ist ein verteiltes Informationssystem (DIS)

Im weiteren Verlauf wollen wir den Begriff verteiltes Informationssystem durch die Abkürzung DIS ersetzen (englisch: Distributed Information System).

Ein DIS besteht aus autonomen Systemen, die unabhängig voneinander entstanden sind und unabhängig voneinander betrieben werden können. Im Idealfall unterliegen sie keinerlei Einschränkungen hinsichtlich ihres Standortes, ihrer Datenstrukturen und der Auswahl von Hardware und Betriebssystem. Diese Freiheitsgrade stehen in einem gewissen Widerspruch zum Ziel, in einem heterogenen verteilten Informationssystem Ressourcen mit anderen angeschlossenen Teilnehmern auszutauschen. Es ist jedoch gerade das Kennzeichen eines DIS, seine Komponenten von der Rücksichtnahme auf die technischen Details anderer Komponenten zu befreien. Einzige Voraussetzung ist eine Schnittstelle zum Physical Layer des lokal vorhandenen Netzes, das im Sinne eines Internets mit allen anderen Netzen des DIS verbunden ist. Die Integration selbst beruht aus Sicht der einzelnen Rechnersysteme auf Diensten, die in Form lokaler Anwendungen auf unterschiedlichen Ebenen des Schichtenmodells in Anspruch genommen werden. Es sind nur diese lokalen Anwendungen, die von der Existenz eines entsprechenden Gegenstücks auf einem oder mehreren anderen Systemen im DIS „wissen". Die Aufgabe dieser Anwendungen ist es also, die verteilten Ressourcen und Leistungen in Idealfall so transparent anzubieten, als wären sie lokal vorhanden.

Auf den Teilnehmersystemen im DIS lokal ablaufende Dienste bieten anderen Teilnehmern im DIS Zugriff auf eigene Ressourcen, den eigenen Anwendungen Zugang zu allen externen Ressourcen des DIS.

Die Dienste, die von diesen integrierenden Anwendungen lokal angeboten werden, spielen sich auf unterschiedlich hohen Ebenen zwischen dem Physical Layer der Netzanbindung und der tatsächlichen Anwendung ab. Die Abbildung 9.3 zeigt, wie sich Dienste nach diesen Schichten kategorisieren lassen. Der Übergang vom Network zum Transport Layer bildet die Schnittstelle zwischen Netzbetreiber und lokalem System. Ist die Adresse des gewünschten Kommunikationsziels bekannt, stellen die drei untersten Layer eine Netzverbindung her, die aus Sicht des lokalen Systems wie eine Punkt-zu-Punkt-Verbindung zur Hardware des Kommunikationspartners aussieht. Der Transport Layer stellt auf Basis dieser Leitung eine Datenkommunikation in der von den entsprechenden Anwendungen gewünschten Qualität her und verbindet diese Anwendungen mit dem Versand und dem Empfang der zugehörigen Datenpakete. Bis einschließlich der Ebene 4 können wir also hinsichtlich der Dienste von reinen Netzwerkdiensten sprechen, die andere Rechner unabhängig von deren Standort erreichbar machen.

Durch die Netzwerkdienste der Schicht 4 erscheint das DIS aus Sicht lokaler Systeme wie eine Sammlung verteilter Hardware ohne Kenntnisse über die in anderen Systemen vorhandenen Daten und Prozesse.

Auch wenn es für jede Anwendung möglich ist, direkt auf die Dienste des Transport Layer zuzugreifen, findet die Koordination der über das Netz betriebenen Verbindungen des Layer 4 sinnvoll über das Betriebssystem (OS) statt. Schließlich handelt es sich aus Sicht der lokalen Programme (in der Abbildung 9.3 als AP1 bis AP3 bezeichnet) bei den externen Daten und Leistungen um eine gemeinsam genutzte externe Ressource. Um den Zugriff auf derartige Ressourcen aus Sicht der Anwendungen möglichst einfach zu gestalten, erweitert das OS meist die Grundfunktionen des Transport Layers um betriebssystemtypische zusätzliche Funktionalitäten. Dazu gehört beispielsweise der Zugriff auf Massenspeicher, die von anderen Rechnern (z.B. einem Fileserver) im DIS zur Verfügung gestellt werden und für die Anwendungen über das Betriebssystem nach genau den gleichen Verfahren erreichbar sind, wie lokal vorhandene Datenträger. Das Betriebssystem liefert damit einen abstrakt lokalen Zugriff auch für solche Laufwerke, die in anderen Rechnern innerhalb des Netzes eingebaut und nur über die Netzwerkadresse des zugehörigen Prozesses erreichbar sind.

Das Betriebssystem stellt das DIS aus Anwendungssicht als eine Sammlung verteilter Daten und Systemfunktionen dar, die über Dienste lokal verfügbar werden.

9

Dienste, die nicht vom Betriebssystem (OS) direkt angeboten werden können, weil sie vom Charakter her nicht universell genug sind oder den Rahmen der OS-Funktionen sprengen, laufen auf der Anwendungsebene ab. Ebenso wie die Dienste des Netzwerks und der OS-Ebene beruhen sie auf Protokollen zwischen zusammengehörigen Prozessen auf den beteiligten Systemen. Beispiele für derartige Dienste sind die Browser des World Wide Web im Internet, die untereinander über das Protokoll HTTP (Hypertext Transfer Protokoll) betrieben werden. Das höchste Abstraktionsniveau für die Sichtweise auf ein DIS betrachtet alle Ressourcen in Hard- und Software als ein geschlossenes System. Anwendungen und Datenstrukturen für das DIS können dabei so entwickelt werden, als liefen sie auf einem einzigen Rechner. Innerhalb des DIS verteilen sich diese Anwendungen und Daten dann selbständig nach Maßgabe von Verfügbarkeit, Rechenleistung, Netzbelastung und Sicherheit auf die vorhandenen Teilsysteme. Bisher war die Trennung der Dienste in einzelne Teilprozesse, die als Gesamtheit lokal auf einem der beteiligten Rechner im DIS abliefen, zum Zeitpunkt der Programmentwicklung fest vorgegeben worden. Bei verteilten Anwendungen hingegen wird während des Ablaufes erst dynamisch bestimmt, welche Teile eines Programmes und seiner Daten auf welchem der verfügbaren Systeme plaziert werden.

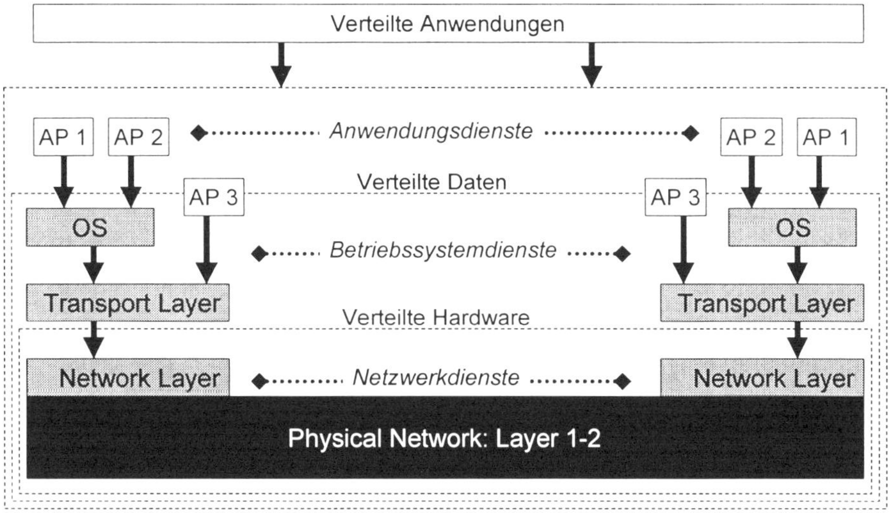

Abbildung 9.3 Netzdienste auf verschiedenen Ebenen des Schichtenmodells

Das höchste Abstraktionsniveau für die Sichtweise auf ein DIS betrachtet alle Ressourcen in Hard- und Software als ein geschlossenes System, das im Sinne eines einzelnen riesigen Rechners genutzt werden kann.

9.1.2 Schnittstelle von Netzwerk, Betriebssystem und Anwendung

9

9.1.2.1 Realisation einer Netzwerkschnittstelle im lokalen System

Die bisher in den Kapiteln 6 bis 8 als abstrakte Größen eingeführten Ebenen des Schichtenmodells müssen in einem realen System in Form miteinander korrespondierender Anwendungen realisiert werden. Jede dieser Anwendungen ist also ein Programm, das mit der Abwicklung der zu einem Layer im Schichtenmodell gehörigen Aufgaben betraut wird. Die Abbildung 9.4 versucht darzustellen, wie die zu den jeweiligen Netzwerkschichten gehörenden Prozesse innerhalb eines lokalen autonomen Systems angeordnet und realisiert werden könnten. Bei den wesentlichen Komponenten, die an der Abwicklung der mit dem Netzwerk verbundenen Prozesse beteiligt sind, handelt es sich um den Prozessor, das Memory, die mit der Netzwerkanbindung betraute Hardware, meist eine Steckkarte und das alle Komponenten miteinander verbindende Bussystem.

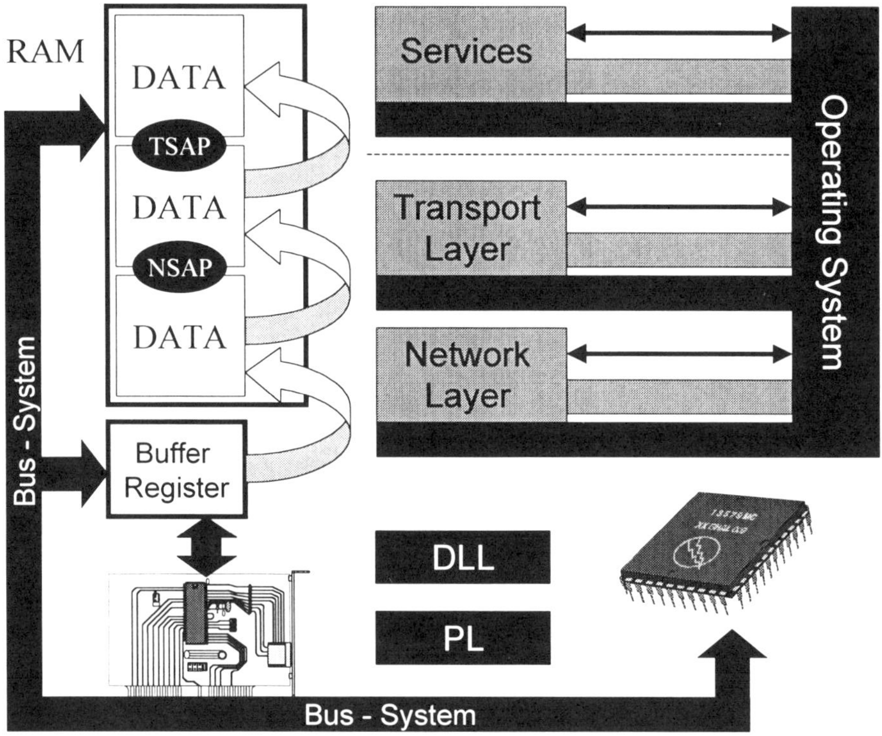

Abbildung 9.4 Hardware und Betriebssystem bei Netzwerkdiensten

Innerhalb einer solchen Anordnung sind die Funktionen des Physical Layer und des Data Link Layer meistens im Inneren der Netzwerkhardware selbst, beispielsweise also auf einer entsprechenden Steckkarte realisiert. Hinsichtlich der höheren Protokollschichten auf Layer 3 und 4 stellt sich die Frage, ob die zugehörigen Prozesse auf der CPU oder einem lokal auf der Netzwerkhardware angeordneten Prozessor zu plazieren sind. Für eine Implementation auf der Netzwerkhardware spricht die damit verbundene Entlastung der CPU. Gegen eine solche Lösung spricht wiederum der zusätzliche Kostenfaktor der verteuerten Netzwerkhardware, sowie die Inflexibilität im Falle von Veränderungen der Protokollstapel selbst. Aus diesem Grund gehen wir in unserem Beispiel davon aus, daß die CPU die Prozesse des Transport und Network Layer abwickelt. Der in der Abbildung 9.4 dargestellte Prozeßablauf bezieht sich auf den Fall ankommender Datenpakete. Der Data Link Layer schreibt die als Resultat der Verarbeitungsschritte auf den Ebenen 1 und 2 entstandenen Datenpakete in ein lokal auf dem Netzwerkadapter vorhandenes Buffer Memory (Pufferspeicher). Hat der Pufferspeicher einen entsprechenden Füllstand erreicht, so verständigt die Hardware des Netzwerkadapters die CPU per Interrupt über die zur Abholung bereitstehenden Datenpakete. Das Betriebssystem aktiviert daraufhin den zum Network Layer gehörigen Prozeß, der die Daten aus dem lokalen Puffer über die Register der Netzwerkhardware und den Bus in ein vorgegebenes Segment des Memory transferiert. Anschließend nimmt der Network Layer Prozeß seine Arbeit an den von unten gelieferten Datenpaketen auf und reicht sie nach dem gleichen Verfahren an die nächsthöhere Verarbeitungsebene weiter. Die Daten werden also von Prozeßebene zu Prozeßebene weitergereicht, bis sie schließlich die Schnittstelle zu den Anwendungen erreicht haben. Die Geschwindigkeit des Systems hängt entscheidend davon ab, ob die zum Transport Layer und Network Layer gehörenden Prozesse unabhängige Programme oder interne Bestandteile des Betriebssystemkerns sind. Handelt es sich um Prozesse außerhalb des Betriebssystemkerns, ist für jede Übergabe an der Schnittstelle zweier Schichten der Umweg über einen Software-Interrupt erforderlich, der zu einem Wechsel zwischen dem Usermodus und dem Systemmodus der CPU führt. Ein derartiges Hin- und Herspringen, in der Fachsprache auch als Context Switching bezeichnet, führt zu deutlichen Einbußen bei der Performance des gesamten Systems. Sind die einzelnen Netzwerkschichten jedoch als Teilprozesse des Betriebssystemkerns realisiert, findet das Wechselspiel zwischen den unterschiedlichen Netzwerkschichten ohne Context Switching und deshalb extrem schnell statt.

Gute Performance der lokalen Netzwerkanbindung setzt die Realisation der zugehörigen Protokollanwendungen als Teil des Betriebssystemkerns voraus.

9.1.2.2 Message Passing als Prozeßkommunikation

Das im vorhergehenden Abschnitt beschriebene Wechselspiel zwischen zwei benachbarten Schichten des Protokollstapels soll nun an einem realen Beispiel untersucht werden. Die Kommunikation zwischen verschiedenen Anwendungen innerhalb eines Protokollstapels fällt unter den Problembereich der Prozeßkommunikation, der auch in anderem Zusammenhang auf Rechnersystemen auftritt. Eines der üblichen Verfahren, eine derartige Kommunikation und Synchronisation zwischen zwei Prozessen herzustellen, bezeichnet man als Message Passing. Message Passing, wörtlich also das Übergeben von Nachrichten, erfolgt über eine sogenannte Mailbox, einen als elektronisch fest zugewiesenes Speichersegement realisierten Briefkasten. Jeder mit einem Prozeß kommunizierende andere Prozeß „steckt" seine Nachrichten in dessen Briefkasten, aus dem sie vom Empfängerprozeß nach Maßgabe seines eigenen Zeitrasters entnommen werden können. Auf einer derartigen Nachricht findet der angesprochene Prozeß zwei verschiedene Komponenten vor. Zum einen enthält die Nachricht die zur Verarbeitung im jeweiligen Prozeß übergebenen Daten selbst, zum anderen Anweisungen darüber, welche von einem Prozeß angebotenen Dienste an diesen Daten ausgeführt werden sollen. Die Nachrichten bestehen also aus einer Arbeitsanweisung und dem

Rohmaterial für diesen Arbeitsprozeß in Form der Daten. Der Briefkasten hat dafür zwei getrennte Bereiche, zum einen den sogenannten Event Control Block (ECB) für die Arbeitsanweisung, zum anderen den User Data Buffer (UDB) für die Übergabe der Daten selbst. Die Abbildung 9.5 verdeutlicht, wie von den unteren Ebenen der Netzwerk Layer und später der Transport Layer als Prozeß angesprochen werden können.

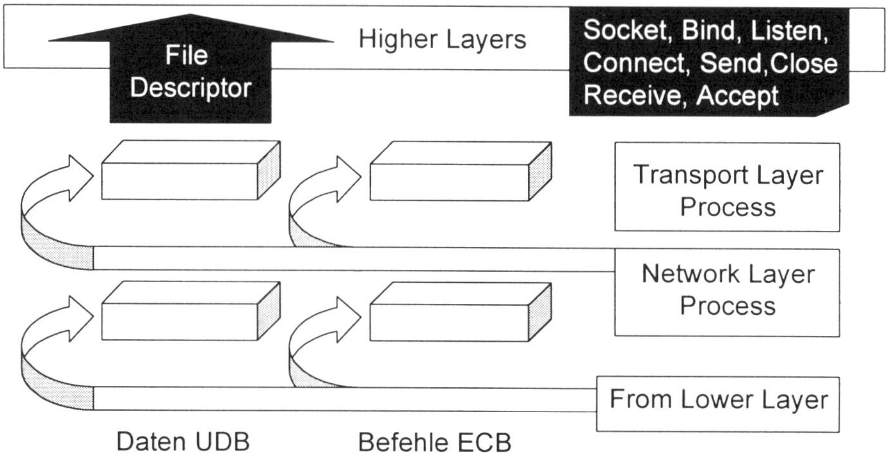

Abbildung 9.5 Message Passing zwischen Prozessen

Die als Ergebnis der Schichten 1 und 2 gelieferten Daten werden in den UDB-Bereich des Network Layer geschrieben, die gewünschte Arbeitsanweisung erhält der Networklayer-Prozeß über entsprechende Parameter im ECB. Um Daten innerhalb des Memory nicht unnötig kopieren zu müssen, erfolgt die Übergabe der Daten zwischen Schichten im Regelfall durch einen Zeiger, der auf den Speicherblock mit den betreffenden Daten hinweist und als Teil der Parameter im ECB übergeben wird. Hat der Network Layer seine Aufgabe beendet, vermittelt er die Daten und Arbeitsanweisungen in gleicher Weise an den darüberliegenden Prozeß des Transport Layer.

9

Die Kommunikation zwischen den die unterschiedlichen Layer realisierenden Prozessen findet über einen pro Prozeß für die Übergabe von Daten und Arbeitsanweisungen reservierten Speicherbereich statt.

Dieser hier für den Fall ankommender Daten geschilderte Prozeß findet sich spiegelbildlich für den Versand der von oben zur Übermittlung eingespeisten Datenpakete. Wie in Kapitel 8 erwähnt, setzt sich diese Schnittstelle zwischen benachbarten Schichten innerhalb des ISO-Protokollstapels über den Session- hin zum Presentation- und später zum Application-Layer fort, im Falle des TCP/IP-

Protokolls bildet der Transport Layer auf Ebene 4 die Schnittstelle zur Anwendung selbst.

9.1.2.3 Unix Sockets

Das Betriebssystem UNIX stellt die Verbindung zwischen Anwendungen und Diensten der Transportebene über Betriebssystemaufrufe her, mit deren Hilfe jeder lokale Prozeß auf die von den Netzwerkschichten angebotenen Funktionalitäten zugreifen kann. Das innerhalb von UNIX für die Verwaltung der Netzdienste bis zur Schicht 4 benutzte Verfahren nennt man "Unix Sockets". Im Grundsatz dienen die von UNIX angebotenen Funktionsaufrufe dazu, einen für die Kommunikation nötigen Prozeß als Transport Layer zu aktivieren und die für seine Arbeit notwendigen Speicherbereiche für das Message Passing einzurichten. Als Ergebnis des entsprechenden Aufrufes liefert UNIX einen File Descriptor. Mit diesem kann ein aufrufendes Programm ebenso umgehen, wie mit jenen File Descriptoren, die beim Zugriff auf lokale Massenspeicher Verwendung finden. UNIX liefert auch für den Zugriff auf I/O-Einheiten grundsätzlich einen File Descriptor, über den die Daten per Schreib- und Lesebefehl an die gewünschte Einheit übermittelt werden können. Auf diese Art spricht Unix beispielsweise auch einen Drucker an, der das über den zugehörigen Schreibbefehl auf die erzeugte Laufwerksnummer ausgegebene File als Druckergebnis auf Papier abliefert. Über Sockets ist daher ein einheitlicher Zugriff auf sämtliche Devices oder Files unabhängig von deren Typus und von ihrer Lokalisierung innerhalb eines verteilten Informationssystems möglich.

Für Anwendungen unter UNIX erfolgt der Umgang mit externen Quellen im Netz über die für Netzwerklayer erzeugten Prozesse (sog. "UNIX - Sockets") auf gleiche Art und Weise, wie der Umgang mit Files auf einem lokalen Massenspeicher.

Der Befehl "Socket" selbst richtet die entsprechenden Speicherbereiche ein und aktiviert den nötigen Prozeß des Transport Layer. Die Schnittstelle für die Daten zum und aus diesem Prozeß erhalten anschließend über den Befehl „Bind" eine eindeutige systeminterne Adresse. Diese Adresse bezeichnet man auch als Port. Sie stellt die Adresse für den Dienst dar, den ein externes Rechnersystem von außen über das Netz in Anspruch nehmen will. Die Portnummer unterscheidet also, wie bereits in Abschnitt 8.3.2. angedeutet, die unterschiedlichen auf einem Server vorhandenen Dienste (beispielsweise FTP, Telnet, HTTP etc.). Da Standarddienste in einem Protokollstapel nach TCP/IP immer unter den gleichen Adressen ("Well Known Ports") erreichbar sein sollen, wird den Sockets keine zufällige, sondern eine in "Bind" angegebene Adresse zugewiesen. Der Befehl "Listen" schließlich versetzt den Socket in Empfangsbereitschaft, von einem Gegenstück über den Befehl "Connect" geäußerte Verbindungswünsche werden über den Befehl "Accept" akzeptiert. Anschließend erfolgt der Datenaustausch durch

Ausführen des Kommandos "Send". Ist die Übertragung beendet, schließt der Befehl "Close" den erzeugten Socket und gibt die zugehörigen Programmspeicherbereiche für andere Funktionen frei.

Der Aufbau eines Sockets, die Zuweisung einer Portnummer, der Aufbau von Verbindungen und das Senden oder Empfangen von Daten erfolgt über einen einfachen Satz an Befehlen.

9.2 Die Idee der Middleware

9.2.1 Funktionalitäten im DIS

9.2.1.1 Verteilbare Funktionalitäten

Das DIS als geschlossenes System spiegelt die drei Grundfunktionen im Umgang mit Daten wider: Zugang und Verwaltung zu/von Datenspeichern, Manipulation von Daten, Eingabe und Ausgabe von Ergebnissen und Daten. Aus der Sicht des Clients als Schnittstelle des DIS zum Anwender kann jede dieser Funktionalitäten durch unterschiedlich starke Nutzung lokaler Ressourcen des Clients oder externer Ressourcen des DIS abgewickelt werden. Wie in Abschnitt 3.1.4. angedeutet und in Abbildung 9.6 dargestellt, lassen sich verschiedene Typen verteilter Informationssysteme durch die Aufteilung dieser Funktionskomponenten unterscheiden. Mainframes konzentrieren alle Rechenfunktionen auf eine zentrale Einheit, nur die Datenaus- und eingabe erfolgt dezentral über Terminals ohne lokale Prozeßrechenleistung. Die Ausgabe ist als einzige Funktionalität dieser Struktur verteilt ausgeführt. Clients sind eigenständige Systeme, die neben Ein- und Ausgabeschnittstellen über lokale Prozessoren zum Zweck der Datenverarbeitung verfügen. Der Netcomputer (kurz NC) enthält im Gegensatz zum klassischen PC keinen lokalen Massenpeicher, Daten und Anwendungen erhält er grundsätzlich über das Netz. Server bieten ihren Clients Dienste im Bereich Datenverarbeitung und Datenspeicher bzw. Datenverwaltung an.

9

Je nach Fähigkeit der lokalen Systeme als Terminal, NC oder PC können Datenspeicher und Verwaltung, Datenmanipulation und Ein- / Ausgabe unterschiedlich zwischen internen und externen Ressourcen verteilt sein.

Die über das Netz vom Server lieferbare Komplexität des Dienstes bestimmt die Verteilung der Arbeit zwischen Clients und Server. Ermöglicht ein Server den Clients den Zugang zu den auf ihm abgelegten Daten nur in Form geschlossener Files, spricht man von Remote File Access. Der Client wertet die Daten lokal aus, nachdem er alle Dateien vollständig vom Server in seinen eigenen Speicher übertragen hat. Die Datenverarbeitung liegt also ausschließlich beim Client, nur der Datenspeicher ist, zumindest beim PC, zwischen Client und Server verteilt. Dienste, die dem Client auch segmentierten Zugriff auf einzelne Sektoren, AU´s, Datensätze oder Ausschnitte von Dateien nach Maßgabe von Suchkriterien ermöglichen, nennt man hingegen Remote Data Access Services. Die Funktionalität logisch unterschiedener Sichtweisen auf eine physikalische Datensammlung liefert dabei ein Datenbanksystem auf dem Server. Dadurch entsteht eine flexible Verteilung von Merkmalen der Datenverarbeitung zwischen Client und Server. Der Abschnitt 9.2.19.3.2 geht detaillierter auf die Probleme verteilter Datenbasen und Datenbanken ein.

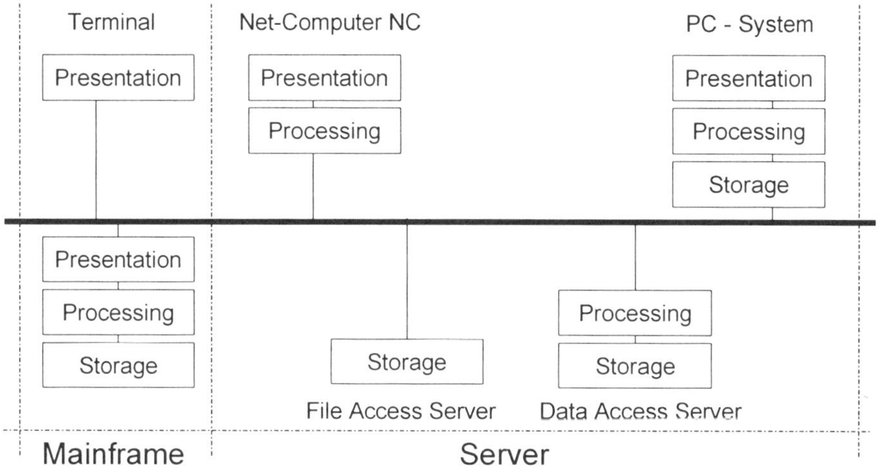

Abbildung 9.6 Externe und interne Ressourcen für Clients im DIS

Daten auf Servern können anderen Systemen als geschlossene Files (Remote File Access RFA) bzw. segmentiert oder in Form von Auswertungen des Datenbestandes im Sinne einer Datenbank (Remote Data Access RDA) angeboten werden.

9

9.2.1.2 Probleme bei Realisation verteilter Funktionalitäten

Remote File Access und Remote Data Access sind ein Beispiel für die einfachste Beziehung zwischen den Client- und Serverkomponenten verteilter Datenverwaltung und Datenverarbeitung. Es handelt sich um Dienste der Betriebssystem- oder der Anwendungsebene, die einen einzelnen Prozeß und die zugehörigen Daten eines Clients mit den Daten und Prozessen eines Servers verbinden. Der Dienst wird also aus Sicht des Clients über das Netz vom einem Server erbracht, dessen Adresse, Zugangsprotokoll und Leistungsumfang der Client bereits kennt. Anwendungen, deren Resultat den parallelen Zugriff auf Daten und Prozesse mehrerer Server mit unterschiedlichen File- oder DBMS - Systemen erfordern, verkomplizieren die Aufgabe deutlich, wenn die nötigen Daten- und Prozeßquellen im DIS dem Client nicht vorab bekannt sind. Es gilt, die zur Lösung nötige korrekte Abfolge der Teilaufgaben festzulegen und den für jeden Teil der Aufgabe geeigneten Dienst auf einem der Server ausfindig zu machen. Die Abwicklung der Gesamtaufgabe erfolgt also sequentiell unter Kontrolle des Client. Mit wachsender Größe und Heterogenität eines DIS widerspricht diese Vorgehensweise der gewünschten Transparenz gegenüber den einzelnen Clients, die nun doch mit Detailfragen des Netzes belastet werden müssen. Die Möglichkeiten eines DIS nach dem Paradigma transparenter Systeme sollten aus Sicht der Clients nicht länger als Sammlung lokalisierbarer Dienste verschiedener Server, sondern als ein zentraler Dienst des Netzes in seiner Gesamtheit erscheinen.

Der Umgang mit den Eigenheiten verteilter Daten und Prozesse in einem DIS kann als Koordinationsaufgabe nicht den Clients überlassen werden und erfordert im Sinne der Transparenz eine zwischengeschaltete Systemebene.

Spätestens auf dieser Abstraktionsstufe aber stoßen wir auf den in Kapitel 5 genannten Nachteil einer engen Bindung der Daten an die zu ihrer Verarbeitung genutzten Prozesse. In einem komplexen DIS mit Clients und Servern auf unterschiedlicher Betriebsystembasis mit Datenbeständen aus vielfältig verschiedenen Modellsichten kann keine zentrale Instanz mehr die vielfältigen möglichen Verbindungen der Daten mit den für sie potentiell geeigneten Methoden überwachen. Statt dessen benötigt man ein Modell, in dem die Daten alle für ihren Datentypus nötigen Methoden selbst mitbringen. Erst dann kann der komplette Datenraum unabhängig von seinen lokalen Eigenheiten auf globaler Sicht integriert werden.

9.2.1.3 Die Idee von Middleware

9

Die soeben geforderte Abstraktion technischer Details bei der Verteilung von Daten und Prozessen in einem DIS gegenüber den Clients erfordert neben den aus der Sicht der Clients direkt nutzbaren Diensten (Anwendungsdienste oder User Services) eine Reihe von systeminternen Diensten (System Services) zu deren Unterstützung, die dem Anwender im Idealfall verborgen bleiben. Alle Dienste, die als User- oder System Service zur Unterstützung des Anwenders und der Clients beim Umgang mit den heterogenen Strukturen eines DIS dienen, faßt man unter dem Begriff "Middleware" zusammen. Middleware stellt in erster Linie Systemdienste für den Aufbau, die Wartung, den Betrieb und die Nutzung von Anwendungsdiensten eines DIS zur Verfügung. Die meisten Middleware - Produkte bieten aber nicht nur eine Plattform an Systemdiensten für andere Anwendungen, sondern enthalten auch selbst Anwendungen als Teil ihres Lieferumfangs.

🖫 Middleware isoliert gemäß der geforderten Transparenz die Anwendungen innerhalb eines DIS von den Details der Hardware des Netzes, der anderen Clients und Server, sowie von jenen der auf ihrer Basis verfügbaren Dienste.

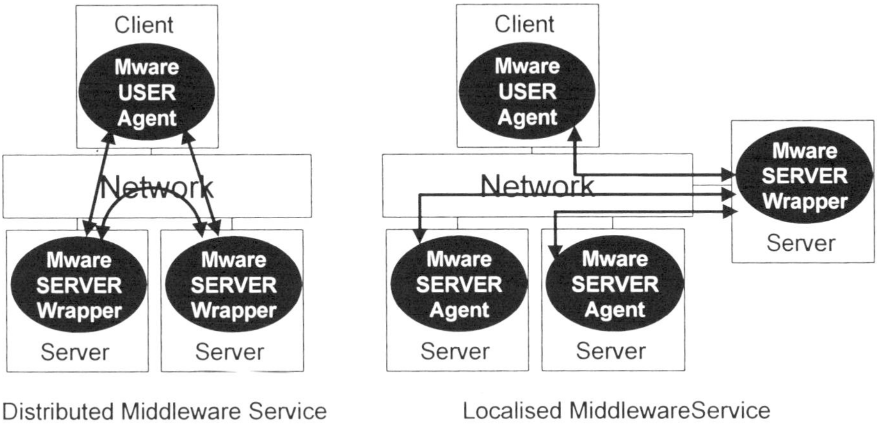

Abbildung 9.7 Realisation von Middleware in einem DIS

Auf Seiten der Clients treten Middleware - Dienste in Form sogenannter User Agents in Erscheinung, die gemäß ihrer Benennung im Auftrag des Clients die dienstebezogene Kommunikation mit dem DIS abwickeln. Die von den User Agents im Server angesprochenen Gegenstücke nennt man "Wrapper". Sie nehmen den über das Netz geäußerten Wunsch entgegen und leiten ihn an die intern zu seiner Realisation nötigen Prozesse weiter. Da Dienste der Middleware nicht auf die Kommunikation eines Clients mit einem spezifischen Server, sondern für die Kommunikation des Clients mit allen Diensten im DIS gedacht sind, können sie auf zwei verschiedene Arten realisiert werden (Abbildung 9.7). Verteilte Middleware erscheint in Form zusammengehöriger User Agents und Server Wrapper, die als Prozesse auf allen Systemen im DIS installiert sind. Diese Prozesse kommunizieren ohne zentrale Kontrolle direkt untereinander um sich gegenseitig abzustimmen und Programmabläufe zu synchronisieren. Alternativ befindet sich der Middleware - Dienst als Wrapper auf einem besonderen Server. Alle Anfragen, Meldungen und Nachrichten zwischen den Teilsystemen erfolgen ausschließlich unter der Kontrolle dieses Prozesses. Die durch ein derartiges Middleware - Produkt verwalteten Server sind in diesem Fall Clients des zentralen Prozesses und sprechen ihn daher über einen Server Agent an.

9

🖫 Middleware kann in Form verteilter Prozesse realisiert sein, die als "Agents" auf allen Clients und als "Wrapper" auf allen Servern ablaufen. Alternativ stellt ein ausgewiesener Server allen Clients und Servern die gewünschte Funktionalität der Middleware zur Verfügung.

9.2.2 Diensteklassen in Middleware

9.2.2.1 DTP und DDBMS

DTP (Distributed Transaction Processing) ist eine Erweiterung von Remote Data Access auf parallele Abfragen und Aufträge an mehrere Datenbanken eines verteilten Systems. DTP unterstützt den Client bei der Auswahl der nötigen Datenbankserver, überwacht die logische Abfolge der Teilaufgaben und verhindert Inkonsistenzen bei der Veränderung verteilt angeordneter Datenbestände. DDBMS Systeme liefern eine vollständig globale logische Sicht auf eine physikalisch verteilte Datenbasis. Der Client erlebt das verteilte System bei den Grundfunktionen der Data Definition, Data Manipulation und Data Administration einer Datenbank wie ein lokales System. Die Verteilung der Daten und Prozesse auf die verschiedenen Komponenten der realisierenden Hardware bleibt ihm, im Gegensatz zu DTP, nicht nur beim Zugriff, sondern auch bei der Wartung der Datenbank verborgen. DTP und DDBMS werden in Abschnitt 9.3.2. beschrieben.

Distributed Transaction Processing (DTP) und Distributed Database Management Systems (DDBMS) unterstützen den Umgang mit verteilten Datenbeständen.

9.2.2.2 RPC und MOM

Viele Aufgaben im DIS basieren auf der Synchronisation und Abstimmung parallel auf getrennten Systemen laufender Prozesse. Für die Kommunikation zwischen Prozessen (Inter Process Communication oder IPC) haben sich Message Passing und Remote Procedure Call (kurz: RPC) als Standardverfahren eingebürgert. Message oriented Middleware, kurz MOM, erweitert den bei UNIX Sockets genannten Ansatz des Datenaustausches unabhängiger Prozesse über eine Maibox auf verteilte Systeme. RPC hingegen erlaubt nicht nur den Austausch von Daten und Steuerkommandos zwischen aktiven Prozessen, sondern auch den externen Zugriff auf das Starten von Prozessen und die Kontrolle des Prozeßzustandes für Anwendungen auf physikalisch entfernten Systemen. RPC strebt nach Prozeßkommunikation im Sinne von Unterprogrammaufrufen über die Grenzen von Hardware und Betriebssystem hinweg. Diese Art der Abstraktion eines DIS gegenüber Programmen benötigt auch einen Werkzeugsatz an Entwicklungsfunktionen für die Erstellung von Routinen, die über RPC als Unterprogramm verfügbar sind und solchen, die diese Unterprogramme in Anspruch nehmen.

🖫 Remote Procedure Calls (RPC) und Message oriented Middleware (MOM) dienen zur Steuerung und Synchronisation verteilt ablaufender Programme und Programmsegmente.

9.2.2.3 Name Resolution Services und Objektdienste

Eines der Hauptprobleme für den Client in einem verteilten Informationssystem besteht darin, den geeigneten Server mit den für seine Anwendung nötigen Daten oder Diensten im DIS aufzufinden. Im einfachsten Fall ist zwar der Name des Dienstes bekannt, nicht aber seine Adresse im Netz. Ein Name Resolution Dienst löst dieses Problem für den Client. Betrachtet man das DIS als eine Sammlung verteilter Objekte, so erfordert deren Verwaltung ein System, das den gewünschten Objekttypus unabhängig vom Aufenthaltsort ermittelt und seine Methoden über die Grenzen der verschiedenen Entwicklungsumgebungen und Betriebssysteme hinweg für andere zugänglich macht. Einen derartigen Dienst nennt man Object Request Broker oder ORB.

🖫 Name Resolution Dienste ermitteln geeignete Daten- und Prozeßquellen des DIS. Handelt es sich dabei um Objekte, stellt ein Object Request Broker zusätzlich zur Verwaltung der verteilten Objekte deren Verbindung zueinander her.

9.3 Verteilte Daten und verteilte Dienste

9.3.1 Verteilungsstrukturen für Daten und Dienste

9.3.1.1 Replikation

Einer der Hauptgründe für den Aufbau eines DIS ist die Möglichkeit, durch die Verteilung von Lasten über ein große Anzahl von Rechnern und Netzsegmenten hinweg Engpässe flexibel zu verhindern, sowie Dienste und Daten auch im Falle einer Störung in Teilen des DIS weiterhin verfügbar zu halten. Eine Konzentration von Diensten und Daten, die wir im Folgenden pauschal als "Leistungen" bezeichnen wollen, auf nur einen Server im DIS steht im Widerspruch zu diesem Ziel. Eine einfache Möglichkeit zur Verteilung von Leistungen auf mehrere Komponenten ist die Replikation. Eine Anzahl von Servern, jeweils als "Replica" bezeichnet, enthält eine vollständige Kopie der Leistungen an unterschiedlichen Stellen im DIS. Wie im Falle aller Verteilungsstrukturen gilt es, bei Veränderungen der Inhalte einer Replica die Konsistenz aller anderen Replicas mit dieser lokal vorgenommenen Veränderung zu gewährleisten. Jeder Zugriff auf die Inhalte einer nicht modifizierten Replica erbringt ein fehlerhaftes Ergebnis. Streng genommen kann nur die Sperrung aller Zugriffe auf alle Replicas bis zur Wiederherstellung eines vollständig einheitlichen Datenabbildes im ganzen System solche Fehler verhindern. Diese "strong consistency" führt jedoch zu starken Einschränkungen der Leistungsfähigkeit, insbesondere bei häufigen Veränderungen des Dateninhaltes.

Die mehrfach identische Verteilung eines kompletten Datenbestandes auf verschiedene Server nennt man Replikation. Dabei müssen lokal auf einer Replica vorgenommene Veränderungen auf allen anderen Replicas konsistent nachvollzogen werden.

Es gibt jedoch eine Reihe von Anwendungsfällen, in denen die strenge Konsistenz nicht unbedingt gefordert ist. Den Unterschied zwischen solchen Konsistenzforderungen verdeutlicht der Vergleich eines Buchungssystems für Sitzplätze auf bestimmten Flügen mit dem Betrieb eines Auskunftsdienstes für Telefonnummern. Während im ersten Fall strenge Konsistenz unbedingt nötig ist, führt eine kurzfristige Inkonsistenz der Auskunft schlimmstenfalls zu einer falschen Telefonverbindung, die sich durch eine etwas später wiederholte Anfrage beseitigen läßt. Abbildung 9.8 zeigt ein Verfahren mit loser Konsistenz (Loose Consistency) für den Umgang mit Updates in einer Sammlung von Replicas. Die 8 gezeigten Server werden zu Gruppen zusammengefaßt, die sich überschneiden. Ein Datensatz auf Server H wurde verändert. Wir untersuchen, was bei einem Zugriff auf die bei H geänderten Daten über die Server A, D und G abläuft, die alle zu verschiedenen Gruppen gehören. Nach der Methode des "quorum consensus" kann jeder Server nur dann einen von außen kommenden Zugriff auf Daten erlauben, wenn er die Zustimmung aller Server seiner Gruppe erhalten hat. Server H blockiert nur die Server seiner Gruppe solange, bis sie alle den veränderten Stand der Daten enthalten. Erhält Server G eine Anfrage, zeigt die Rücksprache mit H und F, daß alle auf identischem Stand stehen. Die Anfrage auf den Datensatz wird von G lokal bearbeitet. Anfragen auf den geänderten Datensatz über den Server A führen hingegen zu einer Ablehnung. A fragt B und C, C wiederum kann nur genehmigen, wenn er die Zustimmung von E, F und D hat. Dabei aber stellt sich heraus, daß F einen anderen Inhalt aufweist als E und G, so daß C und damit auch A und B blockiert werden und zuerst der aktuelle Stand der über H erfolgten Veränderung auf alle anderen Systeme übertragen wird. Auf diese Art werden Zugriffe auf Server nicht blockiert, solange sie nicht die womöglich an anderer Stelle veränderten Daten betreffen.

9

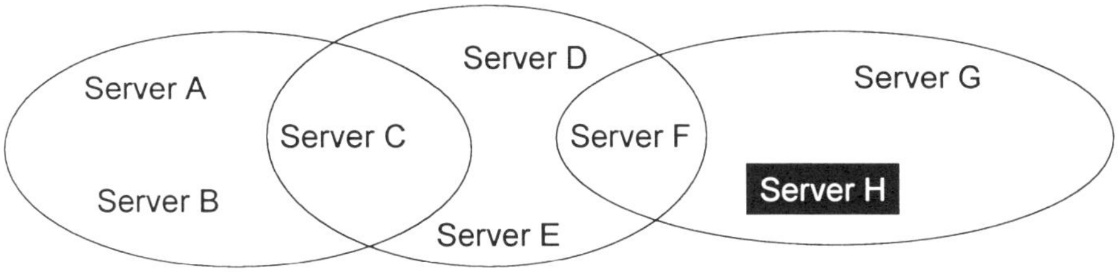

Abbildung 9.8 "Loose Consistency" durch "Quorum Consensus"

9.3.1.2 Partitioning

Durch "quorum consensus" entwickelt sich bei replizierten Daten ein zunehmend heterogener Datenbestand mit verschiedenen Inhalten in jeder Gruppe, solange auf Dateninhalte, die nur in einer Gruppe verändert werden, aus einer anderen niemals zugegriffen wird. Dies weist darauf hin, daß nicht alle Daten tatsächlich überall benötigt werden und legt eine andere Verteilungsstruktur nahe, die diese Lokalisierbarkeit von Leistungen berücksichtigt. Partitioning verteilt den gesamten Datenbestand in logisch getrennten Teilen auf verschiedene Systeme im DIS. Ein typisches Beispiel für die logische Lokalisierung einer Datenbank ist die Unterteilung der Kundendatei einer Versicherung auf die Server der jeweils zuständigen Regionalbüros. Die Zugriffe auf einen solchen Server erfolgen dann fast ausnahmslos lokal, d.h. Zugriffe können durch den lokal vorhandenen Ausschnitt der Kundendatei ausgeführt werden. Allerdings wechseln auch die Kunden einer Versicherung den Wohnort. In diesem Fall schlägt der lokale Zugriff fehl, das System benötigt ein Auflösungsverfahren, also ein Nachschlagesystem, auf welchem der Server sich die benötigten Daten befinden. Solange die Zugriffe außerhalb des lokalen Bestandes selten sind, schränkt dieser Umweg über ein zentrales Verzeichnis die Geschwindigkeit des Systems kaum ein. Im Gegensatz zur Replikation hält die Partitionierung keine Daten doppelt vor, beansprucht daher weniger Speicherplatz und löst zugleich die Probleme der Inkonsistenz, da jeder Datensatz immer an nur einem Ort geschrieben und gelesen werden kann.

9

Die Lokalisierung unterschiedlicher logischer Teile eines Datenbestandes in verschiedenen Servern des DIS nennt man Partitionierung der Daten. Zugriffe auf lokal nicht vorhandene Daten erfordern ein Vermittlungssystem zu anderen Servern.

9.3.1.3 Cache

Auch der Cache eignet sich gut für die Verteilung von Daten und Leistungen. Im Gegensatz zu den weitgehend statischen Verfahren der Partitionierung und der Replikation hält ein funktionierender Cache dynamisch immer jene Leistungen lokal vor, die gerade benötigt werden. Die Funktionsweise setzt allerdings voraus, daß einmal lokal benötigte Leistungen in absehbarer Zeit dort mit großer Wahrscheinlichkeit wieder in Anspruch genommen werden. Deshalb transferiert der Cache alle Leistungen, die seine Umgebung anfordert, immer zugleich auf den lokalen Speicher. Von dort aus kann jeder weitere Zugriff schneller bedient werden, als von der entfernten Quelle im DIS. Nutzen die lokalen Clients zufällig und ohne statistischen Zusammenhang wahllos wechselnde Dienste, erzeugt der Kopiervorgang keinen erkennbaren Vorteil. Die in Zusammenhang mit Cache im Computer besprochenen Probleme (siehe Abschnitt 3.3.2.3.) für die Konsistenz der Daten gelten auch in einem DIS. Verändert ein Prozeß Daten im lokalen Cache, müssen das Original und alle potentiellen Kopien in anderen lokalen Caches auf den aktuellen Stand gebracht werden.

Der in Kapitel 3 besprochene Cache - Mechanismus ist unter Umständen auch als lokaler Puffer für einmal aus entfernten Quellen im DIS geladene Daten geeignet.

9.3.1.4 Name, Trading und Factory Services

Verteilung von Leistungen aller Art erzeugt sofort Bedarf für einen Auskunfts- und Vermittlungsdienst. Die Frage, wo sich die gewünschte Leistung im DIS befindet, kann als Problem eines Clients unterschiedlich komplex ausfallen. Alle DIS bilden den hardwarenahen Adreßraum, beispielsweise des IP oder ISO-IP, auf gebräuchliche Namen ab, auch weil sich die IP Adresse "194.28.45.153" weniger gut für den Umgang zwischen Menschen eignet als der Name "Peter_Müller.com". Jedes derartige Namenssystem erfordert eine Überwachung des Mapping der beiden Adreßräume aufeinander und einen Auskunftsdienst, der in beiden Richtungen Namen und Adressen in Verbindung bringt. Namensdienste enthalten aber auch Verknüpfungen zwischen Namensräumen. Der lokal in einem Netz einem Benutzer zugewiesene Name muß nicht mit dessen E-Mail - Adresse für externe und diese wieder nicht mit seiner Adresse für interne elektronische Post übereinstimmen. Der Name Server bringt alle Namen, unter denen eine Leistung oder ein Benutzer im DIS auftritt, zueinander in Verbindung.

Namensdienste enthalten Verknüpfungstabellen, die logische Namen von Diensten, Systemen und Benutzern untereinander und mit den Netzwerkadressen der Systemebene in Verbindung bringen.

Trading Services verfolgen das Ziel, einen Wunsch nach Leistung im DIS auch dann zu bedienen, wenn der zugehörige Leistungsträger, also ein Dienst eines Servers, weder mit Namen noch mit Adresse bekannt ist. Trading Server bieten allen Diensten die Möglichkeit, ihre Leistungsmerkmale und ihre Adresse dort zu registrieren, allen Clients hingegen liefern sie ein Verzeichnis, um einen gewünschten Dienst ausfindig machen zu können. Noch einen Schritt weiter geht der Factory - Dienst. Er erlaubt sogar den Zugriff auf inaktive Leistungen. Er kennt demnach nicht nur die aktiven und aufnahmefähigen Dienste des DIS sondern auch die "schlafenden", die zum gegebenen Zeitpunkt nicht gestartet sind. Wird eine Leistung aufgerufen, die nicht von aktiven Diensten befriedigt werden kann, aktiviert der Factory Service (über RPC) diesen Dienst und verbindet ihn anschließend mit dem Client.

Die Ermittlung eines geeigneten Dienstes im DIS über die Angabe eines vom Client geäußerten Diensteprofils bezeichnet man als Trading Service. Können dabei auch inaktive Prozesse angesprochen und gestartet werden, spricht man von Factory Service.

9.3.2 Probleme verteilter Datenbanken

9.3.2.1 Spezielle Aspekte der Datenverteilung

Die Verteilung aller Leistungen, auch der Daten aus Datenbanksystemen im DIS, folgt einem oder mehreren kombinierten der drei Grundverfahren Replikation, Partitionierung und Cache. Im einfachsten Fall greifen lokale Datenbankanwendungen der Clients über einen Remote File Access auf Datenbasen zu, die sich als Files auf verschiedenen Servern des DIS befinden. Abbildung 9.9 zeigt eine solche Anordnung, die vielfach im Widerspruch zu den Zielen eines transparenten DIS steht. Zum einen sind die Datenbasen und die lokale Anwendung nicht unabhängig voneinander, da jede Datenbasis von einem mit dem DBMS des Client identischen DBMS erzeugt worden sein muß. Weiterhin sind parallele Zugriffe nicht durch eine Koordinationsinstanz gegen potentielle Inkonsistenzen geschützt. Files, die sich per Filetransfer auf einem Client befinden, spiegeln nicht den aktuellen Stand wider, wenn zugleich der Datenstand auf einer anderen Kopie des Files von einem anderen Client verändert wird. Nur gegenseitige Exklusivität, also die Nutzung des Files als Datenbasis durch einen und nur einen Client löst dieses Problem, verhindert zugleich aber parallele Zugriffe, auch wenn diese nur zu Lesezwecken auf die Datenbasis zugreifen wollen.

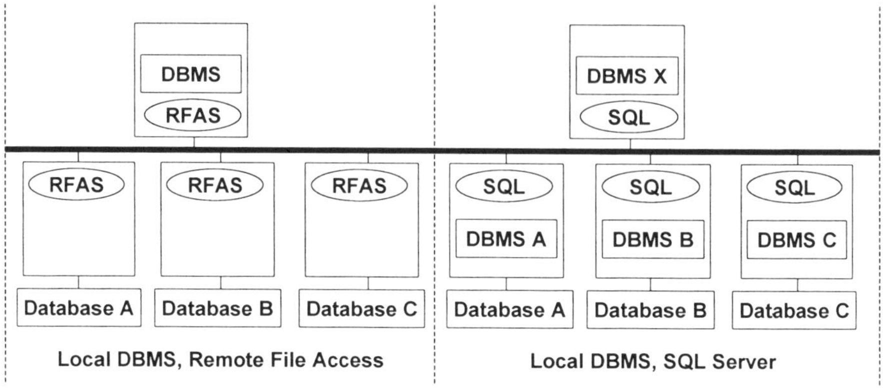

Abbildung 9.9 Zugriff auf Datenbasen über File Access und Data Access

In einem transparenten verteilten System kann man nicht davon ausgehen, daß die auf den Servern vorgehaltenen Daten über einheitliche DBMS Systeme zur Verfügung stehen. Aus diesem Grund kommt als universelles Kommunikationsmittel zwischen den Agents der User und den Diensten der Server die Datenbanksprache SQL (siehe Abschnitt 5.2.6.2.) zum Einsatz.

Ein Server, der Anfragen auf der Basis von SQL entgegennimmt, lokal auswertet und die Ergebnisse anschließend an die Client - Agents zurückschickt, heißt SQL Server.

Das Verfahren des Datenzugriffs per SQL im DIS verdeutlicht Abbildung 9.9. Wie komplex die daraus resultierenden Konsequenzen für den konsistenten Betrieb einer SQL - Datenbank im DIS ausfallen, hängt davon ab, ob sie externen Systemen über das Netz ausschließlich Lese- oder auch Schreibzugriffe auf ihre Datensätze gestattet. Außerdem konnen Zugang zu und Pflege von Daten in einem DIS einem zentral kontrollierten globalen oder autonomen lokalen Verfahren überlassen werden. Ist externen Systemen aus Sicht der lokalen Datenbank nur der Zugang zu und die Auswertung von Daten des SQL Servers erlaubt, liegt ein einfacher Fall von Remote Data Access vor. Lastgrenzen, die durch starkes Interesse der externen Clients im DIS an einem solchen Server entstehen, lassen sich durch eine Sonderform der Replikation auflösen, die man Extraction nennt. Aus dem Originalbestand der lokalen Quelle werden in regelmäßigen Abständen vollständige Kopien entnommen und als "Schnappschuß" des Datenzustandes an Replicas verteilt. Da keine verändernden Zugriffe auf diese Kopien erlaubt sind, gibt es keine Inkonsistenzen zwischen diesen Replicas, die aber auch nie den aktuellen Stand eines zwischenzeitlich veränderten Originals wiedergeben. Schon zu Beginn dieses Kapitels war davon die Rede, daß komplexe Auswertungen eines Clients, die sich auf Quelldaten verschiedener Datenbanken im DIS stützen, schnell zu umfangreichen Koordinationsaufgaben auf Seite des Clients führen können. Solche Vorgänge könnte man als verteilte Anfragen oder Distributed Query bezeichnen. Wenn Prozesse in einem Netz aus SQL Servern und SQL Cli-

9

ents zeitgleich zu einer Veränderung von Dateninhalten in mehreren Datenbanken führen, was "Distributed Transaction Processing" (DTP) genannt wird, erhöht sich der Schwierigkeitsgrad der Verarbeitung beträchtlich.

Datenauswertungen durch Lesezugriffe auf mehrere SQL Server (Distributed Query) unterscheidet man von Transaktionen, die parallel den Datenbestand mehrerer Server verändern (Distributed Transaction Processing oder DTP).

9.3.2.2 Distributed Transaction Processing (DTP) und Recovery

Die Forderungen an Datenbanken, Transaktionen in nachvollziehbaren Einheiten geschlossen und vollständig im Sinne von "Alles oder Nichts" auszuführen, erzeugt bei verteilten Datenbeständen zusätzliche Probleme. Jede Datenbank muß garantieren, daß nicht vollständig und erfolgreich ausgeführte Transaktionen keinerlei bleibende Wirkungen auf den Datenbestand haben. Zu diesem Zweck wird jede Transaktion in die Phasen "begin", "operate" und "commit" unterteilt. Erst ein erfolgreiches "commit" am Ende des Eingriffes übernimmt die Veränderungen permanent in das System, alle Änderungen der Phase "operate" bleiben ohne Auswirkungen, wenn statt "commit" ein Abbruch oder "abort" erfolgt. In diesem Fall stellt das System den Zustand vor Beginn der Transaktion wieder her. Alle Veränderungen an den Daten im Rahmen einer Transaktion schreibt die Datenbank in ein "Transaction Log". Es listet für alle Schritte einer jeden Transaktion den Ausgangs- (Undo) bzw. Endzustand (Redo) der betroffenen Datensätze, den Namen der Transaktion, den Zeitpunkt und eine Checkmark auf. Die Checkmark zeigt, ob die durch die Transaktion ausgelöste Datenveränderung bereits dauerhaft in den permanenten Speicher übernommen wurde oder nicht. Der Transaktionslog befindet sich im Idealfall vollständig auf einem gesicherten Permanentspeicher des Systems, beispielsweise einem RAID.

Jeder Einzelschritt einer Transaktion muß im Falle eines Fehlers vor Abschluß der vollständigen Transaktion bis zum Ausgangszustand rückgängig gemacht werden (Recovery).

Die Phasen einer Transaktion und die Wartung des Transaction Log übernimmt innerhalb einer Datenbank der Transaction Process Manager TPM. Er steht in engem Zusammenhang mit dem Lock Manager, der die in Kapitel 5 beschriebenen Probleme bei zeitgleicher Modifikation von Daten durch mehrere Prozesse verhindern soll. Betrifft eine Transaktion mehrere Server, müssen die Aktionen der TPM untereinander koordiniert werden. Stürzt eines der beteiligten Systeme während einer Transaktion ab, betrifft die Rückführung in den Ausgangszustand nicht nur diesen, sondern alle im DIS an der Transaktion beteiligten Server. Die an einer Transaktion beteiligten Server wählen sich einen Koordinator, meist den zuerst mit dem Auftrag eines DTP vom Client beauftragten Server. Ist die Transaktion beendet, fordert dieser in zwei Phasen alle Server erst zur Vorbereitung des Commit, also zur Sicherung des Log, danach zum endgültigen Commit auf. Schlägt auf einem der Server die Transaktion fehl, so veranlaßt der Koordinator auf allen Servern die Recovery in den Originalzustand.

Betrifft eine Transaktion mehrere Server, muß der Recovery-Mechanismus aller Teilsysteme koordiniert werden, da nur auf allen Systemen zugleich abgeschlossene Transaktionen gültig sind.

9.3.2.3 Der Weg von SQL zu SDA und ODBC

Die Datenbanksprache SQL blickt auf eine lange Geschichte zurück, die ihren Ursprung in einer Welt lokalisierter Daten nahm. Neben den immer erst mit Verzögerung nachträglich als Reaktion auf die Entwicklungen des Marktes spezifizierten Standards für SQL, existieren in Folge aktueller Trends zugleich eine Reihe privater und proprietärer Erweiterungen dieser Standards. Einige dieser Erweiterungen stehen in engem Zusammenhang mit verteilten Daten und verteilten Transaktionen. Zu den wichtigsten Erweiterungen von SQL für den Betrieb von SQL Servern gehören die "Stored Procedures", die es erlauben, vorab auf dem Server abgelegte komplexe Transaktionsfolgen durch Aufrufe einfacher Kommandos von außen zu aktivieren. Neben anderen Ideen, wie Triggerfunktionen, die nach Maßgabe des Datenzustandes automatisch Prozesse in der Datenbank auslösen können, sind dies aus Sicht der DIS insbesondere Versuche, den Remote Data Access über viele Systeme heterogenen Ursprungs hinweg zu vereinheitlichen. Zwar erlaubt das Standard - SQL allen Clients, auf die Bestände der einzelnen SQL Server mit einer einheitlichen Befehlssprache zuzugreifen, Koordinationsfunktionen zwischen parallelen Transaktionen auf verschiedenen Servern bei DTP bleiben davon aber unberührt. Bemühungen, auf diesem Gebiet zu einer Vereinheitlichung zu gelangen, zeigen sich im ISO Remote Data Access Standard 9579-1 und seiner Abbildung auf die Funktionen von SQL in 9579-2. Auch eine Gruppe von Herstellern, die SQL Access Group, kurz SAG, hat einen Rahmen für den Zugriff auf heterogene Datenstrukturen über eine Verallgemeinerung von SQL geschaffen. Eines der auf den Empfehlungen der SAG entstandenen Produkte ist die universelle Schnittstelle Open Database Connectivity (ODBC) aus dem Hause Microsoft, die in einigen Anwendungsbereichen den Status eines de-facto - Standards genießt.

Viele Bemühungen, wie ISO 9579-2 und ODBC zielen darauf, den Zugriff auf verteilte und heterogene Datenbestände über eine Verallgemeinerung von SQL zu verbessern.

9.3.2.4 Distributed DBMS und Multidatabase DBMS

Die Struktur einer integrierenden Datenverwaltung aller Teilsysteme eines DIS hängt davon ab, welches Maß an zentraler Kontrolle und Verwaltung und welches Maß an individueller lokaler Autorität die angeschlossenen Systeme genießen. Gemäß dem Paradigma verteilter Systeme entsteht kein DIS von Grund auf nach den Idealvorstellungen der Gegenwart, sondern als Konglomerat verschiedener, unabhängig entworfener und betriebener Teilsysteme und ihrer Datenbestände. Insofern ist die in Abbildung 9.10 gezeigte Struktur eines tatsächlich verteilten Datenbanksystems (Distributed DBMS oder DDBMS) als einzig zulässige Lösung wenig realistisch. Alle Server und lokalen Datenbestände folgen dabei dem konzeptionellen Datenmodell und den Funktionen der Layer DML, DDL und DAL einer globalen Datenbank. Diese globale Datenbank kann nicht nur in Form einer verteilten Anwendung realisiert sein, sondern auch als koordinierender Dienst auf einem oder mehreren speziell eingerichteten Servern. Die Realität einer heterogenen Umgebung favorisiert beim Aufbau eines globalen Datendienstes die ebenfalls in Abbildung 9.10 gezeigte Struktur. Unabhängige lokale Datenbanken mit einem hohen Maß an Eigenständigkeit bieten die Daten ihres konzeptionellen Datenbankmodells in Teilbereichen und Teilfunktionalitäten über Exportfunktionen auch der Öffentlichkeit des DIS an. Diese Exportfunktionen sind ebenfalls entweder als verteilte Anwendungen oder aber als Dienste eines oder mehrerer Serversysteme umgesetzt. In diesem Fall spricht man von einem Multidatabase - DBMS, kurz MDBMS.

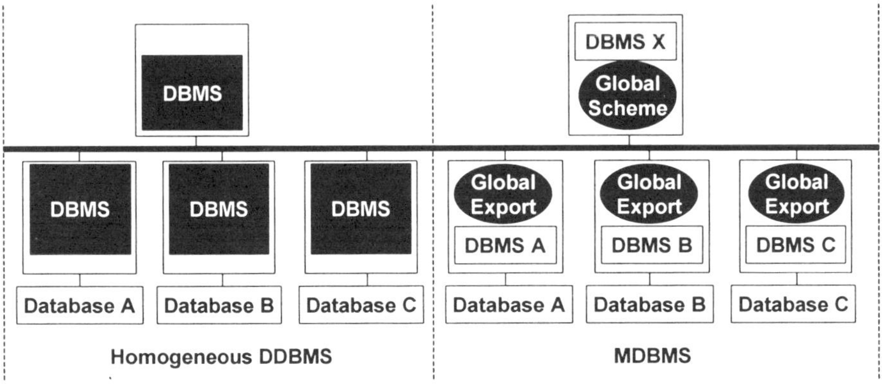

Abbildung 9.10 verteilte Daten und Datenbanksysteme

🖫 Distributed Database Systeme (DDBMS) bieten Funktionen für den Betrieb verteilter Datenbanken mit eher homogenen und zentralen Datenmodellen. Multidatabase Systeme (MDBMS) zielen eher auf heterogene und lokalisierte Datenmodelle.

9

9.3.2.5 *Data Warehouse und Data Mining*

Der innere logische Zusammenhang zwischen Daten im Bestand eines DBMS ist stark vom gewählten Datenmodell dieses DBMS abhängig. Komplexe Wechselbeziehungen zwischen den beschriebenen Entities drückt ein hierarchisches Datenmodell ganz anders aus, als sein relationales oder gar objektorientiertes Gegenstück. Dies verkompliziert es, Beziehungen zwischen Daten herzustellen, die auf getrennten Datenbanken erfaßt und modelliert wurden. Selbst ein einheitliches Datenmodell, wie im Falle zweier unabhängiger relationaler Datenbanken, garantiert nicht, daß die inhärenten Zusammenhänge zwischen den Daten beider Bestände nach deren Zusammenführung innerhalb eines DIS leicht und gut aufgefunden und dargestellt werden können. Angelehnt an den Gedanken der Verfügbarkeit als wichtigstes Kriterium für den Wert von Daten bleiben also die in den Daten aufgrund von Querverbindungen verborgenen Informationen ungenutzt. Der Lösung dieses Problems haben sich die Gedankenansätze des Data Warehouse und des Data Mining verschrieben. Data Warehouses arbeiten in zwei Phasen mit dem Ziel, die Informationen, die in den umfangreichen Datensammlungen eines Unternehmens verborgen liegen, über einen einheitlichen und leicht zugänglichen Mechanismus homogen als Entscheidungshilfe verfügbar zu machen.

Ein Data Warehouse sammelt in der ersten Phase durch Agentenprogramme einen verdichteten Querschnitt aus den Datenbeständen aller heterogenen Quellen eines Unternehmens und stellt die so gewonnenen Daten in einer zweiten Phase auf einer getrennten Datenbank zur Verfügung.

Das Systemkonzept der Datenbank eines Data Warehouse unterscheidet sich dadurch von der klassischen Datenbank, daß es nicht für die schnelle Verarbeitung vieler einzelner Zugriffe auf nur wenige Datensätze per Zugriff, sondern für wenige komplexe Auswertungen unter Einbeziehung umfangreicher Datenbestände optimiert ist. Diese Trennung des Data Warehouse von den Online Prozessen des Regelbetriebs entlastet die Betriebsdatenbank und erlaubt das gefahrlose "Spielen" mit den Daten. Für diese zweite Phase der Auswertung steht im Data Warehouse ein Sammelsurium an Funktionen der Statistik, der Entscheidungsunterstützung und der Simulation zur Verfügung. Data Mining baut im Idealfall auf den Daten eines Data Warehouse auf und sucht nach verborgenen Zusammenhängen zwischen den Datenbeständen verschiedener Quellen. Während also die Suche nach dem Informationsgehalt der Querverbindungen bei anderen Auswertungsprogrammen der zweiten Phase im Data Warehouse dem Anwender selbst überlassen bleibt, verfügt Data Mining über ein Maß an eigener "Intelligenz" und weist selbst auf vermeintliche Zusammenhänge hin. Solche Funktionen sind schon bei der banalen Aufgabe hilfreich, mehrfach in verschiedenen Datenbeständen abgelegte Datensätze zu einer Entity aufzuspüren und zu beseitigen.

Data Mining ist eines von vielen möglichen Analysewerkzeugen für die in einem Data Warehouse organisierten Daten.

9.3.3 Planung und Betrieb

9.3.3.1 Planung, Sicherheit und Betriebsfestigkeit

Die Planung großer Technologieprojekte birgt gerade in Zeiten raschen Technologiewandels ein hohes Maß an Risiko. Von dieser Regel bilden Informationssysteme für den betrieblichen Anwendungsbereich keine Ausnahme. Schon in Kapitel 2 war davon die Rede, wie vor dem Hintergrund schnell veränderlicher Hard- und Softwarestrukturen über einen veränderten Planungsansatz nachgedacht werden muß. Nicht mehr die vollständige geistige Durchdringung eines theoretischen Planungskonzeptes, dessen anschließende Fixierung und schlußendlich die Realisation können als Maßstab zeitgerechten Handelns dienen, sondern vielmehr die permanente flexible Anpassung der Zielsetzungen an die Gegebenheiten einer dynamischen Umgebung. Die Integration des Zielfindungs- und Realisationsprozesses zu einer gemeinsamen Einheit, die sich im Sinne einer iterativen Feedbackschleife wiederholt, bereitet vielen klassischen Planern für Großprojekte erhebliches Kopfzerbrechen. Das Gefühl, mit der Last schwerwiegender Investitionsverantwortung aufbrechen zu müssen, bevor das Ziel überhaupt klar definiert werden kann, stellt eine außergewöhnliche Herausforderung dar. Nicht zuletzt die Verbesserung der Entwicklungswerkzeuge hat aber parallel zur Beschleunigung des Technologiewandels auch zu einer Verkürzung der Entwicklungszyklen für Anwendungen geführt.

Die extrem schnelle Entwicklung der Informationstechnik erfordert einen reaktionsschnellen und beweglichen Planungsansatz.

Die für die zeitgemäße Planungsstruktur eines verteilten Informationssystems geeignete Philosophie findet ihren Spiegel in den Überlegungen zum sogenannten Rapid Application Development Process. Sein Paradigma forciert den Mut der am Prozeß beteiligten Benutzer und Systementwickler zu schnellen und unter Umständen schmerzhaften Kurskorrekturen. Die Verbesserung des Systems durchläuft dabei grundsätzlich einen Zyklus aus Spezifikation, schneller Anwendungsmodellierung in Form eines Prototypen, Test in enger Zusammenarbeit mit den Endanwendern, Verbesserung des Modells und folgender Neuspezifikation. Alle am Prozeß beteiligten Personen, die sich aus sämtlichen funktionalen Bereichen des Unternehmens rekrutieren, werden nach Gesichtspunkten ihrer ausschließlichen Fokussierung auf das letztliche Unternehmensziel in Zusammenhang mit Informationstechnik ausgewählt.

🖫 **Bereitstellung oder Modernisierung einer Informationsstruktur kann nicht mehr als abgeschlossenes Projekt, sondern nur als permanenter Bestandteil der Unternehmensrealität im Sinne kontinuierlicher Verbesserung verstanden werden.**

Jeder der iterativen Zyklen erfordert das stufenweise Durchlaufen unterschiedlicher Abstraktionsebenen vom übergeordneten Standpunkt des gesamten Unternehmensziels auf oberster Ebene bis hin zur konkreten Auswahl einer Technologie und der an sie geknüpften Produkte auf unterster Ebene der Komplexität. Zwischen dieser produktbezogenen und unternehmensweiten Sichtweise als Endpunkte der Skala liegt eine Modellsicht für den Informationsprozeß, durch die Datenelemente, deren Verarbeitung und deren Verknüpfung mit dem Geschäftsprozeß analysiert, gewichtet und gegebenenfalls in neuen Zusammenhang gebracht werden. Auf ihrer Basis entsteht schließlich ein an die Gegebenheiten der digitalen Informationstechnik angelehntes Abbild der Unternehmensrealität, das schließlich vom Standpunkt der reinen Betriebstechnik analysiert, strukturiert und erst im letzten Schritt mit konkreten Produkten in Zusammenhang gebracht wird. Die stärkere Integration der Endanwender nimmt nach diesem Verständnis mit dem Abschluß einer Installationsphase kein Ende. Gerade in einem verteilten Informationssystem erweist sich ein sogenanntes Superuser - Konzept als wesentliche Voraussetzung für Fortentwicklung, Betriebssicherheit und Verfügbarkeit eines komplexen verteilten Informationssystems. Neben Anwendern, deren Motivation sich ausschließlich auf das Grundverständnis der von ihnen als Werkzeug verstandenen Informationstechnik reduziert, kristallisieren sich erfahrungsgemäß immer einzelne Anwender heraus, die aus persönlichem Interesse und mit großem Engagement bereit sind, ihren Erfahrungshorizont auch hinsichtlich technischer Details zu erweitern und ihre Kollegen im Zweifelsfall damit zu unterstützen. Sie werden zu einem wichtigen Kommunikationsinstrument zwischen den Wünschen der Anwender und dem Wissen der Systemadministra-toren und Projektplaner.

9

🖫 **Neben Anwendern mit Grundverständnis kristallisieren sich Anwender mit großem Engagement und Interesse am System heraus. Diese "Superuser" müssen als wichtiger Teil der Organisation verteilter Informationssysteme gefördert werden.**

Vor dem Hintergrund des Gedankens, daß die Informationstechnik nur einen Teil des gesamten Informationssystemes ausmacht, muß darauf verwiesen werden, daß Betriebssicherheit und Verfügbarkeit als ultimatives Systemziel der technischen Betrachtungsweise ebenfalls durch geeignete organisatorische Methoden und insbesondere durch gut geschulte Benutzer erheblich verbessert werden können.

9.3.3.2 Einrichtung eines Informationssystems

Nicht zuletzt als zusammenfassende Klammer der in den Kapiteln 3 und 4 bzw. 6 bis 8 gemachten Aussagen sollen an dieser Stelle in vereinfachter Form die wesentlichen Phasen bei der Einrichtung und Inbetriebnahme eines Client/Server Netzes kurz umrissen werden. Zeitaufwendigstes Einzelsegment der Realisierungsphase ist in den meisten Fällen die Installation der Netzwerkinfrastruktur. Sie umfaßt neben den passiven Komponenten in Form von Kabeln, Steckern und Steckfeldern auch die meist an zentraler Stelle in Schaltschränken zusammengefaßten aktiven Netzkomponenten in Form von Routern, Hubs oder Switches. Die im Rahmen der Planung für die korrekte und professionelle Installation einer passiven und aktiven Netzwerkinfrastruktur zu veranschlagenden Investitionsreserven sind nicht zu unterschätzen. Sie können, insbesondere im Fall der Erstinstallation, die erforderlichen Kosten für die Hardwareinfrastruktur unter Umständen sogar übersteigen. Dennoch sollte unter keinen Umständen auf eine professionelle Installation aus Kostengründen verzichtet werden. Intermittierende und nicht eindeutig indentifizierbare Fehler aufgrund unsauber verlegter und nicht eindeutig geprüfter Kabelwege stellen ein ernstzunehmendes Hindernis für einen betriebssicheren Ablauf aller auf das Informationssystem abgebildeten Prozesse dar. Im Gegensatz zu den in der Hardware lokalisierbaren Fehlerbildern sind sie extrem schwierig und nur unter großem Zeitaufwand zu beseitigen. Heute übliche Verkabelungssysteme sind allesamt auf eine maximale Flexibilität ausgelegt und erlauben den parallelen Betrieb von Telefon- oder Computerverbindungen auf der untersten Ebene der Verkabelungsstruktur über identische Leitungen. Dies ist insbesondere im Falle eines Umzugs oder einer Umgruppierung funktioneller Gruppen in den Bürogebäuden von Bedeutung.

Der Aufbau der physikalischen Netzwerkstruktur erfordert überraschend hohe Investitionen. Nur eine reichhaltig redundante Struktur schafft die aufgrund permanenter Anpassung nötige Flexibilität des Netzes.

Ist die physikalische Netzwerkinstallation abgeschlossen, beginnt die Installation der Serverkomponenten. Abhängig vom Betriebssystem verläuft diese Phase unterschiedlich und endet mit der Bereitstellung einiger grundlegender Funktionalitäten in Form von Diensten auf fertig konfigurierten Serversystemen. Da sich diese Dienste jedoch ohne verfügbare Clients kaum ausreichend testen lassen, werden meist parallel einige der Clients bis zur Betriebsfähigkeit fertiggestellt. Auch auf Clientseite umfaßt dies im wesentlichen das Aufspielen der elementaren Betriebssystemdateien, den Einbau eventueller Hardwarekomponenten, insbesondere der Netzwerkadapter und deren Konfiguration, die Festlegung der zugewiesenen Netzwerkadressen und die Anbindung an die physikalische Infrastruktur. Sind Clients und Server als einzeln lauffähig erprobt, die Netzwerkadressen korrekt vergeben und die elementaren Basisdienste eingerichtet, so können die ersten

Clients probeweise beim Server für die Inanspruchnahme gewisser Dienstleistungen angemeldet werden. Insbesondere bei solchen Diensten, die aufgrund einer womöglich kurzen Produktgeschichte oder aufgrund mangelnder persönlicher Erfahrung im Regelbetrieb als weitgehend unbekannt oder potentiell gefährlich gelten müssen, sollten umfangreiche Tests mit erfahrenen Anwendern der Freigabe des Dienstes für eine breite Masse von Benutzern vorausgehen. Im Rahmen einer kontinuierlich wachsenden Anzahl von Clients, die schließlich nach und nach mit dem Netz verbunden werden, kommt der Verwaltung der Benutzerrechte und Benutzerkonten, sowie der Vertrauensverhältnisse innerhalb dieser Benutzergruppen die größte Bedeutung zu. Auch hierüber sollte vor Inbetriebnahme bereits des ersten Client ein klares Konzept bestehen, um spätere Konflikte, die erfahrungsgemäß nur schwer zu beheben sind, von vornherein auszuschließen.

Dienste, über die wenig Erfahrungen vorliegen, sollten nur nach Tests in geschlossenen Benutzergruppen flächendeckend im Netz angeboten werden.

Soll das betreffende Netz auch in Zusammenhang mit öffentlichen Weitverkehrsnetzen betrieben werden, so muß in jedem Fall über ein ausreichendes Sicherheitskonzept, beispielsweise in Form einer Firewall nachgedacht werden. Die Sicherheitsproblematik an der Schnittstelle zwischen internem und externem Netz läßt sich in einige grobe Unterpunkte gliedern: Erstes und aus Sicht der Unternehmen gefährlichstes Sicherheitsrisiko ist das potentielle Eindringen unerwünschter Besucher in das interne Datennetz, die sich auf diese Art und Weise Zugang zu vertraulichen Informationen des Unternehmens beschaffen könnten. Ein gut gestaltetes Firewallsystem kann ein derartiges Eindringen von außen bei entsprechendem Aufwand nahezu mit 100%iger Sicherheit verhindern. In vielen Unternehmen wird jedoch nicht darauf geachtet, daß die so installierte Firewall unter Umständen durch versehentliches oder absichtliches Mißverhalten einzelner Mitarbeiter beim Umgang mit Datenkommunikation umgangen werden kann. Insbesondere muß gewährleistet werden, daß keiner der am Netz über eine Firewall angeschlossenen Mitarbeiter zugleich Datenkommunikation über die Telefonleitung in Form eines an seinem PC angeschlossenen Modems betreibt. Das Risiko des Zugriffs von eigenen Mitarbeitern auf für sie nicht vorgesehene Informationen ist kein spezifisches Problem der Verbindung eines inneren mit einem externen Netz und kann weitgehend auf Basis der zugewiesenen Benutzerrechte unter Kontrolle des Systemadministrators geregelt werden. Der freie Zugang der Mitarbeiter aus ihrem inneren Netz heraus auf die öffentlichen Informationsangebote eines Internet und die freie Kommunikation von unter Umständen empfindlichen Informationen über ein solches Netz wirft jedoch zusätzliche Problempunkte auf. Neben der Frage, welche Inhalte den Mitarbeitern überhaupt für ihre berufliche Tätigkeit auf Firmenkosten zugänglich gemacht werden sollten, tritt hier die Gefahr, daß von Mitarbeitern aktiv per Internet nach innen eingeschleuste Daten potentiell mit Viren oder anderen systemschädigenden Inhalten behaftet sind.

Diese potentielle Gefahr kann selbst von einem permanent aktualisierten Virenscanner, der als Minimum auf jeder Firewall installiert werden sollte, nie mit 100%iger Sicherheit verhindert werden. Insbesondere ist es nötig, auf die Vernunft der Mitarbeiter dahingehend einzuwirken, daß auch das Mitbringen privater Disketten und das Aufspielen der darauf befindlichen Daten auf den unternehmenseigenen Rechner die potentielle Gefahr einer Virenverseuchung mit sich bringt. Für die Kommunikation firmeneigener Daten über ein öffentliches Netz ist in jedem Fall mit Hilfe geeigneter Verschlüsselungsprogramme auf eine kryptografisch gesicherte Codierung zu achten.

Die Verbindung interner Netze mit dem Internet erfordert ein durchdachtes Sicherheitskonzept. Firewall-Systeme zum Schutz des internen Netzes können durch Modemanschlüße umgangen werden.

9.3.3.3 Systemadministration

Ein verteiltes Informationssystem besteht aus einer großen Anzahl komplexer Einzelkomponenten und bietet so ein extrem hohes Risiko an potentiellen Fehlern, die zum Zusammenbruch aller auf dem System laufenden Anwendungen führen können. Neben den Aufgaben der permanenten Erweiterung und der Wartung aller Einzelkomponenten kommt der Systemadministration damit die Aufgabe der permanenten Überwachung sämtlicher Systemfunktionen und deren Anpassung an unter Umständen auftretende Fehlersituationen zu. Da sich der Sache nach alle in einem DIS vorhandenen Komponenten an physikalisch unterschiedlichen Aufenthaltsorten befinden, kann eine effiziente Wartung und Überwachung des Systems nur selbst wiederum mit Hilfe auf dem Netz verfügbarer Dienste realisiert werden. Aus der Sicht eines solchen Verwaltungssystems besteht das Netz aus einer Reihe technischer Objekte, beispielsweise Clients, Server und aktiven Netzwerkkomponenten wie Routern, Hubs und Switches, die alle durch einen klar definierten momentanen Systemzustand beschrieben werden können. Die Summe aller eindeutig beschreibenden Zustandsvariablen über die Gesamtheit des verteilten Informationssystems bezeichnet man als die Management-Informationbase.

9

Die Systemverwaltung eines Netzes aus verteilten Komponenten kann selbst nur mit Unterstützung entsprechender Wartungsdienste im Netz erfolgen.

Schon frühzeitig wurde erkannt, daß neben den bereits bekannten Verwaltungsfunktionen im Netz ein getrennter Bedarf für den Austausch ausschließlich serviceorientierter Informationen zwischen den aktiven Komponenten eines Netzwerks besteht. Zu diesem Zweck entwickelten sich im Lauf der Jahre zwei konkurrierende Standards, zum einen das Simple Network Management Protocol (SNMP) mit Ursprung in der Internetgemeinde, zum anderen das ISO-Modell der

Common Management Information Services and Protocols (CMIS/CMIP). Aus der Sicht des Internetbetriebs galt das SNMP lange Zeit als Übergangslösung mit dem Ziel, langfristig CMIS/CMIP zu übernehmen. Die rasche Verbreitung des Internet und seine bestimmende Wirkung für viele Netzarchitekturen hat jedoch dazu geführt, daß SMNP und die verbesserte Version SMNPv2 heute als de-facto Standards für das Netzwerkmanagement betrachtet werden. Die mit entsprechenden Fähigkeiten ausgerüsteten aktiven Komponenten melden ihren Betriebszustand in regelmäßigen Abständen ebenso an ein zentrales Managementsystem, wie die von ihnen unter Umständen bemerkten Ausnahmezustände im Falle eines technischen Problems.

Für den Austausch von Zustandsinformationen zwischen Komponenten eines Netzes gibt es das aus dem Internet stammende SMNP und das von der ISO standardisierte CMIS/CMIP - Protokoll.

Während sich bei aktiven Netzkomponenten und Servern die Fähigkeit, ein verteiltes Verwaltungskonzept zu unterstützen, schon bald als Standardfunktionalität einbürgerte, ist dies auf Seite der Clients, insbesondere im PC-Markt, ein gerade heute leidenschaftlich diskutiertes Thema. Häufig zitierte Studien weisen darauf hin, daß der größere Teil der insgesamt entstehenden Betriebskosten im Zusammenhang mit einem Personal Computer nicht als Folge seiner Anschaffung, sondern in Folge der später folgenden Betriebs- und Wartungskosten entsteht. Dies hat zu einer Auseinandersetzung mit dem Problem geführt, daß das hohe Maß an unabhängiger Individualisierbarkeit bei der Konfiguration eines einzelnen PC´s im Widerspruch mit den Zielen einer effizienten Netzwartung im verteilten Informationssystem steht. Die Tatsache, daß auf einem Personal Computer der lokale Benutzer ein hohes Maß an Freiheit genießt, während die über das Netz von außen möglichen Eingriffe in das System begrenzt bleiben, weist auf die Geschichte des Personal Computer als ursprünglich unabhängig operierendes Einzelsystem hin. Ob beabsichtigt oder nicht: In vielen Fällen führen gerade Eingriffe der individuellen Benutzer in die Konfigurationsstruktur ihres Arbeitsplatzes zu Systemabstürzen, die von den Betreuern und Systemadministratoren nur schwer nachzuvollziehen und zu beheben sind. Dieses Problem versucht die Industrie in Form des “Thin Client” zu attackieren, bei dem die individuellen Konfigurationsmöglichkeiten des persönlichen Arbeitsplatzes weitgehend eingeschränkt sind und der zusätzlich die Fähigkeit bietet, komplett und vollständig von außen über Netzkommandos gewartet und konfiguriert zu werden. Während eine Seite der Fraktion das sogenannte Net Computing ohne lokalen Massenspeicher als persönlichen Arbeitsplatz unterstützt, verficht die Gegenpartei einen abgespeckten PC, der durchaus noch mit lokalem Massenspeicher bestückt sein kann. Unabhängig von der Frage, welches dieser beiden Konzepte sich in Zukunft durchsetzen wird, ist von einer erheblichen Effektivierung der Systemadministration auszugehen.

Die Fähigkeit, von außen über das Netz gewartet zu werden, muß auf PC Systeme erweitert werden. Zugleich fordert man die

Einschränkung individueller Konfigurationsmöglichkeiten dieser Systeme im Netzbetrieb.

9.4 Das Internet

9.4.1 Einführung zum Internet

9.4.1.1 Was ist das Internet?

Schon heute kann der Begriff "Internet" mit großer Sicherheit zu den heißesten Schlagworten des 20. Jahrhunderts gerechnet werden. Trotzdem fehlt es ihm an einer sauberen Definition. Die Frage „Was ist das Internet?" ist alles andere als leicht zu beantworten. Am 24. Oktober 1995 verabschiedete das Federal Networking Council (FNC) der Vereinigten Staaten von Amerika folgende Definition für den Begriff Internet:

"Internet refers to the global information system that

- *is logically linked together by a globally unique address space based on the internet protocol (IP) or its subsequent extensions*
- *is able to support communications using the transmission control protocol/internet protocol (TCP/IP) suite or its subsequent extensions and/or other IP-compatible protocols*
- *provides, uses or makes accessible, either publicly or privately, high level services based on the communications and related infrastructure described herein."*

Diese Definition enthält alle wesentlichen Aspekte des Internet in Kurzform: Das Internet ist ein virtuelles Netz, gekennzeichnet durch einen einheitlichen Adreßraum und einen damit verbundenen Protokollstack für die Ebenen 3 und 4 des Schichtenmodells. Es handelt sich um eine Ansammlung aus Rechnersystemen, die über ein Leitungsnetz verbunden sind, dessen Knotenpunkte intelligente Vermittlungssysteme auf der Basis von von IP bilden. Das Internet ist, im Gegensatz zum klassischen Telefonnetz, nicht durch den Betrieb eigener Kabelwege gekennzeichnet. Die Teilnetze des Internet nutzen Mietleitungen und/oder eigene Infrastrukturen, auf denen meistens neben den Internetdiensten noch andere Verbindungsdienste angeboten werden. Herzstück des Internet ist die Vermittlungsstruktur, nicht das Leitungsnetz, weshalb die Entwicklung des Internet auch eng an die Entwicklung der Technologie für Paketvermittlung gebunden war. Auf dieser gemeinsamen technischen Basis sitzen eine Reihe standardisierter Dienste, die von einfacher Dateiübertragung (FTP) bis hin zu multimedial gestalteten Informationsdiensten (WWW) reichen.

Herzstück des Internet ist die global einheitliche Vermittlungsstruktur und der einheitliche Adreßraum, nicht das Leitungsnetz. Auf dieser Basis bietet das Internet eine Reihe von Anwendungsdiensten, die von Dateiübertragung (FTP) bis zu multimedialen Informationsdiensten (WWW) reichen.

9.4.1.2 Internet - Denkanstoß für dezentrale Strukturen

Schon die nicht eindeutige Zuweisung zwischen einer Kommunikationsverbindung und einem physikalischen Träger ergibt aus der Sicht konservativer Zeitgenossen einen zwielichtigen Eindruck des Internet, der durch dessen vollkommen dezentrale Verwaltungsstrukturen noch verstärkt wird, die aus zentralistischer Sicht geradezu anarchische Züge aufweisen. Gerade darauf aber basiert die ausgewiesene Stärke des Internet und seine ausgeprägte Anpassungsfähigkeit, wie zwei Beispiele verdeutlichen: Kein zentrales Kontrollorgan diktiert technische Neuerungen, vielmehr werden Vorschläge mit der Bitte um Bemerkungen (Request for Comment, RFC) über das Netz einer öffentlichen Diskussion ausgesetzt, verbessert und im weitgehenden Konsens eingeführt. Auch die Masse der im Netz vorhandenen Informationen unterliegt keinerlei zentraler Überwachung. Jeder kann, darf und soll Informationen einstellen und konsumieren. In den Gründertagen des Internet erhielten nur solche Universitäten in den USA eine Anschubfinanzierung, die sich verpflichteten, die Netzzugänge allen Mitgliedern ihrer Institution vorbehaltlos verfügbar zu machen. Kategorien, die als Sortierkriterium starr vom System oder dessen Verwaltern vorgegeben sind, kennt das Internet nicht. Statt dessen verfügt der Anwender über ein leistungsfähiges Netz unabhängiger Suchmaschinen, die ihn auf die unterschiedlichste Weise bei der Suche nach den für ihn interessanten Inhalten unterstützen. Wer das Netz benutzt, lernt schnell: Keine andere Quelle bietet einen derartigen Reichtum an verfügbarer Information, kein anderes Netz kann sich hinsichtlich Größe, Datenmenge, Anzahl der Benutzer und wahrer technischer und moralischer Offenheit mit dem Internet messen.

Das Internet unterliegt weder technisch noch inhaltlich einer zentralen Kontrolle. Das Konzept offen im Netz selbst diskutierter und im weiten Konsens eingeführter Verbesserungen liefert ein erfolgreiches Vorbild für dezentrale Organsiationsformen.

Das Internet ist lebendiges Gegenargument all jener, die heterogene, offene und dezentrale EDV mit der Begründung ablehnen, es könne weder für deren Betriebsstabilität noch für deren Wartung garantiert werden. Ganz im Gegenteil: Wer ein im großen Rahmen so offensichtlich erfolgreiches Konzept aus derartigen

Gründen nicht nach Lehren für seine lokale Informationsstruktur durchsucht, stellt damit nicht die Systematik eines Internet, sondern die Anpassungsfähigkeit seiner eigenen Organisation in Frage. Das Internet wurde in seinen Grundzügen schließlich zu einem Zeitpunkt entwickelt, als LANs und andere Netze, ebenso wie der PC, noch nicht einmal gedanklich existierten. Es hat die Generation der großen Zentralrechner ebenso überlebt wie sämtliche vermeintlichen Revolutionen des PC-Marktes. Die Diskussion von Intranet, Netcomputing und der Kampf um Java zeigt, daß das Internet heute sogar zur wesentlichen Triebfeder technologischen Fortschritts in der Informationstechnik geworden ist.

Das Internet ist die älteste und weiträumigste heute in Betrieb befindliche Informationstechnologie und zugleich Wegweiser für zukünftige Entwicklungen (Intranet, JAVA, Pushtechnologie etc.).

9.4.1.3 Der persönliche Kommentar zum Umgang mit dem Netz

Ein derart euphorisches Statement darf die offensichtlichen Schwächen des Internet nicht außer acht lassen. Zu jenen gehört die Frage der Datensicherheit, der möglichen Geschwindigkeit, sowie die Gefahr der sozialen Spaltungen in Aktive und Zurückgebliebene einer künftigen Informationsgesellschaft. Letzteres halte ich für die schwerwiegendste und am wenigsten im Bewußtsein verankerte Problematik. Ein "Information Highway" bleibt wenig wirksam, wenn er nicht oder nur von Fußgängern benutzt wird. Angelehnt an die Forderungen des Kapitels 2 muß in einer Industrienation die Frage nach der Vorbereitung des Menschen auf die Veränderungen des Informationszeitalters Vorrang vor den vergleichsweise problemlos lösbaren Aufgaben haben, die auf eine Erweiterung der Netzkapazität und die Verbesserung der Kryptografie zielen. Diesem, insbesondere an das Schul- und Hochschulsystem gerichteten Anspruch werden die wenigsten Industrienationen wirklich gerecht, schon gar nicht die Bundesrepublik Deutschland. Ursache und Folge dieses Rückstandes liegen in einer Geisteshaltung begründet, die sich anhand der Schieflage von Berichterstattung, Meinungsbildung und politischer Diskussionen um öffentliche Datennetze offenbart. Die in den klassischen Medien vielfach verbreitete Darstellung des Internet hinterläßt bei Außenstehenden folgenden Eindruck: Einige wenige, meist sexbesessene und kontaktarme Spinner treffen sich in neonazistischen Diskussionsforen, um die Adressen der scheußlichsten Kinderpornografie im Netz auszutauschen. Ansonsten dient das Internet hauptsächlich der Vereinsamung, der Zerstörung jeglicher Kultur und der Vernichtung von Arbeitsplätzen. Die Angst vor letzterem trifft, wie ich vermute, besonders auf die derart berichterstattenden Journalisten selbst zu, die um den Verlust ihres Alleinvertretungsanspruches für den Zugang zu weltweiter Information bangen müssen. Ich gebe zu bedenken, daß der Anteil pornografischer und ungesetzlicher Inhalte am Gesamtvolumen der Information im Internet weit geringer ist, als der nach gleichem Verfahren ermittelte Anteil neonazistischen und pornografischen Schriftguts an jedem Bahnhofskiosk. Für den Berichterstatter aber liefert eine Suche mit Begriffen, wie “Sex”, “Porno”, “Terror” und “Bombe” sehr viel publikumsträchtigere Ergebnisse, wie eine mit den Begriffen “Supraleitung”, “künstliche Intelligenz”, ”Aidsforschung” und “Hochtemperaturphysik”.

Der in der Sensationspresse kolportierte Eindruck vom Anteil an fragwürdigen und illegalen Inhalten im Internet steht einem realen Anteil weit unter jenem solcher Inhalte auf dem klassischen Zeitschriftenmarkt gegenüber.

Ähnlich unsinnig verläuft die Debatte um den Datenschutz. Folgt man dem Hauptargument der Gesetzeshüter, bedarf das Briefgeheimnis einer neuen Definition, weil digitale Post derart stark verschlüsselt werden kann, daß nicht einmal mehr Institutionen von der Größe des CIA zu deren Decodierung fähig sind. Aus diesem Grund sollen fürderhin nur solche Verschlüsselungen als legal gelten, die vom Staat ohne Wissen der Betroffenen geknackt werden können, um die Planung und Durchführung von Verbrechen über schnelle Datennetze zu verhindernWarum sollen gerade diejenigen, die in ihrer E-Mail Mord, Totschlag und Terror planen, ausgerechnet davor zurückschrecken, anstelle des gesetzlichen Verschlüsselungsverfahrens ein ungesetzliches und damit nicht entschlüsselbares Verfahren zu verwenden. In den Worten von Phil Zimmermann, der das kontrovers diskutierte kostenfreie Verschlüsselungsverfahren PGP für E-Mail entwickelt hat: Wenn uneingeschränktes Briefgeheimnis illegal wird, gibt es für niemanden ein Briefgeheimnis außer für Illegale. (Original: „If privacy is outlawed, only outlaws will have privacy.“).

Die Diskussion um das Briefgeheimnis im Internet wird mit technisch unsinnigen Argumenten geführt. In der Realität gilt: “if privacy is outlawed, only outlaws will have privacy” (P. Zimmermann).

9

9.4.1.4 Die Geschichte des Internets

Im begrenzten Rahmen dieses Buches können wir die Entwicklungsgeschichte des Internet nur grob skizzieren. Als erstes schriftliches Dokument der Idee globaler Vernetzung gilt das von J.C.R. Licklider am MIT 1962 verfaßte „Galactic Network Concept“. Licklider wurde Leiter des Netzwerkprojektes der ARPA (Advanced Research Projects Agency) in den Vereinigten Staaten, wo 1966 auf der Basis der Arbeiten von Kleinrock und Roberts über Paketvermittlungstechnik ein Basiskonzept für das sogenannte ARPANET erstellt wurde. Im Rahmen der öffentlichen Präsentation dieses Konzepts ergaben sich weitreichende Übereinstimmungen mit unabhängigen Arbeiten anderer Forschungseinrichtungen in den USA und in England, insbesondere mit jenen der Research Agency for Nuclear Defense (RAND). Dessen Name und der mehrmalige Namenswechsel der ARPA in DARPA (Defense-ARPA) und zurück zwischen 1971 und 1996 förderte die Überzeugung, Internet sei ursprünglich vor dem Hintergedanken eines atomkriegssicheren, flächendeckenden Netzwerks für die USA konzipiert worden. 1968 wurde der Bau der technischen Komponenten öffentlich ausgeschrieben, die erste Version des ARPANET ging 1969/70 mit Knotenpunkten in Stanford, Los Angeles, Santa Barbara und Salt Lake City in Betrieb. Schon auf der Basis des ersten Protokolls, NCP, entstanden eine Reihe wichtiger Anwendungen, unter anderem 1972 das erste E-Mail System.

Auf der Basis der Forschung zur Paketvermittlung ging 1969/1970 der erste Teil des ARPANET mit Knoten in Stanford, Los Angeles, Santa Barbara und Salt Lake City in Betrieb.

Die Integration des ARPANET mit anderen Forschungsnetzen und die verbesserte Skalierbarkeit eines so entstehenden globalen Verbundes erforderte eine Verbesserung der Protokollstruktur. 1973, noch vor der Fertigstellung der ersten Local Area Networks, begann die Entwicklung von TCP/IP. Ausgehend von den theoretischen Spezifikationen entstanden eine Reihe unterschiedlicher Realisationen auf Maschinen aller Größenordnungen vom Großrechner bis hin zum PC. In den 80er Jahren führte der explosionsartige Fortschritt in der Netzwerktechnologie und die wachsende Anzahl der Rechner zur Einführung der drei Adreßklassen für IP und zur Entwicklung komplexer Vermittlungsverfahren im Internet (EGP, IGP, ARP, siehe Abschnitt 8.1.2.). 1980 wurde TCP/IP zum Regierungsstandard, die Integration der Protokolle in UNIX führt zu deren schneller weltweiter Verbreitung und unterstützt den Durchbruch von UNIX als Betriebssystem. Am 1.1.83 wechselte das Internet über Nacht auf TCP/IP, die Adreßstruktur von IP erlaubte daraufhin die Trennung in einen militärischen (MILNET) und zivilen Teil (ARPANET). Neben dem ARPANET standen Mitte der 80er Jahre eine Reihe spezialisierter Forschungsnetze für die Energiephysik, Hochschulnetze wie CSNET und BITNET, sowie das USENET für den Nachrichtenaustausch unter UNIX in Betrieb. Sie waren ursprünglich alle für einen weitgehend geschlossenen Benutzerbereich bestimmt und nicht untereinander kompatibel.

Die Integration von ARPANET mit anderen Netzen und eine potentiell globale Netzstruktur erforderten die Entwicklung von TCP/IP, das zum Regierungsstandard und integralen Bestandteil von UNIX wurde.

Das 1985 aufgelegte Netzprogramm der National Science Foundation (NSF) mit dem Namen NSFNET hatte daher ein offenes Netz für alle Ausbildungs- und Forschungseinrichtungen zum Ziel. TCP/IP wurde das Rückgrat dieses Projektes mit dem Ziel einer gemeinsam von allen staatlichen Einrichtungen getragenen Netzstruktur, deren Koordination dem Federal Network Council (FNC) übertragen wurde. Diese Philosophie führte schließlich zu einer weitreichenden Integration aller heterogenen Netze in eine gemeinsame Architektur. Zusätzlich erhielten die

Betreibern den Auftrag, lokal nach kommerziellen Kunden für das Internet zu suchen. Um die freie Wirtschaft zum Aufbau eines privaten überregionalen Hochgeschwindigkeitsnetzes zu bewegen, wurde der kommerzielle Verkehr jedoch aus dem öffentlichen Weitverkehrsbereich verbannt. Dies führte zur schnellen Entwicklung privater Netze unter der Federführung von PSINET, UUNET und anderen. Nicht zuletzt Kleinrock, der schon 1966 an der Entwicklung der Pakettechnologie beteiligt war, zündete mit seinem Papier „Realizing the Information Future: The Internet and Beyond" den Gedanken der Information Superhighway. 1995 wurden alle öffentlichen Gelder aus dem NSFNET abgezogen, die bisher von diesem Netz bereitgestellten Leistungen mit den so gewonnenen Mitteln von privaten Anbietern angemietet.

Das 1985 aufgelegte NSFNET schafft eine von allen öffentlichen Institutionen der USA gemeinsam über das Federal Networking Council verwaltete Infrastruktur und fördert die Öffnung für kommerzielle Anwendungen und private Netze. Ab 1995 werden alle Transportkapazitäten über Mietleitungen privater Anbieter bezogen, NSFNET als Leitungsnetz eingestellt.

9.4.2 Basisdienste des Internet

9.4.2.1 Zugang zum Internet

In den Jahren des NSFNET - Projektes kam es zu starker internationaler Zusammenarbeit mit dem Ziel, den Internetgedanken weltweit auszubauen. Die Kommunikation fand dabei über das CCIRN (Coordination Committee for International Research Networks) statt, in das auch die Partner des europäischen RARE-Projektes für ein Forschungsnetz eingebunden waren. Heute sind die weltweiten Infrastrukturen des Internet gut miteinander verwoben, die Abbildung 9.11 zeigt, welche Länder heute per Internet erreichbar sind. Die Netze werden in vielen Ländern heute nicht mehr nur von öffentlichen Einrichtungen betrieben, sondern in verstärktem Maße von privaten Anbietern. Solche "Provider" spielen eine wichtige Rolle für den Zugang zum Internet, da Privatpersonen oder Firmen nur in den wenigsten Fällen selbst über einen direkten Zugang zum Internet verfügen. Während Mitarbeiter weltweiter Unternehmen, wie beispielsweise IBM, über das firmeneigene Netz (IBM - Net) ebenso leicht in das Internet gelangen können wie Studenten über das an ihrer Hochschule angeschlossene deutsche Forschungsnetz (DFN), bleibt allen anderen nur der Weg über einen kommerziellen Anbieter.

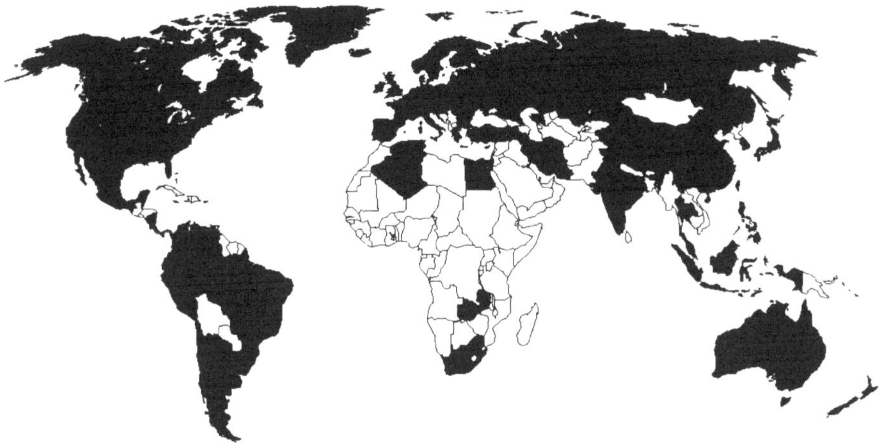

Abbildung 9.11 Weltweit ans Internet angeschlossene Länder

Der folgende Text geht beispielhaft von der Annahme aus, Sie suchen einen Anschluß an das Internet. Abbildung 9.12 zeigt, auf welche Weise man über einen Provider Zugang zum Internet erhalten kann. Im einfachsten Fall (rechte Seite der Grafik) benötigen Sie keinerlei permanente Präsenz im Internet. Sie wollen keine Informationen im Netz anbieten, die unabhängig von Ihrer Anwesenheit anderen Benutzern unter einer öffentlichen Adresse zur Verfügung stehen. Statt dessen beschränken sich Ihre Wünsche auf das Versenden und Empfangen elektronischer Post (E-Mail) und den Zugriff auf das reichhaltige Informationsangebot des Internet. Zu diesem Zweck bietet der Provider Zugangspunkte (POP für Point of Presence) in sein und von dort weiter ins globale Netz, mit denen Sie Ihren Computer bei Bedarf über eine Telefonleitung verbinden können. Sie benötigen dazu ein Modem oder ein digitales Interface Ihres Computers zu einem evtl. vorhandenen ISDN-Anschluß. Man spricht von einer Dial Up Connection.

Wer das Internet nicht über globale Unternehmensnetze oder öffentliche Einrichtungen erreichen kann, benötigt einen privaten Anbieter oder Provider, der gegen Gebühr telefonisch (Dial-Up-Connections) über ein Modem oder ISDN erreichbare Zugangspunkte (POP´s) zum Internet anbietet.

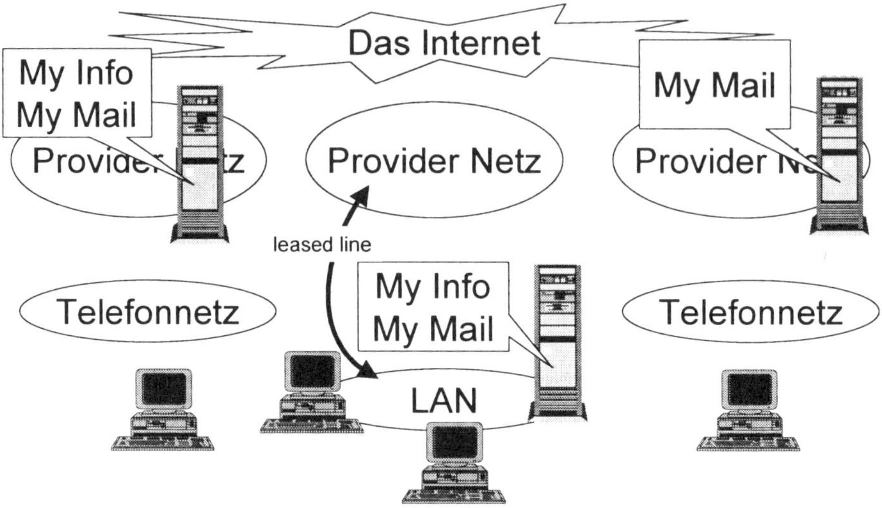

Abbildung 9.12 Zugangsmöglichkeiten zum Internet

Wollen Sie selbst als Anbieter permanent verfügbarer Informationen aller Art im Netz auftreten, gibt es dafür zwei Möglichkeiten: Sie können eine Standleitung zum nächsten geeignete Knoten Ihres Providers mieten, eine Arbeit, die Ihnen der Provider unter Umständen als Teil seines Leistungsumfanges abnehmen kann. Über diese Leitung und den Netzanschluß des Providers machen Sie Ihren eigenen Computer oder Ihr lokales Netz zu einem festen Bestandteil des Internet (Abbildung mittlere Grafik). In diesem Fall obliegen Ihnen aber auch alle Pflichten für den Betrieb einer „Internet Site", also permanent laufende Serversysteme, die Verwaltung der E-Mail für alle Rechner Ihres Netzes und so weiter. Als Mischkonzept gilt die Lösung links in der Grafik, die als „Server Hosting" bezeichnet wird. Ihr Informationsangebot steht dabei auf den Rechnern Ihres Providers, Sie können die Daten über eine Dial-Up-Verbindung jederzeit verändern und Ihr Angebot modifizieren. Auf diese Weise wird die Mehrheit der privaten Informationsangebote im Netz betrieben. Manche Provider bieten an, den Server des Kunden in den Räumen ihres Knotens als Dienstleistung zu betreiben, was vom Konzept her aber dem Server Hosting entspricht.

9

Wer selbst Informationsangebote ins Internet einstellen will, benötigt einen Server, der entweder beim Provider (Server Hosting) oder, über eine Standleitung mit Provider und Internet verbunden, als Teil des eigenen lokalen Netzes betrieben wird.

9.4.2.2 Das Domain Name System DNS

Alle Systeme im Internet haben über das IP Protokoll eine eindeutige, 32-Bit lange Adresse. Adressen im Stil 194.32.57.128 sind für den Anwender schwer verständlich und beschreiben einen Rechner nur als technischen Bestandteil eines Subnetzes ohne Hinweise auf seinen physikalischen Standort und die auf ihm vorhandenen logischen Inhalte. Aus diesen Gründen wurde das Domain-Name-System (DNS) im Internet eingeführt. Die im DNS vergebenen Namen sind vom Adreßsystem des IP unabhängig und werden nach dem in Abbildung 9.13 gezeigten Schema vergeben: Der Namensbaum hat auf oberster Ebene sogenannte Top Level Domains, die einem logischen (generic) oder einem geographischen (country) Schema folgen. Die sieben Generic Domains stehen für gewerblich (commercial/.com), Ausbildung (education/.edu), Regierung (government/.gov), militärisch (military/.mil), gemeinnützige Organisationen (organisation/.org) und internationale Einrichtungen (international/.int). Der länderspezifische Teil enthält einen Namen für jedes Land gemäß ISO 3166.

Das Domain Name System erlaubt die Vergabe von Namen im Internet unabhängig von IP Adressen. Die Namen folgen einem hierarchischen Baum, dessen Knoten für den Namen von unten nach oben gelesen werden. (Beispiel: medien.fh-wiesbaden.de)

Jede Domain wird eigenständig verwaltet und kann ausgehend von ihrem Domänennamen beliebige Unterdomänen einrichten. Der volle Name eines Rechners im DNS ergibt sich durch das Aneinanderfügen aller Domänennamen von unten nach oben in Richtung auf die Wurzel des Baumes. Die einzelnen Namen, deren Länge 63 Zeichen nicht überschreiten darf, werden dabei durch Punkte getrennt, der so entstehende Gesamtname darf nicht länger als 255 Zeichen sein. Der Name medien.fh-wiesbaden.de steht also für den Server des Fachbereich Medienwirtschaft (Domänenname medien) innerhalb der Domäne der FH Wiesbaden, die wieder Teil der Top Domain Deutschland ist.

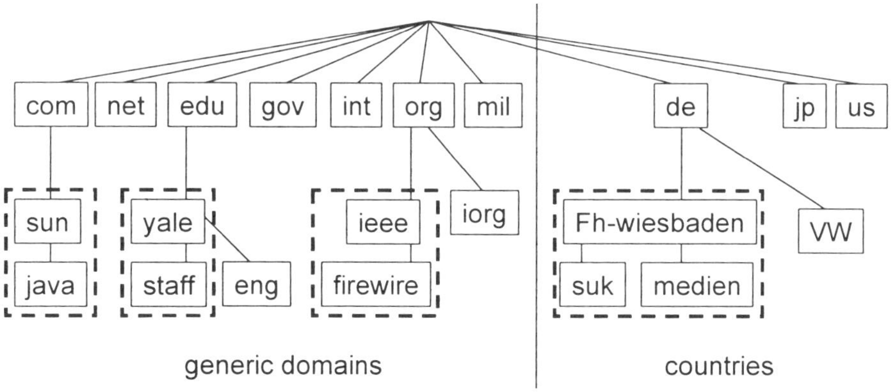

Abbildung 9.13 Domain Name System

Der wichtigste Dienst des DNS für einen Client ist der Resolver, der die zum Namen eines gewünschten Systems gehörigen IP-Adressen ermittelt. Die Verwaltung des Domain Name System erfolgt über spezielle Name Server, die, wie die Abbildung 9.13 anhand gestrichelter Linien zeigt, auch einen über mehrere Domänen hinweg ausgedehnten Verantwortungsbereich haben können. Jeder Name Server enthält für alle Systeme seines Bereiches die sogenannten Resource Records, Datensätze, die im einfachsten Fall nur die IP-Adresse des Rechners, im Regelfall aber wichtige Zusatzinformationen enthalten. Über einen Eintrag in den Resource Records kann beispielsweise spezifiziert werden, daß ein anderer Rechner als der angesprochene die elektronische Post dieses Adressaten entgegennehmen soll. Dies ist insbesondere dann wichtig, wenn der als Adressat angesprochene Rechner nur zeitweise mit dem Netz verbunden und zum fraglichen Zeitpunkt nicht erreichbar ist. Weiter erlauben Resource Records die Eintragung von „Zusatznamen" oder Aliases. Ein derartiger Eintrag könnte bei einer Anfrage mit „fhwiesbaden" oder „medienwirtschaft" auf den jeweils korrekten Namen „fh-wiesbaden" oder „medien.fh-wiesbaden" hinweisen und so eine von einem mit DNS grundsätzlich vertrauten Benutzer auf gut Glück eingegebene Namensvariante korrekt auswerten.

Das DNS wird über Name Server betrieben, die zu jedem Namen die korrekte IP Adresse und wichtige Zusatzdaten enthalten. Diese Name Server sind über ein spezielles Protokoll miteinander zu einem globalen Auskunftsdienst verbunden, um jede lokal nicht bekannte Adressen ausfindig machen zu können.

DNS ist ein gutes Beispiel für gleichzeitigen Einsatz von Replikation, Caching und Partitionierung. Im Regelfall werden aus Lastgründen innerhalb einer Region des Domain Name System neben einem Primary mehrere Secondary Name Server betrieben, die ihre Daten aber grundsätzlich vom Primary Server als Kopie erhalten. Eine Anfrage, die der Primary nicht beantworten kann, weil er die IP-Adresse des gewünschten Systems nicht kennt, gibt er an die Top Domain des gesuchten Namens weiter. Diese leitet die Anfrage entlang der Äste ihres Baumsegments an den ersten Server weiter, der eine Antwort auf die Frage parat hat. Nach einer Rückübermittlung der Antwort an den Server, an den die Anfrage ursprünglich gerichtet war, wird die Antwort zugleich an den wartenden Client weitergegeben und in einem lokal vorhandenen Cache gepuffert.

9.4.2.3 TELNET und FTP (NFS)

Zur Gründerzeit des Internet war Rechenleistung nur im Timesharingverfahren auf großen Mainframes zugänglich. Remote Access bedeutete damals also vorrangig die Kommunikation eines über ein Weitverkehrsnetz weit entfernten Terminals mit einem derartigen Zentralrechner. Diesen Zweck erfüllt der TELNET - Dienst, über den sich Zeichen auf der Basis einer TCP - Verbindung mit einem entfernten Rechner austauschen lassen. Das lokale System erfüllt dabei nur die zur Erzeugung der abgehenden und Darstellung der zurückkommenden Zeichencodes nötigen Funktionen, arbeitet also ohne eigene Rechenleistung. TELNET spielt heute, außer zu Demonstrationszwecken, kaum noch eine Rolle, da die meisten auf das Internet zugreifenden Computer über eigene Rechenleistung verfügen. Sich probeweise über TELNET in die textbasierten Dienste der ersten Generation des Internet einzuwählen, vermittelt einen überzeugenden Eindruck von der rasanten Entwicklungsgeschwindigkeit dieses Netzes.

Über TELNET lassen sich Zeichen auf der Basis einer TCP - Verbindung mit einem entfernten Rechner austauschen.

Eine der wesentlichsten Basisfunktionen eines Datennetzes ist der Austausch geschlossener Dateien zwischen zwei Rechnern im Sinne des Remote File Access. Dieser Dienst hört im Internet auf den Namen FTP für File Transfer Protocol. Der FTP-Client stellt zuerst eine TCP-Verbindung zu Port 21 eines Servers her, auf dem ein sogenannter FTP-Dämon als permanent aktiver Prozeß seinen Dienst tut. Über die Verbindung erfolgt nun der Austausch von Kontrollinformationen und Steueranweisungen. Der Befehlssatz des FTP umfaßt alle klassischen Funktionen eines Dateisystems, wie beispielsweise das Anlegen, Löschen und Wechseln von Verzeichnissen, das Auflisten ihrer Inhalte und das Einstellen in bzw. das Entfernen aus und Übertragen von Dateien zwischen Verzeichnissen. Damit kann der Datenbestand eines entfernten Rechners ebenso genutzt werden, wie der des lokalen Systems. Der Zugriff auf die Dateien aber erfordert zuerst deren vollständige Übertragung auf den Client. Diese Datenübermittlung selbst erfolgt über eine getrennte TCP-Verbindung zum Port Nr. 20. Trotz der Fähigkeit, den Dienst des FTP auch über den Browser des WWW in Anspruch zu nehmen, arbeiten viele Benutzer immer noch gern mit eigenen FTP-Clients. Ihre Bedienung folgt den üblichen grafischen Benutzeroberflächen in Anlehnung an die modernen Dateisysteme, die ursprünglichen Befehle für den Betrieb von FTP sind nur noch in Form einer Statuszeile sichtbar.

Das File Transfer Protocol FTP ist ein Werkzeug für den Remote File Access und erlaubt Einblicke und Eingriffe in die Dateistruktur eines entfernten Rechners und den Transfer geschlossener Dateien über das Netz.

Mit der Integration der für das Internet bestimmenden Prozeßteile in UNIX wurde auch FTP. zu einem festen Leistungsmerkmal dieses Betriebssystems. In einem lokalen Netz jedoch spielt diese Funktionalität heute gegenüber jenen des sogenannten NFS (Network Filing System) eine nur untergeordnete Rolle. NFS liefert im Gegensatz zu FTP einen vollkommen transparenten Durchgriff auf alle Dateien des entfernten Rechners, der sich genauso verhält wie der Zugriff auf lokale Dateien. Speichervolumina werden in NFS einmal im Netz ausfindig gemacht und dann als Laufwerk auf dem lokalen System „gemounted“, also als Laufwerksverweis mit einem eigenen Laufwerkssymbol fest angelegt. Schreib- und Lesezugriffe erfolgen dann wie auf lokale Dateien, auch der bei FTP in allen Fällen nötige komplette Transfer einer Datei bis zum Beginn der Auswertung entfällt damit.

Im Gegensatz zu FTP ist das Network Filing System (NFS) von UNIX eine Erweiterung der vollen lokalen Dateifunktionalität auf alle Rechner eines Netzes.

9.4.2.4 Elektronische Post oder E-Mail

Von Anfang an war E-Mail eine der wichtigsten Anwendungen („Killer-Application") im Internet. Gerade innerhalb der weit verstreuten Entwicklergemeinde des Internet selbst bestand ein hoher Kommunikationsbedarf, der erst mit Hilfe von E-Mail zufriedenstellend abgewickelt werden konnte. E-Mail hat die dezentrale Struktur der verteilten Arbeit an den Standards des Internet über RFC ermöglicht, die zu Beginn noch über FTP zwischen den Rechnern der beteiligten Institutionen ausgetauscht worden waren. Diese Lösung erfüllte aber nicht die Wünsche eines wirklichen elektronischen Nachrichtensystem. Nachrichten mußten dabei zuerst im Textverarbeitungssystem erstellt und anschließend in einem getrennten FTP-Programm verschickt werden. Das Versenden von Nachrichten per FTP an eine Gruppe von Empfängern war umständlich, der Inhalt einer ankommenden Nachricht stand erst nach vollständiger Übertragung und Auswertung zur Verfügung. All diese Aspekte berücksichtigt ein komplettes E-Mailsystem, das 1982 erstmals im ARPANET als RFC Nr. 822 spezifiziert wurde. RFC 822 stellt heute den de-facto Standard für elektronische Post dar. Neben diesem verhältnismäßig einfachen Verfahren für das Internet entstand Mitte der 80er Jahre der X.400-Standard der CCITT (heute ITU), später darauf basierend das MOTIS-System der ISO. X.400 darf heute, trotz seiner theoretisch überlegenen Leistungsfähigkeit, gegenüber der millionenfachen Verbreitung von RFC 822 als Außenseiter gelten.

Das für den Austausch elektronischer Post im Internet über die in RFC 822 festgelegte Verfahren wird heute weitaus häufiger benutzt als das bei der ITU spezifizierte X.400.

In Anbetracht der umfangreichen Literatur über den Umgang mit E-Mail sei auf eine Beschreibung der Funktionen einer E-Mail Anwendung hier verzichtet. Im einfachsten Fall nimmt der Rechner des Absenders direkt mit dem Rechner des Empfängers über eine TCP-Verbindung zu Port 25 Kontakt auf. Über diesen Port erreicht man den Maildienst, der mit dem Gegenstück auf der Sendermaschine über das Simple Mail Transfer Protocol (SMTP) kommuniziert. In größeren Netzen wird die Bearbeitung der Post jedoch zentralen Rechnersystemen, sogenannten Mailservern überlassen. Sie übernehmen für Empfang und Versand eine Pufferfunktion: Alle abgehenden Nachrichten werden dort gesammelt und an die entsprechenden Adressaten versandt, ankommende Nachrichten speichert der

Mailserver insbesondere für solche Empfänger zwischen, deren Geräte nicht permanent mit dem Netz verbunden sind. Die bereitliegenden Nachrichten können dann über ein sogenanntes Delivery Protocol nach Verifikation des korrekten Benutzers per Paßwort abgerufen werden. Das klassische POP 3 (Post Office Protocol) überträgt die Daten dabei auf die lokale Maschine, IMAP (Interactive Mail Access Protocol) als moderne Variante erlaubt den direkten Zugriff auf die im Mailserver gepufferten Nachrichten in beliebiger, also nicht nur der Reihenfolge ihres Eingangs. Das in RFC 1056 definierte Distributed Mail System Protocol (DMSP) basiert auf der Idee verteilter Mailserver, die Nachrichten eines Clients müssen sich also nicht mehr auf einer Maschine befinden.

Für Rechner, die nicht andauernd in Betrieb sind, übernehmen getrennte Mailserver die Funktion von Nachrichtenversand und Nachrichtenempfang.

Jede Nachricht besteht aus einem Kopf mit Informationen über Sender und Adressaten („from" und „to"), sowie die Empfänger weiterer Kopien, über die der Adressaten informatiert werden kann („CC" für Carbon Copy) oder nicht („BCC" für Blind Carbon Copy). Zusätzlich enthält der Kopf ein Datum, eine Rücksendeadresse (falls vom Absender verschieden), Querverweise auf andere E-Mails sowie eine kurze Beschreibung des Inhalts. Reicht die Anzahl der Adressaten, die über CC und BCC angesprochen werden kann, nicht aus und ist der regelmäßige Versand von Nachrichten an eine gleichbleibende Gruppe von Adressaten wichtig, bietet sich eine sogenannte Mailingliste an. Solche Listen betreibt meist ein spezieller "Listserv"-Server, der alle zu einer Mailingliste eingehenden Nachrichten an alle in der Teilnehmerliste spezifizierten Adressaten kopiert. Mitglied einer solchen Gruppe wird, wer vom Betreuer des Servers als Adressat aufgenommen oder über spezielle Kommandos per E-Mail direkt beim Server registriert worden ist.

Spezielle Listserv - Systeme verteilen ankommende Nachrichten automatisch an eine Gruppe registrierter Empfänger.

9

In der ersten Version nach RFC 822 bestand der Inhalt von E-Mail nur aus englischen ASCII-Zeichen. International individuell verschiedene Zeichensätze waren ebenso unmöglich, wie der Versand von anderen Inhaltsformen, wie Bild, Ton oder Grafik. Diese Einschränkungen wurden mit der RFC 1341 und 1521, den sogenannten Multipurpose Internet Mail Extensions beseitigt.

9.4.2.5 MIME - Erweiterungen für E-Mail

Ursprünglich für Mail konzipiert, findet sich MIME (Multipurpose Internet Mail Extension) heute als universelles Beschreibungsformat multimedialer Inhaltskomponenten auch in anderen Diensten des Internet, beispielsweise dem WWW. MIME ist eine Beschreibungsvorschrift für Inhalte, die beispielsweise als Teil des

Nachrichtenkopfes (Message Header) einer E-Mail einen Hinweis auf die Art der enthaltenen Inhaltskomponenten und den korrekten Umgang mit ihnen gibt. MIME-Messages enthalten neben der Version des eingesetzten MIME-Standards eine textliche Beschreibung der multimedialen Komponenten, um deren Inhalt auch ohne vorhergehendes Decodieren feststellen zu können (Content Description), sowie Hinweise zum Typus (Content Type) der multimedialen Komponenten und zur Art und Weise ihrer Verschlüsselung (Content Transfer Encoding). MIME unterscheidet Medientypen nach Type und Subtype, jedoch nicht in Form einer endgültig festgelegten Liste. Wie auch im Falle des WWW lassen sich die Funktionen des lokalen E-Mail-Programms durch das Hinzufügen spezieller „Viewer" für jeden neuen Medientypus erweitern. Ein solcher Viewer dient zur Anzeige des betreffenden Medientypus im Rahmen einer Message mit MIME-Inhalten. Fehlt der passende Viewer, kann der betreffende mediale Teil eines Inhaltes nicht angezeigt werden. Spezifiziert also der MIME-Header einen enthaltenen Film als Content Type: „video/mpeg", steht auf der lokalen Maschine aber kein Programm zum Abspielen eines derartigen Videos zur Verfügung, bleibt der Inhalt verborgen. Typische Klassen für MIME sind Text mit und ohne Formatierung (Plain und Rich Text), Images, Audio, Video, Applications und Multipart. Letzteres erlaubt die Zusammenstellung komplexer Nachrichten, die mehrere Abschnitte unterschiedlichen Typs enthalten. Eine praktische Idee ist der Subtype „external body" zum Typ „message", der den Inhalt nicht selbst enthält, sondern per FTP-Adresse auf einen Speicherplatz im Netz verweist, von dem aus er bei Bedarf geladen werden kann.

Multipurpose Internet Mail Extension MIME ist eine Beschreibungssprache für beliebige, auch multimediale Inhaltskomponenten. Die Liste der zugelassenen Medientypen ist variabel, die Fähigkeiten der Anwendungen werden bei Bedarf nachträglich über Zusatzprogramme (Plug-In oder Viewer) entsprechend erweitert.

Abschließend ein Wort zur Codierung der Nachrichten. Nach RFC 822 sind für Mail nur Buchstaben nach ASCII zugelassen, Datenworte dürfen eine Länge von 7 Bit nicht überschreiten. Das E-Mail-Protokoll SMTP überträgt solche Nachrichten direkt, solange ihre Länge tausend Zeichen nicht überschreitet. Die Verwendung 8 Bit langer Zeichen hingegen verletzt das E-Mail-Protokoll, und obwohl vielfach auch 8-Bit-Datenworte korrekt über alle Systeme hinweg transportiert werden, gibt es keine Garantie für deren einwandfreie Übermittlung. Gleiches gilt für Binary Messages, also solche, die ohne innere Struktur als Strom von Bits übermittelt werden, wie im Falle von Anwendungsprogrammen oder Bilddateien. Eine sichere Übermittlung derartiger Daten stützt sich auf das Base 64-Verfahren. Daten aus dem Bitstrom des zu versendenden Inhalts werden in 24 Bit lange Stükke segmentiert, die als 4 jeweils 6 Bit lange Einheiten übermittelt werden. Jedes 6 Bit lange Teilstück kann 64 verschiedene Werte repräsentieren. Jeder dieser Werte wird einem ASCII-Buchstaben nach folgendem Muster zugewiesen: 0 bis 25 entsprechen den Großbuchstaben von A bis Z, 26 bis 51 den entsprechenden Kleinbuchstaben, 52 bis 61 den Zahlen 0 bis 9, 62 und 63 schließlich den Zeichen „+“ und „:“.

Base 64 liefert ein Verfahren, um beliebige Inhalte über das ursprünglich auf 7 Bit lange ASCII Worte begrenzte E-Mail Protokoll übertragen zu können.

9.4.2.6 USENET

Neben E-Mail stehen die Diskussionsforen der „Netnews“ als Anwendung der ersten Stunde im Geschichtsbuch des Internet. Dabei ist zu beachten, daß dieser Nachrichten- und Diskussionsdienst auf einer getrennten UNIX-Applikation mit dem Namen USENET, einem eigenen Protokoll UUCP und einem eigenen Netz basierte. Zwar transportiert heute das Internet den größten Teil des USENET-Verkehrs, nicht jeder am Internet angeschlossene Rechner hat aber automatisch Zugang zum USENET, nicht alle USENET-Teilnehmer sind zwangsläufig am Internet angeschlossen. Der Betrieb von USENET ist mit der Idee einer Mailingliste zu vergleichen. Allerdings werden die Themen der Foren (“Newsgroups”) koordiniert verwaltet und sind für jeden ohne vorhergehende Anmeldung verfügbar.

USENET besteht aus elektronischen Foren und Diskussionsgruppen, die ursprünglich auf einem eigenen Netz betrieben wurden und zwar im Internet verfügbar, von diesem aber nach wie vor unabhängig sind.

Jedes Thema in USENET erhält einen Namen, der ähnlich wie im Falle des DNS hierarchisch strukturiert ist, allerdings in Reihenfolge der Hierarchie von oben nach unten gelesen wird. Zu den auf oberster Hierarchieebene eingetragenen Namen für Themenbereiche zählen „comp“ für den Interessenbereich Computer, „sci“ für generelle Wissenschaften, „rec“ für den Bereich Sport und Musik, „misc“ für Vermischtes, „soc“ für Themen mit sozialem und politischem Hintergrund, sowie der weitgehend dem Chaos überlassene Zweig „alt“ für alternative Themen. Jedes neu eingerichtete Diskussionsforum erhält ausgehend von einer dieser Wurzeln einen eigenen Namen. Comp.os steht also für den Themenkreis Betriebssysteme, „comp.os.windows“ für Diskussionen rund um Windows, „comp.os.windows.bugs“ ist meistens leer, da Windows keine Fehler aufweist (oder etwa doch?). Über ein spezielles Programm, einen sogenannten Newsreader registriert sich der Teilnehmer bei den für ihn interessanten Newsgruppen über ein „Subscribe” - Kommando. Er verschickt seine Stellungnahmen zur Diskussion über sein Readerprogramm und erhält unabhängig davon alle aktuellen Nachrichten im Diskussionsforum zum Lesen zugestellt. Nimmt der öffentliche Verkehr auf einem Diskussionsforum überhand, kann ein Moderator bestimmt werden, der alle eingehenden Nachrichten erhält und diese erst nach einer Überprüfung in die Liste einstellt. USENET basiert auf eigenen Servern, die untereinander immer den aktuellsten Stand der Newsgruppen austauschen. Das dabei eingesetzte Protokoll hört auf den Namen NNTP für Network News Transfer Protocol. Die oft extrem interessanten Inhalte der Newsgruppen können heute meist über eingebaute Funktionen als Teil der Browserprogramme für das WWW erreicht werden.

9.4.3 Das World Wide Web (WWW)

9.4.3.1 Entwicklung der Informationsdienste im Internet

Auf der Basis von FTP entstand im Internet schnell eine unglaubliche Sammlung an weltweit verfügbaren Informationen. FTP-Server werden im Netz zu virtuellen Bücherregalen einer weltweiten Bibliothek, deren einzelne Titel unendlich oft und unabhängig von ihrem Standort verfügbar sind. Das Problem: Es gibt keinen Katalog. Wer nicht über einen anderen Benutzer von dessen eigenem oder dem Angebot anderer FTP-Server hört, hat kaum eine Chance, die gewünschten Informationen zufällig aufzuspüren. Einzige Hinweise auf einen womöglich interessanten Inhalt sind die Namen des DNS und die auf nahezu allen FTP-Servern als Textfiles vorgehaltenen lokalen Inhaltsverzeichnisse. Erste Lösung für dieses Problem war ein Netz aus besonderen Servern des sogenannten Archie-Dienstes. Auf ihnen als zentralen Knoten standen die Inhaltsverzeichnisse vieler FTP-Server per Telnet zur interaktiven Suche zur Verfügung. War ein gewünschter Inhalt ausfindig gemacht, erhielt der Client von Archie die Adresse von File und Server für die anschließende Übertragung per FTP.

Archie ist ein Dienst mit zentralen Inhaltsverzeichnissen für FTP Server.

Die Idee, Hinweise auf Daten und den unmittelbaren Zugang zu ihnen in einer Anwendung zu integrieren, führte zu Gopher. Gopher, an der University of Minnesota entwickelt und nach dem dortigen Sportteam „Golden Gophers" benannt, ist ein textbasiertes Menüsystem. Gopher listet beim Einloggen in einen Server alle dort verfügbaren Informationsangebote in Form hierarchisch organisierter Menüeinträge auf, die auch Querverweise auf andere Gopherserver enthalten können, mit denen der Client durch Auswahl des Eintrages direkt verbunden wird. Gopher kann von der Idee her als unmittelbarer Vorläufer des World Wide Web gelten. Noch heute erfreut es sich, nicht zuletzt aufgrund seiner Kompatibilität zu alten Terminalsystemen, einer nicht zu unterschätzenden Beliebtheit. WAIS könnte man demgegenüber als die erste internetweite Suchmaschine bezeichnen. WAIS verfügt über eine Textrecherche in verteilten Systemen und erlaubt das systematische Durchforschen großer Datenbestände, die in Textform auf irgendeinem der im Web zugänglichen Server vorliegen.

Gopher verknüpft die Informationsangebote verschiedener Server im Netz direkt über menügesteuerte Inhaltsverzeichnisse für lokale und entfernte Inhalte.

Das World Wide Web schließlich ist die Basis für die explosionsartige Entwicklung des Internet und für das Eindringen von "Internet" in den Standardwortschatz sämtlicher Industrienationen. Vom Grundsatz her ist WWW ein plattformunabhängiger, interaktiver, multimedialer Hypertextservice für verteilte Systeme. Dokumente enthalten direkte Verweise auf andere Dokumente, der Benutzer springt entlang einer Kette von Querverweisen durch die Informationslandschaft, er „surft“. Das Web wurde auf einen Vorschlag des Physikers Tim Berners-Lee aus dem März 1989 hin entwickelt. Zielsetzung war die verbesserte Kommunikation zwischen den beteiligten Wissenschaftlern der am europäischen Kernforschungszentrum CERN ablaufenden Projekte. Nach einer Zwischenlösung auf Textbasis entstand bis Februar 1993 am National Centre for Supercomputing Applications der Vereinigten Staaten das erste grafische Interface für das World Wide Web, der Begriff Browser war geboren. Nebenbei bemerkt ist der Programmierer dieses ersten grafischen Interface, Marc Andreessen, zugleich Begründer der Netscape Communications, die trotz der erbitterten Eroberungsversuche des Softwaregiganten Microsoft bis heute die Mehrheit der im Web eingesetzten Browser liefert. Die Idee, Inhalte auf der Basis direkter Verknüpfungen per Hypertext darzustellen, hat durch das Web eine so hohe Popularität gewonnen, daß geplante Softwareneuerungen für Betriebssysteme teils sogar die komplette Benutzerführung eines Computers nach dem Muster des Internet gestalten werden. Damit verschwindet aus der betrieblichen Sicht des Anwenders die Trennung zwischen lokaler Maschine und weltweitem Netz vollständig.

Das World Wide Web WWW ist ein plattformunabhängiger, interaktiver und multimedialer Hypertextservice für verteilte Systeme, in dem Dokumente direkte Verweise auf andere Dokumente an beliebiger Stelle im Internet enthalten.

9

9.4.3.2 Grundprinzip des WWW

Die im vorhergehenden Abschnitt genannte Definition enthält die zentralen Ideen des WWW: Unabhängigkeit von Betriebssystemen, multimediale Inhaltsform und direkte Verknüpfung per Hypertext über die Grenzen lokaler Systeme hinweg. Die Abbildung 9.14 zeigt den grundlegenden Gedanken von Hypertext am Beispiel einer einzelnen Maschine. Die über Hypertext verknüpften Files A, B und C befinden sich auf dem lokalen Massenspeicher. Nehmen wir an, der Inhalt von File A ist als Text geladen und wird auf dem Monitor angezeigt. Der Text enthält einen meist in spezieller Form gekennzeichneten Querverweis auf eine Textstelle in Dokument B. Im Normalfall bedeutet das Verfolgen dieses Hinweises, zuerst

Dokument A zu verlassen, anschließend Dokument B zu laden und schließlich die gesuchte Stelle in B ausfindig zu machen. Hypertextsysteme laden durch Mausklick auf den Querverweis das betroffene Dokument und plazieren den korrekten Ausschnitt dieses Dokuments automatisch auf dem Bildschirm.

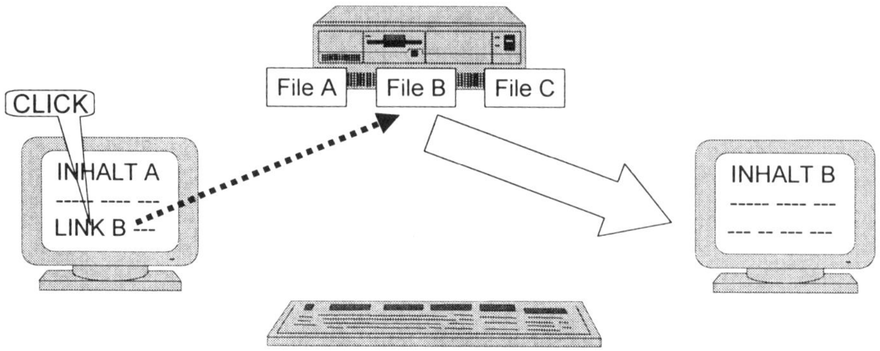

Abbildung 9.14 Hypertext auf einem lokalen Rechner

Das World Wide Web erweitert dieses Verfahren auf ein weltweit verteiltes System. Der vollständige Prozeß beim Laden eines Dokuments soll nun anhand der Abbildung 9.15 beschrieben werden. In unserem Beispiel enthält das augenblicklich geladene Dokument einen Hinweis auf folgendes andere Dokument im World Wide Web: Auf dem Server mit dem Namen „www.pb.com“ findet sich ein Dokument mit dem Namen „home.html“, das über den auf dem Server laufenden Hypertextdienst HTTP (Hypertext Transfer Protocol) erreichbar ist. Soll dieses Dokument, in Websprache „Page“ genannt, auf den Client geladen werden, ermittelt dieser zuerst über das DNS die IP-Adresse des gewünschten Rechners. Anschließend baut er mit dem für HTTP-Dienste vorgesehenen Port 80 dieses Servers per TCP eine Verbindung auf und fordert in der Befehlssprache des HTTP mit einem „GET“-Kommando das gewünschte Dokument an. Dieses Dokument wird anschließend in Form einer universellen und plattformunabhängigen Beschreibungssprache mit dem Namen HTML (Hypertext Markup Language) auf den Client übertragen. Anhand dieses Bauplans erzeugt der Client lokal das auf dem Monitor schließlich dargestellte Abbild des Dokumentes.

9

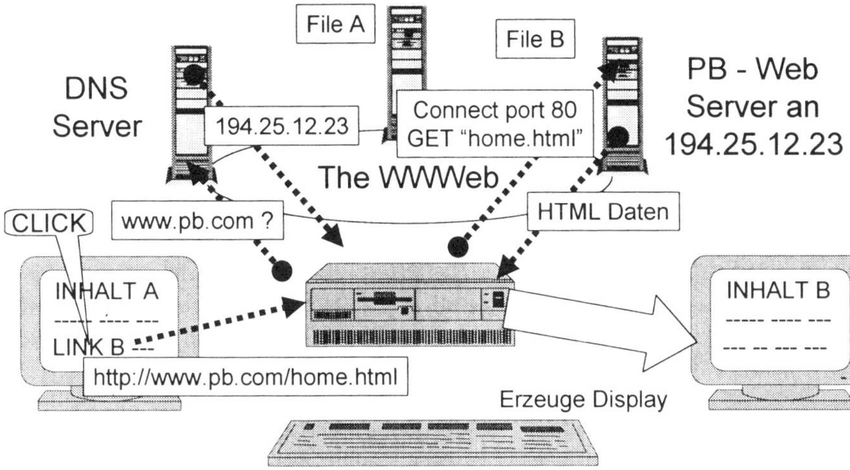

Abbildung 9.15 Laden eines Dokumentes über Hyperlink im Internet

Ein Hyperlink im Internet verweist auf einen Dokumentennamen im Netz, das die betreffenden Informationen enthält. Dieses Dokument ist mit Hypertext Markup Language (HTML) beschrieben, wird per Hypertext Transfer Protocol (HTTP) übermittelt und anhand der Beschreibung vom "Browser" lokal aufgebaut.

Die Browser, deren Versionen sich im extrem kurzlebigen Markt des Internet beinahe monatlich ablösen, enthalten umfangreiche Funktionen für ein komfortables Navigieren im Informationsnetz des World Wide Web. Der Browser führt unter anderem Buch über die im Rahmen der laufenden Arbeitssitzung bereits besuchten Pages, markiert Verweise auf bereits besuchte Seiten farblich und bietet den schrittweisen Rückweg von der erreichten Seite durch alle vorher durchlaufenen Pages an. Bekannte Seiten können auch direkt durch Eingabe ihrer Adresse angesprungen werden, ein Speicher für Lesezeichen in Form bekannter und oft benutzter Adressen für Informationsangebote vereinfacht diese Aufgabe (sogenannte Bookmarks).

9

9.4.3.3 HTTP und URL

Das Hypertext Transfer Protocol HTTP ist nicht an TCP gebunden, auch wenn es im Internet in dieser Kombination betrieben wird. HTTP stellt, ebenso wie SMTP, ein einfaches ASCII-Protokoll dar. Die Kommandos werden im Klartext ausgetauscht und können sogar ohne Browser per Telnet direkt vom Benuter an den Server versandt werden. HTTP-Version 1.0 arbeitet im Command-Response-Modus nach dem Zyklus "TCP-Verbindung aufbauen", "Anfrage versenden", "Rückantwort erhalten", "TCP-Verbindung" abbauen. Diese Methode ist unter Umständen ineffizient, weil für jede Teilkomponente innerhalb eines multimedialen Dokuments getrennte TCP-Verbindungen nötig sind. Das Problem überwindet die HTTP-Spezifikation 1.1. Der Befehlssatz von HTTP ist einfach. Der häufigste Befehl des Client an den Server ist zweifellos „GET“: Er veranlaßt den Server, die als Parameter zur Methode GET angegebene Seite an den Client zu übermitteln. Erweitert um die Aussage „If modified since“ liefert der Server die Seite nur dann ab, falls sie seit dem angegebenen Datum inhaltlich verändert worden ist. Eines der wesentlichsten Ziele bei der Gestaltung des World Wide Web war es, den Zugriff auf die bereits vorhandenen Informationsquellen transparent zu unterstützen. Neben HTTP enthalten Browser daher die Fähigkeit, eine Reihe anderer klassischer Internetdienste, wie FTP, News, Gopher und Telnet zu interpretieren. Zusätzliche Dienste wie Mailto für die Übermittlung von Post aus einem Webbrowser, sowie “File” für das Laden eines HTML-Dokuments aus dem lokalen Massenspeicher runden das Spektrum der möglichen Datenquellen für einen Browser ab. Damit ist jedes potentiell über das Web verfügbare Informationsangebot durch die Angabe eines dieser Dienste, der den Serverteil des Kommunikationsprozesses und damit den Port der Kommunikation spezifiziert, die vollständige Angabe der Domäne und eine daran anschließende Kommandokette eindeutig festgelegt. Die Kommandokette wird erst lokal beim Server ausgewertet und kann sich im einfachsten Fall auf die dortige Verzeichnisstruktur beziehen. Ein voller Dokumentname, wie „HTTP:\\www.my-company.de\celebrities\demi-html“ heißt URL (Uniform Resource Locator).

Die Clients des WWW, auch “Browser” genannt, unterstützen neben HTTP auch andere Dienste, wie FTP, E-Mail und News. Die Angabe des Dienstes (z.B. HTTP://), die DNS des Servers (z.B. www.my-company.de) und des dortigen Dokuments (z.B. /celebrities/demi-html) ergeben zusammen die sogennante URL (Uniform Resource Locator) der Informationsquelle.

9

Eine besondere Rolle im Internet spielen die sogenannten Proxy-Server. Sie bieten selbst keine eigenen Informationen an, sie sammeln statt dessen die Informationen anderer Server und machen sie lokal als Kopie verfügbar. Ein Proxy kann dabei drei Funktionen einnehmen: Manche Proxys arbeiten als Übersetzer für solche Server, die selbst nicht über HTTP erreicht werden können. Dies kann in Form einer eigenständigen Maschine erfolgen, die einen FTP-Server damit über HTTP zugänglich macht. Der Proxy-Prozeß kann aber auch am anderen Ende als Teil der Clientanwendung laufen, um den Browser vom Verständnis aller anderen Protokolle mit Ausnahme von HTTP zu entlasten. Eigenständige Proxy-Systeme dienen zudem als Cache für lokal häufig benötigte Informationen. Der Proxy überwacht dabei die Häufigkeit der Zugriffe auf gewisse URL´s und lädt die beliebtesten Inhalte für die von ihm versorgten Kunden auf einen lokalen Massenspeicher. Eine spezielle Konfigurationseinstellung auf dem Browser weist den Client an, alle URL´s über den Umweg der angegebenen Proxy-Adresse zu suchen. Proxys erschweren im übrigen die Auswertung der tatsächlich auf ein Angebot erfolgten Zugriffe. Mein eigener Server kann zwar jeden Zugriff zählen, wird das Angebot des Servers aber über einen Proxy an anderer Stelle gespiegelt, entgehen alle dort auf die Inhalte erfolgten Zugriffe diesem Zählverfahren. Für Firmen oder Einrichtungen, die ihren Mitarbeitern und Mitgliedern bewußt nur einen begrenzten Ausschnitt des Internetangebots öffnen wollen, eignet sich der Proxy zudem als isolierende Schnittstelle gegenüber dem Internet, also auch als „Firewall". Alle lokalen Clients können nur auf den Proxy zugreifen, der sich die für nötig erachteten Infos selbst regelmäßig von außen aus dem Netz besorgt.

Proxy-Server sammeln Informationen anderer Server und machen Sie im Sinne eines Cache lokal verfügbar. Dabei kann auch eine Protokollwandlung (z.B. FTP auf HTTP) stattfinden. Proxies können zudem als bewußt reduziertes Internetangebot mit ausgewählten Inhalten dienen.

9.4.3.4 Web Documents - HTML

Plattformunabhängige Dokumente erfordern einen speziellen Kommunikationsmechanismus, in dessen Rahmen keinesfalls die Details des Layout als fixer Bestandteil des Dokuments mitgeliefert werden dürfen. Vielmehr benötigt man eine Beschreibungssprache, die einen eindeutigen Bauplan für das Dokument liefert, der von jedem lokalen Client dann gemäß seiner Möglichkeiten ausgeführt werden kann. Dies garantiert die Anzeige eines Dokuments auf einem 640 x 480 Pixel großen Monitor ebenso, wie auf einem beliebiger anderer Größe. Textteile dürfen nicht einfach verschwinden, nur weil auf dem Empfänger der nötige Font lokal nicht vorhanden ist. Auch die fehlenden Multimediafähigkeiten eines Clients dürfen nicht dafür sorgen, daß auch noch die Textteile des Dokuments verloren gehen. Die universelle Beschreibungssprache SGML (Standard Generalized Markup Language) erlaubt die Definition von Dokumententypen, die sich aus einer gewissen Auswahl inhaltlicher Bestandteile zusammensetzen können. HTML ist ein solcher Dokumententyp auf Basis von SGML.

9

HTML beschreibt Dokumente als Komponenten und Bauplan, der gemäß den individuellen Fähigkeiten des lokalen Clients dort zusammengefügt wird. Die Erscheinungsform eines Dokumentes wird also letztlich lokal bestimmt.

Im Grundsatz besteht die Beschreibungsarchitektur von HTML aus sogenannten Tags, die einen von ihnen betroffenen Textausschnitt nach dem Muster <Anweisung>Textteil</Anweisung> einrahmen. Die Sequenz <B>dieser Text</B> ergibt bei der Ausgabe einen in Boldface (Fettdruck) angezeigten Text. Für eine detaillierte Auseinandersetzung mit HTML sei auf eines der vielen exzellenten Bücher verwiesen, die im Rahmen des Web-Booms veröffentlicht worden sind. Wir beschränken uns hier auf eine kurze Besprechung anhand eines Beispiels gemäß Abbildung 9.16.

Abbildung 9.16 Web-Seite, angezeigt auf einem Browser

Das Bild zeigt eine einfache HTML-Seite, wie sie von einem Standardbrowser angezeigt wird. Das eingefügte Foto entspricht magerem Multimedia, auch ein einsamer Hyperlink in der letzten Zeile ist vorhanden. Die Abbildung 9.17 zeigt den zugehörigen HTML-Code. Einige Zeilen werden im folgenden kurz erläutert, der Rest erklärt sich anschließend weitgehend von selbst. Auf eine Einführungszeile mit systemspezifischen Inhalten folgt der Beginn des eigentlichen HTML-Dokuments hinter dem Tag „HTML", sowie unmittelbar darauf der Titelbereich des Dokuments zwischen Tags der Bezeichnung „HEAD". Er enthält in diesem Falle nur den Titel, der, wie Abbildung 9.16 zeigt, auf der Menüleiste des Browsers beim Aufruf des Dokumentes erscheint. Auf den Tag „BODY" folgt der eigentliche Textkörper des Dokuments, der als erstes das Foto der Dame enthält. Der zugehörige Multimedia-Tag „IMG“ trägt, wie leicht nachzuvollziehen ist, die Angaben, in welchem File das Bild zu finden ist und in welcher Größe und an welcher Position es auf der Seite erscheinen soll. Die folgende Überschrift der Ebene 1 wird eingeschlossen von Tags des Typus „H1“ für Heading Ebene 1. Interessant ist zudem, wie deutsche Sonderzeichen in diesem Fall mit komplexen Sequenzen ausgedrückt werden müssen, um die Regeln eines universellen Zeichensatzes nicht zu verletzen.

```
<!DOCTYPE HTML PUBLIC "-//SQ//DTD HTML 2.0 + all extensions//EN" "hmpro3.dtd">
<HTML><HEAD><TITLE>Demi Moore - a page</TITLE></HEAD>
<BODY><IMG SRC="file:///f|/download/celebrity/demi435_av.gif" WIDTH="115" HEIGHT="132">
<H1 ALIGN="LEFT">Demi Moore und Uschi Glas Page</H1>
<P>F&uuml;r alle Fans besteht kein Zweifel: Demi Moore schl&auml;gt Uschi Glas
um L&auml;ngen. Daher fordert der Verein &quot;DEMI FOREVER&quot; den zwingenden
Auftritt von Demi jetzt auch im &quot;F&ouml;rster aus der Schnulzenau&quot; .
</P>
<H2>Hier ein Vorgeschack auf Demi&#180;s Auftritt</H2>
<P><A NAME="test" HREF="http://calle.simplenet.com/index.htm">
zu Demis Server</A></P></BODY></HTML>
```

Abbildung 9.17 HTML Code zur Seite von Abbildung 9.16

Zum Schluß noch ein Blick auf den Hyperlink. Der Text des Hyperlink “ZU DEMIS SERVER“ wird durch Tags der Bezeichnung „A“ für Anchor eingerahmt. Der erste dieser beiden Tags enthält genaue Angaben über die Adresse des Dokuments, das bei Anklicken des Textes aus dem Web aufgerufen werden soll. Wie bereits im Falle der E-Mail besprochen, verfügt auch der Browser, der die HTML-Seiten anzeigt, über keinen fest eingegrenzten Satz an multimedialen Fähigkeiten. Nahezu jeder proprietäre Medientyp kann theoretisch als Teil eines HTML-Dokumentes versandt werden. Fehlt die zugehörige Software, um diesen Medientyp anzuzeigen, kann der Browser über ein sogenanntes “Plug-In” entsprechend erweitert werden. Firmen, die Autorensoftware mit speziellen Funktionen im Markt positionieren wollen, bieten das zugehörige “Plug-In” für die Seite des Client oft kostenlos über das Internet selbst an.

9.4.3.5 Schnittstelle zur Datenbank

Neben einigen Einschränkungen für das Layout, z.B. dem Fehlen von Tabellen, war HTML in der ersten Generation weitgehend als Einbahnstraße vom Server zum Client konzipiert. Außer dem Aufruf einer Page gab es keinerlei interaktive Einflußmöglichkeiten des Client auf die Prozesse im Server. Damit war aber beispielsweise der suchende Zugriff auf Datenbanken eines Servers oder die Eingabe von Kundendaten in einen solchen Server über ein HTML-Dokument und das Internet nicht möglich. Zeitgleich mit der Fähigkeit, tabellenartiges Layout als Teil von HTML einzusetzen, wurde deshalb auch ein Verfahren für interaktive Formulare eingeführt.

Aktuelle Erweiterungen von HTML enthalten Funktionen für Tabellen und für die Eingabe von Daten in interaktive Formulare, die beim Server ausgewertet werden.

Ähnlich wie Formgeneratoren einer Datenbank trägt jedes der Felder eines HTML-Formulars einen Namen. Die beim Client in die Felder eingetragenen Daten werden mit diesem Namen gekennzeichnet an den Server zurückübermittelt. Zugleich wird eine im Server vorbereitete Befehlssequenz spezifiziert, ein sogenanntes Script, das bei Ankunft der Daten im Server ausgeführt werden soll. Diese Prozedur nimmt die Daten entgegen und stellt die Verbindung mit der Datenbank des Servers her. Dieses Verfahren, Daten und Befehle aus einem HTTP-Prozeß heraus an eine beliebige Stored Procedure des Servers zu übergeben, nennt man CGI oder Common Gateway Interface. Die Übergabe der Daten aus einem Formular an einen CGI-Prozeß erfolgt über eine spezielle Methode:
<FormMethod=„post“ ACTION=„http:\\www.myserver.de\cgi-bin\form-programm>
übermittelt die Daten an den Server „wwwmyserver.de“ und startet dort den im Verzeichnis cgi-bin befindlichen Prozeß “form-programm”. Aus Gründen der Bequemlichkeit bringt man kürzere Datensätze aus dem Client auch mit der Methode „GET“ an den Server. Da „GET“ aber keine eigenen Datenströme vom Client an den Server kennt, geschieht dies durch Anhängen der Daten an die URL. In diesem Fall werden die Daten durch ein Ausrufezeichen getrennt mit der URL verbunden.

Auf dem Server vorbereitete Befehlsketten, sogenannte Scripts, lassen sich interaktiv vom Client aus per HTTP über das sogenannte Common Gateway Interface (CGI) auslösen.

9.4.3.6 Java

Mit den Möglichkeiten multimedialer Datenströme wächst auch der Anspruch an deren Nutzung. Bald wurde im Web der Ruf nach einem höheren Maß an schneller, bestenfalls echtzeitfähiger Interaktion mit den Inhalten laut. Diesem Anspruch kann HTML als weitgehend statische Dokumentenbeschreibung nicht gerecht werden. Umgekehrt verlangsamt die Ausführung von Programmen auf einem Server über CGI-Scripts den Reaktionszyklus und überlastet bei starker Nutzung die Server selbst. So entstand die Idee von “Java”, einem Konzept hochmodularer Softwarebaugruppen, die über das Netz geladen, auf jeder Maschine unabhängig von ihrer Machart lokal ausgeführt werden können.

Java bietet die Erstellung von Programmkomponenten, die sich, übers Netz geladen, selbständig auf der lokalen Maschine ausführen, unabhängig von deren Hardware und Betriebssystem.

Bösartige Zungen bezeichnen Java als einen (hoffentlich) gutartigen Virus, der sich im Hintergrund auf dem lokalen Prozessor installiert und startet. Auch wenn die Frage der Sicherheit eines solchen Konzeptes in diesem Rahmen nicht erörtert werden kann, bleibt festzuhalten, daß ein derartiges System aktiver Webkomponenten in der Tat einige Sicherheitsrisiken birgt. Im Gegenzug soll jedoch nicht unerwähnt bleiben, daß bereits die Makrofunktionen einer Textverarbeitung oder die Fähigkeiten von Postscript ausreichen, um einen Rechner bei böser Absicht vollständig außer Gefecht zu setzen. Das komplette Package von Java besteht aus einem Entwicklungssystem, also einer Programmiersprache, die als Mischung prozeduraler und objektorientierter Konzepte verstanden werden kann, einem Bytecodecompiler und einem javafähigen Browser. Der Bytecode stellt eine betriebssystemunabhängige Zwischenstufe auf dem Weg von unkompiliertem Sourcecode zum ausführungsfertigen Programm dar und wird erst auf dem Client betriebssystemabhängig schrittweise interpretiert und ausgeführt. Manche Javabrowser leisten auch die vollständige Übersetzung des Bytecodes während des Ladevorgangs, was die Ausführung enorm beschleunigt. Die Modularität von Java macht das System zu einem geeigneten Kandidaten für die in Kapitel 5 beschriebene Componentware. Als weitere Konsequenz der Fähigkeiten dieses Systems ist daran gedacht, alle Komponenten im Sinne eines verteilten Objektmodells nach Muster der Common Object Request Broker Architecture (CORBA) bei Bedarf aus dem System zu laden und die Clients vollkommen ohne eigenen Massenspeicher zu betreiben. Dieses Konzept führte letztlich zur Philosophie des Netcomputing, der heute im Wettbewerb mit dem Net-PC auf dem Weg zum „Thin Client" steht. Diese Clientsysteme sind in ihrer Funktionalität an geeigneter Stelle beabsichtigt reduziert worden, um lokale Modifikationen zugunsten einer verbesserten Systemwartung über zentrale Einrichtungen per Netz zu verhindern.

Das Konzept von Java basiert auf der Idee von Componentware und lieferte den Anstoß zur Diskussion um Clients ohne Massenspeicher, die alle Programme aus dem Netz beziehen (Net Computer).

10 Bild und Ton als digitale Daten

10.1 Die Eigenschaften digitaler Signale

10.1.1 Einführung

10.1.1.1 Funktion der Medientechnik

Die Realität wirkt auf das Informationssystem Mensch in Form physikalischer Signale ein, die in Auge, Ohr und allen anderen Sinnesorganen als Reize aufgenommen und an das Gehirn weitergegeben werden. Die unterste Stufe der Informationsqualitäten verdichtet diese Reize zu Wahrnehmungen, die im Gehirn selbst durch biologische "Daten" repräsentiert sind. Wir erleben diese Wahrnehmungen als Klang, Sprache, Geräusche oder Bilder. Medientechnik verlängert den unmittelbaren Wahrnehmungsradius des Menschen. Der an Ort und Stelle vorhandene Reiz für Auge und Ohr wird mittels geeigneter Signalwandler in ein technisches Abbild überführt und als solches manipuliert und in Zeit und Raum transportiert. Am Ort des Empfängers entsteht durch Umkehrung des Signalwandlers wieder ein physikalisches Signal, das im Sinnesorgan zu Reizen führt, die zu einer möglichst originalgetreuen Wahrnehmung führen sollen.

Medientechnik erzeugt durch Signalwandlung technische Signale aus den für die Wahrnehmung von Schall und Licht verantwortlichen physikalischen Parametern.

Abbildung 10.1 zeigt, wie für die Wahrnehmung lokal zugängliche physikalische Signale über unterschiedliche Verarbeitungsketten für Speicher, Transport und Manipulation schließlich in ihrer ursprünglichen Repräsentationsform an anderem Ort und zu anderer Zeit der Wahrnehmung zugeführt werden. Die grundlegenden Signalwandler für elektrische Signale sind Kamera und Mikrofon bzw. deren Umkehrung in Form von Monitor und Lautsprecher. Elektrische Signale eigenen sich bei geeigneter Aufbereitung für die Magnetisierung von Ton- oder Videobändern. Dabei entstehen permanente Magnetzonen auf Band, die sich als Speicher eignen und bei der Wiedergabe in Umkehrung des Prozesses wieder zu elektrischen Signalen führen. Für die drahtlose Übermittlung eignen sich elektrische

Felder, die aus Strömen und Spannungen hoher Frequenz erzeugt werden können. Der dem Sender zugrunde liegende Vorgang heißt Modulation, er wird im Anschluß an den Empfang über Antenne auf der Gegenseite umgekehrt. Eine besondere Rolle spielt die Wandlung analoger Signale in digitale Datenworte mittels A/D oder analog / digital Conversion. Wie die Grafik zeigt, sind sowohl drahtlose Systeme, wie auch Bandspeicher über den Umweg einer digitalen Codierung denkbar.

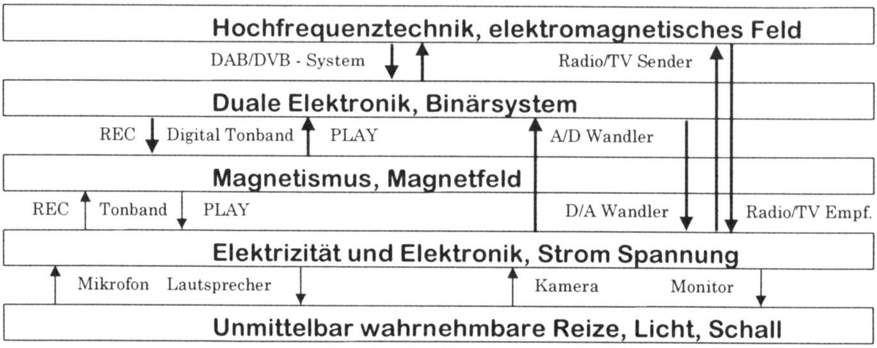

Abbildung 10.1 Formen von Signaltransport und Speicher

10.1.1.2 Vorteile der digitalen Medientechnik

Die digitale Verarbeitung von Signalen der Medientechnik bietet unabhängig von der Idee einer weitgehenden Integration mit Systemen der Datenverarbeitung eine Reihe signifikanter Vorteile gegenüber analogen Systemen. Während analoge Repräsentation aufgrund eines unendlichen Vorrats an zugelassenen Werten die Unterscheidung fehlerhafter von korrekten Daten unmöglich macht, verfügen digitale Signale über eine gewisse Toleranz gegenüber Fehlern. Abbildung 10.2 zeigt, wie im Falle einer analogen Signalübertragung auf einem Transportweg begrenzter Qualität auftretende Fehler die Qualität des übermittelten Signals direkt beeinträchtigen. Die Qualität des Inhalts nimmt also direkt mit der Qualität des Weges oder jeder anderen Verarbeitungskette ab. Als Ergebnis führt jegliche Art und Form der analogen Signalverarbeitung unweigerlich zu einer Verschlechterung des Signals.

10

🖫 Jegliche Art und Form analoger Verarbeitung, Speicherung und analogen Transports reduziert unweigerlich die Qualität des verarbeiteten Signals. Analoge Signale degradieren dabei kontinuierlich (Graceful Degradation).

Digitale Daten reduzieren den möglichen Wertevorrat auf nur zwei zugelassene Zustände. Abbildung 10.2 verdeutlicht, daß auch ein bei der Signalverarbeitung in Mitleidenschaft gezogenes Bit, das als kleinste Informationseinheit durch einen

Wechsel zwischen "Aus" und "Ein" repräsentiert ist, einwandfrei erkannt werden kann, solange die Veränderungen noch eine grundsätzliche Unterscheidung der beiden möglichen Systemzustände zulassen. Ist diese Toleranz jedoch überschritten, also die Zuordnung eines Signals zu einem der beiden Werte "An" oder "Aus" nicht mehr eindeutig möglich, so verliert der digitale Datenstrom sofort und übergangslos seine Aussagekraft. Die Abbildung 10.2 zeigt das Qualitätsverhalten digitaler Signale und weist darauf hin, daß mit Hilfe logischer Verfahren zur Fehlerkorrektur die Toleranzgrenze weiter nach oben verschoben werden kann. Zu diesem Zweck ermittelt man vor Beginn der Signalverarbeitung durch Berechnung aus den digitalen Daten in regelmäßigen Abständen Kontrollworte, durch deren Inhalt am Ende der Kette eventuell aufgetretene Bitfehler identifiziert und korrigiert werden können. In anderen Worten: Die Qualität des Bitstroms hat sich bereits soweit verschlechtert, daß tatsächlich einzelne Bits verlorengehen, deren Inhalt aber durch Auswertung der Kontrollworte zurückgewonnen werden kann.

Digitale Signale sind von Qualitätsschwankungen der Verarbeitungskette innerhalb weiter Toleranzgrenzen unabhängig, verlieren aber bei deren Überschreitung sofort allen Informationsgehalt.

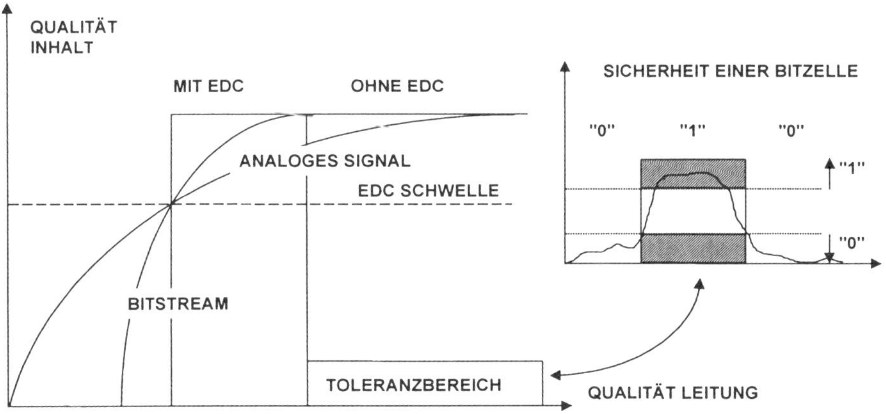

Abbildung 10.2 Qualität analoger und digitaler Signale

10.1.1.3 Digitale Medien als horizontale Informationstechnik

Angelehnt an die Überlegungen zur horizontalen und vertikalen Funktion der Informationstechnik in Kapitel 2 kann die klassische Medientechnik eingeordnet werden, wie in Abbildung 10.3 gezeigt. Der am Originalschauplatz eines Ereignisses dem Informationssystem Mensch zugängliche Reiz wird über Signalwandler technisch an anderer Stelle und anderem Ort reproduziert. Sind diese künstlich generierten Reize mit denen des Originals identisch, kann man von identischen Voraussetzungen für alle höheren Ebenen des Informationsprozesses ausgehen. In diesem Fall wäre die Medientechnik das objektivste aller horizontalen Informationsverfahren. Allerdings hatten wir schon in Kapitel 2 angemerkt, daß jegliche Art der horizontalen Informationsvermittlung immer von objektiven Gesichtspunkten geprägt ist. Mit der digitalen Signalverarbeitung öffnet sich für die Medientechnik der Zugang zu allen Systemen und Verfahren der Informationstechnik. Umgekehrt öffnet sich für die Informationstechnik der Markt der Medien, was nicht zuletzt durch den um Bild und Ton erweiterten Dokumentenbegriff ausgedrückt wird.

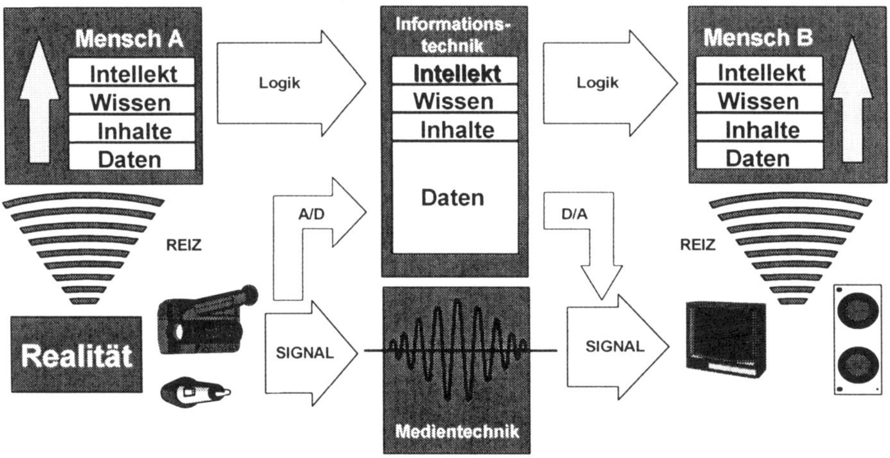

Abbildung 10.3 Medien als horizontale Informationstechnik

Die digitale Medientechnik verwischt die Grenzen zur Informationstechnik. Beide Sparten üben daher einen wachsenden wechselseitigen Einfluß aufeinander aus.

10

Die Abbildung 10.3 läßt darauf schließen, daß die Grenzen zwischen Medientechnik und Informationstechnik nicht scharf zu ziehen sind. Für die Medien bedeutet dies die Entwicklung neuer, insbesondere interaktiver Programmformen und eine verstärkte Auseinandersetzung mit den logischen Qualitäten der Datenverwaltung. Für die Informationstechnik geht es um die Berücksichtigung der spezifischen Eigenschaften medialer Daten und ihrer komplexen Gestaltungsformen. Für die Medien besteht der wesentliche Vorteil der Arbeit mit digitaler Informationstechnik in effizienten Arbeitsverfahren des wahlfreien Zugriffs und nahezu unendlichen Manipulationsmöglichkeiten für Inhalte, die nur von der Rechenleistung der Systeme und der Phantasie der Programmierer abhängig sind. Zudem erlauben digitale Daten eine effizientere Nutzung von Übertragungswegen durch Datenreduktionsverfahren.

Die Informationstechnik bietet den Medien Produktionsverfahren wahlfreien Zugriffs mit nahezu unendlichen Manipulationsmöglichkeiten, sowie potentiell interaktive Programmformate und eine mittels Datenreduktion effizientere Nutzung der Übertragungswege.

10.1.2 Die Wandlung analoger in digitale Signale

10.1.2.1 Wie funktioniert die Wahrnehmung von Ton und Bild ?

Die Funktion der Medientechnik basiert auf der Annahme, daß physikalisch identische Reize zu identischen Wahrnehmungen führen, unabhängig davon, ob sie dem Original oder einem technischen System entstammen. Die physikalische Ursache für die über Auge und Ohr zugänglichen Reize, die wir als Bild und Ton erfahren, müssen also erkannt und in einem technischen Modell abgebildet werden können. Wahrnehmungen über das Gehör sind durch den Eindruck von Tonhöhe und Lautstärke charakterisiert. Tonhöhe und Lautstärke korrespondieren zu Frequenz und Amplitude einer periodischen Luftdruckveränderung, die wir als Schallwelle bezeichnen. Da ein gleichbleibender, über lange Zeit hinweg vollkommen unveränderter Ton keinerlei Informationen enthält, bestehen Musik, Sprache oder Geräusche aus einer permanenten Veränderung von Tonhöhe und Lautstarke. Abbildung 10.4 zeigt das über einen Mikrofon als Schallwandler gewonnene Abbild solcher Luftdruckschwankungen.

Das Gehör reagiert auf Luftdruckschwankungen, deren Häufigkeit (Frequenz) als Tonhöhe, deren maximaler Ausschlag (Amplitude) als Lautstärke empfunden wird. Schallinformation ist die Veränderung von Tonhöhe und/oder Amplitude gegen die Zeit.

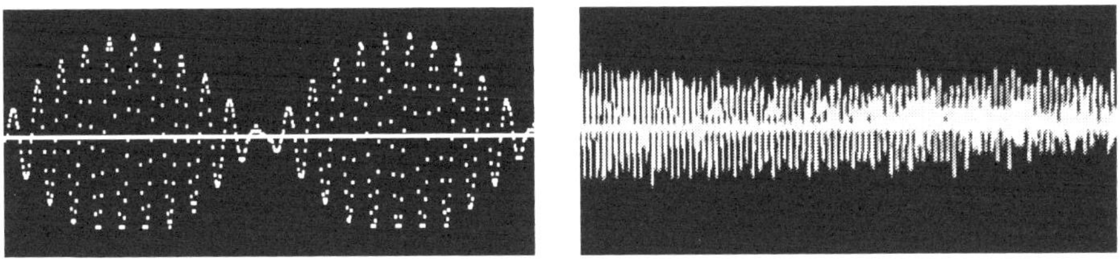

Tuuten eines Telefons
Dauer ca 0,4 sec

Peter Frampton
"It all comes down to you"
Wellenform ca 0,2 sec

Abbildung 10.4 Schallsignale am Mikrofonausgang

Im Falle von Bildern, die über das Auge wahrgenommen werden, ist der Vorgang etwas komplexer. Die Linse am Eintrittsende des Auges projiziert ein Abbild der Umgebung auf die Netzhaut, eine flächenhafte Anordnung von lichtempfindlichen

Nervenzellen. Diese Zellen liefern eine Aussage über Helligkeit und Farbe des auf sie projizierten kleinen Bildausschnittes. Farbeindruck und Helligkeit werden durch Frequenz und Amplitude der auf die Zelle einwirkenden elektromagnetischen Strahlung bestimmt, die wir als Licht bezeichnen. Eine einheitlich einfarbige Fläche, die das gesamte Gesichtsfeld des Auges füllt, enthält ebensowenig Information, wie ein gleichbleibender Ton. Für visuelle Wahrnehmung steckt die Information also im Wechsel von Helligkeit und Farbe entlang der beiden Achsen einer Fläche. Bei bewegter Szenerie verändern sich Helligkeit und Farbe nicht nur entlang der beiden Achsen des Bildes auf der Netzhaut, sondern auch im Laufe der Zeit.

Das Auge reagiert auf elektromagnetische Wellen, deren Frequenz als Farbe und deren Amplitude als Helligkeit empfunden wird. Die Bildinformation steckt in der Veränderung von Helligkeit und Farbe entlang zweier Dimensionen (Standbild) und zusätzlich gegen die Zeit (Bewegtbild).

10.1.2.2 Raster, Abtastung, Nyquist - Theorem

Digitale Systeme repräsentieren Bilder und Töne in Form von Datenworten, die eine Aussage über Helligkeit, Farbe und Schalldruck enthalten. Da nicht unendlich viele Datenworte entstehen dürfen, wird die Anzahl der durch Datenworte repräsentierten Meßwerte des physikalischen Signals durch eine gezielte Auswahl reduziert. Schallsignalen werden also nur noch an bestimmten Punkten in regelmäßigem Abstand Amplitudenwerte entnommen, ebenso erfolgt die Darstellung von Helligkeit und Farbe nur noch an ausgewählten Punkten eines festen Rasters aus Zeilen und Spalten. Abbildung 10.5 verdeutlicht den Effekt für ein Standbild und ein Schallsignal. Die Reduktion der Meßpunkte läßt bewußt die zwischen den Meßpunkten liegenden Eigenschaften der Bild- und Tonsignale außer acht. Damit stellt sich die Frage, ob eine derartige Diskretisierung überhaupt ohne Verlust von Informationen möglich ist und wenn, wieviele Meßpunkte mindestens erforderlich sind. Die grundlegenden Arbeiten von Shannon und Nyquist ergeben, daß jedes noch so komplexe Signal durch eine Reduktion auf ausgewählte Meßwerte in regelmäßigen Abständen repräsentiert werden kann, so lange gewährleistet ist, daß die Häufigkeit der entnommenen Repräsentationswerte oder Samples mindestens zweimal so groß ist wie die höchste im Signal vorkommende Frequenz.

Für die digitale Darstellung werden Helligkeit, Farbe und Schalldruck nur an ausgewählten Meßpunkten erfaßt und durch Datenworte ausgedrückt. Diese Diskretisierung (Abtastung, Sampling) erfordert, daß die Anzahl der Meßpunkte zweimal so groß wird, wie die höchste Frequenz, mit der sich die Meßwerte verändern (Nyquist - Theorem).

Das Ohr nimmt Schallsignale bis zu einer maximalen Frequenz von 20 Kilohertz wahr. Für ein solches Signal ergäbe sich also die Notwendigkeit, vierzigtausend Abtastwerte pro Sekunde zu entnehmen. Bezogen auf die Rasterung von Bild ergibt sich folgendes Beispiel: Auf einem Bildschirm einer Breite von 20 cm ist als feinste Struktur ein gestreiftes Hemd abgebildet, dessen Streifenmuster sich auf dem Schirm alle 4 Millimeter wiederholt. Nach Nyquist erfordert dies alle 2 Millimeter einen Meßwert oder 100 Rasterpunkte auf einer Breite von 20 cm.

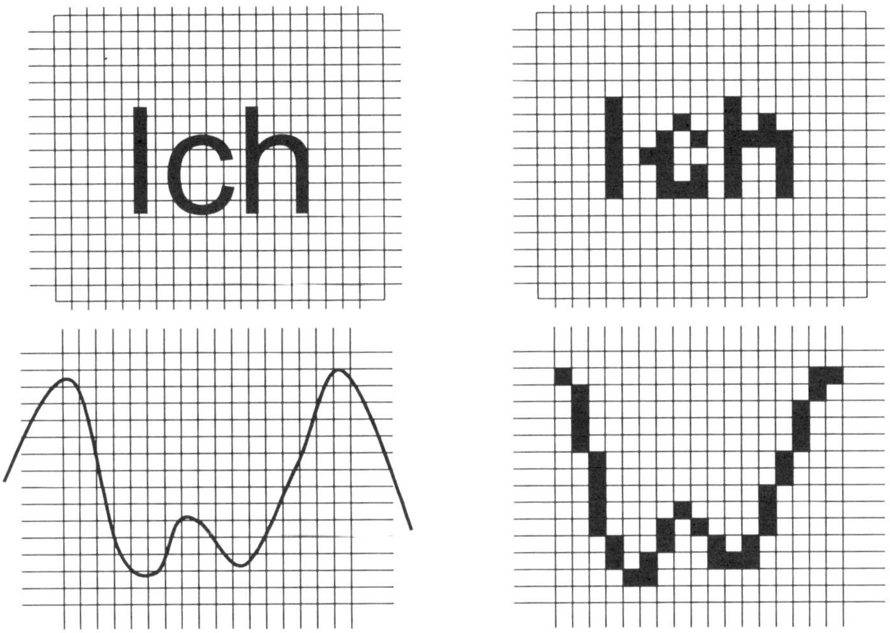

Abbildung 10.5 Auswirkungen der Diskretisierung von Bild und Ton

10.1.2.3 Quantisierung

Auf der Basis des Theorems von Nyquist werden den Bild- und Tonsignalen in regelmäßigen Abständen punktuelle Meßwerte entnommen. Jede Messung kann dabei einen von unendlich vielen möglichen Werten als Resultat ergeben. In einem zweiten Schritt erfolgt die Wandlung dieser Meßwerte in dual dargestellte Zahlenwerte des Binärsystems, man spricht von Quantisierung. Die Genauigkeit der Zahlenwerte hängt von der Anzahl der verfügbaren Stellen ab. Eine Zahl mit 10 Stellen nach dem Komma kann Meßdaten exakter repräsentieren als eine mit nur zwei. Müßte die digitale Darstellung des Meßwertes unendlich genau sein, ergäben sich damit auch unendlich lange Datenworte. Ähnlich, wie bei der Diskretisierung wählt man auch bei der Quantisierung ein Raster und läßt nur eine gewisse Zahl verschiedener Meßwerte zu (siehe Abbildung 10.6). Im Falle der

CD, der digitalen Compact Disc für Audio, wurde beispielsweise festgelegt, 16 Bit für die Repräsentation jedes Amplitudenwertes zu reservieren. Dies entspricht etwas mehr als 65.000 verschiedenen möglichen Amplitudenwerten, auf die der unendlich große Vorrat der im analogen Signal repräsentierten Amplituden abgebildet wird. Der dabei zwangsläufig auftretende Fehler zwischen einem kontinuierlichen Meßergebnis und dem nächstliegenden im binären System dargestellten Zahlenwert bezeichnet man als Quantisierungsfehler, in der Wahrnehmung macht er sich angenähert als Rauschen, bei kleinen Amplituden als Klirrfaktor bemerkbar.

In einem zweiten Schritt werden die durch Diskretisierung gewonnenen Meßwerte auf ein Raster zugelassener digitaler Zahlenwerte abgebildet oder quantisiert. Der entstehende Rundungsfehler heißt "Quantisierungsfehler"

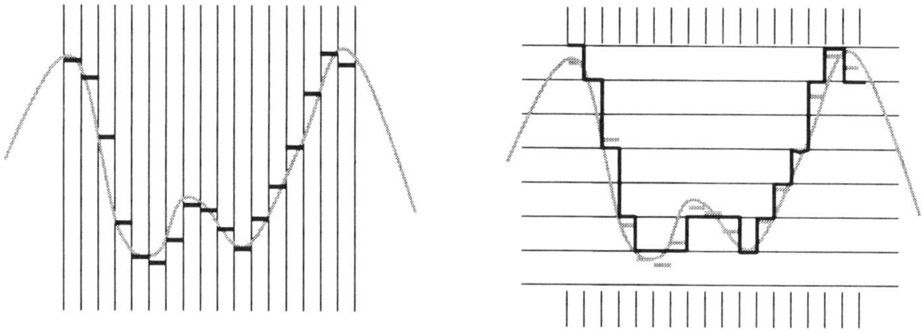

Abbildung 10.6 Diskretisierung und Quantisierung im Vergleich

Die Größe des zulässigen Quantisierungsfehlers orientiert sich an den Wahrnehmungsgrenzen für Störsignale. In der Medientechnik hat sich für die Festlegung dieser Grenze der Begriff des Signal to Noise oder Signal - Rauschspannungsabstandes eingebürgert. Er drückt aus, welche Amplitudengröße die Störsignale im Verhältnis zu den größten Amplituden des Signals selbst aufweisen. Die Eigenschaften von Auge und Ohr legen diese Vorgehensweise nahe. Leise Töne werden vom Gehör beispielsweise schlechter wahrgenommen, wenn sie zeitgleich mit sehr lauten anderen Signalen auftreten. Den Abstand zwischen den schwächsten und den stärksten Signalen einer Bild- oder Toninformation bezeichnet man als Dynamik. Das Ohr besitzt eine Dynamik zwischen Hörschwelle und Schmerzgrenze von etwa 120 Dezibel, das Auge zwischen Wahrnehmungsschwelle und Sättigungsgrenze der Helligkeit von etwa 55 Dezibel. Als Faustregel gilt, daß pro Bit Wortbreite 6 Dezibel an Dynamik zwischen maximalem Signalpegel und Rauschen erzielt werden können. Das bedeutet, daß für 20 Bit Wortbreite im Falle von Audio und für 10 Bit Wortbreite im Falle von Video alle Störsignale theoretisch immer unterhalb der Wahrnehmungsschwelle liegen müßten.

Die Wortbreite pro Abtastwert oder Sample ergibt sich aus der gewünschten Dynamik, also dem Abstand zwischen maximaler Signalamplitude und dem Quantisierungsfehler nach der Faustformel: 6 Dezibel Dynamik pro Bit Wortbreite.

10.1.2.4 Die Kanalkapazität

Die Signalqualität eines analogen Systems bestimmt das Produkt aus Bandbreite und Dynamik. In der digitalen Signaltechnik werden "Dynamik" gemäß der Faustformel "6 dB Dynamik pro Bit" auf die Wortbreite und "Bandbreite" über das Nyquist-Theorem auf die Abtastrate abgebildet. Eine einfache Modellrechnung gemäß Abbildung 10.7 zeigt, daß die bei vorgegebener Qualität eines Inhaltes für dessen Übertragung in technischen Mediensystemen nötigen Ressourcen bei analoger und digitaler Repräsentation gleich groß sind. Für ein analoges Signal der Bandbreite 10 kHz und einer Dynamik von 36 Dezibel bemißt sich die benötigte Kanalkapazität zu 10 kHz mal 36 Dezibel = 360 "Einheiten" in einem von uns willkürlich gewählten Maßstab.

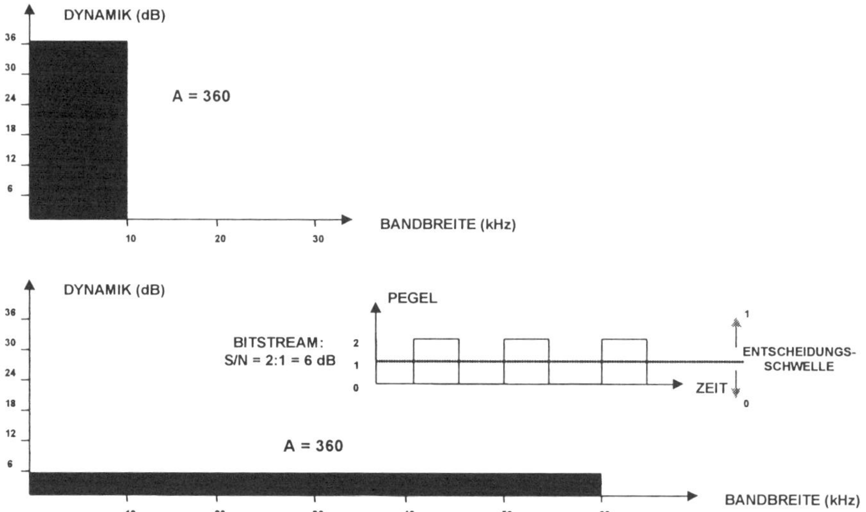

Abbildung 10.7 Analoge und digitale Kanalkapazität

Für die digitale Darstellung benötigen wir eine Wortbreite von 6 Bit und eine Abtastrate von 20 kHz. Die in einer Sequenz von digitalen Ein-/Auszuständen höchste Signalfrequenz tritt immer dann auf, wenn zwei unterschiedliche Bitzustände aufeinanderfolgen (01010101010), die niedrigste Frequenz entspricht der Aneinanderreihung identischer Zustände (1111111 oder 00000). Betrachten wir einen Wechsel zwischen "1" und "0" als Rechteckschwingung, errechnet sich daraus in erster Näherung eine Maximalfrequenz zu 20000 Hz mal 6 Bit / 2 = 60 kHz. Legen wir die Entscheidungsschwelle zwischen Signalen des Inhaltes "0" und jenen des Inhaltes "1" in die Mitte zwischen Null und Maximalpegel, um Störungen in beiden Richtungen vorzubeugen, so erhalten wir eine Dynamik (Signal to Noise) von 6 dB und eine Kanalkapazität von 60 kHz mal 6 dB = 360 "Einheiten" wie zuvor.

Allgemein gilt: Das Produkt aus Bandbreite und Dynamik legt die Kapazität eines Übertragungs- bzw. Speicherungssystems fest.

10.2 Die Datenreduktion

10.2.1 Grundlagen

10.2.1.1 Die Rolle der Datenreduktion

In Mediensystemen ist bezogen auf den Preis sowohl die zur Übertragung von Informationen verfügbare Bandbreite wie auch die für deren Speicherung nötige Kapazität begrenzt. Während die Erweiterung der Speicherkapazität nur ein finanzielles, jedoch kein grundsätzlich physikalisches Problem darstellt, ist die insgesamt verfügbare Bandbreite der drahtlosen Übertragung begrenzt. Erst bei der Verwendung von Kabeltechnik zur Versorgung kann der verfügbare Bandbreitenbereich durch Hinzufügen eines weiteren Kabels beliebig erweitert werden. Die gegenwärtige Infrastruktur von Kabelnetzen setzt der auf ihren Signalwegen maximal möglichen Transportmenge jedoch enge Grenzen, deren Ausbau nur nach hohen Anlaufinvestitionen möglich ist. Das Ziel der Datenreduktion, Informationen bei verringerter Übertragungskapazität wahrnehmungsgetreu zu transportieren spielt also eine strategische Schlüsselrolle, um die wachsende Anzahl von Anbietern und Programminhalten preisgünstig auf vorhandenen und zukünftigen Systemen bedienen zu können.

10

Bandbreite und Speicherkapazität sind begrenzte Ressourcen, deren Belastung durch Datenreduktion bei unveränderter Qualität der übermittelten Information abnimmt.

10.2.1.2 Der Qualitätsbegriff: Redundanz und Irrelevanz

Das Paradigma der klassischen Medientechnik für den Transport von Information lautet: Bandbreite und Dynamik des an der Quelle wahrnehmbaren Signals werden auf dem Übertragungsweg bis zur Reproduktion des Signals beim Empfänger garantiert. Bandbreite und Dynamik legen die Konstruktionsmerkmale aller auf diesem Weg betriebenen Systeme fest. Sie sind daher zeitlich konstant und unabhängig von den augenblicklichen Anforderungen des Signals. In anderen Worten: Zehn Sekunden Orchesterpause ohne Musik benötigen für die Übertragung ebensoviel Datenmenge, wie 10 Sekunden Beethoven mit vom Pianissimo zum Fortissimo anschwellenden Instrumenten. Auch wenn im Rahmen einer Nachrichtensendung nur das per Telefon mit einer Bandbreite von maximal 3 kHz aus dem Ausland ankommende Interview gesendet wird: Die Übertragungsmenge entspricht dennoch der einer Musiksendung mit einem subtilen Streichquartett. Auch die Videotechnik liefert gute Beispiel für die Verschwendung von Bandbreite durch permanentes Festhalten an den Parametern des Worst Case: Die 30 Sekunden lange Aufnahme eines Standbildes mit einer Videokamera produziert eine ebenso große Datenmenge, wie 30 Sekunden Sportübertragung, obwohl sich im ersten Fall der Inhalt während dieser Zeitspanne nicht im geringsten verändert. Könnte zu jedem beliebigen Zeitpunkt einer Signalübertragung der betriebene Übertragungsweg hinsichtlich Bandbreite und Dynamik an die momentanen Erfordernisse des Signals angepaßt werden, so resultiert daraus im Mittel eine deutliche Verringerung der Datenmenge gegenüber einer permanent unveränderten Übermittlung mit der für den seltenen Worst Case nötigen Datenmenge. Diese Ersparnis nennt man Redundanzreduktion.

Redundanzreduktion paßt das technische Modell eines Mediensystems hinsichtlich Bandbreite und Dynamik zu jedem Zeitpunkt an die momentanen Erfordernisse des Signals an.

Alle Überlegungen der klassischen Medientechnik basieren auf der korrekten Annahme, daß physikalisch identische Reize auch zu identischer Wahrnehmung führen. Letztlich ist es jedoch das Ziel, einen identischen Eindruck beim Betrachter oder Zuhörer zu erzeugen, nicht etwa einen identischen Reiz. Anders formuliert: Zwar ergibt ein physikalisch identischer Reiz immer auch einen identischen Eindruck, auch andere Reize können aber denselben Eindruck hervorrufen. Reagiert also die Wahrnehmung auf einen gegenüber dem Original veränderten Reiz mit einem identischen Eindruck, so ist das Ziel aus der Sicht von Betrachter und Zuhörer erreicht. Während die Physik nur meßtechnisch nachvollziehbare Modelle der Wahrnehmung kennt, zeigt eine genaue Analyse von Hören und Sehen, daß nicht alle zu einem Zeitpunkt angebotenen physikalischen Reize gleich gut oder überhaupt wahrgenommen werden können. Die Wahrnehmung jedes einzelnen Bestandteils eines dem Auge oder Ohr angebotenen komplexen Signals hängt also von Menge und Zusammensetzung aller anderen zugleich angebotenen Reize ab. Diese in der Psychooptik und Psychoakustik erforschten Eigenschaften von Ohr und Auge haben also ebenfalls einen stark zeitabhängigen Charakter.

Die Eigenschaften der Psychooptik und Psychoakustik führen trotz objektiv verschiedener Reize zu einem identischen Eindruck.

Die Irrelevanzreduktion sucht immer den effizientesten Weg zum vorgegebenen Originaleindruck.

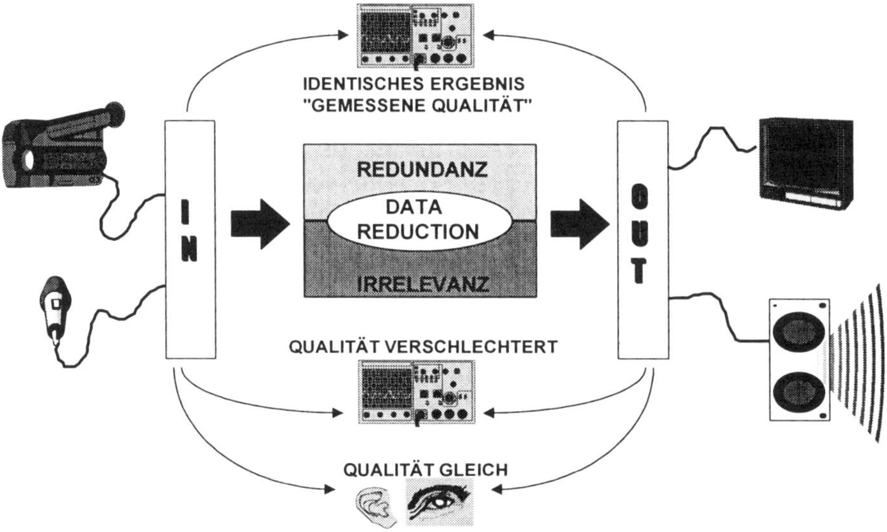

Abbildung 10.8 Redundanz und Irrelevanz im Vergleich

Die Abbildung 10.8 verdeutlicht nochmals den Unterschied zwischen Redundanz und Irrelevanz: Im Falle der Redundanzreduktion ergibt der Vergleich der physikalischen Meßparameter des Originalsignals mit dem über die Medientechnik übermittelten Gegenstück keine erkennbaren Unterschiede, schließlich wird immer gerade die meßtechnisch nötige Datenmenge für ein Signal zur Verfügung gestellt. Der Vergleich eines zusätzlich mittels Irrelevanzreduktion komprimierten Signals mit seinem Original offenbart deutliche Unterschiede, die beiden Signale sind meßtechnisch verschieden. Der Beobachter jedoch kann zwischen dem komprimierten und dem unkomprimierten Signal nicht unterscheiden, der entstehende Eindruck ist in beiden Fällen identisch.

Redundanzreduktion liefert meßtechnisch mit dem Original identische Ergebnisse, Irrelevanzreduktion meßtechnisch verfälschte, die jedoch zu einem originalgetreuen Wahrnehmungseindruck führen.

10.2.1.3 Die logische Qualität von Inhalten

Digitale Signale bilden die Realität auf der Signalebene, also ohne jegliche Abstraktionsleistung ab. Im Vergleich zur Datenmenge einer logisch abstrahierten Realität liefert die A/D-Wandlung eines Mediensignales daher extrem große Datenmengen. Ein einfacher Vergleich macht klar, daß die logische Qualität einer Information in digitalen Signalen nicht genutzt wird. Ein Text von 5 Seiten soll 1500 Worte und 10.000 Zeichen enthalten. Dies entspricht unter ASCII Code einer Datenmenge von 10 kByte. Das Vorlesen dieses Textes dauert 10 Minuten, die Aufnahme der Sprache über Mikrofon und A/D Wandler erzeugt eine Datenmenge von 50 Megabyte in CD Qualität Mono. Selbst eine halbierte Abtastrate und Wortbreite, wie sie für Sprache ausreicht, führt noch immer zu mehr als 12 Megabyte an Daten. Dies läßt auf eine theoretische Möglichkeit schließen, anstelle der Sprache selbst nur den logischen "Bauplan" des gesprochenen Textes zu übertragen und beim Empfänger künstlich wieder in Sprache zu synthetisieren. In der Tat verfolgen die Datenreduktionsverfahren der modernen Mobiltelefonie teilweise diesem Ansatz. Die charakteristischen "Bausteine" der Sprache des Senders werden analyisiert um mit ihrer Hilfe die Sprache beim Empfänger trotz massiver Datenreduktion künstlich wiederzugeben.

Die in Reizen verpackten logischen Inhalte können unabhängig von den Details der Wahrnehmung mit enorm verringerter Datenmenge transportiert werden (Text statt Sprache).

Auch die Bildverarbeitung bietet die Möglichkeit, mathematische und logische Beschreibungsmodelle anstelle der Bilder selbst zu verwenden. Die in einer Grafik enthaltenen geometrischen Formen und Figuren sind zusammen mit ihren Eigenschaften dann als "Bauplan" beschrieben, der beim Empfänger realisiert wird. Dieser erzeugt lokal aus den Beschreibungen für Linien, Quader und alle andere Formen nach Maßgabe der ihnen zugewiesenen Farbe und Oberflächeneigenschaft, sowie der ebenfalls modellierten Lichtquellen das "reale" Abbild. Die als "Vektorisierung" bezeichnete formale Beschreibung von Bildern führt zu massiver Reduktion der Datenmenge, nicht alle komplexen Bildinhalte sind aber als Vektorensatz zu beschreiben. Vektorisierung setzt zudem enorme Rechenleistungen beim Empfänger zum schnellen Wiederaufbau komplexer Inhalte aus den Beschreibungsdaten voraus. Ansätze dieser Art zeigt die fraktale Bildkompression, die langsam auf den Markt drängt.

Durch die logische Beschreibung komplexer Inhalte oder deren "Vektorisierung" können enorme Datenmengen eingespart werden.

10.2.1.4 Verlustbehaftete und verlustfreie Datenreduktion

Ziel eines Datenreduktionssystems ist, alle redundanten und irrelevanten Anteile eines Signals zu entfernen und die Kanalkapazität dadurch so anzupassen, daß die als Ziel vorgegebene Qualität gerade eben erreicht wird. Außer bei statischen und vorhersagbaren Signalen, die jedoch in der Realität nie auftreten, ist für keinen beliebigen Zeitraum eine genaue Schätzung der insgesamt nötigen Übertragungskapazität möglich. Zeitpunkte extrem geringer und extrem hoher Anforderung des

Signals an den Übertragungskanal können einander unvorhersagbar abwechseln, die Gesamtdatenrate variiert ständig zwischen Null und der für den Worst Case nötigen Maximalrate. Steht die zu jedem Zeitpunkt nötige Kapazität jedoch zur Verfügung, erfolgt die Datenreduktion immer ohne Verluste.

Eine optimale Anpassung der Kanalkapazität an die augenblicklichen Anforderungen des Signals ist zwar verlustfrei, führt aber zu stark variierender Datenrate.

Für einige Anwendungsfelder spielt die schwankende Datenrate keine Rolle, für andere hingegen macht sie die Datenreduktion nutzlos. Typische Beispiele für Anwendungen mit variabler Datenrate sind Archive und Massenspeicher für Informationen ohne Echtzeitzugriff. Eine komprimiert zu Archivzwecken auf das Speichermedium geschriebene Datei wird, je nach Anforderung einer verlustfreien Kompression mehr oder weniger umfangreich, immer aber kleiner als das Original ausfallen. Während dieser Tatbestand das Archiv wenig beeinflußt, sind eventuelle Fehler bei der Datenreduktion aufgrund einer starren Vorgabe der maximalen Datenmenge nicht zu tolerieren. In vielen Fällen jedoch ist eine garantierte konstante Datenrate von großer Bedeutung, beispielsweise bei der Verteilung von Bandbreiten auf unterschiedliche Programme in Broadcastsystemen und im Kabel. Mit der Festlegung einer konstanten maximalen Datenrate jedoch wird die Flexibilität und Anpassungsfähigkeit des Datenreduktionssystems an die Erfordernisse des Signals eingeschränkt.

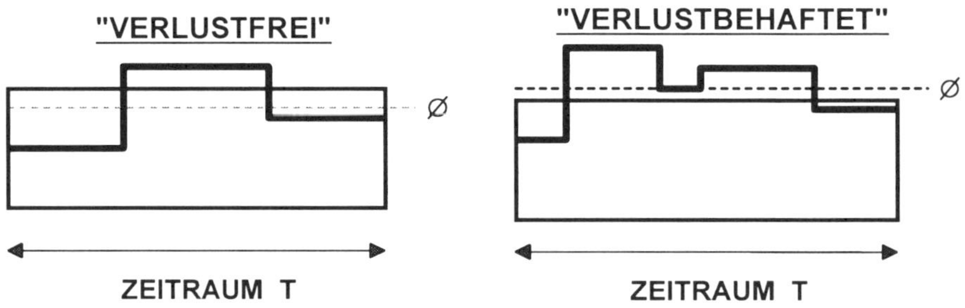

10

Abbildung 10.9 Datenrate und Verluste der Datenreduktion

Die einzige Möglichkeit, eine immer an die Signalgegebenheiten angepaßte Übertragung zu garantieren, wäre, den Kanal vorsichtshalber immer für den Worst Case zu dimensionieren. Damit geht auf dieser Strecke aber der Gewinn der Datenreduktion verloren. Über einen Pufferspeicher sind innerhalb begrenzter Zeiträume Ausgleichsvorgänge zwischen Zeitabschnitten besonders hoher und solchen besonders niedriger Anforderungen an den Kanal möglich, solange die für das Signal nötige Datenrate im Mittel unter der vorgegebenen Kanalgrenze bleibt. Übersteigt jedoch die Datenrate in einem Zeitabschnitt mit komplexen Signalformen die verfügbare Transportkapazität des Kanals über einen längeren Zeitraum, kann keine fehlerfreie Übertragung mehr garantiert werden. Abbildung 10.9 stellt die beiden Fälle gegenüber.

Konstant vorgegebene Datenübertragungsraten unterhalb des Worst Case führen zu Fehlern bei der Signalübertragung, Übertragungsverfahren mit konstanter Datenrate sind also verlustbehaftet.

10.2.1.5 Verluste als Systemkonzept für flexible Bandbreiten

Datenreduktion arbeitet im Idealfall verlustfrei, d.h. die vom Empfänger wahrgenommene Qualität unterscheidet sich beim Einsatz eines solchen Systems nicht von jener, die ohne den Einsatz von Datenreduktion erzielt worden wäre. Die konsequente Orientierung der Datenreduktion an identischen Eindrücken anstelle identischer Signale erweitert aber auch den Handlungsspielraum für bewußt in Kauf genommene Qualitätseinbußen beträchtlich. Ohne Datenreduktion ist die als erstrebenswert erachtete Qualität eines Systems ein unveränderliches Merkmal der eingesetzten Geräte und legt damit auch die nötige Bandbreite für ihren einwandfreien Betrieb fest. Abweichungen von dieser Bandbreite führen zu technischen Fehlern und zerstören die übertragenen Inhalte. Gemäß der bei vorgegebenen Kanalbandbreiten entstehenden Problematik sind Systeme mit Datenreduktion auf den Umgang mit dort unvermeidlich auftretenden Fehlern vorbereitet. Ihre Orientierung am Modell von Auge und Ohr erlaubt es ihnen, die Signalfehler in der Übertragung dort zu plazieren, wo sie nur wenig oder gar nicht wahrgenommen werden können. Reduziert man also die Vorgabe der verfügbaren Kanalkapazität, so erhöht sich die Zahl der "versteckten" Fehler, die Qualität des empfundenen Eindrucks läßt langsam nach. Die meisten Datenreduktionsverfahren ermöglichen es somit, die Wahl der Bandbreite des Signals in Abhängigkeit von der gewünschten Qualität in weiten Grenzen flexibel zu treffen.

Die Datenreduktion erhöht den Handlungsspielraum durch das flexible Zusammenspiel von Qualität und Datenrate. Bei fester Übertragungskapazität kann es viele Programme in geringer oder wenige Programme in hoher Qualität geben.

10.2.2 Grundverfahren der Datenreduktion

10.2.2.1 Downsampling und Wortbreite

Bandbreite und S/N sind in der analogen Elektronik direkt mit dem Design der elektronischen Schaltung verbunden und können daher nicht zeitabhängig an die variierenden Erfordernisse des Signals angepaßt werden. Im Falle der digitalen

Signalverarbeitung ist eine Anpassung jederzeit durch das regelmäßige Weglassen von Samples (Datenworten) oder aber durch das Verkürzen der Wortbreite, also durch einfaches Weglassen von Bits möglich.

Die digitale Datenmenge läßt sich entweder durch Auslassen von Samples oder durch Weglassen von Bits variieren.

Die Reduktion der Datenmenge durch Auslassen von Samples stellt eine nachträgliche Verringerung der Abtastrate dar. Damit ist das Nyquist-Theorem für das ursprüngliche Eingangssignal verletzt, es muß die Bandbreite des digitalen Signalinhaltes entsprechend reduziert werden. Eine solche Einschränkung der Bandbreite des digitalen Signals erfordert recht umfangreiche Berechnungsprozesse, besonders dann, wenn Ursprungsfrequenz und Zielfrequenz der Abtastpunkte in keinem ganzzahligen Verhältnis zueiander stehen. Deshalb bleibt die variable Anpassung der Datenmenge über die Sampling Rate eine Ausnahme.

Variable Abtastraten erfordern variable Antialiasing - Filter und sind daher für Datenreduktion weniger gut geeignet.

Für die Reduzierung der Wortlänge spricht die weitgehend freie Wahl bei der Anpassung der Datenmenge. Die Abbildung 10.10 stellt den Zusammenhang von Wortbreite, Amplitude und Quantisierungsfehler dar. Erhöht man demnach (linke Seite der Grafik) bei gleicher Wortbreite den Amplitudenumfang des dadurch digital abgebildeten Signals (also dessen Ursprungsdynamik), so vergrößert sich auch das Quantisierungsrauschen als Fehler. Verringert sich jedoch der Amplitudenumfang des digital abgebildeten Signals, so kann es auch mit einer verringerten Wortbreite ohne zusätzliche Wandlungsfehler dargestellt werden (rechte Seite der Grafik). Daraus ergeben sich zwei Ansätze für die Datenreduktion. Ein mögliches Verfahren paßt die Wortbreite an die Erfordernisse des Signals an. Es entsteht dabei ein Strom aufeinanderfolgender Samples variabler Länge, was die Verarbeitung in der digitalen Elektronik oft erschwert. Eine zweite Darstellungsform spreizt die mit einer festen Bitzahl erfaßte Amplitudenskala je nach Dynamik des Signals über einen Skalierungsfaktor mehr oder weniger weit auf. Diese Spreizung verändert aber auch den Quantisierungsfehler. Während ein solches "Fließkommaverfahren" zwar immer Worte gleicher Länge liefert, macht es sich jedoch oft durch eine auffällige Veränderung des Hintergrundrauschens bemerkbar.

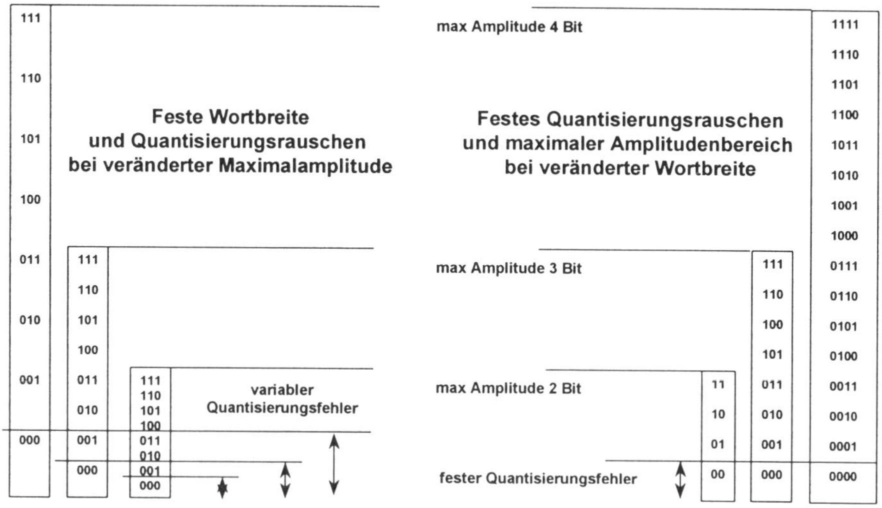

Abbildung 10.10 Quantierungsfehler, Wortbreite und Amplitude

Spreizung des bei gleicher Wortbreite abgebildeten Amplitudenbereiches (Fließkommaverfahren) oder Anpassung der Wortbreite an die momentane Signalamplitude führen zur Datenreduktion.

In der Realität werden beide Verfahren gerne kombiniert. Um möglichst viele Daten einzusparen, erfolgt die Festlegung der Bitzahl pro Sample und des Spreizungsfaktors oft für einen ganzen Ausschnitt des Signals, einen sogenannten Block an Samples. Bleibt die Dynamik des Signals innerhalb eines solchen Blocks weitgehend konstant, ist das Verfahren verlustfrei. Bei starken Schwankungen hingegen kommt es zu unnötig hohen Quantisierungsfehlern oder einer uneffizienten Reduktionsausbeute.

Block Coding verwendet gemeinsame Spreizungsfaktoren und Bitzuweisungen für einen Block aufeianderfolgender Samples.

10.2.2.2 Logische Redundanzen in VLC, RLE und LZW

Im Gegensatz zu digitalen Samples, deren Inhalt bei reduzierter Wortlänge zwar verschlechtert, nicht aber zerstört wird, führt eine nachträgliche Verkürzung von symbolhaften Datenworten (z.B. ASCII Zeichen einer Textdatei) zum vollständigen Verlust der Information, da die nötige Anzahl an verschiedenen Symbolen in einem Text nicht mehr dargestellt werden kann. Dennoch existieren eine Reihe von Verfahren für die verlustfreie Datenkompression symbolhafter Informationen. Grundlage dieser Kompressionsverfahren ist die Verwendung einer variablen Wortlänge, angepaßt an die statistische Verteilung von Symbolen oder Symbolketten (z.B. Worten) innerhalb einer Datei.

Verfahren für die Kompression symbolhafter Daten codieren die Inhalte mit variabler Länge in Abhängigkeit der statistischen Verteilung für Zeichen und Zeichenketten.

Die Idee des Variable Length Coding weist jenen Symbolen einer Datei die kürzesten Datenworte zu, die statistisch gesehen am häufigsten auftreten. Dies ist der Grund für die Zuweisung des kürzesten Symbols im Morsecode (einzelner Punkt) an den Buchstaben "E", der in Worten der englischen Sprache am häufigsten vorkommt. Demgegenüber erhalten extrem seltene Zeichen, beispielsweise Z, komplexere und längere Datenworte zugewiesen. Der mögliche Gewinn beim variable length coding resultiert aus der ungleichmäßigen Wahrscheinlichkeitsverteilung der im Zeichenvorrat erfaßten Symbole. Sind alle Buchstaben des Alphabets in einer fiktiven Sprache gleich wahrscheinlich, kann durch die Variable Length Codierung kein Gewinn erzeugt werden. Ein typisches Problem der Codierung mit variabler Länge besteht darin, dem verarbeitenden Datensystem eine Abgrenzung zu liefern, um aus dem fortlaufenden Datenstrom gemäß der variierenden Wortbreite die zu einem Symbol gehörigen Bits als Block erkennen zu können. Ein Beispiel für die Implementation einer variablen Längencodierung ist der Huffmann - Code.

Variable Length Coding weist verschiedenen Zeichen mit abnehmender Häufigkeit ihres Auftretens in einem Dokument immer längere Datenworte zu.

Auch eine lange Sequenz identischer Zeichen in einer Datei eignet sich für die Datenreduktion. RLE (Run Length Encoding oder Lauflängencodierung) überträgt anstelle 30 aufeinanderfolgender Leerzeichen von je 8 Bit Länge nur eines dieses Symbole und einen Zähler für die Anzahl der Wiederholungen. Ähnlich wie im Falle des VLC ist darauf zu achten, daß die als Zähler zu interpretierenden Bitfolgen durch ihre innere Struktur eindeutig von den normalen Zeichencodes in ASCII zu unterscheiden sind.

Der RLE-Code vermeidet die hintereinanderfolgende Übertragung identischer Zeichen.

LZW - Verfahren stellen gewissermaßen die Erweiterung des RLE Ansatzes auf Zeichen und Zeichenketten dar, die sich nicht unmittelbar hintereinander, sondern an beliebigen Stellen der Datei mehrfach wiederholen. Die Abkürzung LZW steht für die Namen der beiden israelischen Mathematiker Lempel und Ziv, die das Verfahren grundsätzlich ersonnen haben, sowie für den Amerikaner Welch, der als erster eine reale Implementierung des Verfahrens anbot. Ist eine Zeichenkette bereits an einer anderen Stelle der übertragenen Datei verwendet worden, so übermittelt LZW statt der Zeichenkette einen Zeiger, der auf die Stelle verweist, an der die Zeichenfolge bereits zu finden ist. Die Kunst besteht darin, Zeichenketten zu finden, die sich möglichst oft wiederholen, weil dann lange Dateisegmente durch kurze Zeigerverweise ersetzt und Texte so erheblich komprimiert werden können. Das LZW-Verfahren stellt die Grundlage für weit verbreitete Datenkompressionssysteme dar, beispielsweise für das bekannte Kompressionsprogramm PK-Zip und PK-Unzip.

Im LZW-Verfahren wird anstelle wiederholter Übertragung identischer Zeichenketten auf identische Stellen im bereits übertragenen Text verwiesen. Textsegmente können so durch Zeiger ersetzt werden.

10.2.2.3 Deltamodulation

Betrachten wir den seltenen Fall eines Signals, das die volle Band- und Wortbreite nutzt. Die Amplitude wechselt dann von einem Abtastwert zum Nächsten zwischen maximal positivem und maximal negativem Ausschlag. Betrachtet man statt dessen ein realistisches Signal kleinerer Bandbreite und Dynamik, so ändern sich aufeinanderfolgende Abtastwerte über weite Bereiche nur geringfügig. Die Deltamodulation nutzt diese Tatsache und überträgt nur die meist kleine Differenz aufeinanderfolgender Samples, die mit sehr geringer Wortbreite gut abgebildet werden kann. Block Coding liefert dabei zudem über weite Zeitbereiche identische Blockfaktoren für die Fließkommadarstellung. Bei der Bilddarstellung eignet sich Deltamodulation in drei Dimensionen: Neben dem Unterschied benachbarter Pixel in horizontaler und vertikaler Richtung gibt es die Möglichkeit, die unterschiedlichen Inhalte eines Pixels zwischen aufeinanderfolgenden Bildern entlang der Zeitachse (Frames) zu betrachten. Im Falle eines unveränderten Standbildes, das mit einer Videokamera aufgenommen wurde, gibt es keine Differenz zwischen aufeinanderfolgenden Frames, die Deltamodulation beansprucht also nach Übermittlung des ersten Bildes der Sequenz keine weitere Datenmenge.

Deltamodulation übermittelt nur den Unterschied eines Abtastwertes zum vorhergehenden, beansprucht also bei statischen Signalen keine Datenmenge.

Für Deltamodulation ist es erforderlich, jeden Abtastwert über eine Sampleperiode abzuspeichern. Zum Vergleich zweier aufeinanderfolgender Bilder über Deltamodulation muß jedes Bild bis zum Eintreffen des jeweils nächsten, also über eine Bildperiode von 1/25 Sekunde zwischengespeichert werden. Das Ergebnis der Deltamodulation entsteht durch Abziehen des gespeicherten vom jeweils aktuellen Abtastwert. Die Abbildung 10.11 verdeutlicht das Verfahren der Deltamodulation am Beispiel Bild.

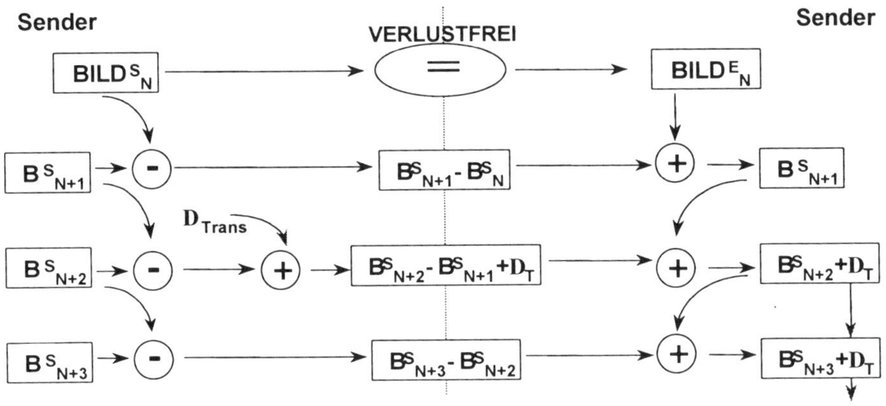

Abbildung 10.11 Verfahren der Deltamodulation

Das erste Bild einer Sequenz gelangt vollständig zum Empfänger, für alle folgenden errechnet und verschickt der Sender nur die Differenz zum vorhergehenden Bild. Der Empfänger addiert diesen Unterschied zur vorliegenden Information des vorhergehenden Bildes und erhält so das aktuelle Bild. Jede Information ergibt sich beim Empfänger durch fortlaufende Addition der übertragenen Differenzwerte zum Informationsinhalt der vorhergegangenen Übertragungssequenz. Tritt demnach bei der Übertragung ein Fehler auf, enthalten alle folgenden Bilder diesen Fehler, da sie durch sequentiell fortgesetzte Addition aus dem fehlerhaften Bildinhalt gewonnen werden (siehe Abbildung 10.11).

Fehler auf der Übertragungsstrecke pflanzen sich bei Deltamodulation unendlich fort. In regelmäßigem Abstand ohne Deltacodierung vollständig übertragene Inhalte dienen deshalb als "Fehlergrenze".

10.2.2.4 Spectral Coding, Signale im Frequenzbereich

10

Die Fouriertransformation ist ein mathematisches Berechnungsverfahren, um ein komplexes Signal in eine Summe aus Sinusschwingungen unterschiedlicher Frequenz und Amplitude zu zerlegen. Das Ergebnis der Fouriertransformation ist das sogenannte Spektrum, bei dem die Amplituden aller im komplexen Signal vorhandenen Sinusfrequenzen gegen die Frequenz aufgetragen sind. Es enthält sozusagen den Bauplan, mit dessen Hilfe sich jedes noch so komplexe Signal durch die Addition einfacher Sinusschwingungen künstlich erzeugen läßt. Die Darstellung einer Signalform im Spektrum hat in der Theorie gegenüber der Darstellung im Zeitbereich keinerlei Verlust zur Folge. Beide Signaldarstellungen sind informationstechnisch identisch. Die Fourieranalyse ermittelt, welche Signalanteile in einer komplexen Wellenform sich periodisch in welchen Abständen wiederholenden. Bei zeitlich veränderlichen Signalen setzt dies aber voraus, daß ein gewisser

Zeitraum des Signals geschlossen betrachtet, das Signal also in Einzelsegmente diskreter Zeitdauer segmentiert werden muß. Weil die klassische Fouriertransformation einen extrem hohen Rechenaufwand erfordert, stehen für digitalisierte Signale besonders optimierte Algorithmen für eine effiziente Lösung der Aufgabe zur Verfügung. Beispiele solcher Verfahren sind die DFT (Diskrete Fouriertransformation), die FFT (Fast Fourier Transformation) sowie die DCT (Diskrete Cosinus Transformation).

Die Fourieranalyse liefert den Bauplan für die Rekonstruktion eines komplexen Signals durch Addition aus Sinusschwingungen verschiedener Frequenz und Amplitude.

Audiosignale sind eindimensionale Wellenformen, die nur eine Veränderung der Amplitude gegenüber der Zeitachse enthalten. Periodische Wiederholungen eines solchen Signals kann es daher auch nur in dieser einen Dimension geben. Für die Analyse von Standbildern ergeben sich hingegen zwei Dimensionen, nämlich die Betrachtung der Wiederholungen von Helligkeit und Farbe entlang einer horizontalen und einer vertikalen Achse. Für Videosequenzen gibt es noch die dritte Dimensionen der Auswertung von Helligkeit und Farbe eines Bildpunkts über mehrere zeitlich aufeinander folgende Bilder hinweg. Die Betrachtung aller Pixel über viele Bilder hinweg erfordert eine hohe Speichermenge und kommt aus Kostengründen nicht in Frage. Die Fouriertransformation in einer Dimension erzeugt für Bilder entlang einer Zeile oder Spalte aus Pixeln den Bauplan aus den Ortsfrequenzen. Die Ortsfrequenz ist dabei die Häufigkeit der Hell- / Dunkelwechsel des Signals entlang der betrachteten Richtung.

Fouriertransformation ist bei Schallinformationen eindimensional entlang der Zeitachse, bei Standbildern zweidimensional entlang "Höhe" und "Breite" des Bildes.

Die Hoffnung, auf der Basis von Spektren die Datenmenge reduzieren zu können, gründet sich auf folgende Überlegung: Die Übermittlung einer Sinusschwingung mit einer Frequenz von 1 kHz über eine Dauer von 1 Sekunde erfordert in CD Qualität 44100 Abtastwerte zu je 16 Bit oder 88,2 kByte. Demgegenüber erfordert die Angabe einer Frequenz aus dem Wertevorrat 0 bis 20 kHz 15 Bit, die Angabe der Amplitude dieser Sinusschwingung nochmals 16 Bit, zusammen also etwa 4 Byte.

Datenreduktion mittels Spektren baut auf die kompaktere Darstellung eines Bauplans für Signale nach Fourier gegenüber der Abbildung einzelner Samples dieses Signals.

10.2.2.5 Grundstruktur des Datenreduktionssystems

Die eigentliche Reduktion der Datenrate erfolgt durch die Anpassung der Wortlänge in einem Datenreduktionssystem nach Abbildung 10.12. Zuvor wird in einem ersten Schritt, in der Zeichnung als Vorverarbeitung bezeichnet, das Signal so bearbeitet, daß ohnehin nur eine möglichst geringe Menge an Daten anfällt. Zu derartigen Redundanzverfahren zählen insbesondere die Deltamodulation oder die Fouriertransformation, sowie die Zerlegung des Signals in Blöcke für die Wortlängenanpassung. Auf das derart vorbereitete Signal wendet man anschließend die Reduktion der Wortlängen an. Die Frage, wie viele Bits pro Sample einem digitalen Signal zum gegebenen Zeitpunkt zugewiesen werden können, hängt von einer Reihe verschiedener Faktoren ab. Der Bitratenmanager überwacht die Einhaltung der vorgegebenen Datenrate. Er mißt die tatsächliche Datenrate und gleicht kurzfristige Schwankungen über einen Pufferspeicher aus. Überschreitet jedoch die Datenrate im längeren Mittel den Zielwert, nimmt er aktiven Einfluß auf die Bitzuweisung (Bit Allocation) und fordert die Reduzierung der Datenrate durch zusätzliche Wortlängenverkürzung. Die Bit Allocation erfolgt immer nach Maßgabe des Wahrnehmungsmodells, das die psycho-optischen und psycho-akustischen Eigenschaften von Auge und Ohr abzubilden versucht. Dadurch ist eine Irrelevanzreduktion ebenso gewährleistet, wie eine möglichst unauffällige Plazierung eventueller Fehler.

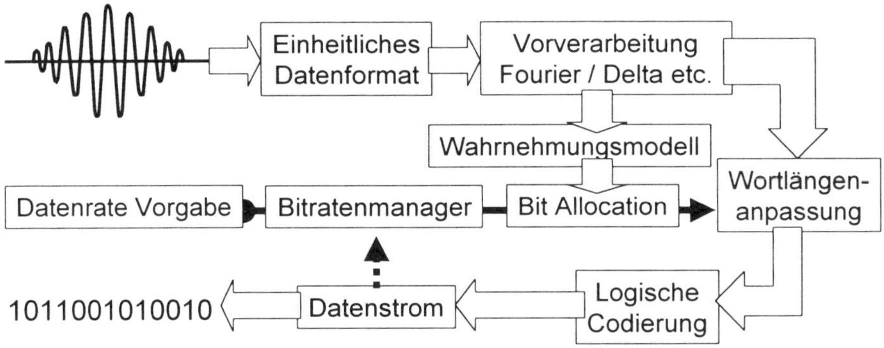

Abbildung 10.12 Blockschaltbild eines Datenreduktionssystems

10

Die eigentliche Datenreduktion durch Zuweisung von Bits an Datenworte erfolgt dynamisch nach Maßgabe von Zieldatenrate und Wahrnehmungsmodell.

10.2.3 Datenreduktion bei Ton am Beispiel MPEG 1/2

10.2.3.1 Psychoakustik

Der für die Datenreduktion wichtigste Effekt der Psychoakustik ist die sogenannte Maskierung, in deren Folge sich bei der Wahrnehmung gleichzeitig auftretende Hörereignisse unter gewissen Bedingungen gegenseitig verdecken können. Laute Schallinformationen überdecken grundsätzlich leisere Informationen in ihrer unmittelbaren Nachbarschaft. Die Abbildung 10.13 verdeutlicht diesen Vorgang. Die gestrichelte Linie zeigt, wie laut ein dem Ohr einzeln angebotener Ton bei verschiedenen Frequenzen sein muß, um überhaupt wahrgenommen zu werden. Diese Hörschwelle verschiebt sich gemäß der durchgezogenen Linie, wenn das Gehör zugleich mit anderen Signalen "beschäftigt" ist. In Gegenwart der beiden Signale bei 200 Hz und 4 kHz folgt daraus, daß andere Schallsignale in der Nachbarschaft jetzt sehr viel lauter sein müssen, um die Wahrnehmungsschwelle zu überwinden, als dies ohne die beiden Signale der Fall wäre. Aus Sicht der Datenreduktion heißt das, Signale unterhalb dieser Schwelle bei der Übertragung gar nicht oder nur mit einer extrem kleinen Wortbreite zu berücksichtigen, da die dann auftretenden Fehler unter der Maskierung verdeckt bleiben.

Die Wahrnehmbarkeit eines Schallsignals hängt von Umfang und Art der parallel angebotenen anderen Schallsignale ab.

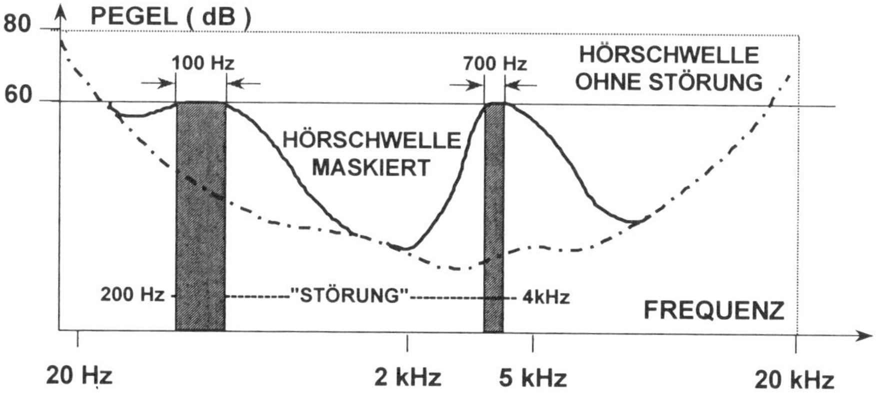

Abbildung 10.13 Veränderung der Hörschwelle durch Signale

Zusätzlich zur spektralen Verdeckung gibt es auch die zeitliche Nachverdeckung, also die verringerte Empfindlichkeit des Ohrs gegenüber neuen Reizen im unmittelbaren Anschluß an einzelne laute Signale. Die Abbildung 10.14 zeigt, wie die Hörschwelle im Anschluß an ein Schallsignal unterschiedlicher Lautstärke für unmittelbar folgende Schallinformationen erhöht bleibt. So kann beispielsweise ein kurzzeitiges Störsignal vom Ohr nicht identifiziert werden, wenn es in unmittelbarem Anschluß an andere Signale mit höherem Pegel folgt. Diesen Sachverhalt nutzt man zur Blockbildung von Signalen für die Bitzuweisung. Die Blockbildung kann bei extrem großen Pegelschwankungen innerhalb eines Blockes dazu führen, daß einzelne Signalelemente extrem unpräzise wiedergegeben werden. Ist die Blockbildung entsprechend kurz, werden die dabei entstehenden Störsignale nur für einen kurzen Zeitraum angeboten und durch den für den Skalierungsfaktor verantwortlichen lauten Ton in unmittelbarer zeitlicher Umgebung verdeckt.

Störsignale in kurzem Abstand hinter lauten Signalanteilen bleiben dem Ohr aufgrund der Nachverdeckung verborgen.

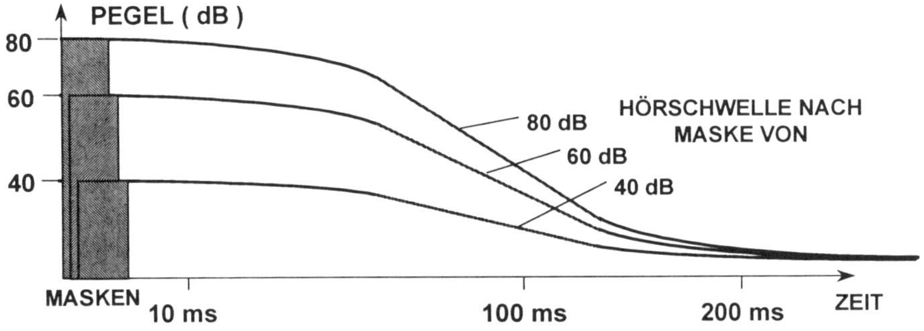

Abbildung 10.14 Nachverdeckung als Folge von Schallimpulsen

10.2.3.2 ISO MPEG Audio Layer 1-3, Grundverfahren

Das Audioformat ISO MPEG steht in Zusammenhang mit dem von der Motion Picture Expert Group (MPEG) definierten Videoformaten MPEG1 und MPEG2. Es basiert auf „MUSICAM" und "ASPEC". MUSICAM entstand durch Kooperation des Instituts für Rundfunktechnik mit Philips und der CCITT als Datenreduktion für digitalen Hörfunk. ASPEC hingegen stammt aus einer Zusammenarbeit des Fraunhofer Instituts mit AT&T, Bell Labs und Thomson mit dem Ziel der hochwertigen Audioübertragung auf ISDN Leitungen. Diese beiden und andere konkurrierende Systeme wurden einem strengen Auswahlverfahren unterzogen und schließlich zum ISO MPEG Audio Standard zusammengefaßt der aus drei unterschiedlich komplexen Layern für unterschiedliche Zielsetzungen und Aufgaben besteht.

ISO MPEG Audio bietet von Layer 1 bis Layer 3 mit zunehmender Komplexität wachsende Kompressionsfaktoren und Reduktionsgewinne für verschiedene Einsatzfelder.

Das auf den ersten Blick undurchsichtige Schema der Abbildung 10.15 Blockschaltbild für MPEG1 Audio Layer 1 dient zur Verdeutlichung des Grundverfahrens von Layer 1. Die wesentlichen Schritte des MPEG Konzeptes basieren auf einem Modell für die Mithörschwelle des Gehörs und arbeiten daher im Spektralbereich. Um den hohen Rechenaufwand für die Fouriertransformation des Signales selbst zu umgehen, nutzt man einen einfachen Trick: Das Signal verbleibt im Zeitbereich, nur für das Gehörmodell wird im Spektrum gearbeitet. Zuerst teilt man das Signal in Blöcke von 8 Millisekunden Länge, was bei 48 kHz Abstrate 384 Samples entspricht. Die Blöcke durchlaufen 32 Bandpaßfilter, von denen jeder einen aus 32 unmittelbar benachbarten Ausschnitten des Spektrums passieren läßt. So entstehen 32 parallele Zeitsignale, die alle nur noch benachbarte Ausschnitte in der Größe des 32ten Bruchteil des Audiospektrums für das Signal enthalten. Daher kann die Abtastrate für jeden Ausschnitt auf 1,5 kHz reduziert werden, die gesamte Datenmenge bleibt bis zu diesem Zeitpunkt noch unverändert. Anstelle eines Signals voller Bandbreite mit 384 Samples entstehen 32 Signale mit einem 32tel der Ausgangsbandbreite und je 12 (384/32) Samples.

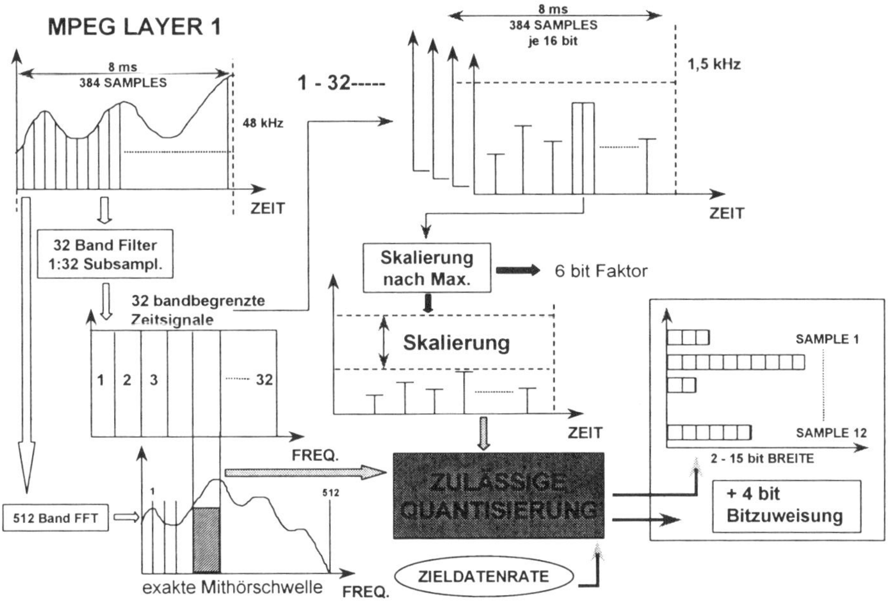

Abbildung 10.15 Blockschaltbild für MPEG1 Audio Layer 1

MPEG1 Layer 1 arbeitet mit einem Hörmodell im Spektralbereich, beläßt das Signal selbst aber im Zeitbereich.

Die 32 groben Bänder des Signals entsprechen nicht genau genug dem nötigen Hörmodell. Zeitgleich mit der Zerlegung wird an anderer Stelle der Signalblock einer genauen Fourieranalyse mit 512 verschiedenen Frequenzen unterzogen. Die darauf basierenden Modelle der Hörschwelle liefern die Vorgabe, um jedem der

10

32 Bänder paralleler Zeitsignale möglichst effizient die benötigte Bitmenge zuzuweisen. Die Fouriertransformation für das Modell ist zudem nur auf der Seite des Senders nötig, was den Gedanken eines preisgünstigen Massenempfängers stützt. Man spricht auch von unsymmetrischen Datenreduktion.

Die für das Hörmodell nötige Berechnung ist nur beim Sender nötig, was den Empfänger vereinfacht und unsymmetrische Datenreduktion genannt wird.

MPEG Audio nutzt auch die Effekte der Nachverdeckung aus. Innerhalb eines Blocks von 8 msec Länge wird die Wortbreite in jedem der 32 Teilbänder über einen gemeinsamen Skalierungsfaktor an das lauteste der zwölf Samples angepaßt. Alle anderen Samples werden also mit einer für ihren Amplitudenwert unzureichenden Quantisierung versehen. Die dabei entstehenden Störungen aber bleiben innerhalb der zeitlichen Verdeckung durch das lauteste Signal des Blocks unhörbar. Der Skalierungsfaktor ist pro Band und Block 6 Bit lang.

Aufgrund der Nachverdeckung werden alle Samples eines 8 msec langen Blocks mit einem gemeinsamen Amplitudenfaktor übertragen, der sich am lautesten Sample des Blocks orientiert.

Die Bitzuweisung erfolgt für die aus der Skalierung ermittelten Zahlenwerte der 12 Samples pro Teilband nach Maßgabe des psychoakustischen Modells. Es können Wortbreiten zwischen 2 und 15 Bit pro Sample entstehen. Die Festlegung der Datenrate und deren Überwachung erfolgt bei MPEG Audio "von unten her". Die erste Kompression des iterativen Verfahrens ist so stark, daß die Datenrate deutlich unter dem vorgesehenen Schwellwert liegt. Anschließend wird die Bitzuweisung bis zur maximalen Datenkapazität des Kanals erhöht.

10.2.3.3 Datenraten bei ISO MPEG Audio

ISO MPEG unterstützt Datenraten von 32, 48, 56, 64, 96, 128, 192, 256 und 384 kBit. Grundsätzlich gilt dabei, daß sich die Einsatzbereiche der Layer über die Datenraten hinweg überschneiden. Für Datenraten unterhalb 64 kBit ist aber in jedem Fall der Layer 3 empfehlenswert. Layer 2 kann für 64 kBit Mono eingesetzt werden, liefert dort aber schlechtere Ergebnisse als Layer 3. Layer 2 erstreckt sich von 64 kBit bis zur Maximaldatenrate von 384 kBit. Bei 256 kBit Stereo liefert Layer 2 Ergebnisse, die nach Hörversuchen auch vor geschultem Publikum nicht von Originalaufnahmen zu unterscheiden sind. Layer 1 liefert Datenraten von 384, 256 und 192 kBit mit relativ geringem Rechenaufwand.

ISO MPEG Layer 2 ist das weitestverbreitete Format und arbeitet bei einer Datenrate von 256 kbit Stereo bei Video CD und 192 kbit Stereo bei DAB.

Layer 2 basiert auf Layer 1, jedoch wird für das Hörmodell eine FFT mit erhöhter Genauigkeit durchgeführt. Auch die Blockcodierung ist im Layer 2 komplizierter als bei Layer 1. Die Blocklänge ist auf 24 msec erhöht, es werden jeweils drei Blöcke zusammen untersucht und für diese Blöcke, je nach Signal, ein gemeinsamer, zwei oder drei Skalenfaktoren übertragen. Während Layer 1 und 2 stark an MUSICAM orientiert sind, basiert Layer 3 auf ASPEC. Das Signal selbst wird dabei einer Fouriertransformation unterzogen. Für die mehrkanalige Audiowiedergabe zu MPEG2 Video existiert ein zusätzlicher Subset von MPEG mit einer Bitrate von 384 kBit und insgesamt sechs Kanälen nach dem Muster links, rechts, links Surround, rechts Surround, center und subbass. Der Multiplex dieser Signale im MPEG2 ist so ausgelegt, daß die kompatiblen Informationen des normalen Stereosignals von einem MPEG1 Decoder gelesen werden können. Die Zielrichtung von MPEG2 Audio ist vergleichbar mit der Zielrichtung von Dolby AC3. MPEG Audio ist für die digitale Videodisc DVD als Mehrkanalstandard für PAL definiert. In USA kommt auf diesem Medium jedoch AC 3 zum Einsatz.

10.2.4 Datenreduktion bei Standbild nach JPEG

10.2.4.1 Psychooptik

Für die Analyse der Wahrnehmungseigenschaften des Auges kann eine Gliederung in folgende Fragen vorgenommen werden: Wie reagiert das Auge auf unterschiedlicher Details innerhalb eines statischen Bildes? Wie wird diese Wahrnehmung durch eine Abfolge von Bildern in kurzem zeitlichen Abstand beeinflußt? Wie ist es um die Farbauflösung des Auges im Vergleich zur Helligkeitswahrnehmung bestellt? Bereits die grundlegende TV-Technik macht sich zu Nutze, daß das Auge für Farbdetails eines Bildes gegenüber Helligkeitsdetails weniger empfindlich ist. Vielfach kann daher mittels einer Reduktion der Farbauflösung (Chrominanz oder Chroma) gegenüber der Helligkeitsinformation (Luminanz) die Datenmenge deutlich reduziert werden. Farbinformationen können oft mit einer gegenüber der Luminanz um einen Faktor vier reduzierten Raumauflösung übermittelt werden, ohne den Bildinhalt deutlich zu verschlechtern.

Farbe (Chroma) kann in Bildern mit einer gegenüber der Helligkeitsinformation (Luminanz) deutlich reduzierten Datenmenge übertragen werden.

Für den Detailreichtum in Standbildern wird in der Psychooptik oft mit einer Bewertungstabelle für die zweidimensionale Fouriertransformation gearbeitet, die bei der DCT in Zusammenhang mit JPEG beschrieben wird. Die Wahrnehmungsschwelle steigt mit zunehmender Ortsfrequenz, weil das Auge bei zunehmendem Detailreichtum immer stärkere Kontraste benötigt, um die Details noch auflösen zu können. Rauschen ist somit in detailreichen Bildabschnitten weniger sichtbar, zudem ist Rauschen in hellen Bildinhalten schwerer sichtbar als in dunklen.

🖫 Quantisierungsrauschen ist in hellen und detailreichen Bildabschnitten am wenigsten wahrnehmbar.

Als weitere allgemeine Aussage nehmen Wahrnehmungsgrenzen mit steigendem Bewegungsinhalt zu, stark bewegte Bildinhalte erfordern eine nur reduzierte Auflösung. Ist die Betrachtungsdauer zudem kurz, wie dies für ein einzelnes Frame bei 25 Bildern pro Sekunde der Fall ist, werden unscharfe Details, die beim Standbild sofort auffallen, durch die Bildfolge verdeckt. Insbesondere Bewegungsrichtungen, die das Auge nicht verfolgen kann (Rotation), die also durch die Nachführung der Augenbewegung nicht kompensiert werden können, sind nur mit extrem geringem Detailreichtum wahrnehmbar.

🖫 Bei Bewegtbildern ist die Detailwahrnehmung deutlich eingeschränkt.

Für die realen System hat dies zur Folge, daß die Bewertung der DCT-Komponenten in der Bewegtbildkompression anders ausgeführt ist als bei der Standbildkompression. Zudem sollte man bei einfacheren Verfahren, wie Quicktime oder Video for Windows bedenken, daß die oftmals zur Reduktion herangezogene Reduzierung der Framerate eine Verbesserung der Wahrnehmbarkeit der ebenfalls reduzierten und damit schlechten Bilddetails fördert.

10.2.4.2 Die zweidimensionale DCT

Die zweidimensionale Fouriertransformation betrachtet nicht einzelne Pixelreihen entlang einer Zeile oder Spalte, sondern die Sortierung nach zweidimensionalen Schachbrettmustern (Abbildung 10.16). Die Grafik zeigt den Fall einer Transformation in Blöcken von je 4x4 Pixel. Die möglichen periodischen Hell- / Dunkelwechsel innerhalb eines solchen 16 Pixel großen quadratischen Feldes können 16 verschiedene Muster annehmen, die in der Abbildung zu sehen sind. Nach Fourier unterscheiden sich alle denkbaren Bildinhalte der Größe 4x4 Pixel nur darin, welches der 16 verschiedenen Schachbrettmuster wie stark als Komponente zum spektralen Bauplan beiträgt. Jeder noch so komplexe 4x4 Bildpunkte große Bildinhalt kann demnach durch eine Summe dieser Muster mit geeigneten Amplituden nachgebildet werden. In der linken oberen Ecke der DCT steht die Signalkomponente mit Wechselfrequenz Null in beiden Richtungen. Sie enthält die Durchschnittshelligkeit des Bildes, während die Signalkomponente im rechten unteren Eck der DCT das Schachbrettmuster mit höchstmöglicher Wechselfrequenz in horizontaler und vertikaler Richtung enthält.

🖫 Eine zweidimensionale Fouriertransformation zerlegt das Bild in Komponenten unterschiedlicher schneller Hell- /Dunkelwechsel in zwei Dimensionen, die eine vom Bildinhalt abhängige Amplitude haben.

10

10.2.4.3 Der JPEG Standard

Standbildkompression nach JPEG basiert auf den Arbeiten der "Joint Photograph Experts Group". Für Standbildkompression ist, anders als bei den bewegten Bildfolgen, die Verarbeitungszeit für die Codierung nicht an die Zeitdauer eines Frames gebunden. Deshalb kann fehlende Rechenleistung auch durch eine etwas verlängerte Bearbeitungsdauer beim Umgang mit JPEG Dateien kompensiert werden. Nicht zuletzt deshalb ist JPEG ein symmetrisches Verfahren mit identischem Aufwand bei Encoder und Decoder. JPEG arbeitet mit DCT in Blockgrößen von 8x8 Pixel. Die Farbinformationen werden im Komponentenformat gewonnen, also in Form dreier Bilder, von denen eines nur die Helligkeit oder Luminanz, die anderen die Aussagen zur Farbverteilung enthalten. Da die Farbauflösung des Auges weniger hoch ist als die Auflösung für Helligkeit, verarbeitet man bei JPEG pro 16x16 Pixel Bildbereich 4 Blöcke der Größe 4x4 Pixel für die Luminanz und je einen für jede der beiden Farbkomponenten..

JPEG ist ein symmetrisches Verfahren auf der Basis von DCT und Farbdarstellung mittels Komponentenverfahren.

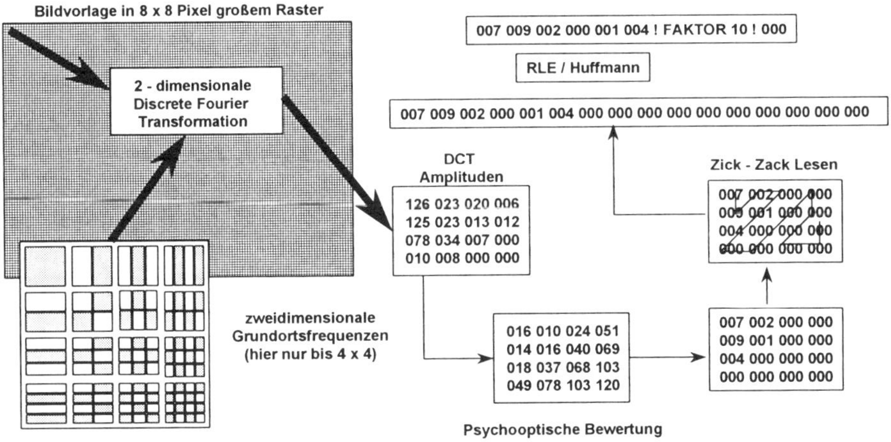

Abbildung 10.16 Blockschaltbild für Bilddatenkompression nach JPEG

JPEG realisiert die Bitzuweisung durch eine Division der aus der DCT stammenden Zahlenwerte für jede Hell- / Dunkelfrequenz durch einen in einer Bewertungstabelle abgelegten Faktor. Jeder der Faktoren in der 8x8 Felder großen Bewertungstabelle enthält die psychooptische Wichtigkeit der betreffenden DCT-Komponente. Je unwichtiger eine DCT Komponente ist, desto größer ist der abgelegte Faktor, desto kleiner wird bei der Division der Zahlenwert der DCT Komponente. Die Division erfolgt ohne Rundung durch Weglassen der Nachkommastellen. Je größer der Faktor, desto größer der durch das Wegfallen des Divisionsrestes verlorene Teil des Datenwortes. Das Quantisierungsrauschen ist demnach

10

bei unwichtigen DCT Komponenten höher als bei wichtigen. JPEG hat keine festen Bewertungstabellen, die Wahl der Tabelle bleibt dem Coder überlassen, die Tabelle muß daher mit dem Bilddatenstrom übertragen werden.

🖫 Im Anschluß an die verlustfreie DCT werden die Komponenten unterschiedlicher Ortsfrequenz nach psychooptischen Erkenntnissen bewertet und requantisiert.

Die Requantisierung bei JPEG liefert als Resultat Worte unterschiedlicher Länge. Es wird daher ein Huffmann - Code eingesetzt, der häufiger vorkommenden Datenworten die kürzesten, weniger häufig vorkommenden Worten die längsten Symbole zuordnet. Die aus der requantisierten DCT kommenden Daten werden in Zickzackform aus dem 8x8 Feld gelesen, wodurch die tendenziell nach rechts unten im DCT Block häufiger werdenden Nullen hintereinander zu liegen kommen und einfach mit einer nachfolgenden RLE codiert werden können.

🖫 Die Worte unterschiedlicher Breite werden einer Huffmann Codierung (Variable length coding) und zudem einer optimierten RLE unterworfen.

10.2.5 Datenreduktion für Video mit MPEG

10.2.5.1 Grundlegender Aufbau

Das MPEG Verfahren entstand aus Arbeiten der "Motion Picture Experts Group" und hat durch seine beiden Bildverfahren MPEG1 und MPEG2 und die damit verbundenen Audioformate in vielen Einsatzfeldern weltweite Bedeutung erlangt. MPEG1 dient zur Darstellung von Video auf Multimediasystemen mit normalen CD Laufwerken, was zu einer extrem niedrigen Datenrate für kombiniertes Audio und Video in Höhe von nur 1,41 Mbit/sec führt. MPEG2 zielt auf professionelle Anwendung bei TV Übertragung mit digitalen Systemen in Kabel und über Satelliten, sowie auf leistungsfähige Datenträger, wie DVD. Neben der Festlegung des eigentlichen Kompressionsschemas fixiert MPEG2 auch den Multiplex aller Bild- Ton- und ergänzenden Programmdaten. MPEG2 bildet die Basis für das europäische DVB Projekt (Digital Video Broadcasting) und die Strukturen des US Digitalfernsehens, das MPEG2 mit einer Reihe verschiedener Auflösungs- und Qualitätstufen für Video bis in den Bereich von hochauflösendem Fernsehen (HDTV) nutzt.

🖫 MPEG liefert eine breite Palette an Qualitätsstufen für Videokompression. MPEG 1 ist der auf die Datenrate der CD festgelegte Standard, MPEG 2 umfaßt einen Satz definierter Qualitäten für DVB bis hin zu HDTV.

MPEG Video beruht auf der Verbindung folgender Grundkomponenten: Aus dem Bildstrom werden die wirklich übermittelten Bilder durch Deltamodulation gewonnen. Die Deltamodulation ist dabei um eine Prädiktion zur Vorhersage der nächsten Bildinhalte erweitert. Beim Empfänger entstehen die Bilder durch Aufsummieren der ankommenden Differenzwerte. Die Differenzbilder werden vor der Übertragung einer DCT und Requantisierung nach dem Muster der Standbildkompression JPEG unterworfen.

MPEG wendet JPEG Standbildkompression auf Differenzbilder an, die senderseitig durch Deltamodulation mit Vorhersage (Predictive Coding) gewonnen werden.

10.2.5.2 Predictive Coding

Die Arbeit der Deltamodulation kann auch folgendermaßen interpretiert werden: Der Empfänger geht stillschweigend davon aus, daß sich der Inhalt eines Bildes nicht vom Inhalt des vorhergehenden unterscheidet. Mit dieser Annahme macht er natürlich einen Fehler, die Abweichungen werden mit Hilfe des vom Sender kommenden Differenzbildes korrigiert. Könnte im Idealfall der Empfänger aus dem vorhandenen Bild das nächste fehlerfrei vorhersagen, so müßten überhaupt keine Daten übermittelt werden. Dieser Fall ist in der Realität nicht zu erreichen. Dennoch aber setzt man bei MPEG auf die Vorhersage für zukünftige Bildinhalte. Ist ein identischer Vorhersagemechanismus auf Sender- und Empfängerseite vorhanden, so "weiß" der Absender, daß beim Empfänger das neue Bild nach genau dem gleichen Verfahren errechnet werden wird, das er selbst benutzt. Trifft die Vorhersage also wirklich das reale Bild, wie beim Sender durch Vergleich von Voraussage und tatsächlichem Signal ermittelt werden kann, so müssen keine weiteren Daten übertragen werden. Tritt, wie in den meisten Fällen, ein Fehler auf, so kann dieser Fehler zwischen Vorhersage und Realität vom Sender als Korrektur für den Schätzfehler des Empfängers an diesen übermittelt werden. Selbst wenn die Vorhersage nur selten vollständig zutrifft, die Datenmenge der Differenz zwischen Vorhersage und Realität ist immer geringer als jene, die von einen unveränderten Bildinhalt ausgeht.

Beim Predictive Coding sind identische Vorhersagemechanismen auf Sender- und Empfängerseite erforderlich. Der Sender übermittelt den durch Vergleich mit dem Original festgestellten Schätzfehler zur Korrektur an den Empfänger.

Im Bildbereich ist der Versuch der Vorhersage an komplexe Rechenmechanismen gebunden. Die "Vorhersage" beschränkt sich daher darauf, die Bildinhalte des nächsten Bildes durch eine Verschiebung der unterschiedlichen Bildsegmente des augenblicklichen Bildes zu beschreiben. Der Sender hat es dabei einfach, er braucht nicht zu schätzen, er probiert einfach aus. Meistens wird dazu das Block-

Matching-Verfahren eingesetzt. Block-Matching zerlegt das Bild in eine Struktur aus Makroblöcken. Die Beschreibung der Bildveränderung durch Bewegung dieser Makroblöcke erfolgt dabei durch experimentelles Verschieben der Makroblöcke des ersten Bildes und den Vergleich des so gewonnenen Ergebnisses mit dem tatsächlichen nächsten Bild. Werden dabei Übereinstimmungen festgestellt, so wird die Adresse des betroffenen Blocks sowie sein Verschiebungsvektor in beiden Dimensionen registriert. Mit Hilfe der so gewonnenen Verschiebevektoren kann nun eine Vorhersagesage oder besser eine "Beschreibung" ausschließlich auf der Basis von Adressen und Verschiebungen versucht werden. Die von dieser Methodik nicht erfaßten Bildanteile müssen dann als Differenz zwischen Bewegungsschätzung und Realbild an den Empfänger übertragen werden.

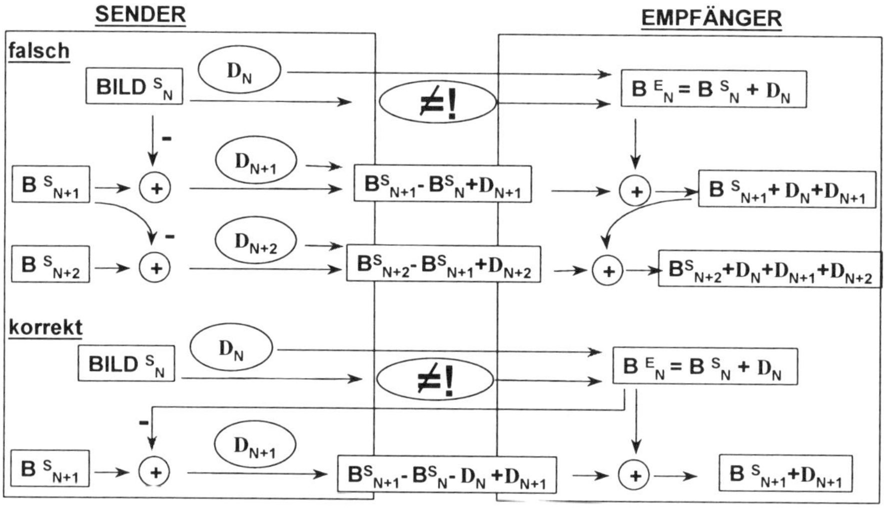

Abbildung 10.17 Fehlerfortpflanzung durch Requantisierung

Die identische Vorhersage des Bildinhaltes beim Empfänger gestaltet sich etwas schwierig, weil das hinter dem aktuellen Bild folgende Bilder in Originalqualität zum Empfänger übermittelt werden müßte, nur um die Schätzung des augenblicklich nächsten Bildes zu ermöglichen. Damit bliebe aber der gewünschte Effekt auf der Strecke. Die Lösung ist einfach: Eine Schätzung auf der Empfängerseite ergäbe ohnehin die gleichen Makroblöcke und Verschiebevektoren wie auf Seite des Senders. Man übermittelt also einfach die Bewegungsvektoren an den Empfänger, der damit das nächste Bild über die in diesen Bauplan beschriebenen Verschiebungen der Makroblöcke "schätzt" und über die Fehlerkorrektur der Deltamodulation korrigiert. Damit entfällt der Rechenaufwand beim Empfänger, es handelt es sich als um ein unsymmetrisches Verfahren.

Um den Rechenaufwand beim Empfänger zu reduzieren (unsymmetrisches Codierverfahren) übermittelt man die beim Sender ermittelte Vorhersage des nächsten Bildes in Form von Verschiebevektoren für Bildteile des augenblicklichen Bildes an den Empfänger.

Ein mit der Deltamodulation verbundenes Problem wird erst bei genauer Betrachtung offenkundig: Der in einem Bild bei der Verkürzung der Wortbreite eingeführte Requantisierungsfehler pflanzt sich unendlich über alle anderen Bilder fort, wenn keine geeigneten Gegenmaßnahmen ergriffen werden. Wird das ermittelte Differenzsignal bei der Datenreduktion mit einer verringerten Wortbreite dargestellt, so ergibt sich ein absichtlich in Kauf genommener Verlust an Präzision der Differenzwerte. Für den Empfänger hat das zur Folge, daß der übermittelte Differenzwert nicht mehr der tatsächlichen Differenz entspricht, sondern sich von dieser durch den Requantisierungsfehler unterscheidet. Die Rekonstruktion des aktuellen Signals aus dem unpräzisen Differenzwert aber wird dadurch ebenfalls einen Fehler erzeugen. Dieser Fehler steckt dann in allen folgenden Bildern und addiert sich zu dem aus der Requantisierung stammenden Fehler des vorhergehenden Bildes, was in Abbildung 10.17 dargestellt ist.

Die durch die Requantisierung entstehenden Fehler akkumulieren sich bei der Deltamodulation.

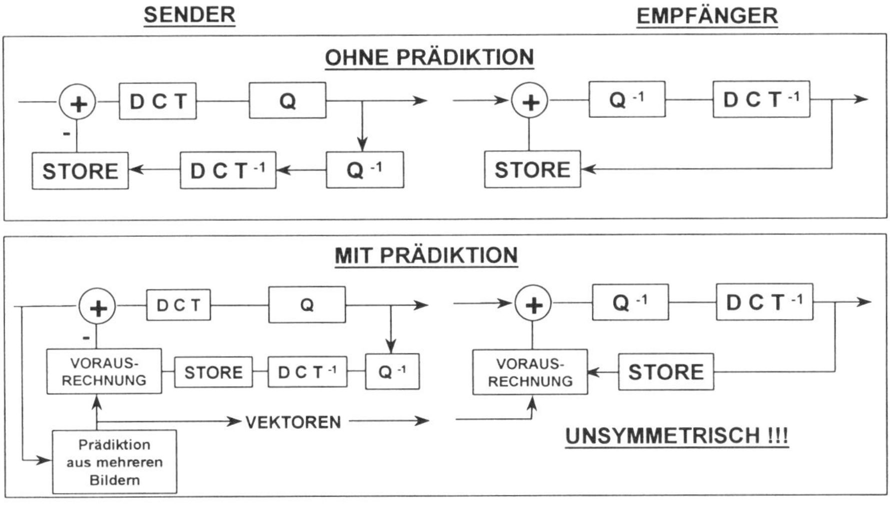

Abbildung 10.18 Blockschaltbild für Sender und Empfänger

Der Trick besteht darin, den bei der Rekonstruktion entstehenden Fehler bereits beim Sender zu korrigieren. Zu diesem Zweck simuliert der Sender die beim Empfänger aus dem requantisierten Signal durchgeführte Rekonstruktion und verwendet diese bei der Differenzbildung. Die Abbildung 10.18 zeigt ein komplettes Schema für die Komponenten des Senders und Empfängers. Die Funktionskomponente "Q" steht dabei für die Wortlängenanpassung.

10.2.5.3 Bidirektionale Bewegungsschätzung

Um die Codierung noch weiter zu effektivieren, wurde bei MPEG auch bidirektionale Prädiktion vorgesehen. Bei ihr versucht der Sender nicht nur aus Bild 1 Vektoren für die Vorhersage von Bild 2 zu gewinnen, sondern zugleich auf ähnliche Weise ausgehend von Bild 3 durch eine Verschiebung von Blöcken rückwärts auf Bild 2 zu schließen. Anschließend wird durch eine Mittelwertbildung der Schätzvektoren eine dritte Vorhersage gewonnen. Alle drei Vorhersagen werden mit dem realen Bild 2 verglichen, diejenige mit dem geringsten Fehler wird ausgesucht. Die Schätzung in "falscher" Richtung ist insbesondere dann im Vorteil, wenn im Film eine Vorhersage nach vorne unmöglich wird, weil sich an einem Bildschnitt der Bildinhalt sprunghaft ändert.

MPEG gewinnt drei Vorhersagen durch Vorwärts- und Rückwärtsschätzung, sowie einen Mittelwert aus Beiden, von denen die Beste übermittelt wird.

10.2.5.4 Bildfolge und Umsortierung

Das MPEG Format unterscheidet 3 Typen von Bilddaten bei der Übermittlung an den Empfänger. Als Vollbild codierte Frames, die wie ein JPEG Standbild aussehen, sind als regelmäßige Grenze für die Fortpflanzung von Fehlern nötig und werden "I-Frames" (Intra-Coded) genannt. Dazu kommen Frames, die nur durch Schätzung nach Vorne entstehen (Predictive- oder "P-Frames") und solche mit bidirektionaler Schätzung, die sogenannten (Bidirectional- oder "B-Frames"). Da diese Frames hinsichtlich der Datenmenge entlang der Aufzählung immer kleiner ausfallen, kann durch eine geeignete Gruppierung der Typen die Datenrate geregelt werden. Eine für eine gewisse Zieldatenrate ausgelegte Sequenz von Bildern der Typen I, B und P, deren Anordnung sich als Gruppe wiederholt, nennt man GOP oder "Group of Pictures"

MPEG unterscheidet vollbildcodierte Frames (I-Frame), nach vorne prädizierte (P-Frames) und bidirektional prädizierte (B-Frames). Eine festgelegte Abfolge dieser Typen für eine bestimmte Zieldatenrate heißt GOP oder Group of Pictures.

10

Die bidirektionale Prädiktion erfordert ein Umsortieren der Bilder vor der Übertragung. Angenommen, die Bildfolge besteht aus einer GOP in der Reihenfolge: I-B-B-P-B-B-P-B-B-I, so müssen die Bilder in der Reihenfolge: 1-4-3-2-7-6-5-10-9-8 für diese GOP übertragen werden. Erst nach Eintreffen des aus dem ersten Bild nach vorne geschätzten Bildes 4 (P-Frame) kann durch die bidirektionale Schätzung das Bild 2 und 3 gewonnen werden. Diese Umsortierung erfordert einen recht umfangreichen Zwischenspeicher.

🖫 Die bidirektionale Prädiktion erfordert eine Umsortierung der Bilder bei der Übertragung und einen dadurch begründeten Zwischenspeicher.

10.2.5.5 MPEG 1

Die extrem niedrige Datenrate von MPEG 1 mit 1,41 Mbit / sec abzüglich 256 kBit Audio erfordert eine Reduzierung der Bilddatenmenge schon vor der Codierung. MPEG1 reduziert die eingehende Datenmenge vor der Kompression auf das sogenannte SIF (Source Input Format). Das SIF entsteht aus dem Videosignal mit Zeilensprung und 720x576 Pixel für Luminanz durch Weglassen des zweiten Halbbildes. Übrig bleiben 720x288 Pixel, aus denen anschließend horizontal durch Weglassen jedes zweiten Pixel zuerst 360x288 und durch Abtrennen von je 4 Spalten links und rechts schließlich 352x288 Pixel erzeugt werden. Für die Farbinformationen liegt das Signal ursprünglich mit 360x576 Pixel vor, Weglassen des Halbbildes ergibt 360x288, horizontale und vertikale Unterabtastung (Weglassen jedes zweiten Pixels) bringen es auf 180x144. Davon entfallen die äußeren zwei Spalten links und rechts, als Resultat hat SIF Chroma für jede Komponente 176x144 Pixel.

🖫 Videobilder werden der MPEG 1 Kompression in der Form des verminderten SIF Formates (Source Input Format) zugeführt. SIF hat 352x288 Pixel für die Luminanz, je 176x144 Pixel für die beiden Chromakomponenten.

10.2.5.6 MPEG 2

Gegenüber MPEG1 weist MPEG2 eine Reihe umfangreicher Erweiterungen, deren wichtigste die Arbeit mit Videosignalen im Halbbild- oder Zeilensprungverfahren erlaubt. Dies zielt auf ein professionelles Übertragungsformat für digitales Fernsehen und digitale Videoträger. Diesen Gedanken zeigt auch eine Signalisierung, die dem Empfänger anzeigt, ob das Material aus Film durch einen sogenannten 3:2 Pulldown erzeugt wurde, der für die Umsetzung der Bildfrequenz von Film auf jene von Fernsehen nötig ist. Auch die Wiedergabe von Bildern Im Seitenverhältnis 16:9 für ein 4:3 Endgerät durch inhaltsabhängige Verschiebung des angezeigten Bildausschnittes (Pan-Scan) wird unterstützt. Die Präzision der DCT Komponenten des JPEG - Teils ist bei MPEG2 wählbar, die Auslesereihenfolge aus den Tabellen der DCT erfolgt nach einem optimierten Muster, Verschiebevektoren der Bewegungsschätzung sind auf einen halben Bildpunkt genau.

🖫 MPEG 2 zielt auf digitales Fernsehen und digitales Video in verschiedenen, im Vergleich zu MPEG 1 erhöhten Qualitäten.

MPEG 2 ist in eine Reihe von verschiedenen Qualitätsstufen gegliedert, die in einer zweidimensionalen Matrix nach "Profile" und "Level" aufgetragen sind. Während das "Level" die Eckdaten der Parameter, wie Auflösung, Bildgröße und Datenrate angibt, ist im Profile die für die Codierung vorgesehene Komplexität der eingesetzten Geräte bestimmt. Die verschiedenen Profile und Layer sind in üblichen Kombinationen in Abbildung 10.19 gezeigt. Teile der MPEG2-Definition, auch "Main+" genannt, enthalten eine Skalierbarkeit der Daten. Dabei kann ein codiert versandtes Bild abhängig von der Qualität des Empfängers in unterschiedlichen Qualitätsstufen empfangen werden. Die Skalierbarkeit erfolgt bei MPEG2 auf zwei unterschiedliche Arten: Bei der SNR Scalability werden die höherwertigen Stellen des digitalen Datenwortes aufwendiger für die Fehlerkorrektur vorbereitet, als die Bits am niedrigwertigen Ende der Datenworte. Im Falle eines Fehlers im Kanal werden zuerst die mit weniger Schutz codierten Informationen, also jene am Ende des Datenwortes, unleserlich und die feine Quantisierung verschwindet. Die besser geschützten Bits sorgen mit einer gröberen Quantisierung jedoch noch immer für ein erkennbares Bild.

	Simple Profile	Main Profile	SNR Scale Profile	Spatial Scale Profile	High Profile
High Level		1920x1152 80 Mb/s			1920x1152 960x576 100/80/25 Mb/s
High 1440		1440x1152 60 Mb/s		1440x1152 720x576 60/40/15 Mb/s	1440x1152 720x576 80/60/20 Mb/s
Main 1440	720x576 15 Mb/s	720x576 15 Mb/s	720x576 15/10 Mb/s		720x576 352x288 20/15/4 Mb/s
Low Level		352x288 4 Mb/s	352x288 4/3 Mb/s		

Abbildung 10.19 Profile und Layer in MPEG2

SNR Scalability bedeutet eine umfangreichere Fehlersicherung für Bits im Wort gemäß ihrem Beitrag zum dargestellten Zahlenwert. Die grobe Quantisierungsstufe des Bildes heißt Base Layer, die weniger gut geschützten Bits ergeben den Enhancement Layer.

Die Spatial Scalability arbeitet hingegen in der Raumauflösung. Das Bild wird zuerst in beiden Dimensionen um den Faktor zwei unterabgetastet, also jedes zweite Pixel ausgelassen. Das so gewonnene Bild ist der Spatial Base Layer. Dieser Base Layer wird beim Empfänger über ein künstliches Rekonstruieren der vorher entnommenen Pixel durch Interpolation wieder auf die ursprüngliche Auflösung hochgerechnet. Da dabei natürlich ein Fehler entsteht, wird, wie beim Predictive Coding, der Abweichungswert dieser Hochrechnung vom realen Bild beim Sender ermittelt und dem Empfänger als Korrekturwert, eben als Enhancement Layer zugestellt.

🖫 Spatial Scalability hat einen Base Layer mit halbierter Pixelzahl, die beim Empfänger künstlich verdoppelt wird. Der dabei entstehende Fehler wird vom Sender als Korrekturwert und Enhancement Layer übermittelt.

11 Digitale Medien - Markt, Betrieb und Systeme

11.1 Medien und Konvergenz

11.1.1 Märkte und Marktanbieter

11.1.1.1 Ein Modell des Medienmarktes

Die Wertschöpfungskette im Medienmarkt kann, wie in Abbildung 11.1 dargestellt, als Sequenz von vier aufeinander aufbauenden Produktionsstufen vertikal gegliedert werden. Diese vier Stufen bezeichnen wir als Content Creation, Content Production, Content Distribution und Content Consumption. Sie beschreiben den vollständigen Prozeß von der ursprünglichen Idee oder dem Eigentumsrecht für einen Inhalt über die Produktion und die Verteilung bis hin zum Konsum am Ende der Wertschöpfungskette. Die Trennung in Content Creation und Content Production, also eine „Inhaltserzeugung" im Gegensatz zur Inhaltsproduktion erscheint aus Sicht der klassischen Medien unnötig. Der mehrfach im Rahmen des vorliegenden Textes geäußerte Gedanke, multimediale Dokumente in Form einer Ansammlung eigenständiger Inhaltsobjekte zu beschreiben, macht den Unterschied zwischen dem Eigentumsrecht an einem der Inhaltsobjekte und jenem an der gewählten Form ihrer Zusammenfassung deutlich. Erst in der Produktionsstufe entsteht aus dem in der Erzeugungsstufe entstandenen „Rohmaterial" ein verkaufsfähiges Produkt als Ausgangspunkt für die Verteilungskette und den Konsum.

Die Wertschöpfungskette medialer Inhalte durchläuft die vier Segmente "Erzeugung", "Produktion", "Distribution" und "Konsum".

11

Jede der vier Ebenen der Wertschöpfungskette unterscheidet sich bei klassischen Medien hinsichtlich der benötigten Technologie und als Folge davon auch hinsichtlich der Berufsbilder. Die Werkzeuge für die Produktion einer Fernsehsendung sind nicht identisch mit den Produktionswerkzeugen für eine Langspielplatte oder CD. Beide unterscheiden sich wiederum nachhaltig von den Produktionswerkzeugen zur Gestaltung interaktiver Inhalte. Diese Spartenstruktur setzt sich auch auf der Ebene der Verteilungswege fort. Die Verteilungswege für Rundfunk und Fernsehen unterscheiden sich ebenso untereinander wie von jenen der an Datenträger gebundenen Medien, z.B. Tonträger oder Zeitschriften. Während der Verteilungsweg solcher Medien eine Einbahnstraße ist, bieten interaktive Medien eine bidirektionale Kommunikation mit dem Abnehmer. Schlußendlich setzt sich die Spezialisierung auf der Ebene der Endgeräte fort. Ein Fernseher eignet sich eben nur zur Wiedergabe von Fernsehprogrammen, ein CD-Player spielt keine Videocassetten ab. Als Folge dieser horizontalen Segmentierung, wie sie ebenfalls in der Abbildung 11.1 dargestellt ist, bilden sich weitgehend voneinander unabhängige Marktsegmente und getrennte Medienindustrien für den Bereich Fernsehen, Hörfunk, Musikindustrie, interaktive Medien, Zeitschriften und Film.

Jedes der vier vertikalen Segmente zerfällt intern in technologisch getrennte Sparten für verschiedene klassische Medienformen, wie TV, Film, Hörfunk, Musik, Print und Internet.

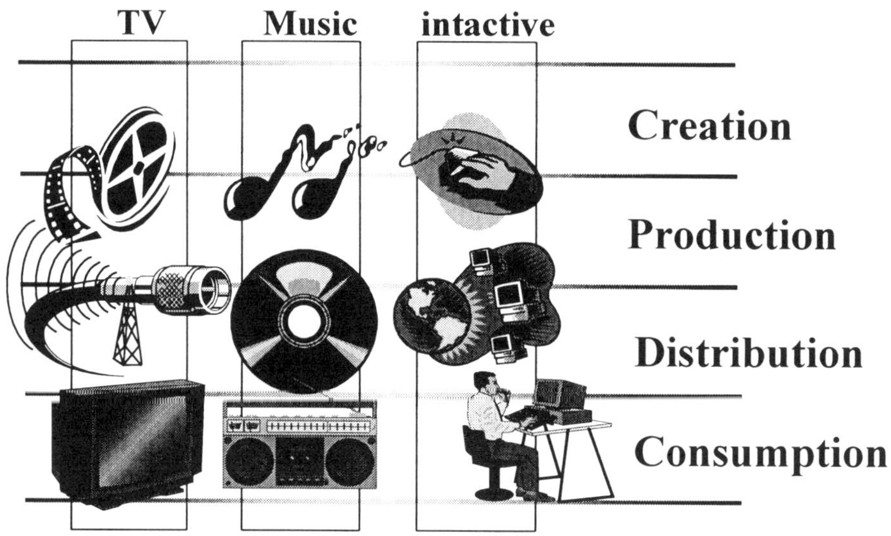

Abbildung 11.1 horizontale und vertikale Segmente des Medienmarktes

Die Geschäftsfelder der in diesem Markt operierenden Anbieter für Inhalte, Technik, Systeme und Verteilungswege orientieren sich in klassischen Medien stark an den durch die horizontale und vertikale Segmentierung gegebenen Grenzen. Nicht zuletzt diese historisch bedingte Struktur erschwert vielen Teilnehmern des Medienmarktes die Auseinandersetzung mit den Chancen und Risiken veränderter Technologien und den sich daraus ergebenden Inhaltsformen.

11.1.1.2 Veränderung von Anbieterprofilen

Der Markt Kommunikation, Information und Medien erfährt augenblicklich einen gigantischen Konzentrationsprozeß. Dieser Prozeß repräsentiert die Veränderung der im vorhergehenden Abschnitt besprochenen Strukturen und weist darauf hin, daß die Marktteilnehmer die Notwendigkeit erkannt haben, segmentübergreifend zumindest in Kooperationen oder in Form von Konzernerweiterungen tätig zu werden. Erstes Anzeichen dieser Konzentrationsbewegung war das verstärkte Engagement von Unternehmen der Konsumerelektronik im Bereich der Inhalteproduktion, beispielsweise die Investments der Firma Sony in verschiedene US-amerikanische Produktionsgesellschaften für Film und Musik. In dieser ersten Expansionsphase blieben Medienunternehmen weitgehend unter sich, ihr Hauptaugenmerk lag auf einer Erweiterung des Portfolios innerhalb eines horizontalen bzw. vertikalen Segmentes oder auf Segmenten in unmittelbarer Nachbarschaft des augenblicklichen Geschäftsfeldes. Die als Folge der Digitalisierung der Medien entstandene technische Situation, insbesondere die vermutete Verschmelzung der Verteilungsnetze von Telekommunikation und Medien, brachte in einer zweiten Phase als neue Global Player bisher nicht ursächlich im Medienbereich aktive Unternehmen auf den Plan. Viele Telekommunikationsanbieter verfolgen die Strategie, ihre Marktposition gegenüber dem Endkunden auf der Basis eines integrierten Angebots von Übertragungsleistung und Inhalt zu sichern. Vor diesem Hintergrund wird aus technologischen und strategischen Gründen jeder potentielle Provider (Anbieter) von Netzdiensten potentiell zum Provider von Inhalten. Der Druck der Verteilungswege auf das Marktsegment der Inhalte erfordert auch ein Umdenken bei den klassischen Medienanbietern. Ihre Position ist vor dem Hintergrund neuer Medienformen potentiell für die Zukunft gefährdet.

In einem starken Konzentrationsprozeß erweitern die global Player ihre Unternehmen über vertikale und horizontale Segmentgrenzen hinaus.

11.1.1.3 Zusammenwachsen von Medien

Während sich die Anbieter quer durch alle Segmente des Medien- und Kommunikationsmarktes über den wirtschaftlichen Nutzen einer segmentübergreifenden Erweiterung einig sind, fehlt es in vielen Fällen an einer weitreichenden Perspektive für neue Medienformen, die auf der Basis konvergierender Technologie und konvergierender Marktstrukturen für die Zukunft erfolgsbestimmend sein könnten. In vielen Köpfen besteht die Zukunft aus klassischen Mediendiensten, die jedoch übergreifend aus der Hand eines Anbieters an den Kunden gebracht werden können. Es ist jedoch zugleich Kennzeichen und Triebfeder für das erwartete Wachstum des Medienmarktes, daß in Form interaktiver multimedialer Inhalte das Benutzererlebnis neu definiert und somit auch die Kaufbereitschaft des Konsumenten neu angeregt werden kann. Integrierte digitale Medien lassen die klassischen Begrifflichkeiten des Medienmarktes weitgehend verschwinden. Ein integriertes digitales Mediensystem, das durchgehend von der Quelle bis zum Konsumenten alle Medienformen parallel zu Kommunikationsdiensten transportiert, macht aus jedem der bisher klar getrennten Systeme eine von vielen möglichen und beliebig untereinander kombinierbaren Anwendungen auf der Basis einer einheitlichen Plattform. Es besteht kein Grund zur Annahme, daß sich die zukünftige Entwicklung verschiedener Medienformen anders entwickeln wird, wie der Ersatz klassischer Bürotechnik in Form von Schreib- und Rechenmaschine durch ein integriertes digitales System in Form des PC.

🖫 Digital konvergierende Technologie schafft die Basis für neue Medienformen, die über die reine Integration vorhandener Dienste auf einer Plattform hinausgehen.

11.1.2 Interaktion als Schlüssel zu neuen Inhalten

11.1.2.1 Neues Benutzererlebnis im Wettbewerb der Inhalte

Der klassische Lieferant von Endgeräten, die Industrie der Konsumerelektronik (CE, Consumer Electronics), blickt seit Einführung der Compact Disc auf eine lange Durststrecke hinsichtlich Wachstum und Profit zurück. Keines der seither auf den Markt gebrachten Produkte konnte die Konsumenten von seinem weitreichenden Zusatznutzen wirklich überzeugen. Die Absatzzahlen für Digital Audio Tape (DAT), Digital Compact Cassette (DCC) sowie selbst jene des ansonsten recht erfolgreichen Segmentes "Home Video" blieben insgesamt hinter den Erwartungen der Industrie zurück. Einer der zweifellos vielen Gründe für die zurückhaltende Reaktion des Marktes ist das Fehlen eines neuen Benutzererlebnisses. Während beispielsweise der Wechsel vom Schwarzweiß- zum Farbfernsehen tatsächlich ein neues Erlebnis beim Konsum von Fernsehprogrammen bietet, bleibt die auf diesem Wege erlebte Wertsteigerung beim Austausch einer Stereoanlage gegen eine neue oder beim Austausch eines Farbfernsehers gegen einen neuen vergleichsweise gering.

🖫 Viele neuen Endgeräte und Medien definieren kein wirklich neues "Benutzererlebnis". Dies erklärt zum Teil die zurückhaltende Reaktion des Marktes der Consumer Electronic (CE).

11

Das soeben beschriebene Problem findet sich spiegelbildlich auch beim Wechsel des Fernsehbenutzers in das digitale Zeitalter wieder. Es sind Zweifel angebracht, inwieweit die Prognosen der Medienanbieter bei der Einführung des digitalen Fernsehens mit der tatsächlichen Marktrealität in Übereinstimmung gebracht werden können. Die trotz intensiver Subvention durch die Programmanbieter verhältnismäßig teuren Erweiterungssysteme in Form von Set Top Boxen und die monatliche Belastung durch Abonnementgebühren für Pay-TV liefern dem interessierten Kunden letztlich nur ins Haus, was er aus der Sicht des Benutzererlebnisses seit über 30 Jahren kennt: Fernsehen. Mit einer durchschnittlichen Sehdauer von vier Stunden ist zudem eine natürliche Grenze erreicht, die kein weiteres

Wachstum der insgesamt vor dem Fernseher verbrachten Zeit in den Haushalten erwarten läßt. Eine Prognose für das Benutzerverhalten auf der Basis dieser Zahlen erweist sich als gefährlich, da sich das Verhalten beim Konsum von per Einheit bezahlten Inhalten mit Sicherheit vom Konsum der per Gebühren oder Werbung finanzierten Inhalte unterscheidet.

Neue und klassische Medieninhalte stehen im Wettbewerb um die insgesamt begrenzte beim Kunden zum Konsum von Unterhaltung und Information verfügbare Zeit.

11.1.2.2 „Benutzer" und „Verbraucher" - zwei getrennte Profile

Eine entscheidende Frage für die Wettbewerbssituation ist, inwieweit die momentan als Randerscheinung im Medienmarkt operierenden interaktiven Dienste zu einer ernsthaften Konkurrenz für klassische Medien werden können. Die Abbildung 11.2 stellt unterschiedliche Anwendungsprofile hinsichtlich Latenz und innerer Struktur gegenüber. Als Latenz verstehen wir dabei den Zeitraum, der vom Konsumwunsch des Kunden bis zur Bereitstellung der angeforderten Inhalte vergeht, die Struktur beschreibt, inwieweit dem Kunden ein Orientierungs- oder Navigationssystem für das Auffinden der gewünschten Information zur Verfügung stehen muß.

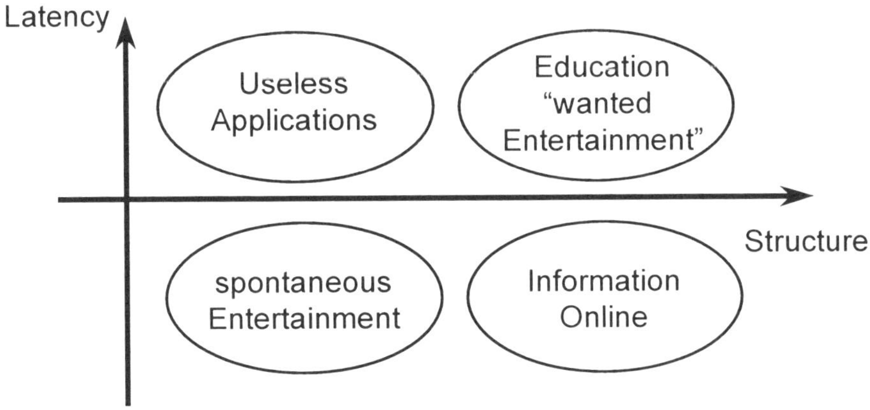

Abbildung 11.2 Struktur, Latenz und Interaktion

Wenig strukturierte Angebote werden erfahrungsgemäß nur bei geringer Latenzzeit konsumiert. Der Fernsehkunde, der sich auf die Couch fallen läßt, um mit Hilfe der Fernbedienung zu einer spontanen Reise durch das angebotene Programmspektrum aufzubrechen, spricht nicht zielgerichtet Inhalte an. Deshalb muß jedes der ziellos angewählten Programme verzögerungsfrei zur Verfügung stehen, da nur so eine Entscheidung für oder gegen Inhalte fallen kann. Plant der Kunde gezielt seinen Konsum über Programmzeitschrift oder elektronische Programmführer (EPG), ist er auch bereit, Verzögerungen zwischen Konsumwunsch und Beginn des für ihn interessanten Programmsegments in Kauf zu nehmen. Im dritten Segment liegen die aus beruflichem oder privatem Interesse heraus kurzfristig benötigten Informationen, wie Theaterprogramme, Verkehrsinformationen, Finanzinformationsdienste oder ähnliche Anwendungsprofile.

Die verschiedenen Konsumprofile für Medieninhalte unterscheidet der Kunde aufgrund von Zugriffsverzögerung (Latenz) und inhaltlicher Struktur.

Ein wesentliches weiteres Unterscheidungsmerkmal für Dienstprofile ist die Trennung der Verhaltensstruktur des „Benutzers“ von jener des „Verbrauchers“. Letztere deckt sich insbesondere mit dem “Push-Modell” der klassischen Broadcastmedien. Dabei wird dem Kunden ein festes Programmschema angeboten, mit dem er keine Interaktion betreiben kann, die über die Auswahl des für ihn interessanten Programmsegments per Fernbedienung hinausgeht. Im Gegensatz dazu steht der „Anwender“, der sich aktiv mit den über das Endgerät gebotenen Inhalten auseinandersetzt. Sein typischer Vertreter ist der am Internet angeschlossene “Surfer”, der die für ihn interessanten Inhalte aktiv und mit Hilfe von Informationsdiensten erhält.

Konsumenten lassen sich in passive “Benutzer” für das Modell des klassischen Rundfunks und aktive “Anwender” für das Modell eines Internet trennen.

11.1.2.3 Neue Kundenprofile - neue Wettbewerber

Eine Reihe von Gründen sprechen für ein Zusammenwachsen der im vorhergehenden Abschnitt besprochenen Kundenprofile. Neben dem generellen Trend, individuell für Beruf und Privatleben nötige Informationen als immer wichtigeren Bestandteil des täglichen Lebens verstärkt in Anspruch zu nehmen, stützt sich diese These in erster Linie auf das Heranwachsen neuer Inhaltsstrukturen, neuer Wettbewerber und eines neuen Kundenprofils. Die Tatsache, daß über integrierte digitale Systeme transportierte Inhalte zur Interaktion befähigt sind, wird auf die Dauer ein ergänzendes Angebotsspektrum erzeugen, das sich diese Fähigkeiten zunutze macht. Zugleich verändert sich, nicht zuletzt aufgrund der Altersstruktur, das Benutzerverhalten. Eine Generation von Unterhaltungskonsumenten, die mit interaktiven Systemen, wie Gamecomputern und PC´s aufgewachsen sind, stellt einen anderen Anspruch an die von ihr konsumierte Unterhaltung als die heute übliche TV-Generation. Es ist erstaunlich, mit welcher Ignoranz große Teile des Medienmarktes die Entwicklungen interaktiver Marktsegmente ignorieren. Die Tatsache, daß schon 1995 der im Bereich Spiele erzielte mit dem im Bereich Film und Video erzielten Umsatz weltweit gleichgezogen hat, läßt dieses Marktsegment und seine Entwicklung nicht nur für eine strategische Zukunft, sondern auch für eine profitable Gegenwart interessant erscheinen. Der Übergang in ein interaktives Konsumentenzeitalter kann nicht abrupt erfolgen. Ein großer Teil der Konsumenten wird auch in Zukunft die weiterhin möglichen nicht-interaktiven Medien als fixen Teil ihres Unterhaltungsspektrums nutzen. In Anlehnung an das oben genannte Modell aber ist jede Minute der begrenzten Konsumentenzeit, die Kunden mit alternativen Medien verbringen, eine Minute, die für den Umsatz klassischer Medienformen verloren geht.

Die potentiell interaktiven Fähigkeiten der nächsten Systemgeneration und das veränderte Konsumverhalten einer neuen Kundengeneration fördert die Entwicklung neuer Medienformen.

11.1.3 PC gegen TV? - Das multimediale Endgerät

11.1.3.1 Die "Schlacht" um das Wohnzimmer

Der euphorisch auf die explosionsartige Entwicklung der Märkte rund um Halbleiter reagierende Aktienmarkt fordert mit Vehemenz einen Fortbestand des Wachstums, das er über Kurssteigerungen der betroffenen Papiere zugleich honoriert. Die global Player im Computermarkt sehen jedoch das Ende der mit Büroautomation möglichen Wachstumsraten heraufziehen und suchen nach anderen Märkten, die sie mit der Macht ihres augenblicklichen Wachstumsimpulses attakkieren können. Jeder potentiell für Mikroprozessoren mögliche Markt wird damit zum strategischen Ziel der Halbleiter- und Computerindustrie. Das gilt sowohl für den Markt der Automobile, wie insbesondere auch für den Markt der Consumer Electronic. Dieser ist besonders reizvoll, da seine Anwendungen nach permanent wachsender Rechen- und Speicherleistung verlangen, und damit den Austausch einer bereits gelieferten Computergeneration gegen ihren Nachfolger fördern.

Technologische Veränderungen liefern die Basis für eine Generation von neuen Endgeräten. Die Computerindustrie attackiert in diesem Markt das Kerngeschäft der Consumer Electronic.

Die CE sieht sich selbstverständlich im Vorteil für die bevorstehende Auseinandersetzung und verbannt nach ihrem Verständnis potentielle mediale Anwendungsformen des PC aus dem Wohnzimmer in das heimatliche Büro, das sogenannte "Home Office". Insbesondere aber der über den Spielemarkt und das Internet wachsende Druck auf potentielle Interaktion mit dem Endgerät zwingt auch die Lieferanten der CE dazu, den klassischen Fernseher über Prozessoren, Memory und Software zunehmend in Richtung auf ein universell programmierbares Gesamtsystem zu erweitern.

11.1.3.2 Der getarnte PC

Für den durchschnittlichen Konsumenten erscheint es heute unvorstellbar, anstelle eines Fernsehers ein PC-System für den Standort Wohnzimmer zu erwerben. Es ist deshalb wichtig, sich zu vergegenwärtigen, daß die auf den Markt der CE zielenden Endgeräte der PC-Industrie sich selbstverständlich mit dem Tarnmantel eines klassischen Fernsehempfängers umgeben werden. Diese Geräte werden hinsichtlich Aussehen, Bedienung und Funktion weitestgehend mit dem Anwendungsprofil des klassischen Fernsehers übereinstimmen. Die grundsätzlich möglichen interaktiven Zusatzfunktionen, die ein solches System bietet, sind ebenso als fester Bestandteil des Gesamtpaketes anzusehen, wie die heute nur von einem Bruchteil der Kunden genutzten Fähigkeiten moderner Fernseher zum Teletext und zum Zweikanaltonempfang. Solange beim Druck auf die Taste 1 der Fernbedienung um 20.00 Uhr die Tagesschau auf dem Bildschirm erscheint, ist es dem Kunden gleichgültig, welche Technologie sich im ansprechend gestalteten Gehäuse seines Fernsehgeräts verbirgt.

Durch die Erweiterung des Fernsehers um interaktive Prozesse oder durch fernsehspezifische Funktionen im PC wird das Endgerät der Zukunft zum Rechnersystem mit einer für mediale Anwendungsformen optimierten I/O - Struktur.

11.2 Verteilungswege des digitalen Zeitalters

11.2.1 Digital Audio/Video Broadcasting (DAB/DVB)

11.2.1.1 DAB/DVB: Rundfunk oder Datenfunk?

Der lange gehegte Wunsch der Programmanbieter, die Verteilungsform des analogen Fersehens um eine qualitativ hochwertige Alternative zu erweitern, wurde in Form des hochauflösenden Fernsehens oder HDTV über lange Jahre in Japan, Europa und den Vereinigten Staaten verfolgt. Die Digitalisierung der Medien brachte diesen ohnehin wenig erfolgreichen Prozeß zum Erliegen und gab den Veränderungswünschen für die Übertragungswege des Fernsehens und des Hörfunks eine neue Richtung. An die Stelle eines auf qualitativ hochwertige Fernsehbilder ausgerichteten Verfahrens trat jetzt ein flexibles Grundkonzept, das den Anbietern die Wahl zwischen wenigen Programmen in hoher und vielen Programmen in niedriger Qualität bei gleichem Übertragungsweg ermöglichen sollte. Was die digitale Übertragungstechnik zusätzlich reizvoll macht, sind die umfangreichen Datenströme für programmbegleitende Informationen als Ergänzung zum Bild- und Tonprogramm. Für den Kunden ergibt sich der Zusatznutzen in Form eines potentiell größeren Programmangebots sowie der unter Umständen neu definierten Dienstleistungsformen. Der Anbieter wiederum profitiert von umfangreichen Möglichkeiten des Conditional Access (CA), also der bedarfsgesteuerten Bezahlung einzelner Programmelemente, sowie durch einen Nettogewinn an Übertragungseffizienz, der bei gleichbleibender Bandbreite ein größeres Spektrum an möglichen Inhalten zu gleichen Kosten ermöglichen wird.

Digitaler Rundfunk erlaubt die flexible Wahl zwischen hoher Programmqualität und großer Programmvielfalt. Er unterstützt Zusatzdaten als Programmergänzung und Conditional Access zur Abrechung von Pay - Angeboten.

Die Digitalisierung von Hörfunk und Fernsehen stößt auf zwei Basisprobleme: Ein Medieninhalt, der in Form binärer Zahlencodes übertragen wird, erfordert einen durchgehenden Ersatz der Endgerätegeneration oder zumindest eine Ergänzung um sogenannte IRD-Systeme (Integrated Receiver und Decoder), die man meist mit dem geläufigeren Begriff "Set-Top-Box" bezeichnet. Zudem ist das Übertragungsverhalten digitaler Inhalte von jenem analoger Signale verschieden. Die in Kapitel 10 mit dem Begriff "Graceful Degradation" bezeichnete kontinuierliche Verschlechterung des analogen Signals bei einer Verschlechterung des Übertragungsweges findet keine Entsprechung bei digitaler Übertragung. Verschlechtert sich der Übertragungsweg unter einen bestimmten Toleranzwert, bricht der Informationsinhalt des digitalen Datenstroms schlagartig zusammen. Die für die Übertragung digitaler Inhalte nötigen Technologien unterscheiden sich daher grundsätzlich von jenen der analogen Technik in terrestrischen, satellitenbasierten oder Verteilnetzen im Breitbandkabel. Die Abbildung 11.3 enthält eine schematisierte Struktur der Schlüsselkomponenten für den Übertragungsweg digitaler Hörfunk- und Fernsehprogramme. Auf Senderseite wird ein digitales Ausgangsformat in den Übertragungsweg eingespeist. Die extrem hohe Datenrate für Medieninhalte kann nur dann wirtschaftlich auf dem Übertragungsweg transportiert werden, wenn sie zuvor mit Hilfe eines Datenreduktionsverfahrens verringert wird. Der als Ergebnis dieses Reduktionsprozesses entstandene Datenstrom wird im Falle von Pay TV auf der Anbieterseite verschlüsselt, mit anderen Zusatzdaten zu einem Anbietermultiplex zusammengefaßt und dem Übertragungsweg übergeben.

Digitale Rundfunksysteme erfordern eine Umrüstung der Empfänger oder deren Ergänzung um Integrated Receiver and Decoder (IRD), die auch Set Top Boxen genannt werden. Die für die "Datensicherheit" der binären Informationen nötige Funktechnik für digitale Inhalte stellt eine vollkommene Neuentwicklung dar.

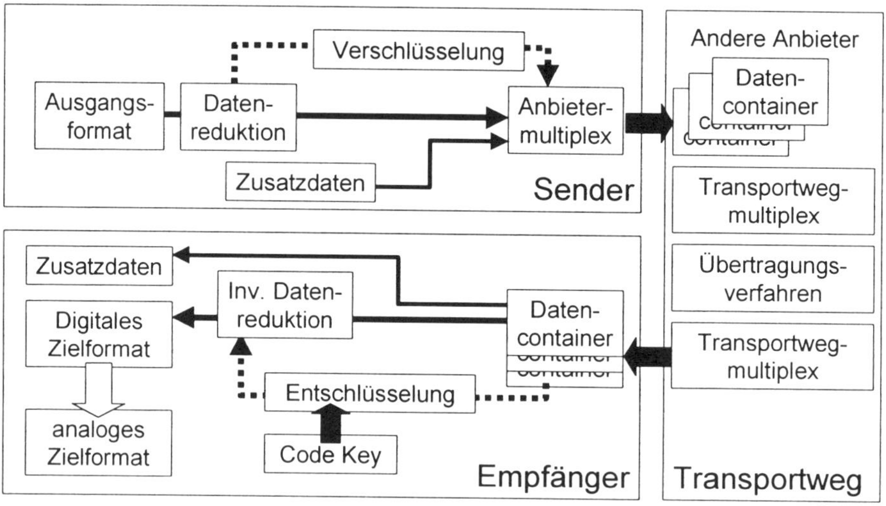

Abbildung 11.3 Schematischer Aufbau eines DVB Systems

Aus Sicht des Programmanbieters und des Empfängers stellt der Übertragungsweg dabei transparente Datencontainer zur Verfügung, die von jedem Anbieter mit einer weitgehend freien Kombination unterschiedlicher Inhalte gefüllt werden können. Die Datencontainer unterschiedlicher Programmanbieter faßt der Betreiber des Übertragungsweges zu einem Transportmultiplex zusammen und transportiert diesen mit Hilfe eines geeigneten Übertragungsverfahrens zum Endkunden. Der Empfänger wählt aus der Vielzahl der ihm angebotenen Datencontainer die für ihn interessanten aus, macht den Prozeß der Datenreduktion rückgängig und liefert als Resultat ein digitales Zielformat, in dem Sprache, Musik und Video in Form binärer Datenworte ausgedrückt sind. Ist das Programm im Sinne des Pay TV verschlüsselt, durchläuft das Signal zuvor eine Entschlüsselungsstufe, die mit Hilfe eines vom Kunden erworbenen Code Keys die unlesbar codierten in für die weiteren Verarbeitungsschritte brauchbare Daten überführt. Da insbesondere zum Zeitpunkt der Systemeinführung keine ausreichende Zahl digitaler Endgeräte für die Ausgabe der im digitalen Zielformat repräsentierten Informationen vorhanden sind, verfügen die IRD's oder Set-Top-Boxen über einen zusätzlichen Digital-Analog-Wandler, der ein von jedem analogen Endgerät verwertbares Signal auswirft.

Digitale Verteilungswege transportieren transparente Datencontainer vom Sender zum Kunden, die neben datenreduziertem Bild und Ton auch Zusatzdaten in freier Aufteilung untereinander enthalten.

Die Idee des transparenten Datencontainers, ursprünglich als Voraussetzung für die flexible Kombination unterschiedlicher Programminhalte gdacht, hat zu einer Neudefinition des Marktverständnisses für DAB und DVB geführt. Die integrative

Betrachtung der Verteilungswege aus Telekommunikation und Medien läßt sich aus dieser Perspektive gewinnbringend für neue Dienstprofile einsetzen. Über DAB und DVB steht ein Hochgeschwindigkeitsweg zur Verfügung, über den große Datenmengen preisgünstig im Sinne von Datenrundfunk an eine große Anzahl potentieller Abnehmer verteilt werden können. Die Entwicklung der mit DAB und DVB verbundenen Standards über die Zeitachse macht ersichtlich, daß sich die beiden ursprünglich als digitale Hörfunk- und Fernsehsysteme geplanten Verfahren mittlerweile als unterschiedliche und ergänzende Aspekte einer universellen "Digital versatile Distribution" verstehen.

Die Datencontainer des DVB und DAB bieten sich auch als preisgünstiger Verteilweg für große Datenmengen im Sinne von "Data Broadcasting" an.

11.2.1.2 DAB und COFDM, Ähnlichkeiten zu DVB-T

Digital Audio Broadcasting definiert sich heute über die Zielsetzung eines Verteilsystems für mobile Multimedia - Empfänger, das Datenströme mit 1,5 Megabit pro Sekunde als transparenten Container anbietet. Die ursprünglichen Planungen für europäisches DAB (Eureka 147) gingen von der Voraussetzung zusätzlich verfügbarer Frequenzbereiche für den digitalen Rundfunk aus. DAB wäre nach diesem Paradigma auf getrennten Frequenzen parallel zu den klassisch ausgestrahlten Programmen angeboten worden (sogenanntes "Out-of-Band" - Verfahren). Der harte Kampf um die knapper werdenden Ressourcen der drahtlosen Übertragung hat jedoch zu einer Korrektur dieses Ansatzes geführt. Insbesondere beim Versuch, Eureka 147 als betriebsfertiges System im amerikanischen Markt zu plazieren, wurde deutlich, daß der potentielle Betrieb auf bereits durch andere Verfahren belegten Frequenzen eine wichtige strategische Rolle spielt. Die Verteilung von Rundfunkfrequenzen durch die amerikanische Federal Communications Commission (FCC) weckt bei den Betreibern Ängste, in Zusammenhang mit "Out-of-Band" erneut um Übertragungsrechte pokern zu müssen. Sie favorisieren daher einen parallelen und störungsfreien Betrieb digitaler und analoger Systeme auf identischen Frequenzen ("In-Band" - Verfahren).

Man unterscheidet den Betrieb neuer digitaler Sender auf neuen Frequenzen ("Out-of-Band") von jenem, der störungsfrei parallel auf bereits analog genutzten Frequenzen erfolgt ("In-Band").

Als Ergebnis enthält DAB heute vier unterschiedliche Senderklassen für Frequenzbereiche zwischen 50 Megahertz und 3 Gigahertz mit Senderentfernungen von ca. 10 km für die höchsten und ca. 75 km für die niedrigsten Frequenzen. Größtes Problem für ein digitales Funknetz mit mobilen Empfängern ist der sogenannte Mehrwegeempfang. Signale eines Senders, die aufgrund von Reflektionen an Gebäuden oder Geländestrukturen auf unterschiedlich langen Wegen zum

Empfänger kommen, sind aufgrund ihrer dadurch bedingten unterschiedlich langen Laufzeiten geringfügig gegeneinander verschoben. Der Empfänger enthält über seine Antenne also, wie in der Abbildung 11.4 gezeigt, eine Summe vieler gegeneinander verschobener Teilsignale identischen Inhalts, deren Bitmuster sich schlimmstenfalls bis zur Unkenntlichkeit überlagern.

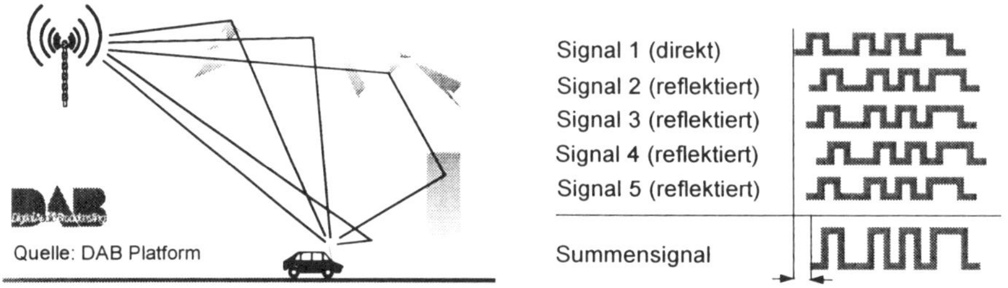

Abbildung 11.4 Mehrwegeempfang bei terrestrischer Übertragung

Als Lösungsansatz findet die Übertragung bei DAB und DVB-T (siehe nächster Abschnitt) in regelmäßigen Intervallen statt, an deren Ende sich eine Schutzzone ohne Signalinhalt befindet. Sie dient als Zeitreserve für die auf längeren Wegen ins Ziel kommenden Signale. Alle innerhalb eines solchen Intervalls ankommenden Signale werden synchronisiert und erst anschließend summiert, wodurch sich eine Addition aller ankommenden Teilsignale anstelle der ursprünglichen gegenseitigen Störung ergibt. DAB kann daher mit vergleichsweise niedrigen Sendeleistungen flächendeckende Versorgung garantieren. Herkömmliche Rundfunk- und Fernsehsender strahlen je ein Programm innerhalb eines Frequenzbereiches aus, den man als Kanal bezeichnet. Diesen Kanal wählt der Empfänger, um das betreffende aus der Summe aller angebotenen Programme auszusuchen. Eine flächendeckende Versorgung benötigt viele an unterschiedlichen Orten postierte Sender für identische Programme, von denen sich aber benachbarte gegenseitig stören, sofern sie auf identischen Frequenzen senden. Aus diesem Grund ist ein Programm in unterschiedlichen Regionen auf unterschiedlichen Kanälen positioniert. Für den mobilen Empfang bedeutet dies, wie beim Autoradio leicht festzustellen, daß entlang einer Wegstrecke verschiedene Kanäle für den Empfang eines Radioprogrammes durchlaufen werden. DAB hingegen verteilt alle Programme auf alle verfügbaren Frequenzen. Ihre Inhalte werden zu diesem Zweck zuerst in einem gemeinsamen Datenstrom zusammengefaßt, den man anschließend nach einem festen Schema in Einzelteile zerlegt, von denen jedes einen der insgesamt 1.500 verfügbaren Kanäle zugewiesen bekommt. Da mögliche atmosphärische Störungen meist innerhalb eines begrenzten Frequenzbereiches auftreten, betreffen sie bei diesem Verfahren nur einen kleinen Teil der Kanäle und damit nur einen so kleinen Teil jedes Programmes, daß die Fehler gut über die vorgesehene Korrektur abgefangen werden können. Das Übertragungsverfahren bezeichnet man als COFDM für Coded Orthogonal Frequency Division Multiplex. COFDM ist gleichwellenfähig, der gesamte Versorgungsbereich kann also mit einem einzigen

Frequenzband angesprochen werden. Der parallele Empfang eines von mehreren Sendern auf gleicher Frequenz ausgestrahlten Programmes wird beim Empfänger ebenso kompensiert wie der oben erwähnte Mehrwegeempfang.

DAB arbeitet mit einem Gleichwellenverfahren, bei dem alle Programme im kompletten Versorgungsbereich über einen gleichbleibenden Frequenzbereich als Kanal übertragen werden.

Ein Container des DAB belegt 1,75 Megahertz Bandbreite und transportiert 1,5 Megabit Nutzdatenrate pro Sekunde, die sich in Blöcken von je 8 Kilobit pro Sekunde beliebig unterteilen lassen. Der Container des verwandten DVB-T für terrestrisches digitales Fernsehen benötigt 8 Megahertz Bandbreite und transportiert 32 Megabit pro Sekunde in transparenten Containern. Für die Nutzung als digitales Radio enthält ein Container des DAB sechs Programme in Stereoqualität mit einer Datenrate von je 192 Kilobit pro Sekunde. Diese Datenrate wird aus der Rohdatenrate der Stereoprogramme von mehr als 1,4 Megabit pro Sekunde durch Datenreduktion nach MPEG1 Layer 2 erzeugt. Im insgesamt 1,5 Megabit breiten Container stehen damit noch ca. 350 Kilobit pro Sekunde für Zusatzinformationen zur Verfügung. Diese Informationen bieten sich sowohl als programmbegleitende Informationen, wie auch als Basis für einen getrennten kommerziellen Datenfunk an.

Die digitalen terrestrischen Verfahren bieten Datencontainer von 1,5 Mbit/s bei 1,75 MHz Bandbreite (DAB) und 32 Mbit/s bei 8 MHz Bandbreite (DVB-T) an

11.2.1.3 DVB - grundlegende Struktur

Auch das DVB hat seine Wurzeln als reines Videosystem hinter sich gelassen und wirbt um seine Fähigkeiten als multimediales Transportsystem im Sinne des Datencontainers. Nicht zuletzt diese Kurskorrektur führt zu Verwechslungen der Begriffe MPEG2 und DVB, weshalb es sich lohnt, die funktionalen Komponenten des DVB nochmals genauer zu untersuchen. Ausgangspunkt im Sinne digitalen Fernsehens war die Übertragung digitaler Bewegtbilder zwischen Sender und Empfänger. Aus den bereits genannten Gründen benötigt man dabei sowohl eine geeignete Datenreduktion, wie auch ein geeignetes Übertragungsverfahren. Während das Übertragungsverfahren tatsächlich speziell für DVB entwickelt wurde, hat man bei Auswahl der Datenreduktion auf den bereits vorhandenen Satz an Reduktionswerkzeugen in MPEG2 (siehe Abschnitt 10.2.5.) zurückgegriffen. Dieses Verfahren ist auch bei der digitalen Videodisc (DVD) im Einsatz und stellt den de-facto Standard für die Bewegtbildkompression bei Datenraten oberhalb von 2 Megabit pro Sekunde dar. Diese Auswahl fällt um so leichter, als MPEG 2 gemäß ISO 13818 auch eine Festlegung für den Multiplex aus Video, Audio und Zusatzdaten enthält.

Die Übertragungsverfahren des DVB wurden speziell für diesen Zweck entwickelt, die Form des Datenmultiplex und die Datenreduktion folgen MPEG2 gemäß ISO 13818.

Da MPEG2 eine Reihe verschiedener Bildformate, Datenraten und Verfahren anbietet, liefert es im Rahmen dieses Multiplex auch einen Mechanismus, der dem Empfänger erlaubt, das für die Übermittlung eines einlaufenden Datenstroms ausgewählte Verfahren zu erkennen und sich entsprechend zu konfigurieren. Diese Informationen werden in Form von Tabellen in jedem Multiplex übertragen und heißen Program Specific Information oder PSI. Zusätzlich erlaubt MPEG2, proprietäre Zusatztabellen für Systemzwecke im Multiplex unterzubringen, eine Möglichkeit, von der DVB in Form der sogenannten Serviceinformationen oder SI gebraucht macht. Das SI-System unterstützt die Verwaltung der komplexen Möglichkeiten eines per DVB übermittelten Spektrums an digitalen Inhalten und dient damit der Navigation des Benutzers durch die Summe der angebotenen Dienste. Die Abbildung 11.5 zeigt, wie ein solches Dienstespektrum hierarchisch verstanden werden kann.

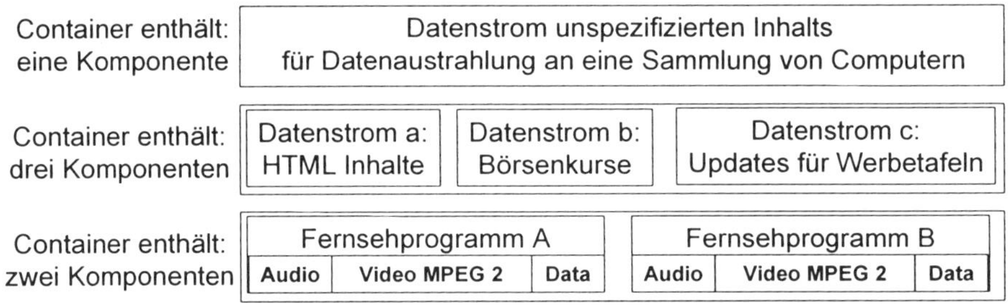

Abbildung 11.5 Struktur eines Programm- bzw. Dienstepakets in DVB

Auf der untersten Ebene liefert ein Container einen oder mehrere getrennte oder aber eine Gruppe logisch zusammengehöriger Datenströme. Ein Container könnte komplett mit digitalen Daten für die Versorgung eines Computers gefüllt sein, könnte ebensogut aber auch drei oder vier unabhängige Datenströme kleineren Umfangs mit verschiedenen Inhalten übermitteln. Im einfachsten Fall sind dies, wie in der Abbildung gezeigt, die Teildatenströme für Bild, Ton und die Zusatzinformationen eines einzigen Fernsehprogramms. Jede Komponente eines Containers besteht aus einem Ablauf einzelner Events, dem Programm. Beispielsweise schaltet der Datenfunk eines Börsendienstes je nach Tageszeit auf verschiedene Börsen der Welt. Für das Fernsehen sind solche Events einzelne Beiträge oder Beitragsteile, beispielsweise Nachrichten oder Spielfilme, deren Abfolge das Programmangebot bildet. Die logische Zusammenfassung von Programmen, die also eine beliebige Mischung aus Fernseh-, Hörfunk- und Datenkomponenten zu einem Thema enthalten können, nennt man einen Dienst oder Service. Ein typischer Service wäre demnach ein Sportdienst, der neben einem Programm mit Liveschaltungen in hoher Qualität viele parallel laufende Veranstaltungen in schlechterer Qualität und dazu noch einen Datendienst mit Sportinformationen liefert. Im Regelfall gelangen viele solcher Dienste unterschiedlicher Anbieter über eine gemeinsame Transportleitung als Multiplex zum Kunden. Um auch die logische Verknüpfung von Diensten zu ermöglichen, die über verschiedene Wege, beispielsweise per Satellit oder Kabel, beim Kunden eintreffen, wurde der Begriff des Bouquet geschaffen.

Die Flexibilität der Datencontainer schafft eine Fülle potentiell möglicher Angebotsformen, die hierarchisch in Events, Programme, und Dienste bzw. Bouquets gegliedert werden.

Die SI-Informationen bilden die Basis für ein potentiell extrem leistungsfähiges System zur Benutzerführung in Zusammenhang mit DVB. Sie ermöglichen auch einen interaktiven elektronischen Programmführer (EPG für Electronic Program Guide), mit dessen Hilfe sich das Angebot im Stile einer Datenbank nach interessanten Inhalten durchsuchen läßt. Jedes Dienstespektrum hat zudem die Möglichkeit, die Funktionen des Endgeräts beim Kunden gemäß den eigenen Erfordernissen zu steuern. Wählt der Kunde also den oben genannten Sportdienst an, so konfiguriert sich der Empfänger für alle damit verbundenen Leistungen automatisch.

DVB sieht vor, daß Zusatzinformationen leistungsfähige Programmführer und eine inhaltsabhängige Konfiguration des Empfängers ermöglichen.

Für die Übermittlung eines Containers gemäß DVB sind drei mögliche Übertragungswege vorgesehen. Neben DVB-T für die terrestrische Übertragung im Sinne des klassischen Fernsehens über Antenne unterscheidet man DVB-C und DVB-S für die Verteilung in Kabelnetzen und über Satellit. Gegenüber den 32 Megabit pro Sekunde des DVB-T stellt der Container des DVB-C bei 8 MHz Bandbreite maximal 38 Megabit pro Sekunde zur Verfügung, was aus Kompatibilitätsgründen der Datenströme auch als Richtwert für DVB-S gelten kann. Insbesondere DVB-T bedarf einiger Erläuterungen zur Abgrenzung gegenüber DAB. Während DAB mobile Empfänger unterstützt, ist dieses Ziel bei DVB-T aufgegeben worden. Insbesondere in solchen Ländern, in denen flächendeckende Versorgung per Satellit und/oder Kabel besteht, macht der Einsatz von DVB-T wenig Sinn. Der für dieses Verfahren belegte Frequenzbereich versorgt dann nur solche Empfänger, die zwar tragbar, aber nicht mobil betrieben werden. Es mehren sich daher die Stimmen, terrestrisches Fernsehen nicht ins digitale Zeitalter zu übernehmen und die Frequenzen des analogen TV-Netzes für DAB zu benutzen. Dies ist nicht zuletzt deshalb sinnvoll, da aufgrund moderner Datenkompressionsverfahren auch die qualitativ für mobile Empfänger ausreichende Bewegtbildübertragung in DAB gesichert werden könnte.

Für DVB existieren Verteilungsverfahren über Kabel (DVB-C), Satelliten (DVB-S) und terrestrisch über Antenne (DVB-T). DAB unterscheidet sich von DVB-T durch die geringere Datenrate und die Unterstützung für den mobilen Empfang.

11.2.1.4 Plattformen für das digitale Fernsehen

Die angesprochenen Möglichkeiten für flexible Navigation durch das Programmangebot und die Steuerung des Endgerätes setzen bei diesem Rechenleistung und offene Architektur voraus. Werden Informationen zum Programmangebot der Dienste von allen Anbietern getrennt mit deren Bild- und Toninformationen zum Endgerät geliefert, so obliegt es diesem als Ende der Übertragungskette, den gesamten elektronischen Programmführer aus den individuellen Teilinformationen lokal zu erstellen. Dafür kann es nur zwei Realisationswege geben: Ein auf dem langen Leidensweg der gemeinsamen Spezifikation aller Marktkräfte entstandener Kompromiß und/oder ein offenes und modular entwicklungsfähiges System. Die Geschichte des digitalen Fernsehens lehrt, daß die Eroberung des Marktes statt dessen mit einem proprietären und zugleich unflexiblen System als Alleingang eines Anbieters versucht wird. Zum Zeitpunkt der Drucklegung dieses Buches läuft der am digitalen Fernsehen interessierte Kunde in der Bundesrepublik Deutschland Gefahr, in einem wirtschaftsgeschichtlich einmaligen Akt zum Kauf eines einzigen, noch dazu technisch weitgehend überholten Produktes gezwungen zu werden. Im Gegensatz zu alternativen Ansätzen auf der Basis offener Betriebssysteme, deren Anwendungsprogramme sich mit dem Dienst in das Endgerät laden lassen, läßt dieses System in seiner heutigen Form keine Anpassung an zukünftige Entwicklungen zu. Zudem vernachlässigt seine innere Architektur den Umstand, daß gerade die Zusatzdienste für den wesentlichen Teil der Wertschöpfung im digitalen Fernsehmarkt verantwortlich sein dürften. Ein solches Produkt wird auf die Dauer wenig Chancen haben, den rollenden Angriff der PC-Systeme auf das Wohnzimmer zu überstehen und kann allenfalls als schlechte Übergangslösung angesehen werden. Der Rechner spielt gegenüber allen geschlossenen Plattformen in diesem Markt seine größte Leistungsfähigkeit aus, die Programmierbarkeit. Damit erreicht er das strategische Ziel der Interaktion in höchster Qualität als Basis für das neue Erlebnis, das den Kunden letztlich als einziger Beweggrund an ein neues Medium heranführen wird. Selbstbewußt wenden sich die Computerhersteller dem Fernsehmarkt zu. In einem ersten Erfolg durchbrechen sie die starren Bildformate, die im Rahmen der Spezifikation für digitales Fernsehen in den USA vorgesehen waren. Mit Vehemenz zielen sie auf eine Auflösung von 1280 x 720 Bildpunkten mit 60 Hertz progressiver Bildwiederholung, den sie als Teil der PC-Spezifikation schon 1998 verankern wollen. Sie lehnen das von seiten der TV-Profis als Kompromißangebot für die Computerindustrie genannte Format mit 640 x 480 Pixeln rigoros ab und fordern statt dessen, daß der PC als Fernseher besser sein muß als der Fernseher selbst. Die bereits eingangs genannten technischen Gründe sprechen für einen Preisvorteil der PC-Hersteller beim Kampf um das Wohnzimmer. Insbesondere die Umstellung des amerikanischen Fernsehsystems auf ein digitales Verfahren in einem von der FCC geforderten Zeitraum von 9 Jahren wird der Geräteentwicklung in den USA auf Basis von PC-Systemen massiven Vorschub leisten.

Die extreme Flexibilität digitaler Angebote erfordert ein offenes und modulares Empfangsgerät. Dieses Anforderungsprofil erfüllt ein Rechner potentiell besser als jede proprietäre Set-Top-Box.

11.2.2 Netze und Endgeräte - alternative Wege zum Kunden

11.2.2.1 Segmente des Distributionsweges

Schon die Unterscheidung der drei Transporttechnologien in Zusammenhang mit Digital Video Broadcasting macht deutlich, daß ein Spektrum unterschiedlicher Verfahren für den Transport der Medieninhalte zwischen Sender und Empfänger zur Verfügung stehen. Wir werden uns im folgenden mit den Alternativen Breitbandkabel, terrestrische Sender, Satellitensysteme, Telefonnetz und Datenweitverkehrsnetz auseinandersetzen. Die terrestrische Programmverteilung ist der klassische Weg von Fernsehen und Hörfunk. Ein Netz aus Sendern, dessen Dichte von der Leistung des einzelnen Sendesystems und von geographischen Gegebenheiten abhängt, verteilt im Versorgungsgebiet flächendeckend Hörfunk- und Radioprogramme. Der Empfang erfolgt über einzelne oder Gemeinschaftsantennensysteme (Master Antenna TV = MATV), deren Signale über Antennenkabel in die Räume des Hauses verteilt werden. Als Alternative zu diesem Basissystem hat sich in vielen Industrienationen ein flächendeckendes Breitbandkabelnetz entwikkelt. Breitbandkabel liefert einen leitungsgebundenen Weg hoher Bandbreite für den Transport beliebiger Informationen, der als Fernseh- und Hörfunkkabelnetz jedoch nur in einer Richtung betrieben wird. Grundsätzlich besteht das Breitbandkabelnetz aus Übergabepunkten in die einzelnen Haushalte, die über eine Struktur aus hierarchischen Zwischenverstärkern von einer Kopfstation aus versorgt werden. Die Einspeisung der Programme in die Kopfstationen für ein Segment des Breitbandkabels erfolgt im Regelfall über eine Satellitenverbindung. Grundsätzlich ist das Breitbandkabel auch zur bidirektionalen Kommunikation imstande, was jedoch die Umrüstung der elektronisch aktiven Komponenten im Netz erfordert. Als drittes Medium steht die direkte Verteilung von Programmen über Satellitenwege zur Verfügung. In Ländern mit einer schwach ausgeprägten Kabelinfrastruktur stellt dieser Weg die einzig sinnvolle Transportalternative dar. Satellitendirektempfang, der die Installation einer einzelnen oder gemeinsam betriebenen Empfangsantenne (Satellite Master Antenna TV = SMATV) voraussetzt, spielt in der Bundesrepublik Deutschland eine eher untergeordnete Rolle. In den USA hingegen hat insbesondere der digitale Direktvertrieb von Fernsehprogrammen per Satellit (Direct Digital Satellite) starke Zuwachsraten zu verzeichnen. Da, im Gegensatz zum Breitbandkabel, die Signalübermittlung per Satelliten für Fernsehempfänger nicht direkt nutzbar ist, sorgt ein spezieller Receiver als Zwischenstück auf dem Weg von der Antenne zum Endgerät für eine entsprechende Signalaufbereitung.

Die klassischen Verteilungswege für Rundfunk sind terrestrischer Empfang über Antenne, Satellitenempfang und Breitbandkabel. Letzteres bietet theoretisch auch einen Rückkanal an.

Telefonnetz und Weitverkehrsdatennetze gelten aus Sicht der klassischen Medien bisher nicht als ernstzunehmende Vertreter eines medialen Verteilungsweges. Mehrere technologische Entwicklungen lassen es jedoch geboten erscheinen, sie als zukünftige Kandidaten in Betracht zu ziehen. Die unter dem Namen Asymetrical Digital Subscriber Line (ADSL) bekannt gewordene Technologie erlaubt den Transport digitaler Informationen in hoher Bandbreite über Telefonkabel. Die Rückkanalfähigkeit mit begrenzter Bandbreite für interaktive Dienste und Telefon bleibt erhalten. Beachtet man zudem, daß die Weitverkehrsinfrastruktur des Telefonnetzes in vielen Industrienationen fast flächendeckend digital ausgeführt ist und in ferner Zukunft mit der Einführung bedarfsgesteuerter Breitbandverbindungen nach dem Modell des B-ISDN zu rechnen ist, wird das Telefon zu einem ernsthaften Kandidaten für mediale Inhalte. Interaktive Rückkanäle bei Telefon oder Breitbandkabel führen zu einer Deckungslücke für den Rückweg vom Benutzer zur Quelle. Der fehlende Rückweg klassischer Verteilstrukturen über Satellit im Falle des Breitbandkabels und die fehlende Dateninfrastruktur im Falle des Telefons bedürfen hier einer Ergänzung, für die sich insbesondere Weitverkehrsnetze der Datentechnik anbieten.

Die technologische Erweiterung der Kapazitäten im Telefon- und Datennetz lassen beide zu potentiellen und zudem interaktiven Konkurrenten der klassischen Verteilwege werden.

Die genannten Technologien eignen sich in unterschiedlicher Kombination für die verschiedenen Teilstrecken auf dem Weg vom Sender zum Empfänger. Im folgenden wollen wir den kompletten Übertragungsweg in drei getrennte Abschnitte untergliedern, von denen der erste das Teilstück vom Anbieter der Inhalte bis zum Betreiber des Weitverkehrsverteilnetzes darstellt. Auf diesem Weg erreicht eine Sendeanstalt beispielsweise den Satellitenbetreiber, der für die Verteilung seiner Programminhalte ins Breitbandkabelnetz verantwortlich ist. Den zweiten Abschnitt bildet die Weitbereichsverteilung selbst, beispielsweise in Form der Satellitenübertragung. Am Ende der Übertragungskette steht die sogenannte Last Mile oder Local Loop, die für die Verteilung der Programminhalte in die einzelnen Haushalte Sorge trägt.

Der Transportweg für Medien hat bis zu drei Teilstrecken: Vom Programmanbieter zum Netzbetreiber, die Strecke für die Weitverkehrsverteilung und die “Local Loop” bis in jeden Haushalt.

11.2.2.2 Broadcastwege

Die Abbildung 11.6 stellt drei potentielle Betriebsmöglichkeiten für den Einsatz von Satellitentechnologie gegenüber. Im klassischen Fall dient der Satellit entweder zur Versorgung der Kopfstationen des Breitbandkabelnetzes oder für die direkte Versorgung der Haushalte mit Programmen. In beiden Fällen obliegt der Betrieb der Satellitenstrecke selbst meist einem darauf spezialisierten Anbieter, dem die Daten über eine getrennte Verbindungsleitung, meist eine fest gemietete Standleitung, vom Programmanbieter übergeben werden. Diese Struktur ist in den oberen beiden Zeichnungen der Abbildung 11.6 dargestellt. Ausreichend große Programmanbieter könnten als Alternative anstelle einer leitungsgebundenen Übertragung ihrer Programminhalte zum Satellitenanbieter einen direkt auf ihrem Grundstück betriebenen Uplink, also eine Satellitenantenne für die Übermittlung der Daten zum Satelliten nutzen.

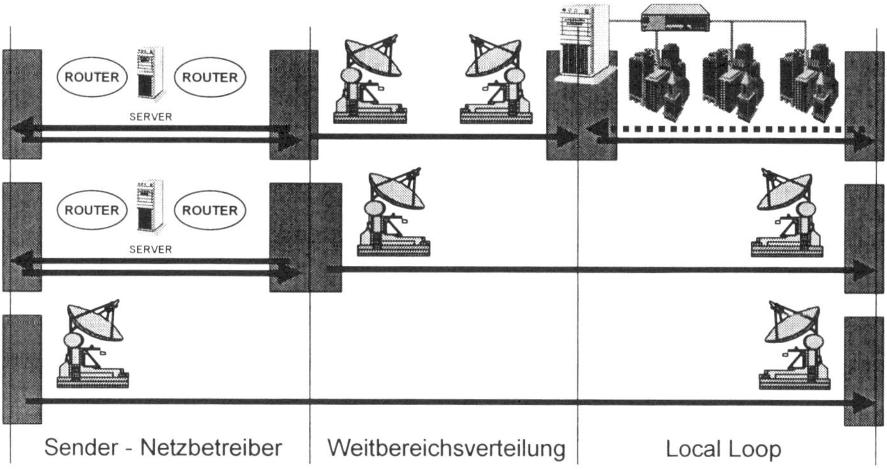

Abbildung 11.6 Einsatzprofile für Satellitenübertragung

Neben dem Satelliten als Punkt-zu-Multipunkt oder Broadcastverbindung besteht nach wie vor der heute für das analoge Fernsehen und den analogen Hörfunk betriebene terrestrische Weg. Seine digitalen Nachfolger findet er in DAB und DVB-T. Das terrestrische Sendernetz kann dabei auf zwei verschiedene Arten versorgt werden, wie die Abbildung 11.7 zeigt. Eine Möglichkeit besteht darin, die unterschiedlichen Sendeanlagen innerhalb des Versorgungsgebietes über ein Standleitungsnetz mit Programminhalten zu beschicken. Nicht zuletzt die damit verbundenen Leitungskosten machen den Satelliten zu einer interessanten Alternative, insbesondere wenn bei direktem Betrieb des Uplinks durch den Programmanbieter Leitungskosten vollkommen entfallen.

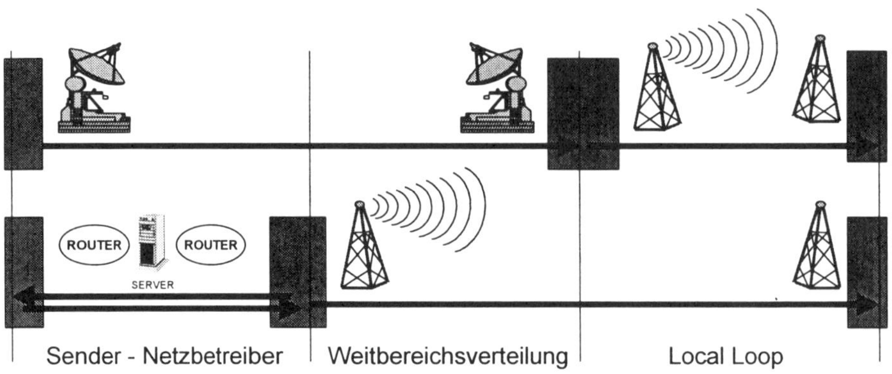

Abbildung 11.7 Versorgung über terrestrische Wege

Satelliten eignen sich für die Überbrückung des Weitverkehrsbereiches, sowie für den Direktempfang zu Hause. Terrestrische Wege benötigen ein Zuführungsnetz für die Versorgung der einzelnen Sender.

11.2.2.3 Interaktive Kabelwege

Im Gegensatz zu den bisher beschriebenen Broadcastverfahren, die auch im Falle einer kabelgestützten Local Loop keine Interaktion ermöglichen, unterstützt der Betrieb bidirektionaler Verbindungen durch Modifikationen des Breitbandkabelnetzes oder des Telefonsystems interaktive Dienste mit Rückkanal. Die Abbildung 11.8 stellt die beiden verschiedenen Systeme gegenüber. Die Rückkanalfähigkeit des Breitbandkabelnetzes ist als gestrichelte Linie dargestellt, weil sie nicht nur die Umrüstung von Kopfstation und Empfänger, sondern auch die Umrüstung aller dazwischenliegenden aktiven elektronischen Komponenten des Verteilnetzes erfordert. Das Telefonnetz hingegen ist von vornherein bidirektional ausgelegt. Die in Zusammenhang mit interaktiven Mediendiensten auftretenden Datenströme sind vom Charakter her asymmetrisch. Die in Richtung auf den Empfänger anfallende Datenmenge ist meist sehr viel größer als jene, die durch Interaktion vom Empfänger an den Sender zurückgesandt wird. Diesem Umstand trägt das ADSL-System für die Aufrüstung von Telefonleitungen Rechnung.

11

Der bidirektionale Betrieb von Breitbandkabel erfordert Modifikationen an Kopfstation, Endgerät und Netz. Die Aufrüstung des Telefons für mediale Inhalte über ADSL erfordert keine Veränderungen am Netz selbst.

Für das mittlere Segment interaktiver Verteilungsstrukturen ergibt sich das Problem, daß Mietleitungen entsprechender Bandbreite einen extrem hohen Kostenfaktor darstellen und bei Punkt-zu-Mehrpunkt-Verbindungen gemäß ihrer Struktur ineffizient betrieben werden müssen. Dieser Aufgabe ist eine Verteilungsstrategie über Satelliten sehr viel besser gewachsen, da sie die Vorteile des Broadcastmediums nutzen kann. Es bietet sich also eine Kombination der Verfahren an, in der für die Verteilung zum Kunden breitbandige Punkt-zu-Mehrpunkt Verteilsysteme (Satellit) genutzt werden, während der Rückkanal über einen Anschluß an Weitverkehrsdatennetze hergestellt wird.

Broadcastmedien und Datennetze lassen sich geschickt zu einem integrierten interaktiven Verteil- und Rückkanalsystem kombinieren.

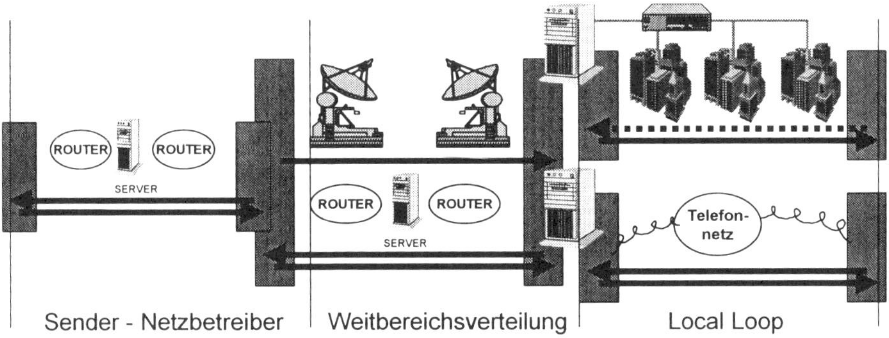

Abbildung 11.8 interaktive Verteilwege

Mit dem Betrieb eines derartigen Netzes sind eine Reihe zusätzlicher Serviceleistungen des Netzbetreibers verbunden. Im Falle interaktiver Rückkanäle ergibt sich die Frage, in welchem der drei Segmente und von welchem der Betreiber die damit verbundenen Verwaltungsstrukturen aufgebaut und betrieben werden sollen. Ein gutes Beispiel ist die Koordination aller nach Bedarf bezahlten Dienste, beispielsweise Pay-TV. Der Kunde wünscht hier ein integriertes Verfahren, das es ihm ermöglicht, ein individuelles Spektrum an von ihm gewünschten Dienstleistungen per Bezahlung beziehen zu können. Keinesfalls möchte er mit einer Struktur konfrontiert werden, bei der jeder Programmanbieter mit eigenen Verschlüsselungsverfahren und eigenen Abrechnungssystemen arbeitet. Die Abrechnung aller über einen Verteilweg angebotenen Pay-Dienste erfolgt somit am günstigsten als Dienstleistung des Netzbetreibers. Dies wirft aus Sicht der Anbieter die Frage auf, ob der Verbleib der beim Netzbetreiber gespeicherten Kundendaten akzeptabel ist, wenn auf Basis konvergierender Technologie der Netzbetreiber selbst als Inhalteanbieter tätig werden könnte.

Selbst die Interaktion auf unterster Basis, wie bei Pay-TV, generiert eine Reihe potentiell lukrativer Zusatzdienste für Netzbetreiber, beispielsweise die Abrechnung von Nutzungsgebühren.

11.2.2.4 Zusammenspiel von Endgerät und Verteilwegen

Am Ende unserer Betrachtung der Verteilwege steht die Frage, was hinter dem Übergabepunkt der letzten Meile, also auf Grund und Boden des Endabnehmers mit den über die verschiedenen Wege angelieferten Signalen geschehen soll. Abhängig von den Eigenschaften des Übertragungsweges, des angebotenen Dienstes und der dort vorhandenen Endgeräte ergeben sich eine Reihe unterschiedlicher Szenarien, deren wahrscheinlichste in den Abbildungen dargestellt sind. Abbildung 11.9 geht davon aus, daß die Verteilung der Medieninhalte über ein grundsätzlich nicht rückkanalfähiges System, beispielsweise über eine Local Loop in Form terrestrischer oder satellitengestützter Übertragung erfolgt. Bei der Betrachtung der Endgeräte unterscheiden wir den klassischen "alten" analogen Empfänger, PC-Systeme und ein als Next Generation TV bezeichnetes Empfängerkonzept, das die für Dienste des digitalen Medienzeitalters erforderlichen Funktionen bereits enthält.

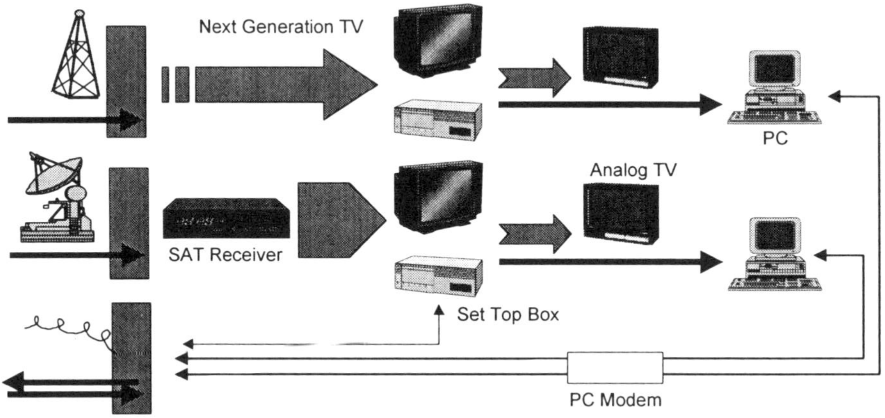

Abbildung 11.9 Verteilwege und Endgerät

Die in der Abbildung als oberste der drei Alternativen dargestellte Konfiguration mit terrestrischen Verteilungswegen ist zum gegebenen Zeitpunkt in Europa, außer in Großbritannien, bei der Einführung des DVB nicht geplant. Sie stellt aber die Verteilungsalternative des DAB dar und soll deswegen stellvertretend hier besprochen werden. Die über den terrestrischen Verteilweg empfangenen Signale gelangen entweder in ein dafür speziell vorbereitetes Endgerät der nächsten Generation, wie dies beim Betrieb von DAB ausschließlich der Fall sein wird, oder aber in einen spezifischen IRD (Integrated Receiver and Decoder), die sogenannte Set-Top-Box, der als Ergebnis ein für die klassische analoge Fernsehtechnik kompatibles Signal auswirft. Sowohl der Next Generation TV als auch die Set Top Box bieten dabei bei entsprechender Ausstattung die Möglichkeit, im Datenstrom enthaltene Zusatzinformationen an ein interaktives Endgerät in Form des Personal Computer weiterzugeben oder selbst auszuwerten.

🖫 Ist kein digitaler Empfänger für Bild-, Ton- und Zusatzdaten verfügbar, bereitet eine Set-Top-Box die Datencontainer für analoge Empfänger auf. Zusatzdaten verarbeitet die Box oder ein angeschlossener Computer.

Der Computer kann über eine klassische Telefonleitung und ein Modem einen Rückkanal zum Programmanbieter aufbauen. Die Konfiguration findet sich spiegelbildlich im Falle einer direkten Satellitenverteilung bis zum Endkunden wieder, die sich nur durch das Einfügen eines zusätzlichen Satreceivers zwischen Antenne und Next Generation TV bzw. Set-Top-Box von der vorhergehenden Konfiguration unterscheidet. An diesem Beispiel ist zusätzlich gezeigt, daß auch die Set-Top-Box selbst über einen Telefonanschluß für den Betrieb interaktiver Dienste verfügen kann.

🖫 Der nicht vorhandene Rückkanal kann über Telefonleitungen per Modem des PC oder der Set-Top-Box improvisiert werden.

Abbildung 11.10 zeigt, wie sich die Verteilung von Fernseh- oder Hörfunkprogrammen über rückkanalfähige Kabelnetze auf die Struktur des Zusammenspiels von Endgerät und Verteilungswegen auswirkt. Die unterste Zeile der Grafik steht stellvertretend für den heute geplanten Verteilweg digitaler Fernsehprogramme in die Haushalte. In dieser Betriebsart dient das Breitbandkabelnetz als Einbahnstraße von der Quelle zum Empfänger und liefert den transparenten Datencontainer eines DVB-C bei der Set-Top-Box oder einem entsprechend ausgerüsteten digitalen Empfangsgerät ab. Die Weiterverarbeitung der Daten entspricht dann dem weiter oben für terrestrische und satellitengestützte Verteilung erläuterten Schema. Wird jedoch, wie in der obersten der drei gezeigten Konfigurationen das Breitbandkabelnetz selbst durch entsprechende Umrüstung über ein sogenanntes Kabelmodem als bidirektionaler Kommunikationsweg benutzt, erfolgt die Kommunikation mit dem Programmanbieter und allen anderen Quellen interaktiver Dienste sowie die Telekommunikation über den Weg des Kabelmodems. Das Kabelmodem selbst verfügt dann über Schnittstellen für digitale, analoge und interaktive Endgeräte.

🖫 Ein Kabelmodem dient als Schnittstelle zu einem universell als Medienverteiler und Telekommunikationsnetz genutzten Breitbandkabel.

Die Fähigkeiten des Kabelmodems erlauben es dem Betreiber eines Breitbandkabelnetzes, in Wettbewerb mit dem Betreiber eines klassischen Telefonnetzes zu treten. Umgekehrt öffnet die ADSL-Technologie dem Telefonnetzbetreiber die Möglichkeit, als Anbieter von Medieninhalten tätig zu werden. Das ADSL-Modem übernimmt in einer derartigen Konfiguration die Funktion des Kabelmodems. Über einen Splitter werden die klassischen Telekommunikationsdienste weiterhin uneingeschränkt angeboten, die auf dem Netz jetzt zusätzlich zur Verfügung stehende Bandbreite wird entsprechend an moderne oder analoge Empfangsgeräte der vorhergehenden Generation übergeben. Auch eine Schnittstelle zum PC ist selbstverständlich vorhanden.

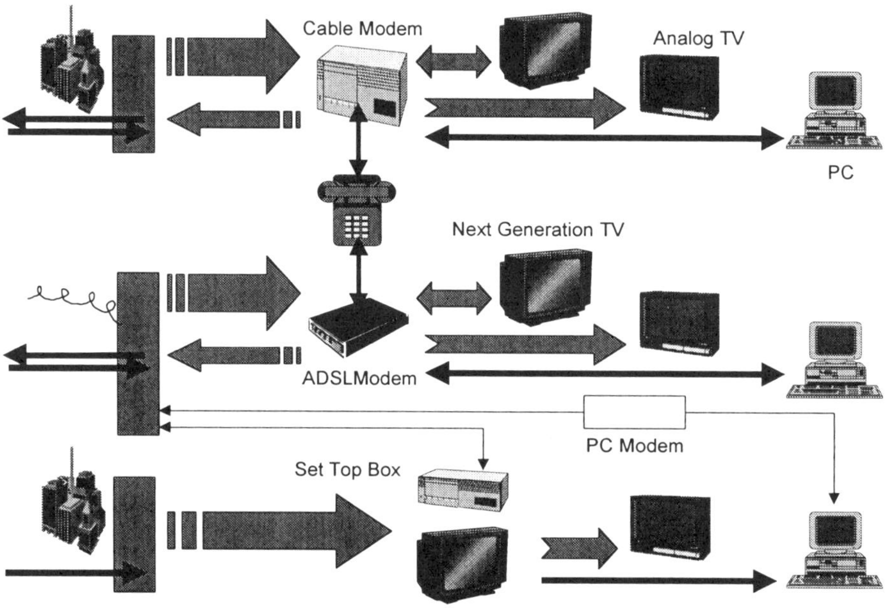

Abbildung 11.10 Interaktive Verteilwege und Endgeräte

Wesentliche Unterscheidungsmerkmale der ADSL-Technologie gegenüber Cablemodem sind die unterschiedlichen Datenraten. Während über Kabelmodem mit Datenraten in einer Größenordnung von 100 Megabit pro Sekunde auf dem Weg zum Empfänger zu rechnen ist, wird auch im günstigsten Fall die ADSL-Technologie bei Datenraten von 10 bis 30 Megabit pro Sekunde, je nach Entfernung und Qualität des Kabelmaterials in der Local Loop, an ihre Grenzen stoßen. Die Rückkanaldatenraten sind in beiden Fällen deutlich geringer.

Über ADSL wird das Telefonnetz um Funktionen eines "schmalbandigen Breitbandnetzes" mit Datenraten von einigen zehn Megabit/sec (in Richtung zum Empfänger) erweitert.

11

11.2.2.5 IEEE 1394 - Firewire

Das Zusammenwachsen unterschiedlicher Technologien, beispielsweise aus den Bereichen Kommunikation, Computer und Unterhaltungselektronik, spart die Betriebsstruktur der Endgeräte im Haushalt nicht aus. Eines der wesentlichen Merkmale des Betriebs von Stereoanlagen, Fernsehern und Kommunikationseinrichtungen im Haushalt ist zum heutigen Zeitpunkt deren weitgehende Unabhängigkeit. Dies führt dazu, daß funktionell identische und eigentlich nie parallel betriebene Komponenten in jedem System zeitgleich und damit redundant vorhanden sind (Ein Radio in jedem Raum). Eine der Zielrichtungen der digitalen Unterhaltungselektronik ist die Integration der im Haushalt vorhandenen Endgeräte zu einem leistungsfähigen digitalen Betriebsnetz. Dieses Netz erlaubt im Idealfall die Steuerung aller im Haushalt vorhandenen Endgeräte über eine gemeinsame Kontrollstruktur und den Zugriff auf jedes beliebige Programmaterial von jedem beliebigen Ort im Haushalt aus. Die Konfiguration eines derartigen Datennetzes unterscheidet sich hinsichtlich der realisierbaren Komplexität deutlich von seinen Gegenstücken aus der Datentechnik. Während dort im Regelfall Fachleute für Installation, Inbetriebnahme und Wartung zur Verfügung stehen, muß ein für den breiten Massenmarkt konzipiertes System viele der bisher von Fachleuten übernommenen Funktionen automatisch und selbständig leisten.

Ein Ziel für die Unterhaltungselektronik ist die Verbindung aller Geräte untereinander und mit Systemen der Telekommunikation über ein Datennetz im Haushalt.

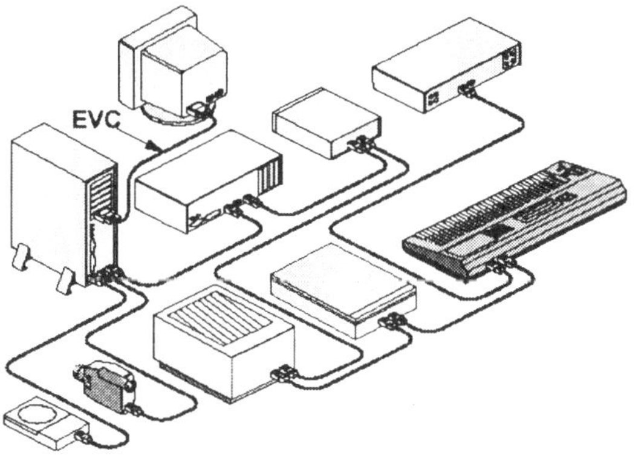

Abbildung 11.11 Topologie von IEEE 1394 "Firewire"

Eines der dafür konzipierten Systeme ist IEEE 1394, auch "Firewire" genannt. Dieses ursprünglich von Apple-Computer entwickelte System betreibt ein Leitungsnetz aus seriellen Hochgeschwindigkeitsverbindungen, das sich auf der Basis intelligenter Software selbständig konfiguriert. Es soll dazu beitragen, die umfangreichen und vollkommen unterschiedlichen Anschlüsse, wie sie sich an Geräten der CE und der Kommunikationstechnik finden, auf einen einheitlichen Kabel- und Kommunikationsstandard zu reduzieren. Die Basisdefinition sieht ein Kabel aus drei Twisted Pair Leitungspaaren vor, von denen zwei für die eigentlichen Daten und ein drittes für die Verteilung einer Versorgungsspannung benutzt wird. Die Abbildung zeigt die in Zusammenhang mit IEEE 1394 spezifizierte Topologie des Netzes, die einen von zentraler Stelle ausgehenden Baum mit mehreren potentiellen Unterknoten auf jedem Ast darstellt. Während die Kabelverbin-

11

dungen bei einer Länge von ca. 4m theoretisch mit einer Datenrate von bis zu 400 Megabit pro Sekunde arbeiten können, sind vorerst 98 Megabit pro Sekunde an Nutzdaten im Sinne eines Halbduplexverfahrens vorgesehen. Spätere Erweiterungen auf 197 bzw. 393 Megabit pro Sekunde sind ebenso geplant, wie ein ergänzender Breitbandstandard (IEEE 1394 B), der bis zu 3,15 Gigabit pro Sekunde reichen soll. Einzelne Geräte können während des Betriebes in die Topologie von 1394 eingefügt werden, wobei das Netzsystem allerdings im heutigen Spezifikationszustand einen sogenannten Reboot durchführt. Dies bedeutet, daß beim Einbau eines neuen Gerätes die Datenkommunikation abgebrochen und das Netzwerk vom System automatisch neu konfiguriert wird.

IEEE 1394 Firewire ist als einheitliches, selbstkonfigurierendes Verbindungsnetz mit Datenraten von heute knapp 100 Mbit/sec, später von bis zu 400 Mbit/sec geplant.

11.2.3 DVD und CD-ROM

11.2.3.1 Das Grundverfahren von CD/DVD/MOD

Die Speichermedien aus der Familie der Compact Disc, Digital Video Disc und Magneto Optical Disc arbeiten allesamt nach dem Verfahren der berührungsfreien Signalabtastung mittels Laserstrahlen.

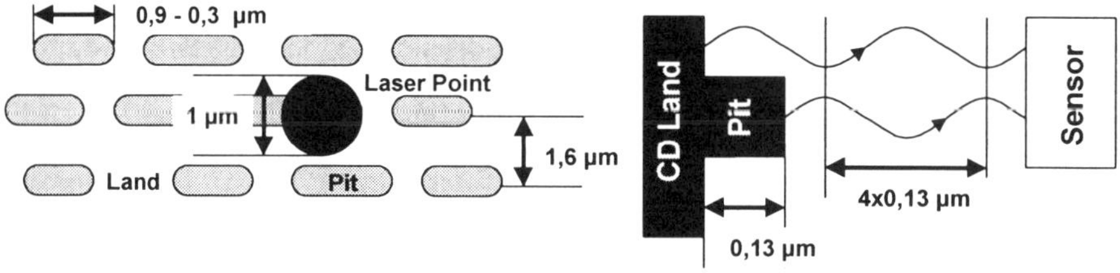

Abbildung 11.12 Grundverfahren der optischen Speicherung

Die gespeicherten Informationen werden der reflektierenden Oberfläche des Mediums dabei so aufgeprägt, daß sie die Eigenschaften eines von der Oberfläche reflektierten Lichtstrahls meßbar verändern. Diese Veränderung in Abhängigkeit der auf der Speicheroberfläche aufgebrachten Inhalte wird über einen geeigneten Sensor gemessen und schließlich in das ursprüngliche Datensignal zurückgewandelt. Die dafür geeigneten Parameter eines Lichtstrahls sind neben der Amplitude, also der Helligkeit des Lichtstrahls, dessen Schwingungsebene oder Polarisation. Die Abbildung 11.12 verdeutlicht das Grundprinzip der optischen Abtastung am Beispiel der CD, CD-ROM und DVD. Die Informationen sind in Form von Erhebungen, sogenannten Pits, entlang einer spiralförmig von innen nach außen verlaufenden Spur aufgebracht. Der Abstand zweier Windungen dieser Spirale beträgt nur 1,6 Mikrometer, der Abtastpunkt des Laserstrahls zum Auslesen der Informationen ist ca. 1 Mikrometer breit. Trifft der Laserstrahl auf einen unveränderten Teil der reflektierenden Oberfläche, auf ein sogenanntes „Land", so wird er im Sinne eines Spiegels direkt reflektiert. Trifft er hingegen auf ein Pit, so verändern sich die Eigenschaften des reflektierten Lichts. Vom Grundsatz her schwächt sich die Amplitude des teilweise auf der Grundfläche, teilweise auf der Oberfläche des Pit reflektierten Lichts aufgrund einer sogenannten Phasenverschiebung ab. Dies bedeutet, daß die auf den unterschiedlichen Ebenen der Grundfläche und der Pitoberfläche reflektierten Lichtstrahlen aufgrund der Höhe der Pits gerade soweit gegeneinander verschoben sind, daß sich Wellenberge und Wellentäler genau gegenüber liegen und sich so im Idealfall auslöschen (siehe Abbildung 11.12).

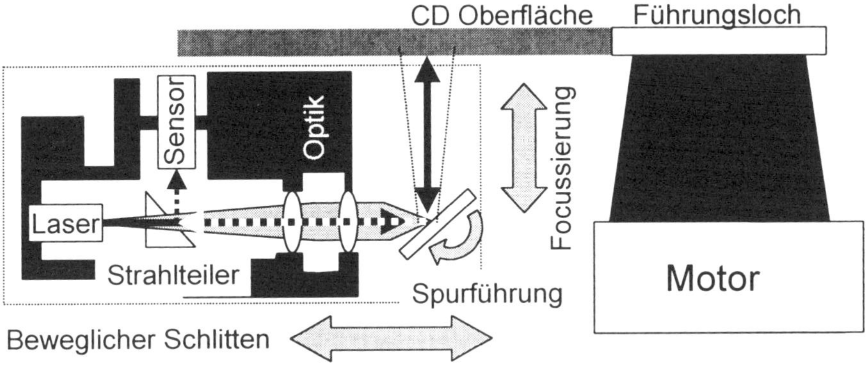

Abbildung 11.13 Aufbau einer CD - Abtastung

Optische Speicher nutzen die Veränderung eines am Medium reflektierten Lichtstrahls in Abhängigkeit der dort gespeicherten Datenmuster.

Eine derartige Verschiebung um die halbe Wellenlänge setzt voraus, daß die Pits theoretisch eine Höhe von genau einem Viertel der Wellenlänge aufweisen. In der Tat entspricht die für die Pits vorgeschriebene Höhe von 0,13 Mikrometern einem Viertel der für das Laserlicht gewählten Wellenlänge. Eine unter dem Abtastpunkt des Lasers hindurchlaufende Datenspur moduliert auf diese Weise die Helligkeit des reflektierten Lichtstrahls. Den Aufbau eines Abspielsystems für CD zeigt schematisch die Abbildung 11.13. Der vom Laser erzeugte Lichtstrahl wird über ein optisches System und einen beweglichen Spiegel auf die CD-Oberfläche projiziert. Das von dort reflektierte Licht gelangt auf demselben Weg bis zu einem sogenannten Strahlteiler, der einen Teil der zurückkommenden Lichtenergie in den Sensor reflektiert. Dieser mißt die Helligkeitsunterschiede zwischen den an Land und den an Pit reflektierten Laserstrahlen und übergibt sie zur Weiterverarbeitung an die Elektronik. Ein beweglich montierter Schlitten führt das komplette Abtastsystem während der Abspieldauer einer CD kontinuierlich entlang der von innen nach außen spiralförmig verlaufenden Spur. Der Spurführung selbst kommt dabei eine wichtige Bedeutung zu. Die Ausleseposition verschiebt sich aufgrund der sprialförmig verlaufenden Spur, aufgrund von Fertigungstoleranzen bei der Bohrung des Mittellochs oder aufgrund von Erschütterungen permanent. Während der bewegliche Schlitten dem sich kontinuierlich verschiebenden Auslesepunkt entlang der Datenspur folgt, hält der verzögerungsfrei bewegliche Spiegel den Abtastspot des Laserstrahls exakt in Spurmitte.

Die Spurnachführung des Abtastpunktes ist extrem komplex, da der Vorgang berührungsfrei erfolgt. Die Verschiebung entlang der Spur erfolgt über einen Schlitten, schnelle Schwankungen der Spur verfolgt ein bewegliches Spiegelsystem.

Die Rotationsgeschwindigkeit einer CD wird dem sich entlang der spiralförmigen Datenspur von innen nach außen permanent ändernden Umfang der pro Umdrehung durchlaufenen Strecke angepaßt. Man spricht dabei von einem Constant Linear Velocity (CLV). Die Relativgeschwindigkeit zwischen den Datenpits und der Ableseelektronik bleibt unabhängig vom radialen Abstand des Ausleseortes vom Zentrum der Rotation gleich. Die Festplatte ist ein Beispiel für die gegenteilige Vorgehensweise des Constant Angular Velocity (CAV), bei der die Rotationsgeschwindigkeit konstant gehalten wird. CAV-Systeme gehen bei der Auswahl der kürzesten erlaubten Abstände zweier Datensymbole bei der Aufzeichnung zwangsläufig einen Kompromiß zwischen der für innere und der für äußere Spuren optimalen Dichte ein. Der Symbolabstand auf der Datenoberfläche muß so gewählt werden, daß er auch für den Worst Case der Spuren am äußeren Rand des Datenträgers groß genug ausfällt. Die dadurch bedingte Datenfrequenz liegt jedoch unterhalb der für die inneren Spuren maximal möglichen Dichte. Diesem Problem begegnet das CLV-Verfahren durch die permanente Anpassung der Rotationsgeschwindigkeit und nutzt auf diese Weise die maximal mögliche Speicherkapazität der Oberfläche besser aus. Befinden sich jedoch zwei beim wahlfreien Zugriff hintereinander gelesene Datensegmente in unterschiedlichem radialen Abstand, so erfordert das Auslesen der Daten nicht nur eine Radialbewegung der Abtastvorrichtung, sondern zugleich eine Anpassung der Rotationsgeschwindigkeit. Die Umdrehungsgeschwindigkeit der CD-ROM zwischen 200 Umdrehungen pro Minute für äußere und 500 Umdrehungen pro Minute für innere Spuren liegt deutlich unter den Drehzahlen eines Festplattensystems. CAV und Umdrehungsgeschwindigkeit zusammen führen zu einer gegenüber der Festplatte daher deutlich erhöhten Zugriffszeit.

Aus Gründen einer hohen Datendichte wird die Rotationsgeschwindigkeit der CD je nach Spurlage zwischen 200 U/min (außen) und 500 U/min (innen) geregelt. Dies verlängert die Zugriffszeiten bei Random Access.

Dieses Problem wird von Hochgeschwindigkeitslaufwerken angegangen, deren Rotationsgeschwindigkeit sich um ein vielfaches von der Basisgeschwindigkeit der ursprünglichen CD-Spezifikation unterscheidet. Ein sogenanntes 10-fach CD-ROM - Laufwerk arbeitet demnach mit Umdrehungsgeschwindigkeiten zwischen 2.000 und 5.000 Umdrehungen pro Minute. Die auf dieser Basis erzielbaren Verbesserungen für die Zugriffszeit bei permanent wechselndem Zugriffsort sind jedoch begrenzt, da mit steigender Umdrehungsgeschwindigkeit auch die für Beschleunigung und Verzögerung der Umdrehungsgeschwindigkeit selbst erforderlichen physikalischen Kräfte zunehmen. Optische Speichersysteme erfordern Datenträger und Wiedergabegeräte von höchster Präzision. So ist beispielsweise die auf einer Langspielplatte verlaufende Spur 60 mal so breit wie die spiralförmige Spur der CD-ROM, deren komplette Länge 5,7 Kilometer beträgt. Ein radialer Schnitt von innen nach außen durchstößt nicht weniger als 22.000 Windungen der Datenspirale. Die Erfordernisse, den Laserstrahl mit einer Toleranz von etwa einem Mikrometer genau auf die Datenoberfläche scharfgestellt zu halten, ist umso komplizierter, da im Falle eines optischen Datenträgers keine mechanische Möglichkeit für die Führung des Abtastsystems vorhanden ist. Die Steuersignale für die beweglichen Spiegel und den Montageschlitten der Abtastvorrichtung müssen deshalb auf kompliziertem Wege elektronisch aus den von der Datenoberfläche selbst zurückkommenden Signalen gewonnen werden.

Die Datenspur einer CD ist 5,7 Kilometer lang und hat 22.000 Windungen, der Abtastpunkt hat eine Breite von 1 Mikrometer und muß auf 1 Mikrometer genau fokussiert werden.

11.2.3.2 CD-ROM und Digital Video Disc (DVD) im Vergleich

Die als Nachfolger der CD geplante Digital Video Disc arbeitet im Grundsatz nach einem vollständig identischen Verfahren. Auf diese Weise kann bei der Herstellung der Datenträger und der Abspielgeräte auf die langjährige Erfahrung im Umgang mit CD-ROM-Systemen zurückgegriffen werden. Auch die physikalischen Grundparameter des Datenträgers selbst sind für CD und DVD identisch. Die Scheibe hat einen Durchmesser von 120 Millimeter und eine Stärke von 1,2 Millimetern. Wie in der Abbildung 11.14 gegenübergestellt, unterscheiden sich CD und DVD jedoch im Spurabstand und der minimalen Dichte der entlang der Spur aufgebrachten Pits. Auch die Position der Datenoberfläche im Inneren Trägers hat sich verschoben. Während bei der CD-ROM die eigentliche Datenfläche nur 0,13 Mikrometer unterhalb der Beschriftungsseite liegt, trägt die DVD ihre Daten mit einem Abstand von 0,6 Millimeter von beiden Seiten in der Mitte der Scheibe. Diese Anordnung wurde gewählt, um eine zweiseitig bespielbare DVD zu ermöglichen, bei der sich die beiden Datenoberflächen in der Mitte der Scheibe mit gleichem Abstand von der Oberfläche Rücken an Rücken gegenüber liegen. Die Ebene, auf die der Abtastlaser scharfgestellt werden muß, ist also unabhängig von der gerade abgespielten Seite der zweiseitigen (Double Sided) DVD. Die

Anordnung der Datenspuren in der Mitte des Trägers verändert auch das Herstellungsverfahren der DVD. Während die CD aus einem einzigen Träger hergestellt wird, auf den die Datenspur von einer Seite aufgeprägt und anschließend versiegelt wird, besteht die DVD aus zwei 0,6 Millimeter dicken, spiegelbildlich identischen Scheiben, von denen jede potentiell eine Datenspur trägt und die zum Schluß auf der Seite der Datenspur zusammengefügt werden.

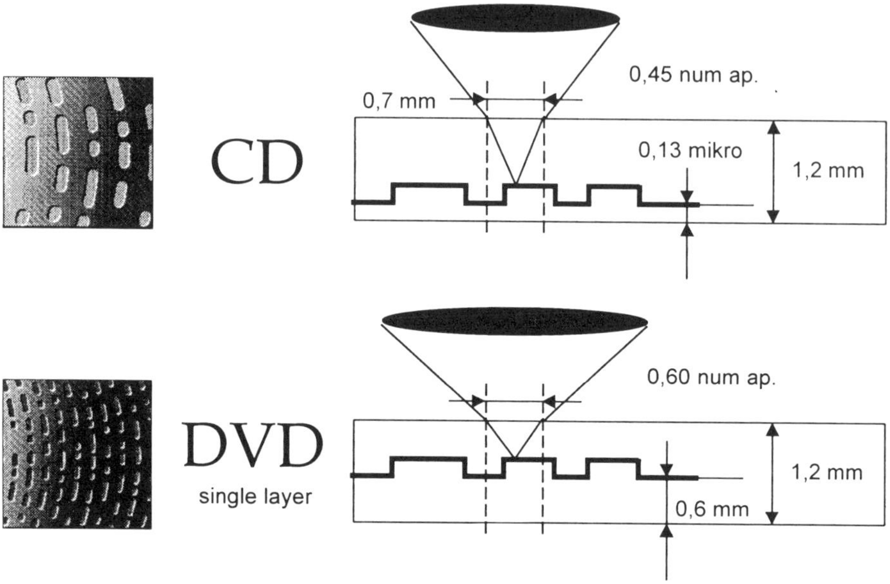

Abbildung 11.14 CD und DVD im Vergleich

Mit der Veränderung der physikalischen Parameter von Spurabstand und Signalabstand geht eine Anpassung des optischen Systems und der dafür nötigen Laserwellenlänge einher. Die Wellenlänge des Lasers hat sich von ursprünglich 780 Nanometer aus den Infrarotbereich auf nunmehr 650 bzw. 635 Nanometer im roten Spektralbereich verschoben. Gleichzeitig ändert sich auch die Rotationsgeschwindigkeit, eine DVD rotiert mit einer Relativgeschwindigkeit von 4 Metern pro Sekunde zwischen Datenspur und Auslesesystem, im Falle der CD-ROM waren es noch 1,2 Meter pro Sekunde. Alle diese Maßnahmen führen zu einer erheblichen Vergrößerung der auf einem Datenträger identischer Größe untergebrachten Informationen. Während die CD mit einer typischen Datenkapazität von ca. 700 Megabyte angegeben wird, erreicht die DVD pro Datenfläche eine Kapazität von 4,7 Gigabyte. Eine von zwei Seiten aus bespielte DVD erreicht demnach 9,4 Gigabyte an Kapazität.

Die DVD basiert auf einem zur CD identischen Träger, DVD Laufwerke sollen deshalb auch CD´s wiedergeben können. Rotationsgeschindigkeit und Datendichte sind jedoch bei DVD erhöht, das Medium wird optional beidseitig bespielt (Double Sided).

Der DVD-Standard allerdings gibt sich mit dieser Kapazitätsgrenze nicht zufrieden. Vielmehr sieht er vor, daß pro Datenseite in einem neuartigen Verfahren nicht nur eine sondern zwei von der gleichen Seite aus lesbare Datenspuren aufgebracht werden können. Der Trick dabei ist, den Laserstrahl auf eine der beiden Spuren scharfzustellen. Stellt man im Falle einer Photokamera mit Teleobjektiv die Schärfenebene auf unendlich, so verschwimmt ein unmittelbar vor der Optik liegender Maschendrahtzaun bis zur Unendlichkeit, er scheint gegenüber dem Hintergrund zu verschwinden. Eine mit unterschiedlichen Fokussierebenen pro Seite ausgerüstete DVD bezeichnet man als Dual-Layer gegenüber der bisher besprochenen Single-Layer - DVD. Durch die potentiell mögliche Kombination der zweiseitigen Bespielbarkeit mit der Bespielbarkeit in zwei Ebenen ergeben sich vier mögliche DVD-Verfahren, die als Single Layer/Single Sided, Dual Layer/Single Sided bzw. Single Layer/Double Sided und Dual Layer/Double Sided bezeichnet werden. Damit erstreckt sich das insgesamt verfügbare Spektrum an Datenkapazität von 4,7 über 8,5 und 9,4 bis hin zu einer maximalen Grenze von 17 Gigabyte.

Jede Datenseite einer DVD kann zwei übereinander liegende Spuren enthalten, die durch verschiedene Schärfeebenen der Laseroptik gelesen werden (Dual Layer). Die Kapazitäten liegen für Double Sided / Dual Layer bei maximal 17 Gigabyte pro Scheibe.

11.2.3.3 Die logischen Formate der CD - Grundlagen

Alle CD-Formate basieren auf der ursprünglich zum Zweck der Wiedergabe digitaler Audiodaten eingeführten und heute als Red Book Audio CD bezeichneten Struktur. Die entlang der spiralförmigen Datenspur aufgezeichneten Inhalte sind in Form von Sektoren organisiert. Jeder Sektor enthält, wie die Abbildung 11.15 zeigt, 2.352 Byte an Nutzdaten. In einem ersten Schritt werden innerhalb eines solchen Sektors 98 Frames mit einer Länge von je 24 Bytes gebildet, die in ihrer Reihenfolge gemäß einer regelmäßigen Struktur vertauscht werden. Dieses "Interleaving" dient dazu, evtl. durch Kratzer auf der Datenoberfläche entstehende Ausfälle möglichst gleichmäßig über die Dateninhalte zu verstreuen und somit leichter korrigierbar zu machen. Anschließend wird ein Fehlerkorrekturverfahren mit einem Umfang von 8 Byte pro Frame und ein sogenanntes Subchannelbyte hinzugefügt. Dies ergibt eine insgesamte Datenmenge von 3.234 Byte pro Sektor, 2.352 Byte Nutzdaten, 98 Byte Subchannelinformationen und 784 Byte Fehlerkorrektur. Diese Datenstruktur wird in Form einer Eight/Fourteen-Modulation (EFM) auf die Pits der CD abgebildet. Für je ein 8 Bit langes Datensegment sucht das System dabei Datenstrukturen von je 14 Bit Länge aus, die für die Ausleseelektronik besonders günstige Folgen von Pit und Land aufweisen. Auf diese

Art und Weise verlängert sich die insgesamt nötige Datenmenge erneut, so daß letztlich aus 18.816 Bit Nutzinformationen 57.624 Bit in Form von Pit und Land auf der Datenspur aufgebracht werden.

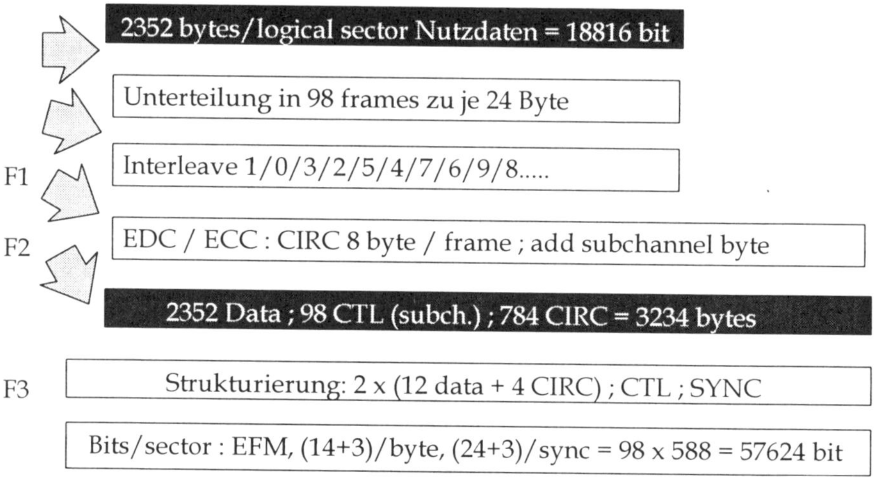

Abbildung 11.15 Datenstrukur eines CD - Sektors

Bei Standardgeschwindigkeit liest das CD-Laufwerk 75 solcher Sektoren pro Sekunde und liefert damit eine Rohdatenrate von 4,32 Megabit pro Sekunde. Im Falle der Audio-CD sind in dieser Datenrate 75 x 2.352 Byte an eigentlicher Nutzinformation, insgesamt also 1,41 Megabit pro Sekunde Audioinformation verpackt. Dies entspricht der Datenrate einer Stereoaufzeichnung mit einer Samplingrate von 44.100 Abtastpunkten von je 16 Bit Qualität für einen rechten und einen linken Kanal. Die daraus resultierende Speicherkapazität beträgt 793 Megabyte oder ca. 75 Minuten Digital Audio.

🖫 Die Daten einer CD sind gemäß des Red Book Standards der Audio-CD in Sektoren zu je 2.352 Byte organisiert, von denen 75 pro Sekunde (entspricht 1,41 Mbit/sec) gelesen werden. Die Kapazität beträgt knapp 800 MByte oder 75 Minuten Audio.

Die extrem hohe Speicherkapazität und vor allem die in der Massenproduktion geringen Herstellungskosten von ca. 1 DM pro Datenträger machen die CD zu einem interessanten Kandidaten für den Vertrieb von Software und multimedialen Anwendungen im Computerbereich. Die beiden Initiatoren des Audio-CD Formates, Sony und Philips vereinbarten daher ein weiteres Format für die 2.352 Byte Nutzdaten eines CD-Sektors. Die Abbildung 11.16 zeigt den Unterschied zur klassischen Red Book Audio-CD. Jeder CD-ROM-Sektor beginnt mit einem 12 Byte langen Synchronisationsmuster und einem 4 Byte langen Header, der die physikalische Adresse des betreffenden Sektors in Form von Minuten, Sekunden und Sektoren enthält. Das Syncmuster dient dazu, insbesondere beim Zugriff mit schnell wechselnden Ausleseorten ein Einsynchronisieren auf den Datenstrom zu beschleunigen. 8 Byte werden zum Zweck der Fehlerkorrektur (Error Detection and Correction, EDC), 272 weitere Byte zur Unterstützung dieses Fehlerkorrekturverfahrens als Parity-Informationen aufgezeichnet. Eine Sektorgröße von 2.048 Byte eignet sich Ideal für die in Computern üblichen Datenverwaltungsstrukturen, so daß die verbleibenden 8 Byte pro Sektor bis zu einer weiteren Nutzung in anderen Spezifikationen freibleiben. Insbesondere multimediale Anwendungen kombinieren hinsichtlich der Fehlerhäufigkeit extrem empfindliche Daten, beispielsweise Anwendungsprogramme, mit multimedialen Informationen, die ohne zusätzliche Fehlerkorrektur auf einem CD-ROM Sektor aufgebracht werden können. Aus diesem Grund unterscheidet die CD-ROM neben dem soeben beschriebenen Mode 1 einen Mode 2, bei dem alle Daten mit Ausnahme der Sync- und Headerinformationen innerhalb eines Sektors zur freien Nutzung verfügbar sind.

Um die CD für Random Acess und empfindliche Daten (Anwendungsprogramme) benutzen zu können, entstand eine Sektorenverwaltung mit und ohne Fehlerkorrektur als "CD ROM".

Ein Datenträger kann nur dann im Computer eingesetzt werden, wenn er die Dateiverwaltung des dort installierten Betriebssystems unterstützt. Da die CD-ROM nicht zuletzt aufgrund der Erfahrungen mit inkompatiblen Systemen von Anfang an als plattformübergreifender Speicher geplant war, wählte man ein universelles und vom Betriebssystem unabhängiges Dateischema. Eine ursprünglich in der High Sierra abgehaltene Konferenz zwischen führenden Computerherstellern führte zu einem Standardvorschlag, der später als ISO 9660 offiziell übernommen wurde. Anstelle der beim Red Book Format vorhandenen Verwaltung, die nur ein einfaches Inhaltsverzeichnis (Table of Content oder TOC) enthält, in dem die Anfangszeiten und Längen der auf der CD aufgebrachten Musikstücke verzeichnet sind, verwaltet ISO 9660 die insgesamt verfügbaren 330.000 Sektoren im Sinne von Dateien und Verzeichnissen. Die lokal auf der CD-ROM angebrachte Dateistruktur ist dabei für alle Betriebssysteme einheitlich und wird über entsprechende Betriebssystemerweiterungen im betreffendenden Rechner auf dessen interne Dateistruktur abgebildet. Auf diese Art ist es möglich, Software auf einem Datenträger in unterschiedlichen Versionen für unterschiedliche Plattformen anzubieten. Die auf einer solchen Multiplattform - CD-ROM angebotenen Dateien unterscheiden sich selbstverständlich inhaltlich von Betriebssystem zu Betriebssystem. Dennoch vereinfacht es den Softwarevertrieb erheblich, wenn für die Anwendung grundsätzlich, unabhängig von der vom Kunden gewählten Plattform, ein und derselbe Datenträger versandt werden kann. Im Falle mancher Multimedia-Anwendungen besteht sogar die Möglichkeit, von unterschiedlichen Betriebssystemen identisch formatierte Dateien für Bild und Ton in einem von beiden Betriebssystemen bei der Abarbeitung der CD-ROM gemeinsam genutzten Verzeichnis zu plazieren. Games oder andere multimediale Anwendungen können beispielsweise auf der gleichen CD-ROM sowohl für PC als auch für Mac angeboten werden.

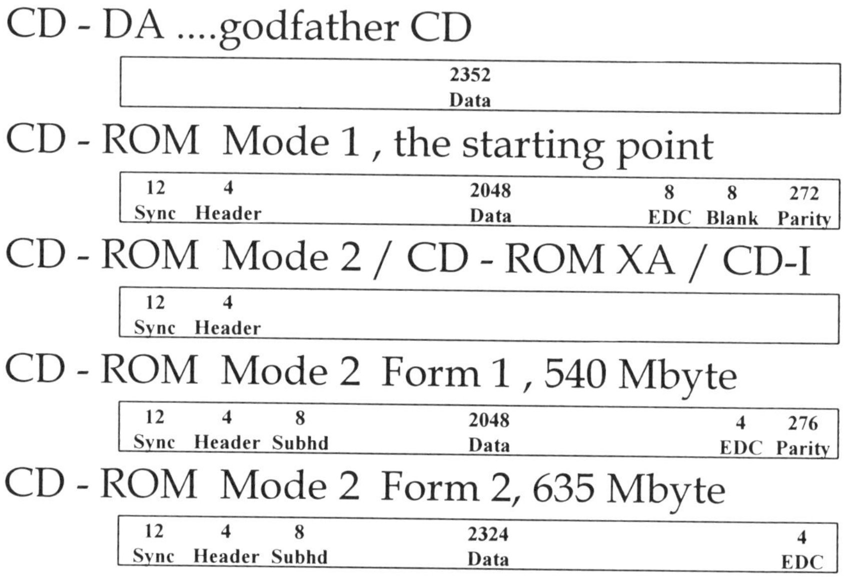

Abbildung 11.16 Sektorenformate für CD-ROM

Da die CD keine Dateiverwaltung kennt, wurde für CD-ROM mit ISO 9660 ein für alle Betriebssysteme einheitliches Dateischema verabschiedet. Dies erlaubt plattformübergreifende CD´s für Multimedia und Softwarevertrieb.

11.2.3.4 Weitere CD-ROM Standards - die "Colour Books"

Der gemischte Einsatz von Anwendungsdateien und Multimediadaten in Form von Video oder Ton ist bei CD-ROM Mode 1 aufgrund vieler Probleme stark eingeschränkt. Zwar lassen sich Sektoren in Mode 1 und Mode 2 auf einer CD vermischen, da der jeweilige Sektorenheader eine Aussage über den verwendeten Modus enthält, für die auf einem Mode 2 Sektor verfügbaren 2.336 Byte Nutzdaten gibt es jedoch keine spezifizierten Audio- und Videoformate. Zudem lassen sich in getrennten Sektoren aufgespielte, logisch jedoch zusammengehörige Audio-, Video- und Textinformationen nur schlecht miteinander synchronisieren. Eine zweifellos unbefriedigende Möglichkeit, zumindest Audio und Anwendungsdaten auf einer CD miteinander zu kombinieren, bietet die "Mixed Mode" - CD-ROM. Sie ist wie eine klassische Red Book Audio-CD in Form von Spuren organisiert, deren erste mit CD-ROM Sektoren gefüllt ist, während alle weiteren normale Audiodaten enthalten. Insbesondere die Gefahr, daß Audio-CD Geräte die auf der ersten Spur enthaltenen Daten fehlerhaft interpretieren und so schlimmstenfalls die Stereoanlage beschädigen könnten, hat die weite Verbreitung des Mixed-Mode - Formates stark behindert. Um den Schwierigkeiten rund um Multimedia Herr zu werden, kam es 1986 zur Spezifikation zweier weiterer CD-ROM - Formate, der Green Book CD oder CD-I und der CD-ROM XA. Beide enthalten zwei unterschiedliche Formatierungsvorschriften für einen gemäß Mode 2 angelegten CD-ROM - Sektor. Eine der beiden Alternativen, als Form 1 bezeichnet, ist weitgehend identisch mit dem Mode 1 - Sektor der Yellow Book CD-ROM, die bisher ungenutzten 8 Byte werden aber als sogenannter Subheader unmittelbar in Anschluß an Sync und Header zu Beginn der Sektoren eingesetzt. Diese Struktur aus Sync, Header und Subheader kennzeichnet auch den Form 2 - Sektor, der jedoch auf 276 Byte für die Fehlerkorrektur verzichtet, so daß 2.328 Byte zur freien Nutzung verfügbar bleiben. Die Subheaderstruktur erlaubt die einfache Synchronisation zur parallelen Wiedergabe verschachtelt angebrachter Audio- und Videofiles. Zugleich wurde im Green Book ein spezielles Betriebssystem für Wiedergabegeräte spezifiziert, das auf entsprechend formatierten CD-ROM´s als Teil des Datenvolumens enthalten ist. Ein entsprechend ausgerüstetes Endgerät, ein sogenannter CD-I Player, enthält einen Prozessor, der beim Einlegen der CD-I das dort enthaltene Betriebssystem in sein lokales Memory lädt und die auf der CD vorhandenen Anwendungen anschließend ausführen kann. Ziel der CD-I war es, unabhängig von Computern ein interaktives multimediales Endgerät im Markt zu positionieren. Die weite Verbreitung von CD-ROM in Computern und das mangelnde Interesse einer breiten Käuferschicht führten dazu, daß sich CD-I zu einem schmalen Marktsegment für den Bereich interaktiver Ausbildung und multimedialer Lernprogramme verändert hat. Die CD-ROM XA (XA Extended Architecture) unterscheidet sich hinsichtlich der Sektorenstruktur nicht von den Spezifikationen der CD-I. Auch die zusätzlich spezifizierten Formate für die Abspeicherung von digitalen Audioinformationen in verringerter Qualität, also mit verringerter Abtastrate und kleinerer Wortbreite, werden von der CD-ROM XA identisch zur CD-I übernommen. Während also zusammengefaßt die CD-ROM XA eine Erweiterung des Yellow Book auf Basis der Mode 2 Sektorformate darstellt, ist CD-I ein in sich geschlossenes Gesamtsystem, dessen Standard (Green Book) neben Hinweisen zur Struktur der auf der CD-ROM angebrachten Dateien auch ein vollständig standardisiertes Betriebssystem für die Abwicklung auf entsprechend vorbereiteten Endgeräten enthält.

Die schlechten Multimediafähigkeiten der CD-ROM führten zur Erweiterung des Standards in Form der CD-ROM XA und der Green Book CD-I, die neben den Daten auch noch das Betriebssystem für CD-I Player enthält.

Weitere wichtige Spezifikationen aus der Geschichte der CD-ROM enthält das Orange Book für wiederbeschreibbare Medien, das 1990 verabschiedet wurde.

Der erste Teil dieser Spezifikation enthält magneto-optische Discs, deren Dateninhalte geschrieben und wieder gelöscht werden können. Diese Scheiben unterscheiden sich vom Grundverfahren her stark von der klassischen CD und erfordern spezifische Laufwerke, die Datenträger können in CD-ROM Geräten nicht abgespielt werden. Im Gegensatz dazu enthält der zweite Teil des Orange Book Angaben zur sogenannten CD-R, also einer einmal beschreibbaren CD, die in Abhängigkeit der verwendeten Sektorstruktur als Green, Red oder Yellow Book CD beschrieben wird. Innerhalb des Orange Book wird auch die sogenannte Multisessionfähigkeit der CD-R beschrieben. Sie besteht darin, die Daten einer CD nicht, wie bisher üblich, in einem durchgehenden Schreibvorgang anzulegen, sondern stattdessen mehrere aufeinanderfolgende Schreibvorgänge zu erlauben. Die Schwierigkeit besteht darin, daß das Wiedergabegerät beim Einlegen der CD zuerst das an fester Stelle befindliche Inhaltsverzeichnis liest, das die Dateistruktur des Datenträgers beinhaltet. Dieses Inhaltsverzeichnis kann aber erst geschrieben werden, nachdem alle auf dem Datenträger untergebrachten Informationen tatsächlich positioniert worden sind. Eine einwandfreie Auswertung einer unvollständig beschriebenen CD erfordert demnach ein Inhaltsverzeichnis, das jedoch im Falle weiterer Datenaufzeichnungen erweitert werden muß, was bei einem nur einmal an jeder Stelle beschreibbaren Datenträger schwierig ist. Das Multisessionformat basiert daher auf einer verschachtelten Struktur aus mehreren Inhaltsverzeichnissen, die auch in aufeinanderfolgenden Aufnahmesessions entstanden sein können.

Das Orange Book spezifiziert beschreibbare CD´s, wie die einmal beschreibbare CD-R. Systeme, die in mehreren Einzelvorgängen nach und nach beschriebene CD-R´s lesen können, nennt man "multisessionfähig".

Der wichtigste Vertreter multisessionfähiger Speicherformate ist die sogenannte Photo-CD, deren Entstehung auf einen Alleingang des Unternehmens Kodak zurückgeht. Sie erlaubt dem Fotokunden, die von ihm aufgenommenen Bilder nicht nur in Form von Negativ und Abzug, sondern auch als digitale Informationen auf einem spezifisch dafür geeigneten Datenträger abspeichern zu lassen. Reichen die vorhandenen Bilder für den vollständigen Beschreibungsvorgang der CD nicht aus, so kann diese im Falle weiteren Bildmaterials anschließend stückweise aufgefüllt werden. Die Photo-CD enthält die abgelegten Bilder in fünf unterschiedlichen Auflösungsstufen.

Die Photo-CD ist als Speicher für auf normalem Kleinbildfilm entstandene Bilder gedacht und kann sukzessive mit den Bildern mehrerer Filme gefüllt werden.

Als letzte interessante Erweiterungen in der farbigen Sammlung der Spezifikationsbücher sei auf den White Book und Blue Book Standard hingewiesen. White Book-CD´s definieren sogenannte Bridge-Discs, die auf Wiedergabegeräten für

CD-I wie auch auf solchen für CD-ROM XA abgespielt werden können. Neben der bereits erwähnten Photo-CD zählt die Video-CD zu den aktuellen Vertretern dieser Klasse. Video-CD zeichnet mit Hilfe von MPEG1 Bewegtbilder in VHS-Qualität mit einer Datenrate von nur 1,41 Megabit pro Sekunde auf. Das Blue Book schließlich enthält den auch als "CD+" bezeichneten Vorschlag, auf der Basis eines multisessionfähigen Laufwerks die Probleme der Mixed Mode CD-ROM zu überwinden. Die Audio- und Datensegmente werden nicht mehr in aufeinanderfolgenden Spuren sondern in zwei getrennten Sessions auf die CD geschrieben. Dem Single-Session Audio-CD Player bleiben die hinter dem ersten Segment aufgezeichneten Daten in jedem Fall verborgen.

11.2.3.5 Die logischen Formate der Digital Video Disc

White-Book Video-CD leidet unter einer Reihe einschränkender Probleme. Neben der insgesamt unbefriedigenden Bildqualität aufgrund hoher Kompression bei einer Datenrate von 1,41 Megabit stört insbesondere die begrenzte Speicherkapazität von 75 Minuten, die für klassische Spielfilmlänge nicht ausreicht. Die ständig wachsenden Ansprüche an die Speicherkapazität, nicht zuletzt aufgrund der verbesserten Multimedia - Möglichkeiten der Wiedergabegeräte und Personal Computer, führten schließlich zur Definition der Digital Video Disc oder DVD. Im Gegensatz zu den bereits diskutierten Unterschieden des physikalischen Formates geht es in diesem Abschnitt um die Spezifikation der Datenstruktur für DVD. Die Benennung der für DVD vorgesehenen Aufzeichnungsformate ist weniger spektakulär als der Regenbogenreigen unterschiedlich farbiger Standardisierungsbücher der CD-ROM. Man unterscheidet fünf Bücher, die einfach als Book A, B, C, D und E bezeichnet werden. Book A enthält ausschließlich Spezifikationen für die Nutzung der DVD als Read Only Memory im Sinne der CD-ROM. Book B enthält zusätzlich die Spezifikationen für die Benutzung als Video Disc, Book C jene für die Benutzung als Audio Disc, Book D und E behandeln spezielle Fragen einer einmal oder mehrfach beschreibbaren DVD.

Die DVD unterscheidet fünf getrennte Datenstrukturen für DVD-ROM, Video DVD, Audio DVD, einmal und mehrfach beschreibbare Medien.

Während sich die Grundidee der DVD-ROM von der Grundidee der CD-ROM nicht unterscheidet, der Datenträger also eine CD-ROM gigantischer Speicherkapazität liefert, lohnt es sich, einen kurzen Blick auf die Spezifikation der klassischen Anwendungsfelder Audio und Video zu werfen. Die Digital Video Disc nutzt MPEG2 als Datenkompressionsverfahren. Auch die Verwendung von MPEG1 ist zulässig. Eine der wichtigsten Eigenschaften der MPEG Codierung auf Digital Video Disc, die sich an Main Profile at Main Level (siehe Abschnitt 10.2.5.6.) orientiert, ist die Unabhängigkeit der Datenaufzeichnung vom verwendeten Referenzsystem. Die auf der DVD abgelegten Bilddaten lassen sich also, je nach Wiedergabegerät, sowohl auf PAL als auch auf NTSC wiedergeben. Deshalb sind sowohl 525 Zeilen mit 60 Hertz als auch 625 Zeilen mit 50 Hertz für die Wiedergabe vorgesehen. Das Wiedergabeformat kann zudem, je nach Endgerät, an die Seitenverhältnisse 4:3 oder 16:9 angepaßt werden. Dies erfolgt entweder im Letterboxformat mit schwarzen Streifen oder durch sogenannten "PanScan", der abhängig vom Programminhalt den auf dem 4:3 - Monitor ausgegebenen Teilabschnitt des 16:9 - Bildes festgelegt.

Die Bildinformationen einer Video-DVD können sowohl auf PAL, wie auch auf NTSC wiedergegeben werden. Als Seitenverhältnis sind 16:9 und 4:3 festgelegt, beide werden auf das Seitenverhältnis des vorhandenen Endgeräts umgesetzt.

Die einheitlich codierte Bildinformation steht im Widerspruch zu der im Rahmen einer unglücklichen Entscheidung gefällten Auswahl von Dolby AC3 für den Mehrkanalton in USA, während die DVD-Systeme auf dem europäischen Markt gemäß dem in MPEG2 definierten Audioformat arbeiten sollen. Die Entscheidung für AC3 steht in engem Zusammenhang mit der marktbestimmenden Position von Dolby im Bereich der Kinofilmproduktion. Beide Formate erlauben Mehrkanalverfahren, bei denen datenreduziert bis zu fünf Kanäle gleichzeitig mit der Bildinformation ins Wohnzimmer gebracht werden können. Wie hoch die ausgewählte Bildqualität und wie umfangreich zusätzliche Informationen in Form von Ton oder digitalen Daten sein sollen, bleibt dem Anbieter der jeweiligen DVD in weiten Grenzen überlassen. Festgelegt ist jedoch, daß der maximal erforderliche Memorybuffer eines Wiedergabegeräts eine Größe von 2 Megabit nicht überschreiten soll, die maximale Spitzendatenrate ist auf 9,8 Megabit pro Sekunde begrenzt. Die Audioformate MPEG2 und AC3 liefern bei einer Grenzdatenrate von maximal 640 kbit/sec einige interessante Kombinationsmöglichkeiten des Mehrkanaltons mit mehrsprachigen Programminformationen für die Dialoge. Die Frage, wieviele unterschiedlichsprachige Dialogkomponenten ein DVD-Programm enthalten soll, kann der Anbieter des Programms im Rahmen der ihm überlassenen Freiheiten bei der Aufteilung der Datenrate entscheiden

Das Audioformat der Video-DVD ist für den US-amerikanischen und europäischen Markt uneinheitlich geregelt. In beiden Fällen sind bis zu 5 Kanäle für den Ton zum Bild möglich.

Neben der Spezifikation für DVD Video existiert mit dem Book C auch ein umfangreiches Sammelsurium an Möglichkeiten für die Benutzung der DVD als Nachfolger der Audio-CD. Das Papier bietet ein umfangreiches Spielfeld für Puristen, denen eine Abtastrate von 44,1 oder 48 Kilohertz bei einer Wortbreite von 16 Bit schon immer für die Wiedergabe klassischer Musik unzureichend erschien. Das Audio-Only Format der DVD spezifiziert Abtastraten von 48 und 96 Kilohertz bei Wortbreiten von 16, 20 oder maximal 24 Bit. Angepaßt an die maximal mögliche Datenrate des Systems ergeben sich jedoch gewisse Einschränkungen hinsichtlich der gleichzeitig verfügbaren Anzahl von Wiedergabekanälen. Als

Obergrenze sind eine maximale Anzahl von acht Wiedergabekanälen und eine Grenzdatenrate von 6,144 Megabit pro Sekunde vorgesehen. Acht Kanäle sind jedoch nur bei 48 Kilohertz Abtastrate und einer Wortbreite von 16 Bit möglich. Ansonsten öffnet 48 Kilohertz den Zugang bis zu maximal fünf Kanälen bei allen zugelassenen Wortbreiten. Aufzeichnung mit 96 kHz ist von vornherein auf maximal zwei Kanäle beschränkt.

Audio-Only für DVD erlaubt Abtastraten von 48 und 96 kHz bei Wortbreiten von 16, 20 oder 24 Bit. Je nach der dadurch bestimmten Datenmenge sind bis zu 8 Kanäle zeitgleich möglich.

11.3 Die Struktur verteilter Medieninformationssysteme

11.3.1 Grundlagen multimedialer Netzwerke

11.3.1.1 Spezifika medialer Datenströme

Die technologische Triebfeder hinter der an vielen Stellen im Verlauf des Buches zitierten Konvergenz ist die einheitliche Repräsentation unterschiedlicher Erscheinungsformen für Information auf digitaler Basis. Damit vereinheitlichen sich auch die Strukturen der in der klassischen Datenverarbeitung und im Bereich der Medien eingesetzten Systeme. Die Modelle der klassischen Datenverarbeitung für die Organisation von verteilten Systemen können jedoch nicht unverändert auf den Betrieb eines medialen Datennetzes übertragen werden. Bereits in Kapitel 10 wurde auf die Datenmenge als eines der wesentlichen Unterscheidungsmerkmale zwischen der zeichenbasierten Datenverarbeitung und dem Umgang mit kontinuierlichen medialen Datenströmen aufgeführt. Ein weiteres Kriterium, das nicht nur die Medien, sondern auch Anwendungen der Telekommunikation von den Netzen der ursprünglichen Datenverarbeitung unterscheidet, ist die isochrone Struktur der für den Datentransport nötigen Übertragungswege. Selbst geringfügige Verzögerungen zwischen einzelnen Datenpaketen auf einer Netzstrecke, die im Falle klassischer Datenverarbeitung zu keinerlei Beeinträchtigung der Anwendungen führen, sind beim Transport von Bild oder Ton nicht tolerierbar. Nicht nur die Transportwege eines verteilten Mediensystems, auch die einzelnen Arbeitsplätze und Server müssen für den Umgang mit digitalen Bild- und Tondaten vorbereitet sein. Die elementarste Voraussetzung betrifft im Falle der Arbeitsplätze deren Fähigkeit, ankommende Datenströme überhaupt als Bild oder Ton sicht- und hörbar zu machen. Entsprechende Erweiterungen in Hard- und Software bezeichnet man auch als "Viewer".

Die isochrone Abfolge und die enorme Menge medialer Datenströme machen die Grundstrukturen der zeichenbasierten EDV für verteilte Systeme mit medialen Inhalten ungeeignet.

Die für den reinen Konsum vorgefertigter Bild- und Toninhalte erforderliche Rechenleistung und Datenqualität unterscheidet sich nachhaltig von jener, die beispielsweise im Rahmen der Medienproduktion in einem verteilten System oder aber zum Zweck der Archivierung medialer Inhalte benötigt wird. Ist die reine Anzeige von Datenströmen noch mit verhältnismäßig geringer Rechenleistung verbunden, erfordert die umfangreiche Manipulation von Bild- und Tondateien im Regelfall intensive Rechenprozesse der digitalen Signalverarbeitung (Digital Signal Processing oder DSP). Die Frage nach der geforderten Datenqualität und damit unmittelbar verknüpft die Frage nach der möglichen Datenreduktion kann nur in Zusammenhang mit der benötigten Anwendung beantwortet werden. Extrem stark komprimierte Signale, die aus Sicht des Endanwenders für den reinen Datenkonsum durchaus hochwertige Bilder und Töne liefern, eignen sich nicht für Manipulationen im Rahmen von Produktionsvorgängen. Ob Datenreduktion im Zusammenhang mit der Archivierung medialer Inhalte überhaupt zugelassen werden soll, entzündet augenblicklich leidenschaftliche Diskussionen. Evtl. mit einer Datenkompression verbundene Verluste hinsichtlich der Fähigkeit zur späteren Nachbearbeitung oder der überhaupt erreichbaren Wiedergabequalität können in keinem späteren Vorgang wieder rückgängig gemacht werden.

Die vom Anwendungsfall abhängigen Qualitätsstufen medialer Inhalte erzeugen unterschiedlich umfangreiche Datenströme, die im Rahmen des Betriebes vernetzter Mediensysteme parallel auftreten können.

Die Frage, in welcher Qualität die übermittelten Informationen versandt werden, hängt davon ab, ob beispielsweise nur das fertige Resultat betrachtet, der Dateninhalt manipuliert oder später sogar archiviert werden soll. Jede dieser Anwendungen stellt zudem unterschiedliche Anforderungen an die zugelassenen Reaktionszeiten. Gerade im Produktionsprozeß ist die direkte Wechselwirkung von Benutzereingabe und Systemreaktion von entscheidender Bedeutung. Findet der Benutzer im Rahmen eines Bildschnitts beispielsweise das für den Übergang vorgesehene Einzelbild einer Videosequenz, so muß das von ihm ausgelöste Stopkommando für die Bildwiedergabe verzögerungsfrei vom System umgesetzt werden, da der Bildschnitt ansonsten an falscher Stelle erfolgt.

11.3.1.2 *Das klassische Modell und seine Grenzen*

Man könnte versucht sein, die aus der klassischen Netzwerktechnik bekannten Systemarchitekturen ohne Veränderung auf den Betrieb eines medialen Informationssystems zu übertragen. Diesen Versuch zeigt die Abbildung 11.17. Ein Netz, dessen Eigenschaften den isochronen Transport von Medieninformationen nicht unterstützt, verbindet einen Client, der über entsprechende Viewerfunktionen verfügt, mit einem Server, auf dem sich die Medieninformationen als Teil einer Datenbank befinden. Die kontinuierliche Wiedergabe von Medien auf der Clientseite durch direkten Transfer der zugehörigen Informationen vom Server über das Netz scheitert an der fehlenden Unterstützung für isochrone Datenströme und der erforderlichen Datenmenge. Sie übersteigt bei unkomprimierten Videodaten die Kapazität eines durchschnittlichen Datennetzes nach IEEE 802.3 um den Faktor 15. Als einzige Lösung bleibt der Betrieb in Form von Remote File Access, also der vollständige Transfer aller benötigten Medieninformationen auf den Massenspeicher des Clients. Von dort kann der Datenstrom dann mit Hilfe der lokal vorhandenen Medienhard- und -software ohne Probleme wiedergegeben werden. Bei typischen Netzwerkkapazitäten der klassischen EDV in der Größenordnung von ca. 10 bis 100 Megabit pro Sekunde sind die für den Transfer mehrminütiger Videosequenzen erforderlichen Übertragungszeiten unpraktikabel, zudem ist das entsprechende Netzsegment während der Übertragung komplett blockiert. Eine naheliegende Lösung ist die Erweiterung des Clients um grundsätzliche Funktionen der digitalen Signalverarbeitung (DSP) mit dem Ziel, eingehende Informationen vor der Übertragung auf den zentralen Server zu komprimieren und diesen Vorgang bei der Wiedergabe entsprechend umzukehren. Damit reduziert sich das Problem der Übertragungszeiten, selbst in nicht-deterministischen Netzwerken kann, bei ausreichender Reserve, eine Wiedergabe zumindest von Tondateien und stark komprimiertem Video über das Netz erreicht werden.

Beim heutigen Stand der Technik ist die direkte Wiedergabe von Medienströmen (insbesondere Video) über das Netz nur mit Datenkompression möglich. Lösungen mit Filetransfer vor der Wiedergabe beseitigen die wesentlichen Vorteile eines Datennetzes für den Umgang mit Medien.

Betrachten wir den Server, erweist sich die klassische Datenbankstruktur für die Verwaltung medialer Inhalte als ungeeignet. Die einzige Möglichkeit, Daten einer Video- oder Tonsequenz als Bestandteil der Datenbank zu erfassen, wäre die Anlage eines speziellen Attributfeldes mit binärer Struktur. Der Datensatz enthielte dann neben den Beschreibungsdaten, die nur einen Bruchteil der gesamten Datenmenge ausmachen, auch das vollständige Bild- oder Tonfile. Die resultierende Datenbank würde extrem große Ausmaße annehmen und sich für reaktionsschnellen Umgang mit den enthaltenen logischen Informationen wenig eignen. Jede logische Suche in der Datenbank, also beispielsweise das Durchmustern nach gewissen Autoren oder Künstlern, würde die Übertragung der vollständigen Datenmenge des Datensatzes erfordern, auch wenn die hauptsächlich für die Datenmenge verantwortlichen Medieninformationen beim Client gar nicht ausgewertet würden.

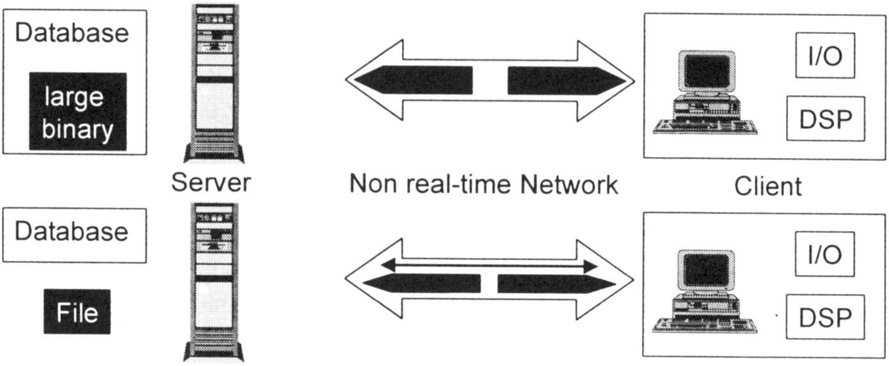

Abbildung 11.17 Verteiltes Mediennetz nach klassischem Verständnis

Eine sinnvolle Lösung ist die Trennung der logischen und physikalischen Datenbank, wie sie in der Abbildung 11.17 gezeigt ist. Während die Bild- und Tondateien als eigenständige Files auf den Server geschrieben werden, befinden sich alle zugehörigen logischen Informationen in einem klassischen Datenbanksystem. Dies löst zwar die gerade geschilderten Probleme, wirft jedoch die Frage nach möglichen Konsistenzschwierigkeiten auf, da immer eine eindeutige Verbindung zwischen den jetzt getrennten logischen und physikalischen Beständen hergestellt werden muß.

Der Umgang mit der großen Menge der Mediendaten kann von klassischen Datenbanken nur durch den Verweis auf getrennt vorgehaltene Dateien für Bild- und Toninhalte geleistet werden.

Auch die vorher geschilderte Erweiterung des Clients um DSP-Funktionen für Datenreduktion führt zu einer Reihe von „Spätfolgen". Die mit der Datenreduktion bei konstanter Datenrate verbundenen Qualitätseinbußen sind unter Umständen für den Produktionsbetrieb akzeptabel, im Falle der Archivanwendung derselben Daten jedoch nicht zu tolerieren. In diesem Fall muß die digitale Archivierung von der digitalen Produktion getrennt betrieben werden, was den Flexibilitätsgewinn durch Einsatz digitaler Netze weitgehend aufhebt. Weiterhin ist darauf hinzuweisen, daß mit wachsendem Kompressionsfaktor die übermittelten Daten immer größeren Einschränkungen hinsichtlich ihrer Nachbearbeitungsfähigkeit unterworfen sind.

11

11.3.1.3 Probleme für die Datenbank

Auf den Grund für die physikalische Trennung des logischen Datenbestandes von den Mediendateien wurde im vorhergehenden Abschnitt hingewiesen. Für die Verwaltung der medialen Informationen selbst ergibt sich wiederum ein spezielles Anforderungsprofil an die Struktur des logischen Datenmodells. Die Abbildung 11.18 zeigt, in welchem Zusammenhang Dateien und deren Teilsegmente aus

Sicht einer medialen Anwendung wiederum logisch zusammengehörige neue Inhalte ergeben können. Jede Datenverwaltung für mediale Dateien muß geeignet sein, beliebige, teils überlappende Teilsegmente eines einzelnen Files als getrennt logisch ansprechbare Einheiten zu betrachten.

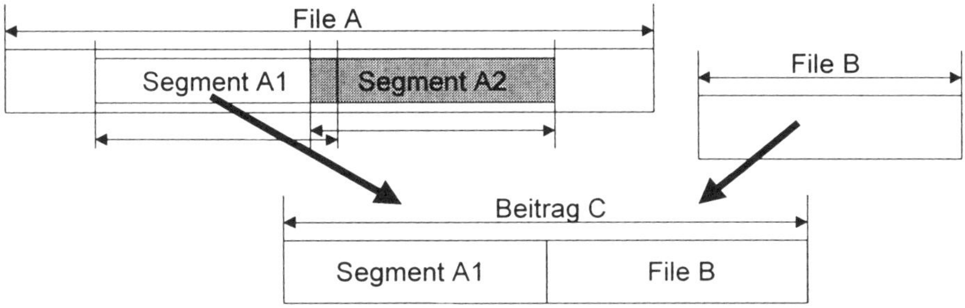

Abbildung 11.18 mögliche logische Zusammenhänge von Mediendateien

Typische Fragestellungen dieser Art tauchen bei der Archivierung aktueller Sendebeiträge auf. Soll die komplette Nachrichtensendung oder aber jeder einzelne Beitrag und die dazwischenliegenden Moderationen getrennt als Information im Archiv aufbewahrt werden? Trennt man das Segment „Nachrichtensendung“ in eine Folge einzelner Segmente, wird ein Mechanismus benötigt, der das logische Gesamtsegment „Nachrichtensendung“ durch eine verzögerungsfreie Rekombination aus den Einzelsegmenten zusammenfügt. Wird hingegen die Nachrichtensendung als geschlossenes File archiviert, soll die Datenbank dennoch die Wiedergabe einzelner Ausschnitte als logische Teilsegmente ermöglichen. Die Situation verkompliziert sich weiter dadurch, daß die Teilsegmente einer solchen Datei zusammen mit Teilsegmenten anderer Dateien neue logische Teilsegmente ergeben können. Für eine Datenbank, die in diesem Zusammenhang alle Erfordernisse abdeckt, ergibt sich die in der Abbildung 11.19 gezeigte Struktur. Zwischen der Verwaltung der tatsächlich vorhandenen, logisch abgeschlossenen Einheiten auf dem Speicher- oder Archivmedium und deren Erscheinungsform als logische Einheiten gegenüber der Anwendung liegt eine Abbildungsstruktur, die in Form der Datenbank realisiert ist.

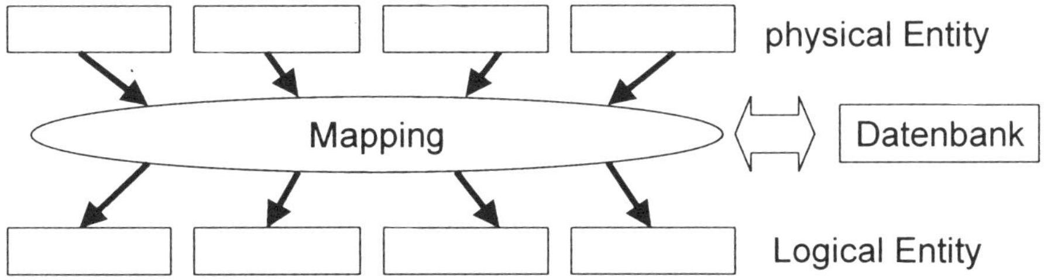

Abbildung 11.19 Mapping logischer auf physikalische Inhalte

11

Mediendateien erfordern eine spezielle Datenverwaltung, da nicht nur geschlossene Dateien, sondern auch Teilsegmente im Rahmen der Produktion als logische Einheiten auftreten können. Es handelt sich also um teilbare Entities ohne feste Granulation.

11.3.2 Verteilte Systeme für Content Provider

11.3.2.1 Client / Server für Medieninhalte

Betrachtet man die Planungen für zukünftige Produktions- und Sendeeinrichtungen der Medienanbieter, so soll klassische Medientechnik durch Systeme der modernen Datenverarbeitung ersetzt werden. Letztliches Ziel dieser Philosophie ist die Übertragung verteilter Systemkonzepte aus der betrieblichen EDV auf den Umgang mit medialen Inhalten. Der verzögerungsfreie Zugriff und der datenträgerfreie Transport von Informationen im Netz stellen einen wesentlichen Effizienzgewinn im Produktionsbetrieb dar. Gleichwohl sind die mit dem Traum des datenträgerfreien Funkhauses verbundenen Systemstrukturen an eine Reihe grundlegender Voraussetzungen geknüpft. Die Abbildung 11.20 zeigt, daß sich ein solches System gegenüber den in Abbildung 11.17 gezeigten Systemen im wesentlichen durch ein Netzwerk hoher Bandbreite unterscheidet, das für die Übermittlung isochroner Datenströme geeignet ist.

Wesentliche Voraussetzung für verteilte Mediensysteme ist ein für isochronen Datentransport geeignetes Datennetzwerk.

Für den Betrieb eines derartigen Systems ergeben sich mehrere potentielle Philosophien. Sind nur die im Netz betriebenen Clientsysteme mit Rechenleistung für DSP ausgerüstet, findet die Manipulation der Bild- und Tondaten ausschließlich auf Seite der Clients statt. Für die Ermittlung des Lastprofils der Server und der Netze ergibt sich damit folgendes Bild: Alle im System vorhandenen Daten müssen einer einheitlichen Datenreduktion unterzogen werden, die auf allen Clients codiert und decodiert werden kann. Die Rechenleistung der auf den Clients vorhandenen DSP-Systeme muß zur echtzeitfähigen Bearbeitung der datenreduzierten Ströme ausgelegt sein. Die unter dem Blickwinkel der Archivierung gewünschte möglichst hohe Datenqualität steht im Widerspruch zu der unter dem Blickwinkel des Netzwerkbetriebs gewünschten möglichst geringen Datenmenge. Fügt der Produktionsprozeß eine endgültige Bild- und Tonsequenz aus mehreren ursprünglichen Bild- und Tonsequenzen zusammen, so ergibt sich die Netzbelastung durch die Übermittlung aller Bild- und Tonsequenzen an die betroffenen Clients.

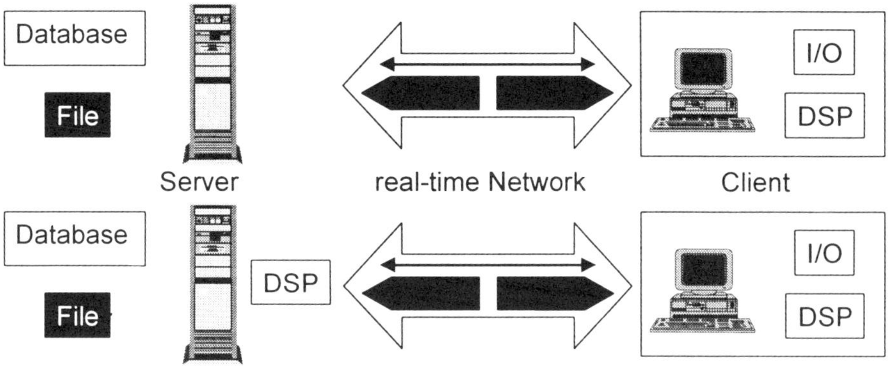

Abbildung 11.20 Mediennetz mit isochroner Struktur

Eine mögliche Betriebsphilosophie verlagert alle DSP in die Clients. Dies ergibt aber Probleme für die Qualität der Archivierung und eignet sich nur für die aktuelle Berichterstattung.

Insbesondere in der Videotechnik jedoch bietet sich eine zweite Philosophie für den Netzbetrieb an, die der Tatsache Rechnung trägt, daß die für den Schnittbetrieb erforderliche Bildqualität beim Benutzer sich unter Umständen von der für die Durchführung der Bildmanipulation selbst erforderlichen Qualität unterscheidet. Zwischen den Anforderungen, die an die Datenmenge eines für digitale Effekte vorbereiteten Signals gestellt werden und jenen, die für die reine Übermittlung archivierter Bildsequenzen an den Arbeitsplatz eines Redakteurs erforderlich sind, besteht ein großer Unterschied. Aus diesem Grunde diskutiert man Systemphilosophien, die die Qualität der auf dem Client angezeigten Daten von der Qualität der auf dem Server vorgehaltenen trennt. In diesem Fall wird also nur die für die Anzeigequalität erforderliche Datenmenge tatsächlich über das Netz transportiert, die umfangreichen Nachbearbeitungsfunktionen selbst werden auf zentralen Editierservern mit Hilfe der dort vorhandenen Rechenleistung in hoher Qualität nachvollzogen. Dieser Ansatz ist dort besonders wertvoll, wo es weniger um die Manipulation der Bilder und Töne als vielmehr um die Manipulation der Bild- und Tonsequenzen geht, wie beispielsweise im Bereich der aktuellen Berichterstattung für Video, wo zugleich eine extrem schnelle Reaktionszeit der Produktion gefordert ist. Der Gedanke, ein und dieselbe Information in unterschiedlichen Qualitätstufen im System übermitteln zu können, setzt sich bis hin zur Archivproblematik fort. Der sinnvolle Betrieb eines derartigen Systems setzt jedoch eine skalierbare Datenreduktion voraus, bei der aus einem File Datenströme unterschiedlicher gewünschter Qualität entnommen werden können. Andernfalls führt das System zu einer Struktur, in der neben dem hochqualitativen Original mehrfache minderwertige Kopien gleichzeitig Speicherplatz belasten.

Eine skalierbare Datenreduktion vorausgesetzt, die aus einem File Datenströme unterschiedlicher Qualität wiedergeben kann, läßt sich die Qualität der im Netz übermittelten von jener der im Server oder Archiv vorhandenen Daten trennen. Je nach Anforderung findet die Manipulation der Mediendaten auf Client oder Server statt, der Server verfügt ebenfalls über DSP.

11.3.2.2 Betriebsprofil eines datenträgerfreien Funkhauses

Die in den vorhergehenden Abschnitten geäußerten Voraussetzungen für das Ziel des datenträgerfreien Funkhauses sollen abschließend anhand eines Betriebsprofils untersucht werden. Aus Sicht des Medienzugriffes unterscheiden wir dabei vier aufeinander aufbauende Segmente vom Archiv bis hin zur Sendeabwicklung. Zwischen diesen beiden Endpunkten liegt der Produktionsbereich, den wir in die beiden Teilsegmente Offline- und Online-Produktion unterteilen. Das Anforderungsprofil aller vier Segmente ist hinsichtlich fünf verschiedener Parameter in der Abbildung 11.21 untersucht.

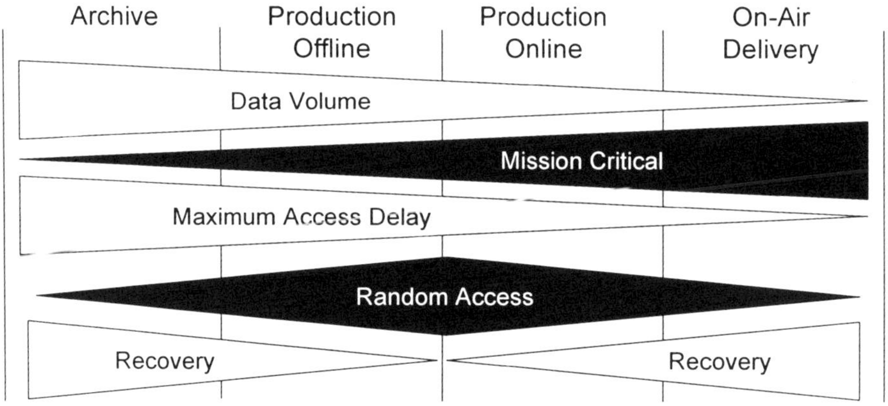

Abbildung 11.21 Parameter für ein Betriebsprofil

Der Parameter "Data Volume" bezeichnet die insgesamt auf der jeweiligen Ebene benötigte Speicherkapazität. "Maximum Access Delay" beschreibt die zwischen Benutzereingabe und Systemreaktion erlaubten Verzögerungen. Der Parameter "Recovery" symbolisiert die Anforderung an das System, sich im Fehlerfall selbständig und ohne weitere Eingriffe von außen schnell wieder in den Originalzustand versetzen zu können, ohne dabei wichtige Informationen zu verlieren und die Funktionalität des jeweiligen Segmentes zu beeinträchtigen. "Random Access" beschreibt die Frage, inwieweit sich der Datenbestand auf der jeweiligen Segmentebene tatsächlich im wahlfreien Zugriff durch den Benutzer befinden muß. Der Begriff "Mission Critical" weist darauf hin, auf welcher Segmentebene evtl.

11

auftretende Störungen im System aus der Sicht des Wertschöpfungsprozesses die weitreichendsten Folgen hätten.

Das Betriebsprofil untersucht die vier Segmente "Archiv", "Online Produktion", "Offline Produktion" und "Sendebetrieb" anhand charakteristischer Parameter, wie Speichermenge, Sicherheit, Zugriffszeit usw..

11.3.2.3 Das Archiv

Das Archivsegment selbst ist aus der Sicht der Wertschöpfungskette wenig kritisch, Systemfehler beeinträchtigen nicht unmittelbar den Sendebetrieb. Zugriffe auf den Archivbestand tolerieren höhere Verzögerungszeiten, ein wahlfreier Zugriff auf beliebige Datensegmente jeder Archivdatei ist im Regelfall nicht erforderlich. Demgegenüber steht jedoch ein extrem hohes Speichervolumen und eine hohe Fehlersicherheit. Dieses Anforderungsprofil führt direkt zu hochdichten und hochstabilen Speichermedien, beispielsweise Bandspeichern, die im Sinne des ewigen Datensatzes (siehe Abschnitt 4.3.5.3) permanent überwacht und durch fehlerfreie und verlustfreie Kopie in regelmäßigen Abständen auf jungfräuliche Speichermedien übertragen werden. Die tolerierbare Zugriffszeit eignet sich für den Einsatz mechanischer Wechslersysteme, die aufgrund ihrer hohen Kosten zentralisiert ausgeführt werden können. Auf dem Archiv selbst sollten sich aus Gründen der Datenkapazität die Medieninhalte selbst in möglichst hoher Qualität, jedoch nur in ihrer endgültig bearbeiteten Version befinden. Das Archivsystem benötigt zu diesem Zweck keine eigene DSP-Leistung.

11.3.2.4 Offline - Produktion

Das Segment der Offline-Produktion ist dadurch gekennzeichnet, daß die im Rahmen des Produktionsbetriebes dort entstehenden Inhalte nicht im unmittelbaren Sendebetrieb benötigt werden. Typisches Beispiel ist die Produktion einer Dokumentation, deren Sendezeitpunkt einen erheblichen Zeitversatz gegenüber dem Produktionszeitpunkt aufweist. Die Betriebsstabilität der im Offline-Bereich eingesetzten Systeme ist nicht unmittelbar kritisch. Solange nicht allzu umfangreiche Dateninhalte aus dem Produktionsprozeß verloren gehen, führt ein Systemfehler nicht zu unmittelbarer Beeinträchtigung der Wertschöpfungskette. Bei den auf dieser Ebene produzierten Inhalten steht die mediale Qualität der Daten im Vordergrund. Aufgrund der verfügbaren Zeit und der erforderlichen Datenmenge (keine Kompression !) ist es sinnvoll, alle erforderlichen Mediendaten zuerst im Sinne des Remote File Access auf den lokalen Speicher des betreffenden Arbeitsplatzes zu kopieren und dann dort lokal zu bearbeiten. Auf diese Art können hohe Netzwerklasten für die Garantie eines Echtzeitzugriffes verhindert und das Netz für betriebskritische Vorgänge entlastet werden. Ein wesentliches Kriterium ist eine ausreichende Speicherkapazität und eine schnelle lokale Zugriffszeit, die einen wahren Random Access ohne Einschränkungen erlaubt. Die Datenmengen, die auf dieser Ebene vorgehalten werden müssen, sind umfangreich, aber begrenzt. Das geeignete Speichermedium ist die Festplatte, kostenintensive Sicherheitsmechanismen, beispielsweise RAID, bieten sich nicht an. Die gerade im Produktionsprozeß auftretende Versionsvielfalt des Nachbearbeitungsproduktes wird hier durch eine lokale Datenbank abgepuffert, erst die endgültige Produktionsversion selbst wird in den normalen Datenbankzyklus des Gesamtsystems übergegeben. Die erforderlichen Arbeitsplätze sind meist Hochleistungs-Workstations, die lokal über eine große Menge an DSP-Leistung verfügen.

11.3.2.5 Online-Produktion

Produktionsinhalte im Online-Bereich sind eher durch die Qualität ihres Inhaltes als die Qualität ihrer Signale gekennzeichnet. Typisches Beispiel der Online-Produktion ist die Nachrichtenredaktion und die Erstellung von Beiträgen für aktuelle Sendungen. Hier steht die Aktualität im Mittelpunkt des Interesses, die Verzögerung zwischen dem Eingang des Rohmaterials und dem Sendezeitpunkt der fertigen Produktion ist verhältnismäßig gering. Aus diesem Grund sind die Daten hinsichtlich ihrer Stabilität einigermaßen kritisch, da unmittelbar vor Sendezeitpunkt verlorengegangene Produktionsinhalte nicht ohne weiteres ersetzt werden können. Dennoch hat ein Fehler auf dieser Ebene keine unmittelbare Auswirkung auf den Sendebetrieb. Die Anforderungen einer vernetzten Produktionsarchitektur mit wirklich wahlfreiem Zugriff und dem Schwerpunkt auf inhaltlicher Sequenz im Gegensatz zur Manipulation der Bild- oder Toninhalte selbst legt die Verwendung datenkomprimierter Verfahren nahe. In der Tat arbeiten alle Systeme, die heute im Bereich der Nachrichtenproduktion eingesetzt werden, mit Datenreduktionsverfahren. Die damit produzierten Inhalte sind jedoch aus Sicht des Konsumenten von vollkommen ausreichender Qualität, die mit der Datenreduktion verbundenen Einschränkungen im Bereich der aktuellen Berichterstattung durchaus zu tolerieren. Statt dessen gilt das Augenmerk einer wirklich leistungsfähigen Netzwerkarchitektur auf dieser Ebene und einem unter Umständen mit einigem Aufwand betriebenen Sicherheitssystem, das eventuelle Datenfehler durch Spiegelung in einem RAID vor dem Anwender verbirgt. Für den Bereich der Bildbearbeitung eignet sich hier das oben erwähnte Schema mit skalierbarer Qualität je nach Anforderung des jeweiligen Produktionsprofils. Alle auf dieser Ebene erzeugten Versionen stehen unmittelbar allen anderen am Netz angeschlossenen Teilnehmern verzögerungsfrei zur Verfügung, eine dezidierte Rückübertragung des fertigen Produktes in den verfügbaren Datenpool ist nicht erforderlich.

11.3.2.6 Sendebetrieb

Das Segment des Sendebetriebs selbst ist schließlich hinsichtlich der erforderlichen Stabilität und der Recovery-Fähigkeit das empfindlichste. Selbst extrem kurzzeitige Ausfälle der dort betriebenen Systeme führen zu einem Zusammenbruch der Wertschöpfungskette für den Medienanbieter. Aus diesem Grund ist hier auf eine extrem hohe Systemredundanz zu achten. Gerade im Bereich der Aktualität jedoch, zunehmend auch im Bereich der direkt kundengesteuerten Werbung, ist ein kurzfristiger Eingriff in die Sequenz der im Sendeweg befindlichen Beiträge nötig. Diese Flexibilität und der zugehörige wahlfreie Zugriff auf der Sendeebene muß mit den auf der darüberliegenden Online-Produktionsebene vorhandenen Strukturen abgeglichen werden. So führt eine aus Sicherheitsgründen auf der untersten Ebene des Sendebetriebes durchgeführte zusätzliche Aufdoppelung der Daten in Form eines Mirrors oder eines Cache zu großen Unflexibilitäten beim kurzfristigen Nachschieben ungeplanter Beiträge aus den darüberliegenden Produktionsbereichen. Zudem verringert sich die Fehlertoleranz eines mehrfach vorhandenen Sendesystems durch die Datenlokalisierung. Die Architektur eines Sicherheitssystems mit und ohne Sendespeicher setzt eine ausführliche Planung der im Sendebetrieb real auftauchenden Anforderungsprofile voraus.

Literaturverzeichnis

Kapitel 1

Fromm E. (1984): Haben oder Sein - die seelischen Grundlagen einer neuen Gesellschaft, 14. Aufl., DTV München

Lauxmann F. (1996) Mit Hegel auf der Datenautobahn - über die Freude an geistigen Zusammenhängen, Nymphenburger, München

Kapitel 2

Penrose R. (1996): Shadows of the Mind, Oxford University Press (Trade)

Steinmüller, W. (1993): Informationstechnologie und Gesellschaft: Einführung in die angewandte Informatik, Wiss. Buchges., Darmstadt

Kapitel 3

Alex J. (1997): Wege und Irrwege des Konrad Zuse, Spektrum der Wissenschaft Januar 1997, pp 78

Tietze U., Schenk Ch. (1969-): Halbleiter Schaltungstechnik, Springer, Berlin Heidelberg New York

Hamacher V.C, Vranesic Z.G., Zaky G.S. (1996): Computer Organization, 4th ed., Mc Graw Hill, Singapore

Messmer H.P. (1993): PC - Hardwarebuch. Aufbau, Funktionsweise, Programmierung, ein Handbuch nicht nur für Profis, 2. Aufl., Addison Wesley, Bonn Paris

Rojas R. (1997): Konrad Zuses Rechenmaschinen: sechzig Jahre Computergeschichte, Spektrum der Wissenschaft, Mai 1997, pp 54

Tanenbaum A. S. (1990): Structured Computer Organization, 3rd ed., Prentice Hall Int., London

http://www.intel.com/intel/intelis/museum/ Ein Rückblick in das Museum der Computer

Kapitel 4

Deitel H.M: (1990): Operating Systems, 2nd ed., Addison Wesley, USA

Kusnetzky, D. (1996): Commercial Operating System Comparison, White Paper for IDC Corporation, available under http://www.openvms.digital.com/openvms/whitepapers

Tanenbaum A. S. (1990): Structured Computer Organization, 3rd ed., Prentice Hall Int., London

Vossen G. (1994): Datenmodelle, Datenbanksprachen und Datenbank-Management-Systeme, 2. Aufl., Addison Wesley, Bonn Paris

Wilkinson B. (1996): computer architecture, design and perfomance, 2nd ed., Prentice Hall, Europe

Kapitel 5

Kroenke D.M. (1995): Database Processing - fundamentals, design, implementation, Prentice Hall Int, London
Loviscach J. (1997): Paßgenau - mit Komponenten zur persönlichen Software, c't 3/1997. pp 224
Sauer H. (1994): Relationale Datenbanken, Addison Wesley, Bonn München Paris
Taylor D. (1990): Object Oriented Technology - a managers guide, Addison Wesley, USA

Kapitel 6

Brodsky I. (1995) Wireless: the revolution in personal communications, Artech House Inc, Norwood USA
Jörn F. (1995): Wie schließe ich Telefon, Anrufbeantworter, Fax und Modem selbst an ?, Franzis, Poing

http://www.uni-mannheim.de/rum/netze/isdn Grundfragen zu ISDN
Kundeninformation der Pacific Bell Inc (1997): ISDN Users Guide, available under http://www.pacbell.com/products/

Kapitel 7

Halsall F. (1996): Data Communications, Computer Networks and Open Systems, 4th ed., Addison Wesley, USA
Tanenbaum A.S. (1996): Computer Networks, 3rd ed., Prentice Hall Int., London

Kapitel 8

Badach A., Hoffmann E., Knauer O. (1994): High Speed Internetworking; Grundlagen und Konzepte für den Einsatz von FDDI und ATM, Addison Wesley, Bonn Paris
Cutright P.J., Girrard K.M. (1997): Frame Relay - an analysis of technology, Eastern Oregon University, available under htttp://pierce.eosc.osshe.edu/frame.html
Kyas O. (1995): ATM-Netwerke, Aufbau, Funktion, Perfomance, DATACOM Bergheim
Tanenbaum A.S. (1996): Computer Networks, 3rd ed., Prentice Hall Int., London
Tillmann W., Zivadinovic D. (1997): Paketdienst - Frame Relay - Grundlagen und Anwendungsfelder, c't 5/1997 pp 362

Produktinformation (1997) der Telekom AG zur Datenkommunikation, erhältlich unter http://www.telekom.de/angebot/datenkomm/produkte
http://www.frforum.com/ Homepage des Frame Relay Forum
http://www.xlink.de/ Homepage des Internetproviders XLINK

Kapitel 9

Bernard R. (1996): The corporate Intranet: create and manage an internal Web for your organization, ,John Wiley Pub., New York Brisbane Singapore

Guengerich S., Douglas G., Miller M., McDonald S. (1996): Building the Corporate Intranet, John Wiley Pub., New York Brisbane Singapore
Partridge D, Hussain KM (1994): Knowledge Based Information Systems, Mc Graw Hill, UK
Simon E. (1996): Distributed Information Systems, McGraw Hill, UK
Stein L.D. (1996): How to Set Up and Maintain a Web Site, 2nd ed., Addison Wesley, USA
Sterbenz J.P. (1996): Toward Gigabit Networking, IEE Digest 96/118, pp 1/1 - 1/6

http://www.dfn.de/ Homepage des deutschen Forschungsnetzes
http://www.igd.fhg.de/www/documents/servers/mirrors/www-faq Antworten rund um die Grundfragen des Internet
http://www.isoc.org/internet-history/ Zur Geschichte des Internet
http://www.w3.org/ Homepage der WWW Organisation
http://www.internet.org/ Homepage der Internet Organsiation
http://www.isoc.org/ Homepage der Internet - Society

Kapitel 10

Bienert P. (1991): Handbuch digitale Audiotechnik, Studio Presse Verlag, Oberhausen
Watkinson J. (1996): Television Fundamentals, Focal Press, Oxford
Watkinson J. (1995): Compression in Audio and Video, Focal Press, Oxford

http://www.video-demystified.com/home.html Sehr empfehlenswerte Homepage für alle Fragen zu Multimedia / Media

Kapitel 11

Botteck M. (1996): Vom Rundfunk zu Multimedia- - Endgeräte für digitale Dienste, FKTG Magazin No 4/1996 pp 159
Möll G. (1996): Service Informationen SI für DVB Systeme, FKTG Magazin No 4/1996 pp 163
Reimers U. (1996):Digitales Fernsehen - ein Entwicklungsbereicht, FKTG Magazin No 4/1996 pp 145
Schäfer R. (1996) Der DVB-T Standard, FJTG Magazin No 4/1996 pp 153
Pahwa A., Frerichs J.G. (1995): CD's selbstgemacht, Grundlagen des CD Recording, Addison Wesley, Bonn Paris
Reimers U. Hrsg (1995): Digitale Fernsehtechnik, Datenkompression und Übertragung für DVB, Springer, Berlin Heidelberg New York
Schriftenreihe der DAB Platform (1997): DAB - Teil eines künftigen Multimedia - Systems für den mobilen Empfang, DAB Platform e.V.

http://www.dvb.org/ Homepage der DVB Vereinigung
http://www.1394ta.org/ Website der Firewire Trade Organisation
http://www.adsl.com/ Hinweise zu ADSL
http://www.km.philips.com/osc/ Schöne Erklärungen rund um die CD

Sachverzeichnis

Springer und Umwelt

Als internationaler wissenschaftlicher Verlag sind wir uns unserer besonderen Verpflichtung der Umwelt gegenüber bewußt und beziehen umweltorientierte Grundsätze in Unternehmensentscheidungen mit ein. Von unseren Geschäftspartnern (Druckereien, Papierfabriken, Verpackungsherstellern usw.) verlangen wir, daß sie sowohl beim Herstellungsprozess selbst als auch beim Einsatz der zur Verwendung kommenden Materialien ökologische Gesichtspunkte berücksichtigen.
Das für dieses Buch verwendete Papier ist aus chlorfrei bzw. chlorarm hergestelltem Zellstoff gefertigt und im pH-Wert neutral.

Druck: Mercedesdruck, Berlin
Verarbeitung: Buchbinderei Lüderitz & Bauer, Berlin